夏可风

灌浆技术文集

夏可风 著

中国水利水电出版社
www.waterpub.com.cn

内 容 提 要

本书为作者从事灌浆技术工作40余年的实践经验总结，选辑了包括灌浆理论、灌浆技术、灌浆工程管理和工程案例共40篇技术论文，反映了当代我国水工建筑物水泥灌浆的主要技术成就、施工经验与教训、工法要领、热点问题、国内外灌浆技术的差异，以及对该项技术发展的思考。

本书论点鲜明、注重工程实践，调研、分析、引用了大量的工程实例和前人研究成果，资料翔实珍贵，实用性强，可供灌浆工程的管理、施工、设计、监理和科研单位的技术人员，以及相关院校师生参考。

图书在版编目（CIP）数据

夏可风灌浆技术文集 / 夏可风著. -- 北京 : 中国水利水电出版社, 2015.7
ISBN 978-7-5170-3536-7

Ⅰ. ①夏… Ⅱ. ①夏… Ⅲ. ①灌浆—文集 Ⅳ. ①TU755.6-53

中国版本图书馆CIP数据核字(2015)第190084号

书　　名	**夏可风灌浆技术文集**
作　　者	夏可风　著
出版发行	中国水利水电出版社 （北京市海淀区玉渊潭南路1号D座　100038） 网址：www.waterpub.com.cn E-mail：sales@waterpub.com.cn 电话：(010) 68367658（发行部）
经　　售	北京科水图书销售中心（零售） 电话：(010) 88383994、63202643、68545874 全国各地新华书店和相关出版物销售网点
排　　版	中国水利水电出版社微机排版中心
印　　刷	北京纪元彩艺印刷有限公司
规　　格	184mm×260mm　16开本　25.5印张　604千字
版　　次	2015年7月第1版　2015年7月第1次印刷
印　　数	0001—2000册
定　　价	**68.00**元

序

夏可风同志是优秀的灌浆专家。

我第一次见到小夏（以前我们这样称呼他）是在20世纪80年代，那时他在黄河龙羊峡水电站协助王志仁总工负责大坝地基灌浆技术工作。那是中国大陆第一座178m的高拱坝，地质条件非常复杂，党和国家领导人特别重视，水利电力部经常派专家组去检查和指导，我多次参加专家组前往视察他们的工作，我看到大坝灌浆工地管理得很好，灌浆资料一应俱全，小夏在汇报中对发生的各种问题解释得有理有据，从而给我留下了深刻印象。

后来，我们见面的机会渐渐多了起来。他从龙羊峡回去后担任了基础工程局科研所所长，参与主持国家“七五”科技攻关中的“高坝地基处理技术的研究”专题项目，我是专题鉴定专家组成员，我们常常一起开会。以后他又提升为基础工程局副局长兼总工程师，我们多次在一起商讨筹备和开展中国水利学会地基与基础工程专业委员会的工作，在一起修编《水工建筑物水泥灌浆施工技术规范》，在一起参加一些水利水电工程地基处理的技术咨询活动……在多年的共事中，我们虽是师徒，更是战友，配合默契。

小夏是一个非常勤奋的人，他参加和主持了许多重要工程的灌浆施工，每完成一个工程他都会认真总结，并据此撰写出有见解的技术论文，在一些刊物上发表了不少文章。小夏是一个善于思考的人，1991年年底，基础工程局承担了天生桥二级水电站引水隧洞不良地质段高压固结灌浆的施工，8个月要完成10多万m的灌浆任务，这是水工隧洞围岩固结灌浆第一次使用6MPa的压力，技术难题很多，高压灌浆塞就是首要的关键，我都替他们着急。工程开始后不久我随部专家组到现场检查，发现小夏利用膨胀螺栓的原理设计了一种高压灌浆塞，简单实用，可耐压7MPa以上，还申报了专利，其他难题也逐步地一一解决了，后来工程胜利完成，创下我国水工隧洞高压灌浆快速施工的新纪录。小夏是一个不愿盲从的人，20世纪90年代中期，灌浆界兴起了一股不问地质条件一律推荐灌注稳定性浆液的潮流，认为以稀浆开灌形成的帷幕会快速溶蚀。这是欧洲某些学者的论点，并不符合我国国情，也不宜普遍推广应用。小夏不迷信国际权威，发表了《关于稳定性浆液及其应用条件的商榷》《关于稳定性浆液的若干误区》《浆液水灰比是帷幕防渗能力衰减的主要因素吗?》等多篇文章，直抒己见，投入辩论。

这一次他把几十年工作中日积月累的工程实践经验总结、探索研究成果、学术争鸣建议和感悟感想等多篇文章修改增删结集出版，是一件很有意义的事情。书中除上面提到的文章外，还有如《若干灌浆问题的哲学思考》《低碳经济与灌浆》《灌浆压力与灌浆功率》等都具有一定的思想深度，具有前瞻性和创新性。本书总体上是我国，至少是水利水电行业灌浆技术的一本重要著述，它给从事灌浆技术的人员提供了很好的参考资料，对促进我国灌浆技术的发展是一份贡献。

是为序。

孙钊

2015 年 2 月

于北京

孙钊，我国著名水利专家、灌浆专家。曾任中国水利学会理事、中国水利学会地基与基础专业委员会主任委员，国务院长江三峡工程验收委员会专家组专家等职。

前言

我是20世纪70年代初在岷江渔子溪水电站首次接触到灌浆工作的，后来竟以此为业，已40余年。近年来，有些朋友鼓励我写一本关于大坝基础灌浆技术的书籍，作为青年技术人员的参考，这个建议虽好，但我感觉力不从心，前些年出版的孙钊先生的《大坝基岩灌浆》，以及本人主编的《水利水电施工组织设计手册》“地基与基础工程”卷等都较好地总结了近几十年水利水电工程的灌浆技术，至今尚未过时，还可以作为青年技术人员的指导性参考书。我再来翻版改编，无非是新瓶旧酒。于是我想到在一些专题上做些深入研究或总结，或许能拾遗补缺，更有意义。以往，我曾在一些刊物上发表过一些文章，其中有些参考价值犹在，这次加以修改补充，另外又针对一些热点问题专门撰写了若干新作，总成一册。这就是本书的来历。

当前，世界科学技术发展日新月异，机械化、自动化、信息化武装了大部分的工农业生产劳动，各项高技术成果甚至渗透到人们的日常生活之中；坝工技术也突飞猛进，大坝、隧洞、机组、闸门基本都可精准设计，精准施工。然而，灌浆技术的发展却步履蹒跚，至今仍处于半经验半理论状态，我国的灌浆施工基本上尚停留在半机械化水平，许多工序还是依靠笨重的体力劳动，自动化信息化的道路似更遥远。尤其令人不安的是，近年来许多灌浆工程的质量和效果参差不齐，有些灌浆工程的质量控制甚至处在无序或无效状态之中，灌浆工程的风险困扰着许多的业主和设计人员。在可以预见的时间内，灌浆技术的混沌状态还看不到清晰的未来。

西方发达国家的灌浆技术水平与中国相比总体较优，特别是在施工工艺的机械化自动化和计算机应用方面技术先进，但尺有所短，欧洲一些工程困惑于帷幕防渗能力快速衰减，我国此种现象却并不多见，大量的工程灌浆效果总体优良。因此我国究竟应该如何向西方学习？答案也并不简单。

正是在这样的情势下，我觉得本书的实践经验还有些价值。书中涉及如何向西方灌浆技术学习的问题、一些国内外尚无定论的灌浆学术和技术问题、灌浆规范中不够明确或解释不清的问题以及当前困惑的其他问题，本人不揣浅陋，直抒管见，不求发现真理，但求反映真相；不希望后来者言听计从，但愿能给他们提供资料开拓思路。这是本书的宗旨。

在我国现代灌浆施工的长河中，出色的大师有孙钊、王志仁、张作瑂等，他们是当时最优秀的灌浆工程师（电力工业部原副部长兼总工程师李颚鼎语），我极其有幸能师从三位，或者协同主持学术活动，或者共同管理灌浆工程，或者合作攻关课题，向他们学技术、学理论、学思想。他们都出身名校，知识渊博，根底深厚，突出的特点都是极其重视理论与实践的结合。我看到他们现场工作总是不畏艰苦身体力行，获取第一手信息。日积月累，积沙成塔，他们的著述、创造的工法，为我国灌浆技术的进步作出了卓越的贡献。长江后浪推前浪，世上今人胜古人。当今国家的发展和进步为青年们创造了比老一代好得多的成长条件，我期望有志于灌浆事业的年轻工程师们，学习先辈们的钻研精神，忠于职守，持之以恒，实践、实践、再实践，去攻克工程中的一个个难关，去破解前人留下的一道道难题，去攀登技术上的一座座高峰。这是我对读者的寄语。

最后是一点说明。本书各篇文章由于自成体系，辑录在一起，篇间难免重复，笔者在校阅时已尽量删节，但仍不能彻底。至于其他错误疏漏更在所难免，望读者不吝指正。

感谢中国水电基础局有限公司对本书出版的关心和支持；感谢孙钊老为本书作序，给笔者以极大鼓励；感谢杨月林、肖恩尚、唐玉书、刘松富、王克祥等同志，部分书稿曾约请他们评阅。

滔滔江河万古流，绿色能源竞千秋。

莫道前路关山远，总有愚公在征途。

2015年春节

于天津

目录

灌 浆 工 程 管 理

工 程 案 例

若干灌浆问题的哲学思考

【摘　要】 灌浆不是一项纯技术工法或施工措施，许多灌浆问题的认识和处置包含着深刻的哲学道理。本文运用马克思主义的实践论和辩证法对经常遇到的：技术、艺术与技艺，良心、利益，工程质量与施工质量，理论与经验，试验与施工，机器与人，可灌性与可控性，浆液的稳定与不稳定，稠浆好还是稀浆好，灌得多好还是灌得少好，灌浆压力——手段还是目的，浆液水灰比变换——试错与求真，共十二题进行讨论。

【关键词】 灌浆技术　常见问题　哲学思考

1　引言

灌浆是人类发明的改造不良地基的技术手段，是一种施工方法（工法）、技术手段、措施。但是由于灌浆对象的特征具有不准确性、模糊性，灌浆结果的判断具有不直观性、间接性，因而灌浆技术就在很大程度上具有了操作人员的主观性，受其理念、文化，甚至觉悟的强烈影响。因此灌浆又不是一项单纯的技术方法，它的实施过程、法则、判据和判断中渗透了许多哲学道理。本文对其中的一些问题进行思考。

2　技术、艺术与技艺

人所共知，灌浆是技术。也有人说，灌浆是艺术[1]，这可能要追溯到土力学的鼻祖太沙基的“艺术论”，他说：“无论天然土层结构怎样复杂，也无论我们的知识与土的实际条件有多么大的差距，我们必须利用处理问题的艺术（art），在合理造价的前提下，为土工结构和地基基础问题寻找满意的答案。”[2]灌浆是地基处理的一种工艺，依此说，称它为艺术也是合乎逻辑的。这里的问题是，“art”翻译成“艺术”是否确切？它本是一个多义词，含有艺术、美术、技术、技巧、技艺、工艺、策略、诡计等意思，以汉语词义讨论，说灌浆是技术，那是直叙，没错；说灌浆是艺术，那是比喻，是文学的夸张。我以为更准确一点，从性质上说，称灌浆为技艺（或工艺）较好。

在汉语词汇里，技术、艺术和技艺有什么异同和关系呢？

查阅资料，技术是泛指根据生产实践经验和自然科学原理而发展成的各种工艺操作方

本文原载内部资料《基础工程技术》2014 年第 1 期。

法与技能。广义地讲，还包括相应的生产工具和物资设备等。从这个角度出发，灌浆显然是技术，灌浆技术也包括灌浆工艺和相应的专用器具设备，即软件和硬件两方面。技术是属于生产力的范畴。

艺术的解释很丰富。如中国古代指六艺以及术数方技等各种技能，近代则指通过塑造形象以反映社会生活而比现实更有典型性的一种社会意识形态，如文学、绘画、雕塑、音乐、舞蹈、戏剧、电影、曲艺、建筑等，是一种反映社会生活，满足人们精神需求的文化，是意识形态，属于上层建筑的范畴。因此，说灌浆就是艺术，等于把生产力说成是上层建筑，是不严谨的。

技艺呢？一种机械的解释是富于技巧性的武艺、工艺或艺术等。也就是说，艺是主体，技是修饰词，仍然属于意识形态。笔者认为此词并不一定理解为偏正结构，应也可以理解为联合式合成词，解释为富于艺术性的技术、技巧、工法等，属于生产力。在这个意义上，灌浆是技艺。

也就是说，灌浆是一门带有艺术性的、富有创造性的、受控于操作者的主观意思的技术、工法。

现代科学技术的发展，使得有的人想把灌浆变成单纯的技术，甚至完全使用计算机管理，如隆巴迪等。这是一种可贵的探索，随着计算机技术能力的提升，也一定会有不断的进步。但是由于地质条件的复杂性，要实现完全的机器人灌浆可能尚需时日，甚或是不可能的。

3 良心、利益

俗话说，灌浆是良心活。

自古以来，中国人为人做事讲良心。良心是什么？朱熹集注：“良心者，本然之善心。即所谓仁义之心也。”翻译为白话，就是被社会普遍认可的行为规范和价值标准，是道德情感、个人自律的底线。灌浆工程是隐蔽工程，其施工质量难以进行直观和准确的检验，是否按照技术规程在工作，工程质量好不好？提出的灌浆施工资料是否真实？很大程度上取决于劳动者的觉悟、自律，即良心。在网络上一查良心缺失的标志竟然有几十条，与灌浆施工作业有关的主要有：不守信用、不遵守合约，坑蒙拐骗，获取暴利，缺斤少两以次充好，做假证，贪婪、不负责任等。

良心不是抽象的。良心建立在一定的物质基础上，为富不仁是不讲良心，穷则思变不能认为是良心缺失。良心需要良好的社会氛围，法制倡明则人人向善，礼崩乐坏则盗贼猖獗。

利益，通俗地说是益处、好处，本质上是人们通过社会关系表现出来的不同需要，属于社会关系范畴。由于人的需要是多方面的，因此有多种多样的利益，如物质利益或经济利益、政治利益、阶级利益、民族利益、国家利益、个人利益等。本处主要指物质利益。

马克思主义认为，人们奋斗所争取的一切，都同他们的利益有关。历史上各个社会阶级和集团通过政治纲领表现出来的政治利益和与此相联系的意识形态斗争，都以经济利益即物质利益为基础。对利益的追求，形成人们的行为动机，成为推动人们活动的动因。物

质利益不仅是人们发展生产力的刺激因素，而且是推动人们改造社会、改革同生产力发展要求不相适应的社会制度的直接动因。政治家、社会活动家天天喊“改善民生”，实际上就是要给百姓以利益。

利益有合法利益和非法利益之分。利益是否合法则不同立场的人会有不同判断。政府或组织应当保护和给予人们合法利益。当政府或组织不能保护和给予人们合法利益时，人们就会采取自己的方式去争取应得的利益。

很明显，人们从事灌浆劳动首先也是为了利益。有了利益，才有“良心”。相反，有了良心，也应当有利益。一般来说，良心越好，应当利益越大。如果没有利益，那就什么也没有了，包括良心。或者，越讲良心收获越少，不讲良心收获反多，那讲良心的人也就越来越少了。

如此说，一个灌浆工程项目，业主或转包商要给承包商或分包商以合理的利益，不论采取何种计量方法，承包商或分包商的诚实劳动都要能劳有所得，得可糊口。如果做不到这样，那首先是业主或转包商缺失了“良心”，而承包商或分包商也会以眼还眼，搁置“良心”，谋求利益。应当提倡劳资双方都要将心比心，利人利己；应当理解承包商或分包商“人到矮檐下，不得不低头”的窘境，更应当赞赏“宁向直中取，不可曲中求”“宁可正而不足，不要邪而有余”的正气。

4　工程质量与施工质量

工程质量与施工质量，二者意义看似相同或相近，实则有别。前者指一项工程的全部质量，包括了设计和施工的方方面面。而施工质量却单指产品的制造质量是否符合设计的要求，包括制造过程的工序质量要求和终极产品质量要求。

设计质量有高低优劣之分，即以地基灌浆工程为例，设计参数如钻孔布置、灌浆材料、灌浆方法、灌浆压力等是否合理，是否适应地基地质条件，地基地质条件是否与勘探资料一致，灌浆设计参数是否留有调整余地，灌浆处理后的质量指标是否符合实际等，都反映了灌浆设计工作的质量。

灌浆施工应当全面地按照设计意图实施，为了确保和证明施工是执行了设计意图，设计者一般都会提出一系列工艺程序或工序质量要求，施工满足了这些要求，施工质量就是合格的。但是也有这样的情况，施工质量虽然合格了，终极产品质量却不合格，如检查孔透水率达不到设计要求等。出现这种情况有两种可能，一是设计方案不尽合理，二是地质条件出现变化，解决的办法就是要调整设计方案，比如加密灌浆孔孔距、加大灌浆压力、改变灌浆材料等。有的灌浆工程合同写上“质量检查结果不满足设计要求时由承包人自行承担增补孔施工费用”，一概地这么规定是不合理的。因为灌浆工程完成后不满足设计要求，可能有设计、地质、施工甚至管理（例如要求简化程序、赶工等）多方面的原因，不能不分青红皂白地将责任全部归咎于承包商。

由于施工质量不好而导致工程质量不合格的情况不少，但不能因此而反过来说工程质量不好就一定是施工质量不好。施工质量好不好并不抽象，它是由工序质量指标来鉴定的。上述合同里的话如果改为“当质量检查结果不满足设计要求，并确认是承包人的责任时，应由承包人自行承担增补孔施工费用”就较为合理了。

灌浆工程是隐蔽工程，其工程产品质量难以进行直观的检查。因此施工过程（过程参数的记录和工序质量）管理就十分重要，这就是以程序正确保证结果正确。在有些国际工程施工中，监理工程师只要求承包商按指示的程序施工，至于其结果如何承包商不承担责任。

有一些灌浆工程，由于对灌浆终极产品（灌浆效果）的质量检查很难进行或很难评定，因此就以过程检查资料代表工程质量检查结果，这也是常有的事，并且大都收到了预期的效果。

还有一种情况，就是施工质量是合格的，检查孔检测指标满足设计要求，但是工程质量却未必完美无缺，例如蓄水后发生局部地段渗漏量或渗透压力偏大，发生这种情况的原因可能有二：①检查孔属于抽检性质，未能覆盖薄弱面；②检查孔数据失真。针对性预防措施有二：①确保检查孔必要的数量，同时注意检查孔布置位置的代表性；②推行第三方质量检查。鉴于灌浆工程的特殊性和复杂性，工程初次蓄水后局部发现缺陷是难免的、常见的和易于处理的，但是若发生明显危及工程安全的严重质量问题，则是罕见的。

5 经验与理论

直至目前，灌浆技术仍然是一项以经验为主的工艺，或半经验、半理论状态的工程措施，有一些学者正在努力将其建设为一门学科[3]。

说灌浆技术仍处于经验阶段，这是符合事实的。经验者，由实践得来的知识和技能。经验的使用具有较大的局限性，几乎无法应用数学工具进行系统的准确的计算推导。A工程的灌浆参数是否可以应用于B工程依赖于“工程类比”法，并通过现场灌浆试验确定。灌浆技术规范在大量工程实践的基础上，提出了一些灌浆参数的范围可供设计施工技术人员参考选择。

理论者，是由实践和实践经验概括出来的系统的有规律的结论。其主要工程参数应是可计算的，在相同的边界条件下，应是可重复的。显然，灌浆工程还做不到这一点。恩格斯1883年说：“数学的应用：在固体力学中是绝对的，在气体力学中是近似的，在流体力学中已经比较困难了；在物理学中多半是尝试性和相对的，在化学中是最简单的一次方程，在生物学中等于零。”[4]时光已过去了一个多世纪，如今数学在气体力学、水力学、化学中取得了突飞猛进的成果，但在岩土力学中却收效甚微。清华大学李广信教授说：“在岩土工程中，数学方法是不可缺少的工具，但精确的计算从来都作为参考，基于经验的综合判断才起关键的作用，数学的计算与推导一旦脱离实际就会沦为数学游戏。”现在有一些单位在进行复杂地质条件下灌浆过程的“精细模拟”，在可预见的将来，笔者不看好它的前景，甚至可以说，越“精细”越没有前途。相反笔者很赞同农业科学家袁隆平对青年技术人员的忠告：少在计算机前消磨些时间，多到稻田里看看（大意）❶。有志于灌浆技术发展的后来者也应当多在钻机和灌浆泵前值守一些时间。

❶ 据中央电视台一次采访袁隆平的节目。

6 试验与施工

对于常规水泥灌浆来说，试验主要指现场试验，常规水泥浆液的室内试验已重复千万次，引用现存数据即可。

由于目前灌浆技术主要依靠经验指导，于是灌浆设计的工程类比和现场试验必不可少，尤其是较复杂和较大型的工程。但是怎样做好试验和怎样应用试验成果却大有学问。

为了指导做好现场灌浆试验，新版行业技术标准《水工建筑物水泥灌浆施工技术规范》增设了“现场灌浆试验”一章，其中关键是“灌浆试验的地点应具有代表性，地质条件复杂的工程应布置多个试区，进行多次试验”。但是，除了为数不多的特大型工程外，大多数工程不容易做到这一点。即使做到了这一点，也不等于试验成果就一定具有了广泛的“代表性”。因为除了地质因素以外，还有许多因素可能干扰灌浆试验的成果，例如，试验施工队伍的思想技术水平，试验采取的工艺，使用的设备状况，灌浆工程量的计量方式，未来主体工程的施工权限等。

这里就有一个辩证地看待和正确使用灌浆试验成果的问题。本文不可能对所有复杂因素进行分析，仅就灌浆试验中的水泥单位注入量问题指出一些工程的失误。不考虑人为因素的影响，灌浆试验施工获得的水泥单位注入量通常要高出大面积施工许多，笔者统计了多个水电站的高压帷幕灌浆，其超出量达到 1 倍至 10 倍以上，究其原因，可能是：①试验部位通常地质条件偏差；②试验时浆液的渗流从试验部位向四周呈辐射状扩散，而大面积施工时是面上平铺；③试验时为保成功多不惜工本等。有的工程将试验单位注灰量作为工程招标的依据，结果十分被动，甚至带来重大损失。

还有的现场灌浆试验成功了，质量检验满足设计要求，推广后施工效果却不如人意，或造成大面积过量灌浆，岩体或结构物遭到抬动破坏。这些现象，都并非个别。

灌浆试验是必要的，但做好灌浆试验，正确解读和使用灌浆试验成果更重要，在施工中依据现场反馈情况，适时调整灌浆参数，进行动态管理尤其重要。

7 机器与人

鉴于灌浆记录资料作假的现象频繁发生，导致近年出现了一种倾向，即企图通过研制一种高精度或者加密、“不可更改”的灌浆记录仪，或者用更复杂的数字网络系统，来管住弄虚作假的行为。可是，大量实践的结果表明其做法收效甚微。为什么？这里涉及一个机器与人的关系问题，涉及到控制与反控制、技术设防与制度设防等哲学与管理科学问题。

由于现代科学技术的进步，机器能力的不断增强，以致发生了到底是人管机器还是机器管人的问题，20 世纪六七十年代就进行过这样一场讨论，当然其结果是无论机器的能力大到何种程度，它都是人发明的，人是机器的主宰。

今天灌浆管理的问题与上述问题并不完全相同，但其哲学上的意义似有相同之处，这就是有人企图用灌浆记录仪这个机器来管住灌浆施工过程中的分配问题——生产关系问题——社会问题，这肯定是徒劳的。记录仪可以管住一个独立的操作者，但它绝不可能管住利益相关的一群人——一个利益链条（包括记录仪的购买者、使用者和生产者）。在合理的制度下，记录仪可以是一个解决技术问题的先进工具；在扭曲的制度下，记录仪不仅无助于解决技术问题，而且反倒会带来麻烦和困惑。现在有的单位不重视制度上的改革、创新和和谐，却幻想研制出某种万能机器系统而不惜花费巨资，这是方向上的错误。

解铃还待系铃人。灌浆施工中的管理问题主要不能依靠技术设防来解决，应当主要依靠制度设防来解决，只有施工活动的组织者制定了合理的制度，其他问题才能迎刃而解。这是最廉价、最实际和最和谐的办法。

8 可灌性与可控性

所谓可灌性，常常在两种场合看到：一种是地基的可灌性，是否可以接受灌浆处理而改善地基的性能；另一种是浆液的可灌性，是否可以容易地灌注到土体的孔隙或岩体的裂隙中去。相对于可控性而言，这里主要是指浆液的可控性。

对于渗透性灌浆来说，浆液的可灌性首先取决于浆液里固相颗粒的大小。溶液型浆液比颗粒型浆液可灌性好，细颗粒浆液比粗颗粒浆液可灌性好。其次取决于浆液的内聚力和黏度。

浆液的可控性是指浆液在灌注过程中受控制的程度，即浆液灌注到指定的地方后能够存留下来，而不要渗流过远，甚至漏失。

灌浆工程对浆液的要求是既要灌得进又要留得住，也就是说要求可灌性和可控性都好。但是对于普通水泥浆液来说，要求一种浆液两种矛盾的性质同时最好是不可能的，于是乎就有了水灰比变化。变换水灰比是对浆液的可灌性和可控性进行控制的最主要、最简便、最经济的措施。增大水灰比（调稀浆液）就是为了增加浆液的可灌性，减小水灰比（变稠浆液）就是为了增加浆液的可控性，当变换水灰比对浆液可灌性和可控性的调节程度仍不足以满足施工要求时，就需要借助外加剂了，廉价者如膨润土、水玻璃等。

有学者提倡使用单一水灰比的稳定性浆液，认为稳定性浆液既具有优良的可灌性，又具有优良的可控性，从哲学上而言，这是不可能的。你加强了这一方面的性能，必然削弱了另一方面的性能。事实上，大量的试验资料和施工实践表明，稳定性浆液的可灌性不如普通水泥浆的稀浆好，可控性则不如稠浆或膏浆好。

9 浆液的稳定性与不稳定性

浆液的稳定性，这里是指析水稳定性。浆液的稳定性与不稳定性是一个事物的两个矛盾方面，如同一个运动员，既要有耐力，又要有灵活性，同时要求两项都最强，那是不可能的，但是要求两项都较强，这样的运动员还可找到，稳定性浆液就好比是这样一个较优秀的运动员。

在水泥灌浆过程中，不同阶段对水泥浆液有不同要求：在浆液输送阶段，需要浆液有较好的稳定性，不易发生沉淀；在浆液灌注阶段，需要浆液有较好的流动性，易于灌注到更细小的岩石缝隙中去；在浆液的凝固阶段，希望浆液更快地析水凝固形成结石。此外，不同的灌浆方法对水泥浆液的性质的要求也不尽相同：纯压式灌浆更希望浆液稳定性好一

些，以利于输送、注入；循环式灌浆不担心浆液稳定与否，只希望浆液对岩石的各种裂隙适应性更好一些，如灌细缝时浆液流动性好，灌宽大裂隙时浆液更稠等。另外，帷幕灌浆不同的防渗标准对浆液性能要求也不相同：防渗标准为5Lu或更大时，只需要充填中等开度以上的较大裂隙即可，因而中等稠度的浆液或添加适量减水剂即可满足要求；而1Lu的防渗标准则希望将细小裂隙也尽可能充填，稠一点的浆液不可能满足要求。

欧洲人搞的是纯压式灌浆，施工快速简便但特别担忧浆液沉淀，对防渗标准则相对要求较低，只求灌住大裂隙，解决大渗漏，于是就找到了一种浆液，各种性质指标不高不低，却可以适应他们高效的施工方法，这就是稳定性浆液，一种不问地质条件而包医百病的浆液。不过欧洲人中也不乏反对的声音。

中国可以照搬这一套吗？否，至少目前不行。因为我们的设计人员不愿意放宽防渗标准，不愿意放弃循环式灌浆法。但奇怪的是不少人不作透彻分析，人云亦云，在不改变相关条件的前提下片面地提倡甚至硬性规定使用稳定性浆液，结果是造成浆液的巨大浪费，帷幕大面积不合格，在重新使用包括稀浆在内的系列水灰比浆液灌浆后，才挽回败局。实践确实是检验真理的唯一标准。

中国式灌浆主要采用循环式，循环循环，就是可以交换，可以根据敌方阵营（地质条件）换战斗员（浆），你用一个全能型选手（单一配比的稳定浆液）包打天下，我用一群单项冠军（系列水灰比浆液）轮流上阵，谁的胜算更高？答案应该不言自明。当然，中国式灌浆效果好，但是能耗大、损耗大、效率低，这是缺点。然而，如果将稳定性浆液机械地嫁接到中国式灌浆之上，那只会结出效果差、能耗损耗更大、效率更低之苦果[5][6]。

10 稠浆好还是稀浆好？

自从隆巴迪等人发表了《水泥灌浆浆液是稠好还是稀好？》等文章后，几乎一边倒地指摘稀浆灌浆不好。这是一种很肤浅的，缺少辩证法的观点。我做过一个比喻：不能无条件地比较稀浆、稠浆的好坏，正如不能比较稀饭和干饭的好坏一样，壮士饿汉喜干饭，老人病夫爱稀粥，体质不同，需求各异。谁都知道同样体积的干饭比稀饭含有的碳水化合物多，营养更丰富，可是病人吃不进去不等于零吗？灌浆也是同样道理，地质不同，药方有别，廉价材料也能治大病。

表面上看，稠浆和稀浆在实验室里静置沉淀形成的水泥结石性能有差别，稠浆结石质地密实，抗压强度高，稀浆结石相对松疏，抗压强度较低。但是深入分析，灌浆施工中浆液转化为结石的环境不是在试验室的大气压环境下，而是在十倍几十倍大气压的灌浆压力下，在可以排析水分的岩石裂隙体系中。通过在实验室中模拟这种环境，不同水灰比的浆液，无论是稀浆还是稠浆获得的水泥结石其性能是相近的。

但是稀浆却有一个稠浆所不及的优点，由于它的流变参数更低，它进入岩体裂隙系统的可灌性更好。

隆巴迪又说，稀浆灌浆形成的防渗帷幕耐久性不好，防渗能力会过早地衰减。但我国甚至美日20世纪50年代以后兴建的大量水坝，都是稀浆（水灰比5：1、8：1，甚至10：1）开灌建成的，防渗能力大都与时俱增（其中有库底沉积形成天然铺盖的影响），过早衰减的例子并不多见[7]。

11 灌得多好还是灌得少好?

在灌浆界，特别是一些业主单位，有一种倾向性看法，灌得多（注入量大）总比灌得少好。这是一种片面的看法。

正确的认识应当是，既不多灌，也不少灌，灌饱就好。这是灌注量多与少的辩证关系。外国灌浆专家提出叫做“饱和标准”，就是使预定范围内的岩体裂隙最大限度地充填饱满。灌浆太多了，也叫“过量灌浆”，无非是两种结果，一是浆液跑到需要灌注的范围以外去了，二是劈裂或抬动了岩体，甚至造成破坏性的后果。也有可能是编造了假数据，那就另当别论了。灌少了，即“灌浆不足”，当然是不利的。

在岩体裂隙通畅、透水性好，灌浆容易的条件下，实现饱和标准较容易，但防止过量灌浆不容易。因此，过量灌浆是这种地质条件下的灌浆施工的主要矛盾，施工工艺措施的注意力应放在防止过量灌浆上。

在岩体裂隙细小、透水性不很好、灌浆困难的条件下，实现饱和标准较困难，很可能灌浆不足。因此，灌浆不足是这种地质条件下的灌浆施工的主要矛盾，施工工艺措施的注意力应放在防止灌浆不足上。

另外，灌浆工程计量规则引导着作业人员倾向于多灌，还是少灌。因此，当采用进尺计量法时，重点应防止灌浆不足；而采用灰量计量法时，重点应当防止过量灌浆。

12 灌浆压力——手段还是目的

常听人说，灌浆压力是灌浆效果的保证（也称灌浆压力是灌浆质量的保证）。此话似是而非。

如果这一命题成立，是否只要灌浆压力正确了，灌浆效果就保证了，或者说灌浆压力越高，灌浆效果就越好。事实并不是这样，影响灌浆效果的因素很多，例如灌浆孔布置、灌浆材料和浆液、灌浆压力的使用、地质条件等，灌浆压力只是诸因素之一。

即使是灌浆压力，其大小变化应用也受到许多因素的制约，如施工场地或既有建筑物状况、灌浆种类、灌浆方法、灌浆次序、灌浆孔段的位置、地质条件（包括地下水和地应力)、灌浆过程中其他施工参数的变化情况等，许多参数之间具有彼此消长弥补的关系。

不会有人怀疑，灌浆压力是手段，而灌浆效果才是目的。灌浆压力是灌浆浆液渗透扩散的能量之源，一般来说，压力越大，浆液扩散越远，外国灌浆专家将灌浆压力与灌浆孔孔距看成一对矛盾，认为“高的灌浆压力与较大的灌浆孔距相结合，是一个完美的有效的灌浆方法”[8]。

我国《混凝土重力坝设计规范》(DL 5108—1999) 10.4.8 条规定，灌浆压力“通常在帷幕孔顶段取 1.0～1.5 倍坝前静水头，在孔底段取 2～3 倍坝前静水头，但不得抬动岩体”。目前我国正在或已经兴建一批 300m 级的高混凝土坝，按上述要求，则孔口段灌浆压力应为 3.0～4.5MPa，孔底段应为 6～9MPa，这显然是难以做到而且并无必要性的。这一规定的指导思想实际上就是高压力灌出好帷幕。

帷幕的质量指标一是渗透系数（或透水率），二是破坏比降。它们是浆液结石与被灌岩体相结合的幕体的性质，也包括浆液结石的性质。较高的灌浆压力可以增加浆液的扩散范围，增加帷幕厚度，这是有利的，不过如超过设计帷幕厚度要求，也会造成浪费。依靠灌浆压力提高水泥浆液结石的力学性质，需要一个条件，这就是压迫滤水时间，这正是我国孔口封闭灌浆法设置较严格的灌浆结束条件的出发点，所以其灌浆质量也较好，而欧洲的灌浆工法无法满足这一条件，所以灌浆效果常不理想，乃至发生灌浆帷幕防渗能力快速衰减的现象。灌浆压力对提高水泥浆液结石质量的作用不是无限的，室内模拟试验资料表明，当压力和泌水时间增加到一定值之后，效果就不明显了。

灌浆压力除了建设性以外，还有破坏性。认为灌浆压力是灌浆效果的保证的人，常常混淆手段和目的的区别，把手段当目的去追求，一味追求高压力，有的混凝土坝坝基固结灌浆压力达到了4MPa，帷幕灌浆压力达到7MPa或更高。以至于造成岩体或结构物剧烈的抬动甚至碎裂，给工程带来损失。

因此，灌浆压力只是手段，不能盲目追求，应当趋利避害，适当使用较高压力灌注，扩大浆液渗透范围，提高浆液结石密实度，从而提高帷幕质量。

13　浆液水灰比变换——试错与求真

《水工建筑物水泥灌浆施工技术规范》（DL/T 5148—2012）5.5.6条规定："当采用多级水灰比浆液灌注时，浆液变换原则如下：①当灌浆压力保持不变，注入率持续减少时，或注入率不变而压力持续升高时，不得改变水灰比。②当某级浆液注入量已达300L以上，或灌浆时间已达30min，而灌浆压力和注入率均无改变或改变不显著时，应改浓一级水灰比。③当注入率大于30L/min时，可根据具体情况越级变浓。"

这是一种通过试错来获得浆液最佳水灰比的方法。试错法是通过不断试验和消除误差，追求探索目标的系统方法，是经验型的学习方法。每一个孔段灌浆时，使用水灰比为5∶1的浆液开始，按照上述规则逐级向0.5∶1.0比级的浆液变换，直至结束。不吸浆的岩体很可能就停留在5∶1比级的浆液结束，中等吸浆的岩体可能变换至中间某一级浆液结束，吸浆量大的岩体可能很快变换至0.5∶1.0最稠浆结束。计算一下各级浆液的注入量，注入量多的那一级水灰比就应该是最佳水灰比，在许多情况下，孔段灌浆结束时的浆液水灰比或其前一级浆液水灰比就是最佳水灰比。实践表明每一个孔段灌浆浆液的最佳水灰比常常不一样。

由于这种水灰比变换机制是从稀浆开始灌注和逐级变换，于是有人担心使用稀浆试错给岩体中灌注了多余的水，这是杞人忧"地"。且不说规范中的变浆法则包含了可以越级变浆、快速变浆的条款，即使增加了一级稀浆300L全部是水，也比进行一次压水试验或简易压水试验、裂隙冲洗等注入的水少得多，这些水将很快在地层中消散而不会在幕体中存留。还有人担心有的地层注入的水不会消散掉，这样的地层不会多但肯定会有，而它并不需要灌浆。

既然每一孔段常常会出现不同的最佳水灰比，那么固定一种最佳水灰比，或采用固定不变的浆液应对所有灌浆区域就是不科学的，或者说为了施工方便而在一定程度上牺牲了科学，这是我们应当认识到的。

14 小结

灌浆工程是集勘探、试验、施工平行进行、同时完成的隐蔽工程，灌浆工艺是一项认识自然和改造自然同时实施的技术，灌浆过程是灌浆浆液、被灌岩体在外力干预（灌浆作业程序）下进行的矛盾运动，在这个过程中，我们应当运用马克思主义的哲学以及毛泽东的实践论和矛盾论观点，全面地认识和分析问题，抓住主要矛盾，引导运动过程良性发展，以经济高效地达到预期目标。

参 考 文 献

[1] 英国标准——基础工程（BS8004：1986）[C]//张志良，编译．国外基础工程标准编译．北京：水利电力出版社，1992.

[2] 李广信．岩土工程50讲——岩坛漫话（第二版）[M]．北京：人民交通出版社，2010：8.

[3] 邝健政，等．岩土注浆理论与工程实践 [M]．北京：科学出版社，2001：1.

[4] 恩格斯．自然辩证法 [M]．北京：人民出版社，1971.

[5] 夏可风．稳定性浆液灌浆是成套技术 [C]//夏可风．水利水电地基基础工程技术创新与发展．北京：中国水利水电出版社，2011.

[6] 夏可风．关于稳定性浆液的若干误区 [C]//夏可风．水利水电地基基础工程技术创新与发展．北京：中国水利水电出版社，2011.

[7] 夏可风．水库大坝帷幕防渗能力衰减问题之我见 [J]．水利水电科技进展，2011，31（4）.

[8] Weaver K．大坝基础灌浆 [R]．中国水利水电工程总公司科技办，中水基础局科研所，编译．1995：29.

中西文化差异对灌浆技术的影响

【摘　要】 灌浆是一种工艺技术、即技艺，有很强的文化属性，因而其技术标准、施工理念、工艺操作，乃至于计量评价，都受到文化传统的影响。西方文化影响下的简约化灌浆方式方法，最大限度利用了物质和能量资源，工效高，灌浆效果较好，值得学习和推广。受传统文化观念的影响，我国现今的灌浆工艺有复杂化的趋势，如此不能提高灌浆质量，而只会降低施工效率，增加消耗，增加碳排放，是不可取的。今后应融汇中西文化之精华和中西技术之特色，多元因素结合实现我国灌浆技术的良性发展。

【关键词】 文化传统　灌浆理念　中西融合　创新发展

1　灌浆技术与文化

一般说来，技术是生产力，文化是意识形态。灌浆，除了技术属性以外，和文化也有密切的关系。

对灌浆，可以下许多定义：美国学者说，灌浆不是一门科学，也许永远不会成为一门科学，而是一项建立在知识、经验和直觉（intuition）基础之上的工艺技术[1]；英国人说，灌浆是一种最需要对其效果有良好的工程评价的艺术[2]；中国人说，灌浆是良心活；等等。显然，工艺、艺术、良心都是属于文化的范畴。如果将灌浆与体育项目相比的话，那灌浆不是跳高、跳远和赛跑，灌浆是体操、艺术体操或花样滑冰，它难以规定固定的或唯一的作业模式，它受主观意识的影响很强烈，它甚至没有十分明显的质量界限。

同一项灌浆工程，交给两个不同的工程师实施，他们可能采用并不完全相同的工艺，甚至是完全不同的工艺，付出的代价（工程成本）可能也不一样，但同样地完成了任务，对他们的评价可以说谁干得更漂亮，但很难说孰是孰非。因此，灌浆不是纯粹而简单的技术，而是技术与艺术的结合，技术与文化的结合，是一种技艺。灌浆活动的行为理念、工艺过程和表现形式都受到行为的主体——设计和施工人员文化传统的深刻影响。

2　西方文化传统与灌浆

简约，注重程序，留有余地，以人为本，富于创造性等，大致是西方文化传统的一些表现。这些观念也表现在灌浆技术上。

（1）简约，追求工法简明。所以西方习惯使用自下而上的纯压式灌浆。灌浆与钻孔两道工序分开，灌浆时采用单一的稳定性浆液纯压式灌注，简便、利索、低耗、节能、高效。相反，笔者在黄河小浪底灌浆工程施工时，国际承包商看到我们采用孔口封闭灌浆法

本文原载内部资料《基础工程技术》2012年第1期，原题《文化传统与灌浆理念》，收入时有修改。

感到费解，很不以为然。

(2) 注重程序的正确性，目标在程序的保证中。西方管理者对灌浆承包商的要求是按技术规范（程序）施工，并不规定严格的工程量（即固定的孔排距），以及在完成这一工程量以后要求达到的帷幕防渗性能。如果完成了计划的钻孔灌浆工程量以后，仍然达不到防渗标准的要求，那就继续加密（或加排）灌浆孔，并不追究和责怪承包商，更不会扣除或拒绝支付承包商增加的工程量价款。

(3) 以人为本，注重操作者的舒适感。工艺是由人操作实现的，西方技术专家在进行工艺设计时，不仅考虑达到工艺目标，而且充分考虑操作者的舒适度，尽量减轻工人的体力劳动。需要经常移动的设备尽量设计成自行式，较大型的设备设计有比较安全舒适的操作室。这也与他们的工业和社会发展文明程度有关。

(4) 留有余地，不追求终极效果。西方学者不隐晦灌浆的局限性，坦承其不是万能的，对灌浆可能达到的效果适可而止。美国学者埃沃特（Ewert）说，透水率低于5Lu的岩体表明是不可灌的，一般情况下也用不着灌浆，就是灌了浆，从渗漏的观点来看也不会有显著成效[3]。德国学者库兹勒（C. Kutziner）认为，用以水泥为基本材料的浆液的灌浆帷幕降低渗漏量，是由于坝基岩石透水性高所致，亦即其透水率可能在10Lu以上，甚至在25Lu以上。与此对比，透水率在3Lu，更可靠的说是在5Lu以下，坝基岩石水泥灌浆对降低渗漏量没有明显效果。在中等透水率范围即5～10Lu之间，甚至是3～25Lu之间，这样的坝基是否需要灌浆，是否可灌和能否有效，从降低渗漏的观点来看，都是难于确定的[3]。

又如帷幕灌浆孔孔斜的要求，欧洲灌浆标准[4]规定“钻孔应尽量小心以减少偏斜，设计应允许调整孔距以补偿预期的钻孔偏斜。一般说来，对于孔深小于20m的钻孔，其轴线偏斜不应超过计划方位的3%；对于深孔而言，相邻钻孔之间的孔距应可以调整以补偿钻孔偏斜”。这些要求不以主观希望为标准，而是根据客观可能和是否必要提出要求。

(5) 在创新方面，西人不断改进灌浆方法。最近的如20世纪90年代，瑞士学者隆巴迪（Lombardi）等人提出了一种新的设计和控制灌浆工程的方法——灌浆强度值（grout intensity number，GIN）法[5]。隆巴迪认为，对任意孔段的灌浆，都是一定能量的消耗，这个能量消耗的数值，等于该孔段最终灌浆压力 P 和灌入浆液体积 V 的乘积 PV，PV 就叫作灌浆强度值。GIN法就是根据选定的灌浆强度值控制灌浆过程，使 PV＝GIN＝常数，其技术要点是：①整个灌浆过程只使用一种稳定的、中等稠度的浆液；②用GIN曲线控制灌浆压力；③用电子计算机监测和控制灌浆过程，根据P－V曲线的发展情况和逼近GIN包络线的程度，控制灌浆进程中施工参数的调节和决定结束灌浆的时机；④采用自下而上纯压式灌浆法。对这种方法的效果虽然中西方都有人质疑，但方法本身机理明确，操作简单，值得赞赏。

(6) 计量解析明确，透明合理，留有余地。国外灌浆工程计量方法多样，没有国家的统一定额，采用较多的是以注入量为主，辅以压水试验（以作业时间计）、灌浆塞安装（以次数计）等项目，或以进尺为主，辅以注入量等项目。表面上分解项目较多，但斤斤计较，清晰合理，干一样事，拿一份钱，有劳必得，多劳多得。

与此同时，基于对灌浆技术的透彻了解，他们的合同条件都会留有一些余地。肯·维沃（Ken Weaver）说："不管在勘测研究和设计阶段获得了多少地质资料，在地基暴露出来后肯定还会了解一些新情况……肯定要对灌浆方案作相应的调整。常常还会出现这样的情况，即某些工作要根据时间和材料的条件来进行，也就是说会出现'条件变更'。因此确定一个合理的索赔裁决标准，而使承包商所增加的事先预计不到的费用得到合理补偿同样十分重要。若没有制定这方面的规定，就会造成业主和承包商之间的工作关系恶化，承包商会设法抄近路，工程则会因此遭殃。"鉴于灌浆工程的特殊性，他还提倡"需要将灌浆施工作为一个独立的合同来承包，这样做可能给灌浆施工带来好处"。[1]

3 中国文化传统与灌浆

中国文化传统博大精深，良莠并存。其中的一些特征，如追求极致，不避繁琐，重物轻人，注意宏观但轻视细节，潜规则盛行等等，也表现到了我们的灌浆理念上，并造成一些不利影响。

（1）追求极致，不留余地。比如坝基帷幕防渗标准，希望越高越好，最好滴水不漏。这些年有所改进，技术标准也作了修改，《混凝土重力坝设计规范》规定坝高在100m以上，透水率q为1～3Lu；坝高100～50m，q为3～5Lu；坝高在50m以下，q为5Lu[6]。问题是尽管这些规定仍较欧洲标准严，但设计人员依然愿意在条文的范围内选择严格的一端。中科院工程院院士潘家铮曾说："建国以来，坝无大小，地基无良劣，从设计到运行，都希望做到滴水不漏。此要求既不经济，也无必要，且不可能，外国人特别是资本家是不会这么做的。"[7]潘家铮还批评我们用落后的设计保护落后的施工。现在我们的设计和施工都有了很大改进，但惯性思维仍在。

又如我们对帷幕灌浆孔孔斜的要求，规范规定60m孔深，孔底偏距为1.5m。这个规定对于使用金刚石岩芯钻进来说，只要认真施工是不难做到的。同时对于帷幕灌浆也可以满足要求了。但是对于冲击回转钻进来说，满足孔斜要求就困难一些了。对于再深一些的灌浆孔呢？自然的规律是孔斜要加大，而且是按增函数的规律加大，可我们却要求其缩小，理由是"不要超过孔距"[8]。这不是强人所难吗？孔距是依次序不断减小的，孔斜能不断减小吗？对孔斜的检查不少工程执行的都是逐段逐孔检测，有的工程招标文件甚至规定孔斜超出规定的灌浆孔不付工程款。

我国的灌浆工程合同也常常不留余地。有的合同规定不允许任何索赔，规定质量未达到设计要求由承包商承担补灌费用等。

（2）繁琐复杂的施工程序。我国的灌浆工艺较之国外是最为复杂的。常用工法孔口封闭法是一种自上而下循环式灌浆法，这种工法使高效的钻孔和灌浆机械难有用武之处，工效比自下而上纯压式灌浆低得多，损耗却大得多。它的最大好处是各个灌浆段都可以得到反复复灌，灌浆成功的保证率高，非常适合我国现场作业人员技术思想素质较低、工艺相对粗放的特点。这种灌浆方式适用多级水灰比的纯水泥浆，浆液很简单，浪费较少。可如今外国人说稳定性浆液好，国人跟之。其实，单就浆液而言，稳定性浆液怎么也比纯水泥浆复杂。我们不去分析稳定性浆液灌浆的成套技术，简单的不学，复杂的搬过来，变成稳定性浆液+孔口封闭法灌浆，繁上加繁，浪费更大，工效更低，效果不佳。[9]

我们情有独钟的循环式灌浆，在有的情况下行不通，常常导致射浆管被水泥浆凝铸在孔中。这如果发生在西方，早就改为纯压式灌浆或采用其他方式了，我们却硬要迎难而上，把射浆管由钢管改为塑料管，任其凝死在孔内，然后在下一段钻孔时将其钻除。还有的“发明”了可旋转的孔口封闭器或射浆管，谓之“搅动式”循环灌浆。增加了多少麻烦，浪费了多少人力物资和能量，到底是弊大还是利多，一个一个工程不作分析，不厌其烦，不思改进，以繁琐为荣，以复杂为优，还自以为创新。

灌浆记录仪本是由西方引进，原只不过是一台普通的记录仪器而已，可到了中国却被大大地复杂化。小循环记录仪不行，要搞双流量计大循环；记录两个参数不行，要三参数记录；压强式密度计不行，要核子密度计。发达国家都不要求的事，我们一个发展中国家却要“后来居上”。这也罢了，有了记录仪不就保证了记录质量，又节省了人工吗？可有意思的是一些工程还提出要求同时进行人工记录，以便二者“互为校核印证”。这除了更加麻烦之外，又哪里能起到校核的作用呢？

灌浆工程有许多工序，为了提高灌浆效果，对于不同工程的不同情况来说，可能有的工序要加强，有的工序可简化，这本是常识。但有不少工程的灌浆施工技术要求却喜欢把别的工程的各种要求照搬过来，叠加起来，使得条文越来越多，限制越来越严，非常复杂，有时令人啼笑皆非。

GIN 灌浆法在我国的变异是一个例证。欧洲 20 世纪 90 年代初开始使用 GIN 法灌浆，信息很快传到国内，许多单位竞相学习引进，在多个工程中开展了灌浆试验，但这些试验几乎殊途同归——把一个十分简洁的外国方法复杂化了。有这样几种做法：一是把 GIN 法与孔口封闭灌浆法结合起来，即舍弃自下而上纯压式灌浆，改为孔口封闭自上而下循环式灌浆，同时在达到灌浆强度值之后增加一个持续时间的结束条件；二是在灌浆前，先采用孔口封闭灌浆法对灌浆区初灌一遍，堵塞大通道，之后再按 GIN 法的技术要点进行灌浆。这样使得该法快速高效的优点尽失，而其达到的防渗标准较低的缺点凸显，从而基本上扼杀了这一西方婴儿。

设计对施工的不信任，也是导致灌浆工艺复杂化的重要原因。他们企望通过设置更多更严厉的条款来消除自己对施工人员偷工减料的疑虑，以复杂的工艺防范不诚信的施工。

（3）技术标准越来越细，不利于创新。一般说，技术标准是从事某项技术活动的共同规则，对于有些工艺措施而言，可能是条文规定得越细越好，但对于灌浆工程来说，不应该，也不可能规定太细，硬性规定细了，不利于工程师发挥创造性，不利于采取最有效最便捷的施工方法实现工程目标。但是我国的灌浆规范历次版本的修订，总体上讲是越来越细化，条文越来越多，文本越来越长。这有两方面的推动：一是领导要求，规范要具体不能模糊；二是基层意见——规范的使用者希望条文要具有操作性，归根结底是中国文化使然。相比欧洲、美国的有关技术标准，他们的许多条文更注重规定原则性，不规定细节。具体到某一工程的技术规范则比较细，具有操作性。从普遍的技术标准到某工程的技术规范，其间有一个创造和创新的过程。我们却希望技术标准具有普适性，管到底，不管哪个工程都可以用，不论是谁看着规范都可以灌浆，把工程师的灌浆变成了临时工的灌浆，看

看许多工程的招标文件，基本上都是一个模子铸出来的，都是出自灌浆规范或者某个“招标文件范本”，这既不科学，事实上也不可能。

（4）重物轻人。中国曾长期处于一个物资匮乏社会，获得一些积累很不容易，因此在施工中更注意保护贵重仪器设备，在设计制造设备时更注重如何实现设备能力，而将操作人员的舒适感放在第二位。我初入灌浆队伍时看到控制压力表的工人蹲在灌浆孔口旁边，经常一身水、一身泥浆。后来为了保护记录仪，才搭了个小棚棚，工人由此沾了光。

（5）没有敬畏，没有底线，潜规则盛行。相当一部分承包商不遵守游戏规则，大道不走走小道，对文件上的条文，不是想方设法执行，而是千方百计破解，文件上没有漏洞也要想出邪招，既不尊重业主、监理，也不尊重地质、洪水，多低的单价都敢干，不论什么条件都答应，标一到手，道高一尺，魔高一丈，什么花招都使得出来。这里面的原因既有承包商诚信的缺失，也有不开明业主“逼良为娼”，有些业主生怕承包商挣了钱，不仅把单价定得很低，而且制定出许多严苛的条件来，不管有用没用都写在招标文件上。

潜规则正在造成劣币驱良币的效应：遵纪守信的承包商无法生存，违规作弊的企业盆满钵盈。这将使整个灌浆工程界信誉扫地，使建成的工程隐患丛生。这并不是危言耸听，看一看这些年我国很多的灌浆工程，不论何种岩石其平均单位注灰量比二三十年前几乎增加了10倍，不知道这到底是技术的过错，还是文化的悲哀？

（6）计量制度——从不合理走向更不合理。1996年以前，电力行业灌浆工程量计量以进尺为单位，这种计量方法由于地层的吸浆量难以准确预计，而使承包商承担很大风险，因此以注入量为单位的计量方式被从西方引进，但引进来的只有主要部分，丢掉了相关的、细节的部分。这种单纯以注入量多少确定付款数量的计量方式具有更大的模糊性和风险，从而导致许多工程施工数据离奇、结算纠纷频发，至今没有改变。

计量方法不合理也鼓励了业主和设计推行更复杂的灌浆工艺，因为不管他们写多少条条，都不需要另外付款。

计量方法趋向笼统模糊，商务条件和承包方式却愈趋简化，封杀一切可能索赔的余地，灌浆工程很少单独分标，常常与其他工程捆在一起，灌浆施工在其他工程的夹缝中进行，施工的人财物资源和工期、环境条件得不到保证，给工程的安全质量带来了更大的隐忧。

（7）合同范本，繁而不范。为了便利设计人员编制招标文件，2000年颁发了《水利水电工程施工合同和招标文件示范文本》，后来发布了2010年版。因为要“示范”，覆盖面就要广一些，条文要全一些，甚至盖过规范。书中说得清楚：“示范文本不是技术标准，不能直接作为技术标准使用。”但不少设计人员却全盘抄来，殊不知对具体工程而言，有些规定文不对题，灌浆工程的个性丧失殆尽。

以上主要叙述负面影响。辩证地看，中华文化对灌浆工程的正面影响也应当肯定。由于我国追求极致和更注重终极目标的传统，使得我们在技术力量（工人素质、机械能力、材料质量、施工价格等）相对薄弱的条件下，以较大的投入获得了良好的效果，我国工程的灌浆效果总体优于西方，帷幕达到的防渗标准较高，耐久性总体较好，绝大多数工程防渗帷幕历经数十年而不衰，较少或很少发生西方忧虑的“帷幕防渗能力衰减现象”[10]。

4 融汇中西，扬长避短，创新发展

中西文化和技术各有特点、各有所长。我们既无须妄自菲薄，但也应当师夷之长，补己之短，融汇中西优势，创新发展。

(1) 当前，我国国民经济的发展正步入转型升级的阶段，逐步淘汰消耗高、排放多、效率低的生产工艺是一个方向。灌浆还不是国家关注的重点，但是提倡环保、低碳技术，推进灌浆技术转型升级应当是行业自觉的行动。西方灌浆技术工艺简单、高效、低耗，工程质量较好；我国灌浆技术工艺相对复杂、工效较低、消耗较大，但工程质量良好。因此在大多数水利水电工程中，一切有条件采用新工艺的工程都应该尽量采用以自下而上纯压式灌浆为代表的灌浆方式。

目前，我国实施走出去战略，承担了越来越多的国外工程，在这些工程中有的可以实行中国标准，但即便在这种情况下仍应该西法西用，不推行孔口封闭灌浆法。

(2) 在灌浆技术中提倡简约化的理念。《易经》曰："不易、变易、简易。"简单、简约是更高、更深刻、更科学的概括，是更高技术含量的结晶。只有简单，操作更容易，质量易保证，成本更低廉。灌浆工艺要抵制繁琐哲学，工艺复杂化，劳动繁重化，不是创新而是倒退。当年孔口封闭法为什么能脱颖而出，就是因为它比自上而下分段卡塞灌浆法简单、省力、高效。

要加强灌浆理论研究，倡导创新。灌浆理论的研究和技术的创新在西方始终没有停步，相反我国有着如此广泛的工程实践基础，有关的试验研究创新明显不足。造成这种局面的原因有文化传统的缺陷，即总认为月亮是外国的圆，远方的和尚会念经，轻视本土创新；也可能有产学研体制分割的原因，想搞研究的没有资金，有资金的没人研究。

研究也要贴近实践，在计算机上搞几个越来越复杂的模型，不能解决实际问题。隆巴迪的 GIN 法和几个公式虽有缺陷，但很有吸引力，重要原因就是简明，具有操作性。

创新要有人才，实现灌浆技术的创新既需要专家学者深厚广博的学识，又需要长期一线工作经验的积累，相比其他行业和专业可能是一个更苦的差事，当下有实力的单位应营造条件留住和吸引优秀青年技术干部，让他们热爱专业，持之以恒，开花结果。

(3) 要打破一本规范管天下的大一统体制或范式，走出标准越搞越细，思想越搞越窄的魔咒。提倡不同工程有自己的技术规范，有自己的创新。当年规范上并没有孔口封闭法，王志仁等敢于打破成规，创立孔口封闭法；今天为什么就不能改进孔口封闭法，或创立其他的工法呢？

其实，水利部、能源局发布的灌浆规范都是推荐性的，各工程完全可以在充分论证、经过试验的基础上自由创新。

(4) 建立诚信机制，让"良心"重放光辉。这是一项社会工程，也是灌浆施工的基础。现在国家提出建立社会主义核心价值观，诚信是其要素之一。

灌浆工程是良心活，不仅仅针对承包商。承包商当然要有良心、讲诚信，业主、监理也要凭良心、讲诚信。现在对不良承包商没有惩罚，或惩罚不力，实质是鼓励无良。有人建议对不讲诚信、弄虚作假的承包商实行黑名单制度，这可能是一个好办法，是否还应当

对同流合污的监理单位也要实施制裁，比如进黑名单。

（5）改革计量制度。计量方法是施工行为的总指挥棒。以注入量（t）为灌浆工程的计量方法的弊病已经严重地显现出来，必须停止。那种仅仅依靠改进灌浆记录仪的技术措施是不够的、无力的。灌浆记录仪应当回归工作计量器具的作用，而不应当将其作为一种贸易结算计量器具，即不宜使用其记录的数据作为结算依据。否则修改记录仪输出资料，利用记录仪作弊的行为就会屡禁不止。

（6）文化多元，技术也可多元。文化难分优劣，技术各有特色，实践检验真理。中西灌浆方法各有应用条件，无须排斥对立。我国以自上而下分段灌浆、循环式灌浆和多级水灰比浆液（包括稳定性浆液和非稳定性浆液）变换为基础的孔口封闭法，具有很强的适应性和质量可靠性，尤其适应我国一线工人素质相对较低、施工单位技术装备较差、施工价格较低等条件，在国内完成了大量的重要工程，获得了广泛的认同，在一定的范围内应当继续存在，但也应向节能、降耗、减排，提效等方向改进和发展。

参 考 文 献

［1］ Weaver K. 大坝基础灌浆［R］. 中国水利水电工程总公司科技办，中水基础局科研所，编译. 1995.

［2］ 英国标准——基础工程（BS8004：1986）［C］//张志良，编译. 国外基础工程标准编译. 北京：水利电力出版社，1992.

［3］ 库兹勒. 关于岩石透水性与灌浆标准的研究［C］//《现代灌浆技术译文集》译组. 现代灌浆技术译文集. 北京：水利电力出版社，1991.

［4］ 王碧峰，译. 特殊岩土工程施工：灌浆（BS EN 12715：2000）［J］. 基础工程技术，2010 增刊.

［5］ 隆巴迪 G，迪尔 D. 用“灌浆强度值”方法设计和控制灌浆工程［J］. 柳载舟，向世武，译. 国际水力发电，1993，45（6）.

［6］ 中华人民共和国国家经济贸易委员会. DL5108—1999 混凝土重力坝设计规范. 北京：中国电力出版社，2000.

［7］ 潘家铮. 致张景秀的信［M］//张景秀. 坝基防渗与灌浆技术. 北京：中国水利水电出版社，2002.

［8］ 中华人民共和国国家经济贸易委员会. DL5148—2001 水工建筑物水泥灌浆施工技术规范［S］. 北京：中国电力出版社，2002.

［9］ 夏可风. 稳定性浆液灌浆是成套技术［C］//夏可风. 水利水电地基基础工程技术创新与发展. 北京：中国水利水电出版社，2011.

［10］ 尤利欧，奥森德. 水泥浆的耐久性［C］//李德福，译. 第十五届国际大坝会议译文选编. 1985.

关于向国际先进灌浆技术学习的问题

【摘 要】 在我国快速发展的水利水电建设中，水工建筑物岩石地基水泥灌浆技术基本上同步发展，取得了优异的成绩，但与国际先进水平仍有差距。主要表现在灌浆理念较为保守，施工设备老旧，机械化水平低，能耗物耗大，劳动强度大，工效低。应当抓住国家调整经济结构的机遇，更新理念，学习国外先进灌浆技术，改进传统的技术，推广西式工法。要改变不合理的计量规则。要选择试点实施攻关，打造我国灌浆技术的升级版。

【关键词】 灌浆技术 国际水平 低碳灌浆 差距 升级版

1 问题的提出

1985 年，时任水电部总工程师、中国科学院和工程院院士的潘家铮在龙羊峡水电站一次技术干部大会上作报告，讲到龙羊峡坝基灌浆问题时说："如果说，我们的水利水电工程建设在总体上还落后于发达国家的话，那么，可以说我国的灌浆技术在世界上已处于先进水平。"当时的背景是贵州乌江渡水电站已经建成，强岩溶发育的复杂地层高压灌浆取得成功，我国大规模的水利水电开发正要起步。

1990 年，潘总又说："我国在灌浆技术上虽已取得可喜进展，但与国际先进水平相比，仍有差距，尤其是施工工艺和电子技术的应用等方面还比较落后。"[1]

如今二三十年过去，我国的水利水电开发大规模高速发展，长江三峡水利枢纽、金沙江溪洛渡水电站、黄河小浪底水利枢纽、澜沧江小湾水电站、雅砻江锦屏一级和二级水电站，以及南水北调工程等一大批世界超级工程建成，我国的坝工技术当之无愧地迈入世界前列。

回过头来，再看看灌浆技术，虽然也取得了很大的成绩，但与其他坝工技术如混凝土施工技术、土石方施工技术、隧洞施工技术等比较起来，明显进步不尽如人意，发展步履蹒跚，甚至找不到方向。

如何估价我国灌浆技术发展的水平，如何学习国外先进的灌浆技术？本文主要针对帷幕灌浆技术进行讨论。

2 国内外灌浆技术的比较

为了找出我国灌浆技术究竟应当向国际先进水平学习什么，有必要先将国内外灌浆技术发展的状况作一个比较，以明确二者的差距和差异。概括地说，我国的灌浆技术与国际先进技术或国外通行做法有相同相通之处，但也有系统性的差异。

2.1 灌浆理念与防渗要求

西方发达国家将水泥灌浆主要作为防止坝基渗透破坏的手段，其目的主要是解决大

裂隙和大渗漏量，以及可能导致的渗透破坏的问题，他们认为小裂隙和小的渗漏量灌浆无力解决，也毋须解决。降低扬压力主要应依靠排水而不是帷幕。一些代表性的言论有：

“用以水泥为基本材料的浆液的灌浆帷幕降低渗漏量，是由于坝基岩石透水性高所致，亦即其透水率可能在10Lu以上，甚至在25Lu以上。”“与此对比，透水率在3Lu，更可靠的说是在5Lu以下，坝基岩石水泥灌浆对降低渗漏量没有明显效果。在中等透水率范围即5～10Lu之间，甚至是5～25Lu之间，这样的坝基是否需要灌浆、是否可灌和能否有效，从降低渗漏的观点来看，都是难于确定。”[2]

第十五届国际大坝会议专题58的总报告人认为：“硬性以透水性作为是否需要灌浆的标准是不足取的，1～3Lu的指标在很多情况下可以放宽，尤其是帷幕的下部。”[3]

与西方的理念与要求不同，我国对帷幕灌浆的要求很高，除了要求确保渗透稳定以外，也希望渗漏量降到足够小。具体表现在技术规范上，我国早期颁发的《混凝土重力坝设计规范》（试行）中规定：防渗帷幕的透水性要降低到：低坝（坝高小于30m）透水率$q<3$Lu或$q<5$Lu；中坝（坝高介于30～70m）$q=1\sim3$Lu；高坝（坝高大于70m）$q<1$Lu。

因此，有些大坝如丹江口、乌江渡等甚至提出了要求$q<0.5$Lu的高标准。

后来在国际潮流的影响下，我国的理念逐步开放，防渗标准有所放宽，电力版《混凝土重力坝设计规范》（DL5108—1999）和水利版《混凝土重力坝设计规范》（SL319—2005）规定的防渗标准为：坝高在100m以上，q小于1～3Lu；坝高在100～50m之间，q为3～5Lu；坝高在50m以下，q为5Lu。

这个标准比之前有所进步但还是严于西方一般要求，特别是笔者看到许多工程在规范规定的范围内通常愿意使用上限。表现在对大坝渗漏量的评价上，虽然没有成文的规定，但一般认为大型混凝土坝渗漏量在30L/s以上，土石坝渗漏量在100L/s以上，都是难以接受的。

2.2 钻孔和灌浆机械

西方国家得益于本国先进的装备制造业，他们的钻孔和灌浆机械不断更新，效率很高。岩心钻机全液压操作，有履带可自行移动，起下钻高度机械化，机体上可安装岩石参数记录器，甚至识别岩芯；回转冲击钻机功率强大，钻孔深度可达百米以上，操作简便，工效高。灌浆有专用泵，压力可控，排量可调，机械效率高，可适用各种方式灌浆。

我国灌浆行业使用的钻机普遍仍是普通液压岩心钻机，尚未做到全机械化，体力劳动仍较繁重。冲击回转钻机国内生产已较普遍，但与欧美日产品仍不可同日而语。我国的灌浆机主要仍采用柱塞泵，排量不可调，泵体笨重功耗大。不适用于纯压式灌浆。

灌浆塞等机具基本上赶上了西方水平。

2.3 灌浆材料与灌浆浆液

国外灌浆材料多样化，仅水泥材料早就可以提供各种细度的专用灌浆水泥。水泥浆液美日多采用多级水灰比，欧洲自20世纪90年代倡导采用单一比级的稳定性浆液。

长期以来，我国灌浆一般采用普通硅酸盐水泥，没有专用灌浆水泥，当需使用细水泥灌浆时，要自行再加工（干磨或湿磨）。但近一二十年来，许多水泥厂都可以生产细水泥，价格在可接受范围。因此其与西方已无大差距。我国水泥浆液大量使用多级水灰比配制，并与循环式灌浆相配套。有的专家要普遍推广单一比级的稳定性浆液，但如不改变循环式灌浆法，是不适宜的。

此外，我国在膏状浆液、水泥—化学复合灌浆等方面具有国际先进水平。

2.4 灌浆工艺

西方主要采用钻孔和灌浆工序分开的灌浆工艺。即钻孔单独进行，采用冲击回转钻机一钻到底，接着再自下而上连续进行纯压式灌浆，一气呵成。工序高度简化，便于机械化、自动化施工，极大地降低劳动强度。欧洲还提出和推广实施GIN灌浆法。

我国则主要采用孔口封闭灌浆法，钻灌交替作业，自上而下，钻进一段，灌注一段，采用循环式灌浆。工序复杂，劳动强度大，不利于机械化作业。我国也还有其他灌浆工法。GIN法曾在我国多个工程试验，未能推广。

2.5 灌浆过程控制与计算机应用

西方自20世纪70年代，开始使用灌浆记录仪，80年代日本在大内坝（灌浆量近10万m）、川治坝（灌浆量近20万m）使用计算机控制进行自动化灌浆。

我国自20世纪90年代开始研发推广灌浆记录仪，现已普及应用。记录仪联网监控也已在几座坝实现。20世纪末中国水电基础局与天津大学曾经联合进行了灌浆自动化的研究，并取得阶段成果，技术上基本不存在问题。主要受制于工艺繁杂和工程标价过低无法推广应用。

另外，由于体制和经费的原因，我国当前主导灌浆机械化和信息化开发研究的主要是业主单位，但有的业主关心的首先不是如何提高施工效率、降低工人劳动强度，而是想如何“管住”施工单位，陷入了严重的误区，难以引领技术的进步。

2.6 灌浆质量检查和灌浆效果

西方对灌浆质量的控制一般以过程控制为主，只要施工过程是按照设计要求进行的，灌浆过程数据变化是合乎规律的，末序孔的透水率和单位注入量达到小于或接近某一数据时，灌浆就认为是合格的，在末序孔的透水率和单位注入量偏大的部位少量地布置补灌孔，也作为检查孔进行压水试验。对检查孔的布置和合格标准少有硬性的指标规定。西方灌浆质量总体较好，少见有异常情况的报道。但是欧洲有几座坝对帷幕耐久性提出疑义，工程完成10～15年后需要补灌，一些专家将其归结为灌注了稀浆的缘故。

我国历来也重视过程质量及检查，但近一二十年来过程质量控制力不从心，甚至全面失控。转而寄希望和设防于最终质量检查，并增加第三方检查，还增加一些无意义的物探检查项目（指帷幕灌浆）。我国灌浆工程总体质量较好，不少大坝帷幕优于西方国家防渗标准和防渗效果。我国灌浆主要使用多级水灰比浆液，以稀浆开灌，并不多见帷幕防渗能

力异常衰减现象。但近年来帷幕灌浆工程完成以后，初期蓄水即渗漏较大而大量追加补灌工程量的情况多有发生。

2.7 灌浆工效

西方国家灌浆工效很高，一台钻机与一台灌浆泵月完成钻灌工程量在 2000m 以上；我国灌浆机组一般配置两钻一灌，工效约为 200～400m/月。

2.8 计量方法

国外灌浆工程计量方法各工程不完全一样，一般较复杂但合理，每道工序（如钻孔、复钻水泥结石、压水试验、裂隙冲洗、安装灌浆塞、注入水泥量等）都按不同单位给予计量计价，无论水泥注入量是多是少，承包商基本没有风险。

我国采取灌浆进尺和注入量两种计量方式，都过于简单。前者留下尽量节约水泥（这是正确的）甚至偷工减料的空间，后者则助长浪费和弄虚作假。

3 我国灌浆技术的差距与优势

通过上述的分析比较，可以明显地看出我国灌浆技术与世界先进水平的差距主要是，灌浆理念偏于保守，钻孔灌浆设备落后、钻灌工艺复杂、机械化自动化水平低、计算机应用水平较低，施工劳动强度大、工效低，计量方法粗放导致灌浆资料失真，进而导致施工质量控制难度加大，灌浆质量评价困难。

但是，我国的灌浆技术也有超越西方的突出优点，即灌浆质量好，只要原原本本、实实在在按照我国灌浆规范施工的工程，其帷幕防渗效果、耐久性是可以长期经受工程运行考验的，大量的在用工程运行情况说明了这一点。个别工程后期进行防渗帷幕补强灌浆主要原因不外乎初期施工质量就有问题，或特殊的地质原因。

我国帷幕灌浆质量之所以优于西方，主要基于以下原因：

（1）多级水灰比浆液循环式灌注，稀浆开灌，浆液渗透能力强，有利于填充更多的细裂隙，帷幕防渗标准高，透水率可以达到小于 1Lu。

（2）孔口封闭灌浆法，自上而下反复复灌，增加了灌浆质量的可靠性。

（3）较严格的灌浆结束条件，使得注入岩石裂隙中的水泥浆液结石密实度提高，因而耐久性好。

也就是说，我国帷幕良好的防渗效果恰恰是繁琐的灌浆工法和较大的投入（消耗）所换取来的，而我国民族文化追求完美的特质，使得设计人员（他们是代表）不愿意降低防渗标准，这就导致我国灌浆技术难以和迟迟没有出现革命性的变化。

4 怎样向国际先进灌浆技术学习

就我国机械制造业和计算机技术的发展水平来说，将我国灌浆技术提升为西方灌浆工法，硬件基本上不存在问题，有些差距也可在短期内解决。问题是软件，即灌浆理念和防渗标准，还包括施工人员技术素养。那么，我国应当怎样学习西方灌浆技术呢？

(1) 要熟悉和学习西方的灌浆理念。西方灌浆理念科学，我国灌浆理念严谨，学习西方理念，不等于要用以全盘替代我国的传统理念，而是补充和丰富自己的思想。我国有许多在建的200m、300m级的高坝，在这些大型重要工程上严谨一点是必要的。现在的问题是，许多一般性的工程，100m坝高以下的工程依然比较保守，防渗标准过严，施工方法要求太死，灌浆技术无法进步，这是值得改进的。

要破除西式工法不能满足我国设计要求的偏见。西式工法施工了欧美无数大坝的防渗帷幕，总体上还是运行良好的。

理论的研究，机理的探索，设计要走在前面。各工程的灌浆技术要求都是设计制定的，近些年来灌浆工艺复杂化的趋势，设计是主要推手。为了解决这一问题，要倡导设计人员深入施工现场（至少在一些关键的时段），积累经验，感受“直觉”。非如此，不能获得完美的灌浆设计与施工。

记得已故潘家铮院士曾经大力推动培养水工—地质师或地质—结构工程师。现在由于实行了监理制度，有些设计人员离施工越来越远，不了解现场情况，这样如何做出优秀的灌浆设计，如何实时地根据现场情况正确地调整灌浆施工工艺及参数呢？

要在适当的范围内，例如在中低坝的帷幕灌浆中，在高坝的高高程岸坡帷幕灌浆中，在几乎所有的固结灌浆中，提倡优先采用低碳、优质、高效的西式工法，即自下而上纯压式灌浆法。传统的灌浆方法适应我国过去的国情，现在国情已变化，粗放的、劳动密集型的传统工法越来越难以为继，实行转型升级是必由之路。

(2) 推广西式工法不仅是工艺的转变，钻孔灌浆设备也应更新，西式工法与孔口封闭法相比，能源消耗只有1/4，水泥损耗只有1/12[❶]。但如果仍使用传统的岩芯钻机、柱塞式灌浆泵，节能降耗效果就差多了。更重要的是提高施工人员的水平，西式工法机械化程度高、工效高、劳动强度低，但对施工技术人员和操作工人技术素养要求高，这也符合我国劳动力进步的趋势。除了施工人员以外，目前我国业主、设计、监理人员对西式灌浆工法也都缺少全面和深入的了解，也有知识更新的问题。

改变工法以后，灌浆由断续进行变为连续作业，因此可实行白天一班制工作，既改善工人和旁站监理劳动条件，又增加透明度，有利于加强管理提高质量。

(3) 要在推广西式工法的基础上提高我国灌浆施工机械的升级换代，提高机械化水平，逐步实现自动化和信息化。我国传统工法工序过于繁杂，难以提高机械化水平，难以实现自动化。学习西方技术要抓住精髓，不能是只言片语，不能是一两种浆液配方，应当注意技术的系统性和完整性，例如稳定性浆液就是成套技术。

(4) 当前，我国社会经济发展正处于调整转型阶段，开发和应用节能环保技术已是当务之急。西方先进灌浆技术离我们只有一步之遥，我们应未雨绸缪。笔者建议能有一个适宜的工程先行先试，作为一个科技攻关课题来实施，先进行“顶层设计”，基本摆脱我国传统的灌浆模式，显著提高机械化自动化水平，打造我国灌浆技术的升级版，在此基础上

❶ 详见本书《低碳经济与灌浆》。

再推而广之。

(5) 传统工法仍应在一定范围内保留，比如在高坝帷幕灌浆，在地质条件不适用自下而上灌浆的地方等。但是孔口封闭灌浆法也有改进的余地，应当进行这方面的探索试验，在不改变基本工艺的条件下，较大幅度地提高工效和资源利用率。

(6) 使用灰量计量法进行灌浆工程计量与结算弊病太大，要尽快终止。笔者考察了几十个工程，凡使用灰量法计量的工程单位注入量数据几乎都不真实，这是一个巨大的损失。灌浆工程是隐蔽工程，灌浆注入量数据是灌浆工程信息最主要的载体，是灌浆质量和效果的反映和评价依据，如此庞大的数据库都是假的，任何先进的机械化、自动化、信息化都失去意义，更重要的是威胁工程的长远安全。

要改变低价中标、作弊挣钱、恶性竞争的市场生态，整顿工程腐败。要严管灌浆记录仪，一方面要解除其作为贸易结算计量器具的功能，另一方面要下决心管住作假行为，以现代技术而言是完全可以管好的。要建立黑名单制度，一旦发现作弊的施工单位，要进入黑名单。如果管住了记录仪作假，也可以倒逼投标价格趋向合理，倒逼计量制度改革。

参 考 文 献

[1] 潘家铮.《现代灌浆技术译文集》序 [C]//《现代灌浆技术译文集》译组.现代灌浆技术译文集.北京：水利电力出版社，1991.

[2] 库兹勒.关于岩石透水性与灌浆标准的研究 [C]//《现代灌浆技术译文集》译组.现代灌浆技术译文集.北京：水利电力出版社，1991.

[3] 中国大坝代表团.第十五届国际大坝会议技术专题综述及瑞士大坝工程考察报告 [R]：49.

低碳经济与灌浆

【摘　要】 为了国民经济的可持续发展，各行各业要转变发展模式适应低碳经济要求。与欧洲比较起来我国灌浆工艺粗放，浪费惊人，节能降耗潜力很大。本文对我国灌浆技术升级换代实现低碳灌浆的必要性和可能性进行讨论并提出建议。

【关键词】 低碳经济　低碳灌浆　节能　减排

1　问题的提出

当前，全世界面临着气候变暖带来的种种问题。我国经过多年的高速发展，国内生产总值（GDP）已经增长至世界第二，但环境也不堪重负。改变发展模式，减少能源消耗和碳排放已经刻不容缓。“十二五”规划期间，中国承诺到2020年将每单位GDP的碳排放较2005年削减40%～45%，2014年，习近平主席与美国总统奥巴马在北京APEC会议期间会晤承诺，至2030年我国的碳排放将不再增加。这是一个十分艰巨的任务。

天下重任，匹夫有责。灌浆行业是千万行业中的一行，灌浆企业是万千企业中的一家，节能降耗义不容辞。对比西方发达国家的灌浆技术，笔者觉得我国灌浆施工工艺粗放、浪费严重，在确保工程质量的前提下，降低能源消耗、减少浪费、减少排放的潜力很大。

2　我国与欧洲的灌浆方式和资源消耗的比较

欧洲国家灌浆一般采用钻孔工序和灌浆工序分开进行的施工方式，全孔钻进一次完成，钻孔采用冲击回转钻机，全断面破碎，钻机功率大，工效高，单位进尺能耗低；灌浆采用自下而上分段纯压式灌浆法，每一灌浆段和单位进尺的纯灌时间短，浆液损耗很少。

相比之下，我国灌浆一般采用钻孔工序和灌浆工序交替进行的施工方式，灌浆孔分段钻进，一段钻孔完成后接着灌浆，灌浆完成后接着钻进下一段钻孔……如此循环直至终孔。钻孔采用回转式岩心钻机，环状钻进，取出岩芯，钻机功率较小，但工效低，单位进尺能耗高；灌浆采用自上而下分段循环式灌浆法，每一灌浆段和单位进尺的纯灌时间长，浆液损耗很多。

粗略分析，欧洲国家一般灌浆能源消耗和水泥损耗情况为，采用液力变矩式灌浆泵功率7.5～10.0kW（灌浆压力不大于10MPa，注入率不大于100L/min），每段（长5m）纯灌时间一般不超过1h，单一灌浆段水泥浆基本无损耗，水泥浆综合损耗不大于5%。我国采用柱塞式灌浆泵功率18～22kW，每段纯灌时间都在2h以上，每段灌浆都要损耗不少水泥浆，孔口封闭法灌浆水泥浆损耗率为80%～20%，灌浆孔直径大、钻孔深、单位注入量小，则损耗大；反之损耗小。若平均损耗率以30%计，并假定单位注入量为50kg/m，则

我国和欧洲每米灌浆的能耗和水泥损耗的比例分别为4∶1和8.2∶1，见表1。

表1　我国与欧洲灌浆能耗和水泥损耗对比表

地　区	灌浆泵功率 /kW	纯灌时间 /h	能耗 /(kW·h/m)	能耗对比	单位注入量 /(kg/m)	水　泥　损　耗		水泥损耗对比
						%	kg/m	
欧洲	10	1.0	2	1	50	5	2.63	1
我国	20	2.0	8	4	50	30	21.4	8.2

上述分析还仅仅只是灌浆能耗和水泥损耗上的对比，如果再加上其他物耗、人力和时间消耗，以及钻孔消耗上的对比，差距就更大了。

3　低碳灌浆大有潜力

笔者在本书的《浅论灌浆压力与灌浆功率》中说到，灌浆是对地基做功。但是灌浆施工中实际施加到地层的有效功率是很小的。按照《水工建筑物水泥灌浆施工技术规范》(DL/T5148—2012) 第5.6.10条的建议，假设灌浆压力5MPa，注入率10L/min，则有效灌浆功率G_p为

$$G_p=5\text{MPa}\times10\text{L/min}=50\text{MPa}\cdot\text{L/min}$$

$$1\text{MPa}\cdot\text{L/min}=1\times10^6\times\text{N/m}^2\times10^{-3}\times\text{m}^3/60\text{s}=16.7\text{N}\cdot\text{m/s}=16.7\text{W (瓦特)}$$

$$G_p=835\text{W}$$

这只有我国常用灌浆泵功率的1/24，欧洲常用灌浆泵功率的1/12。

大部分功率用在何处了呢？用在了浆液的输送、机械的摩擦以及功率储备上。特别是我国的孔口封闭法灌浆，浆液在管路及全孔的循环流动中消耗了相当多的能量。在我国许多施工现场常常可以看到这样的情况，在灌浆达到结束条件的阶段，灌浆孔口压力表显示压力为6MPa，但灌浆泵上的压力表显示压力为8MPa，泵的排出浆量是100L/min，水泥浆从泵的出浆口排出，进入灌浆管路→通过射浆管至灌浆孔底→绝大部分或全部浆液返回孔口→回浆管→储浆槽，之后再进入灌浆泵，循环不止，水泥浆随之失水、发热、增黏。这时候水泥浆液消耗的功率是：

$$N_j=8\text{MPa}\times100\text{L/min}=800\text{MPa}\cdot\text{L/min}=13.36\text{kW}$$

考虑泵的机械效率和电机功率因数，灌浆泵达到了满负荷工作。这也清楚地说明，孔口封闭法灌浆把绝大部分能量消耗在浆液循环上了。

4　低碳灌浆势在必行

根据表1的比较分析，我国采用的灌浆方式如果改用欧洲的灌浆方式，每延米灌浆可节电6kW·h，减少水泥损耗18kg。从网上查阅相关资料，生产1kW·h电要排放二氧化碳0.785kg，生产1t水泥约排放二氧化碳0.7～0.8t。即使按保守的估计，我国水利水电行业每年完成帷幕灌浆和深层固结灌浆约50万m，基本上是采用孔口封闭灌浆法。如此算来，一年可节电300万kW·h，减排二氧化碳2355t；节省水泥9000t，减排二氧化碳6300～7200t；共计减排二氧化碳9000t左右。这对环保是多大的贡献。

更主要的是，这种低效高耗的施工方式工艺精确度差、技术含量低、劳动强度大，使用工人多，作弊的空间大，监理的难度大，实现自动化信息化的难度大（或成本高）。尽管该法有一些突出的优点，在我国水利水电工程建设史和灌浆技术史上发挥过重大作用，至今也难以完全取消，但是在新的历史条件下，如何推广低碳灌浆应当提到议事日程。

有鉴如此，笔者建议：

（1）要打破孔口封闭法灌浆方式包打天下的局面，实现灌浆工法的多元化。要根据工程地质条件和工程目的要求允许选用可以保证质量，更加高效、更加环保的灌浆方式。

（2）要对孔口封闭法探索改进创新。孔口封闭法工艺中一些可以简化的工序、可以缩短的时间，要删繁就简，削枝强干。这方面新版灌浆规范比旧版规范（2001 版）有所进步，但笔者发现一些工程的设计人员还喜欢使用旧标准。

（3）采用节能施工机械。我国的灌浆泵多是柱塞式定量泵，动力大，排量固定或分两挡，适用于循环式灌浆，如进行纯压式灌浆，就要孔外循环，仍然是一样地空耗电能。要推广变量泵，这种泵固定压力调节流量，配备电机功率相对较小，适用于纯压式灌浆。

柱塞式灌浆泵排量应设置 100L/min 和 50L/min 两挡或三挡，灌浆结束阶段使用低挡，减少管路中的循环流量，减少能耗。

（4）低碳灌浆灌浆技术对施工人员素质要求更高，要用新观念、新技术培养队伍，也包括监理、设计技术人员。

（5）应使用经济杠杆鼓励使用低碳灌浆技术，限制高耗高排低效的技术。

论灌浆压力及其运用

【摘　要】 灌浆压力是水泥灌浆中最重要、最复杂、影响因素最多、最不容易准确把握和最具有争议性的设计和施工参数。在工程实践中，既存在着盲目追求高灌浆压力导致浪费大量浆材，甚至破坏地基和建筑物的过量灌浆的现象，也存在着害怕使用高压灌浆，导致灌浆不足的情况。本文对灌浆压力的作用及影响因素、初始灌浆压力和最大灌浆压力的区别、灌浆压力的估算和拟定、施工过程中灌浆压力的控制方法、灌浆压力与岩体劈裂的关系、对灌浆压力认识的若干误区等进行讨论。作者认为，对于一项灌浆工程来说，确定一个适宜的最大灌浆压力是重要的，但如何控制灌浆压力过程有时是更重要的。鉴此，作者提出了灌浆功率的概念，在灌浆过程中保持灌浆功率大致不变，可以有效防止过量灌浆和灌浆不足。文章还对隆巴迪的抬动力公式提出了质疑，认为该公式不符合工程实际情况。

【关键词】 灌浆压力　灌浆阶段　压力估算与拟定　灌浆力度　灌浆压力的误区　隆巴迪公式

1　问题的提出

灌浆压力及其运用是水泥灌浆施工中最重要、最复杂、影响因素最多、对灌浆质量影响最大，同时也是显著影响工程造价和工程进度的设计参数和工艺参数。但是它又是针对性最强、差异性最大、对操作者经验和思想倾向的依赖性最大、最难以制定规范性定量标准（操作规程）的施工参数。行业技术标准中对于怎样确定灌浆压力，怎样使用灌浆压力，规定一直比较模糊。在学界对于灌浆压力在理论上的争议也一直没有停歇，至今未有服人的定论。

随着水利水电建设的快速发展和众多工程项目的施工，水泥灌浆工程和灌浆技术的应用已经十分普遍，但是在不少的项目上怎样选择灌浆压力和如何正确使用灌浆压力的问题解决得并不好，或陷入了误区。比如有的工程设计人员为获得好的灌浆效果，不看地基承受能力，不适当地追求高灌浆压力；有的承包商为追求大注入量，不适当地使用高压力，导致浆液严重浪费，甚至发生大面积地层抬动，结构物破裂；有的工程则害怕使用较高的灌浆压力，谈“抬（动）”色变。

为此，本文以岩石地基帷幕灌浆为主要对象，以工程实践为主要依据，针对灌浆压力的有关问题进行讨论。

2　灌浆压力的定义

2.1　定义

灌浆压力，顾名思义，灌浆使用的压力。但这是一个很概略的提法，准确地说，至少有以下三方面的含义。

(1) 从压力的作用点定义：在一个由灌浆泵、循环管路、灌浆塞和灌浆孔组成的封闭系统中，灌浆浆液在灌浆泵施加的压力作用下流动、渗入岩层裂隙，系统中各处都承受着压力，其压力值大小不等，所谓灌浆压力应是灌浆时浆液作用在灌浆孔段中点的压力。

(2) 从灌浆区域空间位置定义：在不同灌浆部位使用压力是不同的，即使在同一灌浆孔中，一般而言灌浆压力也是自上而下逐渐增加的，直到某一深度达到最大灌浆压力。在技术文件中所指的通常是最大灌浆压力。

(3) 从灌浆过程阶段定义：一个孔段在灌浆过程中，灌浆压力并不是一个定值，它是时间的函数，基本上从低到高，有时起伏多变，开始灌注时的较低压力称为初始压力，最后升至最大压力。在施工中，这个过程基本上凭操作者的经验和思想倾向掌握。我们通常所讲的灌浆压力是技术文件中指明的固定的参数，有时也称为设计灌浆压力、允许灌浆压力等，它就是上述灌浆过程中达到的最大值，即最大灌浆压力。

2.2 灌浆压力的构成

如图 1 所示，灌浆压力由灌浆泵输出压力（由压力表指示）、浆液自重压力、地下水压力和浆液流动损失压力的代数和。

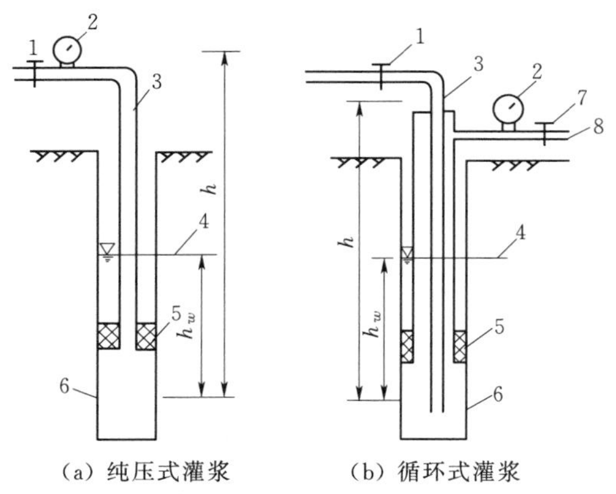

图 1 灌浆压力的构成

1—进浆阀门；2—压力表；3—进浆管；4—地下水位；5—灌浆塞；6—灌浆段；7—回浆阀门；8—回浆管

对于纯压式灌浆，压力表安装在灌浆孔口进浆管上［图 1 (a)］

$$P=P_1+P_2-P_3-P_4 \tag{1}$$

对于循环式灌浆，压力表安装在灌浆孔口回浆管上［图 1 (b)］

$$P=P_1+P_2+P_4-P_3 \tag{2}$$

式中 P——灌浆压力（简称全压力）；

P_1——孔口压力表指示压力（简称表压力）；

P_2——孔口压力表中心至灌浆段中心的浆液柱自重压力，$P_2=h\gamma_g$；

P_3——地下水对灌浆段的压力，$P_3=h_w\gamma_w$；

P_4——浆液在灌浆管和钻孔中流动的压力损失；

h——孔口压力表中心至灌浆段中心的高度；

h_w——地下水位至灌浆段中心的高度；

γ_g——浆液的重度；

γ_w——水的重度。

浆液在灌浆管和钻孔中流动的压力损失 P_4 包括沿程损失和局部损失。此项数值与管路长度、管径、管壁糙率、连接弯头的多少与形式、灌浆孔径、浆液黏度、温度、流动速度等有关，可以通过计算或试验得出，但由于计算比较复杂，试验也不易作得准确，且每一灌浆段该数值都不相同，在灌浆过程中变化不定。在大多数情况下，这项数值相对灌浆压力很小，因此为简便起见一般予以忽略。

在灌浆施工作业中，特别是现今多采用的高压灌浆施工中，由于灌浆压力很大（大于3MPa），浆柱压力、地下水压力、管路损失都相对较小，因此除有特别精确要求外，施工中常常就采用表压力作为灌浆压力。

2.3 灌浆压力的检测和记录

关于灌浆压力的检测和记录，灌浆规范中有明确规定："采用循环式灌浆时，灌浆压力表或记录仪的压力变送器应安装在灌浆孔孔口处的回浆管路上；采用纯压式灌浆时，压力表或压力变送器应安装在孔口处的进浆管上；压力表或压力变送器与灌浆孔孔口的距离不宜大于5m。灌浆压力应保持平稳，宜测读压力波动的平均值，最大值也应予以记录。"[1]国外工程有的技术规程要求压力表与孔口距离不大于3英尺。

由于大多数灌浆泵都是柱塞泵或活塞泵，它们输出浆液的压力是波动的，压力表或记录仪指示的压力也是波动的，有时波动还很大。为了减少压力的波动，灌浆泵或管路上应安设空气蓄能装置。我国早期高压灌浆如乌江渡和龙羊峡等工程的帷幕灌浆曾以压力波动的峰值作为压力控制的标准，并予以记录；现在使用灌浆记录仪可以更准确地记录灌浆压力波动的平均值，以此作为控制灌浆压力的主要依据，同时也记录最大值作为备查，因为灌浆压力的瞬间冲高很可能是导致基岩劈裂或建筑物抬动的肇事者。在工程实践中，灌浆压力峰值和中值通常相差20%，如果灌浆泵的状况不良，差值还要大。这是问题的一方面。另一方面，也有的专家指出，灌浆压力的波动对于浆液的渗流扩散有益[2]，压力的脉动可以保持浆液的流动性，从而增大渗流的距离。但可想而知，脉动的幅度太大还是有害的。

压力表或压力变送器（传感器）之所以要安装在灌浆孔口是为了使测量地点尽可能地靠近灌浆孔段。笔者在许多工地看到，这方面实际做得不好，作业班组为节省人力，又图操作方便，常常把回浆阀门（连带压力表和压力变送器）安装在远离灌浆孔的记录仪旁边，一般都有30m距离（管道长），这有两个害处：一是增加了压力的沿程损失，特别是在使用"大循环"灌浆记录仪，小水灰比浆液（如稳定性浆液）灌浆，达到结束阶段时，浆液在灌浆孔和管路系统中高速流动，这个压力损失是很大的，相当于增大了1～2MPa，甚至更大的灌浆压力，是很危险的。二是压力表离孔口、离灌浆段远了，其所反映的压力值滞后于实际发生时间，这对及时捕捉水力劈裂信息，防止大的劈裂发生极为不利。即使为改善操作条件，退一步而言，也应把压力传感器留在孔口，把压力表移到记录仪旁，记录仪记录值以传感器为准，压力表显示值做操作人员参考，这样记录下来的压力值准确一点。国外灌浆技术规程一般要求在灌浆泵上和灌浆孔口两处都要安设压力表，这是有好处的。

当然，也可以通过在灌浆塞底下安装压力传感器直接测量孔段的灌浆压力，那就不必进行换算，不必考虑误差问题了，但这样做将增大施工操作的复杂性，成本也会相应提高，对于一般灌浆工程的精确性而言，现在还没有必要。

3 灌浆压力的作用与影响因素

3.1 灌浆压力的作用

（1）灌浆压力是浆液流动的能源。灌浆压力是驱动浆液渗入岩体裂隙的动力，是灌浆工作得以进行的能源。当岩体裂隙连通性好，灌浆浆液流动比较通畅时，灌浆压力越大，浆液渗流的距离越远，加固岩体的范围越大。在这种情况下，灌浆压力也是确定灌浆孔距的因素，在一定范围内当加大灌浆压力时，灌浆孔距也可以适当加大，从而节省钻孔工程量，降低工程成本。但是当岩体裂隙连通性不好时，灌浆孔距与灌浆压力关系不大。

当灌浆压力越大，浆液在岩石裂隙中扩散渗流的流量愈大，流速愈快，流程愈远。也就是说，在其他条件相同的情况下，较高的压力灌浆可以注入量更大，或者注入范围更大，或者灌浆时间更短。这都是有助于提高灌浆质量或降低施工成本的。

（2）灌浆压力是提高浆液结石密实度的重要条件。对于灌浆处理的地层，注入浆液较多，达到注浆饱满而不浪费是灌浆质量好的基本要求；注入浆液凝固后结石密实则是另一项基本要求，只有浆液结石的密实度更高，其抗压、抗剪强度，与岩石的黏结强度和抗渗性能才会更好，更高灌浆压力是确保浆液结石密实的重要条件。

有些学者将灌注浆液的水灰比说成是决定浆液结石密实度的前提条件，这只是试验室内的情况，在岩体裂隙里的浆液，在灌浆压力下泌水固结是使其结石体密实的最重要条件，在较大的灌浆压力下含水量多（水灰比较大）的浆液同样可以获得密实的结石。相反，即使很稠的浆液如果不进行压力泌水，结石也达不到理想的密实度。

（3）灌浆压力是控制灌浆过程的要素。在灌浆作业中，灌浆压力是一个动态过程。一项灌浆工程的成败，是否质量最优或者一般，是否成本最低或者大大超出预算，施工时间是否较短或者长时间不能结束，很大程度上取决于灌浆过程的控制，特别是灌浆压力的控制。灌浆压力是各项灌浆施工工艺参数中最重要、变化最活跃、控制难度最大、对灌浆质量和工程成本影响最大的因素。通过灌浆压力的合理运用，可以对许多灌浆参数如孔距、浆液水灰比变换、注入率等进行配合，可以对某些缺陷（包括设计灌浆压力定得偏大或偏小）予以补偿。

（4）灌浆压力的大小和变化趋势是反映地层状况、灌浆进行程度和灌浆效果信息的载体。灌浆是勘探与施工平行进行的一种作业，所谓勘探就是不断地、超前地获得信息，灌浆压力就是施工过程中不断发生的、由灌浆孔段和岩体裂隙中反馈回来的、同时被记录仪记录的重要信息，通过它和伴生的其他信息，可以判别或大致判别灌浆孔段所处部位的许多情况，如岩体的类别、裂隙的发育情况、灌浆进行的程度（岩体裂隙被浆液充填饱和的程度）、是否发生了劈裂或抬动、灌浆是否应当结束等等。

（5）虽然灌浆压力是灌浆进行的必要条件，但凡事有度，过高的灌浆压力也会起到负作用：如可能造成过量灌浆，使浆液灌注到预定的范围以外，浪费财力；可能使岩石裂隙扩宽、

断裂，甚至导致岩体变位，恶化地质条件；或使坝体或其他结构物发生抬动变形、裂缝等。

(6) 灌浆压力虽然重要，但它独自不能发挥作用，它必须与注入率结合在一起方能体现出各种作用来。

3.2 影响灌浆压力的因素

影响灌浆压力的因素很多，主要有：

(1) 建筑物的要求。这里主要指对帷幕防渗能力的要求，如防渗标准透水率是多少；如是进行不良岩体的高压固结灌浆，对灌后岩体力学指标、弹性波速的要求。通常高坝的水头高，对帷幕或基础岩体的要求就高，灌浆压力随之也要求高。

我国灌浆专家孙钊提出：考虑大坝承受水头的因素，一般情况下坝高100～150m时，帷幕灌浆压力不宜大于4倍坝前水深；坝高150～200m，不宜大于3倍坝前水深；坝高200～250m，不宜大于2.5倍坝前水深。200m或250m以上的高坝，在某些部位需要采用大于6MPa的灌浆压力，例如8MPa时，务必先做灌浆试验，探索灌浆工艺并论证其必要性后再行实施。在岩溶发育地区修高坝，为了使溶洞内的充填物固结、密实，常常使用高压。根据实践经验，一般情况下灌浆压力为5～6MPa就够了，大于6MPa的灌浆压力似无必要。与帷幕的防渗标准一样，一座高坝的基岩帷幕灌浆也可由于各部位承受坝前水头的不同，而采用两种或三种灌浆压力[3]。

(2) 地质条件，即基岩的岩性、构造。通常岩石坚硬、岩体完整、构造简单，灌浆压力可以高一些，反之灌浆压力应当小一些；软弱松散岩体、缓倾角薄层状的岩体，不宜使用过高压力。

(3) 上部建筑物的情况。当帷幕灌浆在已有建筑物的地基施工时，灌浆压力的选择应十分慎重。原则上任何灌浆压力都不应引起基岩面或混凝土结构物的抬动，或抬动不超过允许值。切实防止由于上抬而使混凝土结构产生裂缝，影响水工建筑物的整体性。

(4) 灌浆浆液性质。通常浆液水灰比小，内聚力和稠度大，灌浆压力可以提高，相反浆液水灰比较大，内聚力和稠度较小，灌浆压力的提高应慎重。稳定性浆液、膏状浆液可以使用较高的灌浆压力。

图2为学者Feder提出的灌浆初始压力与浆液水灰比、岩体裂隙宽度关系图[4]，从图

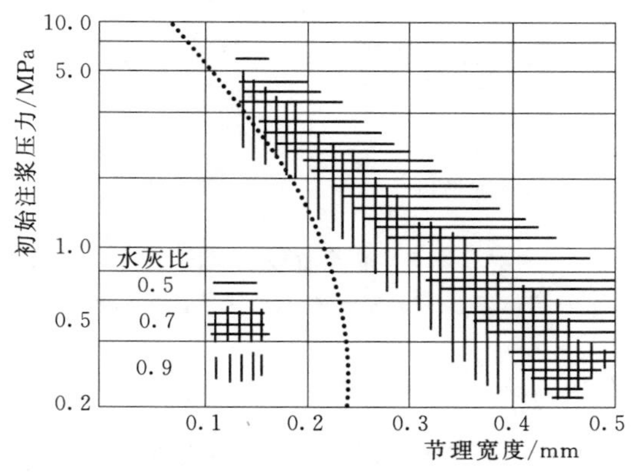

图2 初始压力与浆液水灰比、岩体裂隙宽度的关系（Feder，1993）

中可以看出在同样的裂隙宽度下，浆液的水灰比越小使用的灌浆压力应越高。

（5）使用的灌浆方法、灌浆的次序。灌浆方法、灌浆次序也是选择灌浆压力的重要因素，采用自上而下灌浆法由于上部的岩体先期得到了加固，所以同样深度的灌浆段使用灌浆压力可以比自下而上灌浆法时大一些；同样的道理后序孔灌浆压力可以比前序孔大一些。

（6）压力测记方法、工程量计量与支付方法。如前所述，当在施工中测量与记录灌浆压力波动的峰值时，灌浆压力可以大一些；测量和记录平均压力时，灌浆压力值不宜定得过大；灌浆压力越大，波动值也越大。

在同样的地质条件下，灌浆压力的大小，特别是压力过程的控制，会导致灌浆单位注入量的较大差异，因此灌浆工程量采用何种计量与支付方法也支配着灌浆作业人员对灌浆压力的选定及其控制运用。

4 初始灌浆压力与最大灌浆压力

4.1 灌浆阶段与灌浆压力

灌浆是一个过程，灌浆孔内和岩体裂隙的情况时刻都在变化。大体可分为“充填”和“压实”（或饱和）两个阶段，见图 3。对应于我国的灌浆规范，充填阶段属于灌浆的前大半段，压实阶段基本对应于结束阶段，中间还有一个过渡段，就不细分了。充填阶段主要任务是输送、充满浆液，注入流量大，灌浆压力较低，但岩体受到的抬动力不小（图 3 中充填阶段压力分布曲线下的面积）；压实阶段主要任务是压迫泌水，增大浆液结石密度，此时注入率已经很小，灌浆压力达到最大 P_{max}，但抬动岩体的力并不很大（图 3 中饱和阶段压力分布曲线下的面积）。

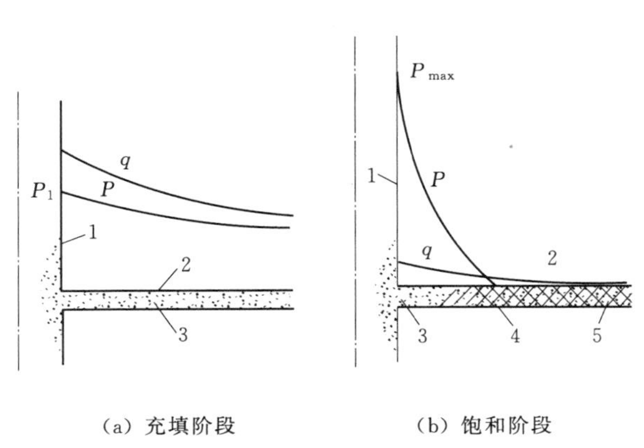

图 3　灌浆阶段示意图

1—灌浆孔；2—岩体裂缝；3—充填浆液；4—半固结浆液；5—已固结浆液

4.2 初始灌浆压力与最大灌浆压力

在灌浆工程的技术文件中，灌浆压力是一个确定的数值，它就是设计压力或最大灌浆压力，如图 3 中的 P_{max}。但是，在施工操作过程中，多数情况都不可能从始至终一直使用

最大灌浆压力，通常都应当根据注入率的大小，以适宜的速度从低到高逐渐增大压力。这样开始阶段使用的那个压力值就是初始灌浆压力，如图 4 中的 P_1。P_1的意义是最低的可能进行有效注浆的压力，奥地利学者 1993 年曾经提出过这个概念（图 2)。在施工操作中，初始灌浆压力非常重要。我国水布垭水电站趾板帷幕灌浆就制订了初始灌浆压力和目标灌浆压力（即最大灌浆压力)[5]。天荒坪抽水蓄能电站高压引水隧洞围岩固结灌浆施工时，灌浆压力按 1MPa 一个等级逐渐提升，至注入率小于 2.5L/min 后升至 9MPa，持续 20min 结束[6]。

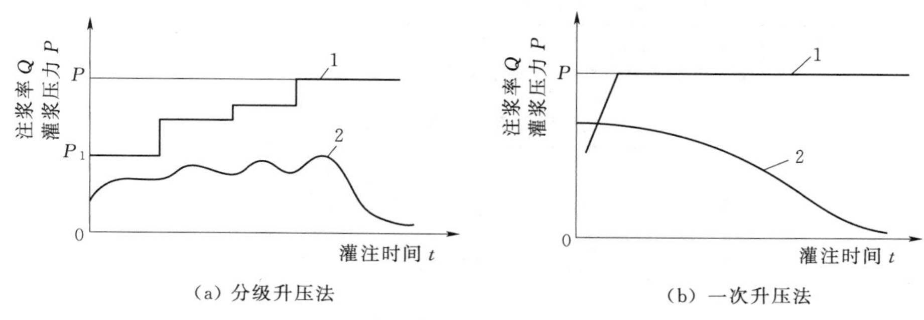

图 4 灌浆压力过程线示意图

1—压力过程线；2—注入率过程线

我国灌浆规范中没有对于初始灌浆压力的明确要求，所以大部分工程中都没有给出这个数值，施工中一般从零开始快速而逐渐提高压力，至某一压力可达到相当注入率时，保持稳压灌注，这个压力也可以说是初始压力。在有条件的情况下，宜在灌浆试验时同时确定最大灌浆压力和初始灌浆压力，更有利于施工中操作。

5 最大灌浆压力的估算与选定

如何正确地定量地确定最大灌浆压力，是一个比较复杂、比较困难的事情，通常采用经验公式初步计算、使用岩体力学的公式分析、查图表对照、类比已建工程、进行现场试验探求和验证等方法进行估算和拟定。

5.1 用经验公式估算灌浆压力

灌浆工程界提出和曾经用过的经验公式很多，用得较多一些的有：

5.1.1 考虑基岩条件和灌浆方式的经验公式[7]

$$P=P_0+\alpha D \tag{3}$$

式中 P——灌浆压力，MPa；

P_0——基岩地表段允许灌浆压力，MPa；

D——灌浆段深度，m；

α——基岩每增加 1m 深度可增加的压力，MPa/m。

P_0和 α 由表 1 查得，当考虑灌浆方法和灌浆次序因素时由表 2 查得。

表 1　　**P_0与α值选用表（1）**

岩石类别	岩层特性	P_0/MPa	α/(MPa/m)	常用压力/MPa
Ⅰ	具有陡倾裂隙及低透水性的坚固大块结晶岩石与岩浆岩	0.30～0.50	0.20～0.50	4.00～6.00
Ⅱ	中等风化的块状结晶岩，变质岩或大块体少裂隙的沉积岩	0.20～0.30	0.10～0.20	2.50～4.00
Ⅲ	坚固的半岩性岩石、砂岩、黏土页岩、凝灰岩、强或中等裂隙的成层的岩浆岩	0.15～0.20	0.05～0.10	0.50～2.50
Ⅳ	半岩性岩石、软质石灰岩、胶结弱的砂岩及泥灰岩，裂隙很发育的较坚固的岩石	0.05～0.15	0.025～0.05	0.25～0.50
Ⅴ	松软的、未胶结的泥沙土壤、砾石、砂、砂质黏土	0	0.015～0.025	0.05～0.25

注　1. 采用自下而上分段灌浆时，α 取低限值。

2. Ⅴ类岩石，应在有盖重条件下方可进行有效的灌浆。

表 2　　**P_0与α值选用表（2）**

岩石类别	岩层特征	P_0 /MPa	$\alpha=\alpha_1\alpha_2$/(MPa/m)				
			灌浆方式 α_1		灌浆次序系数 α_2		
			自上而下	自下而上	Ⅰ	Ⅱ	Ⅲ
Ⅰ	具有陡倾裂隙及低透水性的坚固大块结晶岩石与岩浆岩	0.15～0.3	0.2	0.1～0.12	1.0	1～1.25	1～1.5
Ⅱ	中等风化的块状结晶岩，变质岩或大块体少裂隙的沉积岩	0.05～0.15	0.1	0.05～0.06			
Ⅲ	坚固的半岩性岩石、砂岩、黏土页岩、凝灰岩、强或中等裂隙的成层的岩浆岩	0.025～0.05	0.05	0.025～0.03			

5.1.2　考虑基岩以上有覆盖层情况的经验公式[8]

$$P=P_w+\gamma D+\beta(D_1-D)-(\gamma_g D_1-\gamma_w D_2) \tag{4}$$

式中　P——灌浆压力，kPa；

P_w——地下水静水压力，kPa；

D——岩石以上的覆盖层厚度，m；

D_1——灌浆段总深度，m；

D_2——灌浆段至地下水位的高度，m；

β——基岩每增加 1m 深度可增加的压力，kPa/m，其值由表 3 查得；

γ——岩石以上的覆盖层的重度，kN/m^3；

γ_g——浆液的重度，kN/m^3；

γ_w——水的重度，kN/m^3。

表 3　　**不同条件下的β值**

岩石类别	自下而上灌浆法		自上而下灌浆法	
	稀浆	稠浆	稀浆	稠浆
第一类	18	20	20	22
第二类	20	22	22	24
第三类	23	24	24	26

注　一、二、三类岩石基本对应于表 2 中的Ⅰ、Ⅱ、Ⅲ类岩石。

5.2 采用岩石力学公式分析灌浆压力

一些学者运用岩石力学的原理和浆液的流动性能，推导出若干灌浆压力和浆液渗流半径等关系的公式。

5.2.1 牛顿型浆液流动公式

5.2.1.1 刘嘉材公式[8]

$$P=P_0+\frac{6\mu q}{\pi\delta^3}\ln\frac{r}{r_0} \tag{5}$$

式中 P——灌浆孔内浆液压力；

P_0——地下水压力；

μ——浆液黏度；

q——吸浆率；

δ——裂隙宽度；

r——浆液扩散半径；

r_0——灌浆孔半径。

5.2.1.2 贝克（Baker）公式[8]

$$P=P_r+\frac{6\mu q}{\pi\delta^3}\ln\frac{r}{r_0}+\frac{3\rho q^2}{20g\pi^2\delta^2}\left(\frac{1}{r_0^2}-\frac{1}{r^2}\right) \tag{6}$$

式中 P_r——裂隙中与灌浆孔中心距离为 r 处的压力；

ρ——浆液重力密度；

g——重力加速度；

其余符号意义同式（5）。

5.2.2 宾汉姆浆液扩散公式

5.2.2.1 维特科（Wittke）和沃尔尼（Wallner）公式[8]

$$P=P_r+\frac{2\tau_0}{\delta}(r-r_0) \tag{7}$$

式中 τ_0——浆液屈服强度；

其余符号意义同式（6）。

5.2.2.2 H. B 加宾公式[8]

$$P=\frac{6q\mu\ln(r/r_0)}{\pi\delta^3}+\frac{3\tau_0(r-r_0)}{\delta} \tag{8}$$

式中符号意义同式（6）。

5.2.2.3 隆巴迪（G. Lombadi）公式[8]

$$P=\frac{2\tau_0 r}{\delta_{\min}} \tag{9}$$

式中符号意义同式（6）、式（7）。

5.3 查图表选择灌浆压力

图 5、图 6 和图 7 分别为美国、欧洲和日本推荐的灌浆压力范围。

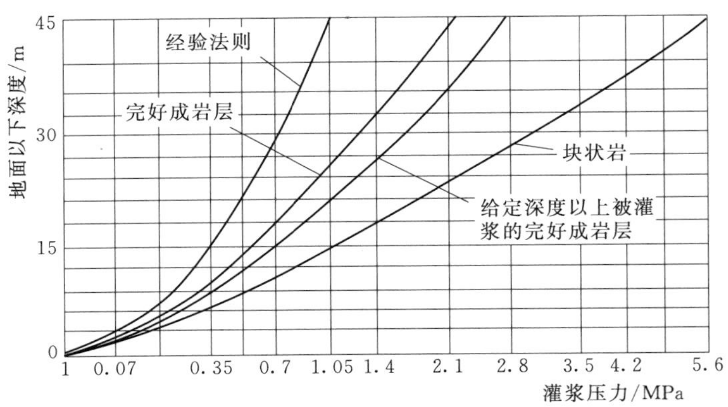

图 5　美国水泥灌浆委员会建议的灌浆压力曲线（美国陆军工程师团，1984）[9]

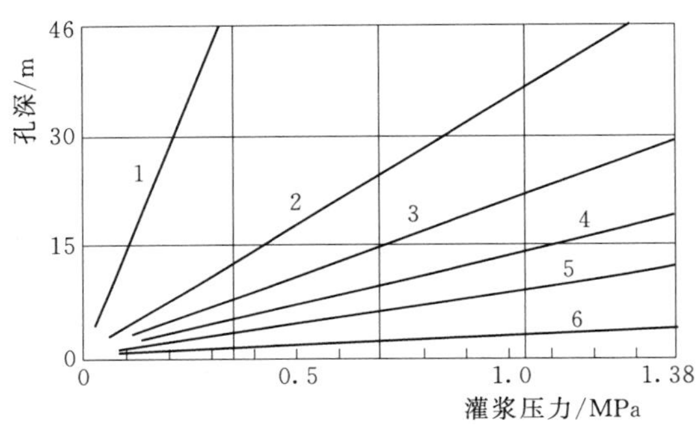

图 6　常用灌浆压力曲线（瑞士大坝委员会 1985 年，霍尔斯贝 1991 年）[10]

1—很不稳定的岩石；2—美国的经验法则（0.22bar/m，bar 为标准大气压）；3—软弱岩石；4—中等坚固的岩石；5—欧洲的经验法则（1bar/m）；6—坚固的岩石

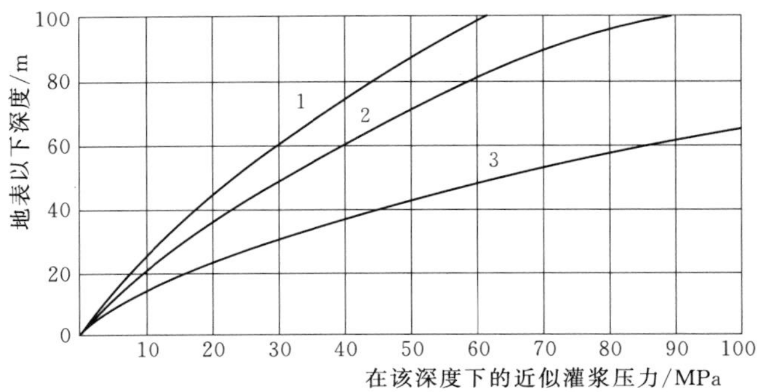

图 7　日本推荐灌浆压力曲线（克里格灌浆压力估算图）[11]

1—层状地基；2—灌浆段以上已经过灌浆的地基；3—块状岩石地基

图 8 为笔者总结的我国近 20 年来高坝岩基帷幕灌浆使用灌浆压力的大致范围。

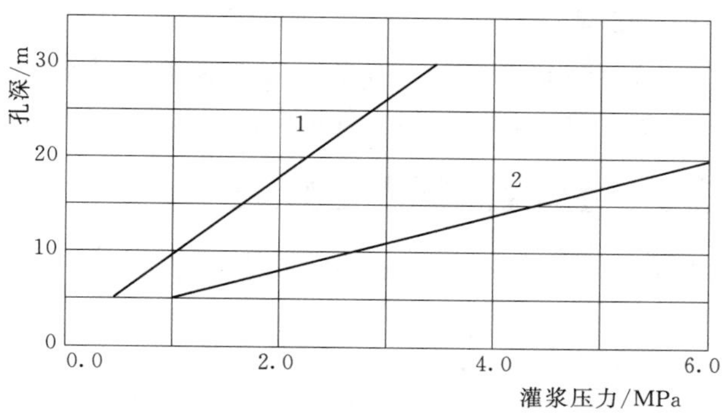

图 8　我国高坝基岩防渗帷幕常用灌浆压力

1—软弱、破碎或缓倾角薄层基岩；2—完整、较完整坚硬基岩

5.4　通过现场灌浆试验选择灌浆压力

由于灌浆技术理论上不成熟，以及各种计算式模型和所依据的边界条件的局限性，包括各种经验公式和图表，常常难以提供工程所需要的灌浆压力值。因此灌浆试验是探求或者验证预定灌浆压力的一个重要手段。试验通常包括两种情况。

其一，确定临界压力。在灌浆试验区进行压水试验，选择 1～2 个钻孔，分段进行压水试验，逐步提高压水压力，求得压水压力与注入流量关系曲线，试验初期注入流量与压水压力略呈直线关系变化，当压力升到某一数值时，压入水量突然增大，曲线出现拐点，说明岩石中的裂隙被扩宽或完全裂开，此时的压力值，即为临界压力。压水试验的临界压力不等于灌浆压力，它只是选择灌浆压力的重要参考。

其二，验证预定压力。一般先按照估算或查表预定一个灌浆压力值进行灌浆，对灌浆过程中岩层的吸浆情况、地表串冒浆情况、地表抬动变形情况等进行观察分析，对灌浆后岩层渗透性的改善效果进行检查分析，据此对预设压力进行调整。

图 9 为我国某高坝坝基灌浆前一孔段压水试验成果曲线，所在部位为灰白色细晶大理岩，岩芯完整，裂隙不发育，少量陡倾角裂隙，个别中倾角裂隙。岩体的劈裂压力即临界压力为 3.3MPa。

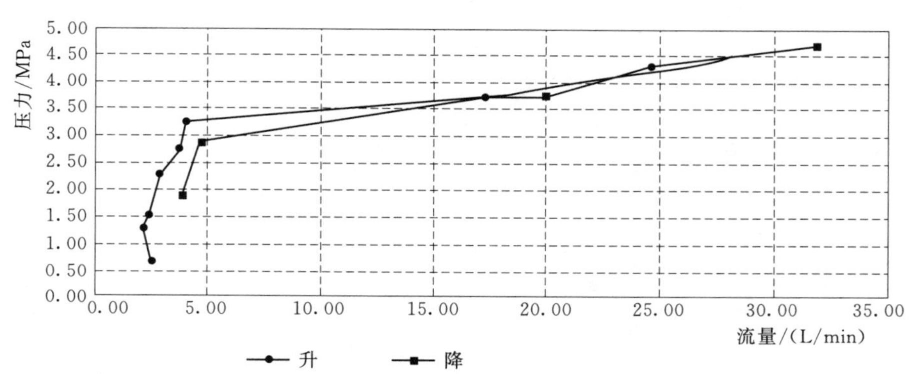

图 9　某工程灌浆前 BP3 孔（19.10～24.00m）压水试验成果图

5.5 采用工程类比法选择灌浆压力

一个大型的灌浆工程是一个最好的原型试验，已经施工完成的灌浆工程常常是后来工程最好的参照物。表 4、表 5 分别列出了国内外部分灌浆工程所采用的最大灌浆压力。

表 4　　国内若干工程帷幕灌浆的灌浆压力情况表*

工 程 名 称	坝基岩石性质	坝 型	最大坝高/m	灌浆工程量/万 m	最大灌浆压力/MPa	单位注灰量/(kg/m)	帷幕完工年份
贵州乌江渡大坝	强岩溶灰岩	重力拱坝	165	19.25	6.0	294.7	1980
湖北葛洲坝大坝	粉砂岩	闸坝	53.8	3.39	0.2～0.4	66①	1981
河北潘家口大坝	角闪斜长片麻岩	宽缝重力坝	107.5	5.73	3.0	6.5	1983
青海龙羊峡大坝	花岗闪长岩	重力拱坝	178	16.4	6.0	20 左右	1985
贵州东风大坝	强岩溶灰岩	薄拱坝	162	32.15	5.0	257.8	1994
湖北隔河岩大坝	强岩溶灰岩	重力拱坝	151	19.3	5.0	85	1995
辽宁观音阁大坝	强岩溶灰岩	碾压混凝土重力坝	82	20.57	5.0	228	1996
云南五里冲水库	强岩溶灰岩	盲谷无坝库	—	21.4	6.0	150.4	1996
广西天生桥一级大坝	泥岩、砂岩 灰岩夹泥岩	面板堆石坝	178	3.14	2.5	168.2	1997
四川二滩大坝	玄武岩	拱坝	240	20.47	6.5	15.6	1999
山西万家寨大坝	灰岩、泥灰岩	重力坝	105	2.0	3.5	23	1999
河南小浪底大坝	黏土岩、砂岩	斜心墙土坝	154	21	3.5	222.7	1999
广东飞来峡主坝	花岗岩	重力坝	52.3	0.59	1.5		1999
广西百色大坝	辉绿岩、硅质岩	碾压混凝土重力坝	130	2.8	3.0、5.0	154	2005
湖北水布垭大坝	灰岩、炭泥质灰岩	面板堆石坝	233	31	4.0	78.12	2007
湖南皂市大坝	石英砂岩	碾压混凝土重力坝	88	2.2	3.0	39.9	2007
长江三峡大坝	闪云斜长花岗岩	重力坝	181	13.07	6.0	8.69	2008
四川瀑布沟大坝	玄武岩、凝灰岩	心墙土石坝	186	21.5	4.0	约 220	2008
安徽白莲崖水库	片麻岩、花岗岩	碾压混凝土拱坝	104.6	1.62	3.5	15.7	2009
青海拉西瓦大坝	粗粒花岗岩	拱坝	250	21.02	6.0	>80	2010
贵州光照大坝	粉砂岩、泥页岩、灰岩	碾压混凝土重力坝	200.5	约 17	5.0	22.12	2010
云南小湾拱坝	片麻岩	拱坝	294.5	22.4	6.0	6.26	2010
金沙江向家坝大坝	砂岩、粉砂岩、泥岩	重力坝	162	约 61	3.5		2013
金沙江溪洛渡大坝	玄武岩	拱坝	285.5	113	6.5		2013
锦屏一级大坝	大理岩、砂板岩	拱坝	305	110	6.5		2013

* 资料来源于有关单位技术文件。

① 部分钻孔灌注丙凝，平均注入量为 4.7L/m。

表 5　　国外若干灌浆工程主要技术指标表

工程名称	国别	坝型	坝高/m	帷幕深度/m	孔距/m	灌浆工程量/万 m	灌浆压力/MPa	单位注入量/(kg/m)
奥卢兹坝	摩洛哥	混凝土碾压坝	75	51	1.5	2.04	2～3	150
阿图克坝	土耳其	土石坝		175	3	0.8	0.2～5	102
阿斯旺污工坝	埃及	砌石坝	48		1.75		1.5～2	56
都堪坝	伊拉克	重力坝	111	150～190	4	47	1	428～827
白路查坝	前南斯拉夫	土坝	70	190～210	4	17	4～6	1300
卡马拉扎坝	西班牙	重力坝	101	112～394	5.1	13.2	10	1440
桑塔·久斯庭纳坝	意大利	拱坝	153	200	2.5	10.5	8	100
瓦尔·盖立纳坝	意大利	拱坝	89	50		3	8	780
道格拉斯坝	美国	重力坝	61	60			1.5	1190
宾·埃尔·威当坝	摩洛哥	拱坝	130	60～150	4～5	3.68	5.0	735
沙斯坦坝	法国		91	30	3.6		2.0	328
卡斯特尔诺坝	法国		68	28	3		3.0	381
索特坝	法国	拱坝	130	100	3.5		4.0	525
坎塞拉	摩洛哥				2.5		3～5	415
斯克洛普坝	前南斯拉夫	堆石坝	81	40～120	4～5		4.0	530
腊马坝	前南斯拉夫	堆石坝	103	200	3	3.15	4.0	108
伊泰普大坝	巴西巴拉圭	支墩坝 空心重力坝	196	120	3	29.5	5.0	15
塔里干水电站	伊朗	心墙土石坝	103	128	2.0	1.05	1.05	158

5.6 灌浆压力的最终确定

由于工程和地质条件的差异性，灌浆区域裂隙的参数不易确定；即使进行压水试验，各部位、各孔、各试验段临界压力也不相同。因此，仅仅采用上述任何一种方法都难以准确确定某个工程的灌浆压力，一般应在获得上述多方面信息后进行综合分析，最后拟定一个或几个灌浆压力提供进行灌浆试验，或在施工中检验调整。现举例说明。

假定某高坝灌浆地段基岩为块状花岗岩，上面无覆盖层，灌浆段深度 20m，地下水位低于灌浆段深度，灌注浆液水灰比 1∶1，黏度 6mPa·s，屈服强度 2Pa，吸浆率 30L/min，灌浆孔孔径 60mm，浆液扩散边沿浆液压力为 0。求算岩体裂隙开度分别为 0.5mm 和 1mm，浆液扩散半径分别为 3m 和 5m 四种情况的灌浆压力，只考虑Ⅰ序孔。

首先，可采用经验公式和查图表估算，按Ⅰ类岩体，最大系数考虑。经计算和查图得 10m、20m 深灌浆段的灌浆压力分别如表 6 所示，最小和最大压力分别为 10m 深处 0.05～2.7MPa，20m 深处为 0.1～6.0MPa。

表 6　　用经验公式计算或查图估计灌浆压力举例

公 式 或 图 表	灌浆压力/MPa	
	灌浆段深度 10m	灌浆段深度 20m
式（3）	2.3	4.3
式（4）	0.05	0.1
图 5	0.53	1.8
图 6	图形以外	
图 7	0.7	1.7
图 8	2.7	6.0

其次，试用岩体力学有关公式分析，所用浆液兼具牛顿体和宾汉体特征，所以两类公式都进行计算。虽然按公式说仅是一条裂缝的灌浆压力，但假定的浆液注入率确是通常 5m 灌浆段的中等水平，也就是说如果岩石裂隙加多，则裂隙中的平均流量也会减少，其结果是相同的。各公式的分析计算结果如表 7 所示，从表中可见，最大数据仅为 294.4kPa，最小为 12kPa，与实际相差甚远。

表 7　　用某些公式计算灌浆压力举例

计 算 公 式	孔内灌浆压力/kPa			
	裂隙宽度 $\delta=0.5$mm		裂隙宽度 $\delta=1.0$mm	
	扩散半径 $r=3$m	扩散半径 $r=5$m	扩散半径 $r=3$m	扩散半径 $r=5$m
刘嘉材公式（5）	211	235	26.4	29.5
贝克公式（6）	236.8	260.7	32.8	35.8
维特科、沃尔尼公式（7）	23.8	39.8	11.9	19.9
加宾公式（8）	246.6	294.4	44.2	59.2
隆巴迪公式（9）	20	40	12	24

如果进行灌浆试验，因试验区通常选择在地质条件稍偏差的地段，该类地层灌浆前压水试验岩体劈裂临界压力很可能在 3～4MPa 之间，浅表段的临界压力只有 1～2MPa。

针对上述情况简要分析如下。

经验公式（4）基本按照静水压力的原理估算灌浆压力，没有考虑岩体的结构强度，对于软弱破碎岩体可能有一些参考意义，本处完全不适用。

图 5、图 6、图 7 推荐灌浆压力适用于上世纪欧美日，通常采用压力较低，我国现多不采用了。

式（5）～式（9）基于“平缝模型”推导而来，没有考虑地质条件，几何条件也是高度的概化，因而所得数据远离实际。我国地质专家马国彦以小浪底工程的实际条件使用隆巴迪公式进行过演算，结果也相去甚远，无法应用[12]。

根据表 4 类比我国大量已建成工程，本假设案例属于块状花岗岩基岩，帷幕灌浆最大

压力为6.0～6.5MPa。笔者建议的图8，10m深灌浆段灌浆压力为2.7MPa，20m深灌浆段灌浆压力为6.0MPa。

综合各种情况，本例灌浆工程最大灌浆压力应初步定为5～6MPa，如坝高在100～200m，可为5MPa，如坝高大于200m最大灌浆压力宜为6MPa。以此初选值进行灌浆试验，根据试验成果最后确定之。除非有特殊情况，如地应力特别大，地下水压力非常高等，笔者也认为不需要使用比6MPa更高的压力。

有的专家认为最大灌浆压力不要超过压水试验临界压力，以临界压力除以大于1的安全系数作为最大灌浆压力[12]。但在实际工程中并不好操作，因为岩体的不均一性，各孔段的临界压力都不相同，如果以最大的临界压力为依据确定灌浆压力，则临界压力小的部位就可能发生劈裂，这仍然与“劈裂有害论”是相悖的。如果以最小的临界压力为依据确定灌浆压力，则大多数部位就无法取得灌浆效果了。

长江三峡水利枢纽坝基闪云斜长花岗岩，帷幕灌浆施工前进行了一系列灌浆试验，求得强风化带（孔深7m以下）卸荷、爆破裂隙带临界压力一般为1.0MPa；弱风化带（孔深7～15m）临界压力一般为2.0～3.5MPa；微风化带（孔深15～30m）临界压力一般为6～7MPa；新鲜岩石（孔深30m以下）临界压力可达到10～15MPa[13]。确定最大灌浆压力6MPa。

6 灌浆过程中的压力调节和控制

6.1 正确进行灌浆压力调控的目的和作用

如果说确定最大灌浆压力是灌浆工程设计和施工的重要问题，那么在确定了设计压力以后，施工操作中如何调节和控制灌浆压力是更大的问题，所谓灌浆是艺术，其实主要就体现如此。值得忧虑的是，这个环节本来应当在施工或监理技术人员的指导下，由训练有素的技术工人操作控制，但目前这一点有明显弱化的趋势。

如果在灌浆过程中使用调节好了灌浆压力，可以达到如下目的：

（1）确保灌浆施工的安全。即做到不发生有害的岩体劈裂、地基变位，不造成岩体或地基的失稳；不造成永久建筑物的抬动、裂缝，甚至破坏。相反，如果压力掌握运用不好，同样的灌浆压力却可能造成岩体破坏，建筑物抬动。

（2）确保灌浆的质量。使可灌的岩体裂隙达到最大限度的灌注饱和、饱满，获得最好的灌浆效果。如果压力使用不正确，灌浆效果就不易保证。

（3）加快灌浆的速度。灌浆压力的使用得当与否同样也影响到施工速度，也就是说影响到每个灌浆段灌浆时间的长短。

（4）控制灌浆的成本。合理使用灌浆压力可以在保证灌浆效果的前提下，尽量节省材料，减少工时，从而降低成本。

6.2 灌浆施工中压力调控的两种不良倾向

灌浆操作中的不良主观倾向主要有两方面：

（1）高压开灌，故意增大注入量。灌浆一开始就使用最大压力，也不管注入量多大，甚至以灌浆泵的最大排出量（100L/min左右）灌注，常常造成地面剧烈抬动，或浆液流至灌浆区域以外，造成过量灌浆和大量浪费。这种倾向常发生在以水泥注入量计量灌浆工程量的情况。

(2) 低压灌浆，高压结束，力图节约水泥材料和灌浆时间。开灌时以很低的压力灌注，使浆液尽早封堵孔壁四周近处裂隙、裂缝，后期提高压力时浆液也不会远渗了。其缺点是可能导致灌浆不足，浆液没有达到设计预定的范围，有的应当灌注好的裂隙没有浆液渗入。这种倾向较多发生在以进尺计量灌浆工程量的情况。

这两种倾向都是有害的，但是怎样掌握操作分寸却具有“艺术性”和个人倾向性。

6.3 限制灌浆功率——调控灌浆压力的重要原则

在灌浆施工中，灌浆压力是影响地层的原动力，但灌浆压力需要通过浆液传递。根据帕斯卡定律，灌浆压力对地基岩石的裂隙缝面产生的抬动力，等于灌浆压力与浆液接触裂隙缝面面积的乘积，注入率大，浆液渗流覆盖的面积大，抬动或劈裂岩体的作用力就越大。因此我们在灌浆施工中既要谨慎提高灌浆压力，也要重视控制注入率，应使二者的乘积不能过大。这也是为什么在注入率很小的情况下灌浆压力能够提得很高的缘故。相反，在许多灌浆压力并不很大，但是注入率很大的情况下却发生了抬动。

因此灌浆压力的调控不能单独进行，灌浆压力与注入率是一对紧密关联的参数，二者互相影响和制约，必须联调联控，协调控制。施工经验表明，当地层吸浆量很大、在低压下即能顺利地注入浆液时，应保持较低的压力和中速注入率（约 30～50L/min）灌注，待注浆率逐渐减小时再提高压力；当地层吸浆量较小、注浆困难时，应尽快将压力升到规定值；不要在大注入率时使用高压力，也不要长时间在低压下灌浆。

本书拙文《灌浆压力与灌浆功率》提出：灌浆过程实际上是灌浆压力与注入率共同对地层做功，二者的协调控制就是要使其乘积近似于一个常数。即：

$$G_p = P \times q \approx C \tag{10}$$

式中 G_p——灌浆功率，MPa · L/min，或 W；

P——灌浆压力，MPa；

q——灌浆流量，即注入率，L/min。

灌浆功率 G_p 是在单位时间内施加到灌浆区域的能量，如果在一个灌浆段的有效灌注过程（结束阶段以前）中，使灌浆功率大致保持一个常数，这个灌浆过程就是正常的，就不易造成岩体或混凝土结构的抬动变形，也不容易发生过量灌浆或灌浆不足的问题，就容易得到较好的灌浆效果。

各个工程地质条件不同，灌浆要求也不一样，灌浆功率范围也不一样，具体的 G_p 值应通过灌浆试验求得。

6.4 灌浆过程中压力趋势的判断与应对

在灌浆过程中，根据实际情况合理地控制灌浆压力是灌浆成功的关键，施工人员必须对灌浆压力趋势进行正确判断，并采取相应措施。表 8 为笔者总结的在灌浆过程中判别各种压力变化趋势及应对处理措施，可供施工人员参考。

表 8　　灌浆压力趋势的判断与应对措施

序号	压力趋势	物理描述	控制措施
1	压力升高，吸浆量增加很慢，或稍有增加就停止了	岩体完整，透水性不大	不要急于变换浆液水灰比，尽快提高灌浆压力，至设计压力
2	注入量很大，达到灌浆泵最大排出量，压力仍无法提升	通常是严重破碎地段或岩溶发育区的灌浆	保持较低压力灌浆，浆液继续变浓，或采用膏状浆液、砂浆，遇溶洞时可向灌浆孔中冲填砂石料。灌入一定量后停灌待凝，再扫孔复灌
3	压力不变，吸浆量逐渐减少	表明浆液逐渐充填在裂隙岩层中，通常吸浆量是低至中等	灌浆情况正常。当总注入量较大且注入率递减不快时，也可适当改浓浆液，控制浆液扩散
4	压力不变，吸浆量逐渐减少，接着突然减少	裂隙过早堵塞	改稀浆液或谨慎提高灌浆压力。无效进行冲洗复灌
5	在设计压力下，较长时间内保持不变压力和中等吸浆量	可能存在漏浆或串浆，或扩散范围较大，常发生在Ⅰ序孔中	如无表面渗漏，可逐渐灌注，按规程变换浓浆。如灌注一定量的水泥后，吸浆率仍未减少，可采用间歇、待凝措施，后再复灌
6	压力不变，吸浆量突然增大	岩体发生劈裂、裂隙拓宽，岩体或建筑物发生抬动	立即降低压力和注入率，观察情况发展，直到吸浆率有减少趋势，再重新缓慢提高压力。抬动严重时应停灌待凝
7	压力不变，吸浆量突然增加之后又逐渐减少	可能浆液冲开一条通道，又被堵塞	情况基本正常。观察是否发生了劈裂或抬动，如确有抬动，按序号 6 处理；如未抬动，可逐渐升高压力
8	在低压或缓慢升高压力情况下，吸浆量很大但逐渐减少	一般是在中等破碎地层中灌浆，或岩溶地区灌浆，通常发生在Ⅰ序孔	灌浆情况正常。按规范要求变换浆液水灰比。缓慢提高灌浆压力
9	压力迅速增加，吸浆量迅速减少	可能浆液加浓太快，提前堵塞裂隙	改用稀浆灌注，或冲洗钻孔重灌
10	吸浆量由减少变为增大，使用较浓浆液时仍不改变	岩体可能发生大范围的缓慢变形，或在有充填的大裂隙中，冲刷出了新的通道	加浓浆液到最大浓度，适当降低灌浆压力，保持较低的注入率灌注，直至出现注入率减少或压力升高的趋势；或在灌注一定量的浆液后停止灌浆，避免浆液过度扩散，待凝后恢复灌浆
11	压力和吸浆率脉动变化，趋于无规律地减少	破碎或层状岩层中的裂隙逐渐堵塞	灌浆情况基本正常，按规范变浆和升压
12	压力和吸浆量不稳定地增减脉动，没有固定的变化趋势	岩体表面、岩块或灌浆区浆液打开了新通道，发生局部变形，通常与严重破碎岩层和大吸浆量有关	参照序号 10 处理

7　灌浆压力与岩体劈裂和抬动变形

这是一个大题目，下面陈述几个主要观点。

7.1　岩体劈裂具有两重性，有利有弊

严格地说，岩体劈裂有两种，一种是旧有裂缝裂隙弹性张开（有的文献也称为“启缝”），灌浆停止后能够基本复原，保持闭合；另一种是劈开断裂，引起岩体的局部或一定范围的变位，不能复原。这两种情况前者无害，后者如果是岩体内部局部的有限度的变

位也是无害的。只有造成岩体较大范围的变位，或已灌注的裂缝被反复地劈开，或建筑物特别是永久建筑物的抬动破坏才是有害的。

岩体裂隙发生一定程度的劈裂张开，好处很多：有利于增加注入量，裂隙张开后，原来浆液不能灌入的，能变为可灌，原来注入少的，能适当多灌，原来扩散范围小的，能增大范围。岩体张开后发生回弹，有利于浆液结石的压力泌水，使结石含水量减少，密实度增加，提高帷幕的渗透破坏比降和耐久性；有利于在岩体中获得预应力，增加岩体的抗变形性能。

在一部分岩体裂隙劈裂张开的同时，常有另一部分裂隙被压缩密合，这同样增强了岩体的抗渗和抗变形性能，是有益的。

在以垂直或陡倾角方向裂隙为主的岩体中，钻孔与这些裂隙相交的几率较小，斜孔施工又不方便且费用增加，水力劈裂是打开这些通道的好方法[14]。欧洲灌浆规范规定，水力劈裂灌浆可用于：加固或稳定地层，使构筑物产生受控抬动，构筑防渗帷幕[15]。

7.2 高压灌浆的机理是劈裂灌浆

根据浆液在岩体裂隙中的渗流方式，灌浆可分为渗透灌浆和劈裂灌浆，前者浆液在裂隙中渗透，完全不扰动岩体，浆液流态是层流；后者则在灌浆压力的作用下，劈开、扩宽、延伸浆液通道，浆液的流速加快，流量加大，浆液流态主要是紊流。

自乌江渡帷幕灌浆以后，我国近 30 年来的高坝岩基帷幕灌浆基本上都采用了高压灌浆，即在岩浆岩、变质岩地基中灌浆压力达到 5MPa 以上，软岩中在 3MPa 以上。室内试验资料表明，岩石的单轴抗拉强度最大可达 10MPa 以上（斑岩、花岗岩等），但大多数岩石的抗拉强度都要小于 6MPa，这是新鲜岩块的试验结果。事实上，野外大坝地基大多数是Ⅱ、Ⅲ类岩体，分布着产状不同的裂纹、裂隙、裂缝。根据弹性力学分析，灌浆时灌浆孔孔壁岩体受到的拉应力等于孔内浆液压力，即灌浆压力。在灌浆压力的作用下，岩体首先会在裂缝、裂隙、裂纹处开始劈裂，当灌浆压力达到 6MPa（软岩 3MPa，这是灌浆孔口平均压力，灌浆段位置及波动压力还要大）以上时，总会有相当多数的裂缝被劈开，被灌注；还有一部分裂缝则被压缩，无论被灌注还是被压缩都大大地减小了岩体的透水性。这种情况在许多高压灌浆后的大口径检查孔或压水试验检查孔的岩芯中都可以看到。

高压灌浆或劈裂灌浆明显地增强了灌浆效果，这正是我们所期待的，也正是我国帷幕灌浆工程质量和效果优于国外的缘故之一。

7.3 岩体劈裂不等于建筑物抬动变形，抬动变形不等于建筑物破坏

如前所述，高压灌浆岩体劈裂在所难免，如果这些劈裂发生在地基岩体深处，或者一些裂隙被劈裂扩张，另一些空隙被挤密压缩，总体上平衡，那就不会引起建筑物的抬动变形。但在其他一些情况下，建筑物发生或大或小抬动变形的几率还是很多的。

建筑物的抬动变形在所有灌浆施工中是很容易发生的，有时即使用很小的压力灌浆也可能引起抬动（通常在注入率较大时），所以对于一些敏感部位，即抬动可能造成建筑物破坏，带来经济损失或其他严重后果的部位，应当安设抬动观测装置，监测抬动变形，防止建筑物抬动或抬动值超过设计允许值。

这就是说，虽发生了抬动变形但不超过设计允许值，建筑物也不会发生破坏。那么抬动值在多大范围内是安全的呢？灌浆规范的条文说明是："一般建筑物规定允许抬动值为不大于 200μm，实际作业时应努力控制灌浆在无抬动条件下进行。"[16] 在施工实践中，一次灌浆抬动值不大于 0.2mm 比较容易做到，但问题是有些地层段段灌浆几乎都会抬动，如此累计抬动量多大是可以接受的呢？灌浆专家李德富类比地基沉陷，认为达到几厘米都是安全的[17]，这看来有些偏颇，因为更重要的还要看不均匀程度，很难一概而论。

有些岩层在一次被劈裂断开以后，失去了结构强度，以后再次灌浆时会在更低的压力下反复劈裂张开，软弱岩体孔口封闭法灌浆常有这样的现象，这是不好的。所以规范条文说明中特别提出"实际作业时应努力控制灌浆在无抬动条件下进行"，就是这个道理。

岩体劈裂建筑物抬动，甚至导致结构断裂，应根据建筑物的使用要求进行修补，严重时需要拆除。但是一个重要的事实是，岩体中由劈裂扩张的裂缝实际上都同时得到了有效的灌注，从防渗角度而言它是没有问题的。

7.4 灌浆时的劈裂压力不同于压水试验临界压力

众所周知，岩体的透水性可以通过钻孔压水试验求得，压水试验技术已经非常成熟，试验操作有明确的规程，试验结果可以做到相当准确，结果基本具有唯一性、可重复性。利用压水试验测试岩体的水力劈裂临界压力，大致也和测试透水性一样。

灌浆时发生岩体劈裂的情况与压水试验水力劈裂有相似之处，也有很大不同。相似之处无需赘述。不同之点是压水试验仅对岩体进行纯粹的测试，而灌浆却是以浆液对岩体进行加固，是对裂隙进行修补，灌浆操作者可以将岩体劈裂后再修补它（劈开裂缝再灌注浆液），也可以不劈裂就进行修补（以浆液充填现存裂隙）。修补裂隙的过程是逐渐的，等待修补好了以后，灌浆压力再加大，即使超过了临界压力，岩体也不会劈裂了。是采取第一种方式还是第二种方式，处决权在操作者手里。第二种方式不一定都能成功，有的时候裂隙还没有完全修补好就劈开了，变成了第一种方式。无论采取哪种方式，裂隙或裂缝修复以后，灌浆压力都可以提高到接近岩体强度的极限，远远超过灌浆前压水试验的临界压力。灌浆引起的岩体劈裂受制于操作者的"艺术性"，不像压水试验的作业那样有规范可循，灌浆劈裂的压力也具有不确定性。

所以，临界压力不是灌浆时必然发生岩体劈裂或抬动的压力。采用临界压力除以一个大于 1 的安全系数来制定灌浆压力没有可行性。

7.5 灌浆压力是岩体抬动的间接原因，直接原因是灌浆功率

灌浆施工中发生了抬动破坏，人们常常埋怨灌浆压力太大，这似是而非。

本文 6.3 节已进行了阐述，岩体抬动是源于灌浆浆液在做功，浆液做功能力的大小是灌浆功率，灌浆功率等于灌浆压力与注入率的乘积。如果灌浆压力很大，但注入率很小，灌浆功率小，岩体也不会抬动。高压灌浆工程中，每一个孔段灌浆结束阶段灌浆压力都很大，这个时候并不发生抬动，皆因为此时注入率非常小。相反，灌浆压力不很大，但注入率很大，灌浆功率就不小，岩体就可能抬动。

因此，在灌浆过程控制中，调控灌浆压力要依据注入率的大小而行，要使灌浆功率保

持在较低数值。

7.6 防止抬动变形主要应靠精心操作

前边也已提到，在一些敏感部位设立抬动监测装置是必要的。但是防止抬动变形切勿仅靠抬动监测装置，它有不少缺点：

（1）灌浆时发生岩体抬动的位置总是浆液沿着某一条裂隙渗流扩展的部位，这个范围并不一定是以灌浆孔为中心的圆，不一定正好发生在抬动监测装置安装的位置，而抬动装置又不可能安装很密、很多。

（2）抬动装置的安装虽不复杂，但也有一定技术要求，更需要认真细致。特别是安装完成后是否合格，是否“存活”，很难进行检查，除非后来确已观测到抬动值。但笔者所见大多数抬动装置从来就没有测到过抬动值，很难判断装置到底是“死”是“活”，还是真的没有抬动。令人啼笑皆非的是有些抬动装置没有反应的地方，实际地板已升高了几十厘米。

（3）当灌浆位置很深（一般大于 20m 或 30m）以后，岩体劈裂引发的局部变位一般不会反映到地面来，但是有可能沿着某一裂隙或通道（岩溶地区常见）发展，至浆液渗流到远离灌浆点的结构物（如隧洞衬砌、挡墙）建基面，造成这些结构物的破坏。施工中常可见到但抬动装置却无能为力。

（4）抬动的发生多数情况是一个很短暂的过程，而抬动观测通常是间隔一定时段断续地进行，所以很难将抬动发现和消除在“萌芽”状态。现在有些重要工程安装了抬动自动监测装置，可以连续监测并声光报警，在一定程度上解决了上述问题。至于抬动装置的损坏，观测的不负责任等人为因素就不完全是技术问题了。

（5）抬动装置是一套很敏感的仪器，造价不菲且需妥善保护，灌浆场地一般设备密集、浆水漫溢，安装太多既难保护也不经济。

近些年来，由于设计上的不放心，许多灌浆工程安装抬动装置过多、过滥，形同虚设，效果上也没有起到防止或减少抬动的作用，却徒然增加了工程成本。其实，防止岩层或建筑物抬动，根本上要靠灌浆作业人员的责任心或技术水平，仪器检测应是辅助手段。

从某种意义上说，灌浆孔口的压力表就是一个灵敏的岩体劈裂指示仪，凡大一点的岩体劈裂从开始到完成或长或短都有一个过程，反映在压力表上就是在注入流量不变的条件下，即基本不调节灌浆管路回浆阀门，压力表指示值会缓慢降低，此时此刻，劈裂可能就要发生了。现在普遍应用了灌浆记录仪，可以监测实时流量，手段更丰富，如果发现灌浆压力不升高，注入流量还在增加，同样也是岩体劈裂的征兆。当这样的苗头出现时立即降低灌浆压力，大的劈裂完全可以避免，并不需要依靠抬动监测装置。反过来说，即使有了抬动装置，其观测值肯定要滞后于灌浆压力表和流量计出现的征兆，抬动装置有了反应，岩体劈裂或抬动变形就已经发生了，更何况还有抬动装置可能捕捉不到的情况。

7.7 岩体劈裂的部位和方向

在灌浆施工中，发生岩体劈裂的部位和方向人们很难控制，一般总是在最软弱部位和垂直于最小地应力的方向。

图10是某工程地基高压灌浆试验后$\phi 1.0$m大口径检查孔素描图，该灌浆区域岩性为花岗岩，断层F_{120}穿过其间，断层倾角78°～80°，发育裂隙均为高倾角，灌浆目的为加固断层及其破碎带。图示范围为自灌浆盖板至4m深度范围，灌浆后其间发生了5条近乎水平的劈裂缝，缝宽1～20mm，都充满水泥结石，有的是多次充填，劈裂的密集度向下逐渐减少。灌浆后试验区岩体声波和变模大幅提高，但地面发生了较大的抬动。

值得注意的是，浆液对岩体劈裂渗透的主要部位和方向，不是试验者希望的断层层间和陡倾角裂隙，而是近水平方向，即垂直于最小地应力（这里主要是自重应力）的方向，这与灌浆孔的方向也无关，看来有些专家主张的要钻斜孔，以“穿过最多的裂隙面”并无实际意义。

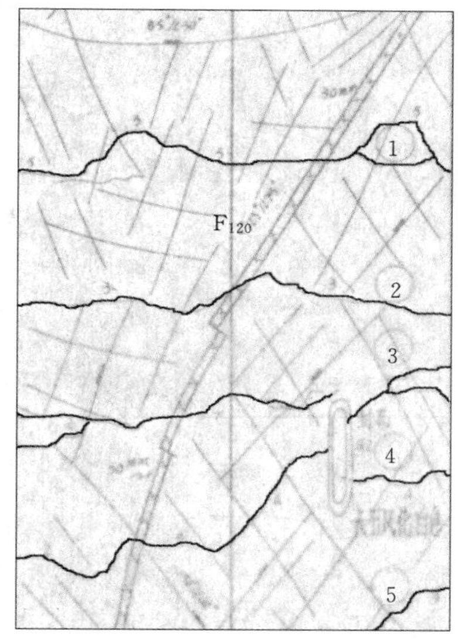

图10 某工程地基岩体灌浆引起的水平方向劈裂（大口径钻孔素描局部）

7.8 隆巴迪公式质疑

20世纪末，瑞士学者隆巴迪提出了稳定浆液灌浆的理论和相关公式，公式简单明确很受学者们重视，成为新的经典。这些理论和公式在他假定的条件下可能是正确的，但离灌浆的实际情况太远，尤其与我国的灌浆实际情况相差更远。

隆氏计算抬动力的公式是[18]

$$F_{max}=\frac{V_{max}\times P_{max}}{6t} \tag{11}$$

式中 F_{max}——最大上抬力；

V_{max}——最大注入量；

P_{max}——最大灌浆压力；

t——岩石裂缝宽度的一半。

按此公式，劈裂岩体的最大抬动力与最大注入量、最大灌浆压力成正比，与被灌注裂缝缝宽成反比。事实是当灌浆达到注入量最大（V_{max}）、灌浆压力最大（P_{max}），即灌浆结束阶段时，绝大多数情况都不会发生抬动了，发生抬动的时间几乎都是在灌浆压力尚未达到最大压力，注入量（不是注入率）也不是最大之时；与裂隙缝宽成反比也有问题，事实上，缝宽特别小时不易抬动，反而缝宽大了注入流量大了抬动容易发生；当缝宽t趋于0时，抬动力变成无限大，这也不可能，恰恰相反，抬动力也会趋于0。

如本文5.3所述，我们认为抬动力大致与灌浆压力P和注入率q的乘积成正比，与隆氏不同的是注入率（q）而不是注入量（V），后者是一个注入体积或质量的累积量，在绝大多数情况下，这个量不能全部参与引发抬动，原因是：①浆要流走；②水泥要沉积；③水要渗出。因此将从开始到末尾所有注入的浆液，用来作为抬动岩体的工具是不可能、不正确的。

隆氏实际上把灌浆裂缝当成了一个密闭容器，浆液不会流走，浆液多，抬动力大；裂缝的容积不变，即浆液注入量不变，于是裂缝窄，缝隙面积必然大，抬动力就大。他的稳定性浆液理论和其他公式都是基于这一假定条件推导出来的，这完全不符合灌浆的实际情况：

（1）灌浆是一个动态过程，隆氏模型则是静态的，从静止的角度分析考虑问题。

（2）被灌岩体是一个裂隙系统，是存在渗漏的，隆氏模型实际上是密闭的，如他还说注入到裂隙中的浆液里的水不能渗出去。密闭的系统其实不需要灌浆。

8 关于灌浆压力的其他误区

关于灌浆压力还有一些误区，前边没有说到。

8.1 灌浆压力越高，灌浆质量越好

常常看到这样的说法，灌浆压力是获得灌浆效果的保证，灌浆压力越高，灌浆质量越好。此话很不全面，似是而非。灌浆压力是灌浆效果的保证条件之一，还有一些条件也是很重要的，甚至是更重要的，如地质条件是否具有可灌性，岩体性能是否具备灌浆改善的基础，浆液材料及浆液的适用性等。“灌浆压力越高灌浆质量越好”的说法也过于绝对化。在一定范围内适当提高灌浆压力有助于提高灌浆质量，这里重要的是有一个“度”，超过了这个度不但无益，反而有害。如何把握提高压力的度，是有一定难度的，这正是灌浆的技术含量之所在。

这里再以乌江渡水电站为例，这是一个灌浆成功的范例，工程运行10年后，主持设计和施工的两位工程院院士谭靖夷、王三一进行了回访检查，并写下“回顾与再认识”[19]：岩溶地层采用高压水泥灌浆帷幕防渗是可靠的。但对灌浆压力和单位注浆量宜合理控制，如压力过高，单位注浆量过大，不但会造成浪费，还会使浆液扩散过远，该工程一些地段浆液扩散范围达50～100m，使排水不畅，抬高了坝肩下游地下水位。此外，灌浆压力要适应地质结构面的产状，防止岩体抬动。帷幕的排数和孔距应根据水头和水文地质条件有所区别，特别要根据灌浆过程中的单位注浆量及时调整。该工程因当时缺乏经验，偏重于稳妥，否则，灌浆工程量可减少20%～30%。

8.2 灌浆压力随深度增加

有些公式或规则都将灌浆段的深度作为决定灌浆压力的条件，甚至是唯一条件，灌浆压力随灌浆段的深度增加而增加，这也是不全面的。第一，岩层并不是均一的，有时上部岩石好，深部出现软弱岩层，这时候灌浆压力就不一定要随灌浆段深度加大；第二，现在灌浆孔的深度可能达到一二百米，但灌浆压力大到一定程度就需要止步了。第三，我国采用的孔口封闭灌浆法规定：“孔口管段以下3或4个灌浆段，段长宜短，灌浆压力递增宜快；再以下……按设计最大压力灌注。”[20]在这里孔口10～15m灌浆压力快速增加，以下达到最大压力保持不变。

8.3 灌浆压力必须大于水头，并留有安全系数

《混凝土重力坝设计规范》（DL 5108—1999）中有一条规定，灌浆压力“通常在帷幕

孔顶段取（1.0～1.5）倍坝前静水头，在孔底段取（2～3）倍坝前静水头，但不得抬动岩体。"[21]这一规定的初衷是正确的，逻辑上也说得过去，既要提高压力，又不得抬动岩体。但理论上却有一个误区，即帷幕抵御水头到底靠什么？是靠灌浆压力，还是靠注入浆液结石的性能，很显然只能靠后者。灌浆压力可以提高浆液结石的性能，但并不是直线函数关系，而且灌浆压力和浆液结石性能的增长都有一个"度"。灌浆压力提高浆液结石性能的主要机理为压迫浆液泌水，减少结石的含水量，增加干密度。试验证明，在透水条件良好的条件下，当灌浆压力达到大于2MPa时，再提高压力对结石密实度增长的作用就不明显了。再则，灌浆孔口段灌浆压力的提高也是很有限的，对于一座200m级的高坝来说，孔口段灌浆压力一次要提高到2～3MPa且不发生抬动是勉为其难的，如果是300m高坝那就更困难了。长江三峡坝基帷幕灌浆曾经做过试验，费了很大的力气，将部分灌浆孔接触段（孔口段）灌浆压力提高到3.5MPa，效果甚微[22]。

8.4 灌浆结束阶段达到设计压力持续时间越长越好

《水工建筑物水泥灌浆施工技术规范》（DL 5184—2001）的2001版本曾经规定："各灌浆段的结束条件为：在该灌浆段最大设计压力下，注入率不大于1L/min，继续灌注60～90min，可结束灌浆。"[23]在实际执行中，设计都喜欢规定90min，甚至120min。这里面的误区就是压力持续时间越长灌浆质量越好。

本条文的目的是，在灌浆段灌注基本饱和的情况下，对已经注入的浆液压迫泌水，提高浆液结石密实度。达到这一目的的必要条件一是灌浆压力，二是持续时间。试验证明，在泌水条件较好时，在0.3MPa压力下，持续时间25min，浆液结石干密度可以达到2.0g/cm^{3}以上，28d抗压强度可达30MPa以上[24]。鉴此，该规范2012版将一般情况下灌浆的结束阶段持续时间改为30min，再长没有意义，却给施工增加了很大的难度。

9 结束语

（1）灌浆压力是灌浆工程中最重要、最复杂、影响因素最多，对灌浆质量和工程造价影响最大的设计和施工参数，灌浆压力的设计和运用都具有很大的模糊性，中外学者对于灌浆压力在理论上的争议从未停歇，至今没有定论。

（2）影响和决定灌浆压力的因素很多，主要的有建筑物的要求、地基地质条件、上部已有建筑物的情况、灌浆材料及浆液性质、采用的灌浆方法等，灌浆压力测量记录的方法、工程量计量与支付的方法等也影响到灌浆压力的运用方式。

（3）目前，如何确定灌浆压力尚无一定的法则，通常可通过经验公式计算、图表查考、工程实例类比、灌浆试验等方法综合分析确定。

（4）灌浆过程中压力的运用和调节非常重要，甚至比设计压力的制定更为重要。采取在灌浆过程中保持灌浆压力和注入率的乘积——灌浆功率近似于常数的控制方法，可以较好地指导操作人员科学地运用灌浆压力，防止灌浆不足和过量灌浆两种不良倾向。

（5）灌浆可能引起岩体劈裂，岩体裂隙弹性张开对灌浆有利，破坏性断裂和严重的岩体变位有害。高压灌浆的机理主要是劈裂灌浆，通过劈裂、扩宽、延伸浆液通道，增加浆液注入量和结石密实度，提升灌浆效果。岩体劈裂不等于建筑物抬动变形，抬动变形不等于建筑物破坏，高压灌浆施工中主要任务是控制有限度的岩体劈裂，防止有害劈裂和建筑物抬动。

(6) 造成岩体抬动破坏的直接原因不是灌浆压力，而是灌浆功率。压水试验临界压力与最大灌浆压力不能等同。为防止灌浆施工时发生抬动破坏，在敏感部位设立抬动监测装置是必要的，但是防止抬动变形不能仅靠抬动监测装置，更重要的应依靠精心操作。

(7) 隆巴迪提出的抬动力计算公式所依据的模型过于简化，不符合灌浆实际情况，因而公式不具有实用性。

(8) 当前对灌浆压力的认识还存在其他一些误区，如认为灌浆压力越高，灌浆质量越好，从而不顾其他条件片面追求高压力；灌浆压力应随灌浆深度增加；灌浆压力必须大于水头，并留有安全系数；灌浆结束阶段达到设计压力持续时间越长越好等，应该厘清和注意。

参 考 文 献

[1] 国家能源局.DL 5148—2012 水工建筑物水泥灌浆施工技术规范 [S]. 北京：中国电力出版社，2012：14.

[2] 维德曼 R. 世界最新注浆技术总结报告 [R]. 中国岩石锚固与注浆技术专业委员会，译. 1996：50.

[3] 孙钊. 大坝基岩灌浆 [M]. 北京：中国水利水电出版社，2004：128.

[4] 维德曼 R. 世界最新注浆技术总结报告 [R]. 中国岩石锚固与注浆技术专业委员会，译. 1996：23.

[5] 程少荣，等. 水布垭高面板坝趾板基础灌浆升压研究与实践 [C]//夏可风.2004 水利水电地基与基础工程技术. 内蒙古：内蒙古科学技术出版社，2004：439.

[6] 孙玉涛. 天荒坪电站高压隧洞的灌浆施工 [J]. 水力发电，1998 (2)：58.

[7] 孙钊. 大坝基岩灌浆 [M]. 北京：中国水利水电出版社，2004：68.

[8] 邝健政，等. 岩土注浆理论与工程实例 [M]. 北京：科学出版社，2001：111，80 - 85.

[9] EM1110—2—3506. 灌浆技术 [S]. 水利部科技教育司，水利水电规划设计总院，译.1993.

[10] 维德曼 R. 世界最新注浆技术总结报告 [R]. 中国岩石锚固与注浆技术专业委员会，译. 1996：39.

[11] 日本电力土木技术协会. 最新土石坝工程学 [M]. 陈慧远，等，译. 北京：水利电力出版社，1986：605.

[12] 马国彦，等. 水利水电工程灌浆与地下水排水 [M]. 北京：中国水利水电出版社，2001：238 -239.

[13] 陆佑楣，等. 长江三峡工程 [M]. 北京：中国水利水电出版社，2010：189.

[14] 农维勒 E. 灌浆的理论与实践 [M]. 顾柏林，译. 沈阳：东北工学院出版社，1991：68.

[15] 王碧峰，译. 特殊岩土工程施工：灌浆 (BS EN 12715：2000) [S].

[16] 国家能源局.DL 5148—2012 水工建筑物水泥灌浆施工技术规范 [S]. 北京：中国电力出版社，2012：88.

[17] 李德富. 对高压水泥灌浆的作用及其发展的认识和建议 [R]. 1983.

[18] 隆巴迪 G. 内聚力在岩石水泥灌浆中的作用 [C]//《现代灌浆技术译文集》译组. 现代灌浆技术译文集. 北京：水利电力出版社，1991：68.

[19] 谭靖夷，王三一. 乌江渡水电站运行 10 余年后的回访检查 [M]//中国水力发电年鉴. 第四卷. 北京：中国电力出版社，1995.

[20] 国家能源局．DL 5148—2012 水工建筑物水泥灌浆施工技术规范［S］．北京：中国电力出版社，2012：16.

[21] 中华人民共和国国家经济贸易委员会．DL 5108—1999 混凝土重力坝设计规范［S］．北京：中国电力出版社，2000：30.

[22] 林文亮．长江三峡水利枢纽坝基防渗灌浆工程关键技术问题探讨［C］//夏可风．2004 水利水电地基与基础工程技术．内蒙古：内蒙古科学技术出版社，2004：11.

[23] 中华人民共和国国家经济贸易委员会．DL 5148—2001 水工建筑物水泥灌浆施工技术规范［S］．北京：中国电力出版社，2002：18.

[24] 夏可风．水利水电工程施工手册　地基与基础工程［M］．北京：中国电力出版社，2004：23.

灌浆压力与灌浆功率

【摘　要】 灌浆压力是水泥灌浆中最重要、最复杂、最活跃的影响因素，至今人们对灌浆压力的研究很多，众说纷纭。从物理上讲灌浆作业就是做功，灌浆做功的必要条件是灌浆压力和注入率，灌浆做功的功率等于灌浆压力和注入率的乘积。灌浆过程中发生岩体抬动，其决定因素是灌浆功率，而不是灌浆压力。通过控制灌浆功率大致保持一个常数，可以均衡地、安全地掌控灌浆过程，提高灌浆质量。

【关键词】 灌浆压力　灌浆功率　灌浆过程控制　均衡灌浆　岩体抬动原因

1　问题的提出

灌浆依靠灌浆压力而进行。人们常说灌浆压力是保证灌浆质量的最重要的因素。灌浆技术发明200多年来，大量的学者花费了无穷无尽的精力对灌浆压力进行研究，同时也研究注入率（浆液流量）、浆液的性质、浆液的可灌性、浆液的渗流半径、抬动力、水力劈裂、灌浆强度值（GIN）等其他灌浆参数，建立了多种多样的模型，演算推导了数不清的公式；工程师们绞尽脑汁探求临界灌浆压力、最大灌浆压力，初始灌浆压力、目标灌浆压力，发明了形形色色的抬动报警装置，提出了许多限制抬动的措施……然而，到底怎样确定灌浆压力，怎样正确使用灌浆压力，怎样防止抬动，至今没有准确的、唯一的答案。工程中滥用灌浆压力，过量灌浆、造成建筑物和地基抬动破坏，山体开裂的现象不胜枚举。

造成上述现象的原因可能很多，但是一个根本的原因是人们对灌浆机理的认识不深，对灌浆压力和灌浆注入率的作用认识不足，对一个新的，甚至是更重要的灌浆物理量——灌浆功率几乎没有认识。本文以一般的裂隙性岩体为对象，对此进行初浅的论述。

2　灌浆做功的两个必备条件

灌浆是把具有强度和黏结性能的水泥，通过浆液和灌浆泵输送到建筑物地基岩体裂隙中，凝结硬化，以提高岩体的完整性、变形模量和防渗性能。灌浆浆液要在压力下流动，灌浆压力也会传递到岩体中所有浆液到达的部位，迫使岩体变形，甚至抬动建筑物。这都是灌浆在做功。

灌浆做功需要两个必要条件，即灌浆压力和注入率。灌浆压力是势，好比水头、电压、电动势。灌浆压力驱动浆液流动，好比水头引导水流、电压产生电流一样。灌浆压力越高，势能越大，好比水头高、电压高一样。浆液是能量的载体，在灌浆压力的驱动下，产生了流动，就可以释放势能，就可以做功。浆液流量越大，携带的势能越多，做功越大。就好像水流推动水轮发电机一样。

灌浆要做功，灌浆压力和注入率二者缺一不可，任何一个物理量都不可能单独工作。灌

浆压力再高，没有注入率，压力憋在泵里，起不到作用。如同高原上的湖泊，如果湖水不流下来，不可能发电。同理，浆液再多，没有压力驱动，流不起来，怎样做功？由此也可见，灌浆压力与注入率二者同等重要，只可惜我们以前对前者注意太多，对后者注意不够。

3 灌浆功率的物理意义

3.1 灌浆功率的引入和物理意义

前面已经提到，灌浆做功的两个基本因素是灌浆压力和注入率。那么灌浆压力和注入率结合起来就是灌浆做功的能力，即灌浆功率 G_p

$$G_p = P \times q$$

式中：G_p——灌浆功率，MPa・L/min，或 W；

P——灌浆压力，MPa；

q——灌浆流量，即注入率，L/min。

灌浆功率的单位是一个复合单位，MPa・L/min，试对其进行量纲整理：

$$1\text{MPa}\cdot\text{L/min} = 1\times10^6\times\text{N/m}^2\times10^{-3}\times\text{m}^3/60\text{s} = 16.7\text{N}\cdot\text{m/s} = 16.7\text{W}\ (\text{瓦特})$$

到此，灌浆功率的物理意义非常清楚。灌浆功率是在单位时间内施加到灌浆区域的能量，是灌浆泵对地层做功。

1 个灌浆功率单位，即 1MPa・L/min，也可以单独命名和使用，比照“马力”可将其命名为“灌力”（代号 Gn），即

1 灌力（Gn）=16.7 瓦特（W）

灌浆功率不是虚构的，是客观存在的物理量，是产生于灌浆压力和注入率，但又不同于它们，包含它们并与它们并存，有时可能是更重要的物理量，就好像装机容量之于水头、流量，功率之于电压、电流一样。

3.2 灌浆功率与 GIN 的区别

20 世纪 90 年代，瑞士灌浆专家隆巴迪提出“用‘灌浆强度值’（GIN）方法设计和控制灌浆工程”[1]，GIN 的物理意义是，某个灌浆段最终灌浆压力 P 和注入浆液体积 V 的乘积，单位（巴・L/m），隆巴迪认为，各灌浆段的 GIN 应当相等，等于一个预先设计好的定值，每个灌浆段进行灌浆时，当 GIN 达到这个定值时，灌浆即可结束。GIN 法在国外一些工程使用，取得了较好的效果，在我国小浪底等多个工程中试用，也体现了施工简便节能高效等优越性，但终极效果与我国规范尚有差距。

灌浆功率与 GIN 的物理意义和作用都是不一样的。

隆氏的灌浆强度值是最终灌浆压力 P（巴，即 bar，一个大气压力；或采用 MPa）和累计注入浆液体积 V（L/m，也可采用 kg/m）的乘积，与时间因素无关，从这个意义上说，它不是相对时间的“强度”，而是相对空间的“密度”，是灌浆过程结束时的累计限额。本文提出的灌浆功率是实时灌浆压力 P(MPa）与实时注入率 q(L/min）之乘积，是施加能量对时间的比值，是真正的“强度”概念，体现的是做功的强度，即功率。

GIN 实际上是一个灌浆结束条件，它规定当灌浆过程达到设定灌浆强度值、最大灌浆压力、设定最大注入量三者之一时，灌浆即可结束。笔者认为，这可能留下三个隐患：①应灌

注的裂隙未达到饱满；②灌浆压力未达最大；③灌注量和压力都未达到最优。这正是采用GIN法难以获得高质量防渗帷幕的原因。灌浆功率则是灌浆施工的过程参数，是灌浆泵有效出力的量度。灌浆功率不涉及灌浆结束条件，对于我国规范，仍然要求达到设计最大灌浆压力，注入率小于1L/min，并持续30min或更长时间，以确保每一灌浆段灌注饱满密实。

4 用灌浆功率控制灌浆施工过程

4.1 在灌浆过程中保持灌浆功率等于常数

在灌浆施工实践中，特别是在高压灌浆时，为了防止建筑物或岩体抬动，聪明的灌浆工人都会根据岩体吸浆率谨慎地调节灌浆压力，当注入率很大、在低压下即能顺利地注入浆液时，就保持较低的压力和中低速注入率（约10～50L/min）灌注，待注入率逐渐减小时再提高压力；当注入率较小、注浆困难时，就尽快将压力升到规定值；不要在大注入率时使用高压力，也不要长时间在低压下灌浆。

我国灌浆规范[2]更有明确规定："灌浆过程中应保持灌浆压力和注入率相适应。一般情况下宜采用中等以下注入率灌注，当灌浆压力大于4MPa时，注入率宜小于10L/min。同一部位不宜聚集多台灌浆泵同时灌浆。"该条文说明中列举了几个工程在不同灌浆压力下控制注入率的情况（表1）。

表1　在不同的灌浆压力下控制注入率的情况

灌浆压力/MPa	1～2	2～3	3～4	>4
注入率/(L/min)	30	30～20	20～10	<10

从表中可以看出，所谓保持灌浆压力与注入率相适应，实际上就是要使二者的乘积，即灌浆功率保持近似于一个常数。即

$$G_p = P \times q \approx C$$

如果能使灌浆功率大致保持一个常数，这个灌浆过程就是正常的，即均衡的，安全的，就不易造成岩体或建筑物的抬动变形，也不容易发生过量灌浆或灌浆不足的问题，就容易得到较好的灌浆效果。

4.2 不同岩体的灌浆功率范围

对于不同地质条件的岩体，可用灌浆功率范围是不一样的。根据我国多座大坝帷幕灌浆的大致情况，硬、中、软三类岩石的灌浆功率G_p值分别约为50（MPa·L/min）、30（MPa·L/min）、10（MPa·L/min），见表2。当然这是一般情况，对于每一个具体的工程灌浆功率多大适宜，应在灌浆试验时求证。

表2　不同岩体灌浆功率可能范围

岩　性	完整、较完整坚硬基岩						中等坚硬基岩					软弱破碎或缓倾角薄层基岩				
G_p/(MPa·L/min)	50						30					10				
P/MPa	1	2	3	4	5	6	0.5	1	2	3	4	0.2	0.5	1	2	3
q/(L/min)	50	25	17	12	10	8	60	30	15	10	7	50	20	10	5	3

4.3 灌浆功率控制应用举例

通过控制灌浆功率，可以指导、规范和制约灌浆操作人员调控灌浆过程的行为，从而避免不同操作者的主观性、随意性。以图1为例，说明在灌浆过程中控制灌浆功率的方法。

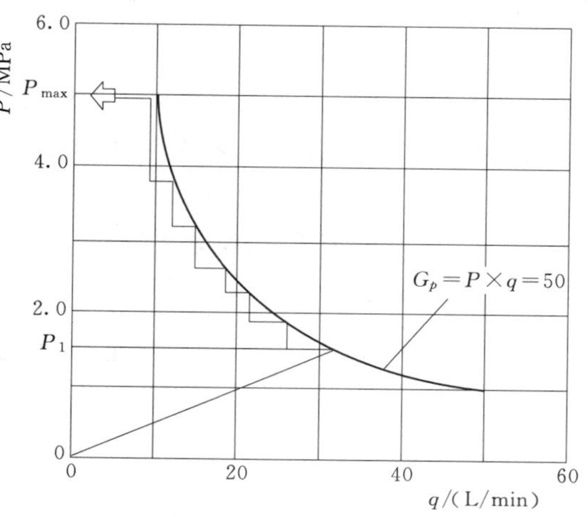

图1 灌浆功率控制过程线

某工程岩体条件较好，灌浆功率值等于50（MPa·L/min）。灌浆操作应从初始压力P_1开始，之后保持压力不变灌注，待流量渐小，再升高压力……控制在G_p曲线以内分阶段渐次上升，任何时候的G_p值不允许偏离到G_p曲线的右上方去，直至P_{max}，以及流量等于小于1L/min，再保持一定时间，结束。

这是一种典型的情况，有的岩体灌浆注入率下降很快，或注入率一开始就很小，G_p值很快到达顶端的P_{max}水平线段，这也是很正常的。另外，实际施工中还要变换水灰比，还有特殊情况处理，会更复杂一些，但基本原理和趋势不会变化。

如果在灌浆记录仪里加上灌浆功率控制程序，当灌浆功率超过设计G_p曲线一定值时，可以设置提醒或报警功能，灌浆结束后，可以打印出灌浆功率运行轨迹线，据此，质量管理人员对灌浆施工过程质量一目了然。如果是进行自动控制灌浆，则可以让系统沿着G_p曲线自动调节灌浆压力和注入率。

5 岩体抬动的直接因素是灌浆功率，而非灌浆压力

灌浆施工中发生岩体抬动的原因是什么？人们往往直觉地归咎于灌浆压力，这并不准确。表3为笔者20世纪80年代在龙羊峡水电站灌浆试验施工时一段灌浆过程抬动观测记录数据，以后又经历和考察过许多灌浆工程，规律都是这样。

表3　　龙羊峡水电站灌浆试验2G9-3号孔灌浆地面抬动观测成果

灌浆压力/MPa	2.0	间歇	3.0	3.0	4.0	6.0
注入率/(L/min)	35	0	15	3	2	1～0
灌浆功率/(MPa·L/min)	70	0	45	9	8	6～0
灌浆历时/min	15	120	40	60	40	120
抬动值/mm	0.47	−0.1	0.13	0	0	0

注　灌浆结束条件为，灌浆压力达到6MPa，注入率小于1L/min后持续2h。

从表3中可见，灌浆功率与岩体抬动呈现明显的正相关关系，而灌浆压力并不直接相关，抬动都是在灌浆压力较低，但注入率较大时，或者说是在灌浆功率值较大时发生的。在高灌浆压力时没有发生抬动，因为这时的注入率很小，灌浆功率小。我国天荒坪抽水蓄

能电站高压引水管道围岩为Ⅱ～Ⅰ类坚硬火山碎屑岩，围岩灌浆使用了9MPa高压力，其条件就是注入率小于等于2.5L/min，此时灌浆功率值等于或小于22.5（MPa·L/min），相当于375W，因此不会有抬动或劈裂岩体的危险。

灌浆工程师刘松富认为[3]，在不少工程中，设计单位规定了很高的灌浆压力，施工中也未发生抬动，于是许多人就误以为这样的压力是适宜的，灌浆质量一定有保证。但是进一步分析灌浆资料时发现，多数孔段的最大灌浆压力是在岩体裂隙基本堵塞，吸浆率大大减小后提升上去的，这时的高压力主要是对已经注入浆液起到压滤作用。他说，如将注入率3～5L/min时的灌浆压力定义为“实效压力”，并选取某工程Ⅲ序孔灌浆资料进行统计，其结果见表4。

表4　某灌浆工程使用灌浆压力分段统计表　单位：MPa

灌浆段次	1	2	3	4	5段及以下
设计灌浆压力	0.50	1.50	3.00	5.00	5.50
终灌压力	0.61	1.52	3.11	5.44	5.59
实效灌浆压力	0.48	0.81	1.17	2.77	2.75

由表4中可见，该工程各段的终灌压力都达到了设计压力，但当设计压力大于3MPa以后，实效压力就只能维持在约2.7MPa了，在以后的高压力下注入量很少，过高的压力除了给施工带来更多困难，延长灌浆时间，实际意义并不大。表4资料与表3中灌浆压力3～6MPa的阶段，注入率仅为3～1L/min也是一致的。也就是说，为了避免抬动，在高压力下灌浆必须保持低注入率，即保持低功率状态。

6　开展对灌浆功率的深入研究

灌浆压力人所共知，其说不一；灌浆压力与注入率的关系早已实际存在，但灌浆工程界对它认识不清晰，似有还无。本文在此明确提出灌浆功率的概念，并且指出它是一个独立的物理量。本文对灌浆功率及其所涉及的相关问题的探讨还不深入，希望学者们、灌浆工程师们从理论上、实践上更深入地研究它们，揭示它们，发现它与其他灌浆要素的关系，推动灌浆技术的发展。笔者认为，需要深入研究的至少有以下问题。

（1）灌浆功率与地质条件的关系。不同的岩性、不同的裂隙形态、不同类别的岩体可承受的灌浆功率是不同的，强岩溶发育的地层灌浆，可能有特殊的规律。

（2）灌浆功率与浆液性质的关系。本文没有涉及浆液的水灰比问题，不同水灰比的浆液，浆液的流变参数，怎样影响灌浆功率？

（3）灌浆功率与岩体抬动在数量上的关系，不同岩体情况是否存在一个“临界灌浆功率”，如何求算？

（4）灌浆功率是一个理论问题，更是一个实践问题。今后进行现场灌浆试验时，宜有目的的安排灌浆功率的监测、记录和研究，灌浆记录仪的检测项目和程序应当增加灌浆功率，输出的灌浆记录表和图像应当包括灌浆功率控制过程线。

7 结束语

（1）进行灌浆的必要条件是灌浆压力和注入率，二者缺一不可。以往人们常常过分重视了灌浆压力的作用，而对注入率重视不够，对二者的结合研究得更少。

（2）从物理上讲灌浆作业就是做功，灌浆功率是灌浆做功的功率，它等于灌浆压力和注入率的乘积。灌浆功率是独立的物理量，通过控制灌浆功率大致保持一个常数，可以均衡地、安全地掌控灌浆过程，提高灌浆质量。

（3）灌浆过程中发生岩体抬动，其决定因素是灌浆功率，而不是灌浆压力。

（4）灌浆功率是一个新概念，今后应开展对它的深入研究。

参 考 文 献

［1］ 隆巴迪 G，迪尔 D. 用“灌浆强度值”方法设计和控制灌浆工程［J］. 柳载舟，向世武，译．国际水力发电，1993，45（6）.

［2］ 国家能源局．DL5148—2012 水工建筑物水泥灌浆施工技术规范［S］. 北京：中国电力出版社，2012：99.

［3］ 刘松富．浅谈灌浆施工中的若干误区［C］//中国水利学会地基与基础专业委员会．水利水电地基基础工程技术创新与发展．北京：中国水利水电出版社，2011：8.

压滤作用是水泥灌浆成功的要素

【摘　要】 灌浆浆液充填岩石裂隙形成水泥结石的机理，有“沉积说”与“压滤说”。试验证明，压力滤水作用可以大大提高水泥结石的密实度和力学性能，在灌浆过程中不仅存在沉积作用，而且普遍存在压滤作用。有的坝帷幕很快破坏不是由于浆液太稀，而是由于没有充分进行压力滤水。循环式灌浆、高压灌浆、适当延长灌浆结束阶段，以及透水性较好的地质条件，有利于形成或加强压滤作用。纯压式灌浆、GIN灌浆法难以形成有效的压滤作用，使用稳定性浆液是对纯压式灌浆缺陷的弥补。无论何种水灰比的浆液通过压力滤水所形成的水泥结石的性能，都要优于稳定性浆液自由沉积形成的水泥结石。

【关键词】 灌浆机理　沉积说　压滤说　帷幕破坏　灌浆工艺

1　“沉积说”与“压滤说”

在岩石裂隙水泥灌浆施工中，我们通常使用的水泥浆液的水灰比为5∶1～0.5∶1，以前更稀至8∶1、10∶1、20∶1，但水泥水化反应需要的水仅约为水泥重量的25%，一说可达38%[1]，那么，水泥浆液是怎样灌注到岩石裂隙中，怎样形成水泥结石的呢？多余的水到哪里去了呢？也就是说岩石裂隙水泥灌浆的机理是什么？灌浆界的专家们在20世纪曾经有过热烈的讨论，形成了两种主要学说，即沉积说和压滤说[2]。

沉积说认为，水泥浆液在进入岩石裂隙以后，流动速度和压力随着离开钻孔的距离渐远而迅速降低，当浆液流速降低至某一临界值时，在重力作用下浆液中的水泥颗粒首先在临界流速处陆续向裂隙底部沉积，使渗浆断面变小，浆液流速、压力也都发生变化。浆液中多余的水分在水泥沉积层的顶部流向远方，后面的浆液继续补充，再沉积……直到裂隙完全填满。或者前面裂隙并不畅通，多余的水分留在裂隙顶部，成为未填满的空穴。

压滤说由德国的库茨勒（Cristian Kutzner）于1964年提出，也称为固结排水理论，他把灌浆过程分为“填满”和“饱和”两个阶段，在填满阶段浆液进入并充填了缝隙的绝大部分，在饱和阶段，浆液中的多余水分在饱和压力（最大灌浆压力）作用下，产生类似于太沙基的土力学固结现象而被排出，使水泥颗粒彼此接近，结石体的密实度增加。

质疑压滤说的学者认为，对于坚硬和透水性差的岩体灌浆，难以用固结排水理论解释。澳大利亚学者郝斯贝（A. C. Houlsby）说，“人们普遍认为在灌浆刚结束之后，浆液触变硬化阻止水失去之前，适当的压力能够排除近于水平裂隙里的过量水……但基本研究表明，沿着裂隙的高压并不能加速近于水平裂隙内新灌入浆液中的水的分离。因为这种压力并非一定经过高浓度的灌浆体，而更有可能是通过上升到裂隙顶部的较稀的液体传递。由于过量水的析出主要是一个重力过程，而且非常缓慢。在一般气温下，通常需要一小时多泌水才能初步结束；在寒冷气温下，析水时间会更长。因此，灌浆工艺要么采用能使岩

石启缝的高压劈裂灌浆，要么延长灌浆时间，待泌水排除。”[3]郝氏的话中有多层观点，总的意思是坚持沉积作用是主要的，但不排除在垂直裂隙、高压灌浆和延长灌浆时间情况下压滤作用可能发生。

瑞士学者隆巴迪主要支持沉积说，他推行稳定性浆液的理论基础就是为了克服浆液沉积带来的问题[4]。

2 我国对于水泥灌浆机理的研究

我国基本与世界同步开展了灌浆机理的研究，中国水利水电科学研究院、长江科学院、中国水电基础工程局科研所等许多单位进行了实验室的模拟灌浆试验，制取了自由沉积和压力滤水条件下的水泥结石，并对其进行物理力学试验，获得了丰富的成果。

在诸多试验中，郭玉花使用自制压力滤水成型仪，将不同水灰比的浆液置入其中，使用不同的压力压滤 30min，对试样进行凝结时间的试验，养护 28d 的试件进行密度和抗压强度的试验。表 1、表 2 为部分试验结果[1]。

表 1　　压滤作用对浆液凝结时间及结石孔隙的影响

试验项目	压滤压力/MPa	浆液水灰比等级			
		0.8∶1	1.5∶1	3.0∶1	8.0∶1
凝结时间（初凝/终凝）/(h：min)	0	10：43/13：18	13：10/17：10	18：00/23：00	20：15/27：15
	0.1	6：50/10：50	8：05/13：55	10：15/14：45	—/15：10
	0.3	4：45/9：50	—/11：35	6：50/12：15	9：10/13：20
	0.5	2：10/8：25	2：40/10：15	3：40/11：10	3：00/12：45
结石孔隙/%	0	24.97	29.23	37.78	—
	0.1	16.47	17.85	26.47	26.35
	0.3	14.14	13.53	18.64	19.29
	0.5	7.07	—	7.71	13.94

注　使用 52.5 级矿渣硅酸盐水泥；0 压力为自由沉积成型。

表 2　　压滤作用对浆液结石密度和抗压强度的影响

压滤压力/MPa	不同水灰比的浆液结石强度/MPa			
	0.8∶1	1.5∶1	3.0∶1	8.0∶1
0	40.4	32.0	29.6	26.0
0.1	64.0	57.6	77.6	36.8
0.3	58.2	72.8	79.6	56.8
0.5	68.4	76.4	83.1	78.0
0.7	70.8	108.4	92.2	84.0

注　使用 52.5 级普硅水泥，28d 龄期；0 压力为自由沉积成型。

从试验成果中可以看出：

(1) 压滤作用使浆液的凝结时间大大缩短。例如 0.8∶1 的水泥浆，在自由沉积条件下，初终凝时间分别是 10：43 和 13：18，经过 0.5MPa 压力 30min 压滤后缩短为

2h10min 和 8h25min。

(2) 压滤作用使浆液结石的密实度大大提高。如 0.8∶1 的水泥浆，在自由沉积条件下，结石孔隙率是 0.2497，经过 0.5MPa 压力 30min 压滤后孔隙率减少为 0.0707。

(3) 压滤作用使浆液结石的抗压强度大大提高。同样如 0.8∶1 的水泥浆，在自由沉积条件下，结石抗压强度是 40.4MPa，经过 0.7MPa 压力 30min 压滤后，抗压强度提高到是 70.8MPa。1.5∶1 的浆液经 0.7MPa 压力压滤后，抗压强度提高到了 108.4MPa，效果非常显著。

(4) 在压滤作用下，稀浆结石的各项性能大幅度改善，甚至超过稠浆自由沉积结石的性能指标。如 3∶1 的水泥浆在自由沉积条件下，结石孔隙率是 37.78%，经过 0.5MPa 压力压滤后孔隙率减少为 7.71%，这不仅比 0.8∶1 浆液的自由沉积结石更密实，而且其密实度与 0.8∶1 浆液的压滤成型结石的密实度接近。这一事实表明，只要压滤作用存在，稀浆结石同样可以坚强耐久。

郭玉花认为，沉积说和压滤说是两种简单化了的极端情况，“实际上结石的形成是更为复杂的过程。因为在灌浆过程中浆体沿径向流动时，既受浆体自身粘滞力的影响，又受沿程被灌体和其中充填物的阻力而不断消弱流动能力，使其流速迅速减慢。当流速减慢到一定程度时，水泥颗粒渐渐发生沉积，已沉积的水泥颗粒又成为随后浆液流动的阻力，从而加速后面浆液中水泥颗粒的沉积，形成新鲜的结石体。试验证明，这种新鲜的结石体是透水的，其渗透系数一般大于 10^{-5}cm/s。因此，新鲜结石内多余的水分和随后浆液中大部分水分在灌浆压力作用下能够被排滤出去，形成较密实的结石体。所以说沉积和压力滤水并不是两个互不相关的独立过程，而是在灌浆过程中浆液由沉积连续渐变地过渡到压力滤水的综合作用形成的”。

但我国也有专家仍持保留态度，他们认为实验室里压力滤水的装置透水性较好，而灌浆孔和岩体裂隙的透水性没有这么好。

3 这两座坝的帷幕为什么破坏？

郝斯贝曾经分析了布洛瓦林坝（Blowering Dam）和克帕罗德坝（Copperlode Dam）帷幕渗漏的原因[3]。布洛瓦林坝建成于 1968 年，至 1972 年帷幕的某些部分已完全破坏；克帕罗德坝建设年代不详。

图 1 是两坝帷幕的垂直检查孔用潜望镜看到的现象，图中可见到一些未被密实充填的空穴，观测中发现这些宽裂隙不断喷水。郝氏说，含有积聚水的空穴是在灌浆中形成的，灌浆时使用的浆液水灰比均为 5∶1，水从浆液中分离出来，且不能向上排出。后来用水灰比为 2∶1 的浆液并改进工艺进行灌注，收到良好效果。这在灌浆界被当成一个“稀浆灌浆质量不好”的经典案例，也是后来隆巴迪大力推行稳定性浆液的原因。

但是，笔者认为这里存在许多疑问和严重误导：

(1) 几十年来，美欧日中各国采用水灰比为 5∶1（早期甚至稀至 20∶1）的浆液施工的防渗帷幕不计其数，出现问题的并不多，为什么这两座坝出现了问题就要归咎于浆液太稀？

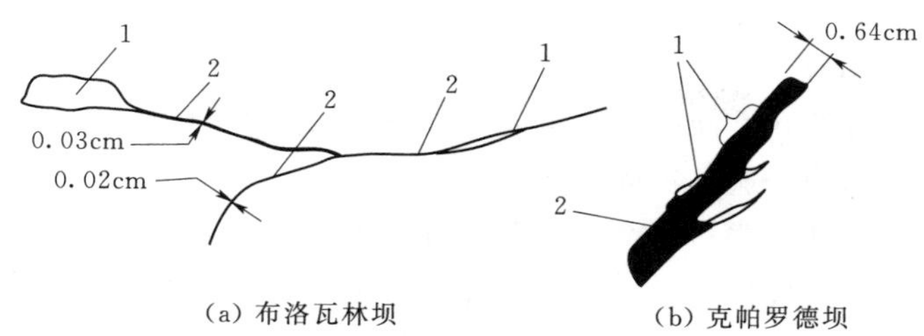

(a) 布洛瓦林坝　　(b) 克帕罗德坝

图1　因为采用了稀浆及不合适的工艺，导致的未能密实充填的岩体裂隙

1—浆液析水形成的空穴；2—浆液结石

(2) 水灰比5∶1的浆液的析水率为81%，但图1中的空穴面积怎么也没有80%，这是为什么？

(3) 后来使用水灰比2∶1的浆液灌注就好了，2∶1的浆液析水率也有58%，难道不还有42%的空穴吗？

(4) 图1 (b) 中0.64cm宽的裂隙，使用5∶1浆液是作为开灌浆液水灰比呢，还是灌注始终呢？如果是后者，那完全是施工的错误；如果是前者，施工中很快就会变成稠浆，不应当存在稀浆的问题。

(5) 两例中渗漏原因除了使用5∶1浆液外，还说道“不适合的工艺”以及后来使用2∶1浆液补灌“并改进工艺”，其实工艺应当是主要的，可惜论文没有突出这一点，许多读者也只看到前一点。

(6) 水泥灌浆虽然是使用浆液封堵裂隙，但是主要是封堵贯通性裂隙，而不可能封填所有裂隙，即使是化学灌浆也难以做到。有些裂隙在灌浆压力下水都渗不出去，蓄水后也不会有大的渗漏。图中的空穴向检查孔中喷水，说明贯通性好，这是原来灌浆质量总体上有问题，而不在于浆液稀还是稠一点。

笔者认为，本案例不能说明2∶1的浆液优于5∶1的浆液，也不能说明稳定性浆液优于非稳定浆液、单一比级浆液优于系列比级浆液，导致帷幕较大渗漏的问题主要原因是工艺不当，灌浆没有达到充分饱和，也就是说没有充分发挥压力滤水的作用。如果采用中国灌浆规范，采用5∶1浆液开灌，完全有把握实现帷幕透水率小于或等于1Lu，也不会运行4年后即发生破坏。

郝氏对本案例原因的解释是基于沉积说，但又不能自圆其说，因为5∶1浆液和2∶1浆液都是会析水的，前者析出的水留下了，造成了空穴；后者析出的水到哪里去了呢？其实，无论采用何种水灰比的浆液，从灌浆一开始，水分就要向周围的介质渗透，也就是说，压力滤水也是普遍现象。

4　压滤作用在灌浆过程中普遍存在

4.1　压滤作用产生的条件

水泥浆液是一种固液两相流体，它在离开灌浆泵进入灌浆孔和岩石裂隙以后，流速总是要减慢直至停止的，在重力的作用下，流动慢的和不流动的浆液发生沉淀、沉积，这是自然规律。这和实验室里的情况基本一致，无人提出异议。

问题是在沉积作用发生的同时，压滤作用是否存在，在何种条件下存在，或普遍存在？笔者的意见是，虽然在不同的灌浆工艺条件下，对浆液的压滤作用有强有弱，但凡在灌浆过程中，压滤作用是普遍存在的。

压滤作用产生的条件无非是两个：一是要有压力，二是要能滤水，即岩体或裂隙有一定的透水性。而这两个条件恰恰是灌浆的条件：灌浆都是有压力的，没有压力就不可能灌浆，即使有时压力很小，甚至是自流灌浆，那也是有压力的，自重也是压力；灌浆都是因为要处理渗漏，或者要充填裂隙，有渗漏、有裂隙就可滤水。对于坚硬和透水性差的岩体灌浆，也仍然是可滤水的，不过滤水慢一点。不能滤水的地方不需要灌浆，任何作用都没有意义。

压力滤水的压力来自灌浆压力，而不是重力，所以不受方向限制，即使是水平或向上，只要有压力梯度，就会有水流动，好像自来水能从低处流向高处一样。

4.2 工程现象和工程实例

在施工中，可以看到的压力滤水现象和工程实例很多。

4.2.1 浆液“失水变浓”现象

灌浆施工中经常会发生的失水变浓现象，即循环式灌浆施工时，回浆浆液浓于进浆浆液。这种现象非常普遍，有的工程很严重，许多灌浆孔段灌浆一开始就明显失水变浓，以至于正常的施工作业难以进行，而不得不采取应对措施，或是改换细水泥灌浆或化学灌浆。许多工程是各灌浆段在灌浆的结束阶段发生失水变浓，这是很正常的。失水变浓，正是压力滤水的表现。

纯压式灌浆因为没有回浆所以无法测量其失水变浓情况，但其失水变浓现象同样是存在的，甚至是更严重的。请看本文 5.1 叙述。

4.2.2 乌江渡水电站

20 世纪 80 年代建成的贵州乌江渡水电站，强岩溶发育石灰岩坝基，防渗帷幕采用 6MPa 压力灌浆，开灌浆液水灰比 5∶1，灌浆结束条件之一为注入率小于或等于 0.5L/min，且持续时间不少于 1h；之二是达到设计压力持续时间不少于 1.5h。近 20 万 m 帷幕灌浆平均单位注入量 294.7kg/m，高压灌浆所得水泥结石密度为 1.99g/cm^3，低压灌浆水泥结石密度为 1.52～1.88g/cm^3。[5]但它们都高于同种水灰比浆液自由沉积结石的密度。

4.2.3 水布垭水电站

2009 年建成的湖北清江水布垭水电站，石灰岩坝基，大坝趾板帷幕灌浆采用孔口封闭法，使用 42.5 级普硅水泥，浆液水灰比分为 5∶1、3∶1、2∶1、1∶1、0.8∶1、0.5∶1等六级，开灌水灰比 5∶1。最大灌浆压力 4.0MPa，平均单位注入量 78kg/m。各灌浆孔灌浆完成后，采用 0.5：1 浓浆置换孔内稀浆或积水，用全孔纯压式灌浆法封孔，压力 4MPa，持续时间不少于 1h。为检查灌浆孔封孔的质量，布置了约 2%的封孔检查孔，钻取了大量的水泥结石芯样，并抽取部分进行了力学实验，表 3 为趾板下帷幕灌浆封孔检查的成果[6]。

表 3　水布垭水电站大坝趾板帷幕灌浆封孔芯样检测成果表

工程部位	检查孔数	岩芯采取率/%		干密度/(g/cm³)			抗压强度/MPa		
		最　高	最　低	最　高	最　低	平　均	最　高	最　低	平　均
河床段	1	92.2		2.85	2.65	2.75	62.5	42.5	52.5
左岸坡	22	97.6	89.1	2.5	2.48	2.49	64.3	59.7	62.0
右岸坡	21	99.5	87.4	2.56	2.55	2.56	78.0	47.0	62.5
右挡 3	1	95.1		2.56	2.56	2.56	60.2		60.2

0.5∶1 的水泥浆在自由沉积的条件下，其结石的干密度约为 1.51g/cm³，抗压强度约为 46MPa。但从表 3 可以看出，在 4MPa 持续 1h 的压滤作用下，水泥浆的密实度和强度都有很大的提高，干密度提高到大于 2.48g/cm³，抗压强度提高到最低 42.5MPa，最高 78.0MPa。压滤作用十分明显。

4.2.4　丹江口水电站

20 世纪 70 年代建成的湖北丹江口水利枢纽，坝基岩石为闪长岩、闪长玢岩等，防渗帷幕施工采用自上而下循环式灌浆法，最大灌浆压力 3MPa，浆液水灰比等级为 10∶1、8∶1、6∶1、4∶1、2∶1、1∶1，开灌水灰比 10∶1。灌浆结束条件为，正常孔段在连续灌注 30min 内吸浆率不大于 0.2L/min，持续 1～2h。单位注入量普遍较小。丹江口水利枢纽于 1968 年 11 月下闸蓄水，至今已运行 40 多年。因作为南水北调中线水源工程，大坝进行加高，2008 年，有关单位组织了对大坝河床坝段防渗帷幕效果检测及耐久性研究，通过钻孔压水试验、电视摄像、声波检测、CT 剖面测试、芯样力学和理化试验等等，对原帷幕进行了一次全面的“体检”，检测后关于帷幕耐久性的结论是，“除 30～31 坝段水泥灌浆帷幕已发生明显的溶蚀破坏外，其余坝段水泥灌浆帷幕耐久性有效年限还有 161 年以上”。[7]也就是说，10∶1 浆液开灌形成的水泥结石可持续运行 200 多年，如果没有压滤的作用，任何自由沉积的水泥结石，包括稳定性浆液的结石都是不可能做到的。

4.2.5　长江三峡水利枢纽

建成不久的长江三峡水泥枢纽，坝基岩石为较完整的花岗岩，帷幕灌浆采用湿磨细水泥浆，开灌浆液水灰比 3∶1，最大灌浆压力 6MPa，平均单位注入量约为 10kg/m。现场灌浆试验之后进行了直径 1m 的大口径钻孔取芯检查，可见“水泥结石密实、坚硬、胶结良好。结石芯样单轴抗压强度干燥状态为 26.1MPa，饱和状态为 23.8MPa，抗拉强度为 1.0MPa，抗剪强度为 1.2MPa”。[8]这些数据都远远超过了 3∶1 湿磨水泥浆自由沉积结石的技术指标。这只有一个原因，那就是压力滤水增加了水泥浆结石的密实度。

上面这些坝以及还有许许多多的坝，都使用了稀浆灌浆，却没有发生布洛瓦林坝和克帕罗德坝的破坏现象，看来郝氏把原因找错了。

5　适当的灌浆工艺有利于加强压滤作用

5.1　循环式灌浆有利于加强压滤作用

在灌浆施工中广泛采用纯压式与循环式两种灌浆方式，见图 2。

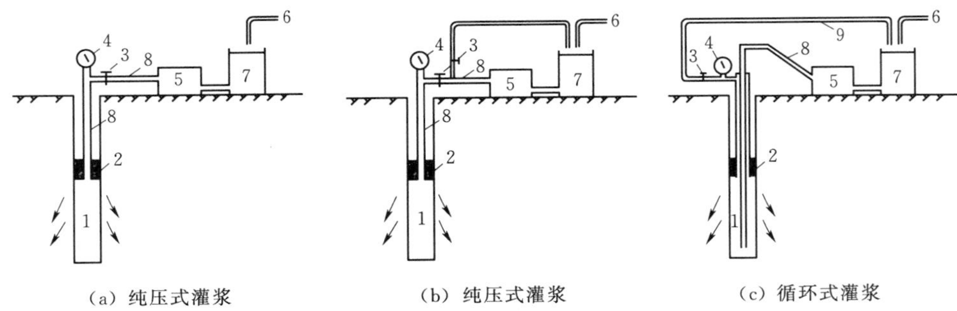

图 2 纯压式和循环式灌浆示意图

1—灌浆段；2—灌浆塞；3—阀门；4—压力表；5—灌浆泵；6—供浆管；7—储浆搅拌机；8—进浆管；9—回浆管

在两种灌浆方式中，西方主要采用 a 型纯压式灌浆，这种方式使用的是变量灌浆泵，即压力一定，流量可变，灌浆孔里需要多少浆液，泵就排出多少浆液，没有浆液在管路和钻孔中循环，电机的功率相对较小，十分节能、省浆。因为变量灌浆泵很贵，我国帷幕灌浆主要采用循环式，固结灌浆和回填灌浆采用的纯压式灌浆也是 b 型的。b 型纯压式灌浆和循环式灌浆采用的都是定量灌浆泵，灌浆时泵的排量不变，依靠孔口的回浆阀门（图 2 中 3）分流用不完的浆液，并通过其开度大小调节孔内灌浆压力。这种方式浆液在管路或管路和钻孔（循环式灌浆）内循环流动，能量和浆液的浪费或消耗都很大。

以西方习用的 a 型纯压式灌浆和国内多用的 c 型循环式灌浆（以下分别简称 a 法和 c 法）进行对比，主要差别有：

(1) 灌浆压力有差别。在灌浆孔口压力表指示压力相同的条件下，a 法实际灌浆压力大于 c 法。例如同为 5MPa，对于 c 法而言，灌浆孔段实际承受的灌浆压力为 5MPa 加上沿程损失，管路沿程压力损失与管径、变径、弯头、浆液浓度（黏度）和流速等有关，可通过计算得出，稠浆时常可达到 1MPa 甚至更大；对于 a 法而言，灌浆孔段实际承受的灌浆压力为 5MPa 减去沿程损失。一加一减二者相差可能达到 2MPa 以上。

(2) 灌浆孔段内浆液流态不同。a 法浆液基本上为层流，c 法是紊流。如以灌浆孔孔径 $d=5.6$cm，灌浆注入率 $Q=20$L/min 为例，则 a 法灌浆管出口灌浆孔段顶部的浆液流速为

$$V=Q/(\pi d^2/4)=13.3\text{cm/s}$$

如灌注的浆液水灰比为 1∶1，则其密度 $\rho=1.52\text{g/cm}^3$，黏度 $\mu=6\text{mPa}\cdot\text{s}$，运动黏度 $\nu=\mu/\rho=0.395\text{cm}^2/\text{s}$。因为是圆孔，假设符合管道流规则，则浆液流动的雷诺数为

$$Re=Vd/\nu=1886$$

此值小于临界雷诺数 2320，由此可以判断其孔段中是层流。实际上西方灌浆孔直径更大（因使用潜孔锤钻进），注入率小于等于 20L/min 是灌浆的常态，越到灌浆的后期注入率越小。另外，在孔段内越到下部流速也越小。

相反，对于 c 法，如同样以注入率 20L/min 灌浆，我国的常用灌浆泵排浆量为 100L/

min，则在灌浆孔段中，射浆管注入100L/min，除去注入岩石中浆液以外，钻孔内（实际是灌浆管外的环状空间）回浆为80L/min。浆液在整个管路和钻孔内均为紊流。这样当然消耗了大量的能量，但也带来一些好处，如实现了在距离岩石裂隙最近的孔段内对浆液施加强烈的脉动压力，这种脉动压力可使浆液的抗剪强度降低到原来的百分之一[9]。从而大大提高注入量，改善灌浆效果。

（3）由于能循环，c法孔段内的浆液总是在交换更新，灌浆前沿的水泥浆液如发生细颗粒优先渗入岩石缝隙或失水等现象，后续浆液可不断补充。相反a法灌浆前沿的水泥浆液可能会越来越稠，很快不能流动。

（4）由于能循环，c法孔段内的浆液永远不会沉积，可在整个灌浆时段保持对裂隙的最佳灌浆状态。a法在开始灌浆以后随着注入率减小，孔段内浆液流速逐渐降低，低于临界流速和不淤流速，加上又是垂直向下的直孔，浆液会快速地首先在孔段内沉积，而导致对岩石裂隙的灌浆难以进行。这可能是隆巴迪强烈推行稳定性浆液的原因。

（5）a法由于不能循环，灌浆过程基本上只能保持在“填满”阶段，而不能进入“饱和”阶段。如果进入饱和阶段，浆液流速将非常低，水泥颗粒会在孔段内迅速沉积并向灌浆管内发展，导致堵塞灌浆孔段和灌浆管，而岩石裂缝里的浆液却因被孔内沉积物隔绝而得不到足够的压滤能量而不能产生充分的压滤效果。我们常常看到纯压式灌浆时间过长后，出浆管被持续失水的稠浆堵塞的情况，这已经导致了后续灌浆不能正常进行的事故，施工作业中是不能这样做的。这也就是纯压式灌浆的一个根本缺陷，它只能允许已经进入灌浆孔和裂隙的浆液有一定程度的失水变浓（即压力滤水），而不能允许这种现象发展到灌浆管路中。

相反，c法在整个灌浆过程中，灌浆压力始终直接作用在岩石裂隙的开口处，“填满”阶段完成后，可及时转入“饱和”阶段，即结束阶段。由于不担心孔内和灌浆管内沉积，密实阶段持续时间可长可短，可根据实现进度和质量的综合效益最大化来确定。

5.2 灌浆结束阶段是压力滤水的关键工序

在循环式灌浆中灌浆结束阶段是一个很重要的工序环节，它是指灌浆进行到压力达到最大、注入率最小后的一段灌浆时间，美国灌浆技术标准称为“拒浆”（Refusal）。我国2012版灌浆规范规定：“在该灌浆段最大设计压力下，注入率不大于1L/min，继续灌注30min，可结束灌浆。”在旧版规范中更是这样规定：“灌浆应同时满足下述两个条件方可结束：在设计压力下，注入率不大于1L/min时，延续灌注时间不少于90min；灌浆全过程中，在设计压力下的灌浆时间不少于120min。”[10][11]前述乌江渡和丹江口帷幕灌浆的结束条件十分严格，是按旧版灌浆规范施工的。滤水试验和工程实践经验证明，旧规范结束阶段时间过长，后加以修改。但现行规范关于结束阶段时间的规定仍然比欧洲和美国灌浆技术标准严。

结束阶段，实质就是前述的“饱和”阶段，此时注入量很小，保持较长时间和较高的灌浆压力，是产生压滤机制的主要时段。在这一时段，不论注入到岩石裂隙中的水泥浆液是何种水灰比，都会获得最大限度地滤水凝固，形成高质量的水泥结石。

5.3 使用稳定性浆液是对纯压式灌浆缺陷的有限弥补

进行纯压式灌浆，特别是自下而上的纯压式灌浆，原则上一旦达到最大灌浆压力和最小注入率后，灌浆就应当结束，立即转入后面一个孔段的灌浆，而不能安排持续时间。否则灌浆管里浆液变稠，后面的施工就无法进行了。由此，纯压式灌浆基本上只有填满阶段，而没有饱和阶段。也就是说纯压式灌浆缺失了主动地压力滤水环节，这是该法的一个根本缺陷。于是，为了使填满的浆液不再失水，或尽量少失水，求助于稳定性浆液就不失为一个可行的弥补措施了。

相反，循环式灌浆没有这个缺陷，它能将不论何种水灰比的浆液“加工”成优良结石，所以就不需要使用稳定性浆液了。或者说，如果在循环式灌浆条件下使用稳定性浆液，那就属于弄巧反拙和得不偿失了。

值得指出的是，稳定性浆液对纯压式灌浆缺陷可以起到弥补作用，但弥补的作用是有限的，远逊于循环式灌浆中的结束阶段。同时稳定性浆液虽然减少了沉积析水但在一定程度上却牺牲了可灌性，也是世事难两全了。

5.4 GIN 灌浆法不能产生压滤作用

隆巴迪规定[4]，GIN 法灌浆有 3 个结束条件：①达到规定的最大灌浆压力；②达到规定的最大注入量；③达到规定的灌浆强度值（即灌浆压力与单位注入量的乘积），实现其中任何一个条件灌浆即结束。其中没有在最大灌浆压力下的持续时间，往往在注入率还很大、压力没有达到设计值时，因为灌浆强度值达到了就要结束，无法形成有效的压滤作用。自然它也只有求助于稳定性浆液，希望灌浆结束后少析一点水。

5.5 高压灌浆有利于形成压滤效应

在压滤作用下水的流动应当遵循达西定律，压力大，渗透梯度大，流速就快，流量就大。因此高压灌浆（大于 3MPa）自然比低压灌浆形成的压滤作用强烈，实验室里的浆液压滤试验证明了这一点。

不仅如此，高压灌浆通常是劈裂灌浆或启缝灌浆，它要把岩石裂隙扩张或劈开，让浆液灌进去。浆液充填裂隙缝面后，如灌浆结束压力卸除，岩石的弹性会使遭到启缝扩张的缝隙有合拢的趋势，使灌入的浆液受到压力，滤除水分，使浆液结石更密实。所以进行高压灌浆时，即使灌浆结束阶段的时间短一些，浆液结石仍可实现后期滤水。

关于这一点，郝斯贝也是承认的。他说[3]：为了防止浆液结石析水，“要么采用能使岩石启缝的高压劈裂灌浆工艺，要么延长灌浆时间，待泌水排除”。

5.6 不稳定浆液压滤效果更好

不稳定浆液固液两相易于分离，沉积时间比稳定性浆液短，所以当压滤条件存在时，不稳定浆液形成的水泥结石比稳定性浆液更密实，强度更高。分析表 2 的试验结果可以看出，当压滤压力大于等于 0.3MPa 时，不稳定浆液（水灰比 1.5∶1、3∶1、8∶1）的结石强度大于接近稳定浆液的 0.8∶1 水泥浆。

这一事实也表明：

(1) 稳定性浆液不能代替压滤作用的效果，稳定性浆液并不能显著提高水泥结石的性能。

(2) 压滤作用是提高水泥结石性能的最有效的因素。不论何种水灰比的浆液，只要经过相当的压滤作用都可“加工成”优良的水泥结石；相反，不经过压滤作用，无论多么稳定的浆液，其形成的水泥结石的密实度、强度等性能都是很有限度的。

5.7 地质条件对压滤作用有重要影响

前面说到，在灌浆过程中，压滤作用普遍存在，但压滤作用的大小与灌浆方法有关，同时也与地质条件有关。

如果被灌岩体裂隙发育，透水性好，则压滤作用强烈；如果岩体坚硬完整，裂隙少，或者岩性虽软弱，但透水性差，则压滤作用微弱。面对前种情况，可以适当缩短灌浆结束阶段的时间，对于后者，应当适当提高灌浆压力，延长灌浆结束阶段的时间。

6 结束语

(1) 灌浆浆液在岩石裂隙中析水、沉积、凝固是一个较为复杂的过程，沉积说和压滤说是对这一现象分解和简化的解释。实际上在灌浆过程中两种作用同时存在。

(2) 我国对于水泥灌浆的机理进行了充分的研究，试验证明压力滤水作用可以大大提高水泥结石的密实度和力学性能。

(3) 布洛瓦林坝和克帕罗德坝防渗帷幕发生渗透破坏的原因，主要不是由于浆液太稀，而是由于工艺不当，浆液没有得到充分的压力滤水。

(4) 大量工程实例表明，在灌浆过程中压滤作用或强或弱普遍存在。压滤作用对于形成性能良好的水泥结石有着重要的和不可替代的作用，各种水灰比的浆液通过压力滤水，都可以形成比较密实的、强度较高的水泥结石，灌浆的效果好。

(5) 采用循环式灌浆、高压灌浆、适当延长灌浆结束阶段的时间，以及透水性较好的地质条件，有利于形成和加强压滤作用。

(6) 纯压式灌浆和GIN灌浆法具有不能主动形成有效压滤作用的缺陷，使用稳定性浆液是对纯压式灌浆和GIN灌浆法缺陷的有限度的弥补。

参考文献

[1] 郭玉花．水泥灌浆浆液及其结石力学性质的研究［C］//水利部科学技术司，等．岩石与混凝土灌浆译文集．1995：25.

[2] 邝健政，等．岩土注浆理论与工程实践［M］．北京：科学出版社，2001.

[3] Houlsby A C. 岩石水泥灌浆浆液的最佳水灰比［C］//《现代灌浆技术译文集》译组．现代灌浆技术译文集．北京：水利电力出版社，1991：83.

[4] 隆巴迪G，迪尔D. 用“灌浆强度值”方法设计和控制灌浆工程［J］．柳载舟，向世武，译．国际水力发电，1993，45（6）.

[5] 水电八局，谭靖夷，等．乌江渡工程施工技术［M］．北京：水利电力出版社，1987：698.

[6] 水布垭水电站安全鉴定报告［R］．2010.

[7] 长江勘测规划设计研究有限责任公司，徐年丰，等．丹江口水利枢纽河床坝段防渗帷幕效果检测及

耐久性研究报告［R］. 2009.

［8］陆佑楣，等．长江三峡工程（技术篇）［M］. 北京：中国水利水电出版社，2010：191.

［9］Borgesson L. 动力灌浆中水泥和膨润土浆液的流变特性［C］//水利部科学技术司，等．岩石与混凝土灌浆译文集．1995.

［10］中华人民共和国国家经济贸易委员会．DL5148—2001 水工建筑物水泥灌浆施工技术规范［S］. 北京：中国电力出版社，2002.

［11］中华人民共和国水利部，中华人民共和国电力工业部．SL62 - 94 水工建筑物水泥灌浆施工技术规范［S］. 北京：水利电力出版社，1994.

浆液水灰比是帷幕防渗能力衰减的主要原因吗?

【摘　要】 根据对国内若干座大坝的防渗帷幕运行情况进行的工程实例调查和资料分析，讨论国内外热议的大坝帷幕防渗能力衰减问题。认为我国水库大坝防渗帷幕大部分运行正常或基本正常，不存在帷幕防渗能力普遍衰减的情况；少数帷幕防渗能力衰减的主要原因并非灌浆浆液太稀所致；影响防渗帷幕耐久性的主要因素有设计质量、施工质量、不良地质条件和浆材浆液等；欧洲一些水利工程发生帷幕防渗能力衰减现象，有可能是灌浆方法简单和防渗标准较低所致。

【关键词】 防渗帷幕　防渗能力衰减　浆液水灰比　施工工艺　防渗标准

1　一个热门话题——帷幕防渗能力衰减

20世纪七八十年代，西班牙学者发现有些工程因基础存在渗漏和扬压力高的问题而经专业承包商进行灌浆处理过，但在运行若干年后，却又不得不再度进行补灌。有一些按照最严格的施工规范灌浆的水坝，还是要再次进行补灌处理。由此他们认为在几十年前施工过的灌浆工程，由于尚未搞得十分清楚的原因，而在逐渐衰退，从而建议应当每隔十至十五年对防渗帷幕进行勘查和补充灌浆[1]。

此后，各地都发现了一些帷幕防渗能力衰减甚至失效的工程实例，引发了无数学者专家的研究与讨论。

2　众矢之的——浆液的水灰比

那么，是什么原因导致了帷幕防渗能力衰减呢？尽管这个问题的成因很复杂，但西方学者纷纷把矛头指向了浆液水灰比，认为是灌注了稀浆导致了帷幕耐久性不好。

澳大利亚学者郝斯贝（A. C. Houlsby）说："促使水泥灌浆耐久的主要方法是确保灌浆结石牢固和浆液完满地充填裂隙或孔洞，直至遗留很少，甚至没有能够通过灌浆体的渗透通道，使明显可见的缺陷减小到最少。然而为了确保充填完满，则要求有适合于现场条件的灌浆技术，其中把浆液水灰比看作为主要的因素。如水太多，会产生弱的结石体以及由于浆液分离产生封在结石体内的空穴（水包）。"[2]

他又说："岩基水泥灌浆若要取得耐久性的满意效果，在很大程度上取决于所用浆液的水灰比。水是浆液流动必不可少的条件，但如果过量，部分水分就会从浆液中析出，导致水泥充填物连续性的中断，形成空囊、水泡及泌水通道。"[3]

瑞士学者隆巴迪说："浆液硬化后在岩体中发挥作用时，稠浆较之稀浆有如下优势……

本文原载《水利水电科技进展》2011年8月，原题为《水库大坝帷幕防渗能力衰减问题之我见》，收入时有修改。

浆液中水泥含量较高，密度和力学强度较高，具有较强的抗物理侵蚀和管涌的能力；孔隙率和透水性更低，结合强度更高，因此具有更强的抗化学淋溶侵蚀能力，大坝的灌浆帷幕具有更好的耐久性。”[4]

随后，国内学人附和者蜂起，但其理论和言论并无新意。

3　帷幕防渗能力没有普遍衰减，稀浆形成的帷幕可以耐久

任何事物都有衰老的过程，年深月久，混凝土也会老化。所谓的帷幕防渗能力的衰减是指非正常的衰减，快速地老化，这是一个普遍的现象吗？

3.1　国内坝基帷幕防渗能力衰减情况及原因的调查分析

1986—1990年，“七五”国家科技攻关项目《高坝地基处理技术研究》针对帷幕防渗能力的衰减问题开展了一系列研究工作，笔者参与和负责了这一工作。其中由大坝安全监察中心和中国水电基础局科研所课题组联合对国内的丰满、上犹江、新安江、古田溪一级、梅山、刘家峡、盐锅峡、八盘峡、青铜峡、桓仁、云峰、陈村、天桥、池潭、纪村15座大坝的防渗帷幕运行情况进行了调查，这些坝坝高22.5（纪村）～147m（刘家峡），开始蓄水日期1942（丰满）—1980年（池潭），基本代表了我国早期施工的水电站的一般情况。调查后完成了科研报告《国内坝基帷幕防渗能力衰减情况及原因的调查分析》，其结论是[5]：

（1）目前国内运行中的一些大坝，绝大部分坝基帷幕的防渗效果是好的，排水孔的降压作用是明显的，达到了设计要求，保证了大坝的安全运行。不过也有一些坝段在运行中暴露出某些缺陷和异常现象，如扬压力偏高、排水孔淤积、渗漏溶蚀等，防渗能力不满足设计要求，帷幕有逐渐衰减失效的情况，有的甚至过早地衰减。但是，经过补强灌浆和加固修复，大多数防渗帷幕仍能正常运行。

（2）灌浆帷幕防渗能力衰减是由综合因素产生的。工程水文地质复杂性是客观上的原因，设计施工质量是主观上的原因。但是后者更为重要，设计得体而切合实际，施工质量优良，可以弥补和解决一些客观因素的不足。通过本次调查，发现因施工质量而影响帷幕防渗能力的实例比较多，甚至在运行初期帷幕防渗能力就满足不了设计要求，有的不仅危及大坝运行安全，而且给工程留下长期难以解决的隐患，造成较大的经济损失。因此，保证施工质量确实是关系到帷幕正常运行及其发挥防渗效果的关键。

结论的后面还提到，帷幕所处的地质条件，如软弱夹层、红层、地下水化学侵蚀等对帷幕的稳定性和耐久性的影响也是比较大的。

这一调查结果至少表明了两个事实：其一，帷幕防渗能力衰减不是普遍情况。因为我国早期施工的大坝帷幕大多数甚至绝大多数都在正常运行；其二，我国有些工程帷幕运行不正常或过快衰减，多数原因是由于设计不当或初期施工质量不好。这里所说施工质量不好不是指浆液水灰比太大，太稀，而是指施工质量控制不严，有的完工时就没有达到设计要求。至于浆液水灰比，所有这些坝都是使用8∶1或10∶1稀浆开始灌浆的。

3.2　乌江渡水电站防渗帷幕回顾

乌江渡水电站是我国在石灰岩岩溶地区兴建的第一个大型水电站，重力拱坝高165m，

正常蓄水位760m。工程于1969年开始筹建，1982年基本建成。坝基防渗帷幕为分层搭接的悬挂式水泥灌浆帷幕，轴线长度1020m，灌浆孔总长19万m。灌浆深度一般为80～100m，局部220m。防渗标准要求河床及左岸680m、右岸700m以下帷幕透水率不大于0.5Lu，其余部分不大于1Lu。灌浆采用在岩基首创的孔口封闭法，最大灌浆压力6MPa。使用42.5级普通硅酸盐水泥，浆液水灰比分为8：1、5：1、2：1、1：1、0.8：1、0.7：1、0.6：1、0.5：1等八级，开灌水灰比8：1。灌浆结束须同时满足两项条件，一为注入率小于或等于0.5L/min，且持续时间不少于1h；二是达到设计压力持续时间不少于1.5h。封孔方法为将孔内置换为0.5：1稠浆，以该孔最大灌浆压力进行全孔纯压式灌浆2h。本工程帷幕灌浆平均单位注入量294.7kg/m。

灌浆完成后按灌浆孔数的4%布置检查孔145孔，进行压水试验1261段，95.2%满足小于等于0.5Lu的要求，其中河床及两岸指定高程以下的合格率99.39%，以上部分的合格率98.1%。

工程于1979年11月下闸蓄水。帷幕运行初期进行渗流渗压观测，厂坝基础渗水量很小，且与库水位无明显关系。在正常高水位下总渗水量在20m^3/d以下；渗压水头比设计小很多，一直处于尾水位以下。[6]

1990年，中南勘测设计研究院组织对该工程进行回访检查，关于帷幕运行情况的结论是“水库渗漏微小……经十余年运行观测，防渗效果良好。下游的泉水点、暗河或其他可能的渗漏通道，经蓄水后多年观测未发现异常”“蓄水后帷幕下游侧、深部岩溶地下水取样检测氚含量显著低于库水，矿化度进一步下降，帷幕灌浆前原有的地下水位低槽不复存在，这些情况足以说明防渗措施是有效的”。[7]

这么一个以水灰比为8：1的稀浆开灌建成的防渗帷幕，防渗标准居然可以达到0.5Lu，也就是说帷幕体相当密实，而不是疏松。运行十年，至今已几十年，居然防渗效果依旧良好，未看到防渗能力衰减的明显迹象。这是否也可以证明，水灰比与帷幕衰减没有那么密切的关系呢?

3.3 丹江口水利枢纽防渗帷幕的全面检查

丹江口水利枢纽初期工程混凝土重力坝高97m，长1141m，河床坝段为3～32号坝段，基岩为闪长岩、闪长玢岩及辉长辉绿岩等。帷幕灌浆轴线长1103.7m，钻孔37576m，灌浆27115m（其中丙凝灌浆2553m)，施工自1960年至1970年进行。帷幕防渗标准$q\leqslant$0.5Lu。根据地质情况帷幕孔布置一排、两排或三排，灌浆材料以42.5和52.5级普通硅酸盐水泥、自加工磨细水泥（雷蒙磨，通过6400孔筛余0.15%～0.3%，比表面积710m^2/kg）为主，部分坝段增加丙凝灌浆。浆液水灰比等级为10：1、8：1、6：1、4：1、2：1、1：1，开灌水灰比10：1。采用自上而下循环式灌浆法，最大灌浆压力3MPa。灌浆结束条件为，正常孔段在连续灌注30min内吸浆率不大于0.2L/min，持续1～2h，即可结束灌浆。单位注入量各坝段不一，最小0.38kg/m（右4～2坝段，辉长辉绿岩，不透水带)，最大5.58kg/m（25～31坝段，变质玢岩，强及弱透水带)。水泥灌浆后布置检查孔67个，丙凝灌浆后检查孔12个，检查孔数占灌浆孔总数的8.5%。检查结果表明，水泥灌浆后大部分坝段可达到$q\leqslant$0.5Lu的设计要求，但玢岩区的22号、25～28号等坝段压水试验合格率仅为38.6%，经丙凝灌浆后合格率提高到71%，$q<1\text{Lu}$的比例为87.1%。丹江口水利枢纽于1968年11月下闸蓄水，部分帷幕在蓄水后施工。至今已运行40多年。[8]

近年来南水北调工程启动，丹江口水库作为南水北调中线水源工程，大坝坝顶高程由162m加高至176.6m。为此，业主及设计单位组织了对枢纽河床坝段防渗帷幕效果检测及耐久性研究，通过分析施工和运行观测资料，布置检查孔进行取芯、压水试验、电视摄像、声波检测、电磁波CT剖面测试、芯样力学试验和理化试验等，对原帷幕进行了一次全面的"体检"，提出了研究报告，其中关于帷幕耐久性的结论是"除30～31坝段水泥灌浆帷幕已发生明显的溶蚀破坏外，其余坝段水泥灌浆帷幕耐久性有效年限还有161年以上，即在161年内帷幕防渗性能在现状（≤1Lu或>1Lu）基础上不会产生明显破坏。纯丙凝灌浆帷幕耐久性有效年限还有431年；水泥+丙凝复合灌浆帷幕耐久性有效年限大于纯水泥灌浆帷幕。"[9]

这是一个开灌浆液水灰比为10∶1的防渗帷幕工程实例，单位注入量也不大，运行40多年之后进行了十分全面的权威的检查，绝大多数坝段帷幕未见老化，其取样水泥结石的耐久性试验表明可健康地工作200年以上。丹江口的事实再一次推翻了隆氏公式：稀浆开灌=不密实的帷幕=防渗能力衰减。

4 浆液自由沉积试验结果不能代表岩体灌浆的复杂情况

隆巴迪等人总是将实验室内静置条件下获得的水泥结石进行对比，从而推断帷幕体内岩体裂隙中的水泥结石的性能，这是不正确的。

对于实验室静置试验条件而言，众人皆知，稠浆得到结石会比稀浆结石密实。但是岩石中的水泥结石是受到灌浆压力和裂隙两侧的岩体压力下形成的，岩石中的节理裂隙是要渗水的，因此帷幕中的水泥结石远比实验室烧杯里的结石密实得多，这就是前面例举的那么多以稀浆开灌的帷幕灌浆工程为什么并未快速衰减的原因。

表1为室内静置条件、模拟现场压迫滤水条件，以及工程中取样获得的水泥浆液结石性能对比，从中可以看出：

表1　　不同条件下形成的水泥浆液结石性能对比

试验条件		水灰比	结石干密度/(g/cm³)	抗压强度/MPa
实验室	静置凝固	0.5∶1	1.51	46.0
		1∶1	1.47	20.4
		2∶1	1.42	14.1
	压滤凝固	0.5∶1	2.24	66.0
		1∶1	2.17	39.3
		2∶1	2.17	31.3
工程取样	封孔灌浆	0.5∶1	2.48～2.85	42.5～78.0

注　使用水泥等级42.5；压滤压力0.3MPa，时间25min；封孔取样工程为水布垭水电站河床帷幕，封孔灌浆压力4MPa，时间60min。

(1) 在静置条件下，不同水灰比的浆液，确实稠浆比稀浆的结石要更密实，强度更高。

(2) 在压迫滤水的条件下，原来较稀的浆液（2：1、1：1）结石密实度和强度大幅提高，如果试验的压力再大一点，时间再长一点，其性能不会亚于较稠的稳定性浆液。

(3) 同样是0.5：1的浆液，在现场压力灌浆的条件下，水泥结石的密度和强度远大于静置条件下的试验结果。这也说明了稳定性浆液也有通过泌水提高浆液结石性能的问题。

5 部分工程帷幕衰减的原因

5.1 国内部分工程帷幕衰减的一般原因

帷幕衰减虽非普遍，但也确有发生。将帷幕衰减的主要原因归咎于浆液水灰比既不正确又简单化。那么应如何认识这一问题呢？根据文献［5］的分析和笔者新近的思考，是否可概括为四方面：

(1) 帷幕的设计质量。这里不仅指对帷幕灌浆孔的布置，而且包括制定一个高质量的、有针对性的、可获得密实帷幕的、同时也便于实施的施工技术要求，要求中应当规定质量标准、灌浆材料和浆液、主要施工方法和施工参数等。这是保证帷幕质量和耐久性的前提。

(2) 帷幕的施工质量。应以严格细致的工艺作风实施设计制定的技术要求，全面达到质量标准。最好的施工还应能修正设计出现的差错或缺陷，灵活正确地处置随时可能遇到的地质异常或其他特殊情况，而不是照本宣科式地机械执行设计规定。我国早期一些帷幕施工质量不好导致以后补灌，教训仍需记取。

(3) 不良地质条件。断层破碎带、软弱夹层等，以及地下水侵蚀，是这些部位帷幕防渗性能过快衰减的重要原因，这些地段灌浆难度较大，不易灌好，有的工程投入使用时就不是一个质量合格工程。

(4) 使用的浆材浆液。对浆材浆液的规定是设计内容的一部分，针对侵蚀性地下水应采用抗侵蚀性水泥，或掺加粉煤灰等混合料；水泥的细度、浆液的水灰比及其变换应与岩体的裂隙发育情况和可灌性相适应。水泥灌浆并非万能，在需要采用化学灌浆的部位应进行适宜的化学灌浆。

5.2 欧洲一些帷幕衰减的原因

帷幕衰减为何在欧洲常见？笔者尚未进行细致研究，但宏观地认为原因主要有二：

(1) 西方人讲究简约和效率，太喜欢纯压式灌浆，而这种灌浆方式无法像循环式灌浆配合多级水灰比浆液那样可将岩石的大小裂缝裂隙灌注至极致。另外纯压式灌浆的结束条件都很短暂匆促，不可能施加较长的衡压时间，而正是这道工序造就了坚强的水泥结石。

(2) 西方的防渗标准普遍较宽松，他们过分地将防渗标准与“库水渗漏损失的经济价值”挂钩，而忽视了渗漏量越大，对帷幕的侵蚀越厉害，衰减也越快的规律。反之，我国防渗标准较严，丹江口、乌江渡都要求达到了0.5Lu，这样的帷幕怎么会不耐久呢？

6 结束语

（1）在我国，有些工程或其个别坝段发生了帷幕防渗能力衰减的问题，但总体而言，不是普遍现象。

（2）我国已建成的众多水电站防渗帷幕都是用稀浆开灌建成的，它们绝大多数防渗效果良好，运行正常，由此可见“稀浆”不是导致帷幕衰减的主要原因。

（3）灌浆浆液在岩体中发生压迫滤水现象是客观存在的事实，经过压迫滤水的水泥浆结石性能显著优于浆液自由沉积的结石。以室内静置浆液试验成果推断实际工程现象是不科学的。

（4）帷幕衰减的原因复杂，主要的影响因素有设计质量、施工质量、不良地质条件和灌浆材料浆液等。欧洲水利工程帷幕衰减现象较多可能是灌浆方法简单和防渗标准较低所致。

参 考 文 献

[1] 尤利欧，奥森德．水泥浆的耐久性［M］//李德福，译．第十五届国际大坝会议译文选编．1985.

[2] Houlsby A C. 水泥灌浆耐久性的研究［M］//《现代灌浆技术译文集》译组．现代灌浆技术译文集．北京：水利电力出版社，1991.

[3] Houlsby A C. 岩石水泥灌浆浆液的最佳水灰比［M］//《现代灌浆技术译文集》译组．现代灌浆技术译文集．北京：水利电力出版社，1991.

[4] 隆巴迪 G，迪尔 D. 灌浆设计和控制的 GIN 法［J］. 刘东，译．施工设计研究，1993（2）：44－52.

[5] 吴定安，王瑞苓．国内坝基帷幕防渗能力衰减情况及原因的调查分析［R］. 1990.

[6] 水电八局，谭靖夷．乌江渡工程施工技术［M］. 北京：水利电力出版社，1987.

[7] 谭靖夷，王三一．乌江渡水电站运行 10 余年后的回访检查［M］//中国水力发电年鉴．第四卷．北京：中国电力出版社，1995.

[8] 水利电力部第十工程局．丹江口水利枢纽施工技术总结［R］. 丹江口：水利电力部第十工程局，1975.

[9] 徐年丰，李洪斌，廖仁强，等．丹江口水利枢纽河床坝段防渗帷幕效果检测及耐久性研究报告［R］. 武汉：长江勘测规划设计研究有限责任公司，2009.

也谈岩石水泥灌浆浆液的最佳水灰比

【摘　要】 浆液水灰比是灌浆施工的重要参数，自灌浆技术诞生以来，“最佳水灰比”一直是灌浆界关心和讨论的问题。浆液最佳水灰比的选择受到地质条件、水泥性能、灌浆工艺、灌浆质量要求等多因素影响，各个灌浆孔段都有不同的最佳水灰比，放之四海而皆准的“最佳水灰比”不存在。纯压式灌浆采用单一比级的稳定性浆液，需要确定一种能兼顾岩层中各种裂隙情况的浆液最佳水灰比。循环式灌浆法采用多级水灰比浆液，在浆液变换过程中自动地选择浆液最佳水灰比，因此预先选定最佳水灰比没有意义。我国现行灌浆规范同时规定了多级水灰比浆液和单一比级稳定性浆液的适用性，是适宜的。

【关键词】 水泥灌浆　最佳水灰比　稳定性浆液　多级浆液

1　一道跨世纪的“难题”

自发明灌浆技术200多年以来，岩石水泥灌浆浆液是稠好还是稀好一直困扰着灌浆技术人员。但是直至20世纪80年代以前，各国灌浆工程采用的浆液水灰比（主要是开灌水灰比）总体上是比较稀的，甚至稀至10∶1、20∶1。

大约在1981年，澳大利亚学者郝斯贝（A. C. Houlsby）发表了著名的论文《岩石水泥灌浆浆液的最佳水灰比》[1]，作者认为体积比为2∶1是最佳基本水灰比，这一水灰比应根据现场条件有所变化，例如对于较细裂隙，水灰比为3∶1；较宽者则用较稠的浆液。5∶1或更稀的浆液灌浆体呈现差的耐久性。灌浆开始后采用变稠浆液的方法会取得好的效果。

1985年，瑞士学者隆巴迪（G. Lombadi）在第十五届国际大坝会议上作了《内聚力在岩石水泥灌浆中所起的作用》[2]的报告，大力提倡使用稳定性浆液，宣传使用稳定浆液有六条好处：稳定浆液把空隙完全充满的可能性大，不会因灌好之后多余水分的析出，而留下未被填满的空隙；结石的力学强度高，而且与缝隙两壁的黏附力也较高；浆液结石密实，抗化学溶蚀的能力强；灌浆中抬动岩体的危险性减少；在相当程度上可以分析出岩体灌浆的过程；稳定浆液能达到的距离是有限度的，能够避免不必要的大量的吸浆。隆巴迪进而提倡整个灌浆工程只使用同一种配比的稳定性浆液，采用GIN法控制灌浆[3]。他的倡议在一些工程中付诸实施，声称获得了满意的效果。

隆巴迪的观点实际上否定了霍尔斯贝的说法。但是隆氏的稳定性浆液水灰比就是最佳的吗？反对的声音不小，1996年德国学者埃沃特（F. K. Ewert）发表文章，批评隆巴迪的GIN法主要以灌浆浆液的特性为基础，而不注重必要的地质因素[4]。

我国学者郭玉花认为：“水灰比3∶1是灌浆效果好坏较为明显的分界点。”[5]

虽然学者讨论热烈，权威的技术标准还是持慎重态度。2000年欧洲标准BS

EN12715：2000《特殊岩土工程施工：灌浆》并没有写入隆氏的倡议。2008年《美国军事条例和规范》中“关于基础钻孔和灌浆”的规定为，在通常情况下，如果压水试验表明是一个低渗透性的孔，用稀浆开灌；如果钻孔失水或冲洗时不起压，用比较浓的浆液开灌[6]。2012年我国发布的电力行业标准《水工建筑物水泥灌浆施工技术规范》DL/T5148—2012相关的表述为：“灌注普通水泥浆液时，浆液水灰比可分为5、3、2、1、0.8、0.5等六级，灌注时由稀至浓逐级变换。”“根据工程情况和地质条件，也可灌注单一比级的稳定浆液，或混合浆液、膏状浆液等，其浆液的成分、配比以及灌注方法应通过室内浆材试验和现场灌浆试验确定。”[7]

岩石水泥灌浆浆液是稠好还是稀好的争论旷日持久而不休，这表明了问题的复杂性。复杂的问题能找到一个简单的结论吗？我国现行灌浆规范关于浆液的规定的依据和合理性何在？本文以帷幕灌浆为基础对此进行讨论。

2 何谓“最佳水灰比”

2.1 “最佳水灰比”应满足的条件

对于一个灌浆孔段而言，具有最佳水灰比的水泥浆液应当满足下述条件：

（1）能够或容易注入到岩石裂隙之中；能够在裂隙空间中沉积而较少渗流到设计范围以外去。

（2）凝固以后浆液结石能最大限度地充满裂隙空间，密实性好。

（3）有利于简化施工方法、缩短灌浆时间、降低工程成本等。

以上（1）、（2）两项完全地检验不容易，其直观的效果应当是在可灌性差的地段，这种浆液注入的水泥较多；在可灌性好的地段这种浆液应当浪费最少，灌浆后岩体渗透系数或透水率最小。

2.2 影响“最佳水灰比”的因素

某种灌浆浆液的水灰比是否最佳，取决于下述因素：

（1）地质条件，即拟灌浆岩体是完整坚硬的还是软弱破碎的，裂隙是张开或闭合、宽大或细小、延伸长还是短，等等。对于坚硬完整裂隙细小的岩体，只能适用水灰比大的、黏度和内聚力小的浆液，反之方可适用水灰比小的、黏度和内聚力大的浆液。

（2）水泥和浆液的性能、外加剂的性能等。在同样水灰比的条件下，水泥的品种、细度、外加剂的不同会导致浆液性能的巨大差异。

（3）对灌浆效果的要求，灌浆完成后的帷幕防渗标准是多少？比如要求防渗标准是1Lu还是5Lu？二者有所区别，前者要求将岩体细小裂隙都灌注得很好，后者主要灌注中等的和较大的裂隙即可。

（4）灌浆的工法工艺，是纯压式灌浆法还是循环式灌浆法，水灰比的变换法则、灌浆压力的使用、灌浆的结束条件等。灌浆浆液的性能要与灌浆施工工法、施工程序、施工参数配套。

（5）其他的因素，如灌浆孔的次序、施工人员素质、工程计量方法、施工进度要求等，都会对确定最佳水灰比有影响。

3　适应一切地质条件的“最佳水灰比”并不存在

灌浆是针对地基岩体而进行的，浆液首先要适应地基的地质条件，但是，工程的地质条件千差万别，即使同一个工程，不同部位、深度的地质条件也不一样，裂隙张开宽度，密集程度、产状因地而异，对水灰比的要求就不可能是一样的。

图1是某工程帷幕灌浆现场试验中两个灌浆孔段的灌浆过程，都是采用孔口封闭法灌浆，采用8：1～0.5：1多级水灰比浆液变换，设计灌浆压力分别为6MPa和2MPa。表1为灌浆过程中各种浆液水灰比的使用情况分析。

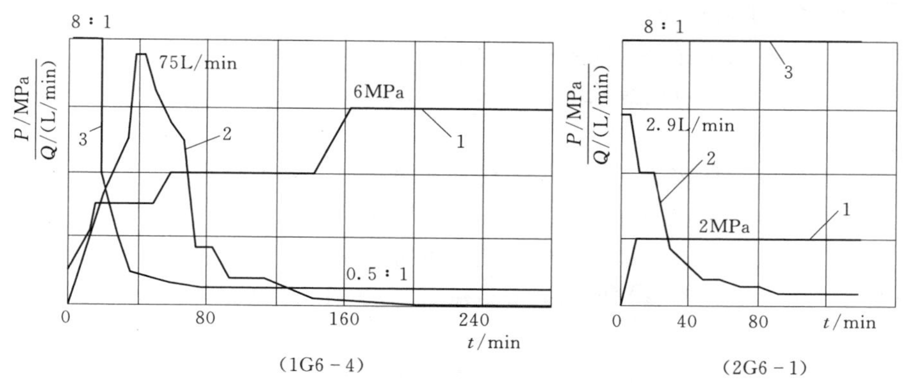

图1　某工程灌浆过程线实例

1—灌浆压力过程线；2—注入率过程线；3—浆液水灰比过程线

表1　**各级水灰比浆液注入情况分析**

孔段号	灌浆过程	浆液水灰比							总计
		8∶1	4∶1	2∶1	1∶1	0.8∶1	0.7∶1	0.5∶1	
1G6－4 （段长5m）	注浆时间/min	15	10	10	5	20	25	200	285
	注入浆量/L	170	300	300	300	300	600	355	4125
	注入水泥/(kg/m)	4.1	13.9	25.8	45.0	53.2	117.6	85.2	344.8
	灌浆压力/MPa	2～3	3.0	3.0	3.0	4.0	4.0	4～6	6.0
2G6－1 （段长1m）	注浆时间/min	142	—	—	—	—	—	—	142
	注入浆量/L	83	—	—	—	—	—	—	83
	注入水泥/(kg/m)	10	—	—	—	—	—	—	10
	灌浆压力/MPa	1.5～2	—	—	—	—	—	—	2.0

从图表中可以看出：灌浆孔段1G6－4属于可灌性良好型，灌浆浆液水灰比自8：1变到了0.5：1，单位注入量达到344.8kg/m，各级浆液中注入水泥最多的是水灰比为0.7：1的浆液，注入量为117.6kg/m，占到总注入量的34.1%。如果不再变换为0.5：1的浆液，后面的注入量应大于85.2kg/m，从此例分析，最佳水灰比应该是0.7：1。但也应看到水灰比大于0.7：1的浆液也注入了不少数量，它们的贡献不可忽略，它们是“配角”，但配角不可少。从另一角度分析，本孔段单位注入量已经很大，工艺行为的目标应当是控制过大的

注入量，由此而论，“最佳水灰比”是否又应该归于0.5∶1的浆液呢？

灌浆孔段2G6－1属于基本不吸浆型，8∶1的浆液灌注始终，单位注入量为10kg/m。可以认为，这一孔段的最佳水灰比就是8∶1，或者说还应该更稀，也可说没有最佳水灰比。

工程实践的情况是复杂的，比这还要复杂的情况也很多，不可能找到一个固定不变放之四海而皆准的“最佳水灰比”。

4　纯压式灌浆需要“最佳水灰比”

4.1　纯压式灌浆的工艺特点

纯压式灌浆有不同于循环式灌浆的特点：

(1) 纯压式灌浆的特点就是浆液自进入灌浆孔中以后只许进入岩体裂隙中，而不能再循环流回地面储浆槽。

(2) 由于其浆液不循环流动，所以当灌浆速率（吸浆率）较小时，浆液流动慢，容易在孔底发生沉淀，堵塞岩石裂缝缝口，影响浆液远渗。

(3) 由于上述两个特点，纯压式灌浆的结束阶段不宜规定过长的持续时间。持续时间长了，灌浆孔、灌浆塞和灌浆管里的浆液被压迫滤水变浓，影响后一段灌浆，甚至造成灌浆管堵塞。

(4) 纯压式灌浆通常采用自下而上分段卡塞连续灌浆法，即一次钻进灌浆孔至设计孔深，全孔冲洗钻孔，在孔底段（孔底至以上5m）安装灌浆塞进行倒数第一段灌浆，至结束；上提灌浆塞5m进行倒数第二段灌浆，至结束……直至孔口段。后面灌浆段连续使用前一灌浆段的浆液。

(5) 由以上特点决定，纯压式灌浆法只好采用单一水灰比浆液灌浆。如果采用由稀至稠的多级浆液灌注，某一孔段在灌浆过程中浆液变换为稠浆了，则后一段灌浆时如果要回到稀浆开灌，就必须先清除管道和孔中剩余稠浆，这虽然可以做到却是有些麻烦的，破坏了该工艺的连续性完整性，大大降低了工效，浪费了浆液材料，增加了工人劳动强度，也就否定了这个工法。

4.2　怎样确定纯压式灌浆的“最佳水灰比”

由4.1分析可知，纯压式灌浆不便采用多级水灰比的浆液，而应该采用单一比级的浆液，怎样选择一种最有利的浆液呢？这就产生了“最佳水灰比”的问题。

纯压式灌浆要求浆液不易沉淀，因此适宜选用稳定性浆液；纯压式灌浆无法对浆液充分压迫滤水，因此要求浆液不能太稀；纯压式灌浆以一种浆液要兼顾地层中较宽大和较细小各种裂隙，因此要求浆液不能太稠；如此，在一般情况下选择一种中等稠度的稳定性浆液是适宜的。例如著名的伊泰普水电站约29.5万m的帷幕灌浆工程，就使用了水灰比为1∶1，并加入水泥重量2%的膨润土的稳定性浆液。

如果坝基岩体可灌性普遍较好，那么浆液水灰比也可采用更稠一些的，如0.7∶1的稳定性浆液，也可以Ⅰ序孔采用稠一些的浆液，Ⅱ序孔采用稍稀一些的浆液。最好通过地质条件分析和现场灌浆试验求证。

5 “最佳水灰比”对循环式灌浆没有意义

5.1 循环式灌浆的工艺特点

(1) 循环式灌浆的特点就是浆液进入灌浆孔中以后，部分渗入岩体裂隙中，剩余部分再循环流回地面储浆槽。因此循环式灌浆的浆液不会发生沉淀。

(2) 由于浆液始终保持循环流动，如果灌浆孔中的浆液不适宜地层灌浆需要（无论是太稀或太稠），立即可以用适宜浆液将其置换回地面，不会影响本灌浆段后续的灌浆，更不会影响下一个灌浆段的灌浆。

(3) 可在灌浆结束阶段规定一定的持续时间，对已注入浆液产生压迫滤水作用，提高浆液结石的质量。

(4) 循环式灌浆通常采用自上而下分段卡塞灌浆法或孔口封闭灌浆法，每一个孔段的灌浆都是重新开始，独立进行，不存在前段灌浆影响后段灌浆的问题。

(5) 由于循环式灌浆不担心浆液沉淀和可以随时变换浆液水灰比，所以非常适合于采用多级水灰比的浆液灌注。

5.2 浆液的逐级变换自然选择“最佳水灰比”

由 4.1 和 5.1 的分析可知，纯压式灌浆采用单一水灰比浆液实际上是不得已而为之，而循环式灌浆则有很大的选择的余地，可以随时使用任何比级的浆液，这是一种优势。

循环式灌浆浆液的水灰比由稀而稠，较稀浆液先灌注细小缝隙，逐步使用较稠浆液充填较大裂隙，这既是一种施工过程，也是一种勘察探索和优化施工参数的行为。通过这一过程，在岩体裂隙不甚发育的情况下，使大小裂隙都可以尽量多的被灌注到，单位孔段长度注入的水泥数量较多，灌浆后岩体透水率最小；在岩体破碎裂隙发育可灌性良好的情况下，则使浆液不至于渗流过远，材料浪费少而灌浆效果好。

在这个过程中，最初使用的浆液水灰比（开灌水灰比）不一定就是最佳水灰比，在多数情况下根据灌浆孔内的吸浆情况，浆液水灰比逐级地变化，直至不吸浆为止。其中必然有一级浆液让地层“喝”得最“满足”，那它就是最佳水灰比浆液了。每个孔段裂隙发育情况不一样，最佳水灰比也不一样，如果预先人为地规定是很困难的，但变浆过程的筛选自然地使它“脱颖而出”，这是一种工艺之美。

5.3 稀浆开灌是否向裂隙中注入了多余的水

有些人担心，多级水灰比变换以稀浆开灌向孔中注入了多余的水，占住了裂隙的空间，妨碍后续水泥浆的灌入。这是不必要的。理由有二：

其一，水之所以能够灌得进去，就说明一定有通道，水也就一定能流走。如果水流不走，就说明没有裂隙或裂隙很不畅通，而这样的部位其实可以不灌浆。

其二，按照正常的浆液变换程序，稀浆（例如水灰比 5：1 的浆液）开灌以后可灌性良好，注入 300L 以后就可以变稠一级，或越级变稠。这 300L 浆液即便全部是水，其数量比起灌浆前的一次压水试验注入的水来，是少得多的。以某孔段段长 5m，透水率 10Lu，压水试验时间 20min，压力 1MPa 为例，一次压水试验注入的水量是 1000L。我们的许多

设计师经常要求将裂隙冲洗或压水试验时间延得很长，不惜不必要地大量注入水，却很在意区区 300L 稀浆（其中含有水泥 56kg），实在是抓了芝麻，忽略了西瓜。

6 稠浆开灌的风险大

6.1 稠浆难以注入更小的裂隙

稀浆灌细缝，稠浆灌大缝，这本是灌浆作业的常识。但隆巴迪的稳定浆液说传入中国以后弄得糊涂了，这里不得不说道一番。表 2 为前人经试验测得的常用系列水灰比浆液可注入裂隙平均缝宽[8]，从表中可见，浆液愈稀，可灌入裂隙愈细；反之浆液愈稠，可灌入裂隙愈宽。假如我们以水灰比 1∶1 的浆液开灌，那么，宽度窄于 0.48mm 的裂隙可能就漏掉了。

表 2　　水泥浆可灌性试验数据

水　灰　比	0.6	0.8	1.0	2.0	4.0	8.0	10	12
可注入平均缝宽/mm	0.53	0.47	0.48	0.43	0.39	0.38	0.33	0.28

表 3 为隆巴迪计算的不同稠度浆液在裂隙中的扩散半径[9]，从表中可见，在同样的裂隙宽度、灌浆时间内，较稀的浆液流得更远，扩散性更好；反之，较稠的浆液渗流距离短，扩散性较差。如果使用稠浆开灌，那么有的细裂隙就可能灌不进浆液，或虽灌得进但流不远，达不到所要求的帷幕密实度或厚度。

表 3　　浆液稠度对浆液扩散半径的影响　　单位：m

缝　宽	灌浆时间	扩散半径			
		水	稀　浆	中 稠 浆	稠　浆
0.5mm	15min	55	28	17	13
	60min	>100	49	26	20
	最大值	—	156	39	27
1.0mm	15min	60	43	32	25
	60min	>100	80	50	38
	最大值	—	313	78	53

注　稀浆、中稠浆、稠浆分别指马氏黏度 30s、40s、50s 浆液，对照隆氏测定表约相当于水灰比 0.7、0.6、0.5。使用灌浆压力 2MPa。

由上述分析可知，对于裂隙开度较小或不均一的情况，以稠浆开灌风险大，而以较稀浆液开灌可靠性大。对于地质情况不十分明确的地段，尤其应以较稀的浆液开灌。

关于稀浆结石是否耐久性差的问题，笔者已另文阐述，结论是在适当工艺配合下，稀浆并非不耐久，稠浆虽耐久但灌不进去等于白费。

6.2 稠浆开灌增加水泥浪费

对于我国广泛应用的循环式灌浆和孔口封闭法灌浆来说，每一次灌浆都需要准备专用的浆液，如果用不完，就要予以废弃。所以要废弃的原因是因为剩余浆液使用时间已接近规范规定的 4h，再加上浆液在管道和钻孔内长时间循环，加上混入地下水和泥沙，质量

变坏。

废弃的浆液包括钻孔、管道和储浆搅拌桶中剩余的浆液，前二者的体积与钻孔直径深度、管道粗细长度有关，平均体积约为300L；后者体积至少要淹没灌浆泵的进浆口，通常为100～300L。三者合计约为450L。也就是说，每次灌浆平均废弃的浆液为450L。

每次废弃浆液的水灰比则是灌浆结束时的浆液水灰比，当采用单一比级的稳定性浆液灌注时，结束水灰比也是固定的。当采用以多级浆液灌注时，结束水灰比依注入量大小而变化，注入量小的孔段开灌水灰比可能就是结束水灰比，注入量大的孔段通常要变为稠浆，结束水灰比就是较稠或最稠的浆液。

也就是说，稠浆开灌或灌注稳定性浆液时，废弃的一定是稠浆；而使用多级浆液稀浆开灌时，废弃的浆液可能是稀浆或稠浆。按照现行灌浆规范变浆法则，当单位注入量小于11kg/m时，结束浆液水灰比应为5∶1；当单位注入量小于30kg/m时，结束浆液水灰比应为3∶1。在灌浆工程实践中，甚至包括岩溶地区灌浆，大量地，可能超过50%以上的孔段都是稀浆结束。

稀浆和稠浆的含水泥量相差很大，表4为各种水灰比浆液含水泥量表。以5∶1与0.8∶1浆液相比，每100L浆液含水泥量相差70kg，如果某次灌浆废弃的是0.8∶1浆液，那么比5∶1浆液就要多浪费水泥315kg。一个工程量为20万m的灌浆工程，按上述比例估计，因稠浆开灌而多浪费的水泥达到6300t。当今，因为灌浆工程计量不太合理的问题，这些浪费的水泥很可能都计入到“注入量”中去了，但实际上没有对工程起作用。

表4　　　　各种水灰比浆液含水泥量表　　　　单位：kg/100L

水灰比	5∶1	3∶1	2∶1	1∶1	0.8∶1	0.5∶1
含水泥量	18.8	30.0	43.0	75.0	88.6	120.0

6.3　稠浆开灌不成功的实例

我国灌浆工作者曾不断地在一些工程中进行过不同浆液水灰比灌浆效果对比的现场试验。近二三十年来又有许多实例，例如：大黑汀水库补强帷幕灌浆工程，灌注改性细水泥，发现3∶1浆液开灌，可比2∶1浆液开灌增加注入量；大岗山水电站帷幕灌浆试验原定浆液开灌水灰比为2∶1，试验中发现相同地质条件的孔段单位注入量比3∶1浆液或5∶1浆液开灌要少，2∶1浆液开灌后岩体很快不吸浆，遂又改为5∶1浆液开灌。更有金沙江上某大型水电站河床坝段固结灌浆，开始听从他人意见以0.5∶1浆液开灌，后来质量检查大面积不合格（检查孔透水率约50%大于3Lu），后接受提议改为2∶1浆液开灌，方挽回危局，提议者因此还获得丰厚奖金，传为笑谈。

究竟稀浆可灌性好，还是稠浆可灌性好？这既不是高深的理论问题，更是浅显的实践问题。有人不了解这个规律，或要推翻这个结论，这不需要辩论。你就安排一个现场灌浆试验好了，在地质条件基本相同，灌前透水率相近的地段布置两组灌浆孔，一组采用5∶1水泥浆开灌，一组采用某一“最佳水灰比”浆液开灌，或采用单一比级的稳定浆液，灌浆完成后布置检查孔进行压水试验，看看哪一组灌浆孔形成的防渗帷幕透水率更低，答案应该是不言而喻的：如果受灌岩体裂隙发育，缝宽较大，可灌性好，那么你用哪一级水灰比浆液开灌区别都不大；如果受灌岩体裂隙不发育，缝隙较小，可灌性不好，那么稀浆开灌肯定效果更好。

7 我国灌浆规范对浆液水灰比规定的变化与改进

7.1 历次灌浆规范对浆液水灰比使用的规定

我国水利、电力行业历次版本的水泥灌浆施工技术规范中岩石帷幕灌浆对浆液水灰比等级及其变换法则的规定见表5。

表5　我国历次灌浆规范对浆液水灰比及其变换的规定

年份	规范名称与编号	浆液水灰比等级	浆液变换法则
1963	《水工建筑物岩石基础水泥灌浆工程施工技术试行规范》	10、5、3、2、1.5、1、0.8、0.6、0.5、0.4共十级	当某级浆液注入量已达600L左右，灌浆压力和注入率均无改变或改变不显著时，应改浓一级水灰比
1983	《水工建筑物水泥灌浆施工技术规范》SDJ 210—83	8、5、3、2、1.5、1、0.8、0.6、0.5共九级	当某级浆液注入量已达400L以上，灌浆压力和注入率均无改变或改变不显著时，应改浓一级浆液灌注；当注入率大于30L/min时，可根据具体情况适当越级变浓
1994	《水工建筑物水泥灌浆施工技术规范》SL 62—94	5、3、2、1、0.8、0.6、0.5共七级	当某级浆液注入量已达300L以上或灌注时间已达1h，灌浆压力和注入率均无改变或改变不显著时，应改浓一级水灰比；当注入率大于30L/min时，可根据具体情况越级变浓
2001	《水工建筑物水泥灌浆施工技术规范》DL/T 5148—2001	5、3、2、1、0.8、0.6（或0.5）共六级	当某级浆液注入量已达300L以上，或灌浆时间已达30min，灌浆压力和注入率均无改变或改变不显著时，应改浓一级水灰比；当注入率大于30L/min时，可根据具体情况越级变浓
2012	《水工建筑物水泥灌浆施工技术规范》DL/T 5148—2012	5、3、2、1、0.8、0.5共六级；根据工程情况和地质条件，也可灌注单一比级的稳定浆液，或混合浆液、膏状浆液等	采用多级水灰比浆液灌注时，当某级浆液注入量已达300L以上，或灌浆时间已达30min，灌浆压力和注入率均无改变或改变不显著时，应改浓一级水灰比；当注入率大于30L/min时，可根据具体情况越级变浓

注　《水工建筑物水泥灌浆施工技术规范》（SL 62—2014）不久前发布，内容要点与DL/T 5148—2012基本相同但要求更细化。

从表5可以看出，我国已发布5版岩石水泥灌浆技术规范，其中对浆液水灰比等级及其变换法则的要求，总的趋势是：开灌水灰比变稠；水灰比等级减少；逐渐减少稀浆的灌注量和灌注时间，以加快向浓浆过渡，这与国际灌浆界的趋势是一致的。

需要说明的是，趋势上虽然一致，认识上并不完全一致。我国灌浆规范的调整主要是基于对工艺的简化，而国际上的一种认识是要淘汰稀浆，因为它“不耐久”，这种认识是不全面的。

7.2 2012版灌浆规范对浆液水灰比问题的修改和出发点

《水工建筑物水泥灌浆施工技术规范》（DL/T 5148—2012）在维持六级水灰比的同时，也规定了在工程需要和条件具备时可以灌注单一水灰比的稳定性浆液。这新增的内容在欧美相关最新规范中甚至也没有明确提出，反映了我国新规范学习国际先进技术的决心和自信。

这里需要解释的是，我国新规范为什么还坚持由稀至稠的六级水灰比，以及从 5∶1 稀浆开灌的基本套路呢?

(1) 这是基于我国水利水电工程灌浆的习惯工法是孔口封闭法，这种工法是自上而下分段钻孔、每一灌浆段都在孔口封闭，分段进行循环式灌浆。多级水灰比浆液与这种工法相结合是最佳的组合，这在前面已经论述。

(2) 开灌浆液水灰比为什么坚持 5∶1，而不是 3∶1 或 2∶1 呢?

表 6 为各级水灰比纯水泥浆液的塑性黏度和屈服强度参考值[7]，从表中可见，3∶1 水灰比的浆液塑性黏度和屈服强度与 5∶1 浆液相差很少，塑性黏度都在 2.0mPa·s 以下，屈服强度在 1.0Pa 以下，2∶1 浆液相差稍大一点。也因此，我国学者郭玉花将 3∶1 浆液认作是“最佳水灰比”浆液。从浆液流变性能来说，开灌浆液水灰比采用 3∶1，与采用5∶1相比较，可能不会有明显的差别。从这一角度来看，开灌浆液水灰比采用 3∶1 是可行的。

表 6　　纯水泥浆液的塑性黏度和屈服强度参考值

水灰比	塑性黏度 /(mPa·s)	屈服强度 /Pa	漏斗黏度 /s	水灰比	塑性黏度 /(mPa·s)	屈服强度 /Pa	漏斗黏度 /s
0.3	403	384		2.0	2.5	1	16.3
0.4	90	67		3.0	1.8	0.70	15.8
0.5	37	23	60	5.0	1.4	0.53	15.4
0.6	20	12	29	8.0	1.3	0.45	15.3
0.7	13	7	24	10.0	1.2	0.43	15.2
0.8	9	5	22	20.0	1.1	0.39	15.1
1.0	6	2	18.8	水	1.0	0	15.0
1.5	3.6	1.37	16.8				

但是，考虑到一个规范要覆盖各种情况，在一些透水性较小或微小的基岩灌浆中，水灰比 5∶1 浆液仍然是更有利的，浪费也是最少的。

当然，如果基岩透水性普遍较大或很大，开灌水灰比改为 3∶1 或 2∶1 是完全可以和应该的。这样做还可以节省纯灌时间。

(3) 制定统一的水灰比等级及其变换原则有利于简化操作。鉴于地质条件的多样性和工程要求的复杂性，灌浆工艺最好具有很强的针对性，一孔一法，一段一法，根据先导孔资料和本孔段灌前压水试验结果，分析确定灌浆开灌浆液水灰比以及其他参数，理论上这是最好的，但实际上不可能，这是因为：其一，各孔段灌前透水率不同，由此选择确定水灰比，操作上较复杂，也降低了施工效率；其二，施工精度低，测得的透水率不准；其三，透水率并不能完全反映岩体裂隙发育情况，透水率大可能表明有大裂隙，但也可能是密集的小裂隙等。因此，制定一个大多数情况都能适用的规则就是最简便的。

(4) 本规定虽然具有“普适性”，但却是推荐性标准，不排除在具体的工程中使用任意水灰比开灌的必要性和合法性。

(5) 本标准主要针对国内工程，基本上为孔口封闭灌浆法，循环式灌浆。如果用于国际工程，可以使用外国技术标准，也可以对本标准有关规定进行变通处理。

8 结束语

（1）浆液水灰比是灌浆施工的一项重要工艺参数。怎样的浆液水灰比是“最佳水灰比”一直是灌浆界关心和讨论的问题。

（2）最佳水灰比的浆液应当具有良好的可灌性，并较少渗流到设计要求范围之外，浆液结石充填饱满密实性好，岩体灌浆之后透水率能降至设计要求的范围内。最佳水灰比的选择受到地质条件、灌浆水泥性能、灌浆工艺、灌浆质量要求以及灌浆次序等多方面因素的影响，因而各个灌浆孔段都有不同的最佳水灰比。固定不变放之四海而皆准的“最佳水灰比”不存在。

（3）纯压式灌浆由于孔内和管道中的浆液不能循环，不宜使用多级浆液和易沉淀的稀浆，宜于使用单一比级的稳定性浆液，这就需要对浆液水灰比进行优选，确定一种能兼顾岩层中各种大小裂隙的浆液水灰比——最佳水灰比。

（4）循环式灌浆法不宜使用单一水灰比的稠浆，宜于使用包含有稀浆和稠浆的多级水灰比浆液，因此“最佳水灰比”对于循环式灌浆法没有意义。循环式灌浆法在浆液变换过程中自动地选择浆液最佳水灰比。

（5）在灌浆工程实践中，有不少稠浆开灌导致防渗帷幕质量不佳的实例。新建灌浆工程完全可以在灌浆试验时对比不同水灰比浆液的灌浆效果，用实践检验真理。

（6）我国《水工建筑物水泥灌浆施工技术规范》的历次修订都很重视关于浆液水灰比条文的修改。现行灌浆规范同时规定了多级水灰比浆液和单一比级稳定性浆液的适用性，是适宜的。

参 考 文 献

[1] Houlsby A C. 岩石水泥灌浆浆液的最佳水灰比［C］//《现代灌浆技术译文集》译组．现代灌浆技术译文集．北京：水利电力出版社，1991.

[2] 隆巴迪 G. 内聚力在岩石水泥灌浆中所起的作用［C］//第十五届国际大坝会议译文选编．1985.

[3] 隆巴迪 G，迪尔 D. 灌浆设计和控制的 GIN 法［J］. 刘东，译．施工设计研究，1993（2）：44－52.

[4] 埃沃特 F K. GIN 灌浆法对岩石灌浆有意吗［R］.

[5] 郭玉花，等．国外复杂基础处理新技术［R］. 水利部信息研究所，1996.

[6] 美国军事条例和规范［J］//谭日升．大坝基础灌浆水灰比的探讨．水力发电，2011，8.

[7] 国家能源局．DL5148—2012 水工建筑物水泥灌浆施工技术规范［S］. 北京：中国电力出版社，2012.

[8] 王文臣．钻孔冲洗与注浆［M］. 北京：冶金工业出版社，1996：150.

[9] 隆巴迪 G. 水泥灌浆浆液是稠好还是稀好［C］//《现代灌浆技术译文集》译组．现代灌浆技术译文集．北京：水利电力出版社，1991：76.

灌浆施工中存在的若干误区

【摘　要】 灌浆技术在水利水电工程建设中应用十分普遍，灌浆技术至今仍处于半理论半经验状态。部分工程技术人员缺少经验，又想搞好灌浆质量，自以为把施工参数搞得严一些、工序复杂一些，保证灌浆质量的把握就大一些，过犹不及陷入各种误区。本文就灌浆孔钻进、裂隙冲洗、灌浆方法、灌浆压力、灌浆浆液、灌浆记录仪、抬动观测、灌浆结束条件、灌浆质量检查、灌浆工程计量等十方面存在的认识误区进行分析和讨论。

【关键词】 灌浆　钻孔　冲洗　压力　浆液　记录仪　结束条件　误区

1　引言

随着我国水利水电工程建设大规模和快速的发展，灌浆技术的应用已经十分普遍，几乎没有一个工程在地基防渗和加固中不用到灌浆技术。

然而，灌浆技术的发展历史虽然不短，应用也很广泛，但由于处理对象的复杂性、施工过程的隐蔽性、工程效果的不确定性，使得这项技术至今并未摆脱半经验、半理论的状态。我国大学相关专业教材也很少有这方面的详细内容。

与此同时，大量水利水电工程项目同时开展建设，大大小小的设计经理部、施工项目部、工程监理部需要大批的灌浆工程技术人员，不少初出茅庐的年轻技术干部和技术工人在施工一线承担着重大的责任，面对着形形色色的技术难题，不知道向何处寻找答案。

为了规范和指导灌浆工程技术人员的工作，我国编制和多次修订了《水工建筑物水泥灌浆施工技术规范》(电力行标最新版编号为 DL/T5148—2012[1]，以下简称 12 灌规；以前的 1983 版[2]/1994 版[3]、2001 版[4]分别简称为 83 灌规、94 灌规、01 灌规)，比较详细地提出了各项技术要求。但是规范不是教科书，也不是施工细则，不可能详细和直接地回答实际工作中不断出现的所有问题。

于是，部分工程技术人员特别是新手心里没底，又想把灌浆质量控制得更好，自以为只有把施工参数搞得严一些，工序复杂一些，保证灌浆质量的把握就会大一些。随之就产生了各种各样的误区。本文择其要者讨论之。

2　关于灌浆孔钻进

误区一：使用回转式岩心钻机钻灌浆孔，灌浆质量好；使用冲击式钻机钻灌浆孔，灌浆质量不好。

回转式岩心钻进和冲击式钻进的主要区别在于前者是研磨尅取环形空间岩石，采取岩芯形成钻孔；后者则通过全断面冲击破碎孔内岩石吹出岩屑形成钻孔。前者孔形规则圆整孔斜小，后者略差；前者钻进速度较慢，后者工效高；前者可连续钻进，也可断续钻进，后者宜于连续钻进，一孔到底。因此12灌规5.2.1条规定："帷幕灌浆孔的钻孔方法应根据地质条件和灌浆方法确定。当采用自上而下灌浆法、孔口封闭灌浆法时，宜采用回转式钻机和金刚石或硬质合金钻头钻进；当采用自下而上灌浆法时，可采用冲击回转式钻机或回转式钻机钻进。"这里，推荐选择何种施工方法不是由于质量问题，只是如何搭配施工更方便的问题。

20世纪八九十年代及以前，曾经有过冲击钻孔灌浆不如岩心钻钻孔灌浆质量好的意见，相应的83灌规、94灌规和01灌规对帷幕灌浆钻孔表述为"应优先使用回转钻机……钻进"，"宜采用回转式钻机……钻进"和"宜采用回转式钻机……钻进，也可采用冲击式或冲击回转式钻机钻进"，带有首先推荐使用岩心钻的倾向。

持倾向意见的原因是，认为冲击钻钻孔全断面破碎岩石，产生大量岩粉岩屑，会堵塞岩体裂隙，妨碍浆液注入。但另一种意见认为，冲击钻产生的岩粉岩屑颗粒大，不容易进入和堵塞岩体裂隙，倒是岩心钻产生的岩粉很细小，容易进入和堵塞岩体裂隙。

实践是检验真理的标准，我国灌浆工作者20世纪在辽宁太平哨水电站、五强溪水电站、长江三峡水利枢纽曾经做过比较两种钻孔方法灌浆效果的现场试验，试验证明在相同的地质条件下，两种钻孔方法灌浆效果没有明显差别，甚至冲击钻钻孔灌浆效果还略好一点，但冲击钻机钻孔工效为岩心钻机的6～14倍，后来这些工程在固结灌浆和帷幕灌浆中都广泛采用了冲击钻机钻孔[5][6]。国外的文献也有类似的记载[7]。

事实上，国外工程大量采用冲击回转钻钻进灌浆孔，包括帷幕灌浆和固结灌浆孔，著名的伊泰普水电站帷幕灌浆除了少量先导孔和质量检查孔需要获取岩芯，使用了岩心钻以外，约20万m帷幕灌浆孔全是采用冲击回转钻钻进的[8]。

需要补充说明，12灌规提出钻孔方法选择与地质条件有关，一般说来，软弱破碎的岩体不宜使用冲击钻钻进。再则，无论采用岩心钻还是冲击钻钻孔，充分的钻孔冲洗都是必要的。

误区二：灌浆孔孔斜要求越严越好。

12灌规第5.2.4条规定了帷幕灌浆孔的孔斜要求，从20m深孔1.25%到大于60m深孔2.5%，这基本上是延续了前几版灌规的要求。在历次修订规范的过程中，有一些意见要求改严孔斜偏差标准，笔者作为参与者之一不主张采纳改严的建议。主要理由如下：

（1）原规范中孔斜偏差的宽严尺度基本适宜。经过努力可以达到，不精心施工还达不到；这个斜度也适应国产普通测斜仪的精度；大量工程实践证明，只要达到了这一标准，帷幕灌浆质量可以保证。

（2）与外国技术标准相比，我国对帷幕灌浆孔孔斜的要求较严。欧洲标准《特殊岩土工程施工：灌浆》（BS EN12715：2000）规定，"钻孔应尽量小心以减少偏斜，设计应允许调整孔距以补偿预期的钻孔偏斜。一般说来，对于孔深小于20m的钻孔，其轴线偏斜不应超过计划方位的3%；对于深孔而言，相邻钻孔之间的间距应可以调整以补偿钻孔偏斜。"实际工程也是这样，国际招标的二滩工程要求孔深小于或等于70m时，允许偏差2%；孔深大于70m时，允许偏差2.5%，检测方式为抽检，抽检比率20%。伊泰普工程

帷幕灌浆孔采用冲击回转钻钻进，孔深 70m 以内，要求偏斜率不大于 3%，70m 以上不大于 5%，抽检比率 8%，实际达到 75m 偏斜 2.5%，101m 偏斜 3%。

（3）笔者曾经经历，某外资工程将帷幕灌浆孔孔斜允许偏差定为 1%，付出的代价非常大，包括钻孔成本、昂贵的精密测斜仪器等，结果许多孔还是达不到要求，还发生了作弊的现象，最后帷幕的质量也不很理想。

3 关于裂隙冲洗

误区：灌浆前的裂隙冲洗时间长一些好。

12 灌规 5.3.1 条：“采用自上而下分段循环式灌浆法、孔口封闭灌浆法进行帷幕灌浆时，各灌浆段在灌浆前应采用压力水进行裂隙冲洗，冲洗压力可为灌浆压力的 80%，并不大于 1MPa，冲洗时间至回水清净时止并不大于 20min。”

笔者看到不少工程施工中的技术文件都喜欢改为“不少于 20min”。甚至还层层加码，认定时间长总比时间短好。这其实是一种误区。

灌浆规范中裂隙冲洗的目的并非就是将岩石裂隙中的夹泥冲洗干净，它还有润湿岩石裂隙面、进行简易压水试验测试透水率等重要作用。单就冲洗裂隙夹泥而言作用有限，原因是：①裂隙冲洗的效果很差，曾经做过试验，即使连续冲洗几十小时、几百小时，也不可能将岩石裂隙中的泥质物完全冲洗干净；②在一般情况下，裂隙冲洗的程度对灌浆效果的影响很小，对帷幕灌浆效果基本没有影响；③国外普遍采用纯压式灌浆法，根本不能对每个孔段进行裂隙冲洗；④长时间冲洗向地层中注入大量的水，在有些情况下有害无益。

4 关于灌浆方法

误区一：在任何情况下都可以和应该使用孔口封闭灌浆法。

孔口封闭灌浆法是我国在乌江渡水电站首先开发应用的灌浆工法，自推广应用以来几乎替代了其他的灌浆工法，有些设计人员认为该法可以放之四海而皆准，有些施工人员除了此法而不愿或不会使用其他工法。

孔口封闭灌浆法与自上而下分段卡塞灌浆法相比，具有钻孔和灌浆设备器具较简单、避免了绕塞返浆等孔内事故、施工简便劳动强度较低工效较高、灌浆质量较好等许多显著的优点。

但是，孔口封闭灌浆法也有自身的缺点，主要有：①与自下而上纯压式灌浆相比，不便使用快速钻孔机械，施工复杂工效低；②深孔浓浆高压灌注时，容易发生灌浆管被埋住的事故；③孔内占浆多，浆液损耗大、能量损耗大；④每段灌浆都是全孔受压，极易引起地层抬动。

为发扬孔口封闭灌浆法的优势和避免劣势，要注意它的适用条件：①适用于块状结构、陡倾角裂隙岩体；而不适用于碎裂和散体结构岩体或缓倾角层状岩体和裂隙岩体；②适用于钻孔较深的帷幕灌浆、深层固结灌浆、高压灌浆；③适用于盖重较大或对抬动变形不敏感的工程部位。

误区二：循环式灌浆比纯压式灌浆好，任何时候都要采用循环式灌浆。

12灌规第5.4.2条规定："根据灌注浆液和灌浆方法的不同，应相应选用循环式灌浆或纯压式灌浆。当采用循环式灌浆法时，射浆管出口距孔底应不大于50cm。"该条条文说明："具体地说，自上而下分段灌浆法可采用循环式灌浆或纯压式灌浆；自下而上分段灌浆法宜采用纯压式灌浆；孔口封闭灌浆法应采用循环式灌浆。稳定性浆液可采用纯压式灌浆，易于沉淀分离的浆液宜采用循环式灌浆。"

这就是说，循环式灌浆和纯压式灌浆都是可以选用、可以保证灌浆质量的灌浆方法，但是各有不同的搭配条件。我国经常使用孔口封闭灌浆法，当然应该采用循环式灌浆，否则不能保证灌浆质量，甚至施工都无法进行。但如果采用其他灌浆方法时，就不一定要使用循环式灌浆，如果硬要把不相宜的施工方式搭配起来，只会给施工造成困难和不便，也无从保证和提高灌浆质量。

与我国习用孔口封闭法灌浆相反，西方发达国家主要采用自下而上纯压式灌浆，使用单一比级的稳定性浆液，消耗低工效高质量好，如著名的伊泰普水电站帷幕灌浆就是这样施工的。由于自下而上灌浆工艺的钻、灌工序分离，可以使用高工效的冲击回转钻机钻孔，钻灌综合工效很高，因此我国许多坝基固结灌浆和有些帷幕灌浆中也多有采用，这种方法是应该与纯压式灌浆相配合的，可是有的设计和监理人员硬要与循环式灌浆相搭配，这是一种很麻烦、很别扭、很笨的做法，与西方工法相比，大大增加了水泥、工时、能源消耗，增加了事故概率，降低了工效，无益提高灌浆质量。

5　关于灌浆压力

误区：灌浆压力是灌浆质量的保证。灌浆压力越大灌浆质量越好。

灌浆压力是灌浆质量的保证，这是不准确不全面的命题，因为灌浆质量的保证有许多因素，例如灌浆孔布置、灌浆方法、灌浆浆液、灌浆压力及其正确应用等。如果说灌浆压力是灌浆质量的保证之一，那就无可非议了。灌浆压力越大灌浆质量越好，则缺乏辩证思维。

灌浆压力提供灌浆的能源，没有足够大的灌浆压力肯定无法保证灌浆质量，但如果灌浆压力太大，过犹不及物极必反，也不能提高灌浆质量，甚至造成危害。

灌浆压力大，会造成如下问题：①设计灌浆压力过大又使用不当，可能导致岩体劈裂、结构物抬动裂缝，不但没有加固岩体，反而破坏了岩体和结构物。有几个工程曾发生过大体积岩体或大面积结构物抬动破坏的严重事故，善后处理耗费大量财力物力和时间；②长时间高压灌浆增加设备磨耗、增加工时消耗、增加孔内事故机率，增加施工难度。

灌浆压力的确定要考虑多种因素，主要有：①被灌岩石地质条件；②帷幕承受水头等工程要求；③灌浆方法；④使用浆液性能等。这些因素要统筹兼顾综合考虑，顾此失彼就可能导致不正确的结果。

其实，就灌浆压力对灌浆质量的作用而言，保证灌浆质量不仅需要确定正确的设计灌浆压力，即最大灌浆压力；更重要的还需在灌浆过程中正确地使用压力。为此，12灌规

第 5.6.10 条规定："灌浆过程中应保持灌浆压力和注入率相适应。一般情况下宜采用中等以下注入率灌注，当灌浆压力大于 4MPa 时，注入率宜小于 10L/min。同一部位不宜聚集多台灌浆泵同时灌浆。"条文并不复杂，要灵活应用好却不容易。

6 关于灌浆浆液

误区：稠浆比稀浆好。浆液越稠，水泥结石越密实、强度高、耐久性好。

这是知其一不知其二。的确，在试验室里，浆液在自由沉降的条件下，稠浆制作出来的浆液结石试件是要比稀浆结石密实性好、强度高、耐久性好。这是显而易见的，此其一。

其二，灌浆不是在试验室里制作水泥结石试件。而是在压力作用下把浆液灌注到岩石裂隙中，浆液是在灌浆压力和山岩压力作用下泌水凝固，灌浆特别是高压灌浆所形成的结石密实性更好（密度可大于 2.0g/cm^3），强度更高（无侧限抗压强度可达 40MPa 以上），耐久性更好，与自由沉降形成的试件完全不可等量齐观。这不仅可由室内模拟试验演示，而且也有现场大量水泥结石芯样资料证实。

关于浆液的误区还有许多，例如：单一比级的稳定性浆液比由稀浆和稠浆组合的多级浆液好；稳定性浆液灌浆形成的帷幕耐久性好，稀浆开灌形成的帷幕耐久性不好；稳定性浆液的可灌性更好；在任何情况下都应该使用稳定性浆液。等等。在拙作《关于稳定性浆液的若干误区》等文中有详细论述，本文不赘。

7 关于灌浆结束条件

误区：灌浆结束条件越严越好，灌浆时间越长，灌浆质量越好。

12 灌规第 5.8.1 条规定："各灌浆段灌浆的结束条件应根据地质和地下水条件、浆液性能、灌浆压力、浆液注入量和灌浆段长度等确定。在一般情况下，当灌浆段在最大设计压力下，注入率不大于 1L/min 后，继续灌注 30min，可结束灌浆。

"当地质条件复杂、地下水流速大、注入量较大、灌浆压力较低时，持续灌注的时间应延长；当岩体较完整，注入量较小时，持续灌注的时间可缩短。"

该条条文说明："本条对'2001 灌规'对应条文作了修改，强调灌浆结束条件应根据灌浆孔所在部位地质和地下水条件、灌浆施工过程情况等确定，不宜千篇一律。针对一般情况提出的结束条件中'继续灌注时间'比'2001 灌规'缩短，原因如下：①参考借鉴国外标准。欧、美、日及前苏联的许多灌浆技术标准中对灌浆结束条件的规定总体上比我国宽松许多，如规定注入率达到'不显著吸浆'，或不大于 1 立方英尺/10min（2.8L/min），或不大于 0.2L/(min.m）等；达到设计灌浆压力和注入率条件后的继续灌注时间各国不一，变化范围为 0～30min。②试验资料证明。灌浆结束条件中设置'持续灌注时间'的主要用意，是使已灌注到岩石裂隙中的水泥浆液在灌浆压力作用下尽量滤除多余的水分。室内模拟试验证明，在泌水条件较好时，这一过程通常在 20min 内可以完成。③国内 20 世纪 90 年代一些接受外资采用国际标准的工程如二滩等，其灌浆也是成功的。当然，遇特殊情况如灌浆对象为溶洞泥质充填物、软弱夹层或排水不畅等条件或设计有专门要求时，‘继续灌注时间’可另行规定。”

这些文字是经过实践检验总结出来的。可以认为，灌浆时间过短和灌浆时间过长都是不利的。笔者在一些灌浆施工技术文件中时常见到“灌浆时间总历时不得少于 120min”，“达到最大灌浆压力后的持续时间不少于 120min”。看得出来，这些文件作者的认识就是灌浆时间越长，灌浆质量越好。

误区也有来历，94 灌规第 3.7.12 条规定孔口封闭法灌浆的结束条件是：在设计压力下注入率不大于 1L/min 时，继续灌注时间不少于 90min；灌浆全过程中，在设计压力下的灌浆时间不少于 120min。这一条件来源于乌江渡水电站强岩溶地层帷幕灌浆经验，这对于处理软弱溶洞泥的灌浆是必要的。但后来多年的施工实践证明，其他地层完全没有必要，甚至是有害的。因为长时间的高压灌注可能会导致浆液浪费、岩体劈裂、机械故障、孔内事故等问题。过时的条款就不要再采用了。

8 关于灌浆记录仪

误区：灌浆记录仪越复杂、功能越多、计量越精确越好。灌浆记录仪可以防止作弊行为。

早在 20 世纪 70 年代，西方发达国家开始应用灌浆记录仪，90 年代我国开始引进、研制并推广普及。笔者参与研制出我国第一台灌浆记录仪时，曾受到时任中国工程院副院长潘家铮的高度赞扬，认为它解决了灌浆记录弄虚作假的大问题。此后几年，记录仪也的确为保证灌浆记录基本真实作出了历史性贡献。

然而，随着电子技术的进步和普及，记录仪制造商蜂拥而起但良莠不齐，承包商低价中标靠做大注入量为生的刚性需求，以及计量制度管理制度的不合理不作为，导致笔者所见大多数（不是所有）工程灌浆记录仪沦为伪劣记录的昂贵打印机。

因此，首先要解决记录仪不编造假记录的问题，如果这个前提不存在，那么仪器再精密、再准确、功能再多，都是废物。

其次，是否记录仪功能越多越好，精确度越高越好？答案是否定的。20 世纪从国外引进的记录仪开始时都是模拟式的，灌浆压力和注入率使用长图仪在坐标纸上按时间过程画出曲线，主要看一个趋势，而无法准确读取数值。更初级者为使用一个发条式记录仪绘制压力过程线，只记录灌浆压力一个参数，因为他们认为灌浆压力是最易作弊、最影响灌浆质量的因素。相反，我国的记录仪花样翻新，什么三参数、四参数，小循环、大循环，核子密度计，智能的、防作弊的，物联网式的、数字大坝式的……无奇不有。笔者可以武断地说，这些东西对于保证灌浆质量来说，都是次要的，笔者在某水电站看到了用最先进技术生成的最虚假记录，令人啼笑皆非。

保证灌浆质量、防止资料作假主要靠什么？靠业主的开明心态、靠科学合理的计量计价制度，靠讲诚信有技术的承包商，靠严格有效的管理制度。

9 关于抬动观测

误区：抬动观测装置可以防止抬动，抬动观测装置布置得密一些好，只要发生了抬动

就是事故。

12 灌规第 5.1.8 条规定："工程必要时，应安设抬动监测装置，在灌浆过程中连续进行观测记录，抬动值应在设计允许范围内。"这里说的是工程必要时，才安设抬动监测装置和进行抬动监测。但现在许多灌浆工程中几乎一律都要求进行抬动监测，耗费了不少资源，有些却对工程毫无益处。

在下列情况下毋须进行抬动监测：①地表没有永久建筑物的灌浆，如水库岸边的帷幕灌浆，覆盖层灌浆等，这些部位即使发生了抬动也不会影响建筑物的安全；②不可能发生抬动的灌浆，如防渗墙下的帷幕灌浆，无限盖重下（山体深部等）的灌浆等。

抬动监测装置的布置、安装施工、测微计安设、监测的时机、装置的保护、测值的分析等均有着相当专业的技术含量，在许多工程中都没有引起足够的重视，任由承包商简单实施了之，缺乏验收手续和标准，结果不少抬动监测装置形同虚设。

也不必谈"抬"色变。微量抬动不会造成建筑物损害，我国多数工程规定允许抬动值为不大于 200μm，这是一个比较严格的规定，国外许多工程规定就没有这么严。有些设计人员过于担心，将允许抬动值规定为不大于 100μm，这是不必要的。

事物法则总是辩证的，允许有无害抬动并不等于一定要发生抬动或制造抬动，因为在灌浆施工中有这样的情况，一旦抬动发生，即岩体一旦劈裂，哪怕是微小的劈裂，在此后的灌浆中总是喜欢在原处反复劈裂（在钻孔芯样中常可以看到），不易达到结束条件，给灌浆工作造成困难，而且累计抬动量会越来越大，再要弥合需要很长的待凝时间。因此 12 灌规第 5.1.8 条说明中提出：灌浆作业时"应努力控制灌浆在无抬动条件下进行"。

从根本上说，防止岩层或混凝土面抬动，要靠灌浆作业人员的责任心和技术水平，优秀灌浆工人根据灌浆过程中压力和注入率的变化，是能够预测和感知可能发生的抬动的，是能够防止数值较大的有害抬动的。

鉴于上述理由，抬动观测装置的设置不是多多益善，而是要少而精。

10 关于质量检查

误区：灌浆质量检查手段越多越好。

12 灌规第 5.10.1 条规定："帷幕灌浆工程的质量应以检查孔压水试验成果为主，结合对施工记录、施工成果资料和其他检验测试资料的分析，进行综合评定。"这就是说，帷幕灌浆工程质量检查的主要手段是检查孔压水试验，质量评定的主要依据是检查孔压水试验成果透水率；为辅的手段是分析施工记录、施工成果资料和其他检验测试资料。施工记录指施工过程现场记录，施工成果资料指根据施工记录统计整理的灌浆成果表和曲线图，其他检验测试资料指除压水试验以外的检验测试资料，如钻孔测斜资料、浆液检测资料、抬动观测资料、检查孔岩芯资料、封孔检查资料等，这些是规范上要求的"规定动作"。

本文关注的现象是，除了规范中要求的上述检查项目（包括主要的和辅助的）以外，现在不少工程中增加了许多非规定动作，主要是物探检测如声波测试、钻孔全景摄像、

CT扫描等。之所以这样做是因为决策者对灌浆过程控制没有把握，对灌浆质量有疑虑，出于无奈只好多搞一些检测。

出发点虽然可以理解，但效果应当质疑，因为声波低可能不透水，裂隙里没有结石也不奇怪，灌浆从来就不可能充满每一条岩石裂隙。所以这类检查结果无论如何，对帷幕灌浆的质量评价基本上没有意义。与其做这样的无效投入为什么不在其他方面多下一些功夫呢？

11 关于工程量计量与支付

误区：灌浆工程计量采用注入量法比进尺法好，浆液注入岩体中多总比少好。

近一二十年来，许多水电站灌浆工程的单位注入量畸形增大，产生这种现象的原因是多方面的，但重要的原因之一是由于有人陷入了上述的误区。

关于灌浆工程的两种计量方法——灰量法和进尺法——的比较，本书中已有专文论述，此处不赘。

是否浆液注入岩体中多总比少好呢？否。从技术上而言，灌浆不足和灌浆过量都是有害的。灌浆过量的主要害处有：①大量浆液跑到需要灌注的范围以外，造成浪费；②浆液从帷幕区串流至幕后的排渗区，恶化了渗压疏散条件，增大了坝基扬压力，不利于坝基稳定；③过量灌浆常常导致岩体劈裂，建筑物大面积抬动甚至破坏。

而如果这种异常的大注入量不是注入到了岩体中，而是偷排到了河道里，或是转移得不知去向，或是根本就只是一场数字游戏，那就更是“赔了夫人又折兵”了。

12 结束语

（1）灌浆工程是集勘探、试验、施工于一体的地基处理工程，灌浆技术至今仍处于半理论半经验的状态，灌浆工程又是隐蔽工程，灌浆工程的设计、实施、检验和计量工作中常常会遇到模糊、矛盾、不易判断的情况，许多灌浆施工参数因工程而异、因地质而异、因施工方法而异、因灌注浆液而异，因而在认识和实施上容易陷入各种误区。

（2）当前由于建设管理体制的问题，造成建设各方缺乏信任感、承包商话语权被削弱；规则的制定方不了解或不充分了解真实情况，而掌握真实情况的承包商或者缺少话语权，或者不愿意公开真实情况，这也是造成各种误区的原因。

（3）关于灌浆施工的误区并不止于上述各条，这些误区似是而非，不易辨别，相当流行，危害很大。

（4）辨别和消除误区要靠深入施工现场全过程了解实际情况，要靠施工经验的积累，要靠辩证思维方法。要建立和加强施工一线技术人员参与技术和管理决策的机制。

参 考 文 献

[1] 国家能源局．DL5148—2012 水工建筑物水泥灌浆施工技术规范［S］．北京：中国电力出版社，2012.

[2] 中华人民共和国水利电力部．SDJ210—83 水工建筑物水泥灌浆施工技术规范［S］．北京：水利电力出版社，1984.

[3] 中华人民共和国水利部，中华人民共和国电力工业部．SL62—94 水工建筑物水泥灌浆施工技术规范［S］．北京：水利电力出版社，1994.

[4] 中华人民共和国国家经济贸易委员会．DL5148—2001 水工建筑物水泥灌浆施工技术规范［S］．北京：中国电力出版社，2002.

[5] 杨广耀，蒋养成．潜孔钻在太平哨水电站灌浆工程中的应用［J］．水力发电，1981，10：16.

[6] 宜昌三峡工程建设三七八联营总公司．固结兼辅助帷幕灌浆两种钻孔方法对比试验报告［R］．1999.

[7] 农维勒 E. 灌浆的理论与实践［M］．顾柏林，译．沈阳：东北工学院出版社，1991：77.

[8] 安德瑞迪 R V. 伊泰普坝基岩灌浆处理［C］//孙钊，译．第十五届国际大坝会议论文集．1985.

关于稳定性浆液的若干误区

【摘　要】 针对隆巴迪的稳定浆液的理论缺陷和我国当前稳定性浆液应用中存在的问题提出看法：不能认为只有稳定性浆液好，其他浆液都不好；不能认为稳定性浆液性能是决定灌浆效果的唯一因素或主要因素，不能以自由沉积的试验结果简单推断实际施工的效果；不能认为稳定浆液灌浆帷幕的耐久性好，多级浆液灌浆帷幕的耐久性差；等等。稳定性浆液有其优点，但也有使用条件；多级浆液或其他浆液有更广泛的优点和适用性，不能否定。

【关键词】 稳定浆液　理论　应用　误区

1　引言

笔者曾经是一个稳定浆液学说的虔诚信奉者，但是深入研究和付诸应用之后发现问题多多。

稳定浆液或稳定性浆液，有时也泛指稠浆或中等稠度以上的浆液。20 世纪 90 年代初瑞士学者隆巴迪大力提倡稳定性浆液，并将其定义为静置 2h 析水量小于或等于 5％的浆液。按照这一定义，水灰比 0.6∶1、0.5∶1 的普通纯水泥浆，水灰比大于 0.6∶1 但掺加了少量膨润土、减水剂的水泥浆都是稳定浆液。

20 多年来，笔者认真研究了各种浆液包括稳定性浆液，深刻地认为，稳定性浆液有一定的优越性，但其他浆液也有优越性，各种浆液有各自适应的条件，褒此贬彼是不恰当的，用试验室的成果、简化模型的计算成果臆断灌浆工程的实践也是有害的。对此，笔者曾发表过几篇文章[1][2][3]进行讨论。本文针对当前工程界关于稳定性浆液的理论和实践当中存在的似是而非，可能误导缺少经验的技术人员的有关问题，择要陈述其观点，以后将对这些观点分别进行详细讨论和阐述。

2　稳定性浆液好，其他浆液不好

稳定性浆液是好的，但不是尽善尽美，而且必须讲应用条件。隆氏归纳稳定性浆液的优越性[4]有：①稳定浆液把空隙完全充满的可能性大，因为事实上没有多余的水分存在，不会因灌好之后多余水分的析出，而留下未被填满的空隙，所以使用稳定浆液可以减少灌浆工作量；②稳定浆液由于实际上几乎没有多余的水分排出就行凝固，所以结石的力学强度高，而且与缝隙两壁的黏附力也较高；③稳定浆液的结构密实，抗化学溶蚀的能力强；由于没有多余的水分自稳定浆液中泌滤出来，所以抬动岩体的危险性大大减少，并且上抬力的大小也可以估算出来，在相当程度上可以分析出岩体灌浆的过程，因为稳定浆液的作

本文原载内部资料《基础工程技术》2010 年第 4 期。

用是可以预计的，而不稳定浆液则不能；④稳定浆液能达到的距离是有限度的，一般讲，能够避免不必要的大量的吸浆。

但上述分析仅仅是理论上的，许多想象在实践中并不成立，或情况恰恰相反。尤其片面的是这种理论是建立在岩体不透水的基础上。由于岩体不透水，所以浆液不应当析水，如果浆液析水，水就会留存下来，占据并形成空隙，就会导致他所分析出的一系列问题；由于稳定性浆液不析水或少析水，所以就有了那么多的优越性。

但令人费解的是，如果岩体不透水那还要灌浆干什么呢？

其实，浆液析水并不是一无是处。在水泥浆液中，水是载体，水泥是乘客，浆液到达目的地以后，乘客下车，载体消失，有什么不好呢？水泥浆液在灌注过程中不断地析水沉淀，正是灌浆之所以成功，灌浆技术之所以存在的机理之一。

如果读者不怀疑后一种理论，那么，浆液——无论是稳定浆液或其他浆液，就都是好东西，看你在何种条件下应用。

3 浆液的稳定性决定灌浆效果

影响灌浆效果的因素很多，除了浆液性能以外其余如地质条件、钻孔布置（灌浆孔间距、方向、深度等）、灌浆工艺（灌浆方法、灌浆压力、灌浆工序和浆液的合理使用）等。这些因素对灌浆效果的影响都是决定性的或主要的，而浆液的水灰比、稳定性其影响并不明显，并不确切。欧洲另一位学者 D. C. Caron 说过："20%～30%的水泥成分误差对于水泥灌浆无关紧要，而对于化学灌浆很小的误差都是不允许的。"[5]正因为如此，自灌浆手段成为现代工程技术以来，各个时代、不同国家、不同工程采用过多种多样的浆液水灰比比级和变换方法，但灌浆效果却大同小异；也正因为如此，水泥灌浆浆液是稠一些好还是稀一些好，争论了几十年，至今莫衷一是。

在一个复杂的矛盾体系中，隆氏见小不见大，将次要矛盾因素当成主要矛盾因素，将人们的视线和努力引入歧途，这样只会导致事倍功半，甚至工程失误、失败。

4 以室内试验结果简单推断施工效果

提倡稳定性浆液的人常常喜欢将不同水灰比的浆液在试验室内静置沉降所得的浆液结石的性能差别，作为衡量浆液优劣和推断灌浆效果的依据，这是不全面的，因为浆液在岩体裂隙里形成结石的条件与试验室里完全不同。前者是在自重条件下自由沉降，后者是在灌浆压力挤压作用下的泌水凝固。通过挤压泌水的作用，相同水灰比的浆液结石，比自由沉降形成的结石密实得多；不同水灰比浆液的结石性能会变得接近起来。

通常，高压灌浆获得的水泥浆结石比较低压力获得的结石要更为密实，但压力超过一定限度，其作用也不明显了。

5 稳定性浆液结石力学强度高

此话似是而非。为什么？因为要看跟谁比，在什么条件下比。

稳定浆液跟同级水灰比的普通浆液相比，稳定浆液并不如普通浆液。表 1 为两种同比级的 42.5 级普通硅酸盐水泥浆的性能试验成果[6]。

表 1　　同比级普通水泥浆和稳定性浆液结石抗压强度

浆　液	水灰比	膨润土/%	减水剂 UNF-5/%	析水率/%	抗压强度/MPa	
					7d	28d
普通水泥浆	0.7∶1	0	0	15.3	26.13	46.47
稳定性浆液	0.7∶1	1.5	0.4	1.9	21.87	28.80

试验结果表明，普通水泥浆结石强度高，为什么？因为它把一部分水析出去了，在这里析水的劣势成了优势；相反，稳定性浆液把水含在结石里，增大了结石的孔隙率，强度自然就低了。

稳定性浆液与较稀浆液相比，这是重量级选手对轻量级选手的比赛，本没有多少科学性和可比性。但即便这样，在试验室里静置沉降的条件下，稀浆的结石是比稠浆结石强度低，但是灌入到地层中经过压迫滤水后也相差无几了，室内模拟灌浆试验也可以证明这一点。

6　稳定性浆液没有多余的水

隆氏说，稳定性浆液几乎没有多余的水，此话貌似有理实则不然。如所周知，水泥浆液中参加水泥水化反应的水仅为水泥重量的 20%左右，那么即使最稠的水灰比为 0.5∶1 的浆液，其含水量也大大多于水泥水化反应的需要量。这就是说，稳定性浆液里不是没有多余的水，而是把多余的水含在了水泥结石内。

但是，把水含在水泥结石内在很多情况下是有害的。它使结石体的孔隙率增大，降低了结石密度、强度，从而也降低了抗侵蚀的能力。表 1 的数据部分地反映了这一事实。

再说，稳定性浆液里的水，也是以排出去为好。表 2 为一组试验和工程资料。

表 2　　不同条件下稳定性浆液的结石性能

试验条件		水灰比	结石干密度/(g/cm³)	抗压强度/MPa
实验室	静置凝固	0.5∶1	1.51	46.0
	压滤凝固	0.5∶1	2.24	66.0
工程取样	封孔灌浆	0.5∶1	2.49	62.0

注　使用水泥等级 42.5；压滤压力 0.3MPa，时间 25min；封孔灌浆压力 4MPa，时间 60min。

表 2 数据表明，同样是 0.5∶1 的水泥浆（稳定性浆液），它在实验室静置沉降凝固获得的水泥结石的密度明显低于经过压滤的结石密度，更低于实际工程中压力灌浆封孔所得结石的密度（工程中压滤压力更大时间更长）。

7　稳定浆液灌浆帷幕的耐久性好，多级浆液灌浆帷幕的耐久性差

“稳定浆液灌浆形成的帷幕抗衰减能力强，耐久性好”。这完全是一种主观臆断，事实恰恰相反，20 世纪 90 年代初，欧洲一些学者发现，他们许多工程的防渗帷幕防渗能力严

重衰减，一般十年至十五年就要补灌一次。他们认为衰减的原因不是施工质量，而是浆液问题，是浆液太稀。

对此，笔者领导的一个课题组曾经对我国早期修建的15座水利水电工程的防渗帷幕进行了调查，这些帷幕都是使用多级水灰比浆液进行灌浆建造的，其起始水灰比或者是8：1，或者是5：1。调查结果表明，大部分工程的防渗帷幕没有或很少有老化衰减问题，有些工程或个别坝段的问题多是当年施工质量不佳，或不良地质条件所致[7]。值得一提的是，20世纪70年代初基本完建的丹江口水利枢纽，防渗帷幕灌浆的起始水灰比是10：1，设计防渗标准为$q \leqslant 0.5$Lu，施工实际基本达到小于1Lu；稍晚一些建成的乌江渡水电站，帷幕灌浆的起始水灰比是5：1，大坝帷幕实际达到的防渗标准为0.5Lu；再晚一些的龙羊峡水电站、东风水电站，其帷幕都是稀浆开始灌注的，运行时间都在20年以上，至今未听说有老化问题。不久前丹江口枢纽因作为南水北调水源水库而加高，为此对帷幕进行了全面详细的“体检”，结果表明，尽管帷幕运行已经40多年，除不良地质地段外大多数坝段帷幕情况很好，其有效年限可达161年以上[8]。

为什么我国以往用稀浆开灌建造的帷幕没有或基本没有出现老化问题，而欧洲有的工程帷幕老化严重呢？这一问题至今没有正确结论，笔者经过研究认为问题不在浆液的水灰比，不在浆液是否稳定，而在于灌浆工艺。

8　稳定性浆液的可灌性好

可以肯定地说，在同样的地质条件下，稀浆的可灌性比稠浆好。这应该是一个众所周知的常识。要不然隆氏怎么会说灌注稀浆抬动地层的危险比稠浆大呢？就是因为稀浆渗透性好，窜得远。他以稠浆（马氏黏度50s）、中等稠浆（黏度40s）和稀浆（黏度30s）分别灌注0.5mm宽的缝隙，试验结果为在15min内，稀浆扩散距离为28m，中等稠浆为17m，稠浆为13m；4h内，扩散距离分别为81m，36m，25m[9]，这不是明摆的事实吗？

有一种论点，浆液的可灌性好与否，主要决定于浆液材料颗粒的大小，此话有理。但是同样细度的水泥，其浆液稀的好灌还是稠的好灌呢？结论不言自明。

另一种论点，稠浆可以通过添加减水剂降低黏度、降低凝聚力，此话也有理。但掺加减水剂以后的稳定浆液尽管黏度有所降低，但仍然是宾汉塑性流体，它与水灰比为2或更稀的性质近似牛顿体的浆液还是无法相比的。

9　稳定性浆液灌浆地层抬动的危险小，可以使用大压力

此话害死人，有许多灌浆工程将岩层或结构物抬起几十厘米就是信它惹的祸。

从理论上说，稳定性浆液渗透扩散范围较小，因而上抬岩体或混凝土结构的总压力小，自然抬动岩体或结构物的危险性减少。问题是此言忽视了地质条件和灌浆工艺的影响。

评估灌浆作业是否有抬动危险，应该使用多大灌浆压力，首要的因素是看地质条件。如果灌浆对象是块状结构坚硬岩体，则无论使用何种浆液，即使压力大一些都很不容易抬

动；如果是缓倾角层状岩体、软弱岩层，那么无论使用何种浆液，哪怕压力很小都容易引起抬动。这是一般灌浆工程师都懂的道理、都有的经验。

在采用多级水灰比浆液灌浆的施工实践中，通常以稀浆开灌，在开灌阶段通常压力较小，注入量也较小，因而不易发生抬动，一旦发生抬动，降低压力后，抬动也能恢复或大部分恢复，因为浆液中含水泥量较少。稠浆不然，只要抬动了就不能恢复。事实上，一些工程发生的大量抬动建筑物的事故都是在稠浆条件下发生的。

10 稳定性浆液可以适用任何地层

隆氏不问地层地质条件如何，一概推行稳定浆液，好像任何地层都能适用，事实并非如此。

笔者认为，至少有两类地层不适宜采用稳定浆液灌浆，一类是宽大裂隙地层，包括强岩溶发育地层，这类地层可灌性极好，常常要使用高凝聚力、高黏度的浆液，甚至膏状浆液、砂浆、混凝土等去堵塞通道，但稳定浆液却在添加减水剂，致力于降低黏度、降低凝聚力，这不是背道而驰吗？这不会减少注入量，而只会进一步扩大注入量，扩大浪费。另一类是细微裂隙发育地层，可灌性不好，稀浆都不易灌进去，稠浆根本无用武之地。

11 稳定性浆液可以适用任何灌浆方法

隆氏推广稳定性浆液主要是针对纯压式灌浆法，有很大的适应性和必要性。

我国却只拿来了一半，只要浆液不问方法，这就有问题了，主要有四：其一，纯压式灌浆管路和钻孔中浆液流动慢，浆液容易沉淀，所以希望浆液稳定；相反，循环式灌浆管路和钻孔中浆液流动快，浆液不可能沉淀，因此浆液稳定与否并无关系；在并不需要的条件下硬要把浆液由不稳定变成稳定，这不是白花钱吗。其次，纯压式灌浆浆液弃浆少，甚至几乎没有弃浆；而循环式灌浆尤其是孔口封闭灌浆法浆液损耗大，越是注入量小，损耗越大，如采用稳定浆液灌注，弃掉的全是优质的稳定性浆液，浪费更惊人。第三，循环式灌浆时，稳定性浆液在管路、钻孔中反复流动，并与孔内地下水、残留钻渣泥屑掺混，其稳定性将遭到破坏，实际上开灌后很快就变得不稳定了。第四，由于纯压式灌浆不弃浆或基本不弃浆，浆液在管路中不循环，因此物耗、能耗都较低。与此相比较，多级浆液＋循环式灌浆的物耗、能耗较高，但如果改成稳定性浆液＋循环式灌浆就更是劣势相加，变得各种消耗高上加高，而工效低了再低。

12 采用一级浆液灌浆比多级浆液灌浆好

隆氏提出在工程中采用一级稳定性浆液灌浆。这种做法只在地质情况比较均一，岩体裂隙中等发育的条件下可行，除此之外都不应当推广。

通常一个工程，或者一个大的工作面，均一的地质条件少之又少。针对微细裂隙地层要用低稠度、低黏度、低凝聚力浆液；针对宽大裂隙地层要用高稠度、高黏度、高凝聚力浆液；针对软弱夹层、破碎带、溶洞、块状岩体、缓倾角层状岩体各要用不尽相同的浆

液。在平面上各个部位地质情况可能不同，在空间上不同深度处岩层条件常常不一，在时间上后序孔和先序孔情况不同。怎么可以如此简单化，以不变应万变，企望一种灵丹妙药包医百病呢？

既然这样，隆氏为什么要提出使用一级浆液灌注到底呢？因为他有他的难处，这就是纯压式灌浆变浆不方便，他要用浆液去适应方法，是退而求其次。我国却不然，我们用的是循环式灌浆，变换浆液极其方便，有什么必要放着品级齐全、性能优异的多级浆液不用而求其次呢？

13　浆液稳定就好，不稳定就差

本文 1 和 4 已经部分地说到了这个问题。

事实上，浆液稳定不是工程追求的目的，浆液结石密实（从而力学性能好）才是目的。在灌浆全过程中，通常希望浆液在到达要灌注的岩石缝隙之前，要稳定，不要沉淀，这是第一阶段。而在浆液注入到岩石缝隙中以后则希望它尽快沉淀，尽多地将多余的水排出去，并达到凝固。水析得快、析得多，结石更密实，这是第二阶段。

也就是说，第一阶段要稳定，第二阶段宜不稳定。那么，对于不稳定浆液，施工中怎样解决第一阶段稳定的问题呢？这就是采用循环式灌浆法的理由，浆液通过在钻孔和管路中不停顿的循环流动，达到不沉淀的目的。而进入第二阶段后，浆液自然开始沉淀，再加上灌浆压力的作用，很快就泌水凝固了。西方（不是全部）为什么喜欢稳定浆液呢？因为他们习惯纯压式灌浆法，这种灌浆方法浆液在管道和钻孔中不循环流动，如果地层吸浆量不大，长时间灌注后浆液就会在钻孔和管路中沉淀，甚至导致事故。

简言之，在一定的条件下，浆液稳定是优势；在另一种环境下，浆液不稳定也是优势。反过来，亦然。

14　采用多级水灰比浆液灌浆就是灌稀浆，灌稀浆就是灌水

多级水灰比浆液是一个系列，现行灌浆规范规定为 5∶1、3∶1、2∶1、1∶1、0.8∶1、0.6∶1（或 0.5∶1）六级（根据情况级数和级差可以调整），虽然前面三级是稀浆或较稀浆液，但后面就是稠浆了，规范规定一般自稀浆开始灌注，但如果注入量大于 30L/min，可以越级变浓，很快就变成了稠浆灌注。相反如果注入率很小，稀浆都灌不进去，再使用稠浆就完全是浪费了。

使用稀浆开灌就是灌水吗？如果这样认为，那灌浆前进行裂隙冲洗和压水试验简直就是搞破坏了，因为在一般情况下，注入 300L 稀浆（浆液变换的一般条件）中所含的水量肯定要比进行一次裂隙冲洗和压水试验少得多。再看看灌浆孔的环境，地下水、钻孔循环水无穷无尽，难道就多了区区 300L 吗？众所周知，灌浆是一种勘测、试验、施工平行进行的特殊作业，压水试验是勘测试验，先灌稀浆也是试验、试灌浆、试施工。试着可灌，后面的稠浆跟上来；试着勉强可灌，那就维持着尽量灌一点；试着不可灌，后面的工作就简化了，甚至免了。这一步可降低多少风险，可避免多少失误，可减少几多浪费，功莫大焉。

15 多级水灰比的浆液都是非稳定浆液

否。如前所述，多级浆液是一个系列，它既包括了非稳定浆液（水灰比 5∶1、3∶1、2∶1），也包括了亚稳定浆液（水灰比 0.8∶1、1∶1）和稳定浆液（水灰比 0.5∶1 或 0.6∶1）。所不同的是，多级浆液中的稳定浆液没有掺加膨润土和减水剂，含水泥量更多，而价格低于专门配制的稳定浆液。

16 灌得多好，还是灌得少好？

隆氏认为，“稳定浆液能达到的距离是有限度的，一般讲，能够避免不必要的大量的吸浆。”言外之意是灌得少一点为好，稳定性浆液具有这一优点。但这只是问题的一方面。

其实，灌浆是一项矛盾的技术或技艺。当地层可灌性好的时候，我们希望注入量受到控制，避免不必要的大量吸浆，用较少的注入量达到预期的目的，这是技艺高超的表现；相反，当地层可灌性差时，我们希望注入量尽量大一些，注入量多了效果才会好，这也是灌浆技艺水平的体现。

忽视后者是不正确的，稳定性浆液正是这方面有不足。

17 稠浆开灌灌得多，还是稀浆开灌灌得多？

美国陆军工程兵团工程师手册规定，“通常建议在开始时使用稀浆（6∶1 或更稀）（体积比，相当于重量比 4∶1），特别是在灌浆孔很干燥，或压水试验表明吸浆量很小的情况下。有些很透水的岩层，很快就灌不进 3∶1（重量比 2∶1）的浆液，但却能灌入 4∶1 或 5∶1（重量比 2.7∶1 或 3.3∶1）的浆液。这表明即使在透水条件下，开始时采用稀浆也是正确的。”[10]

主张稠浆观点的澳大利亚学者郝斯贝说：“理想的灌浆进程是，开始用充分稀的浆液，以使浆液能渗透到几英尺远，进入最细的可灌裂隙内……在初始浆液已灌注到细裂隙后，必须灌注较稠的浆液，否则就会灌注过量的水。”[11]

我国老一代灌浆工作者和笔者也进行过试验，均能证明，在水泥品质一样、地质条件基本相同的前提下，稀浆开灌可注入较多的浆材（水泥干料），特别是岩体可灌性较差时，单位注入量差别较明显，灌浆效果也更好。

18 怎样学习和应用稳定性浆液？

误区多多，路在何方？

（1）注意稳定性浆液的应用条件，不能不问地质条件到处滥用。通常它只适用于可灌性相对较好的地层，它不适用于细微裂隙地层，也不适宜用于岩溶通道或裂隙特别宽大的部位，那些地方需要更稠、触变性更大的浆液。

（2）稳定性浆液灌浆是一项配套技术，即稳定性浆液＋自下而上纯压式灌浆，这是一项效率很高、质量较好的综合技术。这里，首先是灌浆方法，其次是浆液。只有采用了自下而上纯压式灌浆方法，才需要稳定浆液。当然有的地点不能或不宜于采用纯压式

灌浆，在这样的地方尽管使用其他适宜的方法好了，但其他的方法各有其较适宜的配套浆液。例如多级浆液＋孔口封闭灌浆法本是一项效率较高、质量很好但物耗能耗较大的工法，但是稳定浆液＋孔口封闭法灌浆就是一个效率不高、质量难说、物耗能耗更大的怪胎。

（3）认清我国灌浆技术与发达国家的差距，明确学习的方向。这个差距不在灌浆效果，我们的灌浆效果优于欧美；差距也不在浆液，稳定性浆液很容易做到，而且也没那么大的功效；差距在综合效果、效率，伊泰普帷幕灌浆工程单泵灌浆效率可达2000m/月，而我国仅为其1/6～1/4。但工效是表现，实质是观念，为什么我们的混凝土浇筑强度可以赶超世界先进水平，而系统复杂程度并不更难的灌浆技术长期徘徊不前？建议从两方面着手：

其一，改进和提高我国自主开发的工法——孔口封闭法＋多级浆液灌浆，简化、改进工艺，使工效达到500～800m/泵月，这是有可能的。防渗标准要求高的应采用此法，帷幕透水率可达到小于等于1Lu。

其二，全面地、成套地学习引进稳定性浆液灌浆技术，或曰纯压式灌浆技术，其施工效率可达到或接近2000/泵月，防渗标准稍低、地质条件较好的工程可采用此法，帷幕透水率可达到小于等于5Lu，甚至3Lu。

19 结束语

（1）笔者不反对稳定性浆液，但是反对滥用稳定性浆液。评价一种浆液好不好，要看用在什么地方，什么地质条件，采用何种灌浆方法。世上没有包医百病的灵丹妙药。

（2）决定灌浆效果的因素很多，浆液只是其中的一个因素；决定浆液和浆液结石性能的因素很多，浆液水灰比只是其中的一个因素；浆液的性能很多，稳定性只是其中的一个因素。在许许多多的因素中，浆液稳定性和水灰比对灌浆效果的影响是比较次要的。

（3）隆巴迪关于稳定性浆液的观点，脱离灌浆对象，过于注重浆液水灰比的差别，夸大浆液稳定性的重要性，对于欧洲人的灌浆习惯可能有某些适用性，但与我国国情有较大差距，简单地搬移过来利少害多。

参 考 文 献

[1] 夏可风．GIN灌浆法及其在我国的应用［C］//中国岩石力学工程学会．新世纪岩石力学与工程的开拓和发展．北京：科学出版社，2000.

[2] 夏可风．关于稳定浆液及其应用条件的商榷［C］//夏可风．2004水利水电地基与基础工程技术．内蒙古：内蒙古科学技术出版社，2004.

[3] 夏可风．斜孔、稠浆及其他［J］．水利水电施工，2008（3）．

[4] 隆巴迪G．内聚力在岩石水泥灌浆中的作用［C］//《现代灌浆技术译文集》译组．现代灌浆技术译文集．北京：水利电力出版社，1991.

[5] Caron D C．80年代灌浆现状［C］//《现代灌浆技术译文集》译组．现代灌浆技术译文集．北京：水利电力出版社，1991.

[6] 成都勘测设计研究院，中国水电基础局．溪洛渡水电站可行性研究报告第五篇附件　高拱坝基础灌

浆试验总报告［R］. 2001.

［7］ 大坝监测中心，水电部基础局科研所．高坝地基处理技术研究　国内坝基帷幕防渗能力衰减情况及原因的调查分析［R］. 1990.

［8］ 长江勘测规划设计研究有限责任公司，徐年丰，等．丹江口水利枢纽河床坝段防渗帷幕效果检测及耐久性研究报告［R］. 2009.

［9］ 隆巴迪 G. 水泥灌浆浆液是稠好还是稀好［C］//《现代灌浆技术译文集》译组．现代灌浆技术译文集．北京：水利电力出版社，1991.

［10］ EM1110—2—3506. 灌浆技术［S］. 水利部科技教育司，水利水电规划设计总院，译．1993.

［11］ Houlsby A C. 岩石水泥灌浆浆液的最佳水灰比［C］//《现代灌浆技术译文集》译组．现代灌浆技术译文集．北京：水利电力出版社，1991.

总体先进适用　适时补充修改

——对现行灌浆规范的看法兼与张景秀先生商榷

【摘　要】 我国水利和水电行业现行的灌浆规范分别于1994年和2001年修订发布，两个规范吸取了当时国际国内先进的技术成果和工程实践经验，适应我国水利水电工程建设的需要，为保证我国规模宏大的水利水电建设灌浆工程的质量和建筑物的安全起到了毋庸置疑的作用。时代在前进，技术在进步，灌浆规范应当适时修改，但不是全盘否定。

【关键词】 灌浆规范　沿革　先进性　适用性　修改

1　缘起

近些年来，《水工建筑物水泥灌浆施工技术规范》DL/T5148—2001版和SL62—1994版（以下简称两规范或规范）的起草人之一、灌浆专家张景秀先生频繁撰写文章，直至出书批评两规范，指责主要是：

（1）指导思想不全面，只为控制质量，不顾经济效益。

（2）许多规定都是对传统做法的沿用，观点落后陈旧，只会造成损失，得不到好的效果。

（3）许多规定不科学合理、又不作必要的阐述和解释说明，极易引起偏差。

（4）只能将吸水率、注入量作中间控制指标，而不能作最后评定帷幕是否合格的标准。

（5）目前的规范只是“施工规范”。这种单一的施工规范有许多矛盾，留下许多悬而未决的问题，很不适用。

［引自《基础工程技术》2006年增刊《对新编水工建筑灌浆技术规范的建议》，以及《灌浆法的正用与新规范构想》（中国水利水电出版社，2006年6月，第115页“我国灌浆规范的现状与存在问题”）］

笔者作为两规范的起草人之一，本着百家争鸣、兼听则明的出发点，也在这里谈谈自己的看法，请同行们指正，并与张景秀先生商讨。张先生对两规范的意见是多方面的，有的意见我赞成，有的意见却不敢苟同。本文主要针对上述五个问题从规范形成的背景，规范制修订的原则等方面进行讨论，对若干条文的技术内容，将在以后讨论。

2　灌浆规范形成的历史沿革

我国水利水电主管部门十分重视水泥灌浆技术标准的编制和修订工作。

原载内部资料《基础工程技术》2006年第3期，收入时未作修改。

1963年，由当时的水利电力部水利水电建设总局主持制定颁布了《水工建筑物岩石基础水泥灌浆工程施工技术试行规范》《水工建筑物砂砾石基础帷幕灌浆工程施工技术试行规范》和《水工建筑物混凝土坝坝体接缝水泥灌浆施工技术试行规范》。的确，这一套灌浆规范主要是在参考了苏联的有关规范以及总结我国当时不多的几个工程经验的基础上编制的，当时苏联的技术比我们高，他们在国内已经修了许多大型水利枢纽，而我们却刚刚起步，学习他们无疑是正确的。但既使是在当初，我们的先辈们也没有采取照抄照搬的态度，而是补充了一些由我国创造的、适合我国国情的技术成果。这一套灌浆规范奠定了我国灌浆技术标准的基础。

20世纪七十年代末、八十年代初，国家百废待兴，各行各业技术标准都亟待修订，灌浆规范也是如此。在这种情势下，原水利电力部水利水电建设总局继续主持了灌浆规范的修订。自1963年规范颁布以来，混凝土防渗墙技术发展很快，几乎“垄断”覆盖层的防渗处理，相反，砂砾石地基灌浆却停滞不前，因此这次修订规范时，仅修订了基岩水泥灌浆和混凝土坝接缝灌浆，并将二者合并称为《水工建筑物水泥灌浆施工技术规范》，于1983年颁布，编号SDJ 210—1983。

1994年，对1983规范进行修订，形成《水工建筑物水泥灌浆施工技术规范》(SL 62—1994)，1998年，水利部和电力工业部分为两个行政部门，也是两个行业，电力行业为了建立本行业的系列标准，决定编制电力行业的灌浆规范，也就是《水工建筑物水泥灌浆施工技术规范》(DL/T 5148—2001)。

虽然每次规范修订的时机或出发点各不相同，但灌浆规范的历次修订都有不同程度的改进和提高，符合当时的国情、行情和工程实践的需要。

3 灌浆规范的编制和修订是国家标准化工作的一部分

3.1 灌浆规范是行业技术标准，是行业内技术行为应当共同遵守的准则

灌浆规范是一种技术标准。标准的定义是：“对重复性事物或概念所做的统一规定，它以科学、技术和实践经验的综合成果为基础，经有关方面协商一致，由主管部门批准，以特定形式发布，作为共同遵守的准则和依据”。技术标准有国标、地标、行标、企标之分，水利、水电灌浆规范是行业标准，反映了本行业的技术水准，是本行业人员共同遵守的技术准则。规范不是论文，不是个人著作，不能随意执行某个人的观点、意志。个人的观点、意志当与行业专家群体的意志一致时，可以反映到规范内容中；相反，当个人观点不被专家群体认同时，就不能反映到规范内容中。规范也不是会议纪要，可以把几个不同或相反的意见罗列到条文中，任执行者各取所需。

3.2 灌浆规范的制修订应遵守国家有关的法律、法规

作为一种技术标准，灌浆规范的制定和修编是国家标准化工作的一部分。中华人民共和国成立以来，特别是改革开放以后，国家十分重视标准化工作，颁布了《中华人民共和国标准化法》、《标准化工作导则 标准编写的基本规定》(GB1.1—87) 等法律和法规，它们与国际上的有关规则如《ISO技术工作导则》、ISO/IEC HWG 62号文件《国际标准编写与起草规则》也是接轨的。在国家标准化主管部门的指导下，水利、电力行业也颁发

了编制行业标准的标准《水利水电技术标准编写规定》（SL 01—1992）、《电力行业标准编写基本规定》（DL/T 600—2001）。水利和水电灌浆规范的编制和修订，包括章节的设置，术语、条文及说明的撰写都是有严格要求的，其结构形式、前后次序和叙述方式是必须按照规定要求进行调整和变更的。

规范或技术标准形成的程序也是很严格的，与其他标准一样，灌浆规范每次修订都经过了征求意见稿、送审稿、报批稿三个阶段，经过广泛和反复征求各方面意见，专家组充分讨论，反复审核，最后经批准发布的。

3.3　规范编制应遵循技术民主与集中原则

由于规范不是个人著作，因此规范的内容在广泛吸收意见、民主讨论的基础上，必须集中，必须形成统一的、互不矛盾的意见。个人的意见如果不正确，就不能被采纳；也有可能方向是正确的，但不便实施，或效果不可靠，或未被大多数专家所认可，也不能进入规范。这应当说是正常现象，是常识。

专家个人意见被否定以后，如果不能被说服，他自己完全可以保留意见，他可以继续进行研究，丰富和完善有关的论据，在适当的时候宣传自己的观点，争取多数专家的认可。但是，他没有权力反对规范，否定规范，如果他这么做，那就违背了民主与集中的原则。张景秀先生是两个规范的起草人之一，他在上述文章与书中的有些观点，在规范草案的多次讨论中不止一次地提出过，但其中的许多观点没有被多数专家所接受。如果由此就产生对规范全盘否定的态度，那是不对的，对规范的贯彻执行和工程建设也是不利的。

4　两规范总体先进适用，为水电建设作出了巨大贡献

现行两规范编制时广泛吸收了当时国际和国内灌浆技术的科研成果和工程实践经验，技术上具有先进性，操作上具有实用性，适合于我国的国情。仅以帷幕灌浆为例，简要说明两规范在编制时吸取的先进技术成果如下：

4.1　灌浆材料与浆液方面

灌浆材料在普通水泥之外推荐了干磨细水泥、超细水泥、湿磨水泥，以及膨润土和粉煤灰。灌浆浆液在普通水泥浆之外推荐了各种细水泥浆液、稳定浆液、水泥粉煤灰浆液、水泥水玻璃浆液、膏状浆液等。在制浆方法和设备方面，规定了高速搅拌和集中制浆站的要求。

明确“帷幕灌浆浆液水灰比可采用 5、3、2、1、0.8、0.6（或 0.5）等六个比级。”（1983 规范为 8∶1 起九个比级）。

4.2　钻孔方法

在钻孔方法方面，提出“宜采用回转式钻机和金刚石或硬质合金钻头钻进，也可采用冲击式和冲击回转式钻进”（1983 规范规定“应优先选用回转式钻机，当钻孔较浅且无取芯要求时，可采用风动式钻机”）。

4.3　灌浆方式和方法

提出“可选用自上而下分段灌浆法、自下而上分段灌浆法、综合灌浆法或孔口封闭灌

浆法”“宜采用循环式灌浆，也可采用纯压式灌浆”（1983 规范规定“一般应优先选用自上而下分段灌浆法”“应优先采用孔内循环法灌浆”）。

提出和推广“高压灌浆”，提出了“孔口封闭灌浆法”的全套操作技术要求。

岩溶灌浆提出了“级配料充填”和“模袋灌浆”等实用技术和新技术。

提出了“灌浆过程的控制也可采用灌浆强度值（GIN）等方法”。

规定“重要工程的帷幕灌浆和高压固结灌浆，应使用灌浆自动记录仪”。

4.4 先导孔施工和压水试验

参照国外的施工程序，增加了先导孔施工；根据工程实践经验，简化了裂隙冲洗的工艺要求；压水试验成果计算将苏联的单位吸水量（ω 值）改为透水率（Lu），压水试验方法更多地推荐采用单点法，其流量稳定标准也予以放宽。

4.5 质量检查及合格标准

明确“帷幕灌浆工程的质量应以检查孔压水试验成果为主，结合对施工记录、成果资料和检验测试资料的分析，进行综合评定”（1983 规范为“岩石基础灌浆的质量应以分析压水试验成果，灌浆前后物探成果，灌浆有关施工资料为主，结合钻孔取芯，大口径钻孔观测，孔内摄影，孔内电视资料等综合评定”）。

可以说，与 1983 及以前规范比较起来，上述内容在许多方面有了质的飞跃，在许多方面是前所未有的，与同时代的国外灌浆规范相比，是站得住脚的。现行两规范具有技术上的先进性，即使到现在总体上仍然没有过时。再说，一个规范一次修订了这么多内容，张文居然说“从指导思想到认识水平、从结构形式到具体内容，基本未变。所变的，大都是些前后次序和叙述方式的调整”，完全不是实事求是的态度。

近十年来，我国水利水电建设大规模持续发展，这期间建成的和正在建设的水利水电工程成千上万，其防渗设计和施工的主要依据就是现行的两个规范。实践证明，两规范起到了规范工艺过程，控制工程质量的良好作用。在全国建筑工程质量和安全事故多发的严峻形势下，绝大多数水工建筑物防渗工程的质量是好的，这里面不能不肯定两规范的功劳。说“只会造成损失，得不到好的效果”不仅是对规范的否定，同时也是对广大工程技术人员实践成就的否定。

5 质量、效益谁为先?

张文批评现行灌浆规范“只为控制质量，不顾经济效益”“在这份《规范》中，几乎每一条实质性规定都是为了控制和确保工程质量，而对如何提高经济效益几乎未作任何规定和考虑”，这话说对了一半，规范的确主要是为了控制和保证工程质量；但另一半不对，规范对经济效益也作了充分的考虑。

5.1 技术标准从某种意义上讲就是质量标准

确实，灌浆技术规范主要就是灌浆工程的工艺质量和产品质量标准，标准所规定的各种工艺方法、检验方法的要求，材料的品质的要求，实际上都是为了控制施工过程质量，最终是为了使灌浆工程质量满足设计要求，也就是符合产品质量标准。可以说，这是灌浆

规范最重要、最崇高的宗旨。如果这也不对的话，那要规范还有什么意义呢？

5.2　质量是效益的载体

质量与效益是一对矛盾，通常质量是矛盾的主要方面，质量是效益的载体，没有质量就没有效益，“皮之不存，毛将焉附”？只有首先搞好了工程质量，质量满足了设计要求，方可以获得经济效益。如果工程质量不能满足设计要求，那就要返工，就不能获得预期的经济效益，甚至导致亏损。这样的例子并不鲜见。

5.3　规范修订的内容具有巨大的经济效益

其实，所谓新技术就应当是提高质量和降低成本的技术。前面例举的两规范吸取的多项新技术：新材料的采用、新的钻孔和灌浆方法的推行、工艺和检查标准的简化等等都是具有这种效能的；或者说正是因为它们有着巨大技术或经济效益才被吸纳到规范中去的。

具体说，推行高压灌浆和孔口封闭灌浆法是两规范的主要功绩之一，而这种灌浆方法是有着显著经济效益的，它比先前的自上而下分段灌浆法要提高工效 2 倍以上，劳动强度减轻，而工程质量更有保证，它的推广受到了广大技术人员和工人们的热烈欢迎。

张先生强力推荐上行法（自下而上纯压式灌浆法），这种方法具有很高的生产效率。但是两规范并不排斥它，从条文语言上，自上而下灌浆法与自下而上灌浆法基本上是相提并论，而在 1983 规范中是规定“应优先”选用自上而下分段灌浆法和循环法灌浆的。两规范删去了“应优先”的导向，就是考虑经济效益的结果。

6　是施工规范，还是设计、施工和管理综合规范？

张认为目前的规范只是施工规范，很不适用，提出“重新制订一部包括勘测、设计、施工和监理等全部工作内容在内的《水工建筑灌浆技术规范》，是我国当前工作的迫切需要。一些发展较早的国家，他们编制的规范（常称‘标准’、‘准则’、‘手册’等），一律都是此种型式”。

两规范的确主要是一部施工技术规范。如前所述，在 1983 规范和 1994 规范修订编制过程中，曾经讨论过加入设计的内容，但由于条件不够成熟，并有一些专家反对，因而继续保持施工规范的名称和作用，当然，设计也可以应用。实际上，我国虽然没有专门的灌浆设计规范，但很多设计规范中都有坝基防渗的章节，其中都有灌浆设计的内容，如《重力坝设计规范》《土石坝设计规范》《拱坝设计规范》等。国外的灌浆规范多数包含有一定的设计内容，我国工业民用建筑行业有专门的《建筑地基设计规范》（国标），它的《建筑地基处理技术规范》总体上是一个施工规范，但也包含了必要的设计内容。

这些是可以借鉴的，我不反对编制一部包括设计、施工，甚至更多内容的灌浆规范。但我认为规范是设一个综合性的，还是分设几个单一的，更多地是一个形式问题。由于某些原因，灌浆设计和施工的内容已经分散在两个或几个规范中，也不能认为就是不可行的。问题是在设计规范中，灌浆设计的内容够不够用，还可以补充那些？有没有条件把缺少的内容补进去？而施工规范中，又有哪些缺项，如何补充？为了便于应用，设计和施工规范也允许和需要有一些互相衔接的内容。如何去充实这些，目前我们可以在这些方面多做些工作。

7 可否用蓄水来检查防渗帷幕灌浆的质量?

张文说:“只能将吸水率、注入量作中间控制指标,而不能作最后评定帷幕是否合格的标准。”他建议“只有用蓄水后渗漏量大小来评判帷幕是否合格,灌浆可否到此为止”。他反对规范规定的“蓄水前应完成蓄水初期最低库水位以下的帷幕灌浆及其质量检查和验收工作。蓄水后,帷幕灌浆应在库水位低于孔口高程时施工”(DL/T 5148—2001 第 6.1.2 条)。

帷幕灌浆的合格标准与许多隐蔽工程的质量检查方法和合格标准一样,是一个很复杂和至今解决得不很好的问题,本文不想在此深入探讨。

但是,可否用蓄水来检查防渗帷幕灌浆的质量呢?我认为可以,或者说必然,那是最公正、最实际的检验。不过在此之前总要有一个手续吧?总不能毫无评价就拿去冒险吧?这个手续就是验收,而验收就得制定一个相对标准,这个标准目前相对可行的就是透水率。

外国有的水坝先不做或只做部分帷幕灌浆,等待蓄水后试试看,如渗漏不大就节省了;如需要灌浆就放空水库再灌。在我国能这样做吗?我认为,除非是很小型的水库可以这样办,绝大多数的大中型水库是不可以这样做的,更不能把它作为普遍经验写到规范中去。这里的原因至少有:①中国的文化背景不同,任何负责任的机构或领导人不允许有这种冒险性;②坝址上下游蓄水、断流手续很繁杂,牵涉面广,多次干这件事情既劳民也伤财;③水很宝贵,一旦蓄上再放掉,损失的也是钱;④我国的所有制和管理体制不一样等。仅从经济上说,②③两项所花或所损失的钱,可能也比得上多一些灌浆孔的工程费了,而后者操作起来更容易。

8 可否以企业标准代替行业标准?

张文建议,我国各个大型的综合企业或管理单位都应建立自己的规范。他说:“较发达的世界大国美国,没见有全国统一的规范。它的几个主要水工建筑单位,如美国陆军工程兵团、垦务局、田纳西流域管理局等,都有自己编制实行的‘手册’或‘标准’。英国、德国、日本等也都是土木工程协会编写的‘标准’。很值得借鉴和参考。”

不能说国外发达国家都没有全国统一的规范。美国的灌浆施工以参考几个大企业的企标为主,欧盟则执行欧洲规范和国家标准,日本也是执行国家标准。发达国家的技术标准体系比较完善,国标、行标、企标,以及国际标准成龙配套。技术标准是宏观的,针对某一工程而言,合同和附属的技术规范高于一切。我国现在的标准化工作与国际接轨,正是在走这条道路。

那么,我国可不可以像美国那样用几个大企业的企标(或手册)来代替现在的两个灌浆规范呢?不可!这是因为美国是一个经济技术高度发达,经济高度集中甚至垄断的国家,全国仅有几家举足轻重的企业。而我国则是一个中小企业像汪洋大海的国家,国标和行标的推行尚且费尽九牛二虎之力,如何想象用某个企业的企标去统一全国呢?

再说,目前由于水利和水电分属两个行业,因此就产生了两个灌浆规范。即使这样,

已经招致了许多专家和基层干部的非议。两个都嫌多，又怎么可能用更多的企业标准来代替现有的行标呢？

9　规范执行中的问题

灌浆是一项工程技术措施，但由于它的复杂性、多样性、隐蔽性，以及对经验的依赖性，被一些专家和学者称为技艺或艺术，是一项最便于发挥创造性的施工技术。也因此，按照我国对技术标准分为强制性标准和推荐性标准的规定，两灌浆规范都是推荐性标准，其中有个别条文为强制性条文。这就是说，有经验的设计师和建造师完全可以凭自己的知识，采用自己认为适合的灌浆方法和工艺参数，而只要效果满足设计要求即可。

问题是在现实工程中，许多人并不完全遵循规范，而是将两个规范或不同施工方法中最繁复的程序、最严格的要求叠加起来，使施工复杂化，从而大大降低了施工的效率，增加了施工的成本，逼迫不诚实行为的发生。完全可以说，我国的灌浆工艺是世界上最复杂的。之所以产生这种情况，有深刻和复杂的原因。但是由此而把责任归咎于规范是不公正的。

比如自下而上灌浆法，虽然在规范中推荐了，它的优点许多设计和施工人员也知道，但工程中应用还是不多，有的施工单位愿意用，但设计单位、监理单位不同意，或业主不同意，或“专家”不支持。为什么？这一方面是习惯认识的原因，另一方面可能是我国的坝基防渗标准比国外严。以重力坝为例，1999 年以前，我国规定坝高大于 70m 时，坝基防渗标准为透水率小于 1Lu，坝高 30～70m，透水率 1～3Lu，坝高小于 30m，透水率小于 5Lu；1999 年，重力坝设计规范修订后改为，坝高大于 100m，透水率 1～3Lu，坝高 100～50m，透水率 3～5Lu，坝高 50m 以下，透水率 5Lu。放宽后的防渗标准，仍比国外要严。

比如粉煤灰浆液，在注入量大的地方，它比纯水泥浆有明显的经济效益，规范中也推荐了。但是有的工程用了，有的相邻的、类似条件的工程却不用，奈何？

比如灌浆结束条件，规范规定达到设计压力和注入率小于 1L/min 后，持续 60～90min 即可。这已经偏于安全，但是在许多工程中都取 90min，有的还加上一条：达到设计压力后的总灌浆时间不少于 120min。这就太保守和浪费了。

再比如灌浆自动记录仪，这是发达国家首先采用和普及，但是他们至今仍主要采用记录灌浆压力和注入率的记录仪。而我国却一再加码，许多工程要求使用“三参数、大循环记录仪”，这完全是误区。如此等等，很多很多。但这并不都是规范本身的问题。

现实施工中偏离规范的现象较多发生，不管有多少原因，总要设法克服它。为此，国外的经验和张先生的建议是有益的，我们是否也可以搞一个与规范配套的“手册”“指南”什么的，供大家学习和理解规范条文呢？我想应该是可以的和必要的。笔者曾经有过这样的打算，但因为缺乏支持就放弃了。

10　适时修改是对技术标准的一般要求

不断更新内容，淘汰过时的落后的技术，补充新兴的技术和经验，始终保持规范的先进性和实用性，这是世界各国，也是我国标准化管理当局对技术标准的一般要求。电力和水利两规范自发布至今已分别有 5 年和 12 年，水利行业灌浆规范已决定进行修编，这是一项正常的工作。

那么对规范的修编是否要全盘否定以往的规范呢？不是的。如前所述，现行规范总体上是好的，并没有糟到需要全盘打倒、另起炉灶的地步，这是第一。第二，既使现行规范与当前技术相比，与国外先进技术相比，真的陈旧了，落后了。那也不足为怪，更不能用现实否定历史，用国外否定国内，用局部否定整体，用个人否定集体。尊重前人，继往开来，与时俱进，循序渐进，这是我们应取得态度。

再次修订规范，我认为可以补充和修改的主要内容大致有：

（1）增加砂砾石地基灌浆。

（2）增加混凝土面板堆石坝趾板地基灌浆（或充实面板坝规范）。

（3）补充混凝土防渗墙下帷幕灌浆。

（4）补充防止过量灌浆的措施。

（5）即使不能形成全面的包括设计、施工的综合规范，也可以适当增加一些设计的内容，如某些施工参数确定的原则或定量范围等。

（6）对施工效率高的自下而上灌浆法等工艺进一步深入研究讨论，取得共识，确定在规范中推介的力度。

（7）补充近些年来行之有效的新经验，修改一些过时的或落后的规定等。

化学灌浆规范的编制工作也已经启动，但还是另作一个规范，没有打算并在一起。

11 结束语

（1）水利、水电行业现行灌浆规范修订时吸取了当时国际国内先进的技术成果和工程实践经验，适应我国水利水电工程建设的需要，为保证我国规模宏大的水利水电建设灌浆工程的质量和建筑物的安全起到了巨大的作用，抹杀事实否定规范的态度是错误的。

（2）规范即技术标准的制修订应当遵循国家和行业的有关法规进行，应当贯彻技术民主集中原则。张的意见系统而全面，无论如何为不断修改和完善规范提供了重要的参考资料。

（3）时代在前进，技术在进步，经验在积累，灌浆规范需要也应当与时俱进，适时修改，这是一项正常的工作，目前水利行业灌浆规范新一轮的修编工作已经启动。

斜孔、稠浆及其他

——答马国彦教授

【摘　要】针对灌浆规范中的规范与地质条件关系、透水率与可灌性的关系、水泥浆液水灰比的设置、灌浆压力的记读方法，以及斜孔灌浆、劈裂灌浆等问题进行解释和讨论。帷幕灌浆一律布置为铅直孔在某些情况下不恰当，但一律提倡斜孔则更加偏颇；规范中采用多级水灰比的规定不是灌稀浆；稳定浆液适宜于纯压式灌浆而不适宜孔口封闭灌浆法；劈裂灌浆对提高灌浆质量和施工效率是有利的。

【关键词】灌浆规范　斜孔　稠浆　劈裂灌浆

1　问题的提出

2003年，地质专家马国彦教授写了一本名为《岩体灌浆排水锚固理论与实践》的专著，其中对《水工建筑物水泥灌浆施工技术规范》（以下简称《灌规》）提出了一些批评意见，有关问题在一些工程中也经常遇到。《灌规》水利版（SL 62—1994）至今已有14年，电力版（DL/T 5148—2001）至今有7年，一般说应该进行修订了。值此时机，讨论一下实践中遇到的问题是很有意义的。另外，本人作为规范的编写人之一，就此也算是对马教授批评指教的谢忱和答复。

马教授提出的意见原文如下：

（1）好像它的许多规定和要求并没有考虑如何与地质条件相适应……暴露出规范还存在着许多值得修正的问题。

（2）采用斜孔水泥灌浆（70m以内深度）时，只要防止超限孔斜、浆液凝结钻杆等可能发生的问题，斜孔灌浆是提高幕体防渗能力、缩短施工周期的有效办法。

（3）《规程》规定："帷幕灌浆孔各灌浆段不论透水率大小均应按技术要求进行灌浆。"如果灌浆段是黏土岩的话，按要求也要灌浆那就太离谱了。

（4）地质缺陷面的水力劈裂强度只有0.3MPa，而现行规范要求压水试验的试验水压力为1MPa，在这样的压力下，所得q值可能为非原岩q值。

（5）要求中允许使用孔口封闭法进行灌浆，但并没有说明在什么地质条件下可以使用该方法，地质缺陷面的最低浆力劈裂强度只有0.3MPa，如果在孔口有一层泥化夹层，将会造成全孔灌浆失败。

（6）要求中规定浆液的水灰比竟有7种之多，开灌水灰比可以稀到5∶1。大量的试验资料表明：5∶1的水灰比，灌到裂隙内凝结之后，水泥颗粒极不均匀甚至成散粒状分布，

本文原载《水利水电施工》杂志2008年第3期，收入时未作修改。

对防渗来说，基本上没有什么作用。

(7) 要求中规定，当某一灌段的浆液送入量达到500～600L以上时，应当改用较浓一级的浆液。类似这样一些不知所以的数字，究竟来自何处，有什么理论根据还是根据经验而定，文中并没有任何交代。

(8) 要求中规定，计算灌浆压力时，灌浆压力以回浆管上的压力表读数为准。一般来说，灌浆段的平均压力是指灌浆段中点所承受压力，即孔口送浆压力加上试段中点的浆柱压力。如果用“要求规定”，实际灌浆压力随着灌浆深度加大，比回浆管压力要大得多。

(9) 规范的指导思想是，随着灌浆段的埋深增大，好像灌浆段承受压力的能力也应越来越大。实际上并非如此，在风化卸荷带内，的确有这个特性，然而在较完整的岩体内(或有一定结构力的岩体)，它的承受压力（含张力）的能力与岩体的结构力有关，与上覆岩体重量无关。尽管泥化夹层埋藏很深，但它在0.3～1.0MPa的灌浆压力的作用下，仍有可能发生浆力劈裂。

(10) 决定岩体可灌性大小的影响因素，实质上与被灌岩体裂隙的宽度和灌入水泥颗粒大小之间的关系有关。某一具体被灌岩体，其裂隙宽窄是固定的，对于粗水泥颗粒来说，可能不具可灌性，而对于细水泥颗粒来说，就具有可灌性了。可灌性与水泥的稳定性、流动性没有直接关系，而只与水泥颗粒粗细有关。所以说，应根据被灌岩体裂隙的宽窄来选择水泥。那种连地质条件都不了解的灌浆设计，很难说它不是盲目的设计。

——以上均引自该书第101～102页[1]。需要说明一点，马文针对的是《灌规》水利版，但所涉及内容，电力版也是一样。本文以下对《灌规》引文均取自电力版。

2　灌浆规范与地质条件

灌浆是对地基进行处理，灌浆施工是勘探、试验、施工平行进行的过程，灌浆与地质条件有非常密切的联系。其实该规范比较充分地注意了这一点，有十多处提到要与地质条件相适应，试举几例：

4.0.1 灌浆施工前应取得灌浆地区工程地质和水文地质资料。

4.0.2 地质条件复杂地区……施工前或施工初期应进行现场灌浆试验。

6.3.1 对岩溶、断层、大型破碎带、软弱夹层等地质条件复杂地段……裂隙冲洗应按设计要求进行。

6.3.6 在岩溶泥质充填物和遇水后性能易恶化的岩层中进行灌浆时，可不进行裂隙冲洗和压水试验。

6.4.1 根据不同的地质条件和工程要求，基岩灌浆方法可选用全孔一次灌浆法、自上而下分段灌浆法、自下而上分段灌浆法、综合灌浆法或孔口封闭灌浆法。

6.5.1 灌浆压力应根据工程和地质情况进行分析计算并结合工程类比拟定，必要时进行灌浆试验论证，而后在施工过程中调整确定。

6.9.3 帷幕灌浆检查孔应……布置在断层、岩体破碎、裂隙发育、强岩溶等地质条件复杂的部位。

等等。但也许这些还不够。不过哪些条文还要增加与地质的联系，如何联系？马教授

并没有说。我逐条分析觉得是还可以补充一些，如钻孔和灌浆方法，特别是灌浆方法中与地质联系的内容可更具体化一点。前列 6.4.1 条中列举的多种灌浆方法，究竟何种地层适应何种灌浆方法，条文中没有说，条文说明中也没有说，这是不周到的，《灌规》修订时这一内容应予补充。类似的问题可能还有。

3 关于斜孔灌浆

灌浆孔是采取垂直（铅直）方向，还是倾斜（垂直于岩体层面或主裂隙面）方向？本来是设计的内容，施工规范可以不写。

再说马教授所提斜孔灌浆实际是一个初等几何命题：一条线段（灌浆孔）与一组平行线（岩石裂隙）相交，当线段与平行线的交角最大时，线段穿过的平行线最多。这是一个公理，并不需要讨论。

这个命题虽然在几何上是绝对正确的，但对灌浆工程实践而言却应因地质和工程条件而异，不能简单化和绝对化。如果说用垂直孔方案涵盖一切不大适宜的话，那么反过来用斜孔取代一切可能更加错误。

(1) 对于深度较大的帷幕灌浆孔而言，垂直孔的施工难度较斜孔小，孔斜精确度易于控制，工效也高于斜孔。因此比较垂直孔和斜孔方案时，在条件相近的情况下，应当优先选择垂直孔。

(2) 对于裂隙发育或岩溶地区，无论采用何种方向钻孔，注入率都很大，特意布置斜孔没有必要。

(3) 对于裂隙不发育、完整性好的岩体，或裂隙的主要发育面（优势裂隙面）方向不明确的岩体，不宜于布置斜孔。

(4) 地应力的影响。灌浆浆液在岩体中渗透遇到多条相交的裂隙时，其渗透方向常常是选择与最小主应力垂直的方向的裂隙，或在这个方向劈裂岩体。但这个方向不一定是岩体的优势裂隙面方向，因此依照优势裂隙面而确定的钻孔方向并无合理性。

(5) 水力劈裂的影响。前南斯拉夫灌浆专家 E. 农维勒说，为了有效灌注以垂直裂隙为主的地层，水力劈裂可能是必不可少的。在那种情况下，任意钻孔都可能漏掉与许多裂隙的连接。由水力劈裂产生另外的裂隙开辟了新的连接灌浆孔与现有裂隙的通路，这样极大地改善了地层的可灌性和通过垂直裂隙的灌浆效果，因而可代替较昂贵的斜孔灌注[2]。

(6) 为了比较斜孔与垂直孔在灌浆吸浆量方面的差别，长江三峡等工程曾经进行过两种孔向灌浆效果比较的试验，结果表明二者并无差别。

关于这个问题，深刻讨论可能需要较大篇幅。我的结论性意见是：在某些特定的工程和地质条件下，帷幕灌浆选择斜孔可能是必要的和经济的，但在较多的情况下斜孔并不适宜。

4 灌浆前岩体透水率与岩体可灌性的联系与差别

该规范第 6.4.8 条规定："帷幕灌浆孔各灌浆段不论透水率大小均应按技术要求进行灌浆。"条文说明中解释了这样规定的理由：灌浆前做的简易压水所用的压力小，而灌浆时所用的压力大，有时透水率小于1Lu的孔段，在较大的灌浆压力下，也能灌入较多水泥；某灌浆段的透水率为该段岩石透水性的平均值，岩石通常并非均质，可能仅有1～2条较宽大的裂隙，在这种情况下透水率虽小，但也能灌入较多水泥。

灌浆施工实践中，也经常发生一个灌浆段的透水率虽小，但注入水泥量却较大的情况。所以既然灌浆段已钻完，且也安装好灌浆塞，做完简易压水，还是以进行灌浆为宜，既不很费事，且可避免失误。

这里没有指针对何种岩石，因为大多数岩体或者说也包括黏土岩，都有上述的性质，灌浆孔钻出来了，按要求进行灌浆有利于确保工程安全。

5 稀浆，稠浆？一个被误解了的议题

《灌规》6.5.4条规定，灌浆浆液应由稀至浓逐级变换。帷幕灌浆浆液水灰比可采用5、3、2、1、0.8、0.6（或0.5）等六个比级。固结灌浆浆液水灰比可采用3、2、1、0.6（或0.5），也可采用2、1、0.8、0.6（或0.5）四个比级。

灌浆浆液水灰比的问题是一个看似简单、实际复杂，争论了很久的议题。现今，马教授和不少人有一种看法：稠浆比稀浆好；采用多级（6级、7级无妨，也可以减少为3～5级）水灰比浆液（以下简称多级浆液）就是灌稀浆，因此各灌浆工程都要灌稠浆（单一水灰比的稳定浆液，以下均简称稳定浆液）。这场辩论歪曲了《灌规》条文的原意，不顾中国国情地美化了稳定浆液。对我国的灌浆工程已经并将继续带来损失。

（1）稠浆比稀浆好，是一个不准确的概念。难道可以说干饭比稀饭好吗？不，饿汉喜干饭，弱者要稀粥，一个人如果连吃流食都困难，你拼命要它吃干饭岂不令人啼笑皆非。

如果说稠浆的结石力学性能比稀浆好，那也是知其一不知其二。因为在试验室里，在浆液自由沉降的条件下，所得出的浆液结石确实是稠浆比稀浆好；但是浆液在压力灌注作用下进入岩石裂隙中的条件与自由沉降是不同的。在灌浆条件下浆液之变成浆液结石，是经受了一种“压滤作用”，即在压力的作用下排除多余的水分的作用，试验室模拟类似的条件，不同水灰比的浆液，在相同的压力和时间内进行压迫滤水，所得浆液结石的性能指标是相近的。

可能有人说，岩石裂隙里的水滤不出去。应当说这种情形会有，但很少。如果真的水都滤不出去，那就没有灌浆的必要性了。

可能还有人说，浆液能否注入岩层主要取决于水泥颗粒粗细。这话没有错，但是同样粗细颗粒的水泥浆液，难道不是稀一些的浆液比稠一些的浆液可灌性好吗？

（2）多级浆液不是稀浆。多级浆液是一种包括了稀浆和稠浆，包括了不稳定浆液和稳定浆液的系列浆液。灌浆作业中多级浆液的变换过程就是针对被灌地层选择最优水灰比浆液的过程，是一个动态的过程，完全体现了灌浆施工的勘探、试验、施工一体的性质，是天大的好事，而不是坏事。

假如某一灌浆孔段，采用多级浆液灌注，以5∶1浆液开灌，注入率很大，根据规范规定它在注入300L（这个数是可以变更的，如变成150L也行）浆液，即3～5min以后就可以变换为3∶1浆液，甚至越级变换成更稠的浆液。这样以下的灌浆情况实际与马教授

等人推崇的稠浆灌浆就无异了。且不说稀浆灌入以后也是有效的，即便是多灌了 300L 水，比一次压水试验或简易压水灌入的水要少得多，有什么大碍呢？

相反，如果是一个吸浆量很小的孔段，5：1 的浆液都灌不进去，那应该就到此为止了。对这样的孔段，如果盲目地灌稠浆，除了浪费资源还有什么收获呢？

再如遇到一个中等吸浆的孔段，那么可能需要 6 个比级依次变换下去，最后停留在某一级水灰比浆液上，直至结束。在这多次变换中注入水泥最多的以及最后的浆液水灰比各个孔段是不会相同的，它不一定是某些人主张的那一个“单一水灰比”。也就是说人为的设定一个固定水灰比，它不可能对每一个灌浆段都是适合的。

其实，所谓稳定浆液，有时候又不够稠。灌浆的人都知道，对付注入量很大的孔段的一个基本的方法就是要将浆液不断地变稠，直至 0.5：1 比级或更浓的浆液，或膏状浆液，或砂浆，甚至混凝土。可是稳定浆液是单一水灰比，灌浆中不改变，而且这种浆液里还加了减水剂，要降低黏度，这不是背道而驰吗？而这时候多级浆液中的低水灰比浆液就可以比稳定浆液发挥更大的作用。

灌浆工艺应与地质条件相联系，而最需要联系的首先是浆液。地质条件千变万化，灌浆浆液焉能以不变应万变？这还是一种先进的理念?!

此外，在成本上多级浆液由于其不需要加入任何外加剂而比拌制工艺较为复杂的稳定浆液的成本要低廉许多。

（3）我国灌浆的习用工法适合于多级水灰比浆液，而国外推荐稳定浆液是退而求其次。我国习用孔口封闭灌浆法，属于自上而下循环式灌浆。由于循环，浆液总在流动，就不会分离、沉淀，就无需乎刻意再去追求“稳定”。由于循环，就能够很快把孔中和管路中不适宜的浆液以适宜的浆液置换回来，这样在多种浆液中很快就能涌现一种灌入水泥量最多、灌注时间较长、也就是最适合该孔段的浆液。

国外基本上采用纯压式灌浆，主张使用单一水灰比的、中等稠度的稳定性浆液，这是有道理的。其一，纯压式灌浆特点就是浆液不能循环，因此在注入率小的时候，浆液流动速度慢，浆液就可能发生沉淀。为了克服和减少沉淀，就要求浆液稳定。其二，由于不能循环，当选用一级水灰比以后，进入管道和孔内的这种浆液就必须灌完，之后才能改换水灰比。在孔段吸浆量很小时，灌完管道和孔内浆液的时间很长，从而使变换浆液无法做到及时有效。其三，由于纯压式灌浆纯灌时间短，不像我国规定的灌浆结束条件中有那么长的持续时间，浆液受到的压迫滤水作用比较弱，因此要求浆液含水量尽量少，而且稳定性好。

那么外国人为什么不采用循环式灌浆呢？因为循环式灌浆及其配套的自上而下灌浆法工艺复杂、工效低得多。既然要选择高效率的自下而上纯压式灌浆法，那么浆液的选择就要服从于工法，多级浆液不便、不成，退而求其次，就选择一种稳定性较好、流动性可覆盖岩层地质条件较广的浆液，也就是现在常说的“稳定浆液”。

（4）我国灌浆规范和习用工法不适合单一水灰比浆液。我国常用的孔口封闭法的最大优点就是灌浆质量好，确保质量好的原因很多，但它可以选择多级浆液灌浆是一个重要原因。该法缺点是工艺复杂、浆液损耗大、能源消耗大、灌浆时间长。如果既要采用孔口封闭法，又要采用单一比级的稳定浆液，那就是把自上而下循环式灌浆和自下而上纯压式灌浆二者的缺点叠加起来了，何苦呢。

(5) 采用稠浆的途径。那么单一比级的稠浆或稳定浆是不是我们就不能用了呢？能用，或者说也是一个方向。但是应综合的用，首先应改变循环式的灌浆方法，稳定浆液自然就与其配套了。关于这一问题，请看我的另一篇文章《自下而上灌浆法讨论》。

(6) 一个比喻。采用多级浆液灌浆就像许多人走进餐厅享用一桌丰盛的中餐，而采用稳定浆液灌浆就好比给每个人发一盒肯德基。吃中餐的有人胃口不好，喝口汤就走了；有人情绪不错，各样都吃一点；有人饿得慌，稀的干的细的粗的吃了个饱；大家各取所需。吃肯德基的呢，不管你爱不爱，每人都有一条鸡腿，肚子小的人吃不下，扔掉了；肚子大的人，光吃鸡不够，还想吃点别的，可是对不起，我就这一种菜单。到底哪一种模式好呢？不能说肯德基不好，要不然为什么它发展那么快？但是起码我们不能够妄自菲薄，不要指责因为中餐里面有一碗汤，就说全是喝水吧。

6 灌浆施工中如何记读灌浆压力

灌浆规范第 6.5.2 条对灌浆压力的测读是这样规定的："采用循环式灌浆时，压力表应安装在孔口回浆管路上。采用纯压式灌浆时，压力表应安装在孔口进浆管路上。压力值宜读取压力表指针摆动的中值，指针摆动范围应小于灌浆压力的 20%，摆动范围宜作记录。如采用灌浆自动记录仪时，自动记录仪应能测记间隔时段内灌浆压力的平均值和最大值。"

这样规定是必要的和正确的，并没有错误。问题是你如何用压力表上这个数，如果你是进行科学实验（如压水试验）、精密灌浆，你就应当根据所需要的精确程度和所采用的灌浆方式在压力表读数之外有区别地加上（或减去）其他因素，包括浆液自重压力、地下水压力和浆液流动损失压力等。如果是进行大范围的施工作业，那么就应当力求简便。在灌浆业内经常通俗地区别称为"全压力"或"表压力"。

是否可以用表压力来控制灌浆施工作业呢？在通常的高压灌浆施工中是这样做的。这是因为高压灌浆使用的灌浆压力很大（例于 5MPa），相比之下浆柱压力有多大呢？以 100m 孔深，1.6g/cm^3 浆液密度，地下水位与灌浆孔口齐平计算，孔底浆柱压力是 0.6MPa，为规定灌浆压力的 12%，这个数值小于通常使用的灌浆泵的压力波动值 20%（实际检修不好的灌浆泵达不到这一水平），在可以接受的精确度之内。是无可厚非的。

当然，并不是说这种简化方法可以推广到一切场合。

7 渗透灌浆与劈裂灌浆

渗透灌浆和劈裂灌浆是灌浆过程的两种形态。渗透灌浆时浆液在灌浆压力作用下沿着岩石裂隙、层面或其他渗透途径向远处扩散，浆液在渗径原有的空间里运动，基本上不对渗透途径产生扩张、劈开、延伸的作用。在渗透灌浆过程中，如灌浆压力持续加大，导致渗透途径的空间被扩张、延伸，或张裂出新的通道，这就转变成了劈裂灌浆。从马文 (4) (5) (9) 条意见可以看出，马教授十分担心地质弱面被灌浆压力劈裂，认为这是一种破坏

的、消极的作用，从而强烈反对劈裂灌浆。

事实上，现今国内外大型水电工程帷幕灌浆采用的压力都很高，一般都达到5MPa，地质条件稍差的也大于3MPa，也就是说几乎都是采用的高压灌浆。而高压灌浆则基本上属于劈裂灌浆。因为灌浆时灌浆孔孔壁岩体都要承受相当于灌浆压力大小的拉应力。但只有很少的坚硬岩石的抗拉强度达到5MPa或以上，更何况岩体中有许多裂隙、软弱夹层，因此在高压灌浆时灌浆孔周围的岩石不是本身被劈裂，就是原有的裂隙被扩宽和延伸，当然也有一部分被压缩。但这却并不是坏事，而是有着许多好处：

(1) 大大地提高了岩层的可灌性和增加了吸浆量，从而增强了灌浆效果。

(2) 在较高压力作用下，进入岩石裂隙的浆液泌水更快、更充分，浆液结石密度增大。

(3) 浆液压力对岩体裂隙产生的扩宽变位通常具有弹性，灌浆结束后裂隙两侧的岩体回弹，可以使浆液结石与岩石结合更紧密。

(4) 劈裂灌浆对岩体裂隙的扩张或压密作用，在岩体内产生预应力效应。

(5) 灌浆压力提高增大了每个孔段灌浆浆液的扩散范围，因而灌浆孔孔距可以适当加大，节约了工程量。另外，灌浆压力提高也加快了灌浆速度，提高了施工效率。

正由于高压灌浆或劈裂灌浆有这么多好处，因此近二三十年来各国才纷纷打破了以往基本按“静岩压力”设计灌浆压力的常规，而大幅度地提高了灌浆压力。

劈裂灌浆会导致岩体变位，但这种变位是可以控制的，把变位值控制在适当范围内就不会对地基或结构物造成危害，这已经有了许多工程实例。

8 经验、理论及其他

灌浆是一项施工技术，更确切地说是一门技艺。作为一本表达、规范这门技艺里各种工法的操作要求、技术条件、质量标准等的技术标准，其条文的依据经验与理论并存，甚至经验多于理论，这是不足为怪的。

比如本文开头引用的马文（7）说到浆液变换条件：“当某一灌段的浆液送入量达到500～600L以上时，应当改用较浓一级的浆液。”

500～600L（规范原文不是这个数字）来自何处呢？经验。你没有经验，你就照着做；你有经验了，你就调整这个数字；你第一次看着这个数字陌生，你做一遍就熟悉了，这就是规范的特点，规范不是教科书，规范一般不解释原理或原因。其他规范或技术标准都是如此。

马文（5）提出孔口封闭灌浆法的适用条件。灌规中只说了“适用于高压水泥灌浆工程，小于3MPa的灌浆工程可参照应用。”地质和其他条件呢，没有说。我在有篇文章[3]中写道：孔口封闭灌浆法有许多优势，但它有一定的适用条件。它通常：比较适用于块裂结构岩体、陡倾角裂隙岩体；而不适用于碎裂和散体结构岩体或缓倾角层状岩体，以及缓倾角裂隙发育的岩体。适用于钻孔较深的帷幕灌浆、深层固结灌浆；由于每孔均要埋设孔口管，浅孔低压灌浆就不太经济了。较适用于灌浆压力大于3MPa的高压灌浆，低压灌浆可用普通的灌浆塞解决。适用于盖重较大或对抬动变形不敏感的工程部位。如在对抬动变

形要求十分严格的部位，则施工应极为小心。因为灌浆浆液的损耗量较大，因此贵重材料的灌浆最好不要采用本工法。也不一定全面，算是一个补充吧。

马文（10）说岩体的可灌性只与水泥颗粒粗细有关，那太武断了。如果这样的话，请采购员选购水泥就是了，那我们（包括马教授）还研究什么浆液（包括稳定性浆液）和灌浆技术呢?!

9 结束语

（1）《灌规》总结了至20世纪末期国内外灌浆技术的成果，集中了众多专家的智慧，内容基本上是全面的，合理的，符合我国生产力水平实际情况的。规范也存在着诸如马教授提出的一些不足和本文没有讨论的其他问题，规范发布至今技术又有新的进步，这都需要在今后的修订工作中增删，订正。

（2）帷幕灌浆一律采用垂直孔的做法可能不够全面、正确，但一律代之以斜孔则更加偏颇。

（3）多级浆液不是稀浆，多级浆液既包含了稀浆，也包含了稳定浆液和性能更广的稠浆，多级浆液适合于我国的孔口封闭法灌浆。单一水灰比稳定浆液适合于纯压式灌浆。把单一水灰比稳定浆液用于孔口封闭灌浆法是对二者的“避长扬短”。

（4）劈裂灌浆在某些情况下不仅是允许的，而且是必要的和有效的。认为只要岩体发生劈裂就是坏事，是不正确的。

（5）感谢马教授对《灌规》提出质疑，使我们有机会对若干有意义的议题进行坦诚的交流和讨论，这种讨论在我国学术和技术界是十分可贵和必要的。文中的观点和言语不当之处敬请指正。

参 考 文 献

［1］ 马国彦，常振华．岩体灌浆排水锚固理论与实践［M］．北京：中国水利水电出版社，2003.

［2］ 农维勒 E. 灌浆的理论与实践［M］．顾柏林，译．沈阳：东北工学院出版社，1991.

［3］ 夏可风．孔口封闭灌浆法讨论［C］//夏可风.水工建筑物水泥灌浆与边坡支护技术．北京：中国水利水电出版社，2007.

关于稳定性浆液及其应用条件的商榷

【摘　要】 稳定性浆液是近些年来引入的新概念。本文讨论稳定性浆液的定义、性能和适用条件。对夸大其优越性能和适用范围的观点提出质疑。认为稳定性浆液适宜于纯压灌浆，不适用孔口封闭法灌浆；适用于裂隙中等开度的岩体灌浆，不适宜于细微裂隙及宽大裂隙的灌浆。一个灌浆工程一般不宜只使用一种水灰比浆液灌注。

【关键词】 稳定性浆液　定义　性能　适用范围　商榷

1　问题的提出

1985年，瑞士学者G. 隆巴迪在第十五届国际大坝会议上作了《内聚力在岩石水泥灌浆中所起的作用》的报告，提出了稳定性浆液的概念：稳定性浆液属于宾汉流体，可视为是不沉淀的，如在2h内析水沉降不超过5%。他提出赞成使用稳定性浆液，反对使用不稳定性浆液的理由有六条：

（1）稳定性浆液把空隙完全充满的可能性大，因为事实上没有多余的水分存在，不会因灌好之后多余水分的析出，而留下未被填满的空隙。所以使用稳定性浆液可以减少灌浆工作量。

（2）稳定性浆液由于实际上几乎没有多余的水分排出就行凝固，所以结石的力学强度高，而且与缝隙两壁的黏附力也较高。

（3）稳定性浆液的结构密实，抗化学溶蚀的能力强。

（4）由于没有多余的水分自稳定性浆液中泌滤出来，所以抬动岩体的危险性大大减少，并且上抬力的大小也可以估算出来。

（5）在相当程度上可以分析出岩体灌浆的过程，因为稳定性浆液的作用是可以预计的，而不稳定性浆液则不能。

（6）稳定性浆液能达到的距离是有限度的，一般讲，能够避免不必要的大量的吸浆。

以后他在《用灌浆强度值方法设计和控制灌浆工程》等文章中还反复阐述了稳定性浆液的优越性。

这些资料陆续传至我国后，在1986—1990年的国家“七五”科技攻关中，中国水利

本文原载《2004水利水电地基与基础工程技术》，内蒙古科技出版社，2004年。

水电基础工程局科研所、中国水利水电科学研究院岩土所等单位结合《高坝地基处理技术的研究》课题，对稳定性浆液进行了深入的研究，取得了许多有价值的成果，并且成功地应用在当时贵州红枫水电站木斜墙堆石坝的防渗处理等工程中。在1994年和2001年颁布的SL 62—1994和DL 5148—2001《水工建筑物水泥灌浆施工技术规范》中，写入了有关稳定性浆液的内容。

后来，有越来越多的专家和学者对稳定性浆液进行了研究，我国黄河上最大的水利枢纽小浪底工程根据外国专家的建议和灌浆试验的成果，在坝基帷幕灌浆和固结灌浆工程中全面地使用了稳定性浆液。此后，在各种场合和许多文章中推介稳定性浆液的频次越来越多，许多灌浆工程已经或正在应用稳定性浆液，一些作者甚至预言，稳定性浆液将取代不稳定性浆液或传统浆液。在这种情势下，笔者发现一些工程技术人员并不完全了解稳定性浆液，有的工程使用稳定性浆液明显地不适当，甚至给工程造成了浪费或其他不良后果。

因此，对有关稳定性浆液的若干理论和实践问题进行研究和讨论，准确掌握稳定性浆液的优良性能，同时搞清其适用条件和不利因素，对于确保我国正在建设的大量的水利水电工程的质量，正确地进行灌浆工程的设计和施工，减少资金和材料的浪费，是十分必要和有益的。

2 纯水泥浆液及其主要性能

纯水泥浆是水泥加水搅拌制成的悬浮浆体。试验证明，水泥水化所需的水分仅相当于水泥质量的25%左右，浆液中大部分的水是用来悬浮水泥颗粒，起搬运介质作用的。但是浆液水灰比的大小却显著地影响着水泥浆及其结石体的性能。表1列举了各种水灰比的纯水泥浆及其结石体主要性能的试验数据。

表1　不同水灰比的纯水泥浆及其结石性能

水灰比	密度/(g/cm³)	析水率/%	漏斗黏度/s	塑性黏度/(mPa·s)	屈服强度/Pa	抗压强度/MPa	弹性模量/GPa	渗透系数/(cm/s)
水	1.0	100	15	1	0			
10	1.067	87	15.2	1.2	0.43			
8.0	1.080	86		1.3	0.45	7.6		
5.0	1.127	81	15.4	1.4	0.53			
2.0	1.296	55	16.3	2.5	1	15.4	3.7	
1.0	1.520	36	18.8	6.0	2.9	20.4	6.8	2.0×10^{-7}
0.8	1.593	28	26			27.5	6.6	4.3×10^{-9}
0.6	1.744	13	29	20	12	32.2	12.0	1.9×10^{-10}
0.5	1.825	4	60	37	23	46.0	15.0	7.1×10^{-11}
0.4	1.946	1.8		90	67	51.3	16.0	4.2×10^{-12}

注　本表汇集了多次和多项试验的资料。使用525号水泥，普通低转速搅拌机制浆。

从表1中可以看出，水泥浆液的性能的变化具有如下的规律性：

(1) 随着水灰比的增大，浆液析水率增大，结石率（结石率=1－析水率）降低；在水灰比小于或等于0.6∶1时，纯水泥浆液也是稳定性浆液。0.6∶1的水泥浆通过高速搅拌，析水率可达到5%左右。

(2) 随着水灰比的增大，浆液的流动性能改善，漏斗黏度、塑性黏度、屈服强度减小；

(3) 随着水灰比的增大，浆液结石的力学和抗渗性能变差，抗压强度、弹性模量降低，渗透系数变大。

在这些规律中，由于水灰比增大引起的变化，第1、3条是不利的，第2条是有利的，呈现矛盾运动的规律。这需要我们在施工过程中针对受灌地层的地质条件，结合工艺方法和参数的选择，灵活运用，趋利避害，以最小的投入获得满意的工程效果，这正是灌浆施工的技术和经验之所在。

由于纯水泥浆液（包括处于稳定和不稳定情况的浆液）所具有的优良、广泛和可调节的性能，同时相对价格低廉，因此至今它仍是一种最主要的灌浆材料。

3 稳定性浆液及其主要性能

3.1 稳定性浆液的定义及性能要求

事实上，稳定性浆液的定义至今并不明确。按照隆巴迪文章中稳定性浆液的字面含义，稳定性浆液是具有良好的沉降稳定性的宾汉流体，2h析水率不超过5%。我国的《水工建筑物水泥灌浆施工技术规范》基本采纳了这种提法，条文中写道：“稳定性浆液，系指掺有稳定剂，2h析水率不大于5%的水泥浆液”。

按照这个定义，水灰比小（例如≤0.6）的纯水泥浆；水灰比较小（例如0.7～1.5），掺加了数量不等的膨润土的水泥浆；甚至水灰比稍大（例如大于2），掺加了数量较多的膨润土或黏土的黏土-水泥浆；只要它们的2h析水率不大于5%，这种浆液就是稳定性浆液。现在我们的不少工程实践中，就是这样理解的。

但这似乎并不是隆巴迪的原意，因为他主张的稳定性浆液就是稠水泥浆。他在另一篇文章《水泥灌浆浆液是稠好还是稀好?》中说：“赞成稠浆（水灰比1.3∶1、1∶1、或0.67∶1）的通常都是支持采用不论掺与不掺外加剂的稳定性浆液，即水泥颗粒的沉降都是最小。还把2h析水率小于5%定为稳定性浆液的特征值。”同在这篇文章中，他还规定了不同浆液的黏度范围：稠浆，马氏黏度为50s，中等稠浆为40s，稀浆为30s。

与此同时，隆巴迪经常列举他推荐稳定性浆液的前述多条理由，但使那些理由成立的浆液只有水灰比小于或接近1的，加入少量或不加入膨润土的水泥浆。其他较大水灰比的，加入了更多膨润土的水泥浆都不可能满足前述的6条理由。

因此，隆巴迪的所谓稳定性浆液是一种特指浆液，它应当符合4个条件：

(1) 水灰比较小的稠水泥浆，例如水灰比小于1.3。

(2) 如需要掺加膨润土，其掺入量一般不大于2%，浆液结石的力学强度不低于相同水灰比的纯水泥浆（膨润土掺入量如大于2%，将导致浆液结石强度的降低）。

(3) 黏度足够小，例如马氏漏斗黏度不大于 50s。

(4) 2h 析水率不大于 5%。

仅仅满足第 4 个条件的水泥浆，只能说浆液是稳定的，但不是隆巴迪特指的稳定性浆液。

表 2 为部分工程使用的稳定性浆液的性能，表 3 为国际岩石力学学会注浆专业委员会主席 R·维德曼推荐的浆液。

表 2　若干工程应用稳定性浆液性能表

国别	工程名称	应用部位	稳定性浆液的配比和性能					
			水灰比	减水剂/%	膨润土/%	马氏黏度/s	析水率/%	浆液密度/(g/cm³)
墨西哥*	阿古米巴坝	混凝土面板地基	0.9	1.6	—	28～32	4	1.5～1.55
巴西	伊泰普坝	坝基	1	—	1～2	38～40	5	1.5
阿根廷	阿里库拉坝	坝基	1	—	2	35～38	3～5	1.5
			0.67	1.0	—	32		
新西兰	克来德坝	坝基	1	—	5	32～34	<2	1.5～1.52
中国	小浪底大坝	坝基	0.75	0.5	0.8	34	3	1.64

* 使用细火山灰水泥，比表面积 510m²/kg。

表 3　维德曼推荐的浆液

浆液性能	水灰比	密度/(g/cm³)	塑性黏度/(mPa·s)	屈服强度/Pa
稳定性浆液	0.6～0.9	1.5～1.7	200～400	<50
接近稳定的浆液	1.0～1.5	1.4～1.5	50～150	

3.2 稳定性浆液的配制

可以通过如下途径由普通水泥浆获得稳定性浆液：

(1) 降低水灰比，从而降低浆液析水率，提高浆液的稳定性。一般如通过高速搅拌制浆，当水灰比降低至 0.6 及其以下时，浆液析水率可降至 5%左右或以下。但水灰比的减小也使浆液的黏度和屈服强度大大增加。

(2) 掺加膨润土，可显著地降低浆液的析水率，但也使浆液的黏度和屈服强度增加。特别是当膨润土加入量太大时（如大于 2%），浆液结石的力学性能也会显著降低。

(3) 掺加减水剂，对于低水灰比的稠浆，可显著地降低浆液黏度，也能降低屈服强度。但减水剂的掺加也会增大浆液的析水率，不利于改善的稳定性。

隆巴迪说，“应当在仅仅需要增加浆液的屈服强度，而限制其扩散距离时才宜掺用膨润土，为了增加浆液在细缝中的扩散距离，宜掺用减水剂。”

4 灌浆工程对浆液的基本要求

4.1 灌浆浆液的基本要求

不同工程对灌浆浆液的要求不尽相同。但在一般情况下，浆液应当具有如下基本条件：

(1) 良好的、可以调节的可灌性。即易于灌注到岩石裂隙之中，易于防止其任意流失。

(2) 良好的结石性能。即浆液的结石具有较高的力学、抗渗和抗溶蚀性能。

(3) 施工方便，制浆、输浆工艺简单。

(4) 材料来源广泛，价格相对低廉。

显而易见，稳定性浆液比较注意了浆液结石的性能，而对浆液的可灌性重视得不够。

4.2 浆液可灌性的含义及其要求

简单地说，浆液的可灌性是指在相同的灌注条件下，浆液渗入受灌地层的能力。所谓可灌性好，就是浆液易于注入到受灌地层中去；反之，就是难于或根本灌不进去。很显然，在浆液各种性质中，可灌性应当是首要的性质，浆液只有能充分地注入到地层中，它才能发挥作用；否则，其它性能再好也不起作用。

为了适应千变万化的地质条件和最大限度地达到工程目的，浆液的可灌性最好能满足两个条件：即对于难灌注的地层，可灌性非常好；对于大渗漏地层，可灌性要差，不希望它流得很远。也就是说，浆液的可灌性应当是可调节的。

4.3 浆液可灌性的影响因素

在灌注条件和受灌地层条件一致的情况下，浆液的可灌性主要受到以下三个因素的影响：

(1) 拌制浆液的水泥颗粒的大小。很显然，水泥的最大粒径和平均粒径小的浆液可灌性好。

(2) 浆液的流变参数，即塑性黏度和屈服强度，施工现场也用漏斗黏度粗略表示。流变参数小的浆液流动性好，可灌性也好。

(3) 浆液的稳定性。在浆液到达受灌地层的裂隙或孔隙前的时间内，不沉淀或不易沉淀的浆液可灌性好，反之可灌性差。

其中，第一个因素是决定性的，第二、第三因素的影响依次减小。

5 稳定性浆液与非稳定性浆液可灌性的比较

在拌制浆液的水泥品种相同的条件下，两种浆液的可灌性孰优孰劣就决定于上述的第二、第三因素了。但是，浆液的稳定性，特别是在流动中维持稳定的时间，对于稳定性浆液来说是没有问题的，对于循环式灌浆的非稳定性浆液来说也不存在问题。因此两种浆液可灌性的比较实际上就是流变性能的比较了。

隆巴迪根据自己建立的公式分析计算了稳定性浆液（稠浆）和非稳定性浆液（中等稠

浆、稀浆）在相同宽度的岩石裂隙中的扩散半径、注入流量、总注入量和上抬力，如表4所示。从表中可以看出，稳定性浆液的可灌性是明显不如非稳定性浆液的。

表4　浆液浓度对浆液在岩石缝隙中的扩散半径、注入率、注入量和上抬力的影响

测试项目	时间	0.5mm缝宽				1mm缝宽			
		水	稀浆	中等稠浆	稠浆	水	稀浆	中等稠浆	稠浆
扩散半径/m	15min	55	28	17	13	60	43	32	25
	1h	>100	49	26	20	>100	80	50	38
	最大		156	39	27		313	78	53
注入流量/（L/min）	15min	312	69	22	12	760	359	156	93
	1h	307	50	9	4	756	297	76	36
注入量/m^3	15min	4.8	1.2	0.5	0.3	11.4	5.8	3.1	2.0
	1h	15.9	3.7	1.1	0.6	31.4	20.2	7.7	4.5
上抬力/MN	15min	480	610	390	260	180	1090	1230	880
	1h	1580	2550	1060	680	480	5510	4010	2520

注　稀浆，马氏漏斗黏度30s；中等稠浆，40s；稠浆50s。使用灌浆泵2.0MPa，100L/s。引自G·隆巴迪《水泥灌浆浆液是稠好还是稀好?》

隆巴迪很清楚稳定性浆液的可灌性不如非稳定性浆液，那他为什么要推荐它呢？因为国外的情况，细小或微细裂隙一般是不需要灌浆的，因此所面临的灌浆对象大多是中等宽度以上的裂隙岩体，这就需要限制注入率、注入量和上抬力。同时，对于灌浆以后的效果，他们要求的防渗标准相对也较低。还有他们使用的灌浆方法基本上是纯压式，较长距离的输送浆液而孔内不能进行循环，浆液的沉降稳定性可能会严重影响灌浆的质量。

我国的情况则不同，因为我们要求的防渗标准较高，因此许多细微裂隙地层仍然需要进行灌浆，在许多情况下，提高浆液的可灌性，增大注入量，以求更好的灌浆效果，是主要的任务。再则，我国实施的多是循环式灌浆，不管什么浆液它在灌注到缝隙里以前，都是不会沉淀的。

6　稳定性浆液的适用条件和不适用条件

6.1　稳定性浆液适宜于纯压式灌浆法，不适用于循环式灌浆法

由于纯压式灌浆法的浆液在管路中不循环，长时间灌浆容易导致浆液沉淀；又由于纯压式灌浆时浆液变换不方便，单一比级的稳定性浆液可以在很大程度上解决上述困难，因此特别适合于纯压式灌浆法。

又由于纯压式灌浆都是分段卡塞灌浆的，通常实行自下而上灌浆法，在这种条件下灌浆塞的安置和密闭十分重要且有难度，稳定性浆液有助于这一困难的解决。

相反，循环式灌浆法并不要求浆液稳定，也没有变浆的困难，因此无须乎采用稳定性浆液。相反稳定性浆液长时间在管路中循环，能量消耗更大，事故更多。同时循环式灌浆浆液损耗大，很多时候损耗一些稀浆已是无奈，但一律损耗稠浆更加大浪费。因此稳定性浆液不宜用于循环式灌浆。

我国的孔口封闭灌浆法依靠孔口封闭器封闭灌浆段，没有灌浆塞安装不牢、不严密的问题，也毋须稳定性浆液来解决。

6.2 稳定性浆液适宜于中等开度的裂隙岩体灌浆，不适用于细微裂隙岩体和大渗漏通道的灌浆

从前述介绍和分析可知，隆巴迪的稳定性浆液是一种介于中等稠浆到稠浆（马氏黏度40～50s）的浆液，这种浆液更适合于裂隙开度0.5～1mm，透水率10～20Lu的裂隙岩体的灌浆，一般可以获得满意的效果。

但是，由表4、表5的资料以及大量的工程实践可知，稳定性浆液的可灌性不如较稀的浆液。对于我国一些灌浆工程，通常希望宽度0.5mm以下裂隙也要得到充分的灌注。这对于稳定性浆液显然没有优势，也就是说，稳定性浆液不适宜于细小裂隙的灌浆，如果在细微裂隙地层使用稳定性浆液灌浆，很可能得不到预期的效果。

稳定性浆液的可灌性较差，那么它就适宜于大渗漏通道（如宽大裂隙和岩溶等）的灌浆吗？答案也是否定的。众所周知，当灌浆过程中遇见大渗漏通道时，应当采取降低压力，变浓浆液（必要时直至可泵送的最小水灰比），限制流量，限制一次总注入量，以及间歇灌浆等措施，需要时还可以灌注速凝浆液、砂浆等。这些应对措施的一个重要原则是，使浆液的流变参数增加，再增加……但是稳定性浆液却要求自己有尽量小的流变参数，要在浆液中掺加减水剂。这不是背道而驰吗？

7 关于稳定性浆液应用的其他问题

7.1 多数工程不宜只使用一种水灰比的浆液灌注

由于隆巴迪深信只有一种配比的浆液其灌注性能和结石性能是最好的，因此他建议“整个灌浆工程尽可能地用同一种配比的浆液”，这样还可以“简化灌浆过程、提高效率、减少失误”。（隆巴迪《灌浆设计和控制的GIN法》）

也许，有一些工程可以这样做，但也有较大的风险，普遍推广则是更加值得商榷的。众所周知，成功的灌浆工程是灌浆设计、灌浆材料、灌浆工艺和地质条件完美结合的结果。由于地质因素的复杂多变，一个工程的不同部位、一个部位的不同钻孔、一个钻孔的不同深度……地质条件都不会完全相同，随着灌浆的进行这些条件也会变化。在整个灌浆过程中，设计、材料(浆液)、工艺都需要进行调节和改变，怎么可以想象浆液却可以以不变应万变呢？

再说，浆液水灰比的变换在纯压式灌浆方式，是有些不方便，但对于循环式灌浆是很容易办到的，并不存在什么困难，也不会降低效率，不仅不会增加失误相反可以减少失误。

相反，在整个工程只使用一种水灰比的浆液灌浆，将可能带来大的失误：可能许多细小的裂隙得不到灌注；可能一些宽大的裂隙不必要地灌注了更多的浆液；可能整个工程的灌浆效果达不到设计要求。

7.2 稳定性浆液的灌浆过程是可以计算的吗？

本文开头列举了赞成使用稳定性浆液的六条理由，其中前三条说的是浆液的结石性能，这比较容易用试验资料说明问题。后面三条说的是灌浆过程：由于使用稳定性浆液灌

浆，抬动岩体的危险性减少；上抬力的大小可以估算出来；能够控制浆液扩散范围，避免不必要的大量吸浆。

关于灌浆过程的分析计算，是许多学者和灌浆工程师梦寐以求的事，稳定性浆液的使用也许使这一探索向真理迈进了一步。但是也不能过分夸大了这一步。因为：

（1）直至目前，灌浆过程之所以尚不能进行比较准确的计算分析，灌浆技术还是一门经验或半经验的技艺，主要不是因为浆液稳定不稳定，浆液性能的测定有多难，而是因为受灌地层的地质因素的复杂和多样性。

（2）灌浆过程中抬动岩体的事常有发生，恰恰许多情况下正是在灌注稳定性浆液或稠浆时发生的，不仅有灌注单一的稳定性浆液造成抬动的实例，也有灌注非稳定性浆液变换至稠浆后发生抬动的实例。

（3）上抬力可以计算出来？做做研究是可以的。但在工程实践中，尚未见到某个灌浆工程其抬动力是计算出来的。稳定性浆液和非稳定性浆液都未看到工程实例。

（4）如前所述，灌浆过程中遇大量吸浆时，迅速变换稠浆，以防止和减少浆液过远流失。但此法并非稳定性浆液提出之后才有，此时使用的稠浆，不需要也不应当加入减水剂。与此相反，为达到稳定性浆液的性能要求，却需要加入减水剂，这不仅不能避免大量吸浆，反而会导致更大的吸浆和浪费，实际上就有这样的工程实例。

（5）计算是手段，控制也是手段，灌浆效果才是目的。衡量一种浆液性能是否优越，考察它是否有利于计算分析，虽然也可以作为条件之一，但却不应成为主要条件，主要的条件仍然应当是看它的灌浆效果如何。如果灌浆效果不好，算得再准（实际也不可能）又有何意义呢？

灌浆过程是要控制的，但稳定性浆液的应用也远没有解决这一问题，目前，主要依靠的仍然是经验或半经验。计算机监控系统的应用使灌浆过程控制逐步信息化，但信息的获得和处理也是人的经验的延长，而不是某一公式计算所得。

8 结束语

（1）灌浆技术是复杂的过程，灌浆浆液在灌浆过程中的性态也是十分复杂的。稳定性浆液概念的提出和深入研究是灌浆技术和理论的一个进步。根据工程需要，在浆液中掺加稳定剂、减水剂或其他外加剂，是改善灌浆浆液的性能的有效和可行的手段，但是也不应以稳定性浆液来排斥其他浆液。

（2）稳定性浆液更加适用欧洲的技术标准和灌浆习惯，我们可以也应该学习其合理和有用的成分，为我国的水利水电建设的灌浆工程服务，但不应完全照搬和不适当地全面推广。隆巴迪为探索分析灌浆过程所得出的理论和实践成果，是指导灌浆设计和施工的依据之一。但是以这一成果来指导和衡量一切灌浆工程是不适宜的。

（3）稳定性浆液适宜于纯压式灌浆法，不适用于循环式灌浆法；适宜于中等开度的裂隙岩体灌浆，不适用于细微裂隙岩体和大渗漏通道的灌浆。

（4）由于灌浆技术总的处于经验和半经验状态，是一种技艺，因此其文化背景尚起着很大的作用。这就使得稳定性浆液的成果在我国的推广应用应当符合我国的情况。

稳定性浆液灌浆是成套技术

【摘 要】 稳定性浆液具有许多优良性能，但也有不足之处。稳定性浆液与自下而上纯压式灌浆法相结合，具有高效、低耗、低碳、优质的特点，是一套完美的施工方法。将稳定性浆液与其配套技术割裂开来是不适宜的，将稳定性浆液应用到孔口封闭灌浆法中，是优势相克，劣势相加，将造成高耗、低效和降低灌浆质量的后果。孔口封闭灌浆法＋多级浆液的灌浆效果优于稳定性浆液，推广稳定性浆液的主要目的是应用其低碳技术。高标准的防渗帷幕不宜采用稳定性浆液灌浆。

【关键词】 稳定浆液　自下而上灌浆　成套技术　低碳技术

1　引言

自 20 世纪 90 年代稳定性浆液学说引进我国以来，出现了几次推广应用的高潮，但终因“水土不服”而偃旗息鼓。其重要原因之一在于一些工程采取了一种孤立地、不联系应用环境和使用方法的研究和学习态度，以至于得不到理想的效果。其实，稳定性浆液不是一个标准件螺丝钉，可以拧在任何机器上闪闪发光或默默奉献。稳定性浆液灌浆是成套技术，稳定性浆液是成套技术中的一个环节，这个技术体系的主要组成部分是稳定性浆液＋自上而下纯压式灌浆，这个技术体系的适用条件是裂隙中等发育的岩体和透水率不大于 3Lu 的防渗标准，这个技术体系的突出优点是高施工效率和较好的灌浆效果。

2　对稳定性浆液优缺点的辨证认识

所谓稳定性浆液，一般是指在 2h 内沉降析水率不超过 5%，水灰比通常小于 1 的较稠的水泥浆液。

稳定性浆液有哪些优点呢？最主要的优点就是稳定，浆液析水很少很慢，在流动中即使是流速慢的时候也不会或不易沉淀下来。这在灌浆过程中浆液进入岩石裂隙以前是十分有益的。

稳定性浆液的缺点也来之于稳定，这种浆液进入岩石裂隙之后，它仍然析水很少很慢，水分涵蓄在水泥水化物之间凝固成水泥结石，成为结石中的微孔隙，使得结石的密实度降低，相应的强度、抗渗性和耐久性等有所降低。欧洲的许多大坝防渗帷幕防渗能力过快地衰减可能与这有关。有些学者把这样的结石性能说成更好[1]，是错误的。

其次，为了维持浆液的稳定性，浆液中加入了膨润土，这大大增加了浆液的黏度和凝聚力，降低了浆液的可灌性。虽然通过掺加减水剂可以将黏度和凝聚力在一定程度上降

本文原载《水利水电地基基础工程技术创新与发展》，中国水利水电出版社，2011 年。

低，但与性能接近牛顿体的非稳定浆液比较起来，仍然相去甚远。为了获得稳定性而降低了可灌性，从而牺牲了一部分灌浆效果，这是稳定性浆液的一个致命弱点。

再次，稳定性浆液灌浆比纯水泥浆施工复杂。由于稳定性浆液组成成分的增加，拌制浆液的工序要复杂一些，在灌浆施工之前和施工过程中需要进行浆液试验确定浆液的配合比。而普通纯水泥浆成分单一性质明确拌制很简单，不需要进行专门试验。

还有，稳定性浆液比纯水泥浆价格贵。由于膨润土和减水剂的加入，以及拌制工艺较复杂，稳定浆液比同比级的普通浆液成本要提高10%～20%或更多。

3 自下而上纯压式灌浆法的特点

3.1 自下而上灌浆法的工艺要点

自下而上灌浆法（也称上行式灌浆法），是将灌浆孔一次钻到设计孔深，然后由孔底自下而上逐段安装灌浆塞进行灌浆的方法。

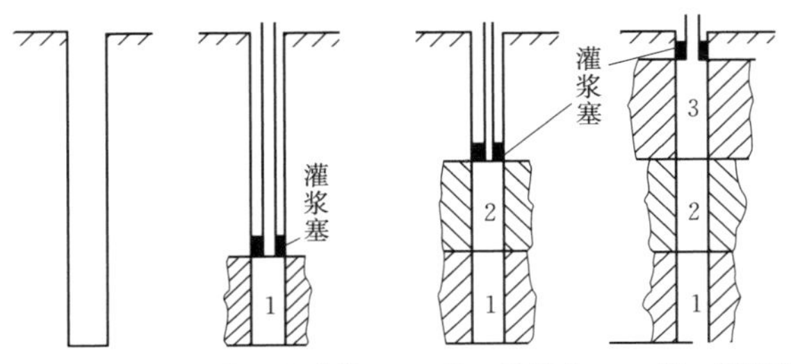

图1 自下而上灌浆法示意图

1、2、3—施工顺序

自下而上灌浆法的主要施工程序见图1，各工序施工要点如下：

(1) 钻孔。使用钻机钻进灌浆孔直至设计深度，终孔。

(2) 钻孔冲洗。保持钻具在孔底，通入大流量水流，对全孔进行冲洗，直至孔底沉淀厚度小于20cm，孔口返水清澈。

(3) 裂隙冲洗。一般不便进行细致的裂隙冲洗，必要时可进行全孔压水裂隙冲洗。即在孔口安装灌浆塞，以纯压式注入清水，压力一般不大于孔口灌浆段的灌浆压力，冲洗时间视具体要求而定。

(4) 压水试验。钻孔冲洗或裂隙冲洗完成后，可进行全孔和孔底段的压水试验（或简易压水），以取得岩体灌浆前透水率指标。

(5) 自下而上分段安装灌浆塞进行灌浆，直至达到结束条件。至最上面一段（孔口段）灌浆完成后进行封孔。

全孔各段灌浆以及封孔应连续进行，由孔底至孔口一气呵成。

由于自上而下灌浆法要求灌浆塞尽快地完成安装并密封良好，所以要尽量简化灌浆塞结构和管路系统，又由于固定的射浆管长度不利于灌浆段长度的调整，所以这种灌浆方式比较适合于采用纯压式灌浆法。

3.2 纯压式灌浆法的作业形式

纯压式灌浆有两种作业形式，如图 2（a）和图 2（b）。国外常用 a 型，这种方式需要使用专用灌浆泵——变量泵，变量泵在保持一定输出压力的条件下，输出的流量随着岩石裂隙的吸浆率变化而改变。纯压式灌浆在我国多使用于固结灌浆，基本上采用 b 型，即孔内纯压、孔外循环，使用定量灌浆泵输出一定流量的浆液，岩石裂隙吸收不完的浆液通过回浆管道返回储浆桶。这种灌浆泵制造简单价格便宜，这也是我国纯压式灌浆采用 b 型的根本原因。两种纯压式灌浆比较起来，b 型保持大量浆液在管道中循环流动，能量消耗和浪费大，浆液的质量随着循环发热而降低。本文后面讨论所指的主要是 a 型纯压式灌浆。

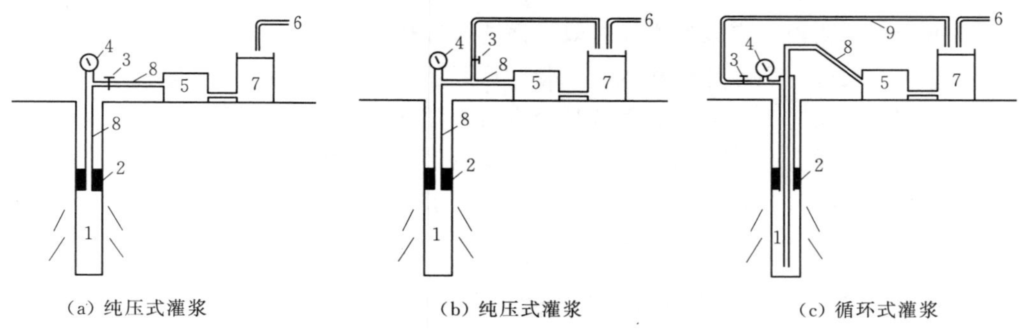

图 2　灌浆方式示意图

1—灌浆段；2—灌浆塞；3—阀门；4—压力表；5—灌浆泵；6—供浆管；7—储浆搅拌机；8—进浆管；9—回浆管

3.3 自下而上纯压式灌浆法的优缺点

3.3.1 自下而上灌浆法的优点

（1）施工程序简化，钻孔工序和灌浆工序分开，便于采用高效钻孔机械，可大幅度地提高工效。如使用冲击回转钻机，一个机组的生产效率可达钻灌进尺 2000m/月以上，即便使用回转式钻机钻孔，也可以达到 800m/月以上。钻孔和灌浆工序分开，还便于对灌浆作业的监理，有利于保证施工质量。

（2）自下而上灌浆法根据灌浆的深度区别使用灌浆压力，使用高压力时灌浆塞通常安设在地面以下较深的位置，造成岩体或结构物抬动的可能性小。

（3）由于灌浆孔段中不安设射浆管，因此可避免采用孔口封闭灌浆法或循环式灌浆法那样经常发生的射浆管被水泥浆铸死的事故。由于浆液只向孔内单向流动，没有回浆管路，因此记录仪的构造可以简化，而监测更准确，仪器价格降低。

（4）由于浆液不需要循环，因而灌浆泵的功率可以减小，循环式灌浆泵的功率通常在 20kW 以上，而纯压式灌浆使用的变量泵功率通常不超过 10kW；又由于自下而上纯压式灌浆管路占浆和弃浆都少，特别是不像自上而下循环式灌浆那样需要把上部已灌注孔段的浆液或结石反复地冲洗掉或钻除，从而可显著地节能水泥、降低能耗。

（5）自下而上纯压式灌浆时间也较短。自下而上灌浆法或孔口封闭法由于要防止上一段灌注的浆液在下一段钻孔时被扰动冲洗出来，因此需要较严格的灌浆结束条件，较长的在最大压力下的持续灌浆时间，其平均纯灌时间达到 120～180min/段，甚至更长，自下而上纯压式灌浆时间只有其 30%～50%。

3.3.2 自下而上纯压式灌浆的缺点

(1) 要求地质条件较好，岩体较为完整，钻孔孔壁可保持稳定，能顺利和可靠地安装灌浆塞。

(2) 由于浆液在钻孔和管路中不进行循环流动，浆液在管路中流速较低，特别是注入量较小的时候，浆液容易发生沉淀。

(3) 由于浆液不能循环，所以浆液水灰比的变换不方便，一旦确定要变换浆液时，必须等管路里原有的浆液灌完以后方才有效。而这段等待的时间并不确定，有时可能很长。

(4) 不便分段进行裂隙冲洗和压水试验。这两项工序相对次要，分段压水试验可依靠先导孔取得数据，而对于一般地层而言是否进行裂隙冲洗，效果难分高下。

(5) 要求灌浆塞膨胀性能、对钻孔孔形适应性能、密闭性能和耐高压性能良好，并且操作简便。这样的灌浆塞过去需要进口，价格昂贵。目前国内已可生产但价格仍较贵。

4 稳定性浆液用于纯压式灌浆是完美结合

从上述分析可知，稳定性浆液和自下而上纯压式灌浆法有着各自的优点和缺点，但是如将二者结合起来，特别是采用单一配比的稳定性浆液进行灌浆时，则纯压式灌浆法两项主要缺点就可以克服。

其一，由于稳定性浆液析水很少很慢，所以在灌浆过程中即使是在注入量很小，浆液流动很慢的条件下，浆液不会沉淀，从而保证了灌浆施工的正常进行，达到了工艺的可靠性和安全性。

其二，由于稳定性浆液的性能差异不大，因此浆液不必分很多级，可以使用单一水灰比的浆液进行灌浆，这一特性正好可弥补纯压式灌浆时水灰比变换不方便的缺陷。

因此，积极倡导稳定性浆液灌浆的隆巴迪先生就把采用自下而上纯压式灌浆法和单一配比的稳定性浆液配套使用，形成了一个较为完美的灌浆工法。

稳定性浆液和自下而上纯压式灌浆的成套技术有许多优点：主要是效率高，一台灌浆泵每月完成的灌浆工程量相当于我国孔口封闭法灌浆的 3～5 倍，能耗物耗低，水泥的利用率可达到 95%以上，水、电的消耗以及施工对环境的污染都大大低于其他灌浆方法，特别是低于孔口封闭灌浆法，是一种文明的低碳的施工方式。

这项施工技术在快和省的同时，其灌浆效果是良好的，可满足欧洲标准几乎各种水工建筑物防渗的要求。

值得指出的是，稳定性浆液及其配套灌浆法虽然完美，但因其不具有孔口封闭法那样可对已灌浆段多次复灌的功能，浆液配合比一经确定一般不再改变，这些条件使得施工操作应更严格精确，对施工人员的素质要求更高，对施工管理和监理的要求更高。

5　稳定性浆液不宜用于孔口封闭法灌浆

稳定性浆液灌浆的成套技术在我国推广应用得不好，但稳定性浆液作为一种材料却在我国流行起来，不少工程把这种材料用到孔口封闭灌浆法施工上，殊不知这样做是不适宜不正确的。

孔口封闭灌浆法属于自上而下循环式灌浆，是使用孔口封闭器替代灌浆塞，每一段灌浆时均在孔口封堵密闭实施灌浆。这种灌浆方法自20世纪70年代末80年代初在乌江渡水电站帷幕灌浆中首创使用并取得巨大成功以来，现已成为我国水利水电行业灌浆工程的主要工法。孔口封闭法灌浆本身也是成套技术，除了缓倾角软弱岩层外，其他地质条件它基本均可以适用，它使用多级水灰比浆液，其工序比自下而上纯压式灌浆法施工复杂一些，但比自上而下分段灌浆法却要简便得多，特别是灌浆效果是各种灌浆方法中最好的，完成的帷幕防渗标准可达到1Lu甚至0.5Lu。

稳定性浆液用于孔口封闭法有哪些问题呢?

(1) 孔口封闭灌浆法具有浆液循环功能，浆液在灌注过程中不会发生沉淀，因此它对浆液没有稳定性要求，因而稳定性浆液的稳定性质在此是多余的，甚至是有害的。害处一，浆液的渗透能力即可灌性降低；害处二，加大了浆液的成本。

(2) 孔口封闭灌浆法由于管路和孔内占浆多，每段灌浆完成后都会有或多或少的弃浆，因而浆液损耗量大，通常使用多级水灰比浆液时，当岩体注入率较小时，损耗的浆液是水灰比5∶1或3∶1稀浆。但如使用稳定性浆液时，则所损耗的一律是含水泥量高的稳定性浆液，进一步放大了该工法的缺点。

(3) 孔口封闭灌浆法在进行每一段灌浆时，都对该灌浆段以上的孔段实施了复灌。复灌之所以有效用，是因为每次复灌都是从稀浆开始，稀浆的良好可灌性可对前次灌浆的不足起到补灌作用。相反，单一的稳定性浆液对某一部位的重复灌注不可能起到加强作用。

(4) 孔口封闭灌浆法使用多级浆液对孔段进行灌注，实际上是使用包括稀浆和稠浆在内的各种浆液对基岩的勘测试验和对浆液的优化过程，通过浆液变换使最优水灰比浆液获得尽量多的灌注。使用单一配比的稳定性浆液后，这一机制就消失了。

(5) 孔口封闭法灌浆时，浆液在管路和孔内循环，由于使用的浆液有稀有稠，稀浆循环时灌浆泵能耗相对较少，但使用稳定性浆液时，始终是稠浆循环，能耗大大增加。此外浆液在搅拌桶和管路系统中长时间的循环，有钻孔中的地下水和钻渣泥屑混入、空气掺入，浆温快速升高，浆液性能迅速恶化。

(6) 孔口封闭法灌浆时，由于射浆管要深入孔底，因此在稠浆灌注时间较长时，很容易发生射浆管被水泥浆凝住的事故。如采用稳定性浆液发生这种事故的几率更大大增加。

(7) 建造的帷幕可能达到的防渗标准降低。由于稳定性浆液的渗透扩散能力不如较稀的普通浆液，所以孔口封闭法与稳定性浆液配合后，灌浆帷幕所能达到的防渗标准也会降低。

如果将两种浆液与两种灌浆方法搭配并对比，它们的优缺点分别见表1。

表 1　稳定性浆液与各种灌浆方法配合使用特点对比表

工　法	适应地层	水泥损耗	能源消耗	孔内事故	操作难易	工效	工程成本	灌浆效果
稳定性浆液＋自下而上纯压式灌浆	裂隙中等发育，钻孔孔壁稳定	很少	低	少	易	高	低	良
多级浆液＋孔口封闭法	缓倾角软弱地层外的各种岩体	较多	较高	少	较复杂	较低	较低	优
稳定性浆液＋孔口封闭法	裂隙中等发育的大多数岩体	很多	更高	较多	复杂	更低	高	较差或不确定

从上述分析以及表 1 对比可见，稳定浆液＋自下而上纯压式灌浆，多级浆液＋孔口封闭法是两种科学搭配，工效很高或较高，质量良好的灌浆工法。稳定性浆液＋孔口封闭法则是一种搭配不科学，物耗能耗大、效率低、质量较差或不确定的作业过程。

6　稳定性浆液成套技术在我国推而不广的原因

稳定性浆液和纯压式灌浆在欧美和几乎世界的许多国家都获得了认可，许多高坝大库包括著名的伊泰普水电站的帷幕灌浆都采用了这种浆液（水灰比 1∶1）和方法。在我国情形却两样，这项技术并没有获得顺利的推广应用，许多专家和设计人员可以接受稳定性浆液，却不愿接受纯压式灌浆。主要的担心有：

（1）地质条件多变，灌浆塞在孔中分段阻塞可能不牢靠，而造成施工事故或灌浆失败。

（2）浆液不循环，可能发生沉淀。

（3）灌浆效果不能满足要求。

这些担心其实是不必要的。灌浆塞在孔中阻塞是否牢靠，主要取决于钻孔孔壁岩石条件，这在国外国内都是一样的，其实我国的水坝地基一般都经过了严格的方案比较，整体上地质条件都是很好的，至少是较好的，只有少数高倾角裂隙发育的岩层或个别难以避开的地质构造部位才会发生灌浆塞安设困难的问题。也就是说在大多数情况下，地质条件不成问题，少数或个别有问题的可以另法处理，国外也是这么做的。再说一个工程即使不能各序孔普遍使用，那么，在Ⅱ、Ⅲ序孔使用也是完全可能的，这就占到了工程量的 50%～75%或更多。灌浆塞的质量也是灌浆段封闭可靠的因素，如前所述，经过多年的引进学习和发展，这一问题已基本解决，虽然价格高于传统的胶球塞，但其所带来的工效提高等其他效益是巨大的。

关于纯压式灌浆浆液沉淀的问题，这正是采用稳定性浆液的理由，随着稳定性浆液的应用，问题就自然解决了。

对稳定性浆液和纯压式灌浆的效果要求，这由设计防渗标准决定。在欧美，通常所要求的防渗标准都在 3Lu 以上，只有在“库水价值很大，为了不使其渗漏，值得花费很多钱，或者渗漏水会给外界造成危险时”，防渗标准才建议为 1～3Lu[1]。稳定性浆液和纯压式灌浆的效果可以满足这个要求。我国《重力坝设计规范》对于防渗帷幕的防渗要求经过几次修订已有所放宽，但仍比西方严一些。即使这样，防渗标准等于或大于 3Lu 的工程

仍是大多数，这些工程完全可以完整地采用稳定性浆液和自下而上纯压式灌浆法。

稳定性浆液灌浆成套技术不能在我国普遍推广的另一原因，主要是人们过于偏好循环式灌浆法。SL 62—1994《水工建筑物水泥灌浆施工技术规范》规定“帷幕灌浆应优先采用循环式”；DL/T 5148—2001《水工建筑物水泥灌浆施工技术规范》作了改进，规定帷幕灌浆“宜采用循环式灌浆，也可采用纯压式灌浆”，但大多数设计人员的思想观念仍未转变过来。2012 版灌浆规范关于这一条的表述是，“根据灌注浆液和灌浆方法的不同，应相应选用循环式灌浆或纯压式灌浆。”这一改变基本上将纯压式灌浆提到了与循环式灌浆平等的地位。

还有一些技术人员，他们接受稳定性浆液主要目的是希望提高灌浆质量，这实际上是一个误区，在多数情况下，单一配比的稳定浆液的灌浆效果是不如多级水灰比的浆液的。实践必然与愿望相背。于是，自然是有始无终了。

稳定性浆液灌浆技术推广不普遍还有一个重要原因，即灌浆工程量计量不合理。按照我国现行的灌浆计量原则，业主和设计单位一直以灌浆工艺的复杂化来试图提升灌浆质量，而不需付出代价；承包商任何提高工效的动议被认为是利益驱动，而得不到支持。要真正推动这项技术的发展，除了技术标准的规定之外，可能还需要修改工程量计量方法，要用经济的杠杆奖优罚劣。

7　结束语

（1）稳定性浆液用之于自下而上纯压式灌浆，实现了材料性能与工艺要求的良性互补，具有高效、低耗、优质的特点，是完整的成套的施工技术。在我国水利水电工程中，在许多的情况下和较大的范围内可以而且应当推广应用。稳定性浆液＋自下而上纯压式灌浆、多级水灰比浆液＋孔口封闭法，应当成为我国灌浆工程中两朵同样美丽的奇葩。

（2）将稳定性浆液与其相配套的自下而上纯压式灌浆法割裂开来，将稳定性浆液应用到孔口封闭灌浆法中，是优势相克，劣势相加，将造成高耗、低效和降低灌浆质量的后果，是技术上不良融合的怪胎。

（3）我国灌浆技术取得的效果总体优于西方。推广应用稳定性浆液的首要目的不在施工质量，而在降低物耗、能耗，减少排放，提高工时效率、经济效益。

（4）若需建设防渗标准很高的帷幕（$q \leqslant 1\mathrm{Lu}$），不宜使用稳定性浆液，不论其与何种方法配合灌浆。

参　考　文　献

[1]　隆巴迪 G. 内聚力在岩石水泥灌浆中所起的作用［C］//第十五届国际大坝会议译文选编. 1985.

论孔口封闭灌浆法及其改进

【摘　要】孔口封闭灌浆法是我国原创的工法，在水利水电工程中普遍采用。孔口封闭灌浆法具有施工简便、对设备要求不高、施工质量好等优点，但其与自下而上纯压式灌浆法相比，工效相对较低、材料及能源损耗较大。孔口封闭法主要适用于块裂结构岩体、陡倾角裂隙岩体的高压水泥灌浆。孔口封闭灌浆法的钻孔、孔口管镶铸、射浆管下设、压水与灌浆、灌浆结束条件等工序具有与其他灌浆方法不同的特点。简化的孔口封闭法应限制其应用。防渗墙下灌浆一般不宜采用孔口封闭法。随着经济及技术的发展，应当对孔口封闭灌浆法进行改进，具体措施主要有：改进钻孔工艺，提高钻孔工效，简化没有实际作用的工序，适当加长灌浆段长度，调整灌浆结束条件等。

【关键词】孔口封闭灌浆法　由来与发展　改进建议

1　孔口封闭灌浆法的由来和发展

20世纪五十年代末，建在覆盖层地基上的北京密云水库白河土坝坝基防渗大部分地段采用了混凝土防渗墙，部分卵石地层地段由于造孔困难，采用了帷幕灌浆方案。灌浆方法是引进苏联的套阀花管法。这种方法是法国人首先发明的，称为索列丹斯（Soletanche）法，其主要施工程序是首先钻出灌浆孔，在孔内下入特制的带有孔眼的灌浆管（花管），灌浆管与孔壁之间填入特制的“填料”（一种低强度浆体），然后在灌浆管里安装双灌浆塞分段进行灌浆。预埋花管法是一种可靠的、成功的工法，著名的埃及阿斯旺高坝坝基防渗帷幕（深222m）就是用此法完成的。

套阀花管法的主要缺点是需要预埋花管，当时我国塑料工业不发达，需要使用大量钢管，钢管也很紧缺，工程造价昂贵。其次，套阀花管法的施工程序较多，花管的制作和下设、填料、灌浆等技术均比较复杂。因此，后来在其他工程施工时我国工程技术人员发明了一种更简便节省的方法——循环钻灌法，又称边钻边灌法。这种工法的主要程序是先浇筑混凝土盖板，埋设好孔口管，之后自上而下逐段进行钻孔，灌浆；再钻孔，灌浆……直至终孔。这种方法在河北岳城水库等工程中取得了成功，遂成为我国覆盖层中灌浆的主要工法。

七十年代末期，贵州乌江渡工程兴建，强岩溶地基帷幕灌浆是该工程成败的关键技术之一，我国工程师王志仁提出采用高压灌浆的方法解决岩溶灌浆的问题，但是国内当时的技术条件（主要是灌浆泵、灌浆塞、胶管、高压阀门等）灌浆压力一般只能达到3MPa以下。为了解决高压灌浆塞的问题，王志仁提出采用孔口封闭（王当时称其为“无塞灌浆”）的方法，这种方法使用孔口封闭器替代高压灌浆塞，将覆盖层循环钻灌法的工艺，

本文原载《水工建筑物水泥灌浆与边坡支护技术》，中国水利水电出版社，2007年原题为《孔口封闭灌浆法讨论》，收入时有修改。

移植到基岩灌浆中。与此同时，又经过研制或改进，解决了高压灌浆泵、高压耐磨阀门等技术难题，使孔口封闭灌浆这样一个系统工法具备了完全的实施条件。再经过乌江渡工程多次的现场试验和 20 余万 m 帷幕灌浆施工实践，接着又在青海龙羊峡水电站、贵州东风水电站、辽宁观音阁水库、湖北隔河岩水电站等推广应用，取得了巨大的成功。1983 年版《水工建筑物水泥灌浆施工技术规范》首次将孔口封闭灌浆法列入规范，1994、2001 版灌浆规范对该法进行系统完整地阐述和规定。

孔口封闭灌浆法现在已成为我国水利水电工程灌浆施工中基本的、用得最多的工法。

2 研发孔口封闭法的意义和理论依据

研发孔口封闭灌浆法的初衷主要是为了实现高压灌浆，其依据是基于以下多方面技术考虑。

2.1 采用小孔径钻孔，以提高钻孔工效

孔口封闭灌浆法形成以前，灌浆孔的孔径一般都要在 ϕ91mm 以上，这是因为灌浆孔中要下入双层灌浆管和灌浆塞的缘故。采用孔口封闭法以后，灌浆孔中只需下入一根射浆管，射浆管也就是钻杆，其直径一般为 ϕ42mm，因此灌浆孔的最小直径 ϕ56mm，甚至更小就可以了。灌浆孔直径的减小给广泛使用金刚石钻头创造了条件，钻孔工效大大提高，从而从总体上提高了灌浆施工的工效。

那么，减小灌浆孔的孔径是否会带来注入率的减小呢？从直观上看，钻孔直径减小以后，钻孔与岩体裂隙相交的长度也减小了，也就是说钻孔中通过浆液的面积减小了，通过浆液的流量（注入率）也会减少，从而延长灌浆时间，这是不利的。但是计算分析和工程实践表明，影响浆液注入流量大小的主要因素是裂缝宽度，而钻孔直径的影响较小。更何况高压灌浆还对裂缝有较大的扩宽作用，实际上有效地增大了注入流量。

2.2 改孔内卡塞为孔口封闭，避免灌浆塞缺陷和孔内卡塞的麻烦

如前所述，在孔口封闭灌浆法形成以前，灌浆时灌浆塞是安放在钻孔里面的。这种作法有几个弊病：①当时的螺杆顶压胶球式灌浆塞不能承受较大的灌浆压力，压力大了灌浆塞就会滑动或漏浆，或压坏止浆胶球；②当孔壁不够平整圆顺时，灌浆塞常常不易封闭严密；③如果岩石中的陡倾角裂隙发育，灌浆时常易发生绕塞返浆；④灌浆塞及其双层管路的安装操作劳动强度大。改为孔口封闭灌浆法以后，这四个弊病完全被克服了。

虽然，运用现代橡胶技术的高压充气式胶囊灌浆塞及高压灌浆软管等我国均已可以自行制造，并已经在有些工程中应用，但是其所适用的灌浆方式是纯压式灌浆，如果要用于循环式灌浆仍然是比较复杂的、不方便的。这也是孔口封闭灌浆法至今仍有生命力的原因。

2.3 大大提高浅层岩体的灌浆压力，以适应防渗帷幕实际运行条件的要求

采用孔口封闭灌浆法以前，各灌浆段的灌浆压力多是按照静水压力的原理，自上而下逐渐增加的，见图 1（a）中的 OCA 三角形。使用的公式为：

$$P = K\gamma D$$

式中　P——灌浆压力，kPa；

γ——岩石重力密度，kN/m^3；

D——灌浆段上面的岩石厚度，m；

K——系数，可采用1～5。

还有其他一些公式，主要是在系数和增加某个常数上有些变化，物理原理是一样的。

灌浆压力按照上述规则确定，理论上并无问题。但问题是灌浆帷幕承受的渗透压力却是相反，是上大下小的，见图1（b）中的OBA三角形。这就要求帷幕的厚度或者密实度（抵抗渗透压力的能力）也是上大下小。为解决这一问题，帷幕的结构需要采用多排孔设计，见图1（c），实际上许多坝的防渗帷幕也是这样设计的。

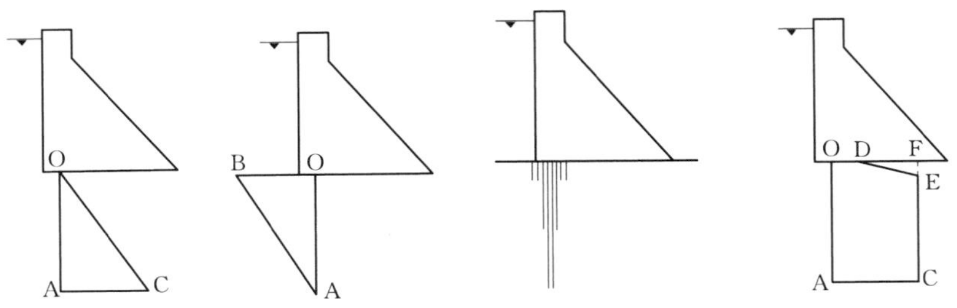

（a）按静水压力分布 （b）坝基渗透压力分布 （c）多排帷幕灌浆 （d）孔口封闭法灌浆压力分布

图1 坝基灌浆压力与帷幕布置示意图

为了从另一个角度解决问题，即用较少的钻孔，达到提高帷幕上部的厚度和密实度的目的，这就研究发明了孔口封闭灌浆法。孔口封闭灌浆法的压力设置，打破了静水压力原理的约束，基本上采用了自上而下等压力的模型，见图1（d）中OFAC，其中虽然孔口5m（第1、2、3段）的压力是由D逐渐升高到E（等于F）的，但是在以下孔段的灌浆中，它们都经受了最高压力的重复灌浆。

2.4 由低压灌浆发展到高压灌浆，增强灌浆效果

如前所述，孔口封闭灌浆法采用以前，我国灌浆工程使用的压力不超过3MPa，这里除了对灌浆机理的认识以外，灌浆泵和灌浆塞的技术性能达不到也是限制条件。采用孔口封闭法以后，以孔口管和孔口封闭器取代灌浆塞，这就避开了需要高压灌浆塞的难点，从而通过经济实用的方式实现了高压灌浆。乌江渡水电站帷幕灌浆首创采用孔口封闭灌浆法使用的最大灌浆压力是6MPa（压力表指针摆动最大值）。

由低压灌浆发展到高压灌浆是灌浆技术的一次飞跃。低压灌浆基本上是渗透灌浆，高压灌浆则基本上是劈裂灌浆。理论分析表明，灌浆时灌浆孔孔壁处岩体承受的拉应力等于灌浆压力。只有少数坚硬岩石的抗拉强度达到5MPa或以上，更何况岩体中有许多裂隙，因此在高压灌浆时灌浆孔周围的岩石不是本身被劈裂，就是原有的裂隙被扩宽和延伸，或部分裂隙被压缩。于是大大地提高了岩层的可灌性和增加了吸浆量，从而增强了灌浆效果。

2.5 为避免和减少岩体抬动，提出灌浆压力和注入率的适应关系

在首创孔口封闭灌浆法的《乌江渡水电站工程大坝防渗帷幕灌浆施工规程》（1978年5月）中规定：一般灌浆段灌浆时应尽快升到设计压力灌注。若遇大量耗浆地段，水灰比

达到 0.5∶1 时，其压力与注入率应参照下列关系变化见表 1。

表 1　水灰比达到 0.5∶1 时压力与注入率的关系变化

注入率/（L/min）	>50	50～30	30～20	<20
压力/MPa	0.5～1	1～2	2～4	设计最大压力

这里明确规定了使用高压力的条件。这是中国版的 GIN 原则，时间上更早于欧洲。

2.6　严格灌浆结束条件，由灌后待凝发展到不待凝

在孔口封闭灌浆法应用以前，每一灌浆孔段灌浆结束以后，常常需要待凝，大大降低了施工工效。是否可以不待凝呢？通过试验，证明适当延长灌浆结束阶段的持续时间，可以加快注入岩石裂隙中的水泥浆液的泌水速度，缩短初凝时间，实现灌浆后连续进行下一段钻孔作业，而不会影响已完成灌浆段的灌浆质量。

同样，严格的封孔条件确保了灌浆孔在完成灌浆施工后封堵严密。

3　孔口封闭法的工艺要求与技术要点

3.1　工艺流程

孔口封闭灌浆法单孔施工程序为：孔口管段钻进→裂隙冲洗兼简易压水→孔口管段灌浆→镶铸孔口管→待凝 72h→第二灌浆段钻进→裂隙冲洗兼简易压水→灌浆→下一灌浆段钻孔、压水、灌浆→……直至终孔→封孔，见图 2。

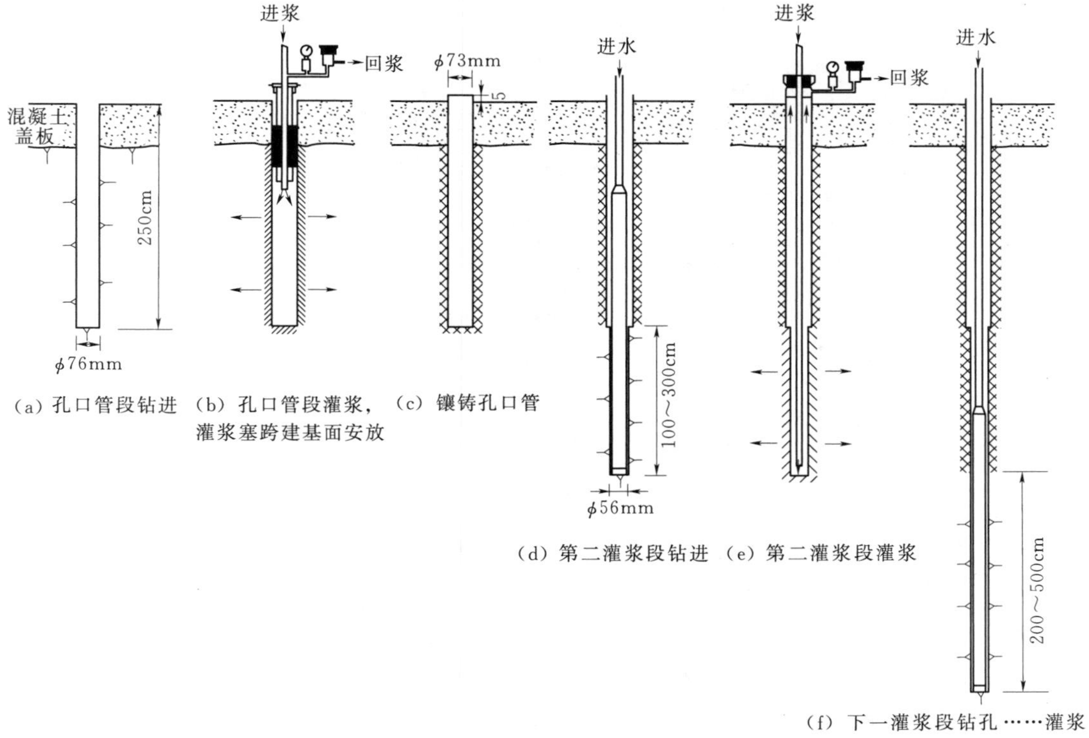

图 2　孔口封闭法主要施工程序示意图

3.2 设备及机具配置

孔口封闭灌浆法的主要机具配置及要求见表 2。孔口管及孔口封闭器形式见图 3。

表 2 孔口封闭灌浆法的主要机具配置

主要设备	主要技术要求
岩芯钻机	各种规格的回转式岩芯钻机
钻具、钻杆（灌浆管）	ϕ56～ϕ76mm 各类钻头及配套钻具
高压灌浆泵	工作压力大于 1.5 倍最大灌浆压力，一般应≥8MPa
高压胶管	钢丝编织胶管，工作压力要求同上
高压阀门	耐磨阀门，工作压力要求同上
孔口管	ϕ73、ϕ89、ϕ108mm 无缝钢管
孔口封闭器	与孔口管配合，钻杆可在其中活动，工作压力要求同上
高速制浆机	200L，搅拌轴转速≥1200r/min，或集中制浆站供浆
储浆搅拌机	200L，搅拌轴转速 30～50r/min
自动记录仪	使用双流量计或小循环连接法
压力表	最大量程 20MPa

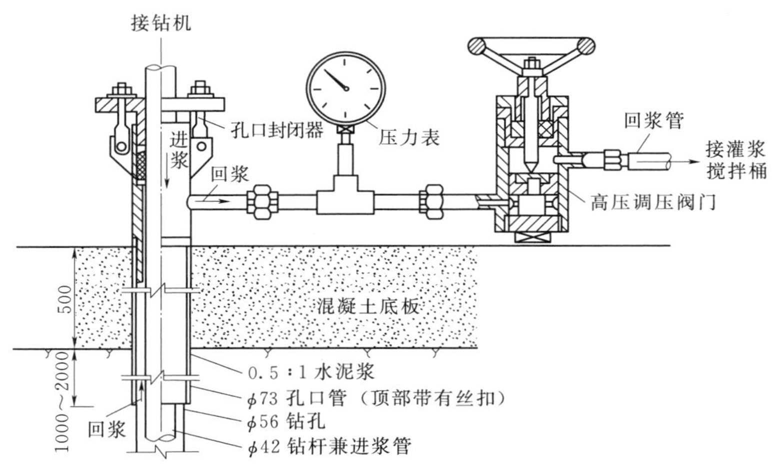

图 3 孔口封闭器及高压阀门

3.3 技术要点

孔口封闭灌浆法是成套的施工工艺，它总体上比自上而下分段灌浆法简便高效，但有的环节要求高。施工人员不能只图简便，将几种灌浆方法的省力之处拼凑起来，这样将达不到灌浆效果。

（1）钻孔孔径。孔口封闭法适宜于小口径钻孔灌浆，因此钻孔孔径宜为 ϕ56～76mm。与 ϕ42mm 或 ϕ50mm 的钻杆（灌浆管）相配合，保持孔内浆液能较快地循环流动。

（2）孔口段灌浆。灌浆孔的第一段即孔口段是镶铸孔口管的位置，各孔的这一段应当

先钻出，先进行灌浆。孔口段的孔径要比下部灌浆孔的孔径大 2 级，通常为 76～110mm。孔口段的深度应与孔口管的长度一致。灌浆时在孔内安装灌浆塞，进行循环式或纯压式灌浆，直至达到结束条件。这就是说，孔口封闭灌浆法的孔口段灌浆不是通过孔口管和孔口封闭器来实现，而是通过灌浆塞来进行的。还要注意的是，灌浆塞的安放位置应当是跨在混凝土盖板与基岩接触的缝面上（深入基岩 0.3～0.5m），这样压力才能够升起来，浆液才可以渗透到适当的范围，包括混凝土与基岩的接触面上，同时也不会抬动混凝土盖板。

（3）孔口管镶铸。镶铸孔口管是孔口封闭法的必要条件和关键工序。孔口管的直径应与孔口段钻孔的直径相配合，通常采用 ϕ73～108mm 无缝钢管。孔口管的长度应当满足深入基岩 1～2.5m 和高出地面 10cm，灌浆压力高或基岩条件差时，深入基岩应当长一些。孔口管的上端应当预先加工有螺纹，以便于安装孔口封闭器。孔口段灌浆结束后应当随即镶铸孔口管，即将孔口管下至孔底，管壁与钻孔孔壁之间填满 0.5：1 的水泥浆，导正并固定孔口管，待凝 72h。

（4）孔口封闭器。由于灌浆压力很大，灌浆孔很深，灌浆管要深入到孔底，所以必须确保在灌浆过程中灌浆孔孔口封闭严密不漏浆，同时还要做到灌浆管不被浆液凝固铸死，因此孔口封闭器的作用十分重要。规范要求，孔口封闭器应具有良好的耐压和密封性能，在灌浆过程中灌浆管应能在孔口封闭器中灵活转动和升降。

（5）射浆管。孔口封闭法必须是循环式灌浆，使用钻杆作为孔内灌浆管，即射浆管。这样做一则比较简便，二则钻杆直径较大，钻杆外浆液回流的环状断面相对较小，浆液流速较快，不易发生沉淀。射浆管必须深入灌浆孔底部，离孔底的距离不得大于 50cm。这一点非常重要，是形成循环式灌浆的必要条件。

（6）孔口各段灌浆。孔口 3 段（包括孔口管段）段长划分应短，一般为 2m、1m、2m，灌浆压力递增要快，从第 4 段（入岩深 5～10m）起最好能达到设计压力。这样做的目的主要是先在地面浅表层形成盖重，减少抬动危险，另一方面是尽快达到最大设计压力。第一段段长与孔口管深入基岩长度有关，可为 1.0～2.5m，如大于 2.5m 则需分 2 段或多段灌浆。孔口管入岩深度与灌浆压力和岩石强度和完好性有关，规范中有具体要求。

（7）裂隙冲洗及简易压水。除地质条件不允许（如岩层遇水软化、孔壁坍塌等）外，一般各孔段均进行裂隙冲洗和简易压水，两项工作一次完成，冲洗（压水）时间 20min。各段压水虽然都在孔口进行封闭，全孔受压，但在计算透水率时，试段长度只取未灌浆段的段长，上部已灌浆段视为不透水。

（8）活动灌浆管和观察回浆。采用孔口封闭法进行灌浆，特别是在深孔（大于 50m）、浓浆（水灰比小于 0.7：1）、高压力（大于 4MPa）、大注入率和长时间灌注的条件下必须经常活动灌浆管和十分注意观察回浆。灌浆管的活动包括转动和上下升降，每次活动的时间 1～2min，间隔时间 2～10min，视灌浆时的具体情况而定。回浆应经常保持在 15L/min 以上。这两条措施都是为了防止在灌浆的过程中灌浆管被水泥浆凝住。

（9）灌浆压力与注入率相适应。不是任何时候都要保持最大的灌浆压力，要依据注入率的大小采用适宜的灌浆压力，见本文 2.5。

（10）灌浆结束条件。孔口封闭法的灌浆结束条件比其他灌浆方法严格，主要表现在

达到设计压力和足够小的注入率以后的持续时间较长。乌江渡水电站岩溶灌浆结束条件为，灌浆段吸浆率不大于 0.5L/min，持续时间不少于 60min；达到设计压力持续时间不少于 90min。2012 版灌浆规范规定一般地层结束条件为，灌浆段吸浆率不大于 1.0L/min，持续时间不少于 30min。

（11）不待凝。在一般情况下，一个灌浆段灌浆结束以后，不待凝，立即进行下一段的钻孔作业。孔口封闭灌浆法诞生以前，每一段灌浆后通常需要待凝，大大影响灌浆工效的提高，此问题曾长期困扰灌浆工程界。孔口封闭法灌浆结束条件较严格，同时上部已灌孔段可以得到复灌，因而可以做到不待凝。但在特殊情况下，如遇大压力涌水等应当适当待凝。

3.4 简化孔口封闭灌浆法（孔口卡塞灌浆法）

孔口封闭灌浆法推广以后，由于它具有不需要在孔中下置灌浆塞的简便性，于是有人将它挪用至低压和常压灌浆（浅孔帷幕灌浆和固结灌浆，灌浆压力小于 3MPa）并加以简化，形成了一种变异的孔口封闭灌浆法。这种方法不镶铸孔口管，也不使用孔口封闭器，仍然自上而下分段钻孔，分段灌浆，但每段灌浆均是在孔口安装灌浆塞，射浆管的长度基本接近孔底。与自上而下分段灌浆法比较起来，这种方法也是一种变异，其每一段灌浆时，灌浆塞不安装在该孔段的段顶，而是一直安装在孔口，不合乎该法的要求。为与规范的孔口封闭灌浆法相区别，可将这种方法称为“简化孔口封闭灌浆法”或“孔口卡塞灌浆法”。

2012 版灌浆规范认可，但限制了这种方法，在相关的条文说明中指出：有的工程使用一种简化的孔口封闭灌浆法——孔口卡塞灌浆，特点是不设置孔口管，不使用孔口封闭器，自上而下分段钻孔和灌浆，每一段灌浆都在孔口安设灌浆塞来实施，随着灌浆孔段加深，灌浆塞的射浆管也相应延伸。很显然，该法省去了镶铸孔口管的工序，因而效率提高成本降低；也正因为如此该法不能适应较高灌浆压力和较大孔深。该法主要应用在钻孔数量很多，灌浆孔深和灌浆压力不很大的坝基固结灌浆，帷幕灌浆一般不宜采用。

3.5 混凝土防渗墙下灌浆

许多土石坝（包括围堰）坝基防渗采用了混凝土防渗墙，但由于防渗墙下的覆盖层或基岩透水性仍然较大，常常需要进行一定深度的帷幕灌浆，采取的措施一是在混凝土防渗墙中钻孔，穿透墙体，再进行墙下钻孔灌浆，这种方法只能适用较浅的防渗墙；另一种办法是在防渗墙施工时在墙体内预埋灌浆管（宜为 ϕ110mm 或 ϕ130mm 的钢管），然后通过灌浆管向墙下进行钻孔灌浆，许多工程都是这样做的。

墙下灌浆如何实施呢？以墙下基岩灌浆为例，正确的做法和步骤是：

（1）通过扫孔疏通预埋灌浆管，并向基岩中钻孔 1～2m，在预埋灌浆管中安装灌浆塞进行墙下第 1 段即接触段灌浆，灌浆压力视工程等级、灌浆段深度、基岩性质、防渗墙入岩深度等而定，一般为 0.5～1.5MPa，当注入量特大时，应以注入量为限制，结束灌浆。

（2）向下钻进第 2 灌浆段，段长可为 2～5m。

（3）在第一灌浆段段底安装灌浆塞，对第 2 灌浆段实施灌浆，纯压式灌浆和循环式灌

浆均可。

(4) 继续进行第3段、第4段……钻孔和灌浆，直至终孔。需要注意的是，每段灌浆时灌浆塞都要安放在该灌浆段的段顶。

根据岩层情况，也可以选择自下而上灌浆方式。但要注意不要遗漏接触段的灌浆。或者先进行接触段的灌浆以后，再自下而上分段灌浆。

但是，现在有些工程采取了一种错误的做法，它们将墙内预埋灌浆管当作孔口管，采用孔口封闭灌浆法的工艺进行灌浆，或者一直将灌浆塞安放在孔口管内，采用孔口卡塞灌浆法的工艺进行灌浆。这是不正确的。防渗墙内预埋灌浆管与孔口管不同，前者主要起导向作用，保证灌浆孔能顺利钻到墙底。为了节省材料，这种管子常常不能承受较高的灌浆压力，管子的埋设深度最多只能达到墙底而不能穿过墙底与基岩的接触面，有时甚至离岩面还有一段距离，不符合孔口封闭灌浆法中孔口管的要求。这种错误的方法导致了灌浆时浆液从防渗墙底反复和大量地渗漏至覆盖层中，浪费了材料，而下部基岩得不到充分灌注，甚至可能压裂防渗墙，是很不安全的。

有人发明了如下办法解决上述问题：①按照灌浆孔口管的要求，在预埋管内再下一根管。这在技术上是可行的，但也要预埋管直径足够大，而且代价太大了。②在预埋管底口与基岩接触部位，下设一段内套管，内套管深入基岩一定深度满足灌浆孔口管要求，然后在预埋管顶安设孔口封闭器灌浆。此法的问题，一是墙内预埋管的材质强度等应满足压力灌浆要求，二是要将该段内套管下设到位和固定好，施工应非常精细，而且它的存在对下部钻孔灌浆还是有妨碍的。笔者认为这都不是良策，最简便的办法还是将灌浆孔一钻到底，自下而上分段卡塞灌浆。

4 孔口封闭灌浆法的优点和不足

孔口封闭灌浆法与其他灌浆方法优缺点的比较见表3。

表3　孔口封闭灌浆法与其他灌浆方法比较

项目	孔口封闭灌浆法	自上而下循环式灌浆	自下而上纯压式灌浆
对灌浆塞要求	无	高	高
使用浆液	各种	各种	单一配比稳定浆液
适用地层	除缓倾角软弱地层外	较稳定地层	稳定地层
施工工效	较高	低	很高
施工管理	较易	不易	易
绕塞返浆	无	不易	有可能
浆液损耗	很大	较大	小
岩体抬动	可能性较大	可能性小	可能性小
劳动强度	较轻	大	轻
钻孔机械	适宜岩芯钻机	适宜岩芯钻机	适宜高效钻机
灌浆质量	很好	好	好

4.1 孔口封闭灌浆法的优点

（1）与自上而下分段卡塞灌浆相比，施工简便、工效高。由于孔口封闭灌浆法改孔内安装灌浆塞的工艺为在孔口安装孔口封闭器，大大方便了施工，同时减少了灌浆塞封闭不严、橡胶塞被顶坏、塞子被水泥浆凝死等故障，显著提高了工效。而且越是深孔这种好处越明显。提高工效的幅度一般可达到30%以上。

（2）根本避免了发生“绕塞返浆”的问题，施工的可靠性高。孔口封闭灌浆法不在钻孔内安装灌浆塞，因此也就排除了孔内浆液会通过陡倾角裂隙，绕过灌浆塞返流到孔口冒出地面的问题。

（3）钻孔和灌浆设备器具简单。一般说来，孔口封闭灌浆法使用的钻孔、灌浆的设备和器具都比较简单、小型、廉价，适合在各种工程和施工条件下应用。在我国多数施工单位大型钻孔灌浆设备不足，精密高效灌浆器具不足的条件下，可以比较经济简便地实现循环式高压灌浆。

（4）可灵活使用各种性能的浆液。由于孔口封闭灌浆法是循环式灌浆，所以可以使用各种性能的浆液，包括非稳定浆液和稳定浆液，可以方便适时地实现各级水灰比浆液的变换，可以根据受灌地层的不同情况有针对性地调整浆液性能，从而增强灌浆效果。

（5）重复灌浆提高了施工的可靠性。由于上部各灌浆段可多次重复接受灌浆，因而对施工疏漏、作弊的补偿机会多，施工安全系数大，灌浆质量有保证，灌浆效果好。对操作人员的技术素质要求较低。

4.2 孔口封闭灌浆法的不足

（1）不便使用快速钻孔机械，与自下而上纯压式灌浆相比，施工复杂、工效低。孔口封闭灌浆法虽然比自上而下分段卡塞灌浆施工简便、工效高，但与自下而上纯压式灌浆相比起来，由于其钻灌要交替进行，不便使用高效率的钻孔机械，因而钻孔灌浆的综合工效低很多。一个机组配置2台岩芯钻机和1台灌浆泵，对于中等硬度和可灌性的岩层，大平均工效一般为200～300m/月，最高工效可达500m/月。但是，自下而上纯压式灌浆法使用冲击回转钻机，工效可达2000m/月。

（2）深孔浓浆高压灌注时，容易发生“铸管”事故。“铸管”，即射浆管在孔中被水泥浆凝住。这是孔口封闭法的一个大缺点，深孔灌浆时射浆管很长，孔内浆液黏稠，稍有不慎，射浆管就可能被浆液凝固铸死，造成孔故，至今没有找到简便易行有效的解决办法。

（3）浆液损耗多，能量损耗大，不宜采用单一水灰比。孔口封闭灌浆法每段灌浆都需浆液在全孔及孔外管路系统内循环，因而灌浆时管路和孔内占浆多，灌浆后废弃浆液比自上而下分段卡塞灌浆多，比自下而上纯压式灌浆更多，通常达到15%～80%，单位注入量越小损耗越大。

尽管在许多情况下注入率并不大，但大量的浆液在高压下和长时间地在孔内管路内循环，需要较大功率的电机（通常在22kW以上）驱动，无谓地消耗了大量的能量。由于孔口封闭法浆液浪费多，能量损失大，尤其当使用单一水灰比（通常是浓浆）时，更加大了这种浪费。反之孔口封闭灌浆法由于是循环式灌浆，浆液比级变换十分容易，因此完全应

该实行多级水灰比浆液灌浆。

（4）容易造成过量灌浆。由于上部孔段在高压力下一再重复灌浆，岩体常常被多次劈裂，甚至导致岩体表部的混凝土结构发生抬动、隆起、裂缝等破坏现象。从一些灌浆试验后的大口径检查孔中可以看到，接近地表（孔口）的岩体不少裂隙被一层一层的水泥结石充填，但是越往下部水泥结石越少。浆液对岩体的多次劈裂、浆液渗流过远都是过量灌浆或无效灌浆。

（5）容易发生回浆失水变浓。由于每段灌浆都是全孔灌注，但上部孔段虽不会大吸浆，但少量渗水仍有可能，因而长时间灌注后浆液会越来越稠，而注入率却难以达到小于1L/min的条件，特别是细裂隙地层灌浆时常有此现象。这种现象既延长了纯灌时间，也是导致容易“铸管”的原因。

（6）灌浆孔段吸浆量的记载不准确。孔口封闭法每一个灌浆段的灌浆实际上都是全孔的灌浆，但是所做的简易压水试验成果、灌浆单位注灰量都是记载在底部的一个灌浆段上，精确性差。据此来分析判断各个岩层的情况也欠准确。

（7）对灌浆自动记录仪的要求较高。由于孔口封闭法是循环式灌浆，因此灌注时对浆液注入量的记录要以进浆量减去回浆量，需要2个流量传感器。这一方面提高了记录仪的价格，另一方面也降低了在小注入量时检测结果的精确性。针对这一缺陷，我国发明了记录仪的“小循环”连接方式，可以使用一个流量传感器实现循环式灌浆的记录，但仍有不完美之处。

（8）不便于实施监理。由于钻孔和灌浆交替进行，钻孔和灌浆两道工序不便分开进行工序质量检验；由于灌浆时射浆管隐蔽在灌浆孔内，无法随时进行直观的检验等原因，监理工作十分繁重和困难。

5 孔口封闭灌浆法的适用条件

孔口封闭灌浆法虽有许多优势，但它也有一定的适用条件。

（1）比较适用于块裂结构岩体、陡倾角裂隙岩体；而不适用于碎裂和散体结构岩体或缓倾角层状岩体，以及缓倾角裂隙发育的岩体。

（2）适用于钻孔较深的帷幕灌浆、深层固结灌浆；由于每孔均要埋设孔口管，浅孔低压灌浆就不太经济了。

（3）较适用于灌浆压力大于3MPa的高压灌浆，低压灌浆可用普通的灌浆塞解决。

（4）适用于盖重较大或对抬动变形不敏感的工程部位。如在对抬动变形要求十分严格的部位，则施工应极为小心。

（5）因为灌浆浆液的损耗量较大，因此贵重材料的灌浆最好不要采用本工法。

（6）高标准的防渗帷幕。孔口封闭灌浆法建造的帷幕质量好，幕体透水率$q<1$Lu，是其他施工方法难以做到的。

6 对孔口封闭灌浆法改进的建议

6.1 对孔口封闭灌浆法进行改进的必要性和可能性

孔口封闭灌浆法为我国水利水电工程作出了巨大的贡献，但其总体上属于半机械化、劳动密集型作业，效率较低，消耗较大。随着时代和技术的进步，逐渐向机械化、自动化、信息化，用人精干、节能降耗、技术密集的作业方式发展是一个趋势。当前，就我国机械制造业的水平而言，淘汰孔口封闭灌浆法，代之以自下而上纯压式灌浆法是完全可以做到的，但是软件上做不到，包括防渗理念跟不上，灌浆施工人员素质跟不上，勉强要做可能会带来灌浆质量的大幅下滑，这是不可接受的。笔者认为当前首先要对孔口封闭灌浆法进行技术改造，减劣保优，降耗增效，升级转型。这是必要性。

孔口封闭灌浆法的工序设计中包含了一些重复加工的因素，一些过高的工艺指标，因而施工的质量保证率较高，安全系数较大，由此也具有进行精简和改造的潜力，这是可能性。

6.2 改进孔口封闭法的若干措施

改进孔口封闭灌浆法要从如何克服各项缺点着手，包括：

（1）改进钻孔工艺，提高钻孔工效，降低劳动强度。孔口封闭灌浆法由于其钻灌工序交替，所以钻孔采用岩芯钻机是适宜的，不需变更。但是我国目前普遍采用的岩心钻机要升级，钻杆要轻型化，接卸钻杆要机械化，获取岩芯要绳索化。深灌浆段钻进应当只取卸一次钻杆。这样一则提高钻孔工效，二则降低工人劳动强度，提高工人文化水平。

（2）简化没有实际作用的工序。孔口封闭法的各工序中，裂隙冲洗和简易压水试验基本不起作用，西方工法中也没有这个工序（自上而下纯压式灌浆无法安排），因此可像固结灌浆一样只在各序孔中抽取5%的孔进行简易压水，其余大部分灌浆孔免除此工序。

（3）加长灌浆基本段长。现在一般灌浆段长为由5m，考虑到孔口封闭法各段均有机会重复灌浆，因此，除孔口3段或4段以外，其余灌浆段段长可增加至6～8m，一般取8m。

（4）调整灌浆结束条件。孔口封灌浆闭法的结束条件已经进行过调整，目前的条件还有优化的余地，建议改为：①达到设计压力且注入率不大于2L/min，继续灌注不少于30min；②达到设计压力且注入率不大于2L/min后，如孔段内浆液已变为浓于2∶1的浆液，允许将浆液回稀至2∶1浆液持续灌注至结束。

这样改的理由之一是，原来1L/min的注入率标准太严，比许多国家灌浆技术标准都严（详见本书另文《关于岩石地基水泥灌浆的结束条件》），如果灌浆段长改为8m，则注入率更需要相应加大。之二是对于大循环式灌浆记录仪来说，1L/min结束条件计量误差太大（见另文《灌浆记录仪的大循环工作方式比小循环好吗?》）。之三是结束阶段孔段已不吸浆，孔内浆液作用主要是传递压力，浆液回稀后既减少铸死钻杆的事故，又节省能源。

（5）在结束阶段改为纯压式灌浆。由于铸管事故主要发生在灌浆的结束阶段，而结束阶段的主要目的是对已注入裂隙中的浆液实施压力泌水，浆液在孔内是否循环并无影响，那么，对于可能发生铸管事故的孔段，例如深孔、高灌浆压力、注入率和注入量大、以浓浆结束的孔段，从灌浆进入结束阶段时起，上提钻杆（灌浆管）到孔口，或提离孔底一定高度，将全孔或部分孔段改为纯压式灌浆，持续灌注直至达到结束条件。这种方法既可防止铸管事故，又不会影响灌浆质量。当然它也有新的缺点，就是在浆液不循环的孔段，水

泥浆中的水泥颗粒会急速沉积泌水，形成半结石状态，从而增加了下一个孔段扫孔的困难，水泥的损耗也会有所增加。所以一般情况下不宜采取此措施。

（6）在有条件的工程，实行全断面钻进连续灌浆。孔口封闭法钻孔灌浆轮番进行，反复起下钻具，是劳动强度大和影响工效的重要因素。鉴此一种全断面钻进，不提钻连续灌浆的工艺曾在一些工程中试行。这种方法采用全断面钻头（如牙轮钻头、全断面合金钻头等，无岩芯钻进）钻孔，一个灌浆段钻完后，立即冲洗钻孔，不提钻接着进行灌浆，灌浆达结束标准后，把浆液换成冲洗液继续进行下一段钻孔……周而复始。

这种工艺由于减少了起下钻的环节，因而可以提高工效。但它只适用于中等硬度的岩石和裂隙不甚发育，吸浆量较小的地质条件，以及中等灌浆压力的情况。因为如果压力太大吸浆量大，灌浆时间长，钻头和钻杆很容易一起铸死在钻孔中。

（7）其他措施。有的工程为解决铸管事故，采取了以下措施：①改进孔口封闭器的密封性能，使在灌浆全过程中，射浆管能连续转动或升降运动，这在很大的程度上可防止铸管事故。不足之处是使孔口封闭器复杂化了，且即便如此也不能完全解决问题，个别铸管的事仍有发生。②将孔内灌浆管（射桨管）改用塑料管，任其凝固在钻孔中，灌浆完成后用钻机钻除。这种方法使工序复杂化，也加大施工成本。笔者不赞成这些办法。

本节措施（1）～（4）可在一般灌浆孔段实行，复杂地质条件、特殊情况仍应遵循规范条文规定。如此改进以后，笔者估计孔口封闭灌浆法的施工效率约可提高 20%～30%。建议重要灌浆工程开展相关灌浆试验，取得经验，推而广之，并进入规范条文。

7 结束语

（1）孔口封闭法是我国独创的水泥灌浆工法。30 年来，在我国钻孔机械及灌浆机具相对落后的条件下，依靠它实现和普及了高压水泥灌浆，建成了一大批高质量的防渗帷幕，在破碎岩体的加固方面也有不少成功实例，在我国水利水电建设中发挥了不可替代的作用。

（2）孔口封闭灌浆法具有施工简便、对设备要求不高、施工质量好等优点，在较长时间内它仍将是我国水利水电灌浆工程基本的施工方法。

（3）孔口封闭灌浆法与自下而上纯压式灌浆法相比，具有工效相对较低、材料及能源损耗较大等缺点。

（4）孔口封闭灌浆法是成套工法，其钻孔、孔口管镶铸、射浆管下设、压水与灌浆、灌浆结束条件等工序各有其要领。应遵照执行。简化的孔口封闭法应限制其应用。防渗墙下灌浆一般不宜采用孔口封闭法。

（5）孔口封闭法主要适用于块裂结构岩体、陡倾角裂隙岩体，不适用于碎裂和散体结构岩体或缓倾角层状岩体；适用于深孔帷幕灌浆和高压固结灌浆。

（6）随着经济及技术的发展，应当对孔口封闭灌浆法进行改进，具体措施主要有：改进钻孔工艺，提高钻孔工效，简化实际作用不大的工序，适当加长灌浆段长度，调整灌浆结束条件等。

关于自下而上灌浆法的若干技术问题

【摘　要】 自下而上灌浆法具有施工程序简化，钻灌工序分开，管理方便，施工工效高，减少浆液浪费和能源消耗等显著优点。以往由于我国施工机械、器具，以及技术标准、观念落后于发达国家，使得自下而上灌浆法长期应用不广泛。目前我国技术已经有了巨大进步，从资源节约及与国际接轨的需要，应重新认识和推广应用这种工法。推广应用自下而上灌浆法不是单纯地对传统工艺简化，而是有更高的技术含量，本文对若干技术细节进行深入探讨。

【关键词】 自下而上灌浆法　工艺要点　实施条件

1　两种基本的灌浆方法

自上而下灌浆法和自下而上灌浆法都是水泥灌浆的基本方法。自上而下灌浆法（也称下行式灌浆法）是指自上而下分段钻孔，分段安设灌浆塞进行的灌浆。这种灌浆方法由于灌浆塞放置的部位是已经经过灌浆的孔段，因此安设灌浆塞的可靠性通常较高，灌浆塞容易阻塞严密。孔口封闭灌浆法是自上而下灌浆法的改良，由于其阻塞封闭的部位常在孔口，由孔口封闭器承担封闭作用，就更没有阻塞不牢的忧虑了。

自下而上灌浆法（也称上行式灌浆法）则是将钻孔一次钻到设计孔深，然后自下而上逐段安装灌浆塞进行灌浆的方法（图 1）。由于这种方法的灌浆塞安设部位是未经灌浆处理的天然岩体内，为使灌浆塞阻塞达到密闭的程度，要求的条件是孔壁岩层裂隙不十分发育，特别是陡倾角裂隙不发育，以免灌浆浆液在压力下渗漏到灌浆塞的上面，严重者造成将灌浆塞凝铸在孔内的事故。

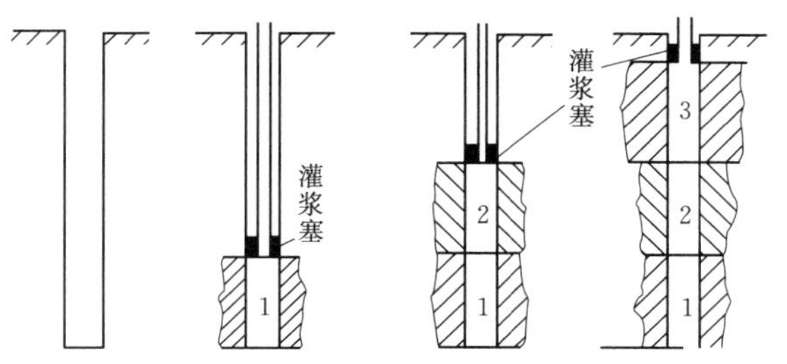

（a）钻孔　（b）第一段灌浆　（c）第二段灌浆　（d）第三段灌浆

图 1　自下而上灌浆法示意图

1、2、3—施工顺序

与这两种灌浆方法密切相关的是纯压式和循环式两种灌浆方式。纯压式灌浆是将浆液

本文原载内部资料《基础工程技术》2008 年第 3 期。

灌注到灌浆孔段内，不再返回的灌浆方式。循环式灌浆是将浆液灌注到孔段内，一部分渗入岩石裂隙，一部分经回浆管路返回储浆桶的灌浆方式。纯压式灌浆的浆液在灌浆孔段中是单向流动的，没有回浆管路，灌浆塞的构造简单。循环式灌浆需要有进浆和回浆循环管路，灌浆孔内要有射浆管。管路系统和灌浆塞都比纯压式灌浆复杂。

自上而下灌浆法可以适用于循环式灌浆，也可适用于纯压式灌浆，我国通常与循环式灌浆配套采用。自下而上灌浆法则通常与纯压式灌浆配合使用，而不宜与循环式灌浆配合应用。

2 自下而上灌浆法在我国应用不广

我国《水工建筑物水泥灌浆施工技术规范》(DL/T 5148—2012)(以下简称《灌规》)规定："根据不同的地质条件和工程要求，帷幕灌浆可选用自上而下分段灌浆法、自下而上分段灌浆法、综合灌浆法或孔口封闭灌浆法。""根据灌注浆液和灌浆方法的不同，应相应选用循环式灌浆或纯压式灌浆。"但在2001年及以前的版本中，都是倾向推荐自上而下循环式灌浆的，加上传统习惯的影响，这就使得我国现今的帷幕灌浆基本上都是采用的循环式灌浆方式。又由于最便于实现循环式灌浆的方法，首先是孔口封闭灌浆法，其次是自上而下灌浆法，由此一来，我国的帷幕灌浆施工方法，包括深孔固结灌浆，就几乎清一色地使用了孔口封闭灌浆法。当然还有另外一个重要的原因，就是孔口封闭法的质量可靠，可以达到很小的透水率标准。

但是，这样一种千篇一律的局面，并不能反映和适应复杂多样的工程要求和地质条件。而且，与自下而上灌浆法比较起来，自上而下灌浆法施工效率相对低下，能源和其他物质消耗相对较高，这对更加重视节约资源和可持续发展的今天来说，重新认识和更多地利用自下而上灌浆法，具有重要的意义。

3 外国技术文献对采用自上而下灌浆法的说明

美国陆军工程兵团在《灌浆技术手册》EM111023506中提出的关于灌浆方法的选用原则是："自上而下灌浆法和自下而上灌浆法都是最常用的方法。运用记录表明，两种方法中不论用哪一种，均能获得有效的结果。如果灌浆将延误另一种施工作业，而时间又是一个重要因素，那么对自下而上灌浆法应给与着重的考虑。如果灌浆孔深部灌浆压力高于顶部时，那么自下而上灌浆法就是最适用的方法。"[1]

该手册又说："如果灌浆区域内的表层岩石是薄层的，并且具有近乎水平的产状，那么，为了避免抬升表层岩石，自下而上灌浆法就是最佳的方法。"

在欧洲，著名的岩体力学专家L·缪勒教授主编的《岩石力学》中指出，分段灌浆有两种顺序……自下而上灌注有很大优点：钻孔可以一次完成，注浆作业和钻孔作业互不干扰，一般常采用这种方法。不过也应指出，当岩石坏到连灌浆塞都卡不住时，就不要采用这种方法。[2]

日本土木学会1972年制定的《拦河坝基础岩体灌浆施工指南》对灌浆施工方法的说明是，在浆液往阻塞器上部返浆的软弱岩石和裂隙多的岩体、地层适合自上而下分段灌浆法；在裂隙比较少，阻塞器上部岩体不漏浆的岩体适宜自下而上分段灌浆法。[3]

总体说来，发达国家在策划灌浆工程时，自下而上灌浆法是首选的方法，当因为地质原因或其他原因此路不通时，才考虑采用自上而下灌浆法，或综合采用多种方法。

4 自下而上灌浆法的工艺要点

自下而上灌浆法总体上比自上而下灌浆法简便快速，但它有其本身的特点和一些值得注意和研究的细节。由于工程实践少，这些特点和细节在《灌规》中反映得不够。

4.1 工艺程序

自下而上灌浆法的主要施工程序参见图1，各工序施工要点如下：

（1）钻孔。使用钻机钻进灌浆孔直至设计深度，终孔。由于钻孔作业不与灌浆作业交替穿插进行，因此可以尽量使用钻进速度快的钻机和钻孔方法。

（2）钻孔冲洗。保持钻具在孔底，通入大流量水流，对全孔进行冲洗，直至孔底沉淀厚度小于20cm，孔口返水清澈。

（3）裂隙冲洗。一般不进行专门的裂隙冲洗，必要时可进行全孔压水裂隙冲洗。即在孔口安装灌浆塞，以纯压式注入清水，压力一般不大于孔口灌浆段的灌浆压力，冲洗时间15～30min。

（4）全孔压水试验。钻孔冲洗或裂隙冲洗完成后，可进行全孔压水试验（或简易压水），以取得岩体灌浆前透水率指标。

（5）孔底段压水试验、灌浆。将灌浆塞下入孔中，至底部灌浆段段顶，对灌浆塞加压使之膨胀封隔灌浆段。检验灌浆段封闭合格后，进行孔底段压水试验或简易压水，取得孔底段岩体的透水率。

（6）紧接上道工序之后，向孔内注入水泥浆液，进行纯压式灌浆，直至达到结束条件。如孔段透水率很小，开始输送浆液灌浆时，可适当放松灌浆塞排除灌浆管内的清水，至清水将要排完时，恢复封闭灌浆塞，加压灌浆。

灌浆的结束条件按2001版《灌规》6.6.1规定为“在该灌浆段最大设计压力下，注入率不大于1L/min后，继续灌注30min”。这一规定实际上不易做到，施工中常常坚持不到半小时浆液就过分变浓，影响上一段继续灌注甚至堵塞灌浆管。

（7）灌注上一段（第2段），再灌注上一段（第3段）……孔底段灌浆至结束条件后，放松灌浆塞，上提至上一个灌浆孔段的顶部，胀紧灌浆塞，进行灌浆，直至结束条件。上提灌浆塞时，灌浆管的进口处应关闭阀门，以保持灌浆管内的浆液不要流入孔中，否则流到灌浆塞的上面凝固后造成事故，或给上部灌浆带来困难。自第2段起，不再进行压水试验或简易压水。依此上推。

（8）灌注孔口段（最后一段）、封孔。自下而上直至孔口为最后一段，按一般要求灌浆，达到结束条件，再延长一段持续时间，通常30～60min，即完成封孔。

（9）全孔灌浆完成。全孔各段灌浆应连续进行，由孔底至孔口一气呵成。

4.2 特殊情况处理

（1）先导孔施工仍应自上而下逐段钻孔，逐段进行压水试验。先导孔灌浆可自下而上

进行。

(2) 灌浆孔钻进过程中遇严重漏水和孔壁不稳定地层时，应停止钻进先进行该部位灌浆，或整个上部灌浆，之后再加深钻孔，进行下部孔段灌浆。

(3) 灌浆塞在预定部位封闭不住时，可向上移动 1～2m 距离，再进行封闭。如上提多次达不到封闭要求时，要采取补救措施，《灌规》中已有说明。

(4) 灌浆过程中发现浆液渗漏到灌浆塞上面时，可再下入一根细水管至灌浆塞上面，将漏浆稀释冲洗，排出孔外。漏浆严重或无法下入冲洗水管时，应中止灌浆重新加力膨胀灌浆塞，或更换安设灌浆塞的位置。

(5) 当注入率很低时，应在孔口设置回浆管路，避免浆液流动过慢发生沉淀。

4.3 对灌浆塞的要求

采用自下而上灌浆法，要求灌浆塞膨胀性能好，对钻孔孔形适应性强，塞体长度达到 80～120cm，操作简便。我国过去常用的橡胶柱灌浆塞达不到这一要求，这也是自下而上灌浆法不能大量推广应用的硬件原因。

4.4 对灌浆浆液的要求

自下而上灌浆法采用的是纯压式灌浆方式，浆液不能进行孔内外循环，这就要求采用不易发生沉降分离的稳定浆液。另外当孔段注入率较小时，纯压式灌浆的浆液变换不方便，因为变换的新浆要待管路和孔中的旧浆灌完后方能进入孔中，这可能需要很长时间，有时等不到旧浆灌完，孔段已经饱和即达到结束条件了。因此提出采用单一水灰比的浆液是很有必要的。这与我国一直采用分级水灰比的习惯是不配套的。当然，若被灌地层裂隙发育，注入量大，这个问题就不重要了。

解决纯压式灌浆变浆滞后的一个措施是，在孔口灌浆管上安装旁通阀门（这是很必要的），变浆后即开启旁通阀放掉灌浆管中的旧浆，直至新浆到达后关闭阀门，这样需要被顶出的旧浆就少了许多。

另外，稳定性浆液可以尽快帮助灌浆塞密闭止水，稀浆易渗漏，需要较长时间达到密闭要求，给施工带来困难。当然，稳定性浆液的这一优势，对于在岩体裂隙中灌浆来说又是劣势了。

5 两种钻孔方法的比较

5.1 钻孔方法对岩体吸浆量的影响

长期以来，灌浆孔的钻进倾向于采用回转式钻孔法，而不是冲击式钻孔法。但是美国著名工程地质学家和灌浆专家 Ken Weaver 指出：“来自许多工程的可比资料表明，用回转钻机钻的孔与采用水或气—水循环的回转冲击钻机钻的孔，在吸浆量上很少或几乎没有差别。不同之处是通常表明回转冲击钻钻孔更有利，该方法产生的大块岩屑不像金刚石钻头产生的细小岩粉那么容易进入和堵塞狭小裂缝。”[4]

我国水电六局于 20 世纪 80 年代在辽宁太平哨水电站进行了两种钻孔方法灌浆效果的比较试验，其结论是：用潜孔钻钻孔灌浆，在地质条件相近的情况下，其透水率降低的百分率与岩心钻相比差别不大。灌浆效果可以满足设计要求。用潜孔钻钻孔的效率比岩心钻提高7～14倍，对加速工程建设节约投资效果显著[5]。另一施工单位于90年代末在长江三峡工程使用KQL—100G型轻型潜孔钻机和SGZ—ⅢA岩心钻机进行了固结灌浆兼辅助帷幕灌浆的试验，试验结果（表1）说明两种钻孔方法结果相近，检查孔压水试验均可满足透水率小于3Lu，但钻孔工效相差6倍，后潜孔钻在施工中普遍应用。[6]

表1　　三峡工程风动钻机与岩芯钻机钻孔灌浆效果比较

钻孔方式	孔序	灌前透水率/Lu			单位注灰量/（kg/m）			检查孔透水率/Lu		纯钻速度/(m/h)
		0～2m	2～7m	平均	0～2m	2～7m	平均	0～2m	2～7m	
风动钻机	Ⅰ	26.1	4.0	10.3	69.8	47.3	53.7	1.7	2.7	6.0
	Ⅱ	8.6	2.9	4.5	8.4	52.3	39.8			
岩心钻机	Ⅰ	7.5	5.4	6.0	53.7	58.7	57.3	1.1	1.7	1.0
	Ⅱ	1.4	2.0	1.8	3.3	1.6	2.1			

很多试验都得出相同结论，冲击回转钻进与回转钻进的钻孔灌浆效果没有明显差别。因此以此为理由拒绝选择采用冲击回转钻进钻孔的自下而上灌浆法，是没有理由的。

5.2　关于孔斜问题

采用冲击回转钻孔方法的另一个障碍是其钻孔孔斜较回转钻进难于控制，钻孔孔斜率常常略大于回转式钻机的钻孔。对这个问题可作如下说明：

（1）随着机械制造技术的进步，冲击回转钻机和钻具日趋精密，因而钻孔孔斜不断减小到了可以接受的范围内。

（2）我国帷幕灌浆的钻孔孔斜要求过于严格。2001版《灌规》要求单排孔帷幕60m孔深允许偏距1.3m，孔斜率约2.2%。而著名的伊泰普工程的技术规范规定，帷幕钻孔深度在70m以内偏斜率限为3%，超过70m时限为5%。实际上钻孔孔斜率对岩石灌浆的影响并不如对覆盖层灌浆或高喷灌浆的影响那么大，伊泰普工程的规定是科学和实际的。

6　推广应用自下而上灌浆法的必要性

6.1　自下而上灌浆法的优点

（1）施工程序简化，能够大幅度地提高工效。由于钻孔工序和灌浆工序分开，免去了一个钻孔长期占压一台钻机，或一台钻机反复移动于多个钻孔的作业方式，便于充分发挥高效率的钻孔机械和灌浆机械的作用。如果采用冲击回转钻机钻孔，一个机组的生产效率可达钻灌进尺2000m/月以上，即便使用原有的回转钻机钻孔，也可以达到800～1000m/月左右。

（2）钻孔和灌浆工序分开，便于进行质量检查，便于对灌浆作业的监理，有利于提高施工质量。由于灌浆工程是隐蔽工程，灌浆施工工序是特殊过程，因此需要旁站监理。但是钻孔工序并不是特殊过程，完全可以在全孔钻进完成以后进行全面测量检查验收。而灌浆工序全孔集中连续进行，一次性地执行旁站监理，这是可以做到的。钻孔灌浆工序分开以后，灌浆工序基本不占直线工期，因此应尽可能安排在白天作业，这既改善了操作人员

的工作条件，也便于实施监理，对保证施工质量很有好处。

（3）减少浆液浪费，减少能源消耗，免去或简化孔口管装置，符合资源节约和环境保护要求。纯压式灌浆对水泥浆和水泥的利用率能达到95%以上，而孔口封闭法灌浆由于大量的灌浆管和灌浆孔内占浆、上部已灌注孔段反复地被重复钻掉或冲洗掉，因而浆液浪费惊人和令人痛心，在大注入量时（平均单位注入量大于100kg/m）浆液利用率最多能达到60%～70%，在小注入量（平均单位注入量小于20kg/m）时80%～90%的水泥都浪费了。

其次，循环式灌浆泵的功率很大，通常在20kW以上，大量的能量消耗在保持浆液在高压下循环，转化为热能，同时恶化浆液性能。而纯压式灌浆使用的灌浆泵功率通常不超过10kW。

还有纯灌时间，自下而上灌浆法或孔口封闭法由于要防止上一段灌注的浆液在下一段钻孔时被扰动冲洗出来，因此需要较严格的灌浆结束条件，较长的在最大压力下的持续灌浆时间，其平均纯灌时间达到120～180min/段甚至更长，而自下而上灌浆法只有它的30%～50%。

（4）减少岩体或混凝土结构抬动的可能性，有利于工程安全。自下而上灌浆法根据灌浆的深度区别使用灌浆压力，使用高压力时灌浆塞通常安设在地面以下较深的位置，造成岩体或结构物抬动的可能性自然就小。

（5）可避免采用孔口封闭灌浆法经常发生的射浆管在孔中被水泥浆铸死的严重事故。

（6）记录仪简化。由于循环式灌浆工艺的特点，给使用自动记录仪也带来不便或复杂化，导致大循环和小循环的争论。如采用自下而上纯压式灌浆，记录仪可比现在简化，大小循环的争论也不存在了。

（7）与国际接轨。国外发达国家早就是以自下而上灌浆法为首选的工法，我们现在来宣传和推广它，实际上也是与国际接轨。

6.2 我国当前推广应用自下而上灌浆法的条件

如果说过去我们应用自下而上灌浆法较少，主要是由于硬件与软件都存在差距，那么现在条件已经成熟了。

（1）钻孔机械。以往国产的冲击回转钻机只能用来钻进较浅的炮眼和固结灌浆孔，高性能的冲击回转钻机和钻具需要进口，价格昂贵。现在我国这类进口设备已经很多，国产同类设备性能也大大提高，钻孔深度可以达到60m以上。纯压式灌浆最好采用变量泵，这种泵的输出是定压力、变流量的，我国已有生产，但不多，主要是缺乏需求的拉动。但是用传统的定量泵也可以进行纯压式灌浆。

（2）灌浆塞。要求膨胀及密封性能好，又能承受5～10MPa的高压。这种胶囊式的灌浆塞以往需要进口，仅一个灌浆塞要人民币1万多元。现在国产品质量已经过关，价格大大降低。图2为中国水电基础局科研所研制的耐高压气（液）压灌浆塞。

（3）稳定性浆液。纯压式灌浆最好使用单一配比的稳定性浆液，稳定性浆液通常是在普通水泥浆液中加入适量膨润土和减水剂，通过高速搅拌制成。过去我国的商品膨润土、外加剂、高速搅拌机应用都不普及，对稳定浆液的性能研究也较少。但自20世纪90年代

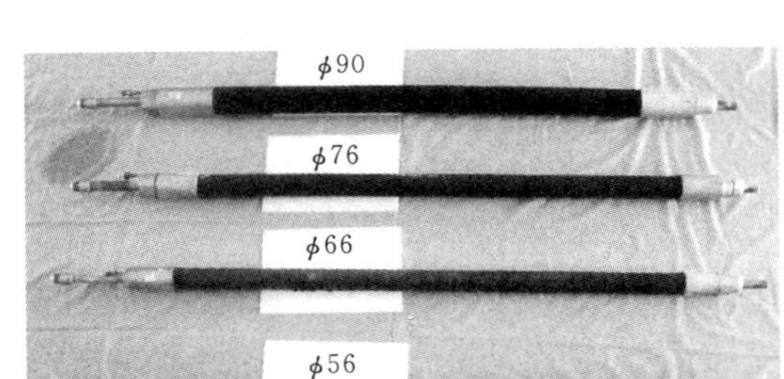

图 2 高压气（液）压灌浆塞

以来我国许多单位对稳定浆液开展了广泛的研究和应用，其技术基本普及。

（4）技术规范与防渗标准。现行《灌规》对于自下而上灌浆法和纯压式灌浆的应用没有限制，主要是人们消化理解可能还需要一段时间。

防渗标准是值得研究的问题。我国许多高坝大库等级较高，要求防渗标准透水率小于1Lu，这对于自下而上纯压式灌浆法风险较大，因此这一部分工程不宜采用本法。但是防渗标准为3Lu、5Lu或更大的工程还是很多的，例如各种固结灌浆、坝高100m以下的重力坝帷幕灌浆、高坝高高程帷幕灌浆等，都有用武之地。

（5）地质条件。如前所说，自下而上灌浆法主要适用于岩层裂隙不十分发育，特别是陡倾角裂隙不发育的地质条件。工程中这种情况是比较多的，我国已建和在建的许多大型水电站都具备这样的条件。即使在裂隙发育甚至岩溶强烈的坝址，其后灌排、后序孔也有采用自下而上灌浆法的可能性。

（6）自下而上灌浆法对施工人员提出了更高的要求。众所周知，孔口封闭灌浆法每一段灌浆都对全孔具有复灌作用，因而施工安全系数很大，灌浆质量保证率高。但是这种安全系数和质量保证是以人力和物力资源的过量消耗换取的，带有粗放型施工的性质。随着社会的发展进步和施工水平的提高，这种质量保证方式应当逐步缩小其使用范围。

自下而上灌浆法每一段灌浆只有一次机会，不能指望以后的复灌。因此灌浆作业时的质量控制更加重要，对每一个工艺环节的要求应更加精准。另外，由于灌浆塞要在孔内实施多次移位、加压膨胀、带压灌浆、卸压收缩等作业，施工人员需要对全孔岩石情况、各灌浆段卡塞位置、灌浆塞状况等“胸中有数”，这是对施工作业和技术管理人员新的更高的要求。

通俗地说，自下而上灌浆具有更高的技术含量。

7 工程实例

国外几乎普遍应用自下而上灌浆法，改革开放以来我国利用外资的工程也采用了或部分采用了自下而上工法。

7.1 二滩水电站[1]

由世界银行提供贷款的我国二滩水电站，拱坝坝高240m，装机330万kW，1999年

[1] 引自二滩水电站相关技术资料。

建成，坝基岩体主要为玄武岩和正长岩，总体地质条件较好。根据由美国哈扎国际咨询公司咨询的灌浆技术规范规定，按不同的岩石条件和孔深，采用不同的灌浆方法：自下而上分段灌浆、自上而下分段灌浆、从孔口到孔底连续循环灌浆法（类似孔口封闭灌浆法）。自下而上灌浆法是基本方法，从孔口到孔底连续循环灌浆法适用软弱和风化岩石、吕荣值很高的情况。由此，二滩灌浆工程主要采用了自下而上灌浆法。其中固结灌浆深度分为5m、15m、25m三种，灌浆压力由浅至深分别为0.4、1.0、1.5MPa，共完成坝基固结灌浆工程量12.3万m，平均单位注灰量20kg/m。

帷幕灌浆采取的方法更为简便大胆，其程序依次为：钻孔至最终孔深；在孔口安装灌浆塞进行压水试验；如透水率大于某一规定值（根据不同部位为3Lu或1Lu），则自孔底逐段向上进行压水试验和灌浆，灌浆压力由浅至深分段增加，分别为1.5～6.5MPa；如透水率小于某一规定值（同上），则进行全孔一段灌浆，结束。二滩工程共完成帷幕灌浆15.16万m。

二滩固结灌浆和帷幕灌浆经过质量检查满足设计要求，经过近十多年运行考验，灌浆工程质量良好。

7.2 伊泰普工程[7]

伊泰普水利枢纽位于巴西和巴拉圭两国的界河巴拉那河上，主坝为支墩坝和空心重力坝，坝顶高程225m，长度1064m，最大坝高196m。水库总库容290亿m^3，装机1260万kW。工程于1991年建成。

伊泰普工程坝址的基岩由玄武岩喷出体构成。上游防渗帷幕灌浆深度120m，主要由两排钻孔组成，孔距3m，在连续多段吸浆量超过规定值的局部地段，在两排钻孔的中间再加设第三排钻孔，孔距1.5m。大部分帷幕在3.8m×2.5m的廊道内施工。帷幕最大灌浆压力为5.0MPa。浅帷幕灌浆孔或接触灌浆使用Mono-CD-64型螺杆泵灌注，深帷幕孔初期采用ACKER50G_2型灌浆泵，以后改用Trido130DG型灌浆泵。

对于钻孔机械的选择作了多次试验，为的是了解这些钻机钻深孔的性能，特别是钻孔的偏斜度，对于深度大于50m的钻孔，选用钻头的直径为108mm。在钻孔总数8%的钻孔中进行了测斜工作，超出允许值［见本文5.2（2）］的情况很少。钻孔速度很快，平均工效6m/h，钻灌综合工效达到每机组2000m/月以上。除去8500m质量检查孔采用回转式钻机钻进外，其余97%的钻孔均采用冲击回转式钻机钻孔和自下而上纯压式灌浆。采用稳定性浆液，水灰比1∶1，加入水泥重量2%的膨润土。坝基灌浆工程量总计29.5万m，平均单位注入量为15kg/m。

灌浆完成后从分析各序孔吸浆量的变化、灌浆处理前后岩石渗透性的变化、排水隧洞内测得的渗漏水量、水库蓄水和最初运行期间渗流监测仪器的观测值等，判断灌浆帷幕在减少坝基渗漏和降低扬压力方面取得良好效果。

8 结束语

（1）自下而上灌浆法具有施工程序简化，钻灌工序分开，管理方便，施工工效高，减少浆液浪费和能源消耗等多项优点。推广应用自下而上灌浆法对于建设资源节约型、环境友好型和可持续发展的经济社会是必然要求。

（2）自下而上灌浆法所依托的高效率钻孔施工机械、灌浆机具、稳定浆液，以及技术规范、国际接轨的要求等硬软件环境条件已基本成熟，推广应用自下而上灌浆法具有可行性。

（3）由于地质条件的多样性和复杂性，基于自上而下灌浆法的孔口封闭灌浆法今后仍会存在和大量应用；但可应用自下而上灌浆法的工程项目和地质条件也很多，此时应大力推广采用自下而上灌浆法。

（4）自下而上灌浆法不是单纯地对传统工艺简化，而是有更高的技术含量，其技术细节和技术管理在我国研究得还不够深入，本文述及各个方面期望引起同行们重视。

参 考 文 献

[1] EM1110—2—3506. 灌浆技术［S］. 水利部科技教育司，水利水电规划设计总院，译. 1993.

[2] 米勒 L. 岩石力学［M］. 北京：煤炭工业出版社，1981.

[3] 日本土木学会. 拦河坝基础岩体灌浆施工指南［M］. 1972.

[4] Weaver K. 大坝基础灌浆［R］. 中国水利水电工程总公司科技办，中水基础局科研所，编译. 1995.

[5] 杨广耀，蒋养成. 潜孔钻在太平哨水电站灌浆工程中的应用［J］. 水力发电. 1981（10）：16.

[6] 宜昌三峡工程建设三七八联营总公司. 固结兼辅助帷幕灌浆两种钻孔方法对比试验报告［R］. 1999.

[7] 伊泰普两国委员会. 伊泰普水电工程工程技术特辑［R］. 中国长江三峡开发工程总公司，中国电力信息中心，译. 1994.

关于灌浆孔段的裂隙冲洗

【摘　要】 岩体灌浆前的裂隙冲洗对灌浆效果的影响有多大？能否使用经济的方法将岩体裂隙冲洗干净？裂隙冲洗时间以多长为宜？是灌浆界长期争论并未完全取得一致意见的问题。本文对问题的沿革及灌浆规范的相关规定进行介绍、解释和评议。

【关键词】 灌浆孔段　裂隙冲洗　冲洗方法　冲洗效果

1　一条规定引发的争议

《水工建筑物水泥灌浆施工技术规范》（DL/T5148—2012）中有一条规定："采用自上而下分段循环式灌浆法、孔口封闭灌浆法进行帷幕灌浆时，各灌浆段在灌浆前应采用压力水进行裂隙冲洗，冲洗压力可为灌浆压力的80%，并不大于1MPa，冲洗时间至回水清净时止并不大于20min。"这条规定在规范征求意见稿阶段，一些反馈意见认为冲洗时间应是至回水清净时止并"不小于20min"，并以为是文本打印错误。

其实，这并非打印错误。更明确地解释条文是两层意思：一是冲洗时间至回水清净时止，它可能是5min，也可能是10min、15min（一般5min记录一次）……回水清净了就结束了。二是最长冲洗时间限于20min，也就是说，如果到了20min还冲洗不净，那也不延长时间了。当然条文的前提是针对一般工程要求和地质情况，是采用压水冲洗的方式，如果是复杂地质条件或有特殊冲洗要求，或采用其他冲洗方法，那就另当别论了。这个前提也是本文讨论的前提。

在施工实践中，本条文的一般执行情况大部分是达到20min，主要原因一是长时间冲洗不净的灌浆孔段不多，二是裂隙冲洗常常和简易压水试验相结合，而简易压水时间规定为20min，所以冲洗时间也不会少于20min了。

灌浆孔段怎样进行裂隙冲洗关系到对灌浆效果的影响以及灌浆施工效率、施工成本的问题，因此对其讨论清楚是必要的。

2　钻孔冲洗与裂隙冲洗的区别

在进入正题之前还要弄清两个不同的概念，即钻孔冲洗和裂隙冲洗，也简称为冲孔和洗缝，前者指钻孔孔底和孔壁的冲洗，目的是要保持钻孔空腔的干净，保持孔壁岩体裂隙开口处的干净，以使灌浆能够畅通进行；后者是指对钻孔四周岩体裂隙的冲洗，冲刷减少裂隙内的软弱泥质充填物，以增强灌浆效果。

从严格意义上说，在钻孔钻进过程中，冲孔一直在进行着，不断地清除钻渣，否则钻孔无法进行。灌浆规范中所说冲孔主要指钻孔完成后，灌浆前的一次集中的冲孔，冲孔方法是在钻孔内下入钻杆或灌浆管至孔底，通入大流量水流，必要时（例如使用冲击钻机钻孔时）通入压缩空气，孔口敞开任冲洗液（气）流出，至返水清澈为止，并要求孔底沉淀物厚度小于20cm，即为冲洗合格。钻孔冲洗工作或工序是钻孔作业的一部分，在钻进完成以后，通过钻具通入大水流，几分钟就可以把钻孔冲洗干净了，这才算交出一个合格的孔或孔段。钻孔冲洗非常重要，冲洗合格条件非常明确，诸家没有异议。

笔者看到有些工程把钻孔冲洗放到灌浆前实施，而且规定20min，其实是重复了。灌浆前通通水试试管路是必要的，也可验证一下孔的干净程度，但有3～5min就可以了，不需要20min，不需要记录仪记录，记录仪也不能判断回水是否清澈？这与裂隙冲洗无关，本文不细讨论。

对于裂隙冲洗的含义和目的，各家也无异议。分歧之处在于采用经济可行的方法能否将裂隙冲洗干净，裂隙未冲洗干净对灌浆效果的影响有多大？从而引发在一般情况下是否需要采用复杂方法对裂隙进行强力冲洗，以及冲洗时间是否越长越好的争议。

3 裂隙冲洗有哪些方法?

灌浆工程岩体的裂隙冲洗常用的方法是压水冲洗，有特殊要求时应采用强力冲洗，即高压压水冲洗、脉动冲洗、风水联合冲洗或高压喷射冲洗；裂隙冲洗应当使用清水，除非工程有特殊需要，方可使用化学剂。还有更复杂的钻孔和裂隙冲洗方法，但岩体灌浆工程基本不用了。裂隙冲洗应该在钻孔冲洗以后进行。各种洗缝方法及其适用条件见表1。

表1 裂隙冲洗方法

冲洗方式	作业要点	冲洗原理	适用条件及冲洗效果
压水冲洗	安装灌浆塞隔离被灌浆孔段，使用灌浆泵向孔段内压入循环水流，压水压力由回水管阀门调节，通常为灌浆压力的80%，并不大于1MPa，至返出的水洁净，或持续一段时间为止	裂隙缝口的一部分充填物被压力水冲刷挟带流出孔外，不能从孔口冲洗出的充填物被压力水推移至离钻孔较远的位置	适用除不需冲洗以外的各种地层。施工简便但冲洗效果一般较差
高压压水冲洗	压水压力通常大于1MPa，但不超过灌浆压力的80%。其余同上	裂隙缝口的一部分充填物被压力水冲刷挟带流出孔外，不能从孔口冲洗出的充填物被压力水推移至离钻孔较远的位置	不适宜缓倾角和易抬动地层。效果尚好
脉动冲洗	按照压水冲洗的方法，先使用较大的压力冲洗数分钟，接着完全放开回水阀门，低压大流量冲洗，如此反复脉动，直至返出的水洁净或持续一段时间为止	高压时类似压水冲洗机理，低压时裂隙内水压力高于孔内压力，形成反向水流将充填物带出	适宜于断层破碎带，但孔壁稳定的地层。效果较好
风水联合冲洗	在孔段中下入风管和水管，或在水管中通入风，使风、水在孔中混合膨胀，并喷出孔外。注意风压应大于满孔时的水柱压力，可以反复多次。直至返出的水洁净或持续一段时间为止	压缩空气的能量在孔内释放，形成紊动、震荡水流，对裂隙中的充填物质起到松动、剥离、抽吸的作用	适宜于断层破碎带，但孔壁稳定的地层。施工稍复杂，效果较好
高压喷射冲洗	通过钻孔找准需要加固的部位，下入喷射管，通入高压水（25～50MPa），或者伴以压缩空气，强力冲刷和击碎裂隙或夹层内的软弱物质，并使其剥离冲出孔外，反复进行直至返出清水。可定向冲洗，也可旋喷冲洗	利用高压水束的巨大能量，将软弱充填物切割破坏冲出，而后以水泥浆液灌注置换填补其空间	适宜于断层及软弱夹层的局部加固。冲洗效果好，但施工复杂，仅用于个别不良地质段并需要特别冲洗部位

续表

冲洗方式	作业要点	冲洗原理	适用条件及冲洗效果
群孔冲洗	将被冲洗孔和相邻孔同时钻出，通常以3～5孔为一组，各孔轮番进水、进气和排水、排气、排泥渣	利用邻孔提供的空间，增加了裂隙内充填物的排泄通道，增大了冲洗液的水力梯度	适宜于有串通条件的群孔固结灌浆。冲洗效果好，但施工复杂，打乱灌浆次序

表1所列各种冲洗方法在我国水利水电工程中都使用过，由于压水冲洗最简便，并可与压水试验或简易压水试验结合进行，冲洗效果可以满足一般工程和地质条件的要求，所以使用最多。当必须追求更好的冲洗效果时，才启用强力冲洗的方法。各种冲洗方法可以单独使用，也可以几种方法结合使用。

4 灌浆工程界对裂隙冲洗认识的变迁

表2为《水工建筑物岩石基础水泥灌浆工程施工技术试行规范》（1963年）、《水工建筑物水泥灌浆施工技术规范》1983、1994、2001、2012年版中裂隙冲洗的有关条文，条文内容的变化反映了我国灌浆专家对裂隙冲洗认识的变迁。

表2　灌浆规范历次版本对裂隙冲洗的规定

规范版本	条　文　内　容
1963	五十八　灌浆前必须进行钻孔及岩石裂隙的冲洗，以保证浆液结石与岩石有良好的胶结。 五十九　钻孔可用压水或压水和压气混合冲洗。冲洗工作应达到孔底残留岩芯、大粒铁砂、岩粉等的淤积厚度不超过20cm，孔口回水完全澄清，不含污泥杂质等，再继续10min方可结束。单孔冲洗效果不好时，可以采用群孔冲洗的办法。 岩石裂隙的冲洗应在灌浆前完成。冲洗压力由小到大逐渐增加，最大不得超过灌浆压力。当在最大压力下，压入的水量达到稳定（前后流量之差不大于较小流量的20%），再继续冲洗30min后结束。在单位吸水量（即透水率）较小，证明存在泥质充填，且位于地下水位以下的孔段，可采用抽水冲洗或其他冲洗办法进行比较。 六十　钻孔及裂隙的整个冲洗过程中，每隔5min应记录一次冲洗压力和压入的水量，以便及时了解冲洗程度。 六十二　固结灌浆孔的冲洗工作应一直进行到回水变清后10min为止。 遇有黏土夹层或设计上对岩石裂隙冲洗有特殊要求时，则冲洗方法及可能性应根据试验确定
1983	第3.3.3条　帷幕灌浆孔裂隙冲洗可根据不同地质条件选用压水冲洗、脉冲冲洗、风水联合冲洗等方法，直至回水澄清，延续10min即可结束，但总的冲洗时间不宜少于30min。 冲洗压力不宜大于本段灌浆压力的80%。 岩溶、断层、大裂隙等地质条件复杂的地区，帷幕灌浆孔的裂隙冲洗方法应根据灌浆试验确定；如不进行裂隙冲洗，应有专门论证。 采用自下而上分段灌浆法时，钻孔裂隙冲洗的方法应根据具体情况确定。 第3.3.3条　固结灌浆孔裂隙冲洗，当钻孔互不串通时，可采用帷幕灌浆孔的冲洗方法进行；多孔串通时，应采用风水联合群孔冲洗的方法。冲洗要求不应低于帷幕灌浆孔。 设计对岩石裂隙冲洗有特殊要求时，冲洗方法应根据试验确定。 冲洗压力不宜大于灌浆压力的80%

续表

规范版本	条 文 内 容
1994	3.3.2 帷幕灌浆孔（段）在灌浆前宜采用压力水进行裂隙冲洗，直至回水清净时止。冲洗压力可为灌浆压力的80%，该值若大于1MPa时，采用1MPa。 3.3.3 在岩溶、断层、大裂隙等地质条件复杂地区，帷幕灌浆孔（段）是否需要进行裂隙冲洗以及如何冲洗，应通过现场灌浆试验或由设计确定。 3.3.6 帷幕灌浆采用自下而上分段灌浆法时，……各次序灌浆孔在灌浆前全孔应进行一次钻孔冲洗和裂隙冲洗。除孔底段外，各灌浆段在灌浆前可不进行裂隙冲洗和简易压水。 3.3.7 固结灌浆孔应采用压力水进行裂隙冲洗，直至回水清净时止。冲洗压力可为灌浆压力的80%，该值若大于1MPa时，采用1MPa。 地质条件复杂、多孔串通以及设计对裂隙冲洗有特殊要求时，冲洗方法宜通过现场灌浆试验或由设计确定。 3.3.9 在岩溶泥质充填物和遇水性能易恶化的岩层中，灌浆前可不进行裂隙冲洗和简易压水，也宜少做或不做压水试验
2001	6.3.1 采用自上而下分段循环式灌浆法、孔口封闭灌浆法进行帷幕灌浆时，各灌浆孔（段）在灌浆前应采用压力水进行裂隙冲洗，直至回水清净时止。冲洗压力可为灌浆压力的80%，并不大于1MPa。 采用自下而上分段灌浆法时，各灌浆孔可在灌浆前全孔进行一次裂隙冲洗。 对岩溶、断层、大型破碎带、软弱夹层等地质条件复杂地段，以及设计有专门要求的地段，裂隙冲洗应按设计要求进行，或通过现场试验确定。 6.3.4 固结灌浆孔各孔段灌浆前应采用压力水进行裂隙冲洗，冲洗时间可至直至回水清净时止或不大于20min。压力为灌浆压力的80%，并不大于1MPa。 地质条件复杂以及设计对裂隙冲洗有特殊要求时，冲洗方法应通过现场试验或由设计确定。 6.3.6 在岩溶泥质充填物和遇水后性能易恶化的岩层中进行灌浆时，可不进行裂隙冲洗和简易压水，也宜少做或不做压水试验
2012	5.3.1 采用自上而下分段循环式灌浆法、孔口封闭灌浆法进行帷幕灌浆时，各灌浆段在灌浆前应采用压力水进行裂隙冲洗，冲洗压力可为灌浆压力的80%，并不大于1MPa，冲洗时间至回水清净时止并不大于20min。 采用自下而上分段灌浆法时，各灌浆孔可在灌浆前全孔进行一次裂隙冲洗。 5.3.4 岩溶、断层、大型破碎带、软弱夹层等地质条件复杂地区，以及设计有专门要求地段的裂隙冲洗，应按设计要求进行或通过现场试验确定。对遇水后性能易恶化的地层，可不进行裂隙冲洗和简易压水，也宜少做或不做压水试验。 6.2.4 （固结）灌浆孔或灌浆段在灌浆前应采用压力水进行裂隙冲洗，冲洗压力采用灌浆压力的80%并不大于1MPa，冲洗时间至回水清净时止或不大于20min。 地质条件复杂以及对裂隙冲洗有特殊要求时，冲洗方法应通过现场灌浆试验确定

注 《水工建筑物水泥灌浆施工技术规范》SL 62—2014不久前发布，相关规定与2012版规范基本相同。

1984年，美国陆军工程兵团工程师手册（EM1110—23506）规定：在完成了钻孔冲洗之后，有必要压力冲洗岩层。岩层的冲洗工作借助灌浆塞或孔口处的密封接头进行，冲洗时所有相邻的灌浆孔都应是空的，以便可能作为出水孔。在少数情况下，可同时注入水和压缩空气进行冲洗。只要吸水量持续增加，或只要泥浆水由临孔或岩缝漏出，冲洗就应继续进行。保持冲洗水气压力的脉动，变换进出水孔，可增强水的冲刷作用。重要的是应经常警惕，过大的冲洗压力会损害基础或早先灌入岩层中的浆液。冲洗水和气的压力不得大于容许的灌浆压力。压水试验作为压力冲洗作业的一个组成部分实施。1990年以后，我国二滩水电站按国际招投标方式开工建设，美国哈扎国际工程公司为其拟定的《技术规

范》中对灌浆孔冲洗及压水试验的要求基本上遵循上述规定。

2000年6月，欧洲标准委员会（CEN）批准的灌浆技术标准《特殊岩土工程施工：灌浆》（BS EN12715：2000）中对钻孔冲洗的规定仅有如下文字："岩石中钻孔结束后应进行冲洗，以清除孔内石屑及其他松软物，使裂缝和裂隙张开。如果冲洗液可能对岩石产生不利影响时，则不应采取这种处理方法。"

从表2以及美国和欧洲的有关技术标准关于裂隙冲洗的内容中，我们看到如下事实：

(1) 起初，灌浆工程界认为裂隙中的夹泥对灌浆效果危害很大，对裂隙冲洗特别重视，对获得良好的冲洗效果期望值很高。

(2) 随着工程实例的增多和人们认识的深化，以及裂隙冲洗工作巨大付出和收效甚微的现实，使人们放宽对裂隙冲洗的要求。

(3) 我国2012灌规关于裂隙冲洗的要求比较简单。2000年欧洲技术标准《特殊岩土工程施工：灌浆》的有关条文内容非常简单，而且主要讲钻孔冲洗。仔细研究，西方主要采用自下而上纯压式灌浆，每个孔段无法冲洗，只能进行全孔象征性冲洗，不可能有实质性效果。

这些变化透射了现代技术对灌浆裂隙冲洗的认识。

5 裂隙能冲洗干净吗?

为了获得良好的冲洗和灌浆效果，我国老一代灌浆技术人员曾经进行了大量的试验研究。

1965年前后，湖北丹江口水利枢纽坝基灌浆工程试验了多种冲洗方法。丹江口大坝基岩主要为变质闪长岩、变质辉长辉绿岩、变质闪长玢岩、变质辉绿岩，岩体透水率普遍小于1Lu，裂隙发育区透水率为1～10Lu。固结灌浆裂隙冲洗试验了群孔并联风水联合冲洗、隔孔连接编孔风水联合冲洗、有的孔段冲洗时间长达113h。帷幕灌浆试验了单孔风水循环式冲洗、单孔脉动循环式冲洗、群孔冲洗、吹风扬水冲洗（部分帷幕孔在蓄水后灌浆，利用涌水压力扬水），冲洗时间多为回水清澈后持续60min，结果表明单孔脉动循环式冲洗和吹风扬水冲洗可在部分孔段取得一定效果，即冲洗后透水率较冲洗前增大，其他效果均不理想。

1966—1967年，贵州乌江渡水电站（基岩灰岩，强岩溶发育）前期工作期间，长办（现长江水利委员会）勘测队先后两次用水、气混合或水、气轮换等方法对裂隙夹泥进行群孔冲洗试验，第一次共冲洗13个孔段，平均每个孔段冲洗了139h，其中有4个孔段共冲洗1493h，冲洗至第一次出清水为650h；第二次共冲洗22个孔段，平均每个孔段冲洗36h。后来，水电八局在两个灌浆试验区继续采用上述方法，并将冲洗压力提高至3MPa，水量加大到250L/min（试验设备最大排量），气压0.7MPa，进行了裂隙冲洗和冲洗前后的压水试验，试验孔段长度累计108m，累计冲洗时间2462h。试验的结果和结论为：

(1) 冲洗历时很长，平均每米钻孔冲洗22.8h（每段5m则要114h），但仍出浑水，表明夹泥难以冲洗干净。

(2) 冲洗前后透水率无明显变化，对冲洗区岩体开挖后检查，看到仅在夹泥中冲出一

些小沟槽。

(3) 曾试图用5%浓度碳酸氢钠溶液冲洗，室内试验含水量16%～26%的黏土块在该溶液中浸泡1h左右可崩解，但由于用量太大、成本太高，未用于现场试验。

此外，20世纪70年代还有许多工程进行了裂隙冲洗的试验。例如，辽宁回龙山水电站帷幕灌浆和固结灌浆（基岩凝灰岩、结晶灰岩，岩溶发育）前，曾进行了单孔和群孔风水联合冲洗的对比试验，冲洗风水压力为0.5～0.6MPa。宁夏青铜峡水电站坝基（基岩砂岩灰岩页岩互层）帷幕灌浆进行了低压压水冲洗、单孔风水联合冲洗、高低压脉动冲洗、高压压水冲洗对比试验，一个孔段平均冲洗时间约24～48h，最长800h。湖南凤滩水电站（基岩砂岩夹板岩、粉砂岩）帷幕灌浆施工前曾采用高压压水、高低压脉动压水和风水轮换冲洗的方法进行试验，压水压力1.0～3.0MPa。他们得出的结论是：

(1) 群孔风水联合冲洗比单孔冲洗效果好。各种冲洗方法的效果比较，依次是：风水联合冲洗，高低压脉动冲洗，高压压水冲洗，低压压水冲洗。

(2) 采用同样的方法冲洗，针对松散充填物效果好，对泥质充填物效果较差。无论何种方法都不能将裂隙中的充填物，尤其是泥质充填物全部冲洗出来。

1987年，铜街子水电站坝基固结灌浆在我国第一次采用了高喷冲洗置换灌浆的方法。铜街子大坝基岩为玄武岩，主要工程地质问题为坝基下连续分布C_5缓倾角层间错动带，构成坝基稳定之软弱结构面。针对C_5层间错动带、F_3及F_{3-1}断层破碎带的固结灌浆采用了高压喷射冲洗的方法，高压泵压力50～100MPa，排量50～100L/min，水气联合两管旋喷，每次喷射冲洗至回水清澈为止，一次冲不净则冲多次，最多要连续冲洗2～3d，冲净后及时进行灌浆。总共进行了高压喷射冲洗置换灌浆约2万m，完成后通过钻大口径（Φ1.0m）检查孔和声波测试，看到在喷射孔周围1m范围内冲洗效果较好，泥质物均可冲走，留下碎石块与灌浆浆液结石形成类似混凝土，原层间错动带纵波波速1540m/s，灌浆后的水泥结石波速4160m/s，断层上下盘界面波速2940m/s。施工取得了成功。

综上所述，对于灌浆岩体的裂隙冲洗我国灌浆技术人员进行了长期、大量的探索，积累了丰富的经验，基本获得了共识，即采用常规的方法，裂隙冲洗的效果很差。国外也有类似报道。

6 裂隙必须要冲洗干净吗？

一方面，大量的工程实践说明，岩体裂隙冲洗付出的工程代价很大，取得的效果甚微，有些裂隙、岩溶管道中的充填物根本就不可能冲洗干净；另一方面，为了节约水泥有些工程在灌浆浆液中参加大量黏土等掺和料。既然如此，那为什么一定要花大力气去把裂隙中的泥土冲洗出来呢？前南斯拉夫灌浆专家在这方面首先取得了答案。1979年11—12月，前南斯拉夫岩溶专家组来华考察乌江渡水电站工程的斯托伊奇教授指出：“作为防渗帷幕，溶洞中充填的黏土可以不冲洗，因为黏土本身并不透水。在灌浆材料中常加入高达60%以上的黏土，为什么要将溶洞中的黏土冲洗掉呢？”又说：“（溶洞中）不论充填物是黏土、砂或砾石，都不必冲洗，我们认为有充填比没有充填好。”“坝基固结灌浆前应冲洗夹泥。”

我国乌江渡水电站帷幕灌浆在试验了多种方法、长时间裂隙冲洗不能取得满意效果后，进行了不冲洗高压灌浆工艺的试验，试验工程量10个灌浆孔245m，灌浆工艺基本为规范中孔口封闭灌浆法，最大灌浆压力5MPa，灌浆后进行了常规压水试验、疲劳压水试验、破坏性压水试验、岩体声波测试、大口径钻孔（ϕ1.0m）检查等。试验结论为：

（1）采用的施工工艺和帷幕的结构形式，可以将帷幕的防渗能力提高到$q \leqslant 0.1$Lu。在100m水头作用下，帷幕的防渗能力是稳定的，小裂隙中的夹泥无需冲洗干净。

（2）灌浆后的岩体的动弹性模量可达50GPa以上。

（3）采用孔口封闭、自上而下，不待凝的分段循环灌浆法进行防渗帷幕的施工是可行的。

（4）采用高压灌浆，对溶洞中充填的粘土等，无需做特殊的冲洗工作。

此次灌浆试验后，孔口封闭灌浆法在乌江渡工程近20万m帷幕灌浆全面实施，取得良好效果，帷幕透水率普遍小于0.5Lu，在正常高水位下厂坝基总渗漏量在20m^3/d以下。同时，由于不冲洗工艺节省了大量的工时、物耗，使得灌浆施工工效大大提高，成本显著降低。乌江渡水电站至今已安全运行30余年。

此后不进行专门裂隙冲洗的“小口径钻孔孔口封闭灌浆法”成为灌浆规范1983版的内容，并在全国许多岩溶和非岩溶地区的帷幕灌浆工程推广，均取得良好的技术和经济效益，成为我国帷幕灌浆的主要工法。

以上事实表明，帷幕灌浆工程不进行专门的岩体裂隙冲洗同样可以取得良好效果，乌江渡工程甚至还证明在某些情况下，冲洗还有负面效果。对于固结灌浆有条件取得冲洗效果时，冲洗比不冲洗好；但是使用一般的冲洗方法，并不能取得理想的效果；由此不如简化冲洗方法。只有在特别需要时（如铜街子坝基C_5的处理），应采用有效的强力冲洗方法。

有些灌浆规范或者工程的技术要求，规定裂隙冲洗回水变清后要持续30min的时间，这是完全没有必要的。条文的初衷可能是防止出现反复，回水清而复浑。但大量的工程实践表明，压水冲洗回水变清后很少有再变浑的，除非采取脉动冲洗的方法。延长冲洗时间多冲出来的泥屑非常有限，但耗费了资源及向地层中过多地注入了水却是有害的。

7 规范对裂隙冲洗规定的问题

我国灌浆规范最新版本关于裂隙冲洗的规定见表2，这几条规定总体上讲是正确的、合理的，第一，照顾了传统习惯对裂隙冲洗的重视，规定除特殊情况（如岩层稳定遇水严重恶化等）外都要进行裂隙冲洗；第二，规定采用最简便的压水冲洗方法，时间一般20min，推荐裂隙冲洗工作和简易压水试验相结合，这样将冲洗工作限制在一个合理的程度内，避免了无谓的劳动和浪费；第三，对可能遇到的特殊情况留有余地。

前述美国陆军工程兵团灌浆技术规范关于裂隙冲洗规定中有“只要吸水量持续增加，或只要泥浆水由临孔或岩缝漏出，冲洗就应继续进行”的要求，这有两层意思：一是要求回水变清，我国规范有这项要求；二是吸水量持续增加，冲洗应当继续，从理论上讲，这个要求是合理的，我国规范没有这一要求，应是一点缺失。在实际上，考察一些水库大坝

的灌浆工程，或一个工程的各个灌浆部位和灌浆孔段，压水冲洗过程中吸水量持续增加的情况不能排除，但数量还是很少的。相关的是在灌浆过程中，注入量持续增大或突然增大的例子不少。发生这种现象的原因主要是冲洗压力较低（不大于1MPa），而灌浆压力常常要大得多的缘故。

鉴于上述分析，我国灌浆规范关于岩体裂隙冲洗的规定覆盖了绝大多数的工程情况，即使发生了冲洗吸水量持续增加而冲洗时间偏短的情况，在灌浆过程中也会得到弥补，不会导致工程安全隐患，因而当前规范还是适用的、可靠的。为使规范更为全面严谨，对冲洗中吸水量持续增加的个别情况可在以后修订规范时予以补充。

8 结束语

（1）岩体灌浆前的裂隙冲洗对灌浆效果的影响，视灌浆目的和岩体地质条件而不同。对帷幕灌浆效果基本没有影响；一般地质条件基本没有影响。

（2）一般来说，常规的裂隙冲洗方法，如压水冲洗、风水联合冲洗、风水脉动冲洗、高压压水冲洗、群孔冲洗（如裂隙串通情况好），其冲洗效果依次增强，但即便冲洗时间延长到几十上百小时仍然不可能将大多数裂隙全面冲洗干净。高压喷射冲洗方法在适应的范围可取得良好效果。

（3）在绝大多数情况下，不进行专门的裂隙（包括岩溶管道洞穴）冲洗，采用高压灌浆的方法构建的帷幕防渗效果是可靠的，可满足工程要求的。

（4）对于固结灌浆来说，理论上进行裂隙冲洗比不冲洗好。但使用一般的冲洗方法，难以取得理想的效果，因此一般工程也应简化冲洗方法。在特别需要时应采用强力冲洗方法，确保取得冲洗和灌浆的实效。

（5）我国现行灌浆规范关于岩体裂隙冲洗的规定吸收了长期实践的经验，可确保灌浆工程的安全，同时兼顾了提高灌浆施工的效率，有利于水利水电工程的建设，总体是适宜的。

关于岩石地基水泥灌浆的结束条件

【摘　要】 灌浆结束条件是灌浆施工中的一项重要规定，它对灌浆工程的质量、工效和成本都有很大的影响。我国曾经执行世界各国最为严格的灌浆结束条件，导致施工不便，工程成本增加，工效不高。2012 年后新版灌浆规范调整后的灌浆结束条件适度偏严，留有余地，可较好地保证灌浆施工质量，也基本适合我国当前生产力水平。灌浆结束条件不应千坝一律，应在规范推荐的基础上根据各自条件修正。

【关键词】 水泥灌浆　结束条件　沿革　改进

1　灌浆结束条件及其作用

灌浆结束条件，也称灌浆结束标准，国外称拒浆条件（refusal 或 refusal criterria）、饱和条件。它是规定一个灌浆孔段的灌浆作业进行到何时或什么情况下可以停止的一组技术条件。

通常，一个灌浆过程都可以分成正常灌注阶段和结束阶段（图 1）。结束阶段起于何时，又止于何时呢？这取决于 3 个条件：灌浆压力达到设计要求；注入率已经很小；持续一定的时间。为什么要制定灌浆结束条件呢？这一是为了保证灌浆浆液能尽量地渗入到被灌岩体的裂隙、孔隙中去，达到相对地饱满、饱和；二是为了使注入裂隙、孔隙中的浆液在压力下充分泌水，以提高浆液结石的密实度。因此，灌浆结束条件是保证灌浆质量的重要措施。

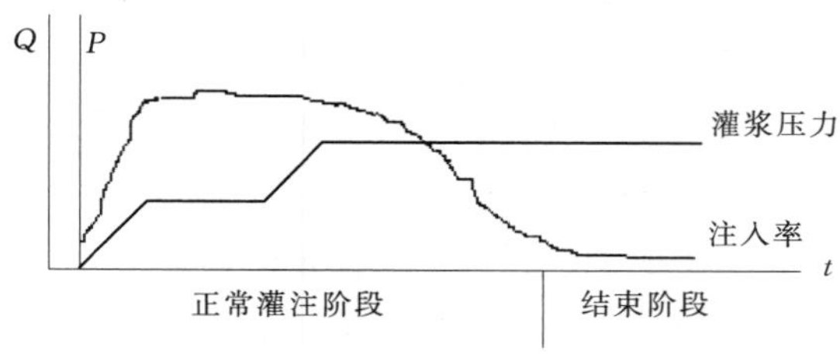

图 1　灌浆过程曲线图

但是，过于严格的结束条件对灌浆施工也不利：它将导致延长灌浆工时，加大工程成本，降低施工效率。灌浆结束阶段通常也是灌浆机械和孔内事故的多发阶段，过分地延长灌浆结束阶段的持续时间将增加事故发生的频率，对安全生产不利。

因此对于一项灌浆工程，尤其是大型的工程来说，制定适宜的灌浆结束条件十分重

本文原载《2006 水利水电地基与基础工程技术》，中国水利水电出版社，2006 年。收入时作了修改。

要，它对工程的质量、工效和成本都有很大的影响。

2 我国灌浆规范规定的灌浆结束条件及其沿革

2.1 1963 年和 1983 年灌浆规范规定的结束条件

1963 年《水工建筑物岩石基础水泥灌浆工程施工技术试行规范》规定：当灌浆时，在设计所规定的最大压力下，如灌浆段已经停止吸浆，或吸浆量不超过 0.4L/min 时，在持续 30min 运转以后，灌浆工作即可结束。这一试行规范基本上是引进苏联的标准，但出于苏而胜于苏：苏联《水利工程施工规范　地基的水泥灌浆》（TY24—19—41）规定：每一钻孔的灌浆工作均应不停地进行，一直到该钻孔拒绝吸浆为止。所谓拒绝吸浆，系指灌浆层完全停止吸浆或其吸浆率降低到设计书中所规定的数值而言。在此两种情况下，在钻孔拒绝吸浆以后至少仍应继续灌浆 10min，以证明此一拒绝吸浆的情况并不是偶然的。苏联的筑坝技术实际上是很高超的。

1978 年，乌江渡水电站针对灰岩强岩溶发育地层在我国首次提出了进行高压灌浆和采用孔口封闭灌浆法，帷幕灌浆结束条件为同时满足：①灌浆段吸浆量不超过 0.5L/min，且持续时间不得小于 1 小时；②达到设计允许压力的持续时间不得少于 90min。乌江渡灌浆工程取得了巨大的成功。

1983 年，对 1963 年《水工建筑物岩石基础水泥灌浆工程施工技术试行规范》进行修订，形成了《水工建筑物水泥灌浆施工技术规范》（SDJ 210—1983）。该规范吸取了乌江渡的经验，规定帷幕灌浆的结束条件为：在设计规定的压力下，如灌浆段吸浆量不大于 0.4L/min，继续灌注 60min（自下而上分段灌浆时采用 30min），灌浆工作即可结束。固结灌浆，在设计规定的压力下，如灌浆段的吸浆量不大于 0.4L/min，继续灌注 30min，灌浆工作即可结束。但孔口封闭灌浆法尚未写入其中。

2.2 现行水利标准规定的灌浆结束条件

1994 年，水利部组织对《水工建筑物水泥灌浆施工技术规范》（SDJ 210—1983）进行了修订，形成了《水工建筑物水泥灌浆施工技术规范》（SL 62—1994）。这次修订首次在我国行业标准中认可了孔口封闭灌浆法，并单作一节规定。灌浆结束条件进一步细化：

帷幕灌浆采用自上而下分段灌浆法时，在规定压力下，当注入率大于 0.4L/min 时，继续灌注 60min；或注入率不大于 1L/min 时，继续灌注 90min，灌浆可以结束。

采用自下而上分段灌浆法时，继续灌注的时间可相应地减少为 30min 和 60min，灌浆可以结束。

固结灌浆，在规定的压力下，当注入率不大于 0.4L/min 后，继续灌注 30min，灌浆可以结束。

采用孔口封闭灌浆法时，灌浆应同时满足两个条件方可结束：①在设计压力下，注入率不大于 1L/min，延续灌注时间不少于 90min；②灌浆全过程中，在设计压力下的灌浆时间不少于 120min。

2014 年新版水利灌浆规范发布，规定各灌浆段灌浆的结束条件应根据地层和地下水条件、浆液性能、灌浆压力、浆液注入量和灌浆段长度等综合确定。原则如下：①在一般

情况下，当灌浆段在最大设计压力下，注入率不大于 1L/min 后，继续灌注 30min，可结束灌浆。②当地质条件复杂、地下水流速大、注入量较大、灌浆压力较低时，持续灌注的时间应适当延长。

2.3 现行电力标准规定的灌浆结束条件

2001 年，由于行业管理的需要，修订编制了电力行业标准《水工建筑物水泥灌浆施工技术规范》（DL/T 5148—2001）。这个标准规定：①采用自上而下分段灌浆法时，灌浆段在最大设计压力下，注入率不大于 1L/min 后，继续灌注 60min，可结束灌浆；②采用自下而上分段灌浆法时，灌浆段在最大设计压力下，注入率不大于 1L/min 后，继续灌注 30min，可结束灌浆。③固结灌浆各灌浆段的结束条件为：在该灌浆段最大设计压力下，当注入率不大于 1L/min 后，继续灌注 30min，可结束灌浆。④采用孔口封闭灌浆法时，灌浆段在最大设计压力下，注入率不大于 1L/min，继续灌注 60～90min，可结束灌浆。

《水工建筑物水泥灌浆施工技术规范》（DL/T 5148—2012）的规定是：各灌浆段灌浆的结束条件应根据地质和地下水条件、浆液性能、灌浆压力、浆液注入量和灌浆段长度等确定。在一般情况下，当灌浆段在最大设计压力下，注入率不大于 1L/min 后，继续灌注 30min，可结束灌浆。当地质条件复杂、地下水流速大、注入量较大、灌浆压力较低时，持续灌注的时间应延长；当岩体较完整，注入量较小时，持续灌注的时间可缩短。

3 国外关于灌浆结束条件的若干规定

（1）美国陆军工程兵团《灌浆技术》（EM1110—2—3506）规定：最常用来判定完成灌浆的方法有两种，一为灌浆应一直进行到在四分之三最大灌浆压力时灌浆孔不再吸浆为止；另一为要求灌浆一直持续到按至少 5min 为一周期而测得孔的吸浆量为 10min 内 1 英尺^3（28L）或更少为止。

（2）美国垦务局规定：对任何一个孔的灌浆，都应持续到该孔的吸浆量在下列压力和时间条件下小于 1 英尺^3（28L）时为止：①压力小于等于 50 磅/英尺^2（0.35MPa），时间 20min；②压力 50～100 磅/英尺^2（0.35～0.7MPa），时间 15min；③压力 100～200 磅/英尺^2（0.7～1.4MPa），时间 10min；④压力大于 200 磅/英尺^2（1.4MPa），时间 5min；⑤在持续的灌浆压力下，每小时注入水泥小于 2 袋（85kg）。

（3）日本的灌浆结束条件一般规定，在设计压力下，注入量降低至每分钟 0.2L/m 左右时，延续 30min。也有一些坝要求达到规定的最大压力，吸浆率不超过 0.2L/（min・m）后，再补灌 20min，就可结束灌浆。

（4）欧洲的灌浆结束条件更为简便，一般当灌浆孔段达到不吸浆时，保持最大压力 10min 即可。瑞士学者 G. 隆巴迪推荐的 GIN 灌浆法，实际上也是一种结束条件：当灌浆压力、吸浆率或灌浆强度值（注入量与灌浆压力的乘积）三者有其一达到设计规定的数值，灌浆即可结束。2000 年颁布的欧洲标准《特殊岩土工程施工：灌浆》（BS EN 12715：2000）关于灌浆结束条件仅提出一个原则："限制压力（拒浆）和（或）浆量；地层抬动；冒浆；大量漏浆至相邻区域。"

（5）伊泰普大坝高 196m，帷幕灌浆质量要求很高。灌浆结束条件要求灌浆段直灌至拒不吸浆时止，也就是灌至吸浆量在 10min 内达到 1L/m 的标准。这相当于吸浆率达到 0.5L/min，持续 10min。

(6) 国内一些接受外国公司咨询的工程采取的灌浆结束条件各不相同。[9]

二滩水电站规定：灌浆应进行到灌浆孔中不显著吸浆为止。不显著吸浆的含义是 3～6m 或其他指示深度的孔，在设计最大压力下每 10min 吸浆不大于 10L，在压力降到允许最大压力的 75%时，10min 内吸浆为 0。

小浪底水利枢纽部分标段帷幕灌浆规定：在设计压力下，灌浆段吸浆率小于 1L/min，继续灌注 30min 后可以结束；采用自下而上分段灌浆时，继续灌注的时间缩短为 15min。

天荒坪抽水蓄能电站地下引水系统隧洞围岩高压固结灌浆结束条件为：在规定压力下 (9MPa)，灌浆孔吸浆量小于 2.5L/min，再稳压灌注 20min。

4 对我国灌浆结束条件若干问题的讨论

从以上国内外的资料对比和长期的工程实践情况看，我国水工建筑物岩石地基水泥灌浆关于结束条件的规定有如下问题值得讨论。

4.1 条件规定总体较严

(1) 我国灌浆规范对灌浆结束条件的规定总体较严。从前面的资料可以看出，在电力 2012 版和水利 2014 版之前，我国灌规对结束条件的规定非常严格，与国外标准相差很远。通过最新版的改进已大致可和国际接轨，但仍是最严的结束条件。这主要体现在：

吸浆率条件。各国通常都要求吸浆率减少到“不显著吸浆”。对不显著吸浆的量化有多种：①10min 内吸浆量小于等于 1 英尺^3，相当于 2.8L/min；②压力降到最大压力的 75%时，10min 内吸浆量为 0；③不超过 0.2L/ (min·m)，由于灌浆段长通常为 5m，所以相当于 1L/min；等等。我国为小于等于 1L/min，是最严的。

灌浆压力条件。各国都要求达到最大设计压力，这是一致的。但有的在结束阶段可以把压力降低到 75%，我国规定必须持续保持设计压力。

持续时间条件。各国主张的持续时间由 0～30min。我国规定取了最长的。

(2) 由于长期坚持最严格的灌浆结束条件，使我国的灌浆工艺复杂化，成本增加，工效降低，浪费了宝贵资源。新版灌规改进后这方面有了好转。但由于我国主要采用孔口封闭灌浆法，结束阶段浆液稠，压力大，时间长，灌浆泵负荷重，仍是灌浆作业事故的多发区。

4.2 规范条件不能仅依据个别工程

如前所述，1983 年后的灌浆规范在很大程度上采用了乌江渡水电站灌浆工程的经验，但乌江渡的经验主要是着眼于处理石灰岩填泥溶洞的。

乌江渡水电站施工时由于对强岩溶发育地区的高坝帷幕灌浆没有把握，在现场试验的基础上著名灌浆专家王志仁总结出了一套现在被称之为“孔口封闭灌浆法”的新工艺，严格的结束条件是这套工艺的重要组成部分。这套工艺将灌浆结束阶段的持续时间大大延长，有三个作用：一是使已注入浆液尽快和尽量泌水；二是使溶洞泥尽量压缩排水密实；

三是确保下一段立即继续钻孔而不必待凝。这一条件除本文 2.1 中所示明的以外，还有两项背景条件：①其压力条件是指压力波动的最大值。现在由于灌浆自动记录仪的采用，普遍记录平均值（这是正确的），但最大值与平均值约有 20%的差距，浆液越浓，相差越大；②在结束阶段，操作者要不时地降低压力以活动钻杆，这个作业时间有时能达到持续时间的 50%以上。现在许多工程排除了这一时间，要求活动钻杆在不降压条件下进行。这样一来，后来采用的结束条件，实际上比乌江渡还要严格。

前南斯拉夫在世界上岩溶地区灌浆是有成就的，可是南斯拉夫也没有制定类似乌江渡这样严格的灌浆结束条件。

乌江渡的经验是可贵的，但把它几乎原封不动地应到各项灌浆工程中去，甚至再加上一码，是不适宜的，这是当时缺乏经验的原因。后来的电力 2012 版和水利 2014 版两个规范对此加以修改是适宜的。

4.3 结束条件中的持续时间太长没有益处

在结束阶段中规定适当的持续时间，是为了使已注入到岩体裂隙中的水泥浆液在灌浆压力下滤除水分，提高水泥结石的密度，这一措施是有效的必要的。问题是持续多少时间合适？表 1 为一组试验资料，它是将水泥浆液注入一个模拟装置压力滤水成型仪中，在 0.3MPa 压力下，持续不同的时间，对成型的水泥浆液结石试件进行试验得到的结果。从表中可以看出：压滤作用在 15～25min 内基本可以完成，再持续更长的时间就没有显著效果了。当然模拟装置的滤水条件是很好的，但试验使用的压滤压力只有 0.3MPa，而施工中的灌浆压力多在 3MPa 以上。另外，在灌浆过程中压滤作用并不始自结束阶段，而是随着压力灌浆作业的开始它就发生效应了。

表 1　　水泥浆液压滤试验成果

编　号	浆液密度/(g/cm^3)	压滤压力/MPa	压滤时间/min	结石密度/(g/cm^3)	28d 抗压强度/MPa	备　注
自由沉降	1.290	0	0	1.853	14.10	42.5 普硅水泥 水灰比 2：1
YP-3	1.270	0.3	5	2.160	21.53	
YP-4	1.270	0.3	15	2.213	26.15	
YP-2	1.235	0.3	25	2.173	39.33	
YP-5	1.275	0.3	35	2.120	34.73	

由此可以推论，对于浆液结石的压力滤水来说，灌浆结束阶段的持续时间规定 30min，就可以达到目的了。至于要使溶洞泥压迫排水固结，可能需很长的时间，那应当是针对特殊工程特殊地质条件的事了。

4.4 关于待凝问题

采用自上而下灌浆法，上段灌浆结束以后是否需要待凝，方可开始下段的钻孔工作？曾经很长时间困扰灌浆工程界。我国 1963 年《水工建筑物岩石基础水泥灌浆工程施工技术试行规范》规定：采用自上而下分段灌浆法时，下一段的钻进工作应在上一段灌浆结束，并当浆液达到终凝和具有一定结石强度后才能进行。灌浆段若在地下水位以上，其间隔时间不宜少于36h；若在地下水位以下，其间隔时间不宜少于72h。

这是当时的认识，是基于水泥浆液在地面常压环境下静置自由沉积、凝固的状态。而岩体裂隙中的水泥浆液却是在一种被挤压的条件下，压迫滤水密实凝固的过程，进入到裂隙中的浆液在灌浆结束时已经稳定，单凭其黏着力已足以抵抗下一孔段钻进时的循环水对它的冲刷。这一问题后来在理论和实践上都已得到解决，1983年的《水工建筑物水泥灌浆施工技术规范》对待凝的规定改为：采用自上而下分段灌浆时，孔口无涌水的孔段，在灌浆结束后，一般可不待凝，但断层、破碎带等地质条件复杂的地区，则宜待凝，其待凝时间应根据工程具体情况确定。1994年、2001年的《水工建筑物水泥灌浆施工技术规范》这方面的条文与上基本相同，但增加了采用孔口封闭灌浆法时，每段灌浆结束后可不待凝。

说“采用孔口封闭灌浆法时，每段灌浆结束后可不待凝”，这种表述也是不准确的。因为这只适合于一般的地质条件，或者说是可灌性较好的地层。事实上在有的地质条件下，如细裂隙发育、孔口涌水的情况，灌浆后就常常需要屏浆（相当于延长持续时间）、闭浆和待凝等。长江三峡工程帷幕灌浆采用孔口封闭法，河床深槽段许多孔段灌浆前孔口涌水，涌水压力0.03～0.5MPa，流量0.8～1.2L/min，这些孔段灌浆结束后普遍采取了待凝和其他多项措施，待凝时间12～48h。

水利和电力新版灌规不区分何种灌浆方法，已经统一表述为：“混凝土与基岩接触段应先行单独灌注并待凝，待凝时间不宜少于24h，其余灌浆段灌浆结束后一般可不待凝，但灌浆前孔口涌水、灌浆后返浆等地质条件复杂情况下应待凝，待凝时间应根据工程具体情况确定。”简化文字，反映工程实际，是适宜的。

4.5 新灌规对结束条件的规定，适度偏严，留有余地

（1）新版灌规对灌浆结束条件进行调整，主要是将持续时间由60～90min缩短为30min，既不影响灌浆质量，又大大降低了灌浆作业的难度和事故率，增加了可操作性，也提高了工效，体现技术进步。

（2）现行规定适度偏严是必要的，主要原因有二：一是我国对灌浆效果，特别是防渗标准的要求较高；二是我国灌浆施工一线人员，特别是具体操作人员总体素质较低，技术指标应有适当的安全系数。

（3）新版灌浆规范在建议一般地层灌浆结束条件的同时，规定灌浆结束条件应根据地质和地下水条件、浆液性能、灌浆压力、浆液注入量和灌浆段长度等确定。这是非常必要的。从严格意义上说，各工程具体要求不同，地质条件不同，各工程应“一坝一策”，即在灌浆试验的基础有针对性地确定本工程的灌浆结束条件。

（4）现行三项结束条件，包括压力、注入率、持续时间，还有压缩空间，留待后人研究改进。详见另文《关于孔口封闭灌浆法及其改进》，本文不赘。

5 结束语

（1）灌浆结束条件对灌浆工程的质量、工效和成本都有很大的影响。我国技术人员十分重视对灌浆结束条件的研究、制定和更新，每次修订灌浆规范时，都对结束条件进行了

认真的订正。现行灌浆规范规定的灌浆结束条件适度偏严，留有余地，操作条件有所改善，基本符合我国施工水平和工程实际，对保证我国水工建筑物灌浆工程的质量和适当加快进度有重要作用。

(2) 灌浆结束条件不应是千坝一律，应在规范推荐的基础上根据各自条件修正。

(3) 现行规范规定的灌浆结束条件还有改进的余地，应在条件成熟时研究修订。

关于帷幕灌浆先导孔的施工

【摘　要】 有些帷幕灌浆工程先导孔的布置和施工存在一些问题，如以先导孔代替勘探孔或将先导孔等同于灌浆孔；先导孔布置不当，不是最先施工；先导孔有名无实，测试数据严重失真；先导孔不进行认真灌浆；先导孔计量和支付不合理等。本文对相关问题阐明看法。

【关键词】 先导孔　沿革　施工　存在问题

1　先导孔的意义及工程中存在的问题

1.1　定义

中华人民共和国电力行业标准《水工建筑物水泥灌浆施工技术规范》（DL/T 5148—2012）（以下简称灌浆规范）术语中对先导孔的解释是：灌浆工程中，用于查明验证或补充灌浆区域地质资料的，最先施工的少数灌浆孔。这个定义中包含了对先导孔的作用、施工时间和数量的说明。

1.2　沿革

“先导孔”的概念最先在我国灌浆规范1983年版（SDJ 210—83，第3.3.5条）出现，但未对其进行具体定义和规定施工要求。20世纪90年代，由国际承包商咨询和组织施工的我国二滩水电站坝基灌浆招标文件技术规范中，提出了先施工若干“勘探孔”的要求，实际就是先导孔。后来2001版灌浆规范正式作出了关于先导孔的规定。

定名为“先导孔”是正确的，因为一般意义的勘探孔应该是在勘察设计阶段用于勘查探测地层情况，提供地质资料，确定设计方案的专用钻孔。勘探孔一般不灌浆，必要时做好封孔即可，不计算在建筑物工程量中。而先导孔是已经有了设计方案的灌浆孔的一部分，计算在建筑物实物工程量中。

先导孔的确具有补充勘探的作用。因为在勘察设计阶段，勘探孔的布置密度是有限的，《水利水电工程地质勘察规范》（GB 50287—1999）规定混凝土坝坝轴线勘探剖面线上的勘探点间距可采用20～50m，土石坝勘探剖面勘探点间距宜采用50～100m，一些较小的地质构造可能会被遗漏，地层的划分、岩溶的分布、相对隔水层的定位等不可能十分精确，因此在施工之初先进行先导孔施工，获得更多的地质资料，验证勘探成果，拾遗补缺，据此可以更准确地了解地层岩性分层，确定帷幕底线高程，发现或进一步探明不良地质的严重程度，从而肯定或优化设计方案和施工参数是大有好处的。

灌浆是勘探、试验与施工同时进行的作业。从这个意义上说，其前一序灌浆孔就是后一序灌浆孔的“先导孔”，那为什么要专门确定一批先导孔呢？可能有两个原因：

（1）技术进步带来灌浆孔钻进工艺的改变。起初，帷幕灌浆孔的钻进基本上采用获取岩芯的回转式地质钻机钻进，每一个灌浆孔都可以获得岩芯，通过对岩芯的观察分析综

合，可以不断地掌握地质情况，据以验证调整设计施工参数。在这种工艺下，先导孔并不是非常必要的。后来，快速高效、功能强大的冲击回转钻广泛应用于帷幕灌浆孔的钻进。而这种钻孔方式是无岩芯钻进，全孔不分段一次到底，很难依靠它获得充分的地质资料，因此就十分必要规定在工程开始时，先按专门要求施工一批先导孔，以获得必要的地质资料。

（2）先导孔与勘探孔、灌浆孔有区别。先导孔与勘探孔的区别已如前述。先导孔与灌浆孔的区别更是显而易见，前者具有补充勘探和灌浆施工两重作用，而后者仅用于灌浆施工作业。把灌浆孔原来具有的勘探试验功能分离出来，转移至先导孔担任，这是一种进步，这样先导孔可以把灌前测试工作做得更精细、更好，而其他灌浆孔则可以专注于施工，提高效率，二者各尽其职，各展其长。

1.3 一些工程中先导孔存在的问题

在一些工程中，对先导孔的认识存在一些误区，施工中也存在的一些不当的做法。

（1）不明了先导孔的意义，或者以先导孔代替勘探孔，或者将先导孔等同于灌浆孔，或者以先导孔灌浆代替灌浆试验。

（2）先导孔的布置不当，先导孔不是最先施工，或者不是最深的灌浆孔。还有的在一些地质条件或技术要求较简单的固结灌浆和搭接帷幕灌浆孔中也布置先导孔。

（3）先导孔布置的数量偏多。

（4）先导孔有名无实，没有起到作用。有的先导孔测试数据严重失真，与勘探资料相差很大。

（5）先导孔不按要求灌浆，有的灌浆工程先导孔测试完成以后不严格按技术要求灌浆，一个几十米深的灌浆孔分成三两段自下而上草草灌浆了事；甚至测试后全孔一次封孔灌浆。

（6）先导孔的计量和支付不合理，有的工程将先导孔按一般灌浆孔支付。

2 先导孔布置的一般原则

在灌浆规范中，只是粗略地提出了先导孔布置的一般要求：在帷幕的先灌排或主帷幕孔中宜布置先导孔。先导孔应在一序孔中选取，其间距宜为16～24m，或按该排孔数的10%布置。

在实施中应注意以下一些问题：

（1）有目的地布置先导孔。虽然先导孔带有验证设计阶段的地质结论，进行补充勘探的作用，但各个工程各个部位需要验证或探明的内容是不相同的，有的是要对一些小的地质构造或岩溶管道的位置、规模、可灌性进一步查证；有的是要进行地层岩性划分；有的是需确定帷幕深度底线；有的是需测试灌前地层参数（透水率、波速）；有的是对设计拟定的或灌浆试验初步确定的施工参数进行验证；等等。因此各个部位的先导孔要针对具体的目的来确定位置、孔深、数量等，设计阶段资料不足或有疑问的地段可重点布置先导孔，不要各个坝段（单元）千篇一律平均分配。

在高坝坝肩多层防渗帷幕的中上层帷幕先导孔，与底层帷幕先导孔任务不同。底层帷幕先导孔应当多一重验证帷幕底线位置的任务，所以孔深常常比灌浆孔深度大 5m。而中层帷幕甚至可以不设先导孔。

有些工程部位的防渗帷幕设计为两排或三排孔，即主排孔和副排孔，主排孔最深，可能位于帷幕体的上游、下游或中间。当主排孔布置在上游或中间时，按照先施工下游排的规定，就不在最先施工。这时应以先导孔的任务为主，将先导孔布置在主排Ⅰ序孔中，最先施工，其施工资料与主排其他Ⅰ序孔一并统计，并加以说明。考虑到这一因素，如果没有其他条件限制，双排孔或三排孔帷幕的主排宜布置在下游。

（2）先导孔应少而精。基本按照一个单元工程（帷幕线长 16～24m）布置 1 个先导孔，或本排帷幕灌浆孔数的 10%来布置先导孔。地质条件清楚的部位也可以少布置，反之可增加一些，但大量或普遍地增加先导孔不利于施工。

有些工程为了节省勘探设计期间的费用，将许多任务转移到施工期的先导孔来完成，这是不适宜的。这是因为在施工阶段实施的先导孔受工期、技术和预算等条件的影响，通常不易做得很细，难以满足设计的要求。

（3）先导孔的布置与灌浆孔的钻进及灌浆方法有关。我国灌浆规范对先导孔布置的规定，是基于帷幕灌浆孔通常采用岩心钻机钻进，灌浆一般采用孔口封闭法或自上而下分段循环式灌浆法的前提。因为这种施工方式每一段钻孔灌浆都能提供岩芯（只是不作取芯的强制要求），都能提供灌前岩体透水率（有明确要求）。

相比之下，国外帷幕灌浆孔较多地使用无岩芯钻进，采用自下而上纯压式灌浆法，无法做到每个灌浆段提供岩芯和压水试验成果，自然先导孔具有特殊的重要性，数量上也不能太少。

3 先导孔的施工

先导孔肩负着灌浆前测试和Ⅰ序孔灌浆的双重使命，因此其施工程序、方法要兼顾测试和灌浆。

3.1 先导孔的钻进

由于先导孔必须采取岩芯，所以先导孔应当使用岩芯钻机，也就是回转式钻机钻进，至于使用何种钻头或何种取芯方式应视地层情况和施工作业人员水平而定。为了提高岩芯采取率，最好使用双层岩芯管取芯技术。岩芯芯样应进行照相和描述，绘制钻孔柱状图。

先导孔除了需要采取岩芯外，还要满足下入测试仪器的要求，因此钻孔孔径不宜太小，至少应为 ϕ76mm 或 ϕ91mm。先导孔孔斜一般满足对灌浆孔的要求即可，除另有专门要求者外。

先导孔应进行钻孔冲洗，但裂隙冲洗应在压水试验以后，或与压水试验一并进行，以取得地层的原始透水性数据。

3.2 先导孔测试

帷幕灌浆先导孔最常规的测试项目就是压水试验，先导孔压水试验应当有一定的精确

度，因而不能采用简易压水试验的做法，但一般也没有必要采用三级压力五个阶段的五点法，灌浆规范规定采用单点法是适宜的。

先导孔压水试验应自上而下分段安装阻塞器（灌浆塞）进行，不能如孔口封闭灌浆法的简易压水试验一样，全孔笼统试验。阻塞器及通水管路（灌浆管路）应有良好的密闭性，不渗不漏。压水压力应计算全压力，即考虑地下水位和水柱压力的影响，而不能简单地使用表压力计算。

由于先导孔压水试验压力通常不大于1MPa，所以压水试验不宜使用灌浆时使用的大量程压力表，而应当改用量程较小的压力表。压力表安装位置应当尽量靠近灌浆段，就是安装在灌浆孔孔口处，现在许多灌浆工程都把压力表和灌浆记录仪的压力传感器装在远离孔口的灌浆记录仪附近，这虽然方便了操作，但却增大了压力的沿程损失，降低了试验精度，灌浆时降低了施工精度，是不妥当的。两全其美的做法是，将压力传感器装在孔口（采取适当防水措施），而将压力表安放在记录仪附近，进行监控操作时以传感器数据为准，以压力表数据为参考。

先导孔的数据真实性很重要，有一些灌浆工程先导孔压水试验工艺粗糙或故意作假，提出的透水率远远大于设计阶段勘探孔获得的岩体透水率，有的与基本地质条件根本不符，这种先导孔完全失去意义，甚至有害。对于这样的结果应当分析原因及时纠正，以免错误信息流传扩大，导致后续资料连续失真。

有些工程先导孔还安排了声波测试、孔内电视摄像等检测项目，这些项目在压水试验之前或之后进行均可，以施工方便为原则。一般说来，除非地质复杂地段，帷幕灌浆先导孔进行岩芯观察和压水试验就可以了，不必要进行过多的其他测试。这也是灌浆规范的基本要求。

3.3 先导孔灌浆

先导孔不是单纯的测试孔而是帷幕体的一部分，所以应当进行认真的灌浆。

先导孔各孔段的灌浆宜在压水试验后接着进行，可以利用压水试验系统进行纯压式灌浆，也可以重新下设灌浆管进行孔口封闭法灌浆。后者灌浆效果更好，施工也简便。有人担心上段灌浆后会影响下段压水试验成果的精确性，这有一定道理，但从实践上看影响甚微，其精度完全可满足灌浆施工的要求。

考虑到上述可能存在的问题，也有对先导孔分段逐一钻进、接着进行压水试验直到设计深度后，再自下而上逐段安装灌浆塞进行纯压式灌浆直至孔口的。这样做的不利之处是，分段压水试验可能卡塞困难仍然需要对上段进行灌浆；再则，自下而上的纯压式灌浆效果毕竟比不上自上而下的循环式灌浆。

还有些工程先导孔测试完成以后，采取全孔一次灌浆法灌浆，这不能保证灌浆质量，是不允许的。也有些工程的先导孔，在自上而下逐段进行压水试验和灌浆并终孔以后，再自下而上分段进行纯压式灌浆直至封孔，这第二次灌浆是重复的、多余的，没有必要。

有的工程为节省经费，以先导孔灌浆成果代替灌浆试验或生产性灌浆试验，这都是不妥的。因为先导孔是施工孔的一部分，受进度、费用等的限制，其不可能做得十分精细，

另外先导孔仅是Ⅰ序孔，孔数也少，分散在各单元工程，用于灌浆试验是不够的。

3.4 先导孔封孔

先导孔按一般灌浆孔封孔即可。

有些工程先导孔要进行岩体声波等物探测试，灌浆后仍要利用同孔进行测试比较，所以灌浆后不封孔，或填入细砂临时封孔。待所有灌浆完成后，再对该孔扫孔进行测试，获取岩体灌后声波等数据，最后按规范要求对全孔封孔。笔者不赞成这样的做法。

第一，由于先导孔一般都不会成双成对，所以其声波测试多是单孔测试。以一个单孔本身灌浆前和灌浆后的测试数据进行比较，没有代表性，甚至是掩盖了不安全因素，是不可取的。在灌浆试验中安排同一测试孔进行灌浆区灌浆前后的测试比较，那与此情况是不同的，那是专门的测试孔，本身不进行灌浆。

第二，灌浆后有另外的检查孔，灌后测试可安排在那些孔中。

3.5 先导孔的资料提供

先导孔不是灌浆试验，规范中未要求单独提供资料。先导孔的压水试验及灌浆资料应与其他Ⅰ序孔一并统计，但与设计及勘探资料有重大出入时应提出专项报告。

4 先导孔的计量与支付问题

先导孔计量与支付存在的问题主要是，有的工程不给先导孔单独立项，将其与灌浆孔按同一单价计量与支付；有的工程认可先导孔与检查孔按同一类单价计量，但不予单独立项，而是包含在灌浆孔工程量中（加大工程量10%），这样等于也就没有了先导孔的位置。是不恰当的。

造成这种现象的原因，可能有相关预算和合同文件规定不详的问题，也有预算合同编制者认识不到先导孔的施工难度要大于普通灌浆孔的问题，还有业主图简单不愿多分项目的问题。这样执行的结果必然是先导孔施工得不到应有的资源保证，降低了先导孔施工的质量，甚至使先导孔形同虚设。

先导孔和检查孔都属于要使用地质钻机钻进，获取岩芯的钻孔，应当单独立项，单独计量计价和支付。压水试验也应分别按单点法或五点法单独计量计价和支付。这两个项目在《水电建筑工程预算定额》（2004年版）（水电水利规划设计总院、中国电力企业联合会水电建设定额站发布）和《水利建筑工程预算定额》（中华人民共和国水利部2002年发布）中都有说明和单位估价表。

5 结束语

（1）在灌浆工程施工中，先导孔具有查明验证或补充灌浆区域地质资料，验证设计和施工参数的多重作用，具有重要的意义。

（2）目前一些工程中存在着先导孔布置或施工不当、先导孔有名无实、先导孔资料失真等现象，不利于灌浆工程的施工和质量保证。

（3）先导孔的布置应明确目的，补勘探之不足，开施工之先行，尽量获取信息，给后续施工提供指引。先导孔布置要少而精。

（4）先导孔施工要兼顾测试和灌浆。测试项目应有目的性，少而精，帷幕灌浆的测试项目主要是压水试验，试验资料要准确真实。先导孔是Ⅰ序孔的一部分，应逐段灌浆直至达到结束条件。

（5）为确保先导孔施工质量，先导孔钻孔和压水试验单独计量计价支付是有利的。

防渗帷幕的搭接与搭接帷幕灌浆

【摘　要】 阐述对高坝坝基和坝肩防渗帷幕分层搭接的形式、搭接帷幕的作用、布置、施工工艺、质量标准和检查，以及工程量计量等问题的意见，对工程实践中遇到的问题和分歧意见进行分析讨论。

【关键词】 大坝防渗　搭接帷幕　设计　施工　计量

1　问题的提出

高坝坝肩和岸坡防渗帷幕深度自坝顶至帷幕底线常常达百米至数百米，不能自上而下一次完成施工，需要在不同高程设置灌浆隧洞（或称平洞）进行分层施工。这样，上下两层帷幕之间就需要良好的搭接，以确保防渗帷幕的连续性。这种搭接是通过合理的帷幕布置和设置搭接帷幕灌浆来实现的。此外，当引水发电隧洞、泄洪洞等穿过防渗帷幕时，也存在帷幕与隧洞围岩灌浆连接的问题。

在我国，在 20 世纪 60—70 年代开始进行百米级高坝建设时已经接触和应用搭接帷幕。如黄河刘家峡水电站（重力坝高 110m）右岸帷幕的搭接部位位于灌浆平洞的上游侧，布置的搭接帷幕呈扇形布置，称为扇形帷幕。之后乌江渡水电站、龙羊峡水电站等都普遍应用了搭接帷幕，现在几乎所有的高坝防渗帷幕都采用分层布置的形式，并设置了搭接帷幕（图 1、图 2）。

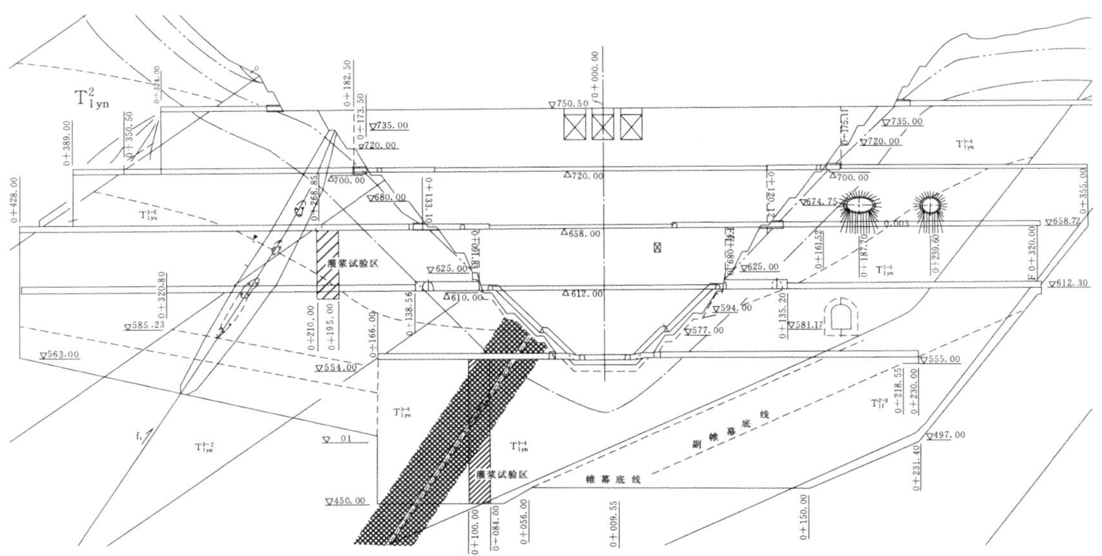

图 1　大坝防渗帷幕分层布置示意图

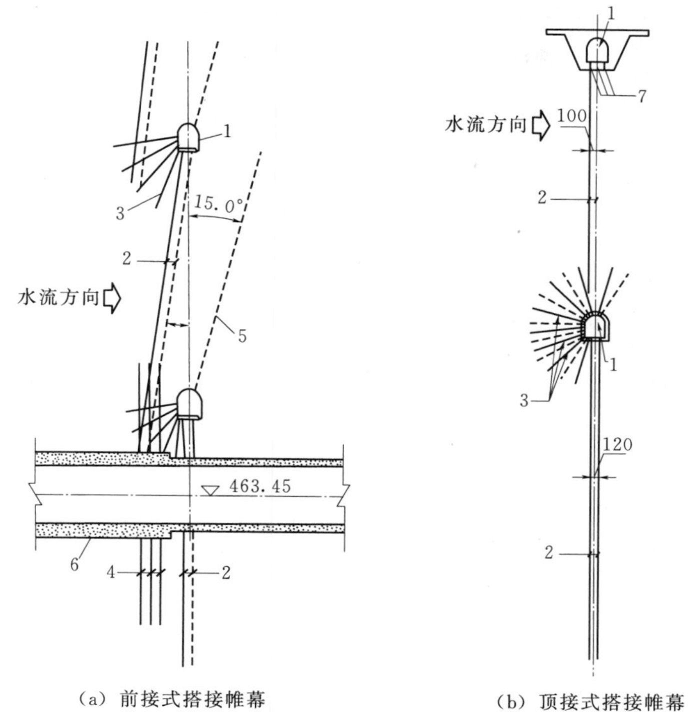

（a）前接式搭接帷幕　　（b）顶接式搭接帷幕

图 2　大坝防渗帷幕的层间搭接形式

1—灌浆平洞；2—主帷幕；3—搭接帷幕；4—环形帷幕；5—排水孔；6—压力管道；7—孔口管

然而尽管搭接帷幕的使用已经十分普遍，可是对这种工程结构或处理形式的命名、作用、布置形式、施工程序、施工参数的选用、质量检查的时机和标准等，长期缺少明确的技术标准，直到后来新版《水工建筑物水泥灌浆施工技术规范》（DL/T 5148—2012）和（SL 62—2014）发布，增加了搭接帷幕灌浆相关内容，但有些问题仍然值得讨论，本文根据有关的施工实践提出一些看法。

2　帷幕的搭接

2.1　帷幕分层的高度

帷幕的分层高度一般是指两层灌浆平洞混凝土底板之间的垂直距离。帷幕分层高度的确定与地质条件、水工布置等因素有关。表 1 为我国部分高坝防渗帷幕分层情况表。

表 1　部分高坝防渗帷幕分层情况表

工程名	坝型	坝高/m	基岩	帷幕分层/m	分层高度/m	首机发电时间/年
乌江渡	重力拱坝	165	石灰岩	左 640、680、717、765 右 640、670、700、737、765	28～48	1979
龙羊峡	重力拱坝	178	花岗岩	2463、2497、2530、2585	33～57	1987

续表

工程名	坝型	坝高/m	基岩	帷幕分层/m	分层高度/m	首机发电时间/年
水布垭	面板堆石坝	233	石灰岩	左 200、240、300、350、407 右 200、250、300、350、405	40～60	2007
光照	碾压混凝土重力坝	200.5	灰岩泥灰岩	560、612、658、702、750	44～52	2008
拉西瓦	双曲拱坝	248	花岗岩	2250、2295、2350、2405、2460	45～55	2008
瀑布沟	心墙堆石坝	186	花岗岩、玄武岩	673、731、796、856	58～65	2009
构皮滩	双曲拱坝	230.5	石灰岩	左 435、500、570、640.5 右 415、465、520、590、640.5	50～70.5	2009
小湾	双曲拱坝	294.5	花岗片麻岩、斜长片麻岩	1020、1060、1100、1150、1190、1245	40～55	2009
毛儿盖	心墙堆石坝	147	变质砂岩 千枚岩	1994.5、2066、2138	71.5、72	2011
官地	碾压混凝土重力坝	168	玄武岩	左 1260、1334，右 1256、1334	74、78	2012
锦屏一级	双曲拱坝	305	大理岩	左 1601、1670、1730、1785、1829、1885； 右 1601、1664、1730、1778、1829、1885	44～69	2013
大岗山	双曲拱坝	210	花岗岩	940、979、1030、1081、1135	39～54	在建
英古里（苏联）	双曲拱坝	271.5	石灰岩 白云岩	左 265、315、360、402、450、511.5； 右 265、315、360、402、450	42～61.5	1965～1980

从表 1 中可见，我国水电站防渗帷幕分层高度多为 40～55m。早期施工的防渗帷幕分层高度较为谨慎，如乌江渡拱坝坝肩防渗帷幕分层高度为 28～48m。近些年来，少数工程帷幕分层高度有所增加，如毛儿盖水电站、官地水电站坝肩防渗帷幕分层高度均大于 70m，最大 78m。

帷幕分层高度取较小值的主要好处是可以减少帷幕灌浆孔因孔斜带来的偏距，从而有利于形成均匀、连续的防渗幕体；不利方面是可能要增加灌浆隧洞的工程量。相反，加大帷幕分层高度则有利于节省灌浆隧洞的工程量，不利条件是增加了钻孔灌浆的难度和可能降低帷幕质量的风险。实际上帷幕分层高度大了，帷幕灌浆孔深度要加大，有时候为确保帷幕质量钻孔密度也要加大，这也要增加工程量和工程投资，需要进行技术经济的综合分析比较。

从当前我国普遍的施工情况来看，笔者认为坝肩防渗帷幕分层高度采用 40～55m 是适宜的，基本符合一般施工单位采用回转式钻机配备金刚石或合金钻头钻孔的孔斜控制水平。当分层高度为 55m 时，帷幕灌浆孔的深度加上搭接长度以后，实际深度大于或等于 60m。依照电力行业标准《水工建筑物水泥灌浆施工技术规范》（DL/T 5148—2012）第 5.2.4 条对帷幕灌浆孔孔斜的要求（表 2），60m 钻孔的孔底偏距为 1.5m，这一偏斜值已

经超出或达到帷幕灌浆工程常用排距孔距（1.0～2.0m）为半径或直径的范围。显然如果再大是不可取的。

表 2　　灌浆规范对帷幕灌浆孔孔底偏差的要求　　单位：m

孔　深	20	30	40	50	60	80	100
允许偏差	0.25	0.50	0.80	1.15	1.50	2.00	2.50

由于工程布置和施工的困难，底层灌浆隧洞的高程不可能设得太低，因而底层帷幕灌浆深度有时候很大，通常大于上部帷幕分层高度，深度达到100～150m的也不少见。从技术上而言，这一层帷幕灌浆孔均是铅直孔，其精度相对易于控制；钻孔下部已处岩层深部和帷幕边沿，岩体透水率渐小，帷幕承受的渗透梯度也减小，因而在这些部位尚是可行的。但是，如岩体透水性较大，也应当通过增加帷幕灌浆孔排数来解决。

2.2　帷幕的搭接形式

分层帷幕的搭接形式常见的有前接式、后接式、顶接式与环幕式。

前接式搭接见图 2（a），其特点是帷幕搭接段位于灌浆隧洞的上游侧，两层灌浆隧洞的轴线在水平面的投影可以重合，也可以错开。重合者上层帷幕以适当的倾角深入下层灌浆洞上游侧，并达到灌浆隧洞底板以下约 5m。错开者上层帷幕灌浆隧洞在下层灌浆洞的上游约 5m，上层帷幕保持铅直深入下层灌浆洞上游侧（参见本书《岩溶盲谷水库防渗技术》图 3）。后者对帷幕的钻孔灌浆施工和减少钻孔偏斜更为有利。前接式搭接在工程中使用最多。前接式搭接的最大优点是将灌浆隧洞置于防渗帷幕的保护之下，也使下层帷幕的上部薄弱部位（灌浆压力较低）得到加强。

后接式搭接的搭接帷幕段位于灌浆隧洞的下游侧。这种搭接形式使得灌浆隧洞承受很大的外水压力，一般用得很少。

顶接式搭接如图 2（b）所示，其搭接段位于灌浆隧洞的顶部。这种搭接形式的优点是可以最大限度地利用上层帷幕孔的孔深，节省防渗帷幕的钻孔灌浆和隧洞工程量，缺点是灌浆隧洞及其围岩也作为了防渗帷幕的一部分，搭接帷幕灌浆和围岩固结灌浆应做的更可靠。

环幕式搭接如图 2（a）下部所示，适用于防渗帷幕与穿越隧洞（引水发电洞、导流洞等）的连接。

3　搭接帷幕的设置

3.1　搭接帷幕的名称

为保证上下两层帷幕的可靠连接，通常在连接处设置搭接帷幕。过去的工程对这种帷幕各自命名，叫法不一，如扇形帷幕、衔接帷幕、连接帷幕、浅帷幕、平帷幕等；穿过防渗帷幕的隧洞周围的环形加强灌浆也称为环形帷幕等。2012 版灌浆规范统一采纳了搭接帷幕的名称。

3.2 搭接帷幕设置的条件

3.2.1 灌浆隧洞

帷幕灌浆隧洞通常采用城门洞型，其尺寸大小与地质条件、帷幕孔设置的排数、帷幕深度等有关，同时应满足施工的要求，通常宽高净空为 2m×3m～3m×4m，也有更大一些的。隧洞应进行混凝土衬砌，岩体完好时混凝土衬砌厚度一般采用 40cm，布置结构钢筋。但地质条件复杂时应按结构安全要求布置钢筋或加厚衬砌。

近些年有些地质条件较好的水电站如溪洛渡水电站（玄武岩）、大岗山水电站（花岗岩）等灌浆隧洞也有在近坝段约 20m 范围进行混凝土衬砌，远坝段仅浇筑混凝土底板，边顶拱不衬砌或仅作混凝土喷护，之后进行浅孔固结灌浆，再后进行搭接帷幕灌浆。这种方式节约了隧洞开挖断面和混凝土衬砌工程量，但也给灌浆带来一些困难。

3.2.2 隧洞中各种灌浆的关系

在需要进行搭接帷幕施工的地方，常常会布置有 4 种或 3 种灌浆，它们的作用、灌浆压力和施工次序各不相同，见表 3。

表 3　同一洞段多种灌浆的作用和关系

序号	灌浆项目	主要作用	灌浆压力	灌浆次序
1	回填灌浆	回填混凝土衬砌拱顶的空腔	P_1	最先
2	固结灌浆	灌注围岩的爆破裂隙或地质缺陷，提高岩石抗力，同时也减小了围岩透水率	$P_2>P_1$	其次
3	搭接帷幕灌浆	灌注主帷幕搭接部位岩体的较大裂隙，为主帷幕灌浆创造条件；连接和加厚上下层帷幕接头	$P_3\geqslant P_2$	再次
4	帷幕灌浆	建立防渗帷幕。（包括上下层帷幕）	$P_4>P_3$	最后

注　为便于叙述及与搭接帷幕相区别，帷幕也称为主帷幕，二者含义相同。

显而易见，表 3 中四种灌浆的作用各不相同。但是其中的固结灌浆和搭接帷幕灌浆在施工部位上有部分重合，施工工艺和参数基本相同，获得的灌浆效果可同时满足两种灌浆的要求。因此，有些工程，特别是在隧洞岩体质量较好的情况下，将二者合二为一或者互为替代，工程也都是成功的。但是也应当注意到，两种灌浆还是有些区别：其一，从加固围岩的需要固结灌浆布置的部位应该在隧洞全圆周，而搭接帷幕则基本限于主帷幕的末端。其二，固结灌浆孔的孔深应根据隧洞洞径和围岩性质决定，通常为 3～5m，而搭接帷幕孔的深度应根据主帷幕与灌浆隧洞的相对位置而定，其深度一般应等于或大于 5m。其三，两种灌浆的孔排距要求也有一些差别。在进行灌浆孔布置时应考虑周全。

对于搭接帷幕灌浆和帷幕灌浆施工次序，在工程实践中有一些分歧：一种意见认为，搭接帷幕灌浆应先于主帷幕（包括上层和下层帷幕）施工，理由是根据灌浆工程的一般规律，同一部位的灌浆压力较低的应先施工，只有这样才能分别达到各种灌浆的目的，保证各种灌浆的质量和工程安全；另一种意见认为，搭接帷幕应在主帷幕（也包括上层和下层帷幕）施工完成之后进行。后一种意见理由可能有三：①只有上下层帷幕形成了，方能进行它们的搭接；②最后施工搭接帷幕可对搭接部位的高压灌浆帷幕进行补强；③施工组织上的困难。

后进行搭接帷幕施工的三个理由都是不成立的。理由①有点类似于先有鸡还是先有蛋？并无意义。有一个例子很相似，以往混凝土防渗墙施工都是先施工一期墙段，后施工接头孔和二期槽孔，再浇注二期墙段，但在黄河小浪底水利枢纽大坝基础防渗墙施工中，法国地基公司采取了先施工接头槽孔后施工一二期槽孔的程序，效果很好，能说这样做的就不是接头孔吗？理由②也不存在，用相同的灌浆材料和低得多的压力，对同一部位刚刚进行的高压灌浆帷幕怎么能进行补强呢？理由③一般也不可能，隧洞衬砌完成以后必须接着进行回填灌浆，回填灌浆完以后要么进行围岩固结灌浆，要么直接进行搭接帷幕灌浆，都是浅孔低压灌浆，施工速度快，一气呵成，几乎不占直线工期，施工组织很顺当。除非有的工程下层隧洞尚未衬砌时上层帷幕就施工了，但这样是严重违背施工程序的，有的工程这样做吃了大亏。

后进行搭接帷幕灌浆且也没有进行围岩固结灌浆的工程曾经出现过下列事故：在上层帷幕灌浆进行至隧洞上游时，由于灌浆孔离衬砌混凝土上游壁很近，而这部分岩体爆破裂隙很多，高压力浆液沿裂隙串流施压至混凝土壁上，使混凝土变位、开裂，有一个工程出现裂口宽达数十毫米。这固然与主帷幕灌浆作业不够精细有关，但该洞段之前未进行固结灌浆和搭接帷幕灌浆也是直接原因。

那么，有一些工程的搭接帷幕灌浆是在主帷幕形成之后进行的，为什么未出现问题呢？这一般是由于先进行了围岩固结灌浆，或隧洞围岩岩石较好，或帷幕灌浆施工较精细的原因。事实上，这种事后进行的搭接帷幕单位注入量都很小，能起的作用已经很小了。

电力行业标准《水工建筑物水泥灌浆施工技术规范》（DL/T 5148—2012）中规定，“搭接帷幕灌浆宜在隧洞围岩回填灌浆和固结灌浆完成后，主帷幕灌浆施工前进行，也可在主帷幕灌浆完成后进行。”（第 5.9.2 条）这种表述形式主要是照顾到先前已完部分工程现实的结果。以后进行的工程一般不要采用后一种选择。

3.3 搭接帷幕的布置

为与主帷幕的称谓一致，搭接帷幕孔的“排”也是指平行于主帷幕轴线（亦即隧洞中心线）的一行孔。由此排距是指两排搭接帷幕孔之间的距离，孔距是指一排孔内相邻两孔之间的距离。这与隧洞固结灌浆是相反的，应当注意。

根据地质情况和承受水头不同，主帷幕灌浆孔通常布置 1～3 排。搭接帷幕由于灌浆压力较低，浆液的扩散范围要小，其灌浆孔排数应当大于主帷幕孔的排数，通常可取主帷幕孔排数的 2 倍，并大于或等于 3 排。孔距宜与主帷幕灌浆孔一致。

搭接帷幕孔的孔向应根据搭接方式确定。当采用前接式时，宜布置在隧洞上游下角，见图 2（a）。这样做的好处有：其一，这一部位是上层帷幕的最末端，钻孔偏距最大；又是下层帷幕的顶端，灌浆压力最低，因而是帷幕的薄弱部位。其二，钻孔方向前倾向下，钻孔、灌浆和封孔施工方便，有利于保证施工质量。

搭接帷幕孔的孔深应根据上层帷幕孔的位置确定。一般应保证其中 2～3 排孔与上层主帷幕孔相交。多数工程搭接帷幕孔孔深不大于 6m，进行全孔一次灌浆。溪洛渡水电站搭接帷幕最深达 20m，采用由下至上分段灌浆法或综合灌浆法。

当帷幕搭接采用顶接式时，或灌浆隧洞不进行围岩固结灌浆时，搭接帷幕灌浆孔的排数（即在垂直隧洞轴线断面上的孔数）应当充分考虑隧洞围岩加固的需要，灌浆孔的排数应当覆盖半个圆周面或以上，见图2（a）。

对于穿过帷幕的引水隧洞、导流洞等，其环形帷幕应与主帷幕设置在同一个平面上，最好为竖直方向。环形帷幕灌浆孔与主帷幕灌浆孔的搭接长度不宜小于5m。其他要素可比照搭接帷幕或围岩固结灌浆拟定。

4 搭接帷幕的施工与质量检查

4.1 常用施工方法和技术参数

搭接帷幕的施工顺序已于3.2所述。

由于搭接帷幕灌浆基本属于浅孔低压灌浆，因此隧洞围岩固结灌浆的方法它都可以采用。例如可以采用液压或风动冲击式钻机钻孔，全孔纯压式灌浆法，孔深大于6m时也可以自下而上或自上而下分段灌浆。

搭接帷幕的灌浆压力应视帷幕搭接部位的地质情况以及灌浆隧洞的混凝土衬砌强度而定，通常可取1～2MPa，也有个别工程采用更高压力的，如溪洛渡水电站搭接帷幕最大灌浆压力达4.5MPa。搭接帷幕灌浆的结束条件可为：在最大设计压力下灌浆段注入率不大于1L/min后，继续灌注30min。

更具体的施工方法在新灌规中规定得很详细，兹不赘述。

4.2 搭接帷幕施工质量检查的方法和时间

由于搭接帷幕的作用是防渗，所以质量检查的方法应以钻孔压水试验为主，结合对施工记录、成果资料的分析进行综合评定。又由于搭接帷幕孔数量较多，同时所灌浆部位还要接受帷幕灌浆施工后的质量检查，所以新灌规将搭接帷幕的检查孔数量确定为搭接帷幕孔数的3%～5%是适宜的。

搭接帷幕施工质量检查的时间既可安排在搭接帷幕施工完成之后，也可安排在主帷幕施工完成之后。如果采用前者，参照隧洞围岩固结灌浆的要求，搭接帷幕质量检查可在该单元工程搭接帷幕灌浆完成3～7d后，新灌规规定为7d，是适宜的。如果采用后者，那就应以主帷幕灌浆的检查时间为控制条件了。

4.3 搭接帷幕的质量标准

搭接帷幕的质量标准也是一个有争议的问题。分歧是应该采用主帷幕的防渗标准，还是允许标准低一些。2012版电力灌浆规范规定搭接帷幕“防渗标准与主帷幕相同”；2014版水利灌浆规范规定“搭接帷幕的防渗标准宜与相连接的主帷幕一致”。

从理论上说，搭接帷幕是帷幕整体的一部分，应该有与主帷幕一样的防渗标准。但在实践上它灌浆压力较低，要达到由较高压力灌浆形成的主帷幕同样高的防渗标准（例如1Lu）是较困难的，为此所以需要搭接帷幕孔有较多的排数，从加大帷幕厚度上保证安全。再则，当搭接帷幕灌浆先于主帷幕施工的时候，它实际是一个中间产品，或者说是辅助帷幕，它的防渗标准低一档级（如3Lu）应是允许的，不影响防渗帷幕的最后质量和防渗效果。许多工程坝基防渗帷幕上下游的浅孔辅助帷幕就是由固结灌浆孔加深，

并采用固结灌浆的防渗标准，实践证明都是安全可靠的。在该版规范颁布以前不少工程以围岩固结灌浆代替搭接帷幕，都是采用固结灌浆质量标准，工程也都是安全的。

另一方面，在搭接帷幕后于主帷幕施工，或虽施工在前但质量检查是在主帷幕完成之后再进行的情况下，其质量标准采用主帷幕的标准就则是可能和必要的了。

规范已经颁布，施工中应予执行，积累更多经验后，在必要时进行修正。

5 搭接帷幕工程量计量

在施工实践中，对于搭接帷幕灌浆应当按帷幕灌浆还是按隧洞围岩固结灌浆计量工程量也不尽一致。有的认为搭接帷幕的功能属于防渗性质，因此应当按照帷幕灌浆的定额标准计量工程量；有的认为搭接帷幕的施工工艺和工效与固结灌浆相同，因此应当按固结灌浆的定额标准结算；还有一种意见认为，有些工程设计要求搭接帷幕灌浆施工工艺较复杂，如必须采用岩心钻机钻孔，自上而下分段循环式灌浆等，所以仍应按照帷幕灌浆标准计量结算。

笔者认为，一项工程的工程量计量结算依据应是这种工程施工的材料费、机械使用费、人工费和间接费的消耗量。一方面，一般情况下搭接帷幕灌浆采用的工法与围岩固结灌浆相同，其工程成本也大体相当，因此采用固结灌浆定额标准计量结算应是适宜的。同理，岩体深层高压固结灌浆就采用了帷幕灌浆的定额标准计量结算，尽管它的作用属于固结灌浆的性质，但其施工工艺与帷幕灌浆是基本一致的。另一方面，有的工程对搭接帷幕灌浆的要求较高，例如溪洛渡水电站那样，钻孔深、压力大、标准高，采取与帷幕灌浆相似的施工工艺，那么这样的搭接帷幕按照帷幕灌浆的定额标准计量结算，也是应当的。不过笔者认为没有必要将搭接帷幕灌浆的施工工艺复杂化。

6 结束语

（1）高坝坝基和坝肩防渗帷幕采用分层搭接的形式是必要的，为保证各层帷幕灌浆孔孔斜容易控制在适当范围，分层高度宜为40～55m。帷幕搭接的形式有多种，通常宜采用前接的形式。

（2）搭接帷幕具有保证上下层帷幕可靠连接和施工安全的作用。当帷幕搭接采用前接形式时，搭接帷幕宜布置在上游侧下角。搭接帷幕的孔深以能与主帷幕相交为度，一般等于或大于5m。搭接帷幕的排数应大于或等于主帷幕灌浆孔排数的2倍，且不得少于3排；当灌浆隧洞不进行围岩固结灌浆时，搭接帷幕的排数宜覆盖半个洞周。

（3）为保证隧洞中各种灌浆的合理分工和有序衔接，以及各种灌浆工程的质量，搭接帷幕应在同一部位的上下层主帷幕施工开始以前进行施工。

（4）搭接帷幕灌浆可采用与隧洞围岩固结灌浆基本相同的施工工艺，其工程量的计量和结算可参照固结灌浆的定额标准执行。但设计要求采用帷幕灌浆的工艺施工时，其工程量的计量和结算也应采用帷幕灌浆的定额标准。

（5）规范规定，搭接帷幕防渗标准宜与相连接的主帷幕一致。当主帷幕防渗标准透水率为1Lu时，其要求是较严的。施工应在贯彻中积累经验。

关于灌浆孔封孔质量及其检查的几个问题

【摘　要】 帷幕灌浆孔的封孔质量是帷幕灌浆施工质量的重要组成部分，关系到帷幕的安全运行和耐久性。本文分析灌浆规范对帷幕灌浆孔封孔质量检查规定产生的背景，同时根据室内试验的成果及乌江渡、水布垭、金安桥等工程帷幕灌浆封孔检查的实践经验进行讨论，对今后进一步提高封孔质量提出建议。

【关键词】 帷幕灌浆　压力封孔　质量检查

1　进行灌浆孔封孔检查的起因

帷幕灌浆孔的封孔质量是帷幕灌浆施工质量的重要组成部分，关系到帷幕的安全运行和耐久性。20世纪80—90年代，黄河龙羊峡水电站帷幕灌浆、清江隔河崖水电站帷幕灌浆施工质量检查时，分别发现个别灌浆孔封孔不实，孔内浆液不凝固或无强度。由此引起对封孔问题的重视。不久对1994版《水工建筑物水泥灌浆施工技术规范》进行修订，于是在新规范（DL/T 5148—2001）中增加了6.9.11条："各种钻孔的封孔质量应进行抽样检查，封孔质量的合格标准按设计规定执行。"其条文说明写到："灌浆孔的封孔极为重要，封孔不实，等于增加了新的渗漏通道，以往有些工程曾发生封孔不密实的情况，给工程留下隐患。封孔质量抽样检查，主要指对已完成封孔的钻孔在原孔中进行钻孔取芯检查。其检查的数量和合格标准各工程可根据具体情况制定。一般说，钻孔孔深应符合要求，水泥浆液结石应当连续、密实或较密实。"

该条文提出后，许多工程或多或少地安排了对灌浆孔封孔质量进行检查的项目，2001版规范发布10年来，大型工程未发现有严重的封孔质量事故，起到了规范对工程质量的保证作用。

但是，鉴于当时制定条文时经验较少，故而仅是从定性方面作出规定。至于如何定量，例如检查孔数量的比例，检查孔钻孔芯样的具体质量要求等，均留待各工程在实践中解决。

2　封孔方法和压力灌浆封孔的好处

2.1　灌浆孔的封孔方法

《水工建筑物水泥灌浆施工技术规范》（DL/T 5148—2001）对灌浆孔封孔规定，"帷幕灌浆采用自上而下分段灌浆法时，灌浆孔封孔应采用'分段灌浆封孔法'或'全孔灌浆封孔法'；采用自下而上分段灌浆时，应采用'全孔灌浆封孔法'。""固结灌浆孔封孔应采用'导管注浆封孔法'或'全孔灌浆封孔法'。"条文说明对上述方法具体阐明："（1）导管注

本文原载内部资料《基础工程技术》2011年第3期。

浆封孔法。全孔灌浆完毕后，将导管（胶管、铁管或钻杆）下入到钻孔底部，用灌浆泵向导管内泵入水灰比为0.5的水泥浆。水泥浆自孔底逐渐上升，将孔内余浆或积水顶出孔外。在泵入浆液过程中，随着水泥浆在孔内上升，将导管徐徐上提，但应注意务使导管底口始终保持在浆面以下。工程有专门要求时，也可注入砂浆。这种封孔方法适用于浅孔和灌浆后孔口没有涌水的钻孔。（2）全孔灌浆封孔法。全孔灌浆完毕后，先采用导管注浆法将孔内余浆置换成为水灰比0.5的浓浆，而后将灌浆塞塞在孔口，继续使用这种浆液进行纯压式灌浆封孔。封孔灌浆的压力可根据工程具体情况确定，一般不宜小于1MPa，当采用孔口封闭法灌浆时，可使用最大灌浆压力。灌浆持续时间不应小于1h。”

“当采用自下而上灌浆法，一孔灌浆结束后，通常全孔已经充满凝固或半凝固状态的浓稠浆体，在这种情况下可直接在孔口段进行封孔灌浆即可。”

分析各种封孔方法，实际上主要是两种类型，其一是浓浆置换，自重凝固封孔；其二是浓浆置换，压力灌浆封孔。前者适用于浅孔，孔口不涌水的灌浆孔和灌浆压力较低的固结灌浆封孔；后者适用于深孔，帷幕灌浆封孔。

2.2 在不同条件下形成的水泥浆液结石的密度

室内试验资料表明，各种水灰比的水泥浆液在自重条件下沉淀结石的密度和抗压强度见表1。

表1　不同水灰比的水泥浆液结石的力学性能示例[1]

水灰比	干密度/（g/cm^3）	抗压强度/MPa	渗透系数/（cm/s）
0.4∶1	1.52	84.7	4.2×10^{-11}
0.5∶1	1.51	46.0	7.1×10^{-11}
0.6∶1	1.50	45.1	1.9×10^{-10}
0.8∶1	1.48	26.0	4.3×10^{-9}
1∶1	1.47	18.7	2.0×10^{-7}
1.5∶1	1.42	6.8	3.0×10^{-4}

注　使用42.5级普硅水泥，试件龄期28d。下表同。

但是，灌浆和灌浆封孔是在施加压力的条件下进行，浆液中的大部分水会在压力作用下排出，然后凝固形成水泥结石，这种作用就是压滤作用。在室内模拟压滤作用成型的水泥浆液结石试件的密度和力学性能见表2、表3。

表2　水泥浆液压滤试验成果示例（一）[1]

试件编号	水灰比	浆液密度/（g/cm^3）	压滤压力/MPa	压滤时间/min	结石密度/（g/cm^3）	抗压强度/MPa
YP－1	5∶1	1.125	0.3	25	2.053	24.56
YP－3	2∶1	1.270	0.3	5	2.160	21.53
YP－4		1.270	0.3	15	2.213	26.15
YP－2		1.235	0.3	25	2.173	31.33
YP－5		1.275	0.3	35	2.120	34.73

续表

试件编号	水灰比	浆液密度/(g/cm³)	压滤压力/MPa	压滤时间/min	结石密度/(g/cm³)	抗压强度/MPa
YP-6	1∶1	1.460	0.3	25	2.173	39.33
YP-7	0.5∶1	1.800	0.3	25	2.240	66.00

表 3　水泥浆液压滤试验成果示例（二）[2]

项目	压力	水泥品种	水灰比						
			5∶1	3∶1	2∶1	1∶1	0.8∶1	0.6∶1	0.5∶1
28d干密度/(g/cm³)	大气压	石门	1.14	1.17	1.35	1.67	1.72	1.74	1.75
		张家界	1.03	1.11	1.12	1.37	1.56	1.62	1.67
	5MPa	石门	1.86	1.88	1.96	2.03	1.93	1.89	1.83
		张家界	1.99	2.00	2.05	2.16	2.14	2.12	2.03
28d抗压强度/MPa	大气压	石门	14.1	14.4	22.5	34.0	50.2	50.9	61.5
		张家界	10.4	14.2	14.5	29.0	35.9	47.6	51.4
	5MPa	石门	80.8	89.0	91.9	94.1	75.2	73.4	71.8
		张家界	84.3	89.7	96.9	98.5	87.4	87.0	84.1

注　压滤时间1h。

对以上试验成果可作如下简要分析：

（1）从表1可以看出，0.5∶1～1∶1的水泥浆液自由沉降所得浆液结石的密度大于1.47g/cm³、抗压强度大于18.7MPa，渗透系数小于2.0×10^{-7}cm/s，可满足一般固结灌浆工程的要求。

（2）从表2、表3可见，水泥浆液经压滤后，由于多余水分的排出，浆液结石的密度比自由沉降浆液结石有很大的增加，因此，对于要求较高的灌浆工程，如帷幕灌浆孔封孔，应采用压力灌浆方式封孔。同一水灰比的浆液，压滤时间较长，结石密实度较大，因此，封孔灌浆时间不宜过短，现行灌浆规范规定为不小于1h，是适宜的。在压滤的条件下，水泥浆液结石的密度和抗压强度可以达到较为理想的状态，密度可以接近于岩体，抗压强度可大于水泥的强度等级。

3　几个工程帷幕灌浆封孔检查的考察分析

3.1　乌江渡水电站灌浆封孔的经验[3]

系统地规定对帷幕灌浆封孔采用压力灌浆法或高压灌浆法，始出于乌江渡水电站。该工程帷幕灌浆采用了严格的灌浆封孔工艺，封孔压力为3.0～6.0MPa，持续时间为2h。实施后的结论是："高压和低压灌浆所得到的水泥结石密度不同。用6MPa高压灌浆水泥结石密度为1.99g/cm³左右，而低压灌浆水泥结石密度为1.52～1.88g/cm³。"

3.2 水布垭水电站帷幕灌浆封孔检查情况❶

3.2.1 防渗帷幕施工概况

水布垭水电站面板堆石坝最大坝高234m，装机容量184万kW。坝址位于石灰岩岩溶发育地区，地质条件复杂，帷幕灌浆总工程量约32万m，布置在大坝趾板以下和左右岸灌浆平洞中，防渗帷幕线总长2001.9m。趾板帷幕布置双排孔，两岸帷幕远坝段为单排孔，局部地段加强为三排孔。两岸帷幕在高程不同的五层隧洞中施工，其间以搭接帷幕相连。帷幕最大深度在趾板河床段，为80m～120m。工程由长江委设计院设计，趾板、左岸、右岸三段帷幕分别由三个单位施工、三个单位监理。

灌浆采用孔口封闭法。灌浆孔采用回转式岩芯钻机钻进，开孔孔径ϕ76mm，孔口管段以下孔径ϕ56mm。灌浆材料趾板帷幕为42.5级普硅水泥，两岸帷幕为32.5级普硅水泥。浆液水灰比（重量比）分为5∶1、3∶1、2∶1、1∶1、0.8∶1、0.5∶1六级，开灌水灰比5∶1。

最大灌浆压力4.0MPa。灌浆孔灌浆完成后，首先用0.5：1浓浆置换孔内稀浆或积水，然后采用全孔纯压式灌浆法封孔，使用压力为该孔灌浆最大压力，时间不少于1h。

趾板帷幕防渗标准为1Lu；两岸双排孔帷幕为3Lu，单排孔帷幕5Lu。

3.2.2 帷幕灌浆孔封孔质量检查

依据设计要求，监理单位对帷幕灌浆封孔质量布置了取芯检查，趾板及左右岸帷幕灌浆共布置了102个封孔检查孔，约占灌浆孔总数的2%，检查孔最大深度99.7m，累计进尺大于5000m。芯样采取率87.4%～99.5%。水泥结石为白灰色、灰色、局部有深灰色，较密实，表面光滑无气穴，局部有少量气泡。芯样多呈长柱状，短柱状，最长1.8m，一般9～25cm，2～5cm的碎块极少。

进行室内试验的样本由监理和施工单位在现场选孔取样，从全孔上、中、下部各取样1组试件（3块）送检。试验单位主要为长江科学院水布垭工程中心实验室，部分由施工单位葛洲坝试验检测有限公司检验。

水布垭水电站帷幕灌浆孔封孔质量检查成果表见表4。

表4　水布垭工程帷幕灌浆封孔芯样检测成果表

工程部位		孔数	检查孔进尺/m	芯样采取率/%	干密度/(g/cm³)			检测/(孔/组)	抗压强度/MPa		
					最高	最低	平均		最高	最低	平均
趾板帷幕	河床段	1	不详	92.2	2.85	2.65	2.75	2	62.5	42.5	52.5
	左岸坡	22		89.1～97.6	2.5	2.48	2.49	2	64.3	59.7	62.0
	右岸坡	21		87.4～99.5	2.56	2.55	2.56	2	78.0	47.0	62.5
	右挡3	1		95.1	2.56	2.56	2.56	1	60.2	60.2	60.2
左岸平洞	240m平洞	5	309.4	91.5～92.0	1.86	1.55	1.73	2/6	33.6	15.3	19.67
	300m平洞	6	381.3	91.15	2.09	1.6	1.78	3/9	25.6	9.6	13.6
	350m平洞	6	343.7	91.0～95.0	2.08	1.56	1.93	4/12	56.4	18.3	37.2
	405m平洞	9	489.0	93.1～96.0	1.79	1.51	1.7	4/12	27.8	12.75	21.45

❶ 据水布垭水电站竣工安全鉴定自检报告。

续表

工程部位		孔数	检查孔进尺/m	芯样采取率/%	干密度/(g/cm³)			检测/(孔/组)	抗压强度/MPa		
					最高	最低	平均		最高	最低	平均
右岸平洞	200m 平洞	6	475.26	90～98	2.29	1.58	1.97	4/12	37.3	18.4	28.37
	250m 平洞	7	388.43	90.6～95.6	2.43	1.62	2.05	4/12	69.8	18.4	41.87
	300m 平洞	5	290.90	92～95.3	2.18	1.40	2.00	2/6	62.3	21.0	43.8
	350m 平洞	5	278.40	>90	2.35	1.26	1.73	2/6	47.7	16.4	34.4
	405m 平洞	6	364.53	>90	2.16	1.49	1.92	2/6	64.8	26.9	41.9
总　计		102	—	87.4～99.5	2.85	1.26	—	—	78.0	9.6	—

水布垭水电站还对趾板基础固结灌浆、两岸灌浆平洞搭接帷幕灌浆进行了封孔质量检查。帷幕灌浆封孔水泥结石芯样室内试验项目除表 4 所列外，还有弹性模量，孔隙率等。

3.3 金安桥水电站帷幕灌浆封孔检查情况❶

3.3.1 防渗帷幕施工概况

金安桥水电站碾压混凝土重力坝最大坝高 160m，装机容量 240 万 kW。坝址地质条件为玄武岩夹杂绿泥石化岩层，防渗帷幕在大坝基础廊道和左右岸灌浆平洞施工，河床 3～18 号坝段帷幕布置双排孔，帷幕防渗标准为 1Lu；其余为单排孔防渗标准 3Lu。帷幕灌浆总工程量约 5.8 万 m。

灌浆采用孔口封闭法。灌浆孔采用回转式岩芯钻机钻进，开孔孔径 ϕ76mm，孔口管段以下孔径 ϕ56mm。灌浆材料为 42.5 级普硅水泥。浆液水灰比（重量比）分为 5∶1、3∶1、2∶1、1∶1、0.8∶1、0.5∶1 六级，开灌水灰比 5∶1。最大灌浆压力 4.5MPa。灌浆孔封孔方法与上例相同。

3.3.2 帷幕灌浆孔封孔质量检查

封孔检查孔数量为帷幕灌浆孔数的 3%，每孔只检查灌浆孔的上部，深度一般进入基岩 15m，最大 17m。各部位帷幕灌浆封孔检查情况见表 5。

表 5　　金安桥帷幕灌浆封孔质量检查成果表

工　程　部　位	检查孔数	芯样采取率/%	芯样抗压强度/MPa		
			最大	最小	平均
左岸平洞	4	95.5	38.0	31，0	36.4
左非溢流坝	8	96.3	39.6	35.9	38.2
左右冲沙泄洪坝段	4	94.9	33.48	30.46	32.39
厂房坝段	6	96.6	37.6	30.4	32.32
厂房安装间封闭帷幕	2	95.9	56.9	17.3	29.63
1＃～4＃机及左冲坝段封闭帷幕	3	96.2	41.8	17.3	26.33
溢流坝段	5	96.6	42.73	37.2	39.52

❶ 据金安桥水电站蓄水安全鉴定的自检报告，2010 年。

续表

工 程 部 位	检查孔数	芯样采取率/%	芯样抗压强度/MPa		
			最大	最小	平均
右非溢流坝段	5	96.1	38.2	25.3	32.6
右岸平洞	2	95.3	41.2	28.5	36.83

3.4 水布垭等工程帷幕灌浆封孔质量分析

上述工程对帷幕灌浆封孔质量的检查十分重视，特别是水布垭工程检查数量较大、项目较全，数据较系统，在全国各水利水电工程中堪称范例，其经验值得总结。分析检查成果有如下规律。

(1) 采用压力灌浆封孔的质量总体较好。检查孔芯样采取率水布垭工程为87.4%～99.5%，金安桥工程为94.9%～96.6%；水泥结石密度水布垭工程为1.26～2.85g/cm^3；水泥结石抗压强度水布垭工程为9.6～78MPa，金安桥工程为17.3～42.73MPa。

(2) 虽然封孔工艺要求相同，但各部位、各孔封孔质量存在较大差别。如水布垭水电站趾板帷幕灌浆封孔质量最好，芯样密度、抗压强度波动范围小，密度最小值达到2.48k/cm^3，抗压强度最小值为42.5MPa，等于所使用水泥的强度等级，该部位（标段）帷幕灌浆工程量53803m，属于大范围的封孔施工质量优良，其指标也优于乌江渡工程。金安桥工程次之，芯样采取率基本在95%以上，抗压强度最小为17.3MPa。从个别情况来说，有的孔或孔段封孔质量较差，芯样密度仅为1.26g/cm^3，抗压强度仅为9.6MPa，这甚至不如0.5∶1水泥浆自重沉降凝固的结石密度和强度（表1），遗憾的是未查清其原因。

4 提高灌浆孔封孔质量的途径

严格地说，防渗帷幕是一个整体，个别孔封孔质量不能满足设计要求也是不能允许的。对于孔口封闭灌浆法来说，为了全面地保证每一个孔的封孔质量，应从以下方面着手。

(1) 灌浆孔进入封孔程序时必须具备封孔条件：原则上不应有涌水，注入率应足够小。如孔口有涌水应按照专门方法进行灌注和封孔，应采取闭浆和屏浆措施。如注入率大于1L/min，应先灌注至注入率小于1L/min之后，再开始封孔程序。

(2) 确保封孔水泥浆液的质量。应使用新鲜的、水灰比为0.5∶1的水泥浆。超时的应予废弃的浆液不能使用。

(3) 严格封孔灌浆施工工艺。封孔灌浆时仍应使用灌浆记录仪记录，封孔压力应使用最大灌浆压力，灌浆持续时间应不小于1h。

5 对规范条文修订的建议

鉴于上述情况，对现行灌浆规范中关于帷幕灌浆封孔检查的有关规定，建议进行适当修改补充，使之更有可操作性。

（1）考虑到灌浆质量总体上应以过程质量控制为主，同时灌浆孔的封孔质量的保证率较高，因此灌浆孔封孔检查孔的数量宜少，如全孔检查，一般可按灌浆孔孔数的1%布置；如仅检查近孔口段，检查比例可加大至2%或3%。固结灌浆孔、搭接帷幕孔可不进行钻孔取芯式封孔检查。

（2）对于一般工程，封孔检查的质量标准可明确为取芯率大于或等于90%。重要工程（例如1级建筑物）可抽取30%的检查孔的芯样制作试件进行密度和抗压强度试验，密度应大于或等于1.8g/cm^3，抗压强度应大于水泥强度等级的70%。

（3）对封孔检查不合格的灌浆孔应进行原因分析，必要时应扩大检查范围直至批量返工。

（4）封孔检查孔检查完成后，应确保做好二次封孔。

电力2012版、水利2014版灌浆规范基本上采纳了上述建议。

6 结束语

（1）灌浆孔的封孔非常重要，是灌浆施工过程的最后环节。灌浆孔封孔质量不仅关系灌浆孔本身，而且对整个帷幕质量具有重要意义。

（2）采用压力灌浆法封孔是保证帷幕灌浆孔封孔质量的一项重要工艺措施，对帷幕灌浆孔封孔质量进行抽样取芯检查是保证和提高灌浆孔封孔质量的重要技术管理措施，这两项要求写入灌浆规范以后总体上得到了贯彻执行，但几个工程的质量检查情况表明，两项措施执行的情况差别较大，各工程或不同部位不同灌浆孔的封孔质量差别较大。

（3）在影响封孔质量的诸多因素中，施工工艺因素是主要的，因此施工单位加强对封孔施工过程质量控制，监理单位加强封孔工序的监管十分重要。新规范对灌浆孔封孔质量提出了进一步的参考要求，各工程应吸取已有工程的经验，确保每一个孔封好。

参 考 文 献

[1] 夏可风．水利水电工程施工手册　地基与基础工程［M］．北京：中国电力出版社，2004.

[2] 陈义斌，高鸣安．江垭工程孔口封闭帷幕灌浆高压下灌浆材料性能试验研究［J］．岩石力学与工程学报，2001.

[3] 水电八局，谭靖夷，等．乌江渡工程施工技术［M］．北京：水利电力出版社，1987.

关于帷幕灌浆的检查孔施工与帷幕灌浆质量评价

【摘　要】 帷幕灌浆检查孔施工及检测成果是评价帷幕灌浆质量的主要依据，正确地进行检查孔施工和试验工作具有十分重要的意义。有些帷幕灌浆工程的检查孔施工存在取芯质量差、压水试验压力过大、检验试验工作针对性不强、检查工作完成后不灌浆、灌浆质量评价唯透水率、未开展第三方检查，检查孔计量支付不合理等问题。本文对此进行分析讨论，其内容主要针对帷幕灌浆，但对其他灌浆工程也有借鉴意义。

【关键词】 帷幕灌浆　检查孔　压水试验　第三方检查　质量评价　唯透水率

1　灌浆工程质量检查的特点

灌浆工程施工是特殊过程。关于“特殊过程”的定义，曾经被表述为，这一过程形成的产品，其质量不能直观地和完全地检查，质量缺陷常常要在运行中方能真正暴露出来。后来国际标准（等同于国家标准）《质量管理体系——基础和术语》（GB/T 19000—2000）规定，对形成的产品是否合格，不易或不能经济地进行验证的过程，通常称之为“特殊过程”。两个定义虽有不同，用之衡量灌浆工程施工，都是特殊过程。

灌浆工程是隐蔽工程。隐蔽工程的定义是工程完成后需要被下一道工序或其他建筑物掩盖起来。灌浆工程不仅施工后要被隐蔽，施工也是隐蔽进行的。灌浆施工过程看不见，只能凭灌浆记录仪或压力表等间接监测，甚至凭经验去感知。俗话称“良心活”。

保证特殊过程产品质量最好的办法是搞好施工过程（工序）质量，严格工艺过程，加强对工序质量的检验，一道工序达不到质量标准，不得转入下一道工序的施工，以过程质量保证结果质量，以工序质量保证产品质量。关于这一个体系，水利和电力行业制定了一套“单元工程质量等级评定标准”，其中灌浆工程有专门章节，对各道工序质量的控制和评定作出了规定。

本文主要讨论对灌浆工程最终产品的质量检查。尽管这个检查不能直观地和完全的进行；或不能容易或经济地进行。那么，我们也要间接地、部分地、尽可能容易地、经济地进行；而且还应当快捷地、有效地进行，因为工程不能等，质量结论不能模糊。

2　帷幕灌浆质量检查的原则和工程中存在的问题

2.1　帷幕灌浆质量检查的原则

帷幕灌浆质量检查的原则应当是，检查方法简便易行，检查结果具有代表性、可靠性，检查时间较短，检查费用较低。我国灌浆规范[1]关于帷幕灌浆检查孔的规定，较好地

[1] 我国现行的灌浆规范是电力版《水工建筑物水泥灌浆施工技术规范》（DL/T 5148—2012）和水利版《水工建筑物水泥灌浆施工技术规范》（SL62—2014）。本文灌浆规范条文均引自电力版。

贯彻了上述原则。现列举其主要规定并解释如下：

（1）帷幕灌浆工程的质量应以检查孔压水试验成果为主，结合对施工记录、成果资料和其他检验测试资料的分析，进行综合评定。

可以认为，钻孔压水试验是检查灌浆帷幕渗透性的最为有效且较为简便、经济的方法。因此规范规定帷幕灌浆质量检查方法主要是钻孔压水试验完全正确。条文还指出，要结合对施工记录、成果资料和其他检验测试资料的分析，进行综合评定。这就是说，以压水试验成果为主，但不是单一，还要参考其他资料进行综合分析评价。

（2）帷幕灌浆检查孔应在分析施工资料的基础上布置在下述部位：①帷幕中心线上；②断层、岩体破碎、裂隙发育、强岩溶等地质条件复杂的部位；③末序孔注入量大的部位；④钻孔偏斜过大、灌浆过程不正常等经分析资料认为可能对帷幕质量有影响的部位。

检查孔之所以布置在帷幕中心线上，是为了保证检查成果的代表性。因为压水试验是通过测量在一定条件下钻孔试段压入帷幕体岩石中的水流量，计算透水率（Lu）或渗透系数（cm/s）的，这个水流量的大小，与帷幕体的渗透系数、试段长度、试段至帷幕边缘的距离有关，其中渗透系数是我们要求算的参数，其他参数是设定的，试段至帷幕边缘的距离只有在检查孔布置于中心线上时为最大值，代表了帷幕的整体厚度，也是运行时挡水的工作厚度，否则，检查孔偏于任何一侧其到帷幕边缘的距离都会减小，压水试验的渗漏水量就会增加，所得透水率就不能代表整个帷幕的渗透性能。

检查孔在帷幕中心线上的位置并不是随机的，而是有意选择在地质条件较差和灌浆质量有疑问的部位，是挑毛病，拣薄弱环节，以保证检查结果是偏于安全的、可靠的。检查孔既是质量的判别者，也是补充灌浆的预备孔。

工程中有这样的情况，帷幕由两排不同深度的主排孔和副排孔组成，这时，检查孔也应该布置在帷幕中心线，即两排孔之间的中线上。这会带来一个问题，即检查孔的下部不可能位于主排孔的轴线上，其压水试验所得透水率将不是“标准”的，一般处理的原则是允许该部位的透水率有适当超标，具体尺度由设计确定。

检查孔的孔向一般与灌浆孔相同，即铅直孔，在陡倾角裂隙发育的岩层中也有采用与灌浆孔交叉布置的。我国个别工程曾经布置过少量斜向检查孔，由于未体现出明显的优越性，相反检查孔施工难度明显加大，故未推而广之。检查孔的孔深一般小于灌浆孔 2m，以确保检查范围都位于灌浆区域内。

（3）帷幕灌浆检查孔的数量规定为帷幕灌浆孔数的10％左右，一个坝段或一个单元工程内至少应布置一个检查孔。

10％的比例，对于单排孔或双排孔来说是适宜的，既有一定的覆盖面，又具有经济性。但是对于3排孔或多排孔，比例可能大了一些，因此2014版水利灌浆规范增加了“多排孔帷幕时，检查孔的数量可按主排孔数的10％左右”。对于某个具体工程、坝段、单元，根据地质条件和施工质量不同，则完全可以而且应当有所增减，重要的、地质复杂的、合格率较低的工程部位可多一点，例如长江三峡工程有的地段检查孔数量达到灌浆孔的15％～20％，一般的和地质条件好的可少一点。

2.2 一些帷幕灌浆工程质量检查中存在的问题

在有的帷幕灌浆工程中检查孔施工存在一些问题。

(1) 检查孔岩芯不合格，岩芯采取率、获得率低，岩芯严重磨蚀、破碎，失去资料价值。

(2) 压水试验压力过大，有的工程采用2MPa或更大的试验压力，试验段岩体明显发生了水力劈裂，试验成果无法应用，也破坏了帷幕的完整性。

(3) 检查项目随意增加各种物探检测，没有明确指标，没有质量标准，检测结果不起作用，浪费了财力。

(4) 检查孔完成检查工作后不灌浆。

(5) 封孔检查孔数量掌握不恰当，有的太多，有的太少。

(6) 对不合格检查孔处理不当。

(7) 帷幕灌浆质量是否合格，唯透水率决定，不问其他施工资料。

(8) 检查孔的计量支付不合理，有些工程将检查孔工程量包含在灌浆孔工程量中，以致造成工程后期检查孔有量无价无钱，导致聘用第三方检查困难。还有的合同中规定霸王条款：检查孔不合格由承包商自行负责补灌。

(9) 有些工程未开展第三方检查，凭由承包商自说自话。

可能还有其他问题，但主要的就是这些，以下分别进行分析和讨论。

3 帷幕灌浆检查孔施工中应注意的事项

3.1 施工程序

帷幕灌浆检查孔施工通常采取以下4种程序：

(1) 自上而下分段钻孔，采取岩芯，分段安装灌浆塞进行压水试验；一段完成压水以后再接着进行下一段钻进、取芯、压水……直至终孔，然后由孔底自下而上分段灌浆，封孔。

(2) 自上而下分段钻孔，采取岩芯，分段安装灌浆塞进行压水试验，灌浆；一段完成以后再接着进行下一段钻进、取芯、压水、灌浆……直至终孔，封孔。

(3) 自上而下分段钻孔，采取岩芯，分段安装灌浆塞进行压水试验，如试段透水率不合格段则进行灌浆；如试段透水率合格则直接转入下一段，钻进、取芯、压水，(透水率不合格时灌浆)……直至终孔，封孔。

(4) 全孔一次钻进到底，使用双塞分段进行压水试验，自下而上分段灌浆，封孔。

笔者建议一般工程均可采用程序(1)，这样做工序分明，操作简便，灌浆自下而上连续进行，可采用纯压式灌浆法，也可采用循环式灌浆法，质量好。灌浆分段长度一般可为5m，灌浆效果好检查孔吸浆量小时，也可加长至10m。自下而上灌浆法有不同于孔口封闭法的特点、要领和细节，详见本书《关于自下而上灌浆法的若干技术问题》一文。程序(2)的做法是在压水试验之后接着进行灌浆，压水试验管路系统是纯压式的，压水后可以利用其进行灌浆，也可以更换管路和灌具进行孔口封闭法灌浆，灌浆效果更好。在许多情况下，孔口封闭法灌浆可以带钻头进行，灌浆完成后立即进行下一段钻孔，十分简便。有的人担心采取程序（2）的方法，上一段灌浆会影响下一段压水试验成果，这种影响从理论和实践上说都是微乎其微的，完全在灌浆施工的精度范围之内。程序（3）仅有不合格段灌浆，其余孔段不进行灌浆，工程量最节省。程序（4）较少采用。

3.2 采取岩芯

岩芯是反映岩层地质情况和灌浆效果的物质的重要的直接的凭据，帷幕灌浆检查孔应当采取岩芯。施工单位应制定一套必要的、确保检查孔取芯最高采取率的技术措施。应使用双管单动取芯钻具进行检查孔的取芯，应推广绳索取芯和三管取芯技术，不允许使用普通钻具对检查孔取芯。操作人员应从岩芯管中小心地取出岩芯，并按正确的方位放置在岩芯箱内。每个回次岩芯的末端应用岩芯牌作出标记，表明深度和采取岩芯的长度、岩芯块数。岩芯要做地质描述，绘制钻孔柱状图，尤其要把地质缺陷的位置、裂隙的产状和发育程度、水泥结石充填的情况详细记录下来。

检查孔岩芯至少应保存到工程验收以后，岩芯应当留有完整的照片资料，存档。

灌浆规范没有对检查孔岩芯的采取率（或获得率）提出明确要求，原因是各工程地质条件不同，一个工程各处地质条件也不尽相同，灌浆施工参数不同，还有检查孔的岩芯采取率固然与灌浆施工质量有关，但也与钻孔施工技术水平有很大关系，因此难以提出统一要求。有的工程规定为90%或85%，但也不作为硬性指标。

3.3 压水试验

帷幕灌浆检查孔施工重要的工序是进行压水试验，压水试验成果是灌浆质量具有决定性意义的评价指标。因此从管理上和技术上都要高度重视压水试验。

3.3.1 压水试验进行的时间

检查孔通常施工工期很紧，争分夺秒，后续工作急等进行。在所有检查方法中，钻孔压水试验是最快的，主要等待时间花在灌浆待凝上。灌浆规范要求检查孔压水试验在单元工程灌浆结束14d以后进行，在个别工程特例中，也有将检查工作提前到7d的。另外，如做不到一个单元工程全部灌浆孔满足待凝时间时，检查孔相邻灌浆孔待凝时间满足要求也是可行的。

3.3.2 试验设备仪表

一般情况下，灌浆工程压水试验可使用灌浆施工所用的设备和仪表，但应保持足够的精度和适宜的标值范围。具体而言检查孔压水试验应有较高的要求，应当符合《水电水利工程钻孔压水试验规程》（DL/T5331）或《水利水电工程钻孔压水试验规程》（SL31）的要求，主要有：止水栓塞宜使用水压式或气压式栓塞，栓塞长度应不小于8倍钻孔直径；供水泵可用灌浆泵，但出水口必须安设容积大于5L的稳压空气室，以减少压力波动；用于压水试验的灌浆记录仪应进行专项校验，仪器性能和精度应满足《灌浆记录仪技术导则》（DL/T5237）的要求。

3.3.3 压水试验方法

2012版灌浆规范规定检查孔压水试验采用单点法，以往的版本规定采用单点法或五点法。修改的原因是因为通常帷幕灌浆检查孔的透水率都很小，试验中水流处于层流状

态，单点法与五点法的结果是一致的，而试验的时间相差 4 倍，从提高效率的角度讲没有必要采用五点法，至少没有必要全部采用五点法。

检查孔压水试验在试段钻进完成，钻孔冲洗干净以后即可进行。不要进行裂隙冲洗。压水试验的段长不必与灌浆施工保持一致，可一律采用 5m，孔口封闭法的孔口段也采用 5m，即对应于 3 个或 2 个灌浆段。只有当不合格试段较多，需要进一步查找严重渗漏部位时，方划小压水试验段长。

试验观测时间间隔灌浆规范规定为 3～5min，而 DL/T5331 和 SL31 压水试验规程规定为 1～2min，在使用记录仪测记流量和压力时，这都是可以做到的，但是时间长一些试验结果要精确一些。笔者建议如进行单点法试验，观测时段仍以 5min 为宜，但五点法试验观测时间间隔宜采用 2min。

检查孔压水试验压力起算的零点，可通过测量孔内地下水位确定，灌浆后应进行单独测量，不宜使用灌浆前先导孔测得的地下水位。大多数灌浆工程检查孔渗漏量微小，于是采用检查孔孔口作为压力起算零点，是可以的，检查结果偏于安全。

压水试验的管路压力损失可按 DL/T5331 和 SL31 压水试验规程附录进行计算或测定，但无论计算或测定都很麻烦且不准确，根据两规范提供的资料，当压水流量小于 50L/min 时，压力损失很小。灌浆工程检查孔压水试验透水率多小于 5Lu，对于 1MPa 标准压水试验而言，则压水流量小于 25L/min，压力损失甚微，可以忽略不计。以往工程中也都未计算压力损失。当试验流量很大时，透水率也不合格了。

3.3.4 压水试验压力

鉴于检查孔压水试验的目的是测验灌浆帷幕体的透水率，也就是渗透系数，因此应该进行标准的吕容试验（常规压水试验），也就是试验压力为 10 巴（≈1MPa），在这种条件下获得的透水率是标准的，可用于渗透计算的，各工程是可比的。当然，对于低坝或地层浅表部位的灌浆，其灌浆压力小于 1.0MPa，为了避免压水试验时发生水力劈裂，规定了压水试验压力不应大于灌浆压力的 80%，这在任何工程都是如此处理的。

考虑到有些技术人员希望检查孔压水试验能测试帷幕承受水头的能力，要求采用与大坝挡水水头相当的压水压力。鉴此，2012 版灌浆规范规定检查孔允许压水压力提高到不大于 2MPa。而在实际工程中，也有用到更大压力的，笔者认为完全没有必要，甚至有害。这可能存在两个风险：一是可能劈裂岩体，破坏已经建成的完好帷幕；二是相对于标准吕容试验而言，提高试验压力的试验结果反而不准确，在岩体裂隙中出现紊流或混合流时，获得的透水率偏小[1]，这对评价帷幕质量反而不安全。

溪洛渡水电站曾经进行常规压水试验和高压压水试验的比较，压水试验孔深 180m，孔深 120m 以上是上统峨眉山组玄武岩，下部是下统阳新组灰岩，高压压水压力最大 2.5MPa，压力升降分成 11 个阶段，试验结果高压压水所得透水率普遍小于常规试验透水率，差值还不小，前者很多只有后者的 1/2[2]。糯扎渡水电站在坝基花岗岩体中进行了系列的常规压水试验和高压压水试验，高压压力达到 18MPa，其左岸试验结果表明，高压压水试验透水率较常规试验透水率降低，但二者处于同一量级；右岸试验结果表明，高压压水与常规压水试验所得透水率相比无明显规律，二者处于同一量级[3]。锦屏水电站坝基岩性主要为大理岩，坝区钻孔高压压水试验和常规压水试验结果表明二者得到的透水率在浅部裂隙岩体相差较大，深部完整岩体较为接近[4]。我国某大型水电站拱坝高近300m，基础廊道帷幕灌浆检查孔压水试验曾采用3.5MPa压水压力，结果许多试段岩体发生水力劈裂，压水试验透水率不合格（大于1Lu），后将压力调整为2.0～2.5MPa，试验结果基本满足设计要求。这些资料可供相关技术人员参考。

即使从测试帷幕可能抵抗水头的能力来说，2MPa的压水压力应该是够用的，因为检查孔是布置在帷幕体中心线上，经受压水压力的是帷幕整体厚度的二分之一，相当于整个帷幕承受了4MPa，即400m水头的压力，如取安全系数1.3，则可承受水头也大于300m，这适用于现有任何高坝。又由于检查孔位置虽然规定在中心线上，但钻孔很可能有一定的偏斜，水流将循短路渗透，由此得出的透水率是偏大的，从这个实际情况而言，试验结果还要更安全一些。

再则，帷幕运行工况与压水试验条件完全不同。水库蓄水后帷幕运行时，作用在帷幕上的水头只是大坝建基面从上游到下游全部渗径上的一部分，而检查孔压水试验是将试验压力（水头）通过钻孔全部直接作用在帷幕体内部的某一点，是一种不可能发生的极端状态，其测试结果的安全度是很高的。假若帷幕检查孔某一孔段压水试验时发生了水力劈裂，那么是否意味着将来水库达到某一水位运行时，帷幕就会破坏呢？完全不能简单结论，应该通过渗流场计算来回答。就像一阵狂风可以刮倒一棵大树，但不能摧毁一片森林。

如果必须要进行大于1MPa压力的压水试验，则试验也应当是多阶段的，其中1MPa要作为一个压力阶段，以其所得出的透水率作为帷幕质量的评价标准和计算渗透系数的依据。

对于有些抽水蓄能电站的高压隧洞承受数百米的水压力，必须进行更高压力压水试验的，试验要求应遵循DL/T5331压水试验规程中关于“高压压水试验的规定”。

3.4 检查孔灌浆与封孔

我国灌浆规范一直规定，检查孔检查工作结束后，应按要求进行灌浆和封孔。也就是说，无论检查孔某一段压水试验透水率是多少，是大于设计规定的防渗标准，还是小于防渗标准，试验后都要进行灌浆。

为什么作这样的规定或建议呢？如果压水试验透水率大于防渗标准，答案是显而易见的。如果压水试验透水率不大于防渗标准，为什么也要进行灌浆呢？这是因为压水试验压力较小，通常为1MPa，而灌浆压力往往要大于压水压力，有时达到4～6MPa，所以压水试验透水率小，不等于灌浆不吸浆，在实际工程中常有检查孔注入了不少浆量的情况。原因之二是检查孔的注入量实际上也是已完成灌浆帷幕密实程度的一个衡量条件，国外有些工程的技术规程就有规定检查孔或末序孔的单位注入量必须小于某一限定值的。我国灌浆规范没有相关的规定，主要是因为各工程具体情况不同，难以做出统一规定，但对于一个具体工程而言，是可以自行作出规定的。

从充分利用钻孔资源来说，检查孔灌浆也是有利的，因为检查孔压水试验完成后，一切灌浆条件都是具备的：钻孔孔段、灌浆系统已形成，灌浆前的钻孔冲洗和压水试验已完成，只要一供浆就可以开始灌浆作业了。水到渠成的事何乐而不为呢？

检查孔灌浆的方法已如3.1所述。检查工作完成后要妥善封孔，封孔方法与要求与灌浆孔完全一样，灌浆规范条文及说明叙述得很清楚，本文不赘述。

3.5 封孔质量检查

灌浆孔的封孔极为重要，封孔不实，等于增加了新的渗漏通道，增大了帷幕体内的渗透比降，恶化了帷幕运行条件。以往有些工程曾发生封孔不密实的情况，给工程留下隐患，因此灌浆规范规定对灌浆孔的封孔质量应进行检查。

对灌浆孔封孔的质量首先应进行孔口封填外观质量的检查，应逐孔进行，观察孔口封填是否密实不渗水，有的孔口可能有些微渗，一般可不处理，渗漏偏大的可结合取芯检查进行处理。

灌浆规范规定，对灌浆孔的封孔质量还应进行抽样取芯检查，检查方法为对已封孔的灌浆孔沿原孔钻孔（扫孔）取芯，对水泥结石芯样测量获得率，感观检查结石体是否密实，或加工成试件检测其干密度。通过封孔检查孔的施工，还可以检查该灌浆孔的实际深度是否与施工记录、设计要求相符。

钻孔取芯抽样检查的数量和合格标准灌浆规范中未作详细规定，各工程应根据具体情况制定规则。清江水布垭水电站帷幕灌浆封孔检查数量为灌浆孔数的2%；金沙江金安桥水电站检查数量为3%，但只抽检上部15m。抽检的钻孔芯样有的进行了力学试验，有的仅进行目测检查。

一般来说，封孔取芯检查孔数量按灌浆孔数的1%掌握就可以了，封孔时监理旁站到位、质量控制较好的工程可减少至5‰。检查的结果，孔底见基岩深度应与该灌浆孔施工资料一致，并符合设计要求；水泥浆液结石芯样应当连续、手感密实或较密实，敲击声音清脆，芯样获得率宜大于90%。可以选择封孔质量较好和较差的代表性芯样检测密度，干密度以大于1.8g/cm^3为好。

有的帷幕灌浆孔深度达到100m以上，全孔取芯检查十分困难，有时扫孔钻头在中途偏出，对于这种情况也不可强求，到达一定深度也就罢了。有鉴于此，对于深灌浆孔的封孔检查也可限定深度，例如只扫孔15～30m，以下就不进行了，这也是可行的。因为钻孔的封孔质量问题主要发生在上部，下部钻孔深，在水泥浆的沉淀作用和浆柱压力作用下，通常密实度较好。再则，帷幕上部接近建基面，是渗透梯度最大的地方，质量要求理应更高。这样以相同的工程量还可以多检查几个孔。

对于主帷幕来说，搭接帷幕的作用是辅助性的，同时搭接帷幕孔浅，质量较易控制；又因孔径小，扫孔取芯较困难。所以一般来说，搭接帷幕孔就不必进行钻孔取芯检查了。

3.6 其他检验试验

（1）多目标压水试验

除了上述以获得帷幕体透水率为目标的压水试验以外，有的工程还在检查孔中安排了多目标的压水试验：如耐久性压水试验、破坏性压水试验。

耐久性压水试验也称疲劳压水试验，通常是在地质条件较差的部位选择一、二个检查孔，先进行常规压水试验，之后将试验压力提高到1.5～2倍水头，对全孔持续进行48～

72h 的压水试验。我国乌江渡水电站帷幕灌浆试验后的耐久性压水试验时间长达 720h。

破坏性压水试验是在耐久性压水试验的基础上，再分级提高试验压力，直至达到帷幕岩体发生劈裂破坏（试验流量明显增加）为止。

（2）物探测试

在检查孔内进行声波或地震波测试，检测弹性波在帷幕幕体基岩的传播速度，从而反映其密实度；孔内电视摄像，对重点部位的检查孔或其他指定孔段的孔壁进行电视摄像，观察岩体裂隙发育及其被浆液灌注充填的情况。

（3）钻掘大口径检查孔、竖井、平洞

乌江渡、龙羊峡、隔河崖、长江三峡等工程在灌浆试验后钻凿了直径 0.85m、1.0m，深 20～45m 的大口径检查孔，有的工程开挖了断面为 2m×2m 的检查竖井或平洞。技术人员可以进入到钻孔或井洞中直接观察岩体受灌注的情况，也可在井洞中进行原位载荷试验，开挖出的岩样可以进行室内力学试验。

（4）岩芯力学试验

有的工程取检查孔的岩芯加工成试件进行力学试验，或做磨片透射检查，检验被灌岩体、水泥结石、化灌凝胶体的物理或化学性能，观察分析灌浆浆液对岩石裂隙的充填或渗透浸润情况等。

值得指出的是，上述检验试验手段更多地带有研究性的目的，只有在大型水电站、复杂地质条件的灌浆试验时才有应用，有些检查方法如大口径钻孔检查等是早年对于灌浆效果没有充分把握时使用的，近二三十年来，我国已积累了丰富的工程经验，即使是大型的灌浆工程也不再进行那么多昂贵的检查项目了。而对于帷幕灌浆工程施工质量检查来讲，常规的钻孔压水试验就可以了。

4 检查孔施工中的特殊情况与不合格处理

4.1 岩芯破碎、采取率低、看不到水泥结石

笔者在有些工程看到，检查孔岩芯采取率、获得率都很低，岩芯严重磨蚀，成卵石状，完全失去资料价值，虽然说不能由此断定灌浆就是不合格的，但至少说明施工单位钻探技术水平低下、工艺粗糙。严格说无论其他检查结果如何，这种检查孔也是不合格的。

有的检查孔岩芯看不到或很少看到水泥结石，这种情况不少。主要原因可能有：

（1）岩体裂隙呈闭合状，水泥颗粒灌不进去，通常单位注入量很小，在 10kg/m 以下，检查孔压水试验透水率很小，但也很可能达不到 1Lu 的要求。这种情况对于中低坝不会有问题，但对于高坝而言，可能要改用细水泥和化学浆液灌注。

（2）岩体裂隙多呈陡倾角发育，大量裂隙不与灌浆孔相交。如果检查孔透水率达不到要求，可能需要加密灌浆孔，也可以试试斜孔灌浆。

（3）岩体裂隙不发育，总体注入量小，如平均单位注入量在 20～30kg/m 或以下。工程实践表明，这种情况下岩芯中的水泥结石也不会多。

（4）检查孔钻孔取芯技术水平低，岩芯磨损，水泥结石强度低，更容易被机械磨蚀掉。

有种认识，水泥浆既然注入到岩体中，那么检查孔岩芯的各条裂隙中就应当都充满了

水泥结石，这是不可能的。实际上岩体中有大量不与灌浆孔贯通的或处于闭合状态的裂隙，它们都很可能不会有水泥浆充填。即使是高压劈裂灌浆，也不可能各条裂隙均匀张裂，而是一部分裂隙被劈开，另一部分裂隙被挤压，劈开的裂隙能看到一层至多层水泥结石，压紧的裂隙中没有浆液。日本奈川渡拱坝高155m，坝基岩石以黑云母花岗岩为主，帷幕灌浆65718m，使用细水泥浆灌注，平均单位注入量73kg/m，灌后检查孔压水试验96%的试段透水率小于1Lu，但浆液对裂隙的充填率只有20%～30%，其余的裂隙是灌不进或不需要灌浆的[5]。我国也做过研究，溪洛渡水电站玄武岩软弱岩带高压固结灌浆现场试验，一试区单位注入量为222.4kg/m，灌后检查孔岩芯结构面一般均可见到水泥结石或水泥膜，其他随机裂隙共有656条，有147条裂隙被水泥结石充填，占22.41%；二试区单位注入量39.0kg/m，结构面少量见水泥结石和水泥膜，随机裂隙充填率仅4.75%❶。

另一方面，工程实践也表明，如果浆液单位注入量达到100～200kg/m或更多时，检查孔中甚至Ⅱ、Ⅲ序孔岩芯中将可以看到大量的、充填饱满的、多次劈裂充填的水泥结石。但笔者看到在有些工程中注入量比这还大，检查孔岩芯中却难觅水泥结石，这只能怀疑灌浆资料是不真实的。

4.2 压水试验时发生岩体劈裂

灌浆规范规定，一般地段检查孔压水试验压力为1MPa，相对于灌浆孔孔口部位的检查孔压水试验压力不得大于灌浆压力的80%，并不大于1MPa。遵此，在大多数情况下检查孔压水试验不会发生水力劈裂。但特例也会有：如在接触段及附近，或软弱夹层破碎带。

压水试验时发生了水力劈裂，无论压力加到了多大，试验都不要进行下去了，应及时灌浆，灌浆工艺和参数比照相邻灌浆孔即可。灌浆完成后，下一段钻孔和压水试验可照常进行。但是本试段就没有透水率或所得透水率无效了，因为帷幕运行中是不允许有这样的“工况”的。这一段压水试验数据可在相邻位置对应深度补钻检查孔进行压水试验获得，同时利用此孔进行补强灌浆。

4.3 检查孔涌水

检查孔少量涌水在地下水位高于检查孔孔口时是常见的，多发生在基坑河床部位，这其实与岸坡部位的检查孔有一定的漏失量是一个道理。因为任何裂隙岩体灌浆以后都不可能达到透水率为0，既然如此就会有渗流发生，或大或小而已。

灌浆孔普遍涌水的部位，通过灌浆一般都可以取得较好的效果，涌水量逐序孔减少，直至检查孔基本不涌水或涌水量很少，但完全消除涌水很困难，特别是在岩体细微裂隙发育的情况下。有许多类似的工程实例都是这样。

对于有涌水的检查孔段可以正常进行压水试验，压水试验压力增加涌水压力，如果所得透水率合格，且其他情况正常，帷幕质量就是合格的。

4.4 透水率超标及其处理

一个正常的经过充分试验论证和认真施工的灌浆工程，其检查孔压水试验透水率应当

---

❶ 本书《溪洛渡水电站坝基软弱岩带固结灌浆现场试验》。

绝大多数满足预定要求，但发生个别或少数不合格情况是完全可能的、正常的，百分之百合格反而值得怀疑。

较多发生不合格的部位有接触段，即大坝建基面混凝土与基岩结合处的检查孔段，还有高坝两岸灌浆平洞混凝土底板下的接触段，后者不合格率更高一些，因为隧洞混凝土底板通常较薄，灌浆孔的接触段及其以下两三段灌浆压力不能太大，这里是薄弱环节。

灌浆规范规定，帷幕灌浆检查孔压水试验，坝体混凝土与基岩接触段的透水率的合格率为100%，其余各段的合格率不小于90%，不合格试段的透水率不超过设计规定的150%，且不合格试段的分布不集中，灌浆质量可评为合格。这里特别规定是“坝体混凝土与基岩接触段”，不包括岸坡灌浆平洞混凝土底板下的接触段，因为前者是坝基渗透梯度最大的地方，应当要求更高；后者条件不同，一般要求即可。

检查孔段进行压水试验后最好普遍进行灌浆，如透水率不合格则必须进行灌浆，之后视不合格程度、灌浆吸浆情况及相邻灌浆孔透水率与单位注入量情况采取如下措施：

（1）透水率超标不大于50%，试段灌浆吸浆量很小，如小于10kg/m，可不再进一步处理。

（2）透水率超标很多，或试段灌浆注入量较大，应在其旁侧相应部位钻复检孔，进行压水试验与补强灌浆。如压水试验透水率仍不合格，则应分析原因，扩大补灌范围，再进行检查。

不合格的检查孔应列为补灌孔，进行补充灌浆，之后再进行检查，补灌，直至合格，以最后的检查孔资料统计合格率，并注明为复检合格率。

5　第三方检查

5.1　第三方检查的重要意义

这里所说的第三方检查是指钻孔压水试验检查，因为物探检查（如果进行的话）多数已经是由第三方完成的。压水试验检查以前通常是由施工单位自行完成并提交检查结果，实行了监理制度以后，则由监理人旁站见证，施工单位完成检查工作，监理签证共同提交检查结果，但都难以摆脱“卖瓜的说瓜甜”的嫌疑。形势的发展表明，这种检查工作方式在不少工程中效果不好，检查结果不真实，难以作为评价帷幕灌浆质量的依据，也给工程埋下隐患。因此对于重要的帷幕灌浆工程来说，实行独立的第三方检查十分必要。

对于检查孔施工，从技术上讲相当一部分施工单位灌浆尚可胜任，但钻探技术不行，不能提供合格的工程检测试验产品，而聘用第三方则可以选择勘探技术水平高、信誉好、与工程质量结果没有利益关系的单位。当然对第三方的工作质量也要监督。

从监理水平来讲，魔高一尺，道高必须一丈，但事实上施工一线监理普遍缺乏施工检验，大多数不足以管控灌浆作业人员可能施行的作弊行为。由此，采用第三方检查也是十分必要的。

20世纪90年代初施工的云南五里冲水库帷幕灌浆工程，工程量20余万m，业主首次聘请了第三方检查，取得了很好的效果，确保了防渗帷幕的优良质量，施工各方都很满意。

5.2 第三方检查的实施

从检查工程量讲各工程情况不同：有的将全部检查量（规范规定为灌浆孔数的10%）交由第三方检查，有的分出检查量的50%、30%或20%交由第三方，余下部分由施工单位自查。从实践情况看，全部工程量和全部工序都由第三方承担，工序上包括自行钻孔、取芯、压水试验、灌浆、封孔，这样对检查工作更有利，资料更有说服力。

实施第三方检查要做好与施工单位的协调，因为通常第三方还要利用原来的施工临建系统，业主要主持合作，施工单位要给予支持，经济上应有合作协议。

6 评价帷幕灌浆工程质量不能"唯透水率"论

由于灌浆工程的特殊性，所以帷幕灌浆工程的质量评价一方面要看工程产品的最终检验结果，即检查孔压水试验透水率，另方面要考察其施工过程技术指标的变化情况和规律，只有这样方能比较全面地了解灌浆工程的质量状况，从而作出合乎实际的、可靠的评价。

因此，灌浆规范5.10.1条规定："帷幕灌浆工程的质量应以检查孔压水试验试验成果为主，结合对施工纪录、施工成果资料和其他检验测试资料的分析，进行综合评定。"这是一个评价原则。在其5.10.7条规定了评价原则的执行细则："帷幕灌浆工程质量的评定标准为：经检查孔压水试验检查，坝体混凝土与基岩接触段的透水率的合格率为100%，其余各段的合格率不小于90%，不合格试段的透水率不超过设计规定的150%，且不合格试段的分布不集中，灌浆质量可评为合格。"

仔细分析，条文5.10.7与5.10.1的规定不相匹配，它细化了评价原则中的必要条件，即透水率条件，但遗漏了其充分条件，即施工资料和其他检测资料的合理性，从而使得检查孔透水率成为了灌浆工程质量评价的唯一标准。因而条文5.10.7是不完善的，甚至可能误导灌浆工程质量评价工作。

在近些年完成的灌浆工程中，不少看到这样的实例，灌浆资料的单位注入量和透水率严重脱离实际，甚至明显与地质资料不符，末序排末序孔单位注入量大于100kg/m。但检查孔透水率却是合格的，甚至合格率100%。凭借这样的资料，依据条文5.10.7，这个工程就是合格的。这是一种"唯透水率论"！在这种倾向影响下，一些无良承包商在灌浆过程中无所顾忌地造假，最后在检查孔施工时良苦用心编造"合格率"。这股歪风给工程带来了严重危害。有鉴如此，建议：

（1）继续坚持检查孔压水试验透水率合格是帷幕灌浆工程合格的必要条件。

（2）加强对灌浆过程资料、其他检验测试资料的检查关注，它们是帷幕灌浆工程合格的充分条件。充分条件不完备，灌浆工程不能评为合格。

（3）灌浆规范条文5.10.7文字表述有缺陷，宜改为：检查孔压水试验的合格条件为，坝体混凝土与基岩接触段的透水率的合格率为100%，其余各段的合格率不小于90%，不合格试段的透水率不超过设计规定的150%，且不合格试段的分布不集中。帷幕灌浆工程质量的合格标准为：检查孔压水试验合格，钻孔灌浆施工成果资料、其他检验测试资料数据在合理的范围内。

施工成果资料包括各种灌浆统计图表，其他检验测试资料包括钻孔测斜资料、浆液检验试验资料、抬动观测资料、灌浆压力流量检测记录、检查孔岩芯资料，以及必要时进行的物探测试资料等。

7 检查孔的计量与支付问题

（1）帷幕灌浆检查孔应单独列项。在灌浆工程项目的多个子项中，帷幕灌浆检查孔应为单独的项目，不宜将检查孔以10%的工程量包括在灌浆孔总数中。这是因为：其一，检查孔的技术含量相对较高，施工难度较大，工效相对较低，因而其单价和合价要明显高于灌浆孔；其二，检查孔数目为灌浆孔数的10%只是一个概数，实施中可能多可能少；其三，检查孔有可能要由业主委托第三方施工，其价款要便于明确分开。

帷幕灌浆检查孔是一个合项，其下有孔口管安设、钻孔（包括获取岩芯）、压水试验、灌浆、封孔等分项，每一个分项都应当有单价，有预计工程量，实施时可对号入座。在我国水利和水电行业的预算定额中，这些项目都有单位估价表。

（2）检查孔压水试验宜以时间为计量单位。压水试验的计量单位值得讨论，我国均以“段次”为单位，区分为单点法和五点法。实施中不好用。因为其一，工程中何处应进行单点法压水试验，还是五点法压水试验，预先难以确定，常常在现场变更，而且主要是向复杂变更，常常增加了工作量却没有支付；其二，单点法与五点法计价区别的本质不是几点（几个压力阶段），而是试验时间的长短，如果流量不稳定，单点法的试验时间也可能很长。还有观测时间间隔也起关键作用，压水试验规范规定1～2min测记一次，实际可能5～10min测记一次，导致耗用试验时间差别很大。因此建议压水试验的计量单位改为时间，以10min为1计量单位，不足10min按1单位计，超过10min按四舍五入以整数计量。这样不管采用几点法，试验了多少时间就支付多少，合规合理。国际承包商在小浪底水利枢纽施工时就是采用的这种计量方式。

（3）有些“霸王条款”不合理，不利于检查孔施工。有的工程合同书规定，灌浆工程质量检查不合格，须由承包商负责补灌直至合格，费用由承包商自行承担。这是明显的“霸王条款”，既不符合灌浆工程质量是由地质、设计、施工、监理等多因素决定的特点，也极大地胁迫着施工单位在检查孔施工中寻找“出路”。

8 结束语

（1）灌浆工程是隐蔽工程，其施工是特殊过程，帷幕灌浆检查孔施工及检测成果是评价帷幕灌浆质量的主要依据，正确地进行检查孔施工和试验工作具有十分重要的意义。

（2）我国有些帷幕灌浆工程的质量检查工作中，存在着检查孔岩芯不合格、压水试验压力过大、安排过多缺乏针对性检验试验工作、检查孔不灌浆、灌浆质量评价中搞唯透水率论、有些工程未开展第三方检查，检查孔计量支付不合理等问题。

（3）帷幕灌浆检查孔压水试验是灌浆质量最简便、最经济和最有效的检查方法，一般可采用单点法，必要时可采用五点法，试验压力一般可采用1MPa。压力大于1MPa的压水试验应采用多点法，并以1MPa作为一个压力点，以其所得出的透水率作为帷幕质量的

评价标准和计算渗透系数的依据。

（4）帷幕灌浆压水试验实行第三方检查十分必要，一则可以避免自我检查难以监督，检查结果失真的嫌疑，二则可以解决施工单位钻探技术水平欠佳的问题，第三弥补了监理人员施工经验不足的困难。

（5）检查孔压水试验透水率合格是帷幕灌浆工程合格的必要条件，但“唯透水率”论也是不正确的，应加强对灌浆过程资料、其他检验测试资料的检查关注，全面评价帷幕灌浆工程质量。

（6）检查孔及其分项应当单独列项予以计量和支付，压水试验以段次为计量单位的方式不妥，宜改变为以试验时间为计量单位。

参 考 文 献

［1］ 李茂芳．水文地质压水试验［M］．北京：水利电力出版社，1987：19.

［2］ 张世殊．溪洛渡水电站坝基岩体钻孔常规压水与高压压水试验成果比较［J］．岩石力学与工程学报，2002（3）．

［3］ 昆明勘测设计院．糯扎渡水电站钻孔高压压水试验专题报告［R］.2002.

［4］ 中国地震局地壳应力研究所，国家电力公司成都勘测设计院．雅砻江锦屏一级水电站可行性研究报告之坝区钻孔高压压水试验研究报告［R］.2003.

［5］ 藤井敏夫．日本奈川渡拱坝的坝基灌浆［C］//第10届国际大坝会议报告第6卷.1975.

灌浆施工中的抬动与抬动监测问题

【摘　要】 许多灌浆工程施工过程中发生了抬动问题，有的造成严重后果，影响到地基的稳定和建筑物的安全，善后处理花费了巨额的资金和延误了宝贵的工期。在灌浆工程中怎样布置、安装抬动监测装置，怎样才能有效地监测抬动，怎样预防和处理抬动事故？本文对此进行讨论并举例阐述。

【关键词】 灌浆　抬动　原因　监测　处理

1　问题的提出

抬动，是指灌浆施工引起地面或结构物的变位或位移，这种变位的方向可能是多维度的，如地面向上隆起、顶板向下塌陷和侧墙向外凸出等，由于大多数情况变位的方向是垂直向上的，所以俗称“抬动”。

近些年来，许多灌浆工程施工过程中发生了抬动问题，有的造成严重后果，影响到地基的稳定和建筑物的安全，善后处理花费了巨额的资金和延误了宝贵的工期。这些工程有的布置了大量的抬动监测装置，却没有能有效监测到抬动的信息，没有能防止抬动的发生。而对于发生抬动的原因和应该吸取的教训常常也莫衷一是。

2　灌浆施工的抬动现象与原因

2.1　灌浆中岩体的变位

从灌浆机理说，岩石裂隙灌浆有渗透灌浆和劈裂灌浆（或称变位灌浆），前者使用的灌浆压力小于临界压力，岩体不产生劈裂，浆液在裂隙中呈渗透流动、扩散、充填。后者使用较大灌浆压力，浆液将岩体的部分裂隙扩张或劈裂，以增大扩散、充填范围，而另一部分裂隙则被压密、挤紧，灌浆结束后岩体回弹还可对浆液结石保持预应力，从而获得更好的效果。高压灌浆通常属于后者。

因此，在灌浆施工中岩体变位也可以说是一种常见现象，由于岩性不同，有的岩体的劈裂压力很大，有时又很低，所以无论是进行高压灌浆或是较低压力的灌浆，岩体劈裂或变位都有可能发生。问题是我们希望这种变位只是发生在岩体中，而不要发生或传递到建筑物基础上，造成建筑物的变位甚至破坏。

建筑物也并非纹丝不能动，微小的抬动对大部分建筑物来说不会造成破坏，有人称为无害抬动，但大的抬动可能会影响建筑物的使用功能，造成建筑物的裂缝或破坏，这是有害抬动或破坏性抬动，是不能接受的。

怎样区分抬动有害或无害呢？我国多数工程规定允许抬动值为不大于200μm，这是一个比较严格的规定。日本有些坝灌浆规定允许抬动值1.0～2.5mm，有些坝规定达到

200μm 时进入预警状态，500μm 时达到限值，800μm 时停止灌注[1]。潘家铮院士也认为些许抬动是无害的❶。有些工程的设计人员过于小心，将允许抬动值规定为不大于100μm，这是不必要的。

2.2 岩体抬动的原因

引起岩体抬动的原因很复杂，主要因素有以下方面：

（1）地质条件，岩石的物理力学性质，岩体的构造、裂隙发育情况、风化程度，地下水活动等的影响。坚硬新鲜岩石、块状结构、少裂隙或陡倾裂隙岩体不易抬动，软弱破碎岩体很容易劈裂、抬动。

（2）灌浆段位置越深、上覆岩体或混凝土厚度越大，越不容易抬动，反之容易抬动。

（3）后序灌浆孔，采用自上而下分段灌浆的方法和较稠的水泥浆，抬动的可能性相对较小，反之可能性大。

（4）合理地确定和使用灌浆压力，是防止或发生抬动的主观因素，是最重要的，这也是灌浆的“艺术性”之所在。

（5）灌浆工程量的计量与结算方法是引导“过量灌浆”还是“合理灌浆”的刚性杠杆。单一按注入量计量支付的方法是导致过量灌浆的重要推手。

通常认为，灌浆压力是引起抬动的原因，这是直观和肤浅的看法，著名学者隆巴迪提出的计算上抬力公式[2]是

$$F_{max}=P_{max}V_{max}/6t$$

式中 F_{max}——最大上抬力；

P_{max}——最大灌浆压力；

V_{max}——最大注入量，即平缝中尚未发生沉淀的浆液体积；

t——缝宽的一半。

这里将注入量作为与灌浆压力同等重要的因素，是正确的。但公式很难应用到实践中，因为 V_{max} 是后知的和难以测定的参数，t 也是难以测定和变化的参数，因此使用该公式既不可能预测抬动力，也难以计算已经产生了多大抬动力。

笔者在拙文《灌浆压力与灌浆功率》中提出“岩体抬动的直接因素是灌浆功率，而非灌浆压力”，本文不再赘述。

3 抬动的监测

3.1 抬动监测的目的及其局限性

在一些重要的工程部位进行灌浆，特别是高压灌浆时，有时要求进行抬动监测。抬动监测有两个作用：①了解灌浆区域地面或建筑物变形的情况，以便分析判断这种变形对工程的影响；②通过实时监测，指导及时调整灌浆施工参数，防止抬动变形持续发生造成地基或建筑物破坏。

---

❶ 潘家铮 1985 年在龙羊峡工地某次会议上的讲话。

但是一定要明白，抬动监测是有局限性的，不能把防止抬动的希望完全寄托在抬动监测上。这是因为：

(1) 抬动发生的地点难以预测，由于岩体裂隙的不规律性，很可能安装了抬动装置的地方不抬动，未安装抬动装置的部位却抬动了。除非把抬动监测装置布置得很密，但这是不经济的，而且即使这样仍可能会有疏漏。

(2) 装置在安装和使用过程中可能失效、损坏，这也是经常发生的事。

(3) 观测时机可能未把握好。抬动不一定是每时每刻发生，多数情况是在压力或注入率上升的一瞬间，有时候捕捉不到及时信息。采用电子位移传感器连续监测可以解决此问题，但需要的投入更大。

3.2 何时何地进行抬动监测

《水工建筑物水泥灌浆施工技术规范》[3]第 5.1.8 条规定："工程必要时，应安设抬动监测装置，在灌浆过程中连续进行观测记录，抬动值应在设计允许范围内。"这里说的是在工程必要时，才安设抬动监测装置和进行抬动监测。在不少的情况下是没有必要的，例如：

(1) 地表没有永久建筑物的灌浆，如水库岸边的帷幕灌浆、覆盖层灌浆、无盖重固结灌浆等，这些部位即使发生了抬动也不会影响建筑物的安全。

(2) 不可能发生抬动的灌浆，如防渗墙下的帷幕灌浆，无限盖重下（山体深部等）的灌浆等。有些工程进行化学灌浆时也设置了抬动监测装置，似无必要。

一般说来大多数固结灌浆可能应该进行抬动监测，而大多数帷幕灌浆不需要进行抬动监测。

抬动监测装置安装何处？

(1) 必须监测抬动的地方，这些地方一旦发生抬动就会对建筑物的安全造成影响，如面板坝趾板、土石坝心墙混凝土底板、混凝土坝基础廊道底板的灌浆等。

(2) 可能产生抬动的范围内，即可能测到抬动的地方。如果某处根本不可能发生抬动，这样的地点就不要去监测了。

(3) 抬动监测装置和仪器要设置在不妨碍交通、不容易被损坏的地方。

何时进行监测？

安装好了抬动监测装置之后，在装置监测的范围内凡有压水和灌浆作业时，都应进行监测，监测可以是定时的，例如间隔时间 10min、5min、2min 等，抬动速率较快时，间隔时间应短一点。监测也可以是连续的，采用传感器自动记录，并可设置抬动限值报警，抬动监测记录仪可以是专职的，也可以和灌浆记录仪结合起来。在灌浆试验时，在特别重要位置可以安设若干抬动监测记录仪，但普遍化没有必要。

有的时候，抬动不一定发生在灌浆孔的最近处，而可能是比较远的地方。例如附近的山坡上、下一层灌浆隧洞（或其他洞室）的顶拱或侧墙，这些地方不可能都安装抬动监测装置，但在有疑问时（例如灌浆压力突然大幅度下降，注入率持续偏大）也要去检查观测，没有仪器就目测，看看山坡裂缝处冒浆了没有？墙壁裂缝并渗水冒浆了没有？或是否有其他变位的迹象。

4 常用抬动监测设施

4.1 抬动监测设施的组成

抬动监测设施通常由抬动装置和测微仪表两部分组成，前者也可称抬动孔管，即埋设抬动装置的钻孔，和一套锚固于参照点的管件，前者起收集传递抬动值的作用，是一次性的、不便修复的隐蔽工程，是设施的成败的基础，要格外重视；后者是外观仪器，如百分表、千分表，位移传感器等，是可修复、更换，可重复使用的设备，既可人工监测也可自动化监测。

现在电子技术风靡，于是有一种倾向，在后者大做花样文章，前者却稀里糊涂，本末倒置。

4.2 常用抬动装置及其注意事项

4.2.1 深锚抬动装置

深锚抬动装置是将抬动变位的参照点设置在灌浆区域以外或岩体深部，视其为相对静止，测量地面相对于该参照点的位移。该装置测出的抬动值较为准确可靠因而使用最多。常用的装置形式见图1的（a）～（d）。从图中可见，深锚抬动装置包括有钻孔、外管（保护管）、内管（锚固管）、锚固浆体、内外管密封措施、充填细砂、地面测杆及支架、千分表或传感器等。以下针对各部分作相关说明。

（1）钻孔。安装抬动装置的钻孔孔径宜为ϕ110mm或ϕ91mm，钻孔深度应等于监测深度加锚固深度。对于浅层灌浆（深度小于20m）来说，监测深度应大于灌浆孔深度；对于深层灌浆（深度大于20m）来说，监测深度应不小于30m。锚固深度宜为1.2～2.0m。钻孔方向应与被监测的抬动面垂直，一般采用铅直孔。

（2）内外管。内管（锚固管），ϕ25mm钢管，其下部1.0～1.8m锚固于孔底。外管（保护管）为ϕ50mm钢管，套于内管之外，将内管与岩体隔离，使之免受岩体变形影响。安装后内管要高于地面50cm以上，外管要高于地面30cm。

（3）内外管密封措施，这是整个装置的关键。外管通过其底部的密封措施与内管相连，图1中有4种密封措施：

图1（a），外管底口直接坐落于锚固浆体表面上，没有专门密封措施，如此当地层上抬连带外管上升时，外管底口就会脱空，附近有孔段灌浆时，浆液就会从脱空处窜入内外管的环状空间，从而将两管凝固在一起，使装置失效。

图1（b），在内管底部锚固浆体的上面约1m长度，置入塑性胶泥（或某种油膏），外管底口插入其中，胶泥就在这里起密封和柔性变形作用，如此当地层上抬连带外管上升时，塑性胶泥就会适应变形，保持密封状态，防止附近孔段灌浆时，浆液窜入内外管的环状空间，保持装置较长时间有效。该法的要点是塑性胶泥要配制好，要既有柔性又有韧性，几十天至几个月的灌浆时间内不得凝固。该胶泥如何放置到指定位置而不将钻孔、内外管其他部位涂污也要精心设计和施工。

图1（c），外管底口坐落在一个橡胶柱塞上，橡胶柱下面是一块圆形铁板，焊接在内管上。装置不受扰动时，外管的自重使橡胶塞压缩变形，并密封底部缝隙。如果地层上抬

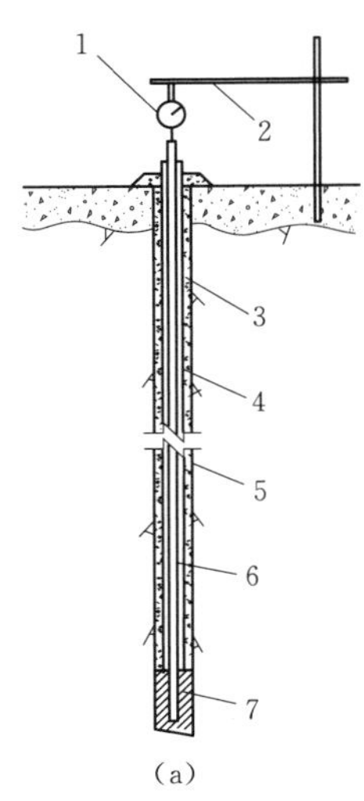

(a)

1—百分表；2—支架；3—细砂；4—外管；5—钻孔；6—内管；7—水泥浆

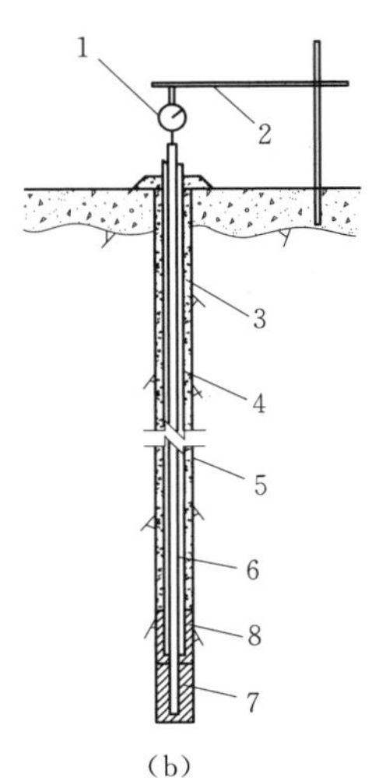

(b)

1—百分表；2—支架；3—细砂；4—外管；5—钻孔；6—内管；7—水泥浆；8—孔口管；9—塑性胶泥

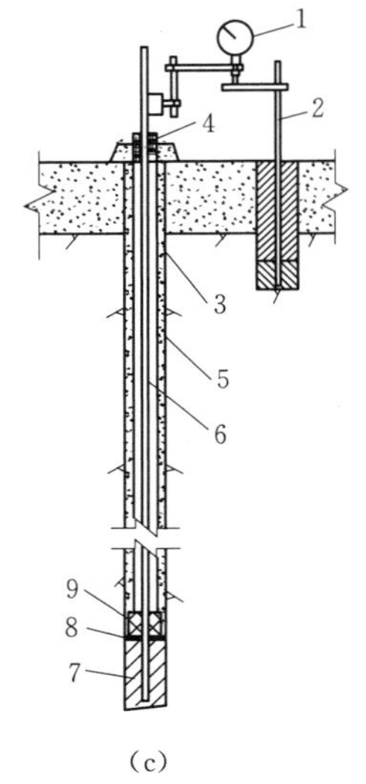

(c)

1—百分表；2—支架；3—细砂；4—外管；5—钻孔；6—内管；7—水泥浆；8—圆铁板；9—橡胶垫

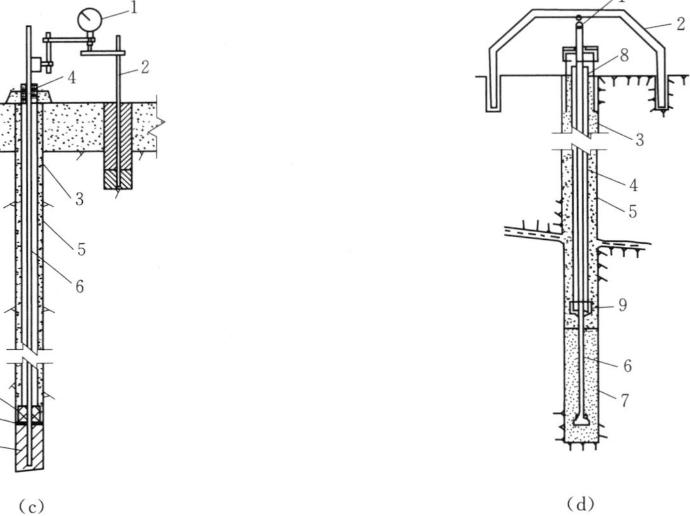

(d)

1—0.1mm 间隙；2—支架；3—细砂；4—外管；5—钻孔；6—内管；7—水泥浆；8—孔口管；9—滑动套管

图 1　抬动装置示意图

连带外管上升时，橡胶柱塞的弹性会保持与外管底口紧密接触，附近有孔段灌浆时，浆液也不能窜入内外管的环状空间，从而保持装置有效。该法的要点是橡胶柱大小要适宜，橡胶柱、内外管都要同轴，不能把橡胶柱压得侧翻，再则该装置有效行程约 30mm，否则超过了橡胶塞的弹性范围，外管底部也会张着口子了。

图 1（d），在外管底口设置了一段类似活塞式的套管，套管之间可以涂上黄油，如果地层上抬连带外管上升时，套管仍会保持密封，附近孔段灌浆时，浆液不能窜入内外管的

环状空间，从而保持了装置长时间有效。因为套管可以做得比较长，所以该装置的有效行程可以很大。

上述各种密封方式都是可行的，关键是要精心施工，先要在地面组装，没有问题后方可下入孔中。4种措施中笔者认为图1（d）施工更简单、装置更可靠，可监测行程更大，内外管在地面组装后可同时下入孔中，但其上部测微计还是以百分表或位移传感器为宜。

内外管的上口可设置不妨碍互相独立活动的盖板，或塞一些干净棉纱，防止水泥浆或污水进入管内。

（4）锚固浆体。可以使用水灰比为0.5∶1或更稠一些的纯水泥浆，也可以使用0.5∶1∶1水泥砂浆。应先计算锚固段钻孔容积确定所需浆体数量，要考虑多数情况下钻孔里有水，无论是水泥浆或水泥砂浆宜先行注入孔中，但都不能从孔口倒入，而应使用导管注入孔底，或将浆体装入小桶，用绳索送下。应注意浆面高度不能淹没内外管密封接头。

（5）孔内充填细砂。在外管与钻孔孔壁间的环状空腔里，要充填细砂，其目的是避免灌浆浆液流至孔内将外管与岩体凝为一体，保持相对独立性。但这只是一种愿望，实际上在这样狭小的空间里，细砂难以填满、填实，难以填到孔底（孔较深时），也难以始终阻止浆液灌入其中。所以随着灌浆的逐步进行，外管与岩体部分或全部凝为一体是不可避免的。因此外管在许多情况下会随着岩体抬动而抬升。也有相反的情况，地面抬高了，外管没有动或抬得少，外管相对“缩进去”。笔者看到有的工程将孔壁与外管、外管与内管之间的空隙全部填入细砂，这是完全错误的，这妨碍了内管的独立性和和传递变位的准确性。

另有一种作法：不填细砂，改填低强度的膨润土水泥浆[4]，可能更好。

（6）抬动装置的拆除和抬动孔封孔灌浆。抬动装置完成任务以后应当拆除，抬动孔要进行灌浆或封孔，但许多技术文件对此没有明确要求，任由承包商处置了之，这是不严谨的。抬动孔和内外管里有独立的空间，如不妥善充填日后可能成为渗水的通道。在大多数情况下，在灌浆过程中或灌浆完成后不少抬动装置就失效或报废了，但这并不等于抬动装置和抬动孔里的空隙都充填好了。笔者建议应进行专项的拆除和处理工作，包括：

1）拆除内管。为了便于管内封填最好拆除内管，方法是在内管锚固段上部，预先设置一个反扣接头，抬动装置不用后顺向旋下内管。之后使用导管向管内充填稠水泥浆。

2）扫孔清除部分细砂。如前所述，细砂填不好也灌不好，是很大的隐患。因此建议使用合金或金刚石钻头对外管与钻孔之间的环状空间扫孔，扫孔深度应大于15m，清除其间的细砂和与水泥的混合物，封孔。

3）割除露出地面管头，用砂浆抹平。

4.2.2 浅埋抬动装置

浅埋抬动装置是将抬动变位监测点设置在灌浆区域的浅表部位，不追求相对静止的参照点，仅测量建筑物是否发生了变形。该装置可以监测水平、垂直和其他方向的变位，由于其安装、拆除容易，可以适当多设。图2为广西天生桥二级水电站引水隧洞高压灌浆使用的隧洞衬砌浅埋式抬动监测装置。

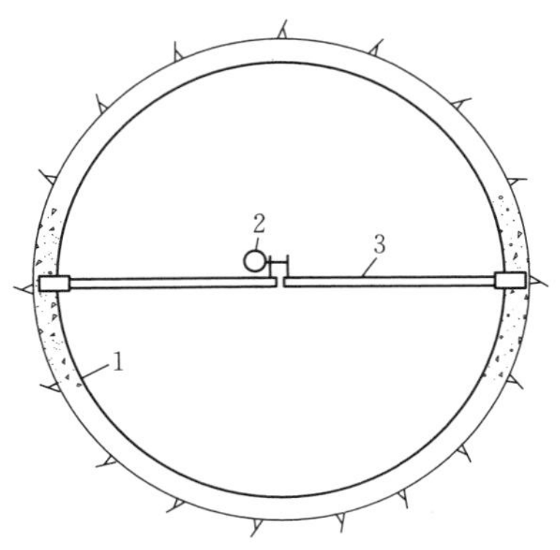

图 2 浅埋式抬动装置示意图

1—混凝土衬砌；2—百分表；3—百分表支架

4.3 测微仪表

4.3.1 千分表（百分表）

传统的千分表是通过齿轮齿条机构将微小的直线位移转换成指针旋转指示读数的测微仪表，分度为 0.001mm 的为千分表，分度为 0.01mm 的为百分表。对于监测灌浆抬动而言都是可用的。灌浆使用的千分表的测量行程应不小于 10mm。

现在出产了一种电子千分表或数显千分表，直接显示出变位数值，有的还可以与计算机相连，将信号上传。

4.3.2 位移传感器

位移传感器是将位移物理量转化为电信号，经计算机处理以数字形式传输和显示出来。位移传感器的种类和型号很多，而且日新月异，灌浆抬动监测使用的位移传感器应选用具有良好的稳定性，能适用施工现场环境（高湿、电压波动、电磁干扰等）的产品。使用位移传感器的最大优越性是可以实现连续和自动化监测，还可以根据工程要求设定警戒值，以声光电信号报警。以警示操作人员。

千分表和位移传感器是精密仪器，灌浆现场环境恶劣，仪器安装使用时应严格遵守相关说明和技术要求，监测装置外围应有保护措施，监测范围内不进行压水和灌浆施工时，应取下妥善保存。

4.4 水准测量

水准测量是在灌浆范围内埋设测桩或建立其他测量标志，在灌浆前后和灌浆过程中使用精密水准仪测量测桩或标点的高程变化，计算地面升高的数值。测量的间隔时间要根据可能产生的抬动趋势确定，如施工强度大，抬动形势严峻，应加密观测；否则间隔时间可长一些，甚至毋须测量。这种方法用于抬动变形量较大和主要用来测量累计抬动值，不便用于每一灌浆段的抬动控制。

4.5 其他监测方法

除了使用仪器仪表进行监测以外，现场施工人员还可以采用目测，或设立、寻找其他标志，判断抬动是否发生。只要当有心人，就不会任疏漏在自己工作的范围内发生。

以上各种监测方法适用不同情况，具体到一个灌浆工程应根据监测的目的要求选用其中的一种方法，在灌浆试验时或对抬动敏感的地带，应同时采用多种方法进行监测。

5　抬动的预防和处理

5.1　抬动的预防

（1）确定安全灌浆压力。抬动的能量来源于灌浆压力，现在有一种误区，似乎灌浆压力越高，灌浆质量越好。导致一些设计人员总是规定过高的灌浆压力，搞得施工人员很难实施。重要的灌浆工程，灌浆压力必须通过现场试验确定，软弱破碎地层的灌浆压力不能超过临界压力。这是第一要素，是正常施工的基础。

（2）要杜绝不恰当的灌浆行为，如盲目快速提高灌浆压力，长时间保持大注入率灌浆（除大型岩溶或张裂隙外），要主动限制灌浆功率和灵活运用低功率灌浆。

虽然有一种论点认为，适当的、无害的抬动不伤害建筑物，但有利于提高灌浆质量，笔者认可其正确性。但是，笔者也发现灌浆施工中一旦抬动发生，即岩体一旦劈裂，哪怕是微小的劈裂，在尔后的灌浆中总是喜欢在原处反复劈裂（在钻孔芯样中常可以看到），不易达到结束条件，给灌浆工作造成困难，而且累计抬动量会越来越大，再要弥合需要很长的低压复灌和待凝时间，在实际施工中常常没有这样的条件，而且业主和承包商没有哪一方愿为此支付或承担代价。因此文献［3］条文说明中提出："应努力控制灌浆在无抬动条件下进行"。这应当是明智的。

（3）在容易发生抬动的部位，设立抬动监测装置进行抬动监测，重要部位采用位移传感器连续监测。抬动监测装置的施工有一定的技术含量，要有技术要求，要精心施工，对装置的有效性要有验收制度。抬动装置的设置不是多多益善，要少而精。

（4）对重要的建筑物基础采取防抬结构措施，如加厚结构尺寸，增加锚杆，将灌浆从露天移入廊道内等。

（5）选择适宜的钻孔灌浆设备和方法。软弱破碎地层灌浆孔要使用回转式钻机钻进，不要使用高风压冲击钻机钻进。灌浆泵的状态要完好，要安装空气蓄能器，压力要稳定。灌浆记录仪不仅要记录时段内的平均压力，而且要记录最大压力。软弱破碎地层的灌浆宜使用自上而下分段灌浆法，尽量不要使用孔口封闭灌浆法。不得已需采用孔口封闭灌浆法时，要使用长孔口管，孔口管视情况加长至10m、20m，或更长。孔口管段只能使用低压力灌浆。

（6）重视压力表（或压力传感器）的安装位置。灌浆规范规定，循环式灌浆压力表要安装在孔口回浆管上，可是现在许多工人为了操作舒适，都把压力表搬到灌浆记录仪旁边了，一般离孔口有至少30m距离，这样无形就增加了30m的管路压力损失，这在基岩条件好时不是大问题，但在抬动敏感地区灌浆压力要斤斤计较，这可能就值得斟酌了。

（7）采取正确的管理措施。一要合理安排工期，避免密机组、高强度、大会战；二要采用正确的计量与支付方法，不要搞灌得越多给钱越多，鼓励抬动，鼓励浪费。管理是生产关系，管理落后，再好的技术也只能打败仗。管理先进了，技术差一点，也会学好的。

5.2 岩体抬动的处理

一旦发生了抬动，应当视情况进行处理，常见的处理措施有以下几种。

（1）首先要分析抬动的程度和可能造成的危害。如果属于微小变位、无害抬动，或者某些临时结构物的裂缝等，一般毋须处理，采取措施调整工艺终止其继续变位就可以了。

（2）永久建筑物受到抬动破坏，视其受损程度和修复难度一般采取以下一项或多项措施处理：①拆除受损结构，重新处理地基和重建新的结构，新的结构物一般比原结构加强，防止再次施工时重蹈覆辙；②对受损结构物进行水泥或化学材料灌浆修补；③在受损结构物上部增加保护措施，如限裂钢筋等。工程各异，没有完全相同的处理措施。

6 典型案例

6.1 水布垭面板坝趾板固结灌浆和帷幕灌浆防抬措施[5][6]

6.1.1 工程简况

湖北清江水布垭水电站混凝土面板堆石坝最大坝高 233m，坝顶高程 409m。

坝基岩石为灰岩，其中有茅口组厚层至巨厚层灰岩，岩性坚硬完整，栖霞组岩层软硬相间，中厚层灰岩与炭泥质生物碎屑灰岩不等厚互层，其间多层面和剪切带。坝址断层较发育，穿越趾板的Ⅰ、Ⅱ类代表性断层有四条，NNE—NE 向裂隙和岸边卸荷裂隙较发育。茅口组灰岩属于强岩溶化地层，栖霞组为强岩溶化与弱岩溶化相间的地层。坝址区地层较平缓，平均倾角 15°左右，以略倾上游为主。

大坝防渗工程主要包括趾板下防渗帷幕及两岸灌浆平洞内防渗帷幕，帷幕线总长 2001.9m，其中趾板帷幕线长 969.11m；总灌浆工程量 31 万余 m，趾板帷幕灌浆 5.38 万 m。

为了增强坝基浅部灌浆帷幕的致密性及耐久性，设计希望采用较高的灌浆压力。然而趾板结构盖重小，加上岩层较平缓且地质条件复杂，较高的灌浆压力极易造成趾板抬动变形，甚至破坏。因此，如何确保既能提高灌浆压力，尤其是浅层孔段的灌浆压力，又能避免趾板变形破坏，确保坝基帷幕灌浆的防渗效果，是水布垭坝基帷幕灌浆的技术难题。

为解决上述难题，在设计阶段进行了较大规模的现场灌浆试验，试验结果表明：趾板基础灌浆布孔采用“均布固结＋帷幕”方式，能够有效提高趾板浅层灌浆压力并确保趾板安全。试验采用了智能化的报警装置监测趾板抬动变形，提高了灌浆施工的信息化水平。通过试验，总结了提高灌浆压力和防止抬动的主要技术措施：

（1）搞好趾板和防渗板施工。要求趾板坐落在较好的基岩上，设置系统锚杆增强趾板对基岩的锚固力。

（2）搞好趾板固结灌浆和辅助帷幕灌浆，增加表层岩体的密实性。

（3）设置灵敏可靠的抬动装置。施工单位专门研制了可同时记录灌浆（或压水）参数和抬动变形的四参数灌浆自动记录仪、抬动监测自动报警仪，严密监视趾板变形。

（4）精心设计和控制灌浆压力。设计单位提出了趾板固结灌浆、辅助帷幕灌浆和主帷幕灌浆各序孔各灌浆段的灌浆压力，包括“起始压力”、“目标压力”及如何提高压力的方法。

6.1.2 趾板形式及灌浆孔布置

面板坝趾板宽 6.0～8.5m，厚 0.6～1.2m，两岸 350m 高程以下趾板的下游设防渗

板，防渗板宽度4.0～12m，厚度0.5m。趾板和防渗板混凝土强度等级$C_{90}300$，抗渗等级W12。趾板表面配单层双向钢筋，配筋率按趾板段设计厚度的0.35%考虑，防渗板上部布置单层双向钢筋，配筋率为0.35%。趾板设置锚筋，直径Φ32mm，间距为1.5m×1.5m，锚入基岩5.0m。

趾板固结灌浆孔均布3排，排距3.0m，孔距2.0m，孔深入岩7.0m；近中部两排深孔固结兼辅助帷幕孔，排距3.0m，孔距2.0m，孔深入岩17.0m；中间布置两排主帷幕孔，排距1.2m，孔距2.0m，深入相对不透水层，河床部位孔深一般80.0～120m。灌浆质量检查标准为：固结灌浆后岩体平均波速一般应大于3000m/s，透水率$q \leqslant 3$Lu；防渗板固结灌浆后透水率$q \leqslant 5$Lu；帷幕灌浆后透水率$q \leqslant 1$Lu。

6.1.3 主要施工方法

灌浆施工在趾板防渗板混凝土达到70%强度后进行，自河床水平段开始向两岸斜坡段推进。各种灌浆的施工顺序是：固结灌浆→辅助帷幕灌浆→主帷幕灌浆。每一种灌浆先施工下游排，再上游排，后中间排。前一种灌浆完成后，进行质量检查，合格后方可进行后一种灌浆作业。

灌浆孔原则上采用回转钻机钻进，固结灌浆孔全孔一次成孔，自下而上分段灌浆；辅助帷幕孔自上而下分段钻孔、分段卡塞灌浆，均分为两序施工；主帷幕灌浆分三序施工，采用孔口封闭灌浆法。

固结灌浆浆液使用32.5级普通硅酸盐纯水泥浆，水灰比为3∶1、2∶1、1∶1、0.8∶1、0.5∶1五级，开灌水灰比3∶1。帷幕灌浆水泥采用强度等级为42.5的普通硅酸盐水泥，浆液水灰比分为5∶1、3∶1、2∶1、1∶1、0.8∶1、0.5∶1六级，开灌水灰比5∶1。

各类灌浆的压力设置如表1、表2。

表1　趾板固结灌浆压力值

灌浆种类	排序	段次	段长/m	Ⅰ序孔/MPa		Ⅱ序孔/MPa	
				起始压力	目标压力	起始压力	目标压力
固结灌浆	边排孔	第1段	2	0.2	0.3	0.3	0.4
		第2段	5	0.2	0.3	0.3	0.4
		3段及以下	5	0.3	0.4	0.4	0.5
	中间孔	第1段	2	0.3	0.4	0.4	0.5
		第2段	5	0.3	0.4	0.4	0.5
		3段及以下	5	0.4	0.5	0.5	0.6
辅助帷幕	下游排	第1段	2	0.4	0.6	0.5	0.7
		第1段	5	0.4	0.6	0.5	0.7
		3段及以下	5	0.5	0.7	0.6	0.8
	上游排	第1段	2	0.5	0.7	0.6	0.8
		第1段	5	0.5	0.7	0.6	0.8
		3段及以下	5	0.6	0.8	0.8	1

表 2　　**主帷幕灌浆压力表**

部位	段次	段长/m	Ⅰ序孔/MPa		Ⅱ序孔/MPa		Ⅲ序孔/MPa	
			起始压力	目标压力	起始压力	目标压力	起始压力	目标压力
高程200m以下	1	3	0.6	1.0	0.8	1.2	1.0	1.5
	2	1	1.0	1.5	1.2	2.0	1.5	2.0
	3	2	1.5	2.0	2.0	2.5	2.0	2.5
	4	5	2.0	2.5	2.5	3.0	2.5	3.0
	5	5	2.5	3.0	3.0	3.5	3.0	3.5
	6	5	3.0	3.5	3.5	4.0	3.5	4.0
	以下段	5	3.5	4.0	3.5	4.0	3.5	4.0

注　高程200m以上各级压力略低，最大灌浆压力3.5MPa。

灌浆施工时要求先达到起始压力，之后采用分级升压方式逐渐加大至目标压力。分级方法为以相应灌浆孔段的起始压力为基准，按每0.1～0.2MPa为一级，每级压力的稳压时间不少于5min。当抬动变形异常时延长稳压时间，抬动值很小时，尽快升至目标压力。

灌浆趾板上每隔10m设置一个自动监测抬动装置，要求距灌浆孔不同范围的抬动变形值不得大于表3的允许值。

表 3　　**距灌浆孔不同距离的允许抬动值**

距离/m	<1	1	2	3	4	5	>5.5
允许抬动值/μm	200	165	130	95	60	25	0

灌浆结束条件为：在设计灌浆压力下，当灌浆孔段注入率不大于1.0L/min时，延续灌注30min。灌浆过程中要特别注意控制注入率和灌浆压力的关系，对于发生了抬动的灌浆孔段要妥善地采取待凝复灌措施。

6.1.4　抬动变形分析

通过采取上述措施，水布垭趾板灌浆除极少数孔段因抬动值超标未达到设计压力外，固结灌浆达到了目标压力0.6MPa，辅助帷幕灌浆达到了1.0MPa，帷幕灌浆孔口段达到1.0MPa～1.5MPa，最大压力达到4MPa，是国内同类工程中最高的。趾板的抬动得到了较好的控制，左右岸趾板抬动值全部小于200μm，水平趾板灌浆有3次抬动值超标，但未对建筑物造成损害。河床部位各孔段灌浆时的抬动变形监测成果见表4。

表 4　　**河床段帷幕灌浆抬动变形值统计表**

灌浆层(段)位	总灌段数	抬动值δ各区间的分布/μm									
		0<δ<50		50～100		100～200		δ>200		合计	
		段数	频率/%	段数	频率/%	段数	频率/%	段数	频率/%	段数	频率/%
表层(接触段)	40	14	35	2	5	3	7.5	2	5	21	52.5
浅层(2～4段)	120	36	30	2	1.7	2	1.7	1	0.8	41	34.2
深层(5段及以下)	614	151	24.6	2	0.3	2	0.3	0	0	155	25.2
合计	774	201	25.9	6	0.8	7	0.9	3	0.4	217	28.0

从表 4 中分析可知：

（1）河床部位帷幕灌浆总共 774 段，灌浆中产生抬动的孔段为 217 段，占 28%。

（2）从不同深度的灌浆看，表层抬动的几率大，越往深部抬动的几率越小。表层接触段产生抬动的段数占 52.5%，位于 4 段以下的深部抬动为 25.2%。

（3）从抬动的量值看，抬动值小于 50μm 的孔段占 92.0%以上，抬动值超过 50μm 的仅占 8%。

（4）本工程有 99.6%的孔段抬动值控制在设计指标内，仅有 3 段抬动值超标，最大值达到 480μm。

6.1.5 灌浆质量检查

趾板基础灌浆工程于 2003 年至 2006 年施工。防渗板及趾板固结灌浆、辅助帷幕灌浆和帷幕灌浆主要施工成果见表 5、表 6。

表 5　　防渗板及趾板固结、辅助帷幕灌浆主要施工成果表

部　位		孔序	孔数	段长	注入量 /kg	单位注入量 /（kg/m）	平均透水率 /Lu
河床段趾板	趾板固灌	Ⅰ	42	294.0	4919.48	16.73	10.65
		Ⅱ	42	294.2	1462.21	4.97	4.31
	防渗板固灌	Ⅰ	90	450.0	26078.26	57.95	25.36
		Ⅱ	86	430.0	1682.39	3.91	4.0
	趾板辅帷	Ⅰ	28	476.9	11181.71	23.45	3.63
		Ⅱ	28	375.33	1103.5	2.94	3.14
趾板总计			3555	32498.7	2321067.1	71.4	—

表 6　　趾板帷幕灌浆主要施工成果表

部位	排序	孔序	孔数	灌浆长度 /m	注入量 /kg	单位注入量 /（kg/m）	平均透水率 /Lu
河床段趾板	下游排	Ⅰ	7	600.43	75650.48	125.99	5.25
		Ⅱ	7	599.57	7228.71	12.06	0.81
		Ⅲ	14	1189.84	19457.1	16.35	0.72
	上游排	Ⅰ	8	738.65	108885.26	147.41	43.94
		Ⅱ	7	617.75	28518.9	46.17	2.37
		Ⅲ	14	1225.95	19585.64	15.98	1.17
	合计		57	1078	259326.09	52.16	—
趾板总计			1278	53802.63	4203267.41	78.12	—

从表 5 可见，趾板、防渗板固结灌浆和辅助帷幕灌浆平均单位注入量 71.4kg/m，河床段更小一些，河床段各部位单位注入量和灌前透水率随Ⅰ、Ⅱ次序递减明显，灌浆符合正常规律。从表 6 可见，趾板帷幕灌浆平均单位注入量 78.12kg/m，河床段 52.16kg/m，河床段上下游各排各序孔单位注入量和灌前透水率随灌浆次序基本呈递减趋势，符合正常

规律。

固结灌浆结束后，进行了岩体声波测试，各种灌浆结束后都进行了压水试验检查，全部满足设计要求。水库蓄水达正常蓄水位400m后，帷幕后渗压水位保持在150m以下。帷幕灌浆效果良好。

6.2 Z坝12号坝段固结灌浆抬动情况及处理❶

6.2.1 工程及地质简况

Z坝为为碾压混凝土重力坝，最大坝高88m，共分18个坝段，12号坝段位于河床偏右岸，建基面高程59～60m，F_2断层穿过其间，槽挖高程57.4～58m。坝基岩体主要为灰白色厚至巨厚层石英细砂岩夹少量页岩及粉砂岩，岩层产状5°～15°，倾角∠50°～60°。岩体中分布较多软弱夹层，厚3～90cm不等，性状较差，所夹泥质物遇水易软化、泥化。岩体裂隙较发育，建基面开挖揭露7处裂隙密集带，裂隙密度10～40条/m，岩石被切割成碎块状或细长条状。

F_2断层为正一右行平移性质断层，总体产状110°～130°，倾角∠70°～86°，局部反倾。受构造挤压影响，区域内有一宽约4.2m挤压破碎带。

按设计要求，挖除了岩层强风带及弱风化上中段，建基面座落于岩体弱风化带下段，并清除建基面表层已松动岩块。沿F_2断层走向采用人工撬挖方式挖成梯形槽，深度为1～1.5倍的破碎带宽度，长度向坝踵上游延伸不小于4m，采用标号为C20W8，二级配混凝土按长度不大于10m回填找平至高程60m左右；在F_2断层区设置了帷幕灌浆，加宽了固结灌浆范围。建基面上软弱夹层采用人工挖槽处理，挖深0.5～1m或1倍夹层宽度。

6.2.2 12号坝段固结灌浆设计

12号坝段原设计固结灌浆孔主要布置在上、下游，上游布置8排，下游布置10排，采用梅花形布孔形式，孔距为2.0m×2.0m，共145孔。孔深深入基岩6m，全孔一次灌浆压力为0.3MPa。在上、下游灌浆区域各布置一个抬动监测孔，两抬动孔直线距离46m。根据F_2断层开挖阶段揭露的地质情况，设计通知增加12号坝段中部的F_2断层及其影响带区域加强固结灌浆孔共91个，未布置抬动观测孔。新增固灌孔入基岩孔深8m；孔距为2.0m×2.0m；自上而下分2段钻灌，第1段灌浆压力为0.3MPa，第2段灌浆压力为0.5MPa。

固结灌浆混凝土盖重厚1.5m（高程60～61.5m），也兼做碾压混凝土基础找平的垫层，混凝土强度等级C_{90}20W8F100（二级配）。

6.2.3 抬动情况

坝基固结灌浆施工于2005年1月10日从13号坝段开始，陆续实施12号、11号、10号等坝段的固结灌浆施工。在12号坝段固结灌浆施工中，于2005年1月30日发现垫层混凝土局部抬动。12坝段第13排Ⅱ序第6号孔（以下简称12-6号孔）第一段（基岩深0～2m）在灌注了6h54min，灌入浆液7372.5L，单位注入量3447.1 kg/m，仍达不到结束条件，非正常停灌后清理现场时，发现距此孔上游约12m偏左部位与11号坝段相邻的

❶ 资料引自相关工程技术文献。

基础垫层混凝土局部抬动：12 号与 11 号坝段横缝处出现明显错台，错台临近的 11 号坝段局部表面混凝土被破坏，12 号坝段混凝土表面裂缝增多，见图 3。

图 3　11 号与 12 号坝段分缝错台

之后，立即停止灌浆，组织运用表面量测、钻孔取芯、压水试验、声波测试、孔内电视录像等方法，调查抬动的影响范围和破坏程度。综合勘查资料分析认定：①抬动范围基本确定为 12 号坝段沿水流方向中部 17m 范围约 290m^2，偏向 11 号坝段，抬动面积约占 12 号坝段总面积的 24%；②抬动幅度在 40mm 以内；③11 号、13 号坝段受抬动的影响很小；④抬动深度多位于基岩与混凝土结合部位或基岩浅表部位；⑤抬动破裂面水泥浆基本充填饱满。

6.2.4　抬动原因分析

建设各方对 12 号坝段固结灌浆引起垫层混凝土局部抬动的原因分析综合为：坝基岩体地质条件差；混凝土盖重薄，仅有 1.5m，而灌浆压力大，为 0.3MPa；抬动区域内未设抬动监测孔；洗孔时发现吸水率大，开灌水灰比仍采用 3∶1，灌浆过程中发现吸浆量大且不起压，未及时停灌待凝。

笔者认为，上述理由主要是客观原因。根本原因一是设计压力过大，施工人员又没有灵活处置的权力；二是施工人员操作失误。设计压力过大是始作俑者，在如此破碎的地层，设计压力只能按静水压力公式计算，以混凝土盖重厚 1.5m，密度 2.4t/m^3 计，灌浆压力应不大于 0.036MPa，设计压力采用 0.3MPa，大了 8 倍，压水压力 0.1MPa 也大了。设计压力如果宁大毋小，那么就应当给施工人员一些灵活运用的权力（可经过监理批准使用），可惜我国许多技术条款不具备此机制，而且反而要求“尽快达到设计压力”。其次，施工人员灌浆过程中运用灌浆参数严重失误，施工人员的工艺水平可以弥补或放大设计的缺陷，此处至少没有起到弥补作用。以下根据 12－6 号孔灌浆过程曲线对后者进行分析。

12－6 号孔 1 月 29 日 15：30 开始洗孔、压水试验，压水压力 0.1MPa，透水率达 201～266Lu，这是一个Ⅱ序孔，透水率如此之大说明压水时即已发生水力劈裂。16：20 开始灌浆，3∶1 水灰比开灌，（3∶1 浆液开灌，并没有多大错误，2∶1、1∶1 浆液开灌就不会抬动？关键是用多大压力。）以后的灌浆过程见图 4。

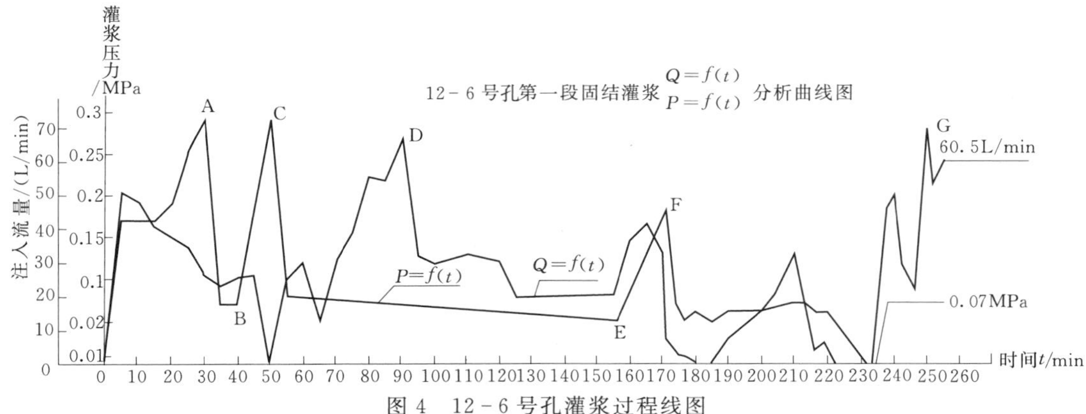

图 4　12-6 号孔灌浆过程线图

从图 4 中可以看到几处失误：

(1) 图中 A 点以前，压力提升过快。说压力提升过快不是指历时时段长度，而是指提升压力的时机，当时注入率达 40L/min 以上，怎么能提升压力呢？压力提升至 A 点 (0.29MPa) 以后，岩层实际已经劈裂，其后压力急剧降低。这就是一次失败。

(2) 从 B 点开始，压力再次提升，又太急迫了，这就是旧规范中“灌浆压力应尽快达到设计压力”的要求使然。结果提到 C 点 (0.29MPa) 扛不住了，再次滑下，以后不得不在 0.1MPa 以下持续灌浆至 E 点。在这 100min 多的时间内，本应低压慢灌，维持小注入率，操作人员竟然反其道而行之，开足泵量达到 64L/min (D 点)，使得地层根本没有得到休整，也就是说裂缝没有被弥合。

(3) 因此，当从 E 点再次提升压力时，刚到 F 点 (0.18MPa) 就被迫跌落至 0.07MPa 再也提不上去了，混凝土垫层大面积抬动，混凝土与建基面的结合全面破坏。

(4) 纵观整个灌浆过程就是长时间在大流量 (20～60L/min) 下灌注，几次不适当地提高压力失败。为什么不想一想，一个Ⅱ序孔怎么能有这么大的注入量？现场技术人员、监理人员负有不可推卸的责任，设计人员负有次要责任。

6.2.5　事故处理措施

根据 12 号坝段抬动情况检查的结果，提出如下处理方案：

(1) 对抬动区域增加锚筋，锚筋间、排距 2m，采用 ϕ36Ⅱ级钢，深入基岩 3m。

(2) 对 12 号坝段通仓布置 2 层限裂钢筋网。第一层钢筋网距混凝土面 10cm，钢筋直径 ϕ28mm，第二层钢筋网距混凝土面 30cm，顺流向钢筋 ϕ28mm，垂直流向钢筋为 ϕ22mm。均为Ⅱ级钢，间距均为 20cm，见图 5。

图 5　布置 2 层限裂钢筋网

(3) 对抬动区域及周围增加补强固结灌浆，孔排距 2m×2m，共 120 个孔。

(4) 对 12 号坝段所有裂缝进行环氧树脂化学灌浆，灌浆孔骑缝布置，孔径 Φ56mm，深入基岩 3m，孔间距 2m，见图 6。

图 6 对裂缝进行化学灌浆

(5) 对抬动区及上游面劈头缝分别增加基岩变形和裂缝变形监测。

笔者没有收集到这次事故损失的资料，估计直接处理费用总有几百万元，工期几十天。

6.2.6 处理效果

(1) 因工期紧张，化灌 24h 后即开始钻孔取芯检查，芯样混凝土裂缝层间结合处充填满环氧浆液和刚凝固尚未有强度的浆液结石（因待凝时间短、气温较低，浆液尚未凝固），判断裂缝化学灌浆效果良好。

(2) 抬动区域补强灌浆后钻孔压水试验检查，透水率为 1.26～3.4Lu，平均 1.94Lu，小于基岩设计透水率标准 5Lu。

(3) 孔内录像显示，在混凝土与基岩结合部位或基岩浅表部位可见 1～3cm 厚水泥结石层，浆脉两侧与基岩结合紧密。

(4) 针对 12 号坝段抬动情况，设计对该坝段进行稳定分析复核，在将抬动区域 f、c 值各折减 1/2，或 f 值折减为 80%、c 值取 0，其稳定安全系数分别为 3.01 或 3.0，可满足稳定要求。应力分析表明坝踵坝趾应力很小，在进行了灌浆修补和增设双层限裂钢筋后，裂缝向上扩展的可能性不大。

目前，该坝已正常运行多年，隐患应已消除。

6.3 X 坝泄水坝段齿槽固结灌浆抬动情况及处理❶

6.3.1 泄水坝段地质情况

泄水坝段位于主河床部位，原始基岩面高程 240～255m，分布地层主要为中厚至巨厚层砂岩夹少量薄层粉砂岩及泥质岩石，主要软弱夹层有 7 条，主要不良地质体为挠曲核部破碎带，斜穿坝基，其北侧边界在泄①坝块的坝踵和泄④坝块的坝趾一线，南侧边界在泄③坝块的坝踵至泄⑨坝块的坝趾一线。破碎岩带总体走向 NW，倾向 SW（即右岸偏上游），倾角 30°～40°。该破碎岩带在高程 240m 的分布宽度为：坝踵部位 40m，坝趾部位 70m。沿挠曲核部破碎带分布有强至全风化体，岩体波速 2500～3000m/s，属Ⅳ～Ⅴ类岩

❶ 资料引自相关工程技术文献。

体。挠曲破碎带北侧主要为Ⅲ2～Ⅲ1类岩体，岩层陡倾带南侧基本属于Ⅲ1～Ⅱ类岩体。河床其余部位以Ⅲ2～Ⅲ1类岩体为主。

6.3.2 泄水坝段齿槽固结灌浆施工技术要求

大坝固结灌浆分7区，不同区段灌浆参数不同，灌浆孔深8～30m不等，间排距为3m×3m～2m×2m。其中齿槽坝段坝踵、坝趾部位、泄槽核部挠曲破碎带等部位为深孔固结灌浆区，孔深25～30m。

灌浆采用有盖重方式，已浇筑的找平混凝土和碾压混凝土厚度为5～7m。灌浆分一序排Ⅰ序孔、一序排Ⅱ序孔、二序排Ⅰ序孔、二序排Ⅱ序孔共四序进行。设计灌浆压力见表7。

表7 固结灌浆设计压力

孔序	第1段	第2段	第3段	第4段	第4段以下
Ⅰ	0.2	0.4	0.7	1.0	1.5
Ⅱ	0.3	0.5	0.8	1.2	1.5

固结灌浆后质量要求为检查孔压水试验透水率不大于3Lu，还有声波检测要求。

灌浆前为防止抬动制定了一系列措施，主要有：

(1) 在齿槽泄1～泄6甲块按4m×4m的间排距布置Φ32mm的锚筋，锚筋长12m，入岩10m；用0.5∶1的抗硫酸盐水泥浆液灌注，适当加入早强剂。

(2) 灌浆一般采用自上而下分段卡塞的方法；后序孔及地质条件较好的部位采用一次成孔自下而上分段灌浆的方法。挠曲破碎带区未采用孔口封闭灌浆法。

(3) 接触段灌浆阻塞器要求骑缝卡在混凝土与基岩的接触面位置。

(4) 原则按8～10m间距布置抬动监测装置孔，每个抬动装置控制半径不大于5m，抬动孔深度比相应区域固结灌浆孔深度大2m，最大孔深不超过20m。每个坝块至少1台抬动自动监测仪，灌浆时辅以千分表同时监测。要求施工单位对抬动监测人员进行再培训，考试合格后再上岗。

(5) 严格执行限流灌注措施。灌浆时注入率应控制在20L/min以下，如有抬动发生应进一步限制流量至10～15L/min。单孔单次抬动不得大于100μm；单孔累计抬动不得大于200μm。

(6) Ⅳ～Ⅴ类岩体适当选择1或2个孔进行代表性压水试验，其余可以不洗孔、不压水。

(7) 抬动不明显的坝块（如丙块），同高程、同时进行灌浆的孔段应相隔10m以上；易发生抬动的坝块不允许两孔同灌。

(8) 在甲块上游先施工一部分Ⅰ序孔，钻至基岩，作为排水减压孔。等等。

6.3.3 泄水坝段齿槽固结灌浆抬动的情况

泄水坝段齿槽于2009年底开挖到位浇筑找平混凝土。2010年1月30日开始通仓浇筑碾压混凝土，浇筑面积13000m^2，浇筑方量为68900m^3，2月5日收仓。仓面整体高程208.5m。2月15日开始诱导孔、抬动孔和灌前物探测试孔的钻孔工作，混凝土龄期10d，2月19日泄3、泄5甲块各有4个抬动观测装置安装完毕，2月20日开始灌浆施工，此时混凝土龄期15天。2月20日—21日发现混凝土有抬动，参建四方连续两天在现场跟踪，

并对灌浆压力、流量与抬动值关系进行分析，发现：根据一些孔的灌浆情况，抬动反应普遍较为敏感，灌浆压力仅能维持在 0.01～0.03MPa，设计压力 0.2MPa；抬动值与注入率显著相关。当注入率维持在 20L/min 以下时，抬动值增加较为缓慢，每次约增加 3～5μm，注入率大于 20L/min，但不大于 25L/min 时，抬动值增速加快，每次可达 7～10μm。采取间歇、停灌措施后，抬动值一般都有回落：冲孔、洗缝及压水时也有抬动；21 日泄 4 甲块出现了一条长 10m 左右裂缝，缝宽 0.1mm 左右。

也就是说，此处灌浆一开始就处于抬动状态，可惜没有采取果断措施。

直至 3 月下旬，也就是说过了一个月，发现甲块盖重混凝土大面积抬动，主要表现为：

(1) 混凝土仓面出现龟背状隆起，同时产生大量裂缝，长大裂缝有 32 条，最长 79.3m，最宽达 31mm，部分裂缝两侧混凝土出现明显错位，见图 7。

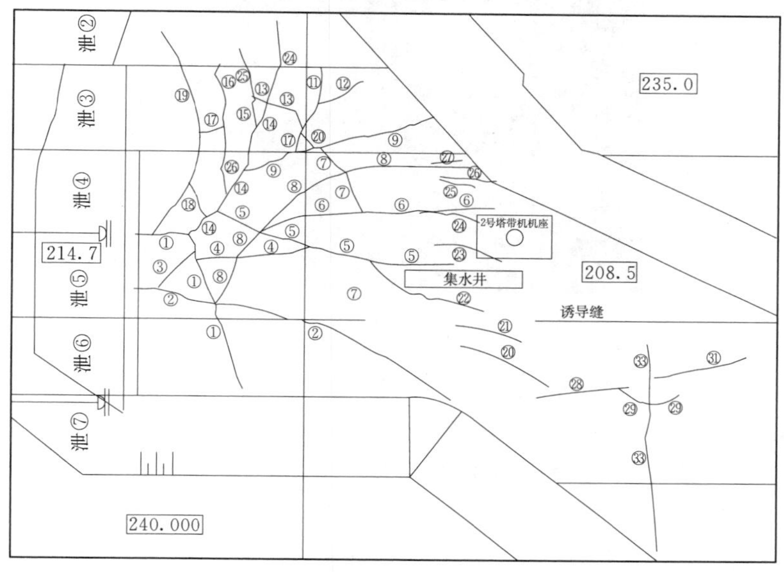

图 7　泄水坝段齿槽混凝土裂缝情况

(2) 固结灌浆检查孔和混凝土取芯孔揭示，在找平混凝土顶面（原高程 203.50m 左右）与上部碾压混凝土底面之间充填厚度几厘米至几十厘米的水泥结石层。

(3) 泄 3 坝段上游先浇混凝土块发生向上游、向左侧倾斜，引起泄 3 与泄 4 横缝出现“剪刀差式”错位，横缝间的铜止水损坏见图 8。

图 8　泄 3～泄 4 上游混凝土块之间因抬动发生剪刀差式错位

为此，有关领导要求对抬动情况进行扩大和深入调查，查明抬动范围及结石深度和厚度，水泥结石的物理力学性质，研究盖重混凝土抬动对永久运行期大坝稳定应力的影响。检查方法主要有大口径（ϕ150mm）单动双管钻具取芯、压水试验、孔内电视录像、室内力学实验等。经检查初步确定：

（1）结石充填范围和厚度。估算出水泥结石的大致分布范围为泄 2～泄 6 坝段，水泥结石充填面积约 7783m^2。结石分布高程在 203.75～202.14m 之间，结石厚度为 2.0～61.0cm，平均厚度 36.1cm。最大厚度出现在泄 5 甲块的 GX5—2 检查孔，水泥结石厚度 61cm。结石表现为多次充填，沿层面脱开成多块，呈圆饼状，结合面多数呈瘤状凹凸不平，但较光滑，多见灰白色乳皮和泥膜，电视录像显示结石层面均呈闭合状，见图 9。

图 9 大口径取芯孔得到的结石芯样

（2）水泥结石与上部碾压混凝土和下部找平混凝土面一般结合良好。结石段压水试验透水率主要集中在 0.2～0.3Lu，最大值为 0.43Lu。

（3）进行水泥结石常规物理试验 6 组试验结果表明，水泥结石干密度为 1.50～1.75g/cm^3，平均 1.64g/cm^3；湿密度与天然密度相近为 1.88～2.14g/cm^3，平均 1.98 g/cm^3；吸水率为 17.0%～27.0%；干抗压强度为 21.5～34.5MPa，平均 27.86MPa；湿抗压强度为 13.8～27.0MPa，平均 18.75MPa；软化系数 0.65～0.69。水泥结石总体呈软岩性态。

进行直剪试验 12 组，分别代表脱开的水泥结石层面、胶结的水泥结石层面、混凝土与水泥结石接触面、找平混凝土与上部碾压混凝土层面四种类型，经整理与折减的成果标准值见表 8。

表 8　　五种类型直剪试验成果标准值

代表类型	抗剪断强度		抗剪强度	
	f'	c'/MPa	f	c/MPa
脱开的水泥结石层面	0.50	0.6	0.44	0
胶结的水泥结石层面	0.60	0.8	0.55	0
混凝土与水泥结石接触面	0.70	0.8	0.65	0
找平混凝土与碾压混凝土层面（天然风干状态）	0.60	0.8	0.55	0
找平混凝土与碾压混凝土层面（浸水湿润状态）	0.55	0.7	0.50	0

6.3.4 抬动原因分析

业主单位总结的抬动原因如下（笔者稍作技术上的归纳）：

（1）深槽部位水文地质条件复杂，高程低，地下水丰富，涌水量大，基础混凝土施工有的引排不彻底；碾压混凝土与找平混凝土之间的钢筋网为混凝土内部的薄弱面。

（2）施工强度大，灌浆泵密集。本次固结灌浆计划完成工程量50750m，工期50d，平均日强度1015m/d，高峰日强度1800m/d。在不到20000m^{2}的仓面上共投入28个机组，120余台钻机（含地质钻、液压钻），80余台灌浆泵。

（3）施工工艺不完善。初期固结灌浆时，压力偏大；未能严格按照分排分序施工；大耗浆量孔段未严格采用低压、慢灌、限流、限量的灌浆工艺；存在卡塞不到位现象。

（4）管理不完善。抬动观测不规范，风险预警制度不到位；对现场出现的问题，未能及时采取有效的应对措施。现场文明施工形象较差，导致仓面出现裂缝后未能及时发现。

2010年3月下旬，工程特聘专家组就泄水坝段固结灌浆抬动问题进行咨询指导认为，复杂的工程地质条件和水文地质条件、不恰当的固结灌浆工艺和粗放的管理，加之以工期压力下的群孔灌浆，是齿槽部位固结灌浆出现大耗浆量和抬动的主要原因。

6.3.5 抬动的处理

针对齿槽混凝土抬动的情况，设计院提出了一系列处理措施，主要有：

（1）调整灌浆部署。在泄3～泄6齿槽混凝土内增设2条廊道，共设置4条廊道，将控制工期的固结灌浆转移至廊道内斜孔施工。降低固结灌浆强度，缓解工期压力。

加大厂房坝段齿槽固结灌浆盖重厚度，将坝基齿槽连续回填到高程240m后再进行固灌施工。同时，大幅增加其它部位固结灌浆的混凝土盖重厚度：基岩较好部位一般6～8m，较差部位8～10m，左厂坝坝前齿槽及航1齿槽部位盖重混凝土厚度达15～37m。

（2）改进灌浆工艺。调低灌浆压力，将Ⅰ序孔第1段灌浆压力由原来的0.3～0.4MPa降低为0.15～0.2MPa（表9）。

表9　　泄洪坝段齿槽部位调整后灌浆压力

段　次	灌浆压力/MPa			
	一排Ⅰ序	一排Ⅱ序	二排Ⅰ序	二排Ⅱ序
0～2	0.15	0.2	0.3	0.5
2～5	0.2	0.3	0.5	0.7
5～10	0.3	0.5	0.6	0.8
10～15	0.5	0.6	0.7	0.8
15～20	0.6	0.7	0.8	1.0
20m以下	0.7	0.8	0.9	1.0

加强抬动监测设施的管理，明确采取抬动观测孔（内观）监测和水准测量监测（外观）的双控制模式，要求将抬动观测孔的深度加深至对应灌浆孔深以下10m。

调整开灌浆液水灰比。当压水流量大于30L/min时，采用0.8∶1的浆液试灌；压水流量为20～30L/min时，采用1∶1的浆液试灌。

对大耗浆量孔段限流限量。

严格分排分序施工，同灌孔间距不小于10～12m，高差不小于10m。

实行各方主要负责人24h现场值班制度，从严处罚灌浆过程的违规行为。等等。

采取上述措施后，后续固灌施工效果次序良好。灌浆过程中共观测抬动值12750段次，除左消力池发生单次抬动3次和累计抬动2次超标外，其余部位抬动值均满足设计和规范要求，单位注入量基本回归正常范围内，质量检查全部合格。

(3) 仓面的裂缝处理。对裂缝宽度小于0.5mm，且缝深小于0.3m的表面裂缝，不进行灌浆处理，只做表面嵌缝，铺设限裂钢筋；其余裂缝需进行表面嵌缝、灌浆、铺设限裂钢筋处理。

对于宽度大于0.5mm的裂缝，采用普通高抗硫酸盐水泥灌浆；对宽度在0.3～0.5mm之间的裂缝，采用湿磨细高抗硫酸盐水泥灌浆；缝宽不小于2mm的部位，采用0.5∶1的浓浆灌注，灌浆压力0.2MPa。

限裂钢筋一般骑缝布置，2层，主筋垂直裂缝走向，长4.5m，间距2.0m，直径ϕ32mm，分布筋直径ϕ25mm；裂缝较密范围钢筋满布。

对被破坏的横缝止水进行修复。

6.3.6 大坝稳定复核情况

设计根据抬动检查结果和水泥结石室内物理力学试验成果，对大坝稳定应力情况进行了复核计算。主要结论为，泄水坝段深齿槽盖重混凝土在固结灌浆时产生抬动，局部薄弱层面反复劈裂，充填水泥结石。但深齿槽槽底原本都存在约60m厚的挠曲核部破碎带Ⅳ～Ⅴ类岩体，其性状较差，水泥结石的密度与其相当，湿抗压强度则远高于挠曲核部破碎带Ⅳ～Ⅴ类岩土，胶结的水泥结石层面抗剪强度与坝基挠曲核部破碎带自身的强度相当，断开的水泥结石层面抗剪强度略小于挠曲核部破碎带自身的抗剪强度。由于坝基齿槽较深、尺寸较大、齿槽下游围岩质量较好，原抗滑稳定安全系数较高，即使按照深齿槽混凝土抬动后水泥结石层面呈脱开状态（f′、c′取值根据试验统计并开展敏感性分析）进行抗滑稳定复核计算，虽其安全系数有所降低，当仍满足规范要求。由于固结灌浆产生抬动所发生的部位较特殊，在对抬动后盖重混凝土裂缝及相关止水进行严格处理合格后，可以认为其对大坝的永久运行安全是没有大的影响。

该工程在2012年实现首台机组发电，2013年蓄水至正常高水位，至今运行正常。

6.3.7 应当吸取的教训

笔者没有调查本次抬动事故在经济上造成损失的数额，但可以想见其直接和间接损失是巨大的。事故是灌浆史上空前的案例，其教训可以写一部书，此处略述若干个人观点：

(1) 混凝土坝基的固结灌浆与混凝土浇筑工期有矛盾，久已有之，规范上明确要求要“统筹安排”。本工程如此重要，本部位地质条件如此软弱，为什么还要勉强大干快上？后来被迫调整灌浆部署，正是向科学低头。

(2) 齿槽泄1～泄6甲块按4m×4m的间排距布置了ϕ32mm的锚筋，锚筋长12m，入岩10m。这对于防止抬动显然力量太小，不知道这些锚杆是什么形式破坏的。

(3) 设计压力是始作俑者。在如此地层灌浆压力不能大于上覆岩体或混凝土自重，我

们不少技术人员将“大压力灌出好质量”奉为普遍真理，不顾地质条件片面追求高压力，在这里付出了代价。有人将抬动责任归咎于浆液或稀或稠，这没有抓住主要矛盾，如果压力正确了，压水也不会抬动。

（4）抬动监测装置是手段，自动化更要有基础。本工程抬动监测装置很先进，也运行了两天，后来就成了“聋子的耳朵”，那么密集那么多装置集体失灵，也是今古奇观，为什么？后来的整改措施“要求将抬动观测孔的深度加深至对应灌浆孔深以下 10m”，并没有抓到要领，原来抬动监测孔深度比相应区域灌浆孔深度大 2m，最大孔深不超过 20m，此处灌浆孔深度 25～30m，地质条件又不好，是浅了一点。但是抬动位置不都是在 7m 深度左右吗?，20m 深的抬动孔没有管住 7m 深的抬动，问题明显不在深度，而在于抬动装置的内管没有锚住，整个装置一起在抬，水涨船高，看似平安无事。另外，抬动装置的量程一般不过三二十毫米，此处结石厚度为 2.0～61.0cm，平均厚度 36.1cm，这些装置早已鞭长莫及了。

（5）计量方法不合理。据了解此处灌浆以注入水泥量“t”为单位计量，灌得越多给钱越多，灌不进去就得喝稀粥甚至西北风，在这种利益刺激下，施工单位不顾后果猛灌一气。笔者后来查阅到泄 1～泄 8 坝段 1825 个固结灌浆孔，共计 32787m，注入水泥 27937.5t，平均单位注入量 852.09kg/m，其一序排 I 序孔的单位注入量达到 1287～2899kg/m，这样的数字不抬动才奇怪哩。

（6）管理失控，没有把施工单位当主人翁。如果别的都失误了，管理上把住了关悲剧也不会发生。本工程发生严重抬动事故，不是一个单位的责任，业主、设计、监理、施工谁也脱不了干系。灌浆的管理主要靠施工单位自行管理的自觉性和有效性，时至今日，多种原因造成灌浆监理制度基本失效，如果施工单位不想灌好，谁也管不住。如果管理失控失效，任何现代化的仪器都是一堆废铁。要让施工单位登上管理的主体地位，让他们有话语权，这个责任完全在业主，如果业主把施工单位当小偷，那就什么事也干不好了。施工单位要敢于发言，不能把意见发泄到工程上。本工程后来搞好了不是因为“参建四方”管严了，而是施工单位在压力下自觉地管严了。

7 结束语

（1）近些年来许多灌浆工程发生了抬动问题，有的造成严重后果，影响到地基的稳定和建筑物的安全，善后处理花费了巨额的资金和延误了宝贵的工期。抬动问题成了困扰灌浆工程师的许多难题之一，开展对灌浆抬动问题和抬动监测的研究具有重要意义。

（2）引起岩体抬动的原因复杂至今众说纷纭，一般说来主要因素有地质条件，灌浆段位置、次序、灌浆方法和浆液性能。合理地使用灌浆压力和灌浆功率，是防止抬动的主观因素，这也是灌浆的“艺术性”之所在。灌浆工程量的计量与结算方法是引导“过量灌浆”还是“合理灌浆”的刚性杠杆。单一按注入量计量支付的方法是导致过量灌浆和结构物抬动的重要推手。

（3）抬动监测可以报告抬动情况，但不能防止抬动，不能把防止抬动的希望完全寄托在抬动监测上。因此抬动监测装置的设置要少而精。防止抬动的根本要素要靠人的合理操作。

(4) 抬动监测装置的结构不很复杂，但也必须精心施工。当前的重要问题是，许多抬动装置的设计、施工、监理、验收没有规范，许多单位轻土建工程，重仪器仪表，本末倒置，许多抬动装置马虎建造出来，一开始就是废物，既浪费财力，又贻误监测，是一些工程发生抬动的原因之一。建议有关部门尽快制定有关抬动监测和抬动监测装置的规范。

(5) 抬动的预防首先要确定安全灌浆压力，其次要杜绝不恰当的灌浆行为，如盲目快速提高灌浆压力，长时间保持大注入率灌浆（除大型岩溶或张裂隙外），要主动限制灌浆功率和灵活运用低功率灌浆。对重要的建筑物基础采取防抬结构措施，如加厚结构尺寸，增加锚杆，将灌浆从露天移入廊道内等，要选择适宜的钻孔灌浆设备和方法，软弱破碎地层灌浆孔要使用回转式钻机钻进，不要使用高风压冲击钻机钻进。灌浆泵的状态要完好，要安装空气蓄能器，压力要稳定。软弱破碎地层的灌浆宜使用自上而下分段灌浆法，尽量不要使用孔口封闭灌浆法。不得已需采用孔口封闭灌浆法时，要使用长孔口管。要采取正确的管理措施，一要合理安排工期，避免密机组、高强度、大会战；二要采用正确的计量与支付方法，不要搞灌得越多给钱越多，鼓励抬动，鼓励浪费。管理是生产关系，管理落后，再好的技术也只能打败仗。管理先进了，技术差一点，也会学好的。

(6) 一旦发生了抬动，应当视情况进行处理，常见的处理措施有：拆除受损结构，重新处理地基和重建新的结构，新的结构物一般比原结构加强，防止再次施工时重蹈覆辙；对受损结构物进行水泥或化学材料灌浆修补；在受损结构物上部增加保护措施，如限裂钢筋等。

(7) 清江水布垭趾板灌浆、Z 坝 12 坝段抬动及处理和 X 坝泄水坝段齿槽抬动及处理提供了一些重要的经验和教训，值得汲取。

参 考 文 献

[1] 李德富．对高压水泥灌浆的作用及其发展的认识和建议［R］．1983.

[2] 隆巴迪 G. 内聚力在岩石水泥灌浆中的作用［C］//《现代灌浆技术译文集》译组．现代灌浆技术译文集．北京：水利电力出版社，1991.

[3] 国家能源局．DL5148—2012 水工建筑物水泥灌浆施工技术规范［S］．北京：中国电力出版社，2012.

[4] Weaver K. 大坝基础灌浆［R］．中国水利水电工程总公司科技办，中水基础局科研所，编译．1995.

[5] 程少荣，等．水布垭高面板坝趾板基础灌浆升压研究与实践［C］//夏可风．2004 水利水电地基与基础工程技术．内蒙古：内蒙古科学技术出版社，2004：435.

[6] 辜永国．水布垭高面板坝趾板帷幕灌浆施工技术研究与实践［C］//夏可风．2006 水利水电地基与基础工程技术．北京：中国水利水电出版社，2006：104.

对 GIN 法的研究、应用和再思考

【摘　要】 GIN 灌浆法提出了灌浆强度值的概念，它采用稳定性浆液灌浆，应用计算机监测灌浆施工过程，通过控制灌浆压力和灌浆量的乘积的办法来控制灌浆工程。GIN 法也有不能适用各种地层的局限性。我国小浪底等工程应用 GIN 法进行灌浆试验和施工生产，为研究和应用该法取得了重要的资料。

【关键词】 GIN 法　优势　缺陷　试验与应用　再思考

1　GIN 法概要

20 世纪 90 年代初期，15 届国际大坝会议主席，瑞士学者隆巴迪提出了一种新的设计和控制灌浆工程的方法——“灌浆强度值”（grouting intensity number，GIN）方法，这种方法在美洲一些国家的工程中应用，据传取得了较好的效果，后来传入中国。

1.1　基本原理

隆巴迪认为[1]，对任意孔段的灌浆，都是一定能量的消耗，这个能量消耗的数值，近似等于该孔段最终灌浆压力 P 和灌入浆液体积 V 的乘积 PV，PV 就叫作灌浆强度值，即 GIN。灌入浆液的体积可用单位孔段的注入量 L/m 表示，灌浆压力可用大气压 bar 或 MPa 表示。

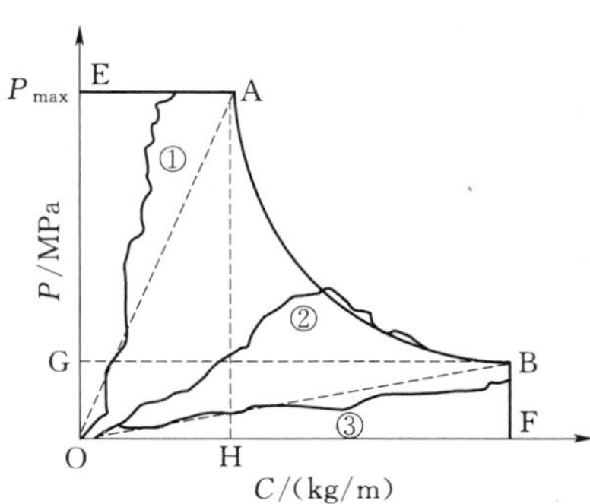

图 1　GIN 灌浆过程及包络线

①—致密地层灌浆过程线；②—中等裂隙地层灌浆过程线；③—宽大裂隙地层灌浆过程线

GIN 法就是根据选定的灌浆强度值控制灌浆过程，控制的目标是使 PV=GIN=常数，这在 $P-V$ 直角坐标系下是一条双曲线，如图 1 中的 AB 弧线。为了避免在注入量小的细裂隙岩石中使用过高的灌浆压力，导致岩体产生破坏，还需确定一个压力上限 P_{max}（AE 线）；为了避免在宽大裂隙中注入过量的浆液，同样需要确定一个累计极限注入量 V_{max}（BF 线）。这样一来，灌浆结束条件受三个因素制约：或灌浆压力达到压力上限，或累计注入量达到规定限值，或灌浆压力与累计注入量的乘积达到 GIN。AE、AB、BF 三条线称作包络线。

本文原载《新世纪岩石力学与工程的开拓与发展》，中国科学技术出版社，2000 年。原题为《GIN 灌浆法及其在我国的应用》，收入时有修改。

1.2 工艺特点

1.2.1 使用稳定性浆液

GIN 法要求使用适当浓度的稳定性浆液。多年来隆巴迪一直倡导稳定性浆液的应用，他认为，稳定性浆液较之不稳定浆液有许多优点：

在缓慢流动的状态下出现的沉淀较少，不易堵塞；

注入岩石缝隙中以后析出的水量较少，浆液结石可以对裂隙充填更饱满；

黏度和黏聚力可测并可较长时间保持稳定，因而浆液的流态可以预测；

由于浆液具有较大的黏聚力，浆液渗透的距离受到限制，出现岩层劈裂和上抬的可能性较小；

浆液结石的密度和力学强度较高，孔隙率和渗透性低，具有较强的抗物理侵蚀和化学溶蚀的能力。

在整个灌浆过程中，尽可能只使用一种配合比的浆液，即不进行变浆，以简化工艺，减少故障，提高效率。

1.2.2 用 GIN 曲线监测灌浆压力

在需要和条件允许的的地方，如裂隙细微、岩体较完整的部位，尽量使用较高的压力。在有害和无益的地方避免使用高压，避免浪费浆液。隆巴迪认为，这种工艺几乎自动地考虑了岩体地质条件的实际不规则性。

1.2.3 用电子计算机监测和控制灌浆过程

在灌浆过程中，实时地监测灌浆参数，绘制灌浆压力和累计注入量（$P-V$）、灌浆压力和时间（$P-t$）、注入率和时间（$Q-t$）、累计注入量和时间（$V-t$）、可灌性和时间（$Q/P-t$）、可灌性和累计注入量（$Q/P-V$）共 6 种过程曲线。根据 $P-V$ 曲线的发展情况和逼近 GIN 包络线的程度，控制灌浆进程中施工参数的调节和决定结束灌浆的时机。

2 GIN 法的优势与缺陷

2.1 GIN 法与我国常规灌浆方法的比较

GIN 灌浆法与我国《水工建筑物水泥灌浆施工技术规范》中规定的、工程界通常采用的孔口封闭灌浆法的工艺要求比较见表 1。

表 1 GIN 法与我国常规灌浆方法的比较

项目		GIN 灌浆法	孔口封闭灌浆法
浆液		稳定性浆液	各种浆液
灌浆过程	水灰比变换	不变换	应变换
	灌浆压力	缓慢升高	尽快升高至设计压力，或分级提升
	浆液注入率	以稳定的中低流量灌注	根据灌浆压力控制适当范围
结束条件	灌浆压力	小于或等于最大设计压力	达到最大设计压力
	浆液注入率	无明确要求	要求达到小于 1L/min
	累计注入量	小于或等于设计最大注入量	一般不作要求
	灌浆强度值	达到规定的灌浆强度值	无
	持续时间	无要求	持续一定时间

续表

项　目	GIN 灌浆法	孔口封闭灌浆法
计算机监测	使用计算机进行实时检测	不用，也可用
灌浆方式	一般为自下而上纯压式灌浆	采用自上而下循环式灌浆

2.2　GIN 法的合理因素

从以上的阐述和比较中，我们可以看出 GIN 法的创新之处和合理因素是明显的：

（1）提出了灌浆强度值的概念，揭示任何岩体灌浆都是一定能量消耗的结果，这个能量消耗的度量就是灌浆强度值。以此为出发点，从定性和定量的要求提出了控制灌浆的新方法。

（2）基于上述理论的成立，使得使用计算机控制灌浆成为易事。隆巴迪的合作者迪尔说，这将使缺乏灌浆经验的人员也能进行灌浆。

（3）重视对灌浆浆液的研究，推荐使用稳定的水泥悬浮浆液，在浆液中加入高效减水剂，以减小黏聚力和黏度，使浆液不仅能满足高灌浆压力的要求，也可适应较低灌浆压力的要求。

使用单一配比的浆液，简化了施工程序。

（4）由于简化了灌浆程序，限制了孔段的大注浆量，因而也避免了浪费，使得灌浆工程的效益投资比率可能达到最大。

2.3　GIN 法的缺陷

由于灌浆技术的复杂性和 GIN 法提出和应用不久，该法也存在一些值得商榷的地方。

（1）隆巴迪承认，像其他许多实用方法一样，GIN 也有其局限性。它不适用于（至少到目前为止）土壤的处理及对岩溶地层的单纯灌浆处理。德国学者 F. K. Ewert 认为“GIN 法主要以灌浆浆液的特性为基础，而不注重必要的地质因素。该法的应用意味着用一种简易的方法来完成灌浆工程，而缺乏稳定的控制和适应性……很难对岩石灌浆的方法加以改进，往往导致与理论分析和工程实例相反的结果”。[2]

（2）保持 GIN 为一个常量，不仅在一个坝址的不同地段是不适宜的，而且即使在同一地段也是有疑问的，例如一个灌浆孔的上部和下部。因为这样，宽大裂隙的灌浆可能成为一个薄弱环节：第一，可能在最大注浆量的限制下不能充填饱满；第二，可能在较低的灌浆压力下不能充填饱和；第三，在较低的灌浆压力下结石不够密实；这都将导致留下隐患。

此外，国内外灌浆专家有的认为该法有将复杂的工程技术问题过于简单化的倾向。有的认为该法不适宜建造防渗标准高（如 $q \leqslant 1\mathrm{Lu}$）的帷幕。

3　我国对 GIN 法的研究和应用

GIN 法传入我国以后，我国工程技术人员表现了极大的兴趣，湖南江垭水利枢纽、长江三峡工程、河南小浪底水利枢纽、辽宁白石水电站、紫坪铺水利枢纽等许多工程开展了灌浆试验。这些试验在学习 GIN 法先进理念的同时，也注意到了它存在的缺陷和与我国

灌浆规范不一致的地方，采取了各不相同的弥补或修正措施，取得了有价值的成果。不过，除小浪底工程的 GIN 法灌浆试验有一定规模并在施工生产中部分应用外，其余都未在施工中推广应用。

3.1 湖南江垭水利枢纽灌浆试验❶

1994 年，在湖南江垭水利枢纽进行了 GIN 法灌浆试验。试验分为 2 组，共 13 个灌浆孔，820m，分别针对砂页岩地层和岩溶化石灰岩地层。此次试验的主要目的是对不同地层选定合理的 GIN 值，以及相应的最大灌浆压力和灌入量；对帷幕灌浆的孔距和 GIN 法灌浆工艺进行探索。试验采用的 GIN 值从 50～400MPa·L/m，最大压力从 1～5MPa，最大注入量从 150～600L/m。试验中采用了“先堵后灌”的措施，即先对涌水、透水率大的层间溶蚀部位进行堵漏注浆，待达到注入率足够小，灌浆压力不小于 1MPa 后，再按 GIN 法的要求进行灌浆。这是我国首次进行的 GIN 法灌浆试验。

3.2 长江三峡工程帷幕灌浆试验[3]

1996 年，为探索在长江三峡工程帷幕灌浆中应用 GIN 法的可行性，在三峡坝址左右岸 LⅡ和 RⅢ两组灌浆试验中采用了 GIN 法，地层分别为 F_{23} 断层破碎带和弱风化闪云斜长花岗岩，设计防渗标准 $q \leqslant 1$Lu。分别布置了 14 个灌浆孔，560m；9 个灌浆孔，360m 的试验工程量。稳定性浆液采用 42.5 级普通硅酸盐水泥经湿磨后加入膨润土和减水剂制成。灌浆强度值为 50～250MPa·L/m，最大灌浆压力 1.50～5MPa，随孔深而增加，最大注入量 100～300L/m。灌浆结束条件为：当灌浆过程曲线接近 GIN 曲线时，适当降低灌浆压力，控制吸浆率使之减小到小于 1L/min，持续灌注 30min；当灌浆过程曲线达到灌浆压力上限时，且吸浆率＜1L/min 后，持续灌注 30min；当灌浆过程曲线达到灌浆量上限时，而吸浆率较大，可降压限流灌注，或间歇待凝复灌，直至吸浆率＜1L/min 后持续灌注 30min。

试验结论为：GIN 法比孔口封闭法水泥用量节省 30%，但防渗效果只能达到 3～5Lu，未达到设计要求。稳定性浆液由于其保水性，浆液结石密度与浆液本身基本相同，为 1.7g/cm^3，而普通水泥浆在压滤作用下结石密度可达 2.0g/cm^3。三峡帷幕灌浆工程不宜采用 GIN 法。

3.3 黄河小浪底水利枢纽 GIN 法灌浆试验与应用[4]

1995—1997 年，在黄河小浪底水利枢纽进行了 GIN 法的灌浆试验和试验性施工，2000 年溢洪道～4 号灌浆洞北端补强灌浆全面采用了 GIN 法。小浪底坝基主要岩层为砂岩，设计防渗标准为 $q \leqslant 5$Lu，三个地段的 GIN 法灌浆试验或试验施工完成工程量 3815m，溢洪道～4 号灌浆洞北端补强灌浆工程量 12873m，共计 16688m，是国内最大规模的 GIN 法灌浆实践。

3.3.1 副坝灌浆试验

左岸垭口副坝区地层岩性为砂岩，受 F_{28} 断层的影响，裂隙较发育。试区共布置了 10

❶ 引自相关报道。

个试验孔，2 个检查孔，分为两组，一组直孔，孔距 2m，孔深 63m；一组斜孔，顶角 15°，孔距 3m，孔深 65m。全为单排布置。试验所用浆液的性能为：水灰比 0.75：1、密度 1.61g/cm^3、马氏黏度 33s、黏聚力 2.03N/m^2、析水率（3h）2.3%。在不同的孔深区域，选用了不同的灌浆控制包络线值（表 2）。灌浆前对灌浆段进行冲洗、压水试验或岩体浸润。灌浆主要采用孔口封闭法。灌浆结束条件为：在灌浆最大压力或灌浆强度值下，每 5m 段长注入率不大于 1L/min 时，继续灌注 30min。灌后压水试验检查，平均透水率 2.1Lu，小于 5Lu 的孔段占 91%。

表 2　　　　小浪底工程防渗帷幕副坝灌浆试验 GIN 包络线值

孔深/m	≤20	20～50	>50
灌浆强度值/（MPa·L/m）	50	150	200
限制压力/MPa	1.5	3.0	4.0
限制浆量/（L/m）	100	200	250

3.3.2　2 号洞帷幕灌浆

该区地层主要是硅质胶结中粒砂岩及细砂岩、砾质粗砂岩，局部夹粘土岩。该区属 F_1 断层的影响带，裂隙发育。共布置灌浆孔 28 个，三排布置。浆液指标基本同前。每个灌浆段先进行压力水冲洗、压水试验或简易压水。采用孔口封闭灌浆法分三序施工。灌浆强度值 GIN、最大灌浆压力和最大注入量的选用如表 3。灌浆前，首先输入各灌段相应的 GIN，计算机自动生成 GIN 曲线（包络线），操作人员根据该曲线调控灌浆压力和注入量。各段灌浆的结束条件为：①达到 GIN，且流量小于 2L/min 时，持续 10min 结束；②达到 GIN，但流量较大时，应调整压力，使之沿 GIN 曲线下滑（如图 1 中曲线②），直至流量小于 2L/min 时，再持续 10min 结束（灌浆过程中压力不得小于最低压力值）；③达到最大压力值，流量小于 1L/min 时，持续 30min 结束。若流量较大而压力达不到最低压力时，应按规定及时采取措施，包括限流，限量及间歇等，直至达到上述条件。

表 3　　　　小浪底工程防渗帷幕 2 号洞 GIN 灌浆包络线选值

孔深/m	≤20	20～40	>40
GIN/（MPa·L/m）	80～100	150～200	200～250
限制压力/MPa	0.7～2.5	2.5～3.5	3.5
限制注浆量/（L/m）	185	200	250

统计表明，有 39%的孔段是在最大设计压力下结束灌浆的，而有 61%的孔段是在达到 GIN 指标而低于设计压力下结束灌浆的。

本次试验性生产灌浆各序孔单位注入量为：Ⅰ序 234.65kg/m，Ⅱ序 172.20kg/m，Ⅲ序 88.10kg/m。次序递减规律性良好。灌前岩层的透水性较大，压水试验结果大于 5Lu 的孔段占 64%，灌后检查孔各段透水率全部小于 5Lu。

2 号灌浆洞 GIN 灌浆灌浆区的相邻地段帷幕灌浆是使用国内常规的灌浆工艺进行施工的，灌浆浆液亦为稳定性浆液。常规灌浆区各序孔的单位注入量为：Ⅰ序 447.62kg/m、

Ⅱ序 274.47kg/m、Ⅲ序 142.92kg/m，均高于 GIN 法灌浆区。

3.3.3 4 号洞帷幕灌浆

地层为泥钙质粉细砂岩、硅钙质细砂岩，顶部有粉砂质泥岩。共布置试验孔 17 个，检查孔 2 个，单排布置。GIN 包络线的选值如表 4。灌浆的工艺流程与 2 号洞相同。各序孔单位注入量为：Ⅰ序 75.7kg/m，Ⅱ序 52.0kg/m，Ⅲ序 31.7kg/m，平均 49.7kg/m。灌前岩层平均透水率为 6.6Lu，灌后检查孔各段透水率均小于 2Lu。4 号洞内同样有与 GIN 灌浆同时进行的常规灌浆工程。

表 4　　小浪底工程防渗帷幕 4 号洞 GIN 包络线选值

孔深/m	≤6	6～21	21～41	>41
GIN/（MPa·L/m）	50～80	150	200	250
限制压力/MPa	1.5	3.0	3.5	4.0
限制注浆量/（L/m）	100	200	250	300

小浪底 GIN 法灌浆还在国内首次采用一台计算机对多台灌浆机组实行远距离集中测控的系统，大大提高了施工的科学技术水平。图 2 为灌浆试验中一组典型的 GIN 灌浆过程曲线。

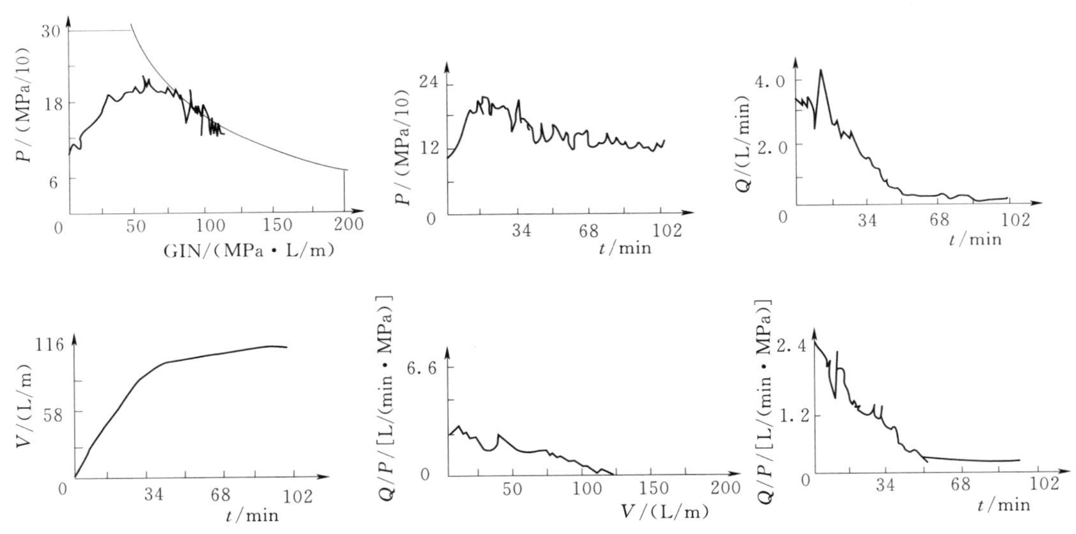

图 2　典型的 GIN 灌浆过程曲线

经过认真的试验和试验性生产，小浪底的 GIN 灌浆方法在我国成熟的小口径孔口封闭灌浆法的基础上嫁接 GIN 法灌浆技术，综合二者的优点，形成了适合我国特点的新工艺。GIN 法灌浆段全部达到防渗标准要求，有的优于相邻地段的常规法灌浆帷幕。但所使用的灌浆材料和消耗工时大大低于常规灌浆方法（表 5），最多的可节约 50%以上，这还是经过我国改造的 GIN 法，如果是原版的 GIN 法，节约材料和缩短工时会更多。该项成果获得 1999 年度水利部科技进步三等奖。

表 5　　小浪底水利枢纽 GIN 法与常规灌浆法比较

灌浆部位	工程量/m	GIN 法		常规灌浆法	
		单位注灰量/(kg/m)	灌浆用时/(h/段)	单位注灰量/(kg/m)	灌浆用时/(h/段)
副坝灌浆试验	678	91.5	1.35	137.5	2.16
2 号洞帷幕灌浆	1889	149.34	1.53	274.48	2.12
4 号洞帷幕灌浆	1248	49.7	0.86	158.8	1.14
溢洪道～4 号灌浆洞北端	12873	325.58		383.1	
合计	16688				

3.3.4　溢洪道～4 号灌浆洞北端补强灌浆[5]

1999 年，小浪底水库进行第一阶段下闸蓄水，蓄水后左右岸部分地段渗漏量较大，经研究在部分地段进行了补强灌浆，其中溢洪道～4 号灌浆洞北端的补强灌浆采用了 GIN 灌浆法。该段共完成补强帷幕灌浆 12873m，采用的最大灌浆压力 4MPa，灌浆强度值和主要工艺方法与 2 号灌浆洞基本一致。先导孔、Ⅰ、Ⅱ、Ⅲ序孔单位注入量分别为 697.39kg/m、420.74kg/m、356.48kg/m、243.68kg/m，平均单位注入量为 325.58kg/m，同批次其他部位的常规灌浆法平均单位注入量为 383.1kg/m。

4　对 GIN 灌浆法的再思考

4.1　GIN 法适用范围窄

本文 3 举例的三个灌浆工程：湖南江垭水利枢纽、长江三峡工程、黄河小浪底水利枢纽，基本代表三种类型，即强透水岩溶化石灰岩地层、弱透水致密花岗岩地层、中等透水砂岩地层。对于前两类地层，GIN 灌浆法基本不适用，湖南江垭水利枢纽采取先进行粗灌浆堵塞大通道，造成适宜的条件再采用 GIN 灌浆法，显然是多此一举，没有现实意义。三峡工程采用 GIN 法灌浆，其过程线几乎都是图 1 中的类型①，也没有意义。小浪底的地层应当是比较适宜于 GIN 灌浆法施工的，其防渗标准也较低为 5Lu。

另一方面，GIN 灌浆法不适用于不良地质段、涌水段的灌浆。因为这些部位都是要尽量灌注，原则上不留余地的；也不适用于破碎地层或较破碎地层的灌浆，因为这些部位基本不适用于自下而上纯压式灌浆，因为灌浆塞不容易卡住。当然 GIN 法也可以不采用自下而上纯压式灌浆，但如果这样它就失去光彩了。

4.2　GIN 法灌浆风险大

即便是类似于小浪底工程这样中等透水地层，如果按 GIN 法要求的三种结束条件，其一见图 1 中曲线①，灌浆很快达到设计压力，结束。这样做的风险是可能注入量不足，可能已注入浆体得不到压滤密实；其二见图 1 中曲线②，灌浆很快达到 GIN 值，但达不到设计压力，结束。这样做的风险是可能注入量不足，也可能已注入浆体得不到压滤密实；其三见图 1 中曲线③，灌浆在很低压力下，达到设定的注入量，结束。这样做的风险是可能注入量不足，已注入浆体得不到压滤密实。

三种结束情况都有风险，都把“任务”或矛盾留到后一序孔，这样做虽说是均衡了各序孔的负担，但后序孔一定完成得好吗？显然存在着不可预见性。

4.3 GIN 法还可以再简化

GIN 法是一种追求简约的灌浆方法，因此工序、资料应当尽量简洁。笔者认为绘制 6 条曲线没有意义，有前 3 条即灌浆压力和累计注入量（$P-V$）、灌浆压力和时间（$P-t$）、注入率和时间（$Q-t$）过程曲线就可以了，它们分别反映 GIN 法的三要素（灌浆强度值、灌浆压力、注入率）的变化，足矣。

4.4 我国对 GIN 法的“改进”违背其要义

由于上述存在的风险，我国灌浆工程师进行了针对性改进：对于类型①，补充要求达到流量小于 1L/min，并持续 30min 结束；对于类型②，要求达到灌浆强度值，且流量小于 2L/min 时，持续 10min，或流量较大时，调整压力使之沿 GIN 曲线下滑，直至流量小于 2L/min 时，再持续 10min；对于类型③，流量较大而压力很低，则不受最大注入量限制，限流限压灌注，待凝复灌，直至达到注入量小于 2L/min，再持续 10min，结束。

这样改造以后，GIN 已经没有实际意义，真正的结束条件是压力、注入率和时间，这与其他灌浆方法并无区别。GIN 法已经被阉割了。

至于将稳定性浆液与孔口封闭法结合起来，将 GIN 法嫁接于孔口封闭法之上，则实在是得不偿失，获得的不是“杂交优势”，而是杂交劣势。浆液的简化益处很小，与多级普通水泥浆相比，稳定性浆液有简有繁，繁多于简，而灌浆质量的降低却损失很大。详见本书《关于稳定性浆液及其应用条件的商榷》等文。

4.5 小浪底工程帷幕灌浆采用 GIN 法和稳定性浆液是经验还是教训值得思考

小浪底工程是地质条件复杂，技术难度很大的大型水利枢纽工程，工程的设计施工总体都十分优秀。其帷幕灌浆采纳了外国咨询专家的意见，采用稳定性浆液和部分使用 GIN 灌浆法，其灌浆试验也是成功的（透水率满足设计要求），笔者也曾是积极的支持和参与者。但是由于稳定性浆液的性能所限，它毕竟只能灌入岩体中张开度中等和较大的裂隙，大量张开度细小的裂隙得不到灌注充填。这是不是初期蓄水后许多地段渗漏量较大，不得不大量增加补强灌浆的原因呢？

德国教授 F. K. Ewwert 忠告[2]：“采用 GIN 法，往往导致与理论分析和工程实例相反的结果……在易发生压裂的岩体中，GIN 灌浆法会导致大量水泥消耗，而只有在易压裂的节理组与帷幕平行的特殊情况下，才有望形成有效的帷幕。”小浪底灌浆有没有这样的情况呢？

西方对大坝渗漏的要求很宽松，只要不会导致渗透破坏就可以，渗漏量达到坝址平均流量的 1%也是允许的，从这方面而言，稳定性浆液也许做到了，但对于国人更高的要求来说，可能是不够的。

鉴此笔者认为，小浪底工程的实践是可贵的，但是从防渗效果而言，还不足以证明稳定性浆液和 GIN 灌浆法的优越性是普适性的。

5 结语

（1）灌浆技术是一种复杂的工程技术，自从 1806 年法国工程师首次采用它改善地基

特性获得成功时起，至今已研制开发出各种灌浆方法和材料，以满足不同地基条件和工程的要求，积累了丰富的经验。与此同时，理论方面也取得了越来越多的成就，但是与其他学科相比仍然处于初级阶段，灌浆技术仍被称为“艺术”或“魔术”。近代，许多专家和学者致力于要把灌浆技术从魔术转变为科学，隆巴迪的 GIN 法就是这种宝贵努力的一部分。

(2) GIN 灌浆法在我国正处于试验、研究和再开发阶段。任何一种工艺都有其最为适用的范围，GIN 灌浆法也是如此。与我国其他的灌浆方法需要通过灌浆试验确定实施方法及各项参数一样，一项工程能否应用 GIN 灌浆法及相关参数的选择，都需要通过灌浆试验决定。在这方面，黄河小浪底水利枢纽等工程的 GIN 灌浆试验和生产积累了可贵的经验。在这些试验和生产取得部分成果的同时，与我国较高的防渗要求比较起来，GIN 法的适用性和最终效果仍待评价和反思。

(3) 小浪底等灌浆工程或灌浆试验，将 GIN 法嫁接于孔口封闭法之上，将稳定性浆液与孔口封闭法结合起来，制定新的灌浆结束条件，这实际上阉割了 GIN 法的精髓，也扼杀了孔口封闭法的优势，是不可取的。

参考文献

[1] 隆巴迪 G，迪尔 D. 灌浆设计和控制的 GIN 法 [J]. 刘东，译. 施工设计研究，1993 (2)：44-52.

[2] Ewwert F K. GIN 灌浆法——一种有益的岩石灌浆 [J]. 张志良，译. 水力发电与坝工建设，1996 (4).

[3] 长江水利委员会三峡工程代表局. 长江三峡水利枢纽主体建筑物基础帷幕灌浆试验总报告 [R]. 1998.

[4] 高广淳，等. GIN 法帷幕灌浆技术研究报告 [R]. 1998.

[5] 赵存厚. 小浪底水利枢纽坝基帷幕灌浆 [R]. 2006.

关于使用灌浆记录仪的几个问题

【摘　要】 灌浆记录仪是记录灌浆施工过程参数的重要仪器，我国灌浆记录仪一般可进行灌浆压力、注入率和浆液密度的监测记录。记录仪的精度、抗干扰耐疲劳性能和数据整理功能等基本可满足工程要求。当前记录仪存在的主要问题是，使用记录仪的目的陷入误区，记录仪的配置趋向复杂化，有些工地记录仪安装不正确，有人篡改记录仪使记录数据失真，记录仪生产无序竞争，记录仪的监管无法可依等。要有针对性地解决上述问题使灌浆记录仪的应用更好地服务于灌浆工程施工。

【关键词】 灌浆记录仪　存在问题　今后建议

1　引言

灌浆技术已被广泛地应用于水工建筑物的地基加固和防渗工程中，但其施工质量和效果却难以进行直观的检查，需要借助于对施工过程参数的分析来评定。以往这些参数的量测和记录是由手工完成的，由于手工测量的精度、测量者的思想倾向常常会影响测量和记录的结果；另外，长时间集中精力进行测量记录，劳动强度也是很大的；还有，为了及时了解地层情况、工程进展，需要最快地对测量记录数据进行查阅、分析和研究，因此对灌浆施工参数进行自动记录是十分必要的。灌浆记录仪（或称自动记录仪）因此应运而生。

早在20世纪70、80年代，西方发达国家已开始运用计算机对灌浆施工过程中的技术参数进行自动采集和记录，并且规定不使用记录仪者不能参加灌浆工程的投标。

90年代，中国水电基础局和天津大学自动化工程系对此项技术合作攻关，1987年12月，我国第一台灌浆自动记录仪研制成功并通过技术鉴定，接着又研制了单孔单机自动灌浆装置。

1994年，新版灌浆规范正式写入在重要的灌浆工程中宜使用自动记录仪。此后灌浆记录仪的使用在全国推广普及开来。

2010年，针对灌浆工程记录仪应用中产生的一些问题，国家能源局发布了《灌浆记录仪技术导则》（DL/T5237—2010）。接着，水利行业、电力行业制定发布或正在制定《灌浆记录仪校验方法》的技术标准。

在灌浆记录仪普遍推广应用的基础上，有的工程已试行采用物联网技术和数字大坝技术，将记录仪采集的灌浆过程信息自动传输至上位计算机，由上位计算机将数据自动处理生成符合灌浆规范要求的灌浆成果资料。

本文对我国灌浆记录仪的应用状况、存在问题和发展方向进行讨论。

2　灌浆记录仪的原理和工作特点

2.1　灌浆记录仪的工作原理

灌浆记录仪是将灌浆施工中的灌浆压力、注入率等物理量通过传感器，变为电信号，

再转换生成数据，并予以显示、记录的仪器。

灌浆记录仪包括检测和记录两部分。两参数记录仪的检测部分为扩散硅压力传感器和电磁式流量传感器；记录部分有显示器、打印机和存储器。压力传感器和流量传感器检测到的信号，输入I/V和A/D转换控制板，经模数转换输送至主机板进行运算处理，再分送至显示、打印控制板，通过显示器显示出压力、注入率实时数据，通过打印机打印出灌浆过程记录。记录仪主板还与键盘相连，可输入基础数据，如孔号、段长等，实现人机对话。

众所周知，灌浆过程中影响施工进程和灌浆效果的，随时间变化的参数除灌浆压力、注入率外，还有注入浆液密度、受灌区域地面抬动等。但最主要的是灌浆压力和注入率，因为这两个因素变化最频繁，对灌浆质量的影响也最大。浆液密度只有很少几个等级，变化较少，欧洲使用一种稠度的浆液灌注始终，不变浆，容易被监管。地面抬动则只是在部分工程中需要监测。因此，灌浆记录仪能够监测记录灌浆压力和注入率是基本要求。国外记录仪主要适用纯压式灌浆，更是只有一个流量传感器，没有大小循环之分。

2.2 灌浆记录仪的工作特点

灌浆记录仪的工作环境非常恶劣。

灌浆隧洞和廊道中常有积水、污水、淋水，湿度高，空气不流通；各种大功率机械设备多，启动关停频繁，因此供电电压、频率不稳定，电磁干扰大。

灌浆工地大都处在高山深谷，交通不便，路况不好，记录仪要能经受长途运输，强烈颠簸的考验。工地服务设施少，要维修方便。

3 我国应用灌浆记录仪的基本情况与存在问题

3.1 我国应用灌浆记录仪的基本情况

近一二十年来，我国灌浆工程由手工记录发展到全面应用记录仪，从无到有，从少到多，总体上满足了水利水电工程高速发展的需要，这是我国计算机技术和电子技术快速进步的结果，也是灌浆界广大员工辛勤劳动的成果。

2007年2月，金沙江溪洛渡水电站为了选择合格的记录仪，曾经组织了当时国内主要的记录仪生产商长江科学院自动化研究所、北京中基飞科科技有限公司（中水基础局科研所）、北京中大华瑞科技有限公司、成都西易自动化系统工程有限公司、长沙力金科技开发有限公司、长沙诺维电子科技公司提供样机在现场进行性能对比试验，试验进行了10天。

六种型号不同的记录仪均可进行三参数记录，大循环工作；一机可连接2～8台灌浆泵，记录仪主机分两种类型：一为工控计算机或笔记本电脑，另为单片机；压力传感器、流量传感器的类型相同；密度测量有五家使用压差传感器，一家使用核子密度计。打印记录有四家为A4标准纸，有两家为窄行纸或热敏窄行纸。

测试采用三参数大循环灌浆方式。项目主要有：

（1）精度测试。分别比较压力、流量、密度的检测精度。当时《灌浆记录仪技术导则》尚未发布，考核的流量精度自定为1%，密度精度为3%；

(2) 抗疲劳性能。不间断连续工作5天，观察记录仪的工作情况，是否发生故障？

(3) 仪器的抗电磁干扰性能。模拟现场条件，观测仪器在钻机、灌浆泵等大功率设备启动时，或直接接入对讲机等高频设备，观察记录仪的综合抗电磁干扰稳定性。疲劳测试结束后再进行一次流量、压力、密度精度测试。

(4) 防水性能。试验中的一天适逢降中雨，所有传感器都被雨淋，次日又进行了人工淋水，传感器工作正常。

(5) 数据资料整理功能，打印记录的完整性。现场测试工作结束后，各记录仪利用自带或外挂程序，进行数据汇总打印输出，比较试验记录的正确、完整及美观。

试验对比组织单位的初步结论意见是：①各家记录仪的精度基本都能满足要求；②经过连续5天的疲劳试验，各家记录仪均未发生严重故障，性能较稳定。但部分记录仪的连续存储时间分别为10h和30h，之后数据必须导出清除内存；③各家均为专用数据库，非专业人员或专用软件不能打开，具有防作弊功能。但多家记录仪对拔插头或断开数据线的防范上有待解决。××公司生产的记录仪使用核子密度计，管理方面要特别加强。

2007年溪洛渡的记录仪的比试代表了当年我国灌浆记录仪较好的水平，当前的水平也大体如此。但在实际使用中，防作弊的水平没有体现出来，记录仪的长期工作稳定性、密度传感器的无故障工作时间、大循环时流量传感器的检测精度不十分理想，每个水电站都要常驻几个记录仪厂家的维修人员。

3.2 记录仪使用中存在的主要问题

当前记录仪应用存在的主要问题是：

(1) 使用记录仪的目的陷入误区。现在有些业主把使用灌浆记录仪当作管住承包商，提高灌浆质量的依靠，这实际上陷入了一个误区。灌浆记录仪是检测并记录灌浆数据的工具，它可以提高灌浆记录的质量，从而有利于提高灌浆质量。但是，正如国际大坝委员会技术通报第55号指出的："灌浆系统自动化本身不可能提高灌浆的效果"。决定灌浆质量的条件很多，最重要的现场条件是有效的管理和承包商诚实认真地工作。如果现场管理失控、失效，承包商不能积极地工作，那么再好的记录仪也不起作用。

使用记录仪的另一目的是节省人力，或者减轻记录人员的劳动。可是有些工程规定，在记录仪记录的同时，仍然要进行人工记录，说是"互相核对"，那是起不到作用的。笔者曾经认为，如果使用记录仪作假而被默认，那还不如人工记录。因为大量数据由人工作假还是有些难度的，是容易被发现的，可是记录仪作假轻松自如，"逻辑严谨"，发现困难。如果真要起到"互相核对"的作用，那就要使记录仪记录和人工记录分别独立进行，但这样做操作上有一定困难。

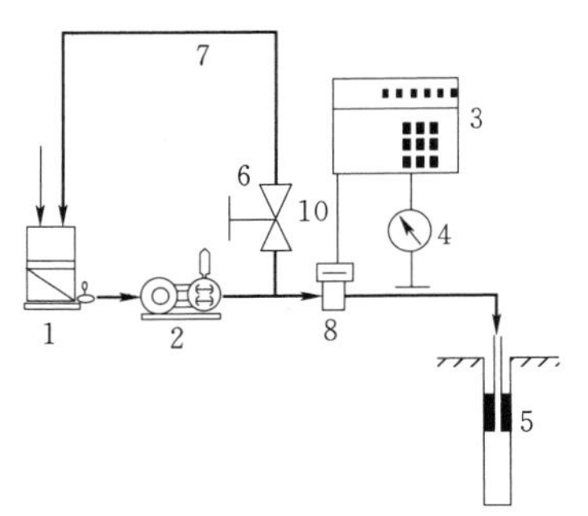

图1 纯压式灌浆记录仪管路连接示意图

(2) 记录仪配置趋向复杂化。国外主要采用纯压式灌浆，灌浆记录仪及连接方式都很简单（图1）。我国主要采用循环式灌浆和多级水灰比变换，因此灌

浆记录仪比国外复杂。基本上形成了三参数记录仪、两参数记录仪和大循环、小循环连接方式（图 2）。两参数记录仪主要记录灌浆压力、注入率两个参数，三参数记录仪增加了浆液水灰比的记录；小循环式记录仪使用一个流量传感器，只记录注入钻孔岩石裂隙中的浆液；大循环连接方式使用两个流量传感器分别测量进浆和回浆量，以其之差作为注入率。灌浆规范和记录仪导则规定，这两种仪器四种连接方式均可在施工中使用。但是数年来，在业主和记录仪厂商的推动下，最复杂和最昂贵的组合三参数大循环方式几乎成了各工程的标配。推动者们宣扬只有这种方式记录准确。

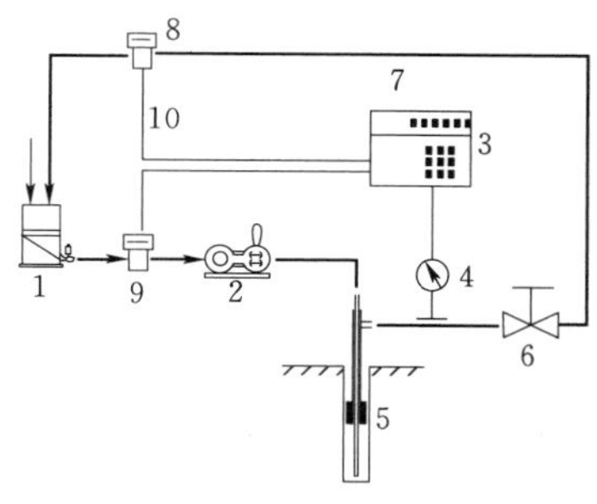

(a) 二参数记录仪大循环方式连接

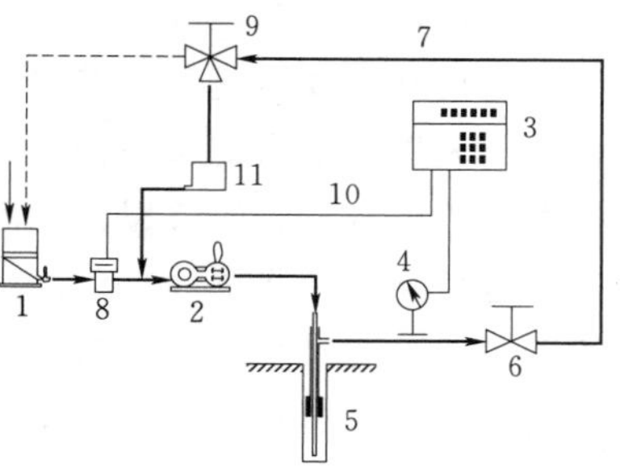

(b) 二参数记录仪小循环方式管路连接

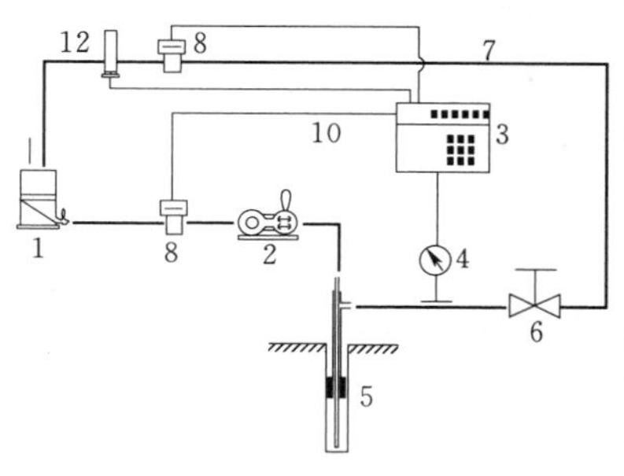

(c) 三参数记录仪大循环方式管路连接

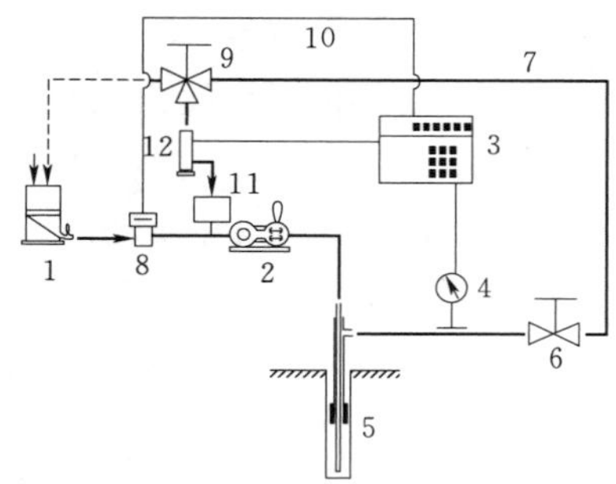

(d) 三参数记录仪小循环方式管路连接

图 2　循环式灌浆记录仪及连接方式

1—储浆搅拌机；2—灌浆泵；3—记录仪主机；4—压力表和压力传感器；5—灌浆孔；6—阀门；7—管路；8—流量传感器；9—三通阀门；10—信号电缆；11—回浆桶及滤网；12—密度传感器

业主为承包商代购记录仪的模式，推高了记录仪的复杂化。起先，这种模式是为了推广记录仪应用，钱由业主花，减少承包商施工成本，另外也为了采购质量较高的记录仪。后来，业主并不出钱，购置费全盘转给承包商负担，这种强制式的“服务”在行为科学上属于“用别人的钱替别人办事”，是效率最低的一种模式，买来的产品性价比最低。

然而，仪器的配置是上去了，但该解决的问题并没有解决，笔者在各地考察发现，记录数据的真实性与仪器的复杂性和价格没有正相关关系。

（3）有些工地记录仪安装不正确。《灌浆记录仪技术导则》和各生产厂家的产品说明书都有正确安装记录仪的规定，但是笔者在一些工地看到仍有安装不正确的现象，常见的问题有两项：①电磁流量计安装不正确，导则规定；“流量计宜采用垂直安装方式，也可采用水平安装方式。当采用垂直安装方式时，流量计中心线偏离铅垂线的角度不应大于3°。”但有些工地看去倾斜度明显大于3°，有的故意呈倾斜安装，倾角大约45°～60°；②导则要求“流量计上下游直管段内径应与流量计接口公称通径一致。从电极中心开始计算，上游直管段长度应不小于公称直径的5倍，下游直管段长度应不小于公称直径的2倍。管道内壁应清洁光滑，与管段连接的密封件不得伸入管道内部”。有的工程也没有做到这一点，流量计上下游管子紧接90°弯头；③压力传感器和压力表与记录仪在一起，但离灌浆孔孔口很远，不符合规范要求压力传感器和压力表应安装在灌浆孔孔口。

（4）记录项目不全或不正确。有的记录仪在灌浆压力检测记录中，只有平均压力，没有最大压力。最大压力是指记录时段（例如5min）内所有压力采样值中最大的一个，这个数是很有意义的，造成岩体劈裂、地面抬动的因素就是它。另外，从最大压力与平均压力的差值大小也可判断灌浆泵的工作性态。

还有的记录仪没有对管路占浆和弃浆的记录，或记录不真实。笔者在多个工地看到采用孔口封闭法施工帷幕灌浆时，许多灌浆记录管路占浆和弃浆为0，这是不可能的，是明显的作假行为，施工单位如此，监理不闻不问，“厂家服务人员”不管。

这些要求在《灌浆记录仪技术导则》中都有明文规定。

（5）有人篡改记录仪硬件、程序和使用条件，使记录数据失真。由于记录仪承担了贸易结算的功能，使得记录仪输出的数据就是金钱。又由于许多工程标价过低，不依靠记录仪作假就无法生存，因此有的施工单位千方百计要篡改记录仪的硬件或软件，或在灌浆管路上安设机关，以使记录仪打印出自己需要的成果。这方面的手法层出不穷，道高一尺，魔高一丈，防不胜防。

为了适应上述造假市场的需要，有些不良的记录仪厂家，既卖盾又卖矛，即在出售记录仪的同时，也制造出售破解记录仪的配套作假装置——“模拟器”，有的还非常先进，具有遥控功能，只需把遥控器轻轻一按，记录仪输出的数据就随心所欲了。

（6）记录仪生产无序竞争。时至今日，灌浆记录仪已不再是艰深的高新技术，特别是我国电子产品市场发达，一个稍懂计算机知识的技术人员购买一些元器件就可组装起一台记录仪，国家也还来不及制定有效的准入门槛，于是什么人都可以生产记录仪，出售记录仪，无序竞争，不守法者大行其道，劣币驱良币。其实，组装一台记录仪虽然不很复杂，但调试、校准各项量值还是需要专用设备的，一些个人作坊根本不具备这些条件，这使得他们的成本低，占领了相当大的市场。

（7）记录仪的功能异化，监管无法可依。按照中华人民共和国《计量法》灌浆记录仪本来应该是一个工作计量器具，而不是贸易结算计量器具，后者是依据所测量的量值进行交易付款。由于不少水利水电灌浆工程采用了以注入量为计量支付单位的商务模式，这就使得记录仪由工作计量器具转变为贸易结算计量器具。

对贸易结算计量器具，国家有严格的管制法律和制度，违法者要追究刑事责任。但是灌浆记录仪虽然已经担当了贸易结算的功能，却没有纳入国家相关计量器具管理范围，处于无法可依状态，违规者得不到法律制裁。

由于上述问题的存在，许多年来灌浆记录仪虽然应用广泛，但所提供的大量数据在相当大的范围内严重失真，大量的投入化为了堆积如山的假记录，给工程造成了无形的无尽的损失。

4 对今后应用灌浆记录仪的几点建议

记录仪应用存在的问题出自多重因素，应该进行综合治理。

（1）首先，一定要改变灌浆工程计量规则，使记录仪卸下贸易结算的重任。也就是说灌浆工程量的计量与支付，不能以注入量为载体，特别是不能以注入量为唯一载体，即以水泥注入量吨（t）为计量和支付单位。记录仪无论记多少，至少是在一定的范围内不要与支付挂钩。只有没有利益驱动了，弄虚作假自然而然就会停息。

（2）应允许承包商自带、自选记录仪。承包商自选的记录仪一定是价廉物美的，国际工程招投标也是承包商自带记录仪。当然，承包商的记录仪应通过业主和监理的审查批准。

事实上，三参数记录仪在浆液密度检测方面并没有找到最好方案。核子密度计国外早有应用但也不普遍，我国在小湾水电站等工程曾大量应用总体效果较好，但核材料的管理严格复杂，妨碍了大规模、普遍和经常应用。压差式密度计虽然可用但易于损坏，故障较多，苦于没有更好的替代措施。而大循环灌浆方式在结束阶段的检测精度低，至今没有想到好的办法。

因此从仪器的可靠性和精度而言，两参数小循环记录方式是最优的，强制使用三参数大循环记录仪没有科学性，灌浆工程是记录两参数，还是三参数，是采用小循环还是大循环方式，不应强求一律，只要符合规范应该都被允许。

（3）记录仪安装应严格按规范执行，监理工程师应履行监督职责。现在有些工程把这方面的执行、指导、监督权交给了记录仪厂家派驻现场的服务人员，那些人可能擅长于记录仪的维修，但他们并不懂得灌浆。另外，从大量记录仪制造假数据的宏观效果看，这些人的作用值得怀疑。

（4）实行记录仪生产审批和监管制度。这个问题可能任重道远，看看那些食品药品的监管有多么困难就可想而知了。笔者认为，记录仪如果退出贸易结算功能，这个问题可能也不那么严重和紧迫了。不过说到底终究还是要解决的。

（5）要重罚严惩违规行为。在改革开放前，灌浆资料弄虚作假被认为是一种严重的违章违法犯罪行为，至少要给予行政处分。现在不少工程灌浆结算方法不合理，施工价格太低，工人为了生存而作弊，难以深究。但如果施工结算方法和价格都合理了，再有胡作非为，那是应当严惩重罚的。

关于灌浆施工自动化的几个问题

【摘　要】 日本20世纪80年代开始推行灌浆施工自动化。目前我国灌浆施工总体处在半机械化阶段，使用劳力多，灌浆施工质量受人为因素影响大，推行灌浆施工自动化具有必要性、可能性和现实性。单孔单机灌浆自动化装置的研究与应用试验为我国灌浆施工自动化提供了借鉴。灌浆施工自动化是一个系统工程，要制定适宜的技术规程，采用便于控制的机具。灌浆自动化不能替代对灌浆工程的管理。鉴于国际工程施工技术要求相对简单，更便于推行灌浆施工自动化，可在适宜的工程先行先试。

【关键词】 灌浆施工　自动化　必要性　可能性　单孔单机自动控制装置

1　灌浆施工自动化乃必由之路

1.1　我国灌浆施工的现状

我国绝大多数水利水电工程钻孔灌浆施工尚处在半机械化阶段，属于劳动密集型行业。半机械化是不完全的机械化，是手工劳动和机械生产同时应用的作业。以孔口封闭法灌浆施工为例，各道工序中至少以下环节是体力劳动：

钻孔工序中的钻机移动、下钻（接钻杆）、起钻（卸钻杆）、岩心提取、钻渣岩屑清理，以及事故处理；

灌浆工序中的安装孔口封闭器（或灌浆塞）及管路、下灌浆管（接管）、提灌浆管（卸管）、清理灌浆管路系统及废弃浆液，以及事故处理等。

其中的多项作业属于重体力劳动。虽然工人要付出繁重的体力劳动，但大量的能源却浪费在几个环节：钻孔中的反复扫孔（水泥结石钻除），灌浆中的浆液循环。

虽然劳动繁重但工效很低，一般地层一个机组（2台岩心钻机和1台灌浆泵，每天24h 3班或2班作业）月完成钻孔灌浆工程量仅为200～400m。只及发达国家生产率的1/10～1/5。

与此同时带来的问题是，灌浆质量管理困难。不仅施工人手多，监理工程师用人也多，且监管困难，对监理工程师的监管也增加困难。由此导致灌浆质量受人为影响大，灌浆质量不稳定。

1.2　灌浆施工自动化应当提上日程

如果说此前讨论灌浆施工自动化尚不具备条件的话，那么当前促进施工机械化和自动化则应当提上日程。

首先，具有必要性。灌浆施工自动化的目的，第一是减轻工人劳动强度，减少一线工人数量；第二是提高生产效率，加快施工进度；第三是减少人为因素对灌浆过程的影响。虽然灌浆系统自动化本身不可能提高灌浆的效果，但自动化系统应当有利于质量人员对施

工过程质量的监管。如前所述，我国目前灌浆施工用人多、劳动强度大，效率低，能耗大，人力成本越来越高，灌浆质量受人为因素影响大，质量控制困难，鉴于此，推进灌浆施工自动化正是解决上述问题的途径。

其次，具有可能性。日本在 20 世纪 80 年代能够实现的事，我国在 90 年代试验研究取得成功的事，以今日我国的技术条件——机械和电子技术更高的发展水平，实现灌浆施工自动化的硬件、软件在技术上和经济上都具有可行性。

最后，具有现实性。现在已有一些工程在试验将物联网技术、数字大坝技术应用到灌浆工程施工管理中，这也是灌浆自动化的一部分，反映了生产力向前发展的要求，继续向前走是题中应有之义。

2 日本的自动化灌浆工厂

日本是世界上较早推行灌浆施工自动化的国家，较大的工程都设有中央控制室，全面控制管理灌浆工艺流程。

20 世纪 80 年代建设的大内坝是一座堆石坝，坝基岩石为凝灰岩，灌浆工程分为铺盖灌浆和帷幕灌浆，在坝轴线处设有基础灌浆廊道，灌浆工程量 10 万余 m。施工前经对各种灌浆施工方法进行研究比较，为提高灌浆质量管理水平和节省劳动力，决定采用全自动化的灌浆工厂，见图 1。它分为中央工厂、二次工厂和灌浆端三部分。

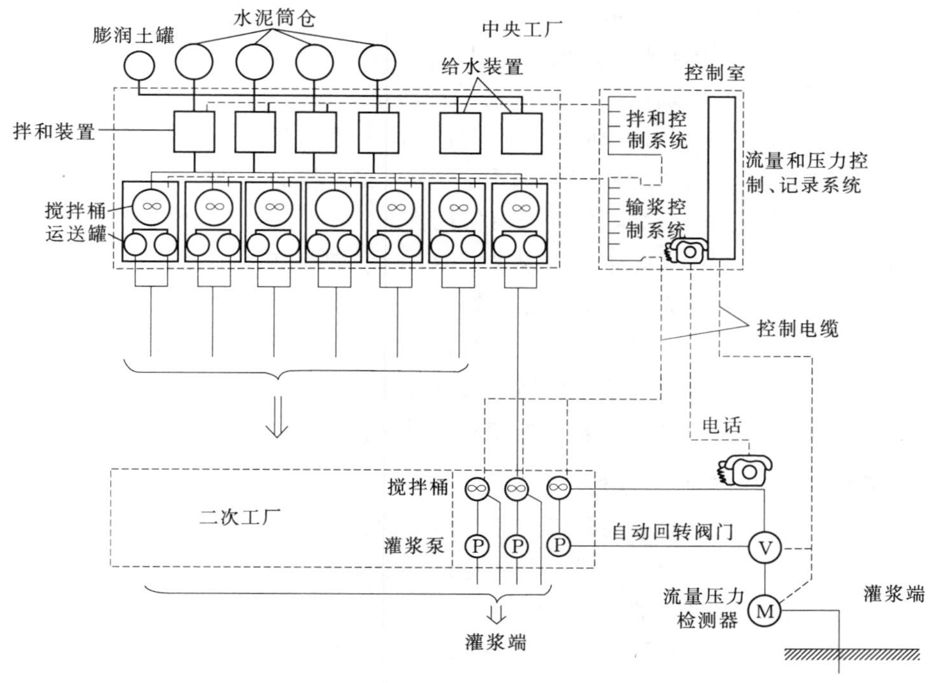

图 1 日本大内坝全自动灌浆工厂示意图

中央工厂包括制浆系统、输浆系统和控制室。制浆系统的作用是自动计量水、水泥和膨润土的重量，拌制浓度为0.8∶1的原浆。输浆系统的作用一是储存原浆，二是根据控制系统的指令加水调制出规定浓度的浆液，用压缩空气压送到二次工厂。

在二次工厂里装有搅拌桶和灌浆泵，搅拌桶出现浆液不够的情况时，就会发出信号给控制系统。灌浆泵为流量调节型的，由电动阀门调节流量。灌浆压力和流量用检测器检测，电动阀门也由检测器控制，在控制室调节灌浆压力和流量，使其不超过规定的限度。检测器检测到的流量和压力值在控制室被记录下来。

在控制室内装有制浆控制系统、输浆控制系统、灌浆自动记录装置和地基变位监测装置。根据预先编制好的程序，输浆系统可以在需要变浆的时候，自动变换浆液的浓度。自动记录存储于磁带中，用计算机进行数据处理。控制室能随时掌握施工现场全部情况，监视灌浆作业和发出指令。

大内坝自动灌浆工厂有4套制浆系统和7套输浆系统，可以同时供给21台灌浆泵工作。

3 我国对灌浆自动化的探索

3.1 我国对灌浆自动化研究的起步

灌浆施工自动化是一项系统工程，它包括许多不可分割的内容，如：一个有效的并易于实行自动控制施工规程；连续的、各环节均便于自动控制的施工工艺；适于进行自动控制的灌浆机具；工艺过程参数实现自动检测，检测数据实现自动处理；特殊情况的诊断和处理；由单机组自动控制到机组群控制等。

20世纪90年代，国家重点科技攻关项目《高坝地基处理技术的研究》中安排了灌浆自动化的研究，由中国水电基础局和天津大学自动化工程系联合攻关。基于当时的情况：按照1883版灌浆规范，采用自上而下循环式灌浆，多级水灰比浆液变换，灌浆设备采用定量泵（输出流量不可改变或分两三个档次调整）。在这样的基础上，要实现完全的自动化难度很大，做到了成本也很高，因而没有实用性。

本着由简渐繁，先主体再完善，给未来全面自动化打基础的原则，确定先研制一套单孔单机自动灌浆系统，这套系统独立工作，控制一台灌浆泵灌注一个孔段，包括从管路试通水到灌浆结束全过程。需要进行浆液变换时，系统发出指令，但浆液的加入暂由人工按指令执行，也就是灌浆过程中的浆液配制、浆液搅拌、浆液输送（即图1中中央工厂的内容）暂不列入研究内容，这部分内容的难度应当说是比较小的。

3.2 自动灌浆系统研制的技术路线

鉴于灌浆施工过程的特点，自动灌浆系统研制的技术路线是：

（1）从流体力学的角度分析，灌浆浆液流是一个动力流体系统，浆液在管道中的流动过程只能用N—P方程（非线性偏微分方程）来描述，这个特点决定了其过程控制的难点，考虑到浆液还是固液两相可凝性流体，灌浆过程的数学建模更为困难，PID控制方案应当是灌浆过程控制的基本策略之一。

（2）从灌浆工程角度看，由于坝基地质构造的复杂性、分散性和隐蔽性，岩石吸浆特点呈非线性和时变性，并存在随机性大的扰动。鉴于PID控制算法对内部参数变化和外来

扰动适应能力差的弱点，必须在算法流程中加入智能化的控制步骤，才能保证控制系统的稳定性和适应性。

（3）从过程自动化角度看，灌浆过程控制的优化目标应当是灌注质量。而制约灌浆过程影响灌注质量的过程参数是灌浆压力和浆液流量（注入率），所以灌浆过程控制系统设计的基本出发点是实现对灌浆压力和流量的控制。这两个参数的变化又直接与地层结构和工程要求相关，而无法准确加以解析化的统一描述，这就使得灌注质量控制问题大大复杂化了。事实上灌注质量控制问题是一个有赖于工程知识和施工经验的复杂决策问题，即智能决策问题。智能决策的依据和信息来源就是工程的技术规程，它是集众多专家学者的知识和经验的条例化的表达。

（4）从控制系统本身的角度分析，灌浆过程控制中的两个参数，灌浆压力是影响和改变其他参数的参数。灌浆压力控制的目的，一是要使系统尽快达到设计压力，二是要在这一压力下保持稳定。在手工操作时，这一要求是通过工人不断地开合回浆阀门，即调节阀门开度（α）来实现的。但经验表明，无论工人怎样灵活地操作，“压力稳定”始终是做不到的，问题盖出于压力调节的主要执行器——控制阀门的开度与压力的关系呈严重的非线性，有效调节范围很窄。自动控制也摆脱不了这一规律。为了解决这一问题需要同时改变灌浆泵的排浆量，但我国普遍采用的又是定量泵，为此使用了变频器调节泵的电机转速（n），从而达到改变泵的排浆量的目的。于是，压力控制的问题转变为变频器频率 f 和阀门开度 α 两个变量协调控制的问题，是本项研究的重点和关键之一。

综上，自动灌浆系统研究的技术路线是三个层次的研究对策：灌浆质量控制的智能化决策层次，双变量控制系统的协调层次，智能 PID 控制的执行层次。

3.3 单孔单机自动灌浆系统的研制

3.3.1 自动灌浆系统的设备配置

单孔单机自动灌浆系统适用的灌浆方法为孔口封闭法，主要设备配置见图 2。

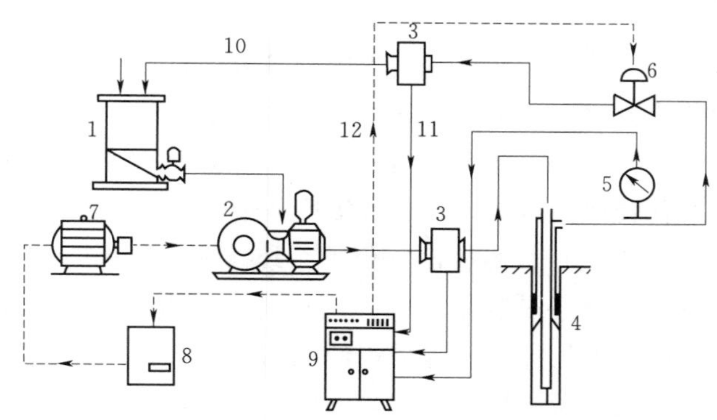

图 2 单孔单机自动灌浆系统设备配置

1—储浆搅拌机；2—灌浆泵；3—流量传感器；4—灌浆孔段；5—压力传感器；6—电动控制阀门；7—电动机；8—变频器；9—灌浆自动控制装置；10—灌浆管路；11—信号采集线；12—控制线

（1）灌浆机具。采用我国常用的柱塞式灌浆泵。

（2）传感器。该装置主要调节控制注入率和压力两个参数，采用电磁式流量传感器和

单晶硅压力传感器。两个流量传感器分设于进浆和回浆管路上，二者作减法运算之差为孔段注入率。

(3) 控制计算机。采用工业控制微机。

(4) 记录和显示。采用了长图仪记录注入率、压力过程曲线，以数字形式实时显示注入率、压力的数值，打印机执行打印输出，存储器保存过程参数。

(5) 执行控制器。该系统以灌浆泵的排浆量为主调节变量，以回浆阀的开度为辅调节变量。泵的排量的调节通过电机的转速调节来实现，电机的转速又由可控硅变频器调节，其输出频率为0～50Hz连续可调。回浆阀由本身的伺服电机调节开度。

3.3.2 自动灌浆系统的硬件布局

系统的硬件布局如图3所示。

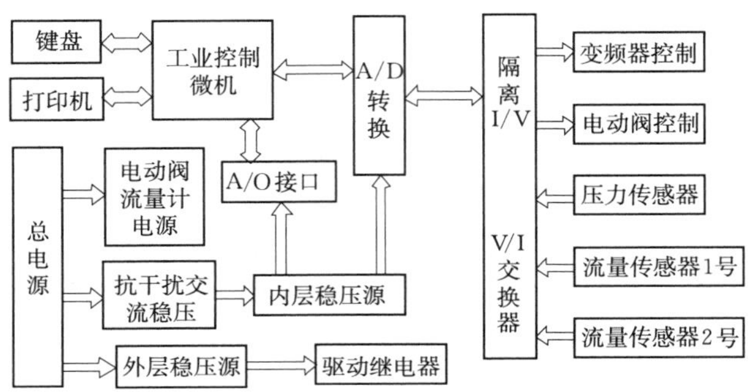

图3 自动灌浆系统的硬件布局

3.3.3 自动灌浆系统的程序设计概要

一个完整的灌浆过程包括：试通水→裂隙冲洗→压水试验→灌浆→结束，灌浆阶段又包括压力控制、浆液变换等。每一道工序就是一个子过程，每一个子过程都有各自的工艺要求和结束转换条件。

实现对灌浆过程的自动控制，就要对过程中的参数进行监测、分析判断，根据其结果再对过程参数进行调整改变，以达到预期的目的。因此系统程序要具备决策、协调和控制执行三个层次的功能，是一个“自主智能控制系统”，包括下列多个子系统：过程状态参数采集与记录系统；过程转换决策系统；浆液浓度变换决策系统；压力控制的双变量协调系统；智能PID压力控制系统；故障检测与保护系统。三个层次的设计概要为：

(1) 决策层。决策层是分层递阶系统的最高层，它负责灌浆过程的组织和转换决策，以及浆液浓度变换决策的两大任务。实施决策的依据为灌浆技术规程。

(2) 协调层。协调层是决策层与执行层之间的过渡层，它接受决策层命令和外界反馈信息，对执行层发布控制命令。本系统协调层实施变频器频率、电机转速和阀门开度，即f—n或f—α主辅变量的协调控制。

(3) 执行层。执行层接受协调层的命令和外界反馈的信息，执行控制动作，包括：①执行工艺流程中各阶段的任务，并完成阶段间的转换；②按规定条件实施浆液浓度变换，向中央工厂发出给浆的信号；③执行f—α协调控制；④完成过程数据的记录和显示；

⑤完成故障检测和保护。其中过程参数的采集记录与灌浆记录仪的技术原理相同。

(4)层次式系统工作流程。按照分层递阶原理设计的层次式智能系统的工作流程见图4。

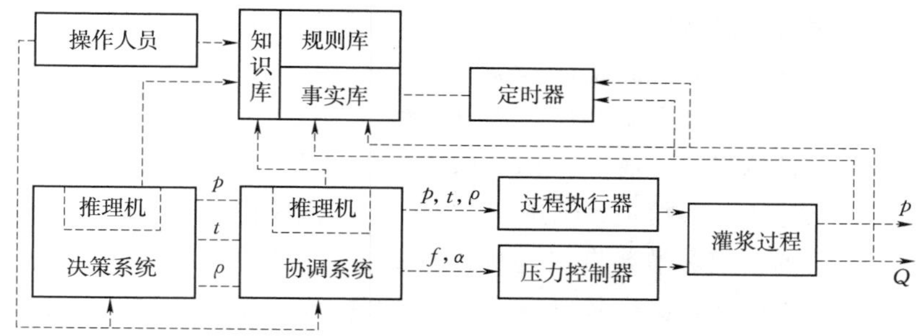

图4 层次式智能系统工作流程

p—灌浆压力；Q—注入率；t—时间；ρ—浆液密度；f—变频器频率；α—阀门开度

图4中各部分功能如下：①知识库，由规则库和事实库构成，规则库存放所有以产生式规则表示的知识，事实库存放过程实时数据；②推理机，它是一段程序，用以完成事实库中的过程状态数据与规则库中的规则前项的匹配并执行匹配成功规则的后项所规定的动作；③定时器，提供计时功能；④过程执行器，是一组执行特定工艺过程的程序；⑤压力控制器，是一组执行变系数PID算法的程序；⑥协调系统，是一个完整的智能子系统；⑦决策系统，也带有自己的推理机，可通过键盘实现人机交互，随时接受离线数据的输入或其他命令。

3.3.4 自动灌浆系统的试验应用

自动灌浆系统在研制过程中进行了计算机仿真研究，证明拟定系统能稳定适应地层注入率的变化、浆液浓度的变化和设定的压力控制范围，响应速度快，鲁棒性好，还证明了智能PID算法优于常规算法，为单孔单机自动灌浆装置的实际控制系统的设计与调试提供了依据。

装置完成后，在室内模拟试验台上进行了长达几百小时的运行试验分析，结果表明，装置的工艺流程决策与转换系统运行稳定，转换正确，符合技术规程，压力控制系统精度优于设计要求。

1990年1—3月，单孔单机自动灌浆系统在新安江水电站坝基防渗帷幕补强灌浆中试用。运行时除了浆液需要由外界按照其指令加入系统的储浆桶以外，其余不需人工帮助，完全“自主”地按照事先设定的程序，从安装好管路试通水开始，逐一完成各道工序，直至结束。现场试验效果令人满意。此后，又在隔河岩水电站灌浆工程施工中进行了演示，运行情况良好。

单孔单机灌浆自动化装置的研究与应用试验，对我国的灌浆施工自动化来说，是一次可贵的探索，其取得的经验可供后人借鉴。

4 钻孔施工机械化问题

灌浆施工的全面自动化应包括钻孔工序的机械化。

钻孔工序在灌浆工序之前，钻孔工序耗用工时在灌浆工程中占有很大的比重。钻孔过程中所获得的信息是指导随后进行灌浆的重要资料和依据。因此国内外一直都致力于钻孔机具和钻孔方法的持续改进，努力提高钻孔施工效率。

欧美国家各式钻机大多数做到了自行式，钻杆轻型化，起下钻使用拧管机。获取岩芯采用绳索取芯法。移动钻机和接卸钻杆不需繁重体力。近一二十年，更是将计算机技术和信息技术引入钻孔设备中，开发了钻孔自动记录系统、钻孔参数记录仪等，将各种传感器安装到钻孔机械上，计算机对传感器传回的信号进行处理运算，然后输出各种技术数据，包括：回转速度、钻进压力、扭矩、钻进速率，循环液漏失情况等。有的系统的还可对获得的技术数据与已有的勘探和灌浆资料进行比较，加工处理得出地层的岩性、风化程度、裂隙发育状况和渗漏程度等，甚至对应当采取的灌浆措施、灌浆参数提出建议，从而大大提高了灌浆施工的预见性、科学性。

我国地矿行业对钻机的改进也在不断地探索中，但灌浆施工钻机更新较慢。

灌浆孔并不同于地质钻探孔，绝大部分灌浆孔不需采取岩芯。无岩芯钻进速度快，劳动强度小，因此国外大量采用了无岩芯钻进方式，这也是我们的方向。

5 为推进灌浆施工自动化创造条件

如前所述，灌浆施工自动化是一项系统工程。当前，为推进我国的灌浆施工自动化，应积极创造条件。

首先，要简化施工工艺。不能片面地要求自动化适应既有的灌浆技术规范，如同既要让汽车跑，就得修公路或高速公路，而不能要求让汽车适应山间小路。如果按照欧美灌浆工艺，即自下而上、纯压式、单一水灰比浆液灌注，实现自动化就要简单得多。我国现行灌浆规范并不排斥这种施工方式，问题是有的设计单位还是习惯采用传统的孔口封闭法。笔者认为要与时俱进，要在灌浆试验的基础上，探索制定符合具体工程要求的，又易于实现自动化施工的技术规程，为灌浆自动化铺路。

其次，要推广适于进行自动控制的灌浆机具。传统的柱塞式灌浆泵输出泵量不可调，需采用变频器调速，使自动控制复杂化，加大施工成本，应推广采用排量可无级调节的液压泵。

再次，灌浆自动化不可能解决灌浆施工中的一切问题。自动化本身不可能提高灌浆质量，大规模灌浆工程可以而且应该推行自动化施工，但零星小块灌浆工程采用机械化、半机械化仍会长期存在。

最后，也是最重要的，要端正对灌浆施工自动化的认识。实现灌浆施工自动化不是为了管住、卡住承包商，灌浆自动化是工具，是生产力，它不能解决生产关系的问题。实现灌浆自动化是为了解放生产力，发展生产力。施工的主体——灌浆工程承包商应成为施工自动化的主体，至少应成为主体之一。

灌浆施工自动化不能替代对灌浆工程的管理，相反越是自动化程度高，越要加强管理。如何改善和加强业主对灌浆工程的管理仍然是永恒的主题，要以加强和改善管理促进施工自动化。

从经济效益而言，自动化灌浆不应比半机械化灌浆成本更高，或成本稍高但进度快质量好。但实现灌浆施工自动化有许多准备工作要做，要有前期投入。以我国现有的工程管理体制而言，实现某个工程的灌浆自动化还有较长的路要走。鉴于国际工程施工技术要求相对简单，对推行灌浆施工自动化有更大的可能性和现实性，建议可在适宜的工程先行先试。

6 结束语

（1）当今，我国灌浆工程施工总体上处于半机械化的水平，用人多，效率低。推进灌浆施工自动化已经具有必要性、可能性和现实性。

（2）20世纪日本的灌浆自动化工厂、我国研制的单孔单机自动灌浆装置，为我国灌浆施工推广实施自动化提供了借鉴。我国机械和电子工业发展的水平为推行灌浆施工自动化提供了物质基础。

（3）灌浆施工自动化是一个系统工程，要制定适宜的技术规程，采用便于控制的机具。灌浆自动化不能替代对灌浆工程的管理。加强和改善对灌浆工程的管理是永恒的主题。

（4）鉴于国际工程施工技术要求相对简单，对推行灌浆施工自动化有更大的可能性和现实性，建议可在适宜的工程先行先试。

大循环灌浆记录仪比小循环记录仪好吗?

【摘　要】 灌浆记录仪在灌浆管路系统中工作有小循环和大循环两种方式，小循环方式是为了降低记录仪制造成本而进行的一种简化和创新。两种方式各有优缺点，从计量精度上讲，小循环记录仪优于大循环；从运行操作上，大循环简便。由于大循环记录仪在灌浆结束阶段计量精度太低，建议适当调整其灌浆结束条件。

【关键词】 灌浆记录仪　大循环方式　小循环方式　结束条件

1　问题的提出

前些时间，看到某单位一份名为“LJ 系列灌浆压水测控系统”的广告资料，为了推销自己的产品，蓄意指责和贬低灌浆记录仪的小循环工作方式，鼓吹大循环方式是他们的发明，吹嘘大循环工作方式计量精度高，据说该人还是一位教授。笔者作为我国首台记录仪的研制者之一，感到此种做法既违反了《反不正当竞争法》，也违背了历史，也缺乏教授应有的基本知识。谨作此文，以正视听。

2　小循环方式是对大循环方式的简化和创新

灌浆记录仪在灌浆管路系统中的连接方法起先并没有小循环工作方式。

20 世纪 70 年代，发达国家在灌浆施工中已经广泛应用了灌浆自动记录仪。我国在 80 年代中期中国水电基础局科研所与天津大学自动化工程系合作，由灌浆专家李德富主持，开始研制灌浆自动记录仪。与国外主要采用纯压式灌浆不同，我国面对的灌浆方法主要是循环式灌浆，因此国外那种只配置一只流量计的记录仪不便应用，而需要配置 2 只流量计，分别测量注入灌浆孔的进浆和自孔内返回的回浆，二者相减而得出真正进入岩石裂隙的浆液注入率。李德富先生采用当时价格相对较低的单板机作为记录仪主机，配置 2 只国产的电磁式流量计以及压力传感器、长图仪，完成了我国第一台灌浆自动记录仪样机，并运到贵州红枫水电站进行灌浆试验，仪器工作性能达到设计要求。这台记录仪的工作方式就是当今所说的“大循环方式”。不幸的是李德富先生在完成这一任务后就去世了。

这台仪器的缺点是，体积比较大（当时国产的流量计体积很大，加上它与主机集成在一起体积更大）、价格比较贵（当时一只流量计约 1.5 万元人民币，价格高于一台灌浆泵）。笔者曾参加和后来接替了李的工作。

稍晚，长江科学院也开始研制灌浆自动记录仪，为了降低记录仪的造价，在著名灌浆专家王志仁的指导下，创造性地构思了“小循环”管路连接方式，只需一只流量计便可实

本文原载内部资料《基础工程技术》2008 年第 4 期，收入时有修改。

现对循环式灌浆的自动记录，因而灌浆记录仪的价格也较大幅度下降，从而为全面推广应用创造了条件，直至今日。小循环方式也曾在国外灌浆工程采用的循环式灌浆施工中应用，受到外国同行的好评。

由上述可知，由于我国独特的施工习惯，我国灌浆记录仪的诞生、发展和推广应用经历了一个曲折的过程；采用所谓“大循环”方式其实是常识，而“小循环”方式则是一种节约和巧妙的创新，是老一辈灌浆专家对灌浆技术发展的贡献。从科学上说，两种方式各有其优缺点，目前都可以应用，今后都需要继续发展和完善。

3 大循环方式与小循环方式的差别

灌浆记录仪在灌浆管路中可以有多种接入方式，图 1 为两参数（灌浆压力、注入率）灌浆记录仪在循环式灌浆管路中的小循环连接和工作方式，图 2 为两参数灌浆记录仪的两种大循环连接和工作方式。

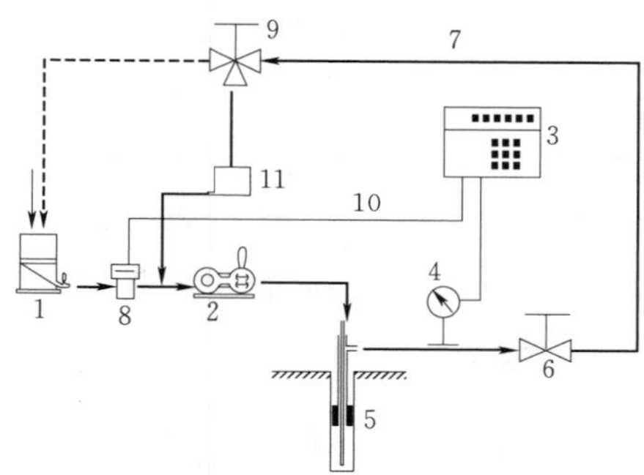

图 1 两参数灌浆记录仪的小循环连接方式

1—储浆搅拌机；2—灌浆泵；3—记录仪主机；4—压力表和压力传感器；5—灌浆孔；6—阀门；7—管路；8—流量计；9—三通阀门；10—信号电缆；11—回浆桶及滤网

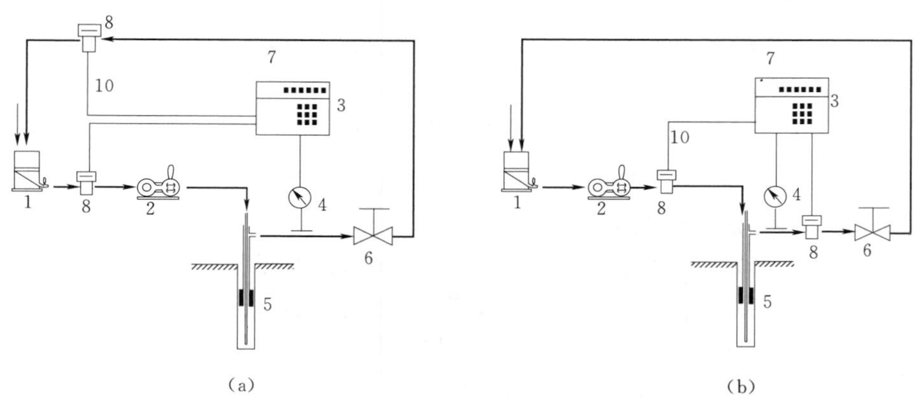

图 2 两参数灌浆记录仪的大循环连接方式（1～10 说明同图 1）

从图 1、图 2 中可以看出，所谓大小循环连接方式，主要是对流量计而言。对压力传感器来说，两种连接方式都是一样的。也就是说，需要讨论的就是大小循环方式中流量计的工作条件及由此带来的问题。图 2（a）、图 2（b）的不同之处为前者的流量传感器都在低压下工作，对流量传感器的耐压要求较低，后者相反。大循环方式比小循环方式的区别是设备投入上增加了一个流量计，目前流量计的价格虽然较 20 多年前有较大的降低，但仍然占到了一台记录仪成本的 20%以上。

广告的制作者要以大循环记录仪来和小循环记录仪对比优越性，这不就像一个 100kg 重的举重运动员叫嚷着要和 70kg 重的运动员比赛一样，既荒唐又可笑吗？二者的投入不一样，其对比根本就不在一个起点上。按理说大循环记录仪价格贵，理应比小循环记录仪多一些优点，要不然多花那么多钱图什么呢？

问题是钱多花了，优点也是有的。但优点究竟在何处？是“精度提高了”吗？所得的优点性价比值吗？

4 大循环记录仪流量测量精度不如小循环记录仪

那份广告资料中宣称小循环方式流量测量精度低，而大循环方式精度高。也就是说此人把精度高宣传为大循环方式的最大优点，果真是这样的吗？下面进行浅显的分析。

4.1 电磁流量计的精度范围

目前灌浆记录仪使用的流量计都是电磁流量计，按出厂安装使用说明书，电磁流量计在满量程流速 $V \geqslant 0.5$m/s，且流量为 20%～100%时，测量精度为测量值的±1%；流量为 0～20%时，测量精度为满量程的 0.2%。适合于灌浆记录仪的电磁流量计流量范围宜为 0～100L/min，过流管道内径宜为 32～50mm，对应的满量程流速均大于 0.5m/s。也就是说，这种流量计在通过流量为 20～100L/min 时，精度为±1%；在通过流量为 0～20L/min 时，精度为 0.2L/min。

很显然，上述的精度范围已经顾及到了小流量测量段精度降低的问题，即当流量为满量程的 0～20%时，测量精度由测量值的±1%提高为满量程的 0.2%。

4.2 常用灌浆泵的流量范围

我国常用于水泥灌浆的灌浆泵通常都是定量柱塞泵，根据灌浆的要求，流量可达到 100L/min，压力可达到 10MPa 就可以了。有些泵可以分两三档，使用低压时流量大一些，使用高压时，流量小一些。但选定一档以后其输出流量就是一个定值，而不论灌浆压力多大。

4.3 灌浆施工对浆液流量的要求

在灌浆的初始阶段一般没有对灌浆流量的严格要求。但在灌浆的结束阶段，对灌浆流量控制要求严格。以我国常用的孔口封闭灌浆法为例，《水工建筑物水泥灌浆施工技术规范》(DL/T5148—2012)中 5.8.1 规定：“一般情况下，当灌浆段在最大设计压力下，注入率不大于 1L/min，继续灌注 30min，可结束灌浆。”

4.4 小循环方式流量计量的误差

很明显，对于小循环工作方式，灌浆注入率等于通过流量计的流量，灌浆孔段注入率计量的误差就是一只流量计的误差。在流量为 20～100L/min 的阶段，精度是 1%，即误差在 0.2～1.0L/min 之间；在流量为 20L/min 以下时，误差是 0.2L/min。在灌浆结束阶

段，流量小于等于 1L/min，此时的误差也是 0.2L/min，论相对误差则是 20%。

4.5 大循环方式流量计量的误差

同样明显，对于大循环灌浆方式，灌浆注入率等于通过两个流量计的流量之差，灌浆孔段注入率计量的误差就是两只流量计误差之和，在灌浆的全过程都是如此。简单分析一下：

4.5.1 在较大注入率阶段

以灌浆泵的输出流量为 100L/min，灌浆孔的吸浆率为 50L/min 为例，那么：

(1) 进浆流量计 A 通过流量测量数值是 100L/min，精度是 1%，误差是 1L/min，真实流量是 99L/min～101L/min。

(2) 回浆流量计 B 通过流量测量数值是 50L/min，精度是 1%，误差是 0.5L/min，真实流量则是 49.5L/min～50.5L/min。

(3) 灌浆孔段的吸浆率即 A、B 流量计相减，计量数值是 50L/min，而真实流量则可能是 48.5L/min～51.5L/min。累计精度是(50－48.5)/50＝3%，和(50－51.5)/50＝－3%。

4.5.2 在灌浆结束阶段

以灌浆泵的输出流量为 100L/min，灌浆孔的吸浆率为 1L/min 为例，那么：

进浆流量计 A 通过流量测量数值是 100L/min，精度是 1%，误差是 1L/min，真实流量是 99～101L/min；

回浆流量计 B 通过流量测量数值是 99L/min，精度是 1%，误差是 0.99L/min≈1L/min，真实流量则是 98～100L/min；

A、B 相减，计量数值是 1L/min，而真实流量则可能是－1～3L/min，累计精度是[1－(－1)]/1＝200%和(1－3)/1＝－200%。

这还是两只流量计性能完全一致的情况。事实上任何两只流量计其性能误差是不可能完全一致的，也就是说实际上它们的误差还要大。

由此可以得出结论，在灌浆作业中灌浆记录仪的大循环工作方式其累计计量误差大大大于单只流量传感器的小循环工作方式，尤其是在灌浆结束阶段。

5 关于在灌浆泵的吸入端安装流量计的问题

对于小循环方式来说，流量计安装在灌浆泵的吸入端是不得已而为之。既要省一个流量计，又要适用循环式灌浆，还要不重复计量流量，那就只能如此了。

但是，对于流量计运行来说，实质性要求不是安装位置，而是保证流量计的测量管段内充满浆液；保证流量计进口上游 5 倍管径距离内不要有扰流件，出口下游 2 倍管径距离以外不得安装阀门等物件。

为了做到这一点可以从改善灌浆管路上想办法，比如提高储浆搅拌机的安放位置，确保浆桶内浆液面始终高于流量计一定高度等。

6 小循环记录仪也要进行大循环调节

那份广告资料还列举了小循环的一些缺点，如孔内浆液与储浆搅拌机内浆液交换不畅，孔内浆液质量变坏、容易造成埋钻事故、浆液结石强度降低等。其实这些问题主要是一个，即孔内浆液与储浆搅拌机内浆液交换不畅，其他问题都是由此而派生的问题。而且虽然缺点是存在的，但后果并不像广告资料上讲的那么严重，到底影响到什么程度，本文姑且不作论述。

且说对于这些问题小循环方式是有对策的，主要就是定时或不定时进行大循环操作。即调节图 1 中的三通阀门，接通虚线所示的管路，使回浆接到储浆搅拌机中，实现孔内和储浆桶内浆液的大循环，达到充分交流的目的，以克服如上所述的缺点。每次调节时间 1min 即可，大循环调节时，记录仪处于暂停状态。

应当承认，这样做虽然在较大程度上克服了小循环的缺点，但它毕竟增加了操作上的程序，在使用和管理上不如大循环记录仪方便。

7 对补偿大循环记录仪缺陷的思考

广告的立论虽然是错误的，但在它的推波助澜下，在其他因素的助长下，大循环记录仪还是成为了许多灌浆工程的主流配置，这不能不让人遗憾，因为这种记录仪一直是在不健康地工作着。为什么？就是因为它的两个流量计联合工作精度低。

从前面 4.5.2 分析可知，在灌浆结束阶段注入率不大于 1L/min，可是大循环记录仪当时的计量精度为±200%，误差值为±2L/min。用±2L/min 的误差，去计量 1L/min，这会有什么样的结果呢？正常人都会想到是一笔糊涂账。在记录仪的表现上就是长期达不到结束条件，数据在 1L/min 上下忽大忽小甚至出现负数。实际上很可能就是没有达到结束条件，或者已经达到了结束条件，反正记录仪测不准。聪明人又想出了办法，搞一个程序，把大于 1L/min 和小于 0 的数据统统滤除，如此就可满足结束条件了。这种搞法除了使人想到掩耳盗铃以外，还有什么科学性呢？

这个问题不能一直糊涂下去，必须解决。为此，笔者有几点建议：

（1）采用大循环记录仪工作时，灌浆注入率结束条件不能采用 1L/min，应该采用 2L/min。

（2）灌浆进入结束阶段，灌浆泵输出档次应该调节到 50L/min 或更小。

这样，记录仪的精度虽然不变，即±200%，但误差值缩小为±1L/min，用此去度量 2L/min，其实际值可能在 1～3L/min 之间变化，尚在可接受范围，至少没有前面那么离谱。也不需要设置什么程序了，不能用程序来掩盖错误。

（3）为保持灌浆质量控制标准总体不变，注入率条件放宽了，结束阶段的持续时间应该延长，例如由 30min 延长至 45min 或更长一点。

上述建议可以在工程中先试一试，如基本可行再进入规范中。

8 结束语

（1）灌浆记录仪在灌浆管路系统中的小循环方式是为了降低记录仪制造成本而进行的一种巧妙简化和创新。小循环记录仪为我国记录仪的推广和普及应用作出了重要的贡献。灌浆记录仪研究和发展的方向应当是简单化、提高可靠度和降低价格。相对小循环记录仪

来说，大循环记录仪价格贵了，精度低了，是技术进步中的倒退。

（2）小循环记录仪计量精度优于大循环记录仪：当注入率为 50L/min 时，小循环记录仪的精度是 1%，大循环记录仪的精度是±3%；当注入率为 1L/min 时，小循环记录仪的精度是 20%，大循环记录仪的精度是±200%。

（3）小循环记录仪也要进行大循环调节，以防止局部管路不畅的问题，由此增加了操作程序，运行和管理稍有不便。相比之下大循环记录仪管路连接和浆液流向简单明确，运行简便。

（4）为了解决大循环记录仪双流量计联合工作精度降低的问题，设置程序滤除不合格数据的做法是不可取的。建议试验调整灌浆结束条件，以适应仪器测量工作范围。

灌浆工程资料的整理和分析

【摘　要】 灌浆工程是隐蔽工程，灌浆工程资料是灌浆工程实体及其形成过程的数据体现，因此对灌浆工程资料的收集、整理和分析，是一项十分重要的工作。近些年来，某些工程出现了不重视灌浆资料、不按灌浆规范要求编制灌浆资料甚至编制假资料等不良倾向。本文对如何搞好灌浆资料的整理分析、对几种主要灌浆施工图表的正确编制和分析进行阐述，对某些灌浆工程资料中的常见错误予以纠正。对现行灌浆规范中相关条文进行了解释和补充。

【关键词】 灌浆工程资料　整理分析　常见问题　改进方法

1　灌浆工程资料的重要性和某些工程灌浆资料存在的问题

1.1　灌浆工程资料的重要性

灌浆工程是隐蔽工程，灌浆施工过程是特殊过程，灌浆工程资料包含了灌浆施工全过程的记录，在工程实施过程中和工程完成以后，地面观察不到有形的建筑物，工程的全部信息包含在各种资料中。因此，灌浆工程资料具有特殊的重要性，它是实体工程的代表。从经济上来说，它是进行工程价款结算、索赔的依据；从管理上来说，它是进行工程验收、交接的依据；从技术上来说，它更具有以下多重作用：

（1）在灌浆过程中反馈的各种施工信息所形成的中间资料，是验证勘探资料、设计方案和施工方法的正确性，从而预测灌浆效果的依据；也是发现设计、施工可能存在的不足，需要调整设计和施工参数的依据。

（2）在施工结束以后的灌浆资料，包括各种测试资料，是评价灌浆施工质量和灌浆效果的重要依据，有时候是唯一依据。

（3）灌浆资料是重要的工程技术档案。在工程运行过程中，如发现质量缺陷，如集中渗漏、渗压力增大等，这时灌浆资料是对质量缺陷进行追溯调查，并制定修补方案的依据。

（4）由于灌浆工程理论的不成熟和对经验的依赖性，因此一个工程的资料也是其他类似工程最好的借鉴和类比的资料。

1.2　某些灌浆工程资料中存在的问题

近二三十年来，由于水利水电建设的快速发展，许多工程同时开工，大量新建队伍、新员工或外行业参加到水电灌浆工程施工中来，部分人员经验缺乏业务松疏，致使有的工程资料出现各种问题，影响了灌浆工程的建设、管理和运行。具体问题主要有：

（1）不按规范要求的内容和格式编写、收集和整理资料。我国《水工建筑物水泥灌浆施工技术规范》（DL/T 5148—2012）（以下简称“12灌规”）和历次版本都规定了灌浆资料的主要内容，并通过附录形式规定了若干主要表格和图形的样式，但是有些承包商不按照规范中推荐的内容和形式编制灌浆资料，而是自己另搞一套，既不科学也不统一。有的工程由几个承包商施工，几家单位五花八门。形式不统一尚是小问题，有的遗漏了内容，想补救都无法。

（2）对灌浆规范中未明确规定的内容自行发挥，有的文不对题，造成笑话。灌浆资料的整理方法有一些项目是口口相传，约定俗成，没有在教科书或规范中详细规定的，这或许是他人的缺点。但是，有的单位不求甚解望文生义，弄巧成拙。例如回填灌浆求算单位注入量，有的工程算成了回填灌浆孔入岩10cm的单位进尺注入量，有的将一个孔各灌浆段的单位注入量累加起来作为全孔单位注入量。等等。

（3）一个工程的各部位（不同标段）资料不统一。现在较大的工程都是由几个承包商瓜分枢纽工程的各个建筑物，或划分左右岸等施工范围。对于灌浆工程的资料整理，各个单位都会有一些世代相传的习惯，有的相差还较大。有的层层分包，分包单位“自学成才”。结果各种风格的资料混在一起，难成体统。

（4）不重视施工过程资料，搞唯透水率论。一些施工单位认为，灌浆施工资料没有用，只要把透水率搞合格了，就可以过关，就可以结算工程款。也有的施工单位只重视与工程量计量有关的施工资料，不重视其他的施工资料。

（5）编造假资料。由于近些年来水电工程项目灌浆工程量计量与支付依据单位注入量，导致施工中故意做大注入量的现象成风，灌浆资料大面积失真。

针对上述问题，本文并不能全部回答和解决，但希望对部分问题的解决有所帮助。

1.3 灌浆工程资料整编的前期工作

（1）从工程开始就对灌浆资料的收集整编进行规划和“顶层设计”。

灌浆工程资料是在施工过程中逐渐形成的，工程一筹备，例如灌浆试验阶段，资料就产生了，以后日积月累，浩如烟海。为了使这些资料生成有序，使用方便，归档合格，工程一开始就应当根据《建设工程文件归档整理规范》（GBT 50328—2001）、《水电站基本建设验收工程验收规程》（DL/T 5123—2000）的要求，进行规划设计，并提出细则。现在不少工程开始没有规划，等到快要竣工验收了才出台一些资料整理规定，导致许多资料返工重做，浪费了大量的人力物力，某种程度上也破坏了档案的真实性。

（2）根据“12灌规”的要求，统一各承包商的灌浆施工记录及成果资料格式，较大的承包商有自己的企业技术标准和作业表格也是可以的，允许大同小异，前提是都必须符合上述三个规范的原则要求。对工程整体及分开施工的各部分，应明确资料衔接，明确分部分项工程的名称，统一单元工程的划分，灌浆孔的排序、孔号名称等。这件事情应由业主来主持，协调各承包商和监理单位的工作。

（3）建立工程资料收集整理的责任制，灌浆工程技术负责人应主管资料收集整理工作，工程资料员应训练有素并熟悉灌浆作业程序。

2 灌浆工程资料的种类、相互关系及基本要求

2.1 灌浆工程资料的种类

灌浆工程的资料很多，按资料形成的阶段和用途分类，“12 灌规”的规定，主要的和常用的灌浆资料列见表 1。

表 1 灌浆工程资料一览表

资料类型	资 料 名 称	填写或编制人员
灌浆工程施工记录	钻孔记录	施工机组记录员
	钻孔测斜记录	质检员或记录员
	裂隙冲洗及简易压水试验记录	记录仪或记录员
	灌浆记录	记录仪或记录员
	灌浆过程曲线	记录员或资料统计员
	抬动变形监测记录	记录仪或记录员
	制浆记录	制浆站记录员
	现场浆液试验记录	现场试验员
灌浆成果资料	灌浆孔成果一览表	资料统计员
	灌浆分序统计表	资料统计员
	灌浆综合统计表	资料统计员
	灌浆工程完成情况表	资料统计员
	灌浆孔平面布置和灌浆综合剖面图	资料统计员、技术负责人
	灌浆孔测斜成果汇总表	资料统计员
	各次序孔透水率频率曲线图	资料统计员
	各次序孔单位注入量频率曲线图	资料统计员
	灌浆孔偏斜情况平面投影图	资料统计员
	帷幕渗透剖面图	资料统计员
检验测试资料	检查孔压水试验成果表	资料统计员
	先导孔、检查孔钻孔柱状图	施工技术人员
	灌浆材料检验报告	检验试验员
	工程照片和岩芯实物	机组人员、施工技术人员
	施工前后或施工过程中其他的检验、试验和测试资料	测试人员
其他	单元工程质量评定表	质检员
	施工总结报告等	技术负责人

2.2 各种资料之间的关系

灌浆工程中各种图、表由局部而整体，由微观而宏观，由分散而集中，由繁杂而精简。大体上按照施工原始记录→灌浆成果表→灌浆成果图的关系，层层推进。图 1 为帷幕灌浆工程各种资料的关系图，其他灌浆工程除图表形式稍有差别外，各种资料的关系大体一样。所有各种资料中，施工记录资料（包括测试工作记录）是施工过程和施工质量指标检测的原始记录，是最重要的基础资料，其他资料都是由它们整理加工出来的。

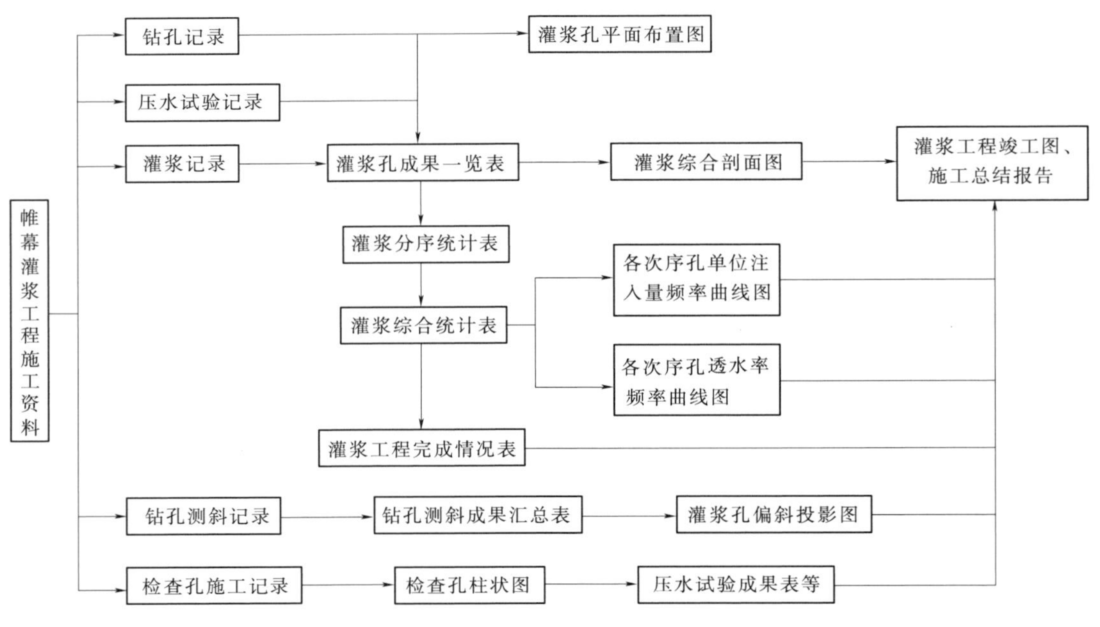

图1 帷幕灌浆资料关系图

2.3 对灌浆资料的基本要求

由于灌浆工程的隐蔽性和灌浆过程的时效性，因此灌浆施工的资料，特别是原始记录的填写或生成要特别注意做到以下几点：

（1）真实。要实事求是地反映施工情况，真实是原始记录的生命，诚信是灌浆工程质量的生命。现场是什么情况、数据是多少，就记录什么，填写什么。不得随意编造，弄虚作假。

（2）准确。记载的数据要准确，描述的情况要准确。避免使用“估计”“大约”等模糊字眼。

（3）详细。记录的情况尽可能地详细具体，凡可用数据表达的应填写数据，所有规定的栏目都应当填写，不要遗漏。没有用的栏目不要设置。钻孔过程中地层的变化，灌浆中发生的特殊情况，处置的措施是记录的重点。

（4）及时。记录要随着施工的进行，及时、逐项填写，不要等一个孔段施工完了以后再填写，更不要将记录带离工地以后填写。及时也是真实、准确、详细的基础，不及时填写就难以做到真实、准确、详细。

原始记录不能任意涂改，需要修改时可将错误的数字划上横线，在其旁写上正确的数字。应使用碳素墨水或蓝黑墨水填写记录。

使用灌浆记录仪时，一个孔段灌浆作业完成后应及时打印出灌浆记录，并经旁站监理签认。灌浆记录仪如使用针式打印机则应经常更换其色带，保持打印记录字迹清晰。打印记录不宜使用容易褪色的热敏纸。

2.4 灌浆资料中的几个主要名词与定义

灌浆中的专用名词和术语很多，在书面资料中较常用的和容易发生歧义的部分名词术语有：

(1) 注入量，是指注入岩体裂隙中的水泥的质量，单位 kg 或 t。注入量中不包括各种损耗量，因此注入量也不宜称为耗灰量。

(2) 注入浆量，也可称注浆量，注入岩体裂隙中的水泥浆液的体积，单位 L 或 m^3。同样注入浆量中不包括各种损耗量，因此注入浆量也不宜称为耗浆量。注浆量有时又可称为吸浆量，前者以灌浆作业体系为主体，后者以被灌地层为主体，二者数量上是相等的。有的资料将注入浆量称为吃浆量，太口语化了。

(3) 损耗量，包括循环灌浆管路和灌浆孔内占浆，剩余浆液、其他原因废弃浆液，可能观测统计到的大量串冒浆。以水泥质量计，单位 kg 或 t。

(4) 使用水泥总量，或耗用水泥总量，是指注入岩体裂隙中的水泥以及损耗的水泥的总质量，单位 kg 或 t。由于采用的灌浆方法和施工管理水平有差别，损耗水泥量占使用水泥总量的比例不同。

(5) 注入率，单位时间内注入岩体裂隙中的水泥浆体积，单位 L/min。也不提倡称为吃浆率。

(6) 单位注灰量，单位长度灌浆孔或单位灌浆面积（对于回填灌浆、接缝灌浆、接触灌浆）注入水泥的质量，单位 kg/m 或 kg/m^2。也不提倡称为单位耗灰量或单耗。如果注入的不全是水泥，还有其他掺和料时，可叫单位注入量。

(7) 平均单位注灰量，单位注灰量本身就是一个均值概念，平均单位注灰量实际上是概念的重复。但也常指更大范围内各个部位全部灌浆孔长度或灌区面积的单位注入量的平均值。

(8) 透水率，描述岩体透水性的指标，透水率的符号为 q，单位为 Lu。透水率通过钻孔压水试验来检测，在 1MPa 压力下，1m 孔段长度在 1min 内吸入的水量为 1L 时，透水率即为 1Lu。透水率不得称为单位吸水量或单位吸水率，最好也不要称为“吕容值”。我国灌浆规范 1983 年版及以前曾使用单位吸水量作为岩体透水性的单位，代表符号为 ω，单位为 L/（min·m·m），其物理意义为，1m 孔段长度在 1m 压力水头下 1min 内吸入的水量，现已停止使用。

3 主要施工记录表

3.1 钻孔记录表

钻孔记录表，即钻孔施工记录表，这是一张反映灌浆孔钻进过程和孔内情况，亦即岩层情况的记录表。由于除检查孔和先导孔外，一般灌浆孔都不需采取和保留岩芯，因而此表几乎就是被灌岩体地质条件的凭据，非常重要。可惜在许多灌浆工程中对它的重视不够，表格填写的太简单，没有反映地层情况，失去技术和可追溯价值，甚至导致经济纠纷。因为有些合同规定不同的岩性钻孔工程量单价不一样，灌浆产生的注入量也不一样，在这种情况下该表内容就是工程结算的依据之一。以前灌浆规范没有附录这个表，“12 灌规”列入了此表，但还是简单了些，比如缺少了钻进参数，缺少了岩芯的情况等，建议施工单位参照《水利水电工程钻探规程》补充完善此表，特别是用于先导孔、检查孔钻进施工时，尤为必要。该表应详细认真填写，包括各个时段的工作内容、钻孔参数及孔内情况（岩性、变层、坍孔、掉块、漏失、回水颜色、串浆、抬动、岩芯采取率等）。许多工程的缺点大多是钻孔参数及孔内情况填写得很少、很简略，甚至空白。

早在20世纪90年代，欧美国家灌浆工程中开始采用了钻孔参数记录仪，这种仪器能将钻孔过程中的钻杆轴向压力、扭矩、转速，钻进液的压力、流量、损耗，钻进速率等记录下来，并绘制出表格图形，有的还能鉴别岩性，提出灌浆浆液水灰比和灌浆压力的建议。我国尚未见有工程应用。但我认为，这样详细的自动记录虽然可以大大减轻钻孔工人的劳动，但仍不能完全替代工人和现场技术人员必要的工作。

3.2 钻孔冲洗与裂隙冲洗记录

钻孔冲洗与裂隙冲洗是不同的，许多人把二者搞混了。钻孔冲洗应当是钻孔工作的一部分，细致分解就是其最后一道工序，钻头钻进到设计深度后提离孔底前，必须要开大水泵流量将孔内钻渣、泥屑一起冲洗出孔外。这实际就是冲洗钻孔的过程。钻孔冲洗的目的是净化钻孔内部，包括孔底和孔壁，保持钻孔的干净和孔道的畅通，冲洗干净与否的标准一方面看回水清不清澈，另一方面要求孔底沉积厚度不大于20cm（“12灌规”第5.2.6条）。钻孔冲洗时孔口是敞开的，对冲洗水压力、流量不进行测量，冲洗时间也没有限制，完整的岩体一分钟就可冲洗干净，岩体破碎冲洗时间要长一些，甚至长时间冲不净，需要制定专门的冲洗规则。钻孔冲洗过程可包括在钻孔记录内，记载下冲洗时间，回水情况，孔底沉积厚度等即可，不必另设专门的“钻孔冲洗记录”。

裂隙冲洗是灌浆前的一道工序，是对灌浆孔段周围岩体裂隙、空穴进行的冲洗，目的是希望对这些通道中的泥质充填物进行冲刷、带出，以增大灌注量，加强灌浆效果。裂隙冲洗一般采用压水冲洗法，即通过安装灌浆塞或孔口封闭器以及射浆管进行循环式压水，同时观测记录压水压力和冲洗时间，如果观察到回水已经变得清澈，则可结束冲洗工作。如果采用风水轮流冲洗、脉动冲洗、联合冲洗等，那就还要记录水、气的工作参数。

3.3 压水试验记录表

灌浆作业开始前，常常首先进行压水试验或简易压水试验，压水试验的作用是了解岩体的透水性，以评估前期灌浆作业的效果，指导后续灌浆作业如何选用浆液、压力等施工参数。在干旱地区，灌浆前的压水试验也可起到润湿岩石裂隙缝面的作用。压水试验的过程中压力水流渗透或流过岩体裂隙缝面，实际上也对裂隙裂缝进行了冲洗冲刷，这是第三个作用，这也是在许多情况下可将裂隙冲洗工序和压水试验工序合并进行的缘故。

压水试验的施工记录是压水试验记录表。灌浆工程普遍使用单点法压水试验，其试验方法和试验成果的求算可见“12灌规”附录。求算透水率，应注意以下问题：

3.3.1 压水试验压力的确定

从理论上说，压水试验压力是指试验孔段内（试段中点）的水压力（简称全压力），它是压力表指示压力（简称表压力）与由压力表中心至地下水水位的水柱压力，以及压水试验管路系统的压力损失的代数和。由于管路损失压力数值较小，工程中一般忽略不计。又由于各灌浆段灌前的压水试验，尤其是简易压水精度要求不高，因此施工中常常使用表

压力代替全压力。但是先导孔、检查孔的压水试验应采用全压力。

3.3.2 试段长度的确定

钻孔压水试验试段的长度应是灌浆塞塞体前端至试验孔段段底的长度，如采用双灌浆塞阻塞孔段，则试段长度就是两个灌浆塞之间净距离。在施工中，压水试验试段长度一般按5m划分，但是灌浆塞的安放很难准确到位，此时对于要求精确的压水试验来说，计算透水率应使用实际段长；对于简易压水来说，一律使用5m也是可以的；对于孔口封闭法灌浆的简易压水试验来说，其试段长度是全孔长度减去该段上部已灌浆的长度，即将上部已灌浆的孔段视为不透水，这当然是近似的，但可满足工程应用的要求；孔口封闭法灌浆的检查孔压水试验应当采用分段阻塞的方法。

3.3.3 简易压水试验与裂隙冲洗

灌浆工程施工过程中，常常需要了解岩体透水率随各排、各序孔灌浆进行而变化的趋势，以评估灌浆设计和施工参数的正确性，同时预测灌浆效果。简易压水就是为满足这一要求而进行的简化和粗略的压水试验。

简易压水试验压力采用灌浆压力的80%，并不大于1MPa，压水时间20min，每5min测读一次压入流量，取最后的流量值计算透水率。简易压水试验由于其精确度要求不高，所以通常假设地下水位与孔口齐平。计算压力采用表压力。

由于对裂隙的压水冲洗工艺过程要求与简易压水试验是完全一致的，因此将二者结合起来可一举两得，节省工时，提高效率。其记录表也可与压水试验记录表共用了，这张表现在常常由灌浆记录仪打印。

3.4 灌浆施工记录表

灌浆施工记录表，简称灌浆记录。在灌浆工程中，它是最重要、最基本的原始资料。其项目包括灌浆时间、浆液水灰比、注入浆量（L）、注入率（L/min）、灌浆压力等。在手工记录灌浆施工时，灌浆记录是由人工定时检测灌浆压力、注入率、水灰比，填写记录表格而形成的。在使用灌浆自动记录仪时，它是由记录仪自动生成的。目前各种国产的自动记录仪可以按时段记录平均灌浆压力、最大灌浆压力；可以累计计算出总注入浆量（L）、注入水泥量（kg）、单位注入量（kg/m），可以进行压水试验的记录和透水率的计算，有的还可以打印出灌浆压力、注入率、累积注入量随时间变化的曲线，即灌浆过程曲线。

灌浆施工记录表中注入量或单位注入量计算不应包括损耗的水泥。损耗部分中管路和钻孔内所占浆液可以通过计算管路和钻孔的容积算出，对于循环式灌浆，也可以采用试验的方法得出：即在冲孔、裂隙冲洗或简易压水完成后，灌浆开始时先将回浆阀门开至最大，接着向进浆管内匀速地注入水泥浆液，并计量其体积，观察回浆管先是有水返流出来，接着流出水泥浆液，记住此时注入水泥浆的体积，就可以近似地作为管路和钻孔的容积。此法忽略了浆液在充满管路和钻孔的时间内，可能有少量浆液注入到地层中，但在一般情况下其精确度是足够的，是偏于安全的。最后在计算损耗水泥量时，注意应采用灌浆结束时的浆液水灰比。

这样所得出的注入量就是纯粹注入到岩体裂隙中的水泥量，所计算得出的单位注入量也是如此。各个工程都采用这样的数据，具有可比性。否则将损耗计算进去就没有标准了。

在西方，由于多采用自下而上纯压式灌浆法，注入孔中的浆液是不往回流的，因此其注入量中就包含了钻孔容积的水泥量，相当于封孔水泥量。封孔用的水泥量基本上是一个固定数，对于孔径为 56mm、60mm、76mm 的钻孔，每米孔段使用水泥量分别约为 3.4kg、3.9kg、6.2kg（以水泥浆密度 1.8g/cm³ 计），因此国外资料认为，如果某灌浆工程单位注入量在 5kg/m 左右时，等于没有灌浆。这就是说，欧美国家灌浆工程中关于单位注入量的概念是包含了封孔水泥量的。

我国多采用孔口封闭法灌浆，这种方法每一段灌浆完成后，孔内、管道内充满的浆液、浆液搅拌桶内剩余的浆液，全部都废弃了，全部都应计入损耗。但是，灌浆孔终孔以后，最后进行的封孔灌浆，其灌入灌浆孔中的浆液是可以计入注入量的，这样就和“国际接轨”了。关于这一点，灌浆规范、有关的施工手册都没有明确的说法，似不严密。应该统一才好。

最近一些年，由于执行以注入量大小进行计量与支付的规则，使得一些承包商想方设法将损耗量转移到注入量中去，以增加工程量，多结工程款。这不是一种实事求是的态度。

3.5 灌浆过程曲线

灌浆过程曲线实际上是灌浆施工记录表的图像化，对于分析灌浆过程的规律性、合理性具有非常直观和重要的意义。

图 2 是一张传统的灌浆过程曲线图，它是将注入率-灌浆历时、灌浆压力-灌浆历时、累计注入量-灌浆历时、水灰比（图中为灰水比，宜用水灰比）-灌浆历时四条曲线合成绘制于一张图上。

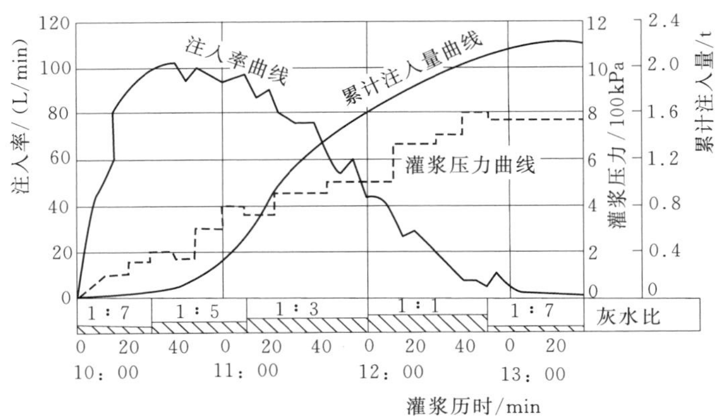

图 2　灌浆过程曲线示意图

如果采用 GIN 法灌浆，其过程曲线是一组 6 条曲线：①GIN 曲线（灌浆压力-单位注入量）、②灌浆压力-时间曲线、③单位注入量-时间曲线、④可灌性（注入率与灌浆压力的比值）-累计注入量相关曲线、⑤注入率-时间曲线、⑥可灌性-时间曲线共六种曲线。从每一灌浆段的各种曲线的变化趋势上可以直观地、快速地了解灌浆施工情况，判定施工过程是正常还是异常，以及需要采取的措施。（典型图见本书另文《对 GIN 法的研究、应用和再思考》）。

灌浆过程曲线以前需要手工绘制，每个灌浆段都做工作量很大，所以后来渐渐地省略了，灌浆规范上也未要求。现在使用灌浆自动记录仪，由计算机来完成此项工作十分便捷，各种 GIN 曲线就是由记录仪完成的。因此现在有条件恢复此项记录，至少对有些疑难灌浆段和灌浆试验的每个灌浆段画出过程曲线图是有很大好处的。

4 主要灌浆成果资料的编制

灌浆成果表（图）是由施工原始记录资料进行统计计算分析得出的技术资料，它把大量的零散的原始数据集中、概括和系统化，从而反映灌浆工程的科学规律，反映灌浆活动对被灌地层性质改变的进程和规律，发现施工工作中可能存在的问题，验证施工工艺和参数的正确性，是很重要的技术文件。

4.1 灌浆孔成果一览表和灌浆成果分序统计表

这两张表在“12 灌规”中分别是附录表 C. 0. 1. 3 和 C. 0. 1. 4，见表 2 和表 3。因原表篇幅太大，表 2 为表 C. 0. 1. 3 作了些许简化的格式。

表 2　　灌浆施工成果单孔统计表

工程名称______　　孔号______　　桩号______　　施工次序______　　孔口高程______

段次	灌浆孔段/m			孔径/mm	岩石情况	透水率/Lu	水灰比		注入率/(L/min)		灌浆压力/MPa	水泥用量				单位注入量/(kg/m)	灌浆时间			备注
	自	至	段长				开始	终止	开始	终止		注浆/L	注灰/kg	废弃/kg	合计/kg		开始	终止	纯灌	
1			a			q							C			c				
n																				
合计			Σa			q'							ΣC			c'				

表 3　　回填灌浆施工成果统计表

工程部位______　　单元工程______　　灌浆面积 A m²

孔序	孔号	钻孔深度/m			灌浆压力/MPa	浆液水灰比		水泥用量/kg			备注
		混凝土	基岩	脱空		开始	结束	注入	废弃	总耗量	
Ⅰ序								C_1			
	合计							ΣC_1			
Ⅱ序								C_2			
	合计							ΣC_2			
总计								ΣC			
单位注入量	Ⅰ序 c_1 kg/m²，Ⅱ序 c_2 kg/m²，合计 c kg/m²										

施工机组__________　　施工日期__________

灌浆孔成果表是每一个灌浆孔一张表，在表上，每个灌浆段是一行（如有复灌等情况可能是两行或多行）。这张表反映了一个孔灌浆的基本情况。

灌浆成果分序统计表是每一序孔一张表，在表上，每个灌浆孔是一行。这张表反映了一序孔灌浆的基本情况。表中单位注入量和透水率的区间划分应根据不同工程的实际情况调整，有的工程注灰量很小，透水率也很小，那么各档次单位注灰量和透水率的范围就可以小一些，反之亦然。单位注灰量和透水率设置的档次也无需太多。透水率和注灰量区间一般划分3～5个档次即可。

需要说明的是，两表中透水率和单位注入率的统计有专门的规则，其最后一行虽然名为“合计”或“总计”，但并不是所有各列都可以对其上部数据求和。透水率和单位注入量是求出该单孔或该序孔的平均透水率和平均单位注入量，而且是加权平均值而不是算术平均值。有些新入门的施工单位和施工人员常在此出错。

假定表2中符号 a、q、C、c 分别代表某一灌浆段的段长、透水率、注入量、单位注入量，$\sum a$、q'、$\sum C$、c'分别代表全孔灌浆长度、平均透水率、累计注入量、全孔平均单位注入量，全孔有 n 个灌浆段，那么，它们之间的关系式为：

$$q' = \sum_{i}^{n} a_i q_i / \sum a \tag{1}$$

$$c' = \sum_{i}^{n} a_i c_i / \sum a = \sum C / \sum a \tag{2}$$

如此，可以由各孔段的单位注入量和透水率求得由各个灌浆孔的平均单位注入量和平均透水率，进而，用同样的方法可求得一序孔、一排孔、一个单元工程等的平均单位注入量和平均透水率。

4.2 回填灌浆成果统计表

旧版本灌浆规范中未有附录回填灌浆成果分序统计表，因此许多工程的回填灌浆次序不分，资料混乱。“12灌规”附表C.0.1-6是一个回填灌浆汇总表，表3为回填灌浆分序统计表，一个单元工程（灌区）一张表，先要填好这个表格，进而才有附表C.0.1-6。关于表3有几个问题需要说明：

（1）回填灌浆的处理对象是顶拱空腔，基本单位是灌浆面积，而不是钻孔进尺。每个灌浆孔要求入岩10cm，是为了确保钻透混凝土衬砌，而不是要对10cm岩石进行灌浆。对于一个单元工程，灌浆面积是固定数，即混凝土衬砌外圆顶拱120°范围面积。Ⅰ序孔、Ⅱ序孔，每个孔都是对这一面积灌浆。

（2）回填灌浆的单位注入量是单位灌浆面积上注入的水泥质量，Ⅰ序孔单位注入量是单元工程内所有Ⅰ序孔累计注入量与所有灌浆面积之比值，Ⅱ序孔单位注入量是单元工程内所有Ⅱ序孔累计注入量与所有灌浆面积之比值，单元工程平均单位注入量是单元工程内各序孔累计注入量与所有灌浆面积之比值，单元工程平均单位注入量等于Ⅰ序孔和Ⅱ序孔单位注入量之和。这与帷幕灌浆和固结灌浆单位注入量和平均单位注入量的计算是不同的，有些工程将其混为一谈是错误的。

假定表3中的符号 A、C_1、$\sum C_1$、C_2、$\sum C_2$、$\sum C$ 分别代表某灌浆区的灌浆面积、

Ⅰ序孔各孔注入量、Ⅰ序孔合计注入量、Ⅱ序孔各孔注入量、Ⅱ序孔合计注入量、总注入量，c_1、c_2、c 分别代表Ⅰ序孔单位注入量、Ⅱ序孔单位注入量、灌区单位注入量，那么，它们之间的关系式为：

$$c_1=\sum C_1/A，\ c_2=\sum C_2/A$$

$$c=c_1+c_2=\sum C/A$$

4.3 灌浆综合成果表

此表在“12 灌规”中是附录表 C.0.1.5。这是一个单元工程（或一个部位多个单元工程）一张表，它包括了该单元工程内各排、各次序灌浆孔的主要施工成果，在这个表中，每一序孔为一行。该表反映了一个单元工程灌浆的基本情况。

整理此表应注意之处是不要混排、混序。为了保证灌浆工程的质量，灌浆施工有较为严格的施工程序，以 3 排帷幕灌浆孔为例，其施工顺序通常是按照先下游排，再上游排，后中间排；每一排内先Ⅰ序孔，再Ⅱ序孔，后Ⅲ序孔的规则进行。依次排列，实际上是 9 序。资料统计也要遵循这一顺序，而不应颠倒混乱。如有的工程把各排孔的Ⅰ序孔数据都统计在一起，就是不妥当的。因为虽然都称为Ⅰ序孔，但处于先灌排还是后灌排，其在灌浆过程中的作用是不同的。

整理灌浆综合成果表中的透水率还应当注意，其中的小计、合计、总计（相当于表 4 中的标 * 号处）都是不需要计算的，因为将Ⅰ、Ⅱ、Ⅲ各序孔灌前的透水率平均起来没有物理意义，它们只有单独使用才有意义。因此该处应为空白，如果出现数字那是画蛇添足。

4.4 灌浆综合成果表的简化

灌浆综合成果表内容多，表格的篇幅很大，A4 纸很拥挤。在编写灌浆工程施工技术报告或其他有关技术文件的时候，引用起来很不方便，而不引用它又缺乏数据资料，成为空洞的文字说明。在这种情况下，将灌浆综合成果表适当简化是十分必要的。

简化的方法主要是删去占用篇幅最多的单位注灰量和透水率频率分析，和其他对灌浆质量的描述不很重要的栏目（列），如表 4 所示，这样使用 A4 的纸张就可以容纳得下，方便编排阅读。

表 4　　单元工程帷幕灌浆主要施工成果表

<table>
<tr><th>单元</th><th>排序</th><th>孔序</th><th>孔数</th><th>灌浆长度/m</th><th>水泥用量/kg</th><th>单位注入量/（kg/m）</th><th>平均透水率/Lu</th><th>备注</th></tr>
<tr><td rowspan="8">×坝段</td><td rowspan="4">下游排</td><td>Ⅰ</td><td></td><td></td><td></td><td></td><td></td><td></td></tr>
<tr><td>Ⅱ</td><td></td><td></td><td></td><td></td><td></td><td></td></tr>
<tr><td>Ⅲ</td><td></td><td></td><td></td><td></td><td></td><td></td></tr>
<tr><td>小计</td><td></td><td></td><td></td><td></td><td>*</td><td></td></tr>
<tr><td rowspan="4">上游排</td><td>Ⅰ</td><td></td><td></td><td></td><td></td><td></td><td></td></tr>
<tr><td>Ⅱ</td><td></td><td></td><td></td><td></td><td></td><td></td></tr>
<tr><td>Ⅲ</td><td></td><td></td><td></td><td></td><td></td><td></td></tr>
<tr><td>小计</td><td></td><td></td><td></td><td></td><td>*</td><td></td></tr>
</table>

续表

单元	排序	孔序	孔数	灌浆长度/m	水泥用量/kg	单位注入量/（kg/m）	平均透水率/Lu	备注
×坝段	中间排	Ⅰ						
		Ⅱ						
		Ⅲ						
		小计					*	
	合计						*	
总　计							*	

有了表4所列数据，一个单元工程灌浆的宏观情况就明白了。详细的综合成果表可以作为附录附于施工总结的后面。从简化表看不清楚或需要进行更深入了解的问题，可以去进一步翻阅附录了。

有些工程编写的灌浆技术报告在这方面处理得不好，或则将大量的档案表格罗列，使技术报告变得冗长庞杂，或则过于简略，把一些必要的数据都略去了，从中无法看到工程的全貌。

4.5　单位注入量频率曲线图、透水率频率曲线图

单位注入率频率曲线图、透水率频率曲线图（均包括分布频率和累计频率）以及各次序孔单位注入量和透水率递减曲线图都是综合成果表的图像化、直观化，是根据灌浆综合成果表中的数据绘制而成的。各条图线都要分排分序绘制，不能笼而统之地分成三序了事。

图3、图4分别是乌江渡水电站河床段帷幕灌浆各次序孔单位注入量累计频率曲线、右岸帷幕灌浆各次序孔单位注入量递减曲线。图5是某工程灌浆试验透水率频率曲线图。从这些图中可以直观地看出该工程各段帷幕单位注入量和灌前透水率按排按序渐次递减的趋势。

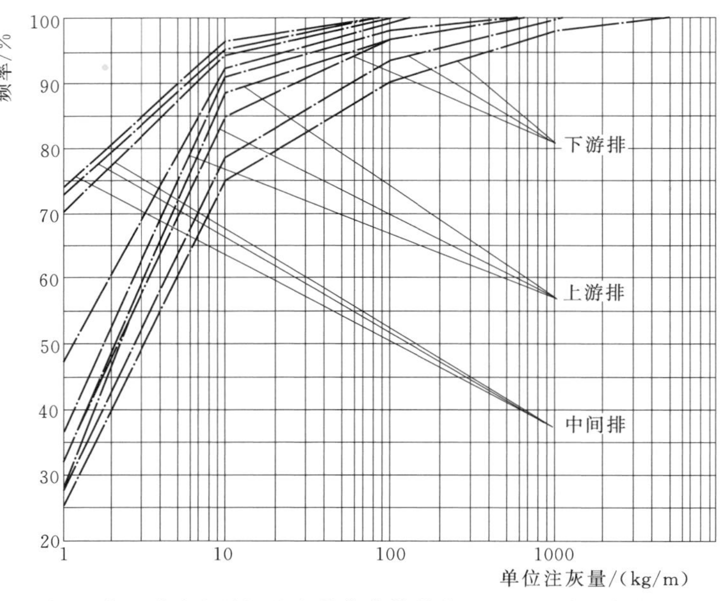

图3　乌江渡水电站河床段帷幕灌浆单位注入量累计频率曲线

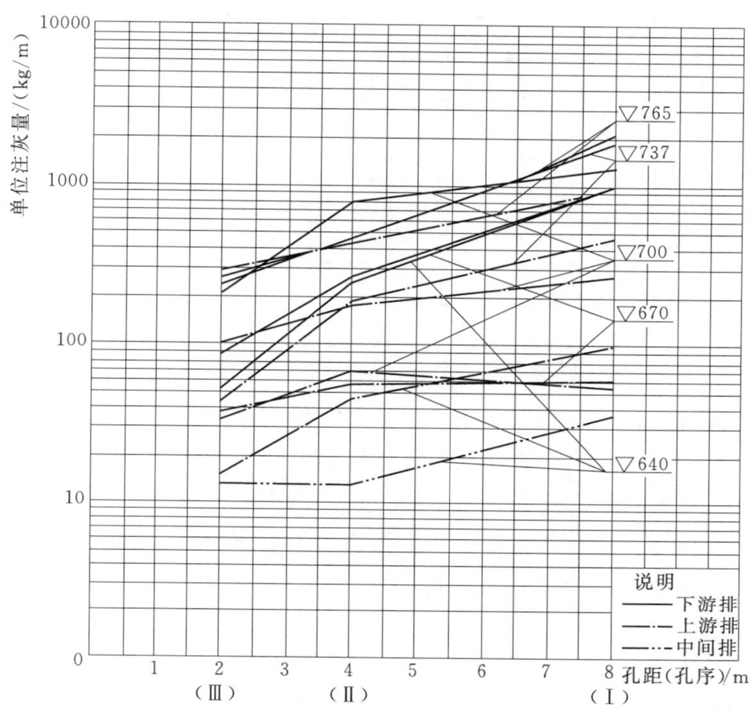

图 4　乌江渡水电站右岸帷幕灌浆单位注入量次序递减曲线

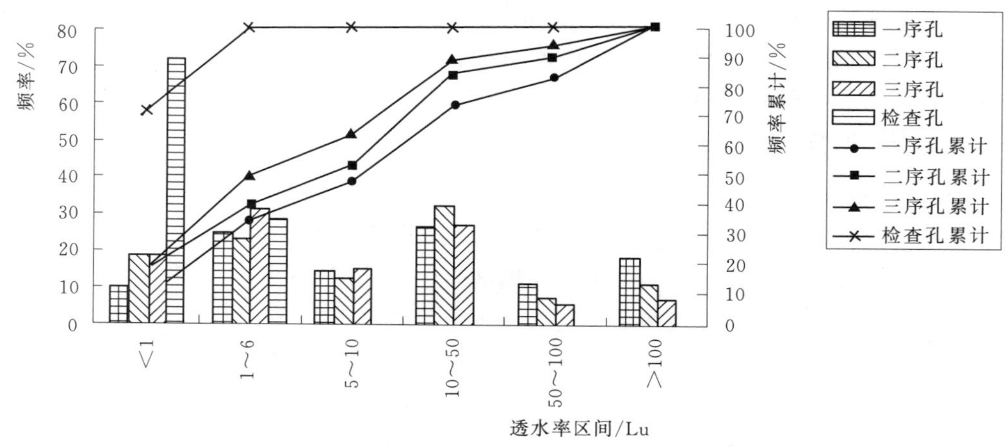

图 5　某工程帷幕灌浆试验透水率频率曲线图

4.6　检查孔压水试验成果表

在“12 灌规”中，检查孔压水试验成果表编号为表 C.0.1-9，该样表稍有错误，表 5 作了更正。

表 5　　检查孔压水试验成果表

工程部位	单元	检查孔数	压水试验段数	透水率/Lu段数和频率分布								设计标准/Lu	大于设计标准的试验结果/Lu	备注
				≤1		1～1.5		1.5～5		>5				
				段数	%	段数	%	段数	%	段数	%			
												1.0		
合计														

注　透水率区间划分可根据工程具体情况调整。

这张表应该很清楚，但有些工程不按表填写，他们把透水率的频率分布改为“最小”、“最大”、“平均”三档，这是不妥当的。因为最小值和平均值都是没有意义的。考察帷幕灌浆质量是否合格主要看检查孔最大透水率，如果最大透水率小于或等于设计要求的防渗标准，其他情况也正常，那么就合格了。如按表填写频率分布，检查孔的成果就看得很清楚。以表 5 为例，设计标准为 1.0Lu，表中小于等于 1 的（这是合格段）有多少段，1～1.5Lu（这基本上是允许段）有多少段，占多少百分比；更大的透水率有多少，占多少百分比；另外还有一栏（列）“大于设计标准的试验结果（Lu）”，这是要求填写不合格段的数据，如不合格段太多可以填写最大的两三段等。如果设计标准是 3.0Lu，透水率频段划分就可以改为 3、4.5、10 等。

4.7　检查孔钻孔柱状图

检查孔钻孔柱状图是检查孔几乎所有资料的书面记录，检查孔柱状图的格式可参照《水利水电工程钻探规程》绘制。先导孔也要绘制柱状图。目前一些施工单位的先导孔、检查孔岩芯采取质量很差，绘制的钻孔柱状图质量自然也差，地质描述三言两语空洞无物，水泥结石充填情况描述很少，甚至没有反映。需要大力加强。

4.8　灌浆综合剖面图

灌浆综合剖面图是最重要的灌浆成果资料，“12 灌规”附图 C.0.1－2 即为该图示意。帷幕灌浆的综合剖面图是沿轴线展开的幕体纵剖面图，它标注有帷幕灌浆孔和灌浆段的位置，桩号、孔号、孔序、各孔段的单位注入量、灌前透水率等重要数据，有的还标注有灌浆压力、串冒浆情况、钻孔孔斜、施工日期等。图中以矩形方块的宽度表示单位注入量 c 的大小，宽度尺寸常采用 lg $[c]$ 或 $\sqrt{c}$。当帷幕由多排孔组成时，综合剖面图宜分排绘制。综合剖面图过去要用手工绘制，工作量很大，现在都可以用计算机生成和打印出来。图 6 为黄河小浪底坝基一段帷幕的综合剖面图。

深孔固结灌浆也可参照图 6 的模式绘制综合剖面图。

图 7 为某工程坝基固结灌浆成果图，该图分为 0～4m 和 4～8m 两个剖面绘制，也有分Ⅰ、Ⅱ两序两张图绘制的。各孔单位注入量大小以圆圈的直径大小图示。非常直观。

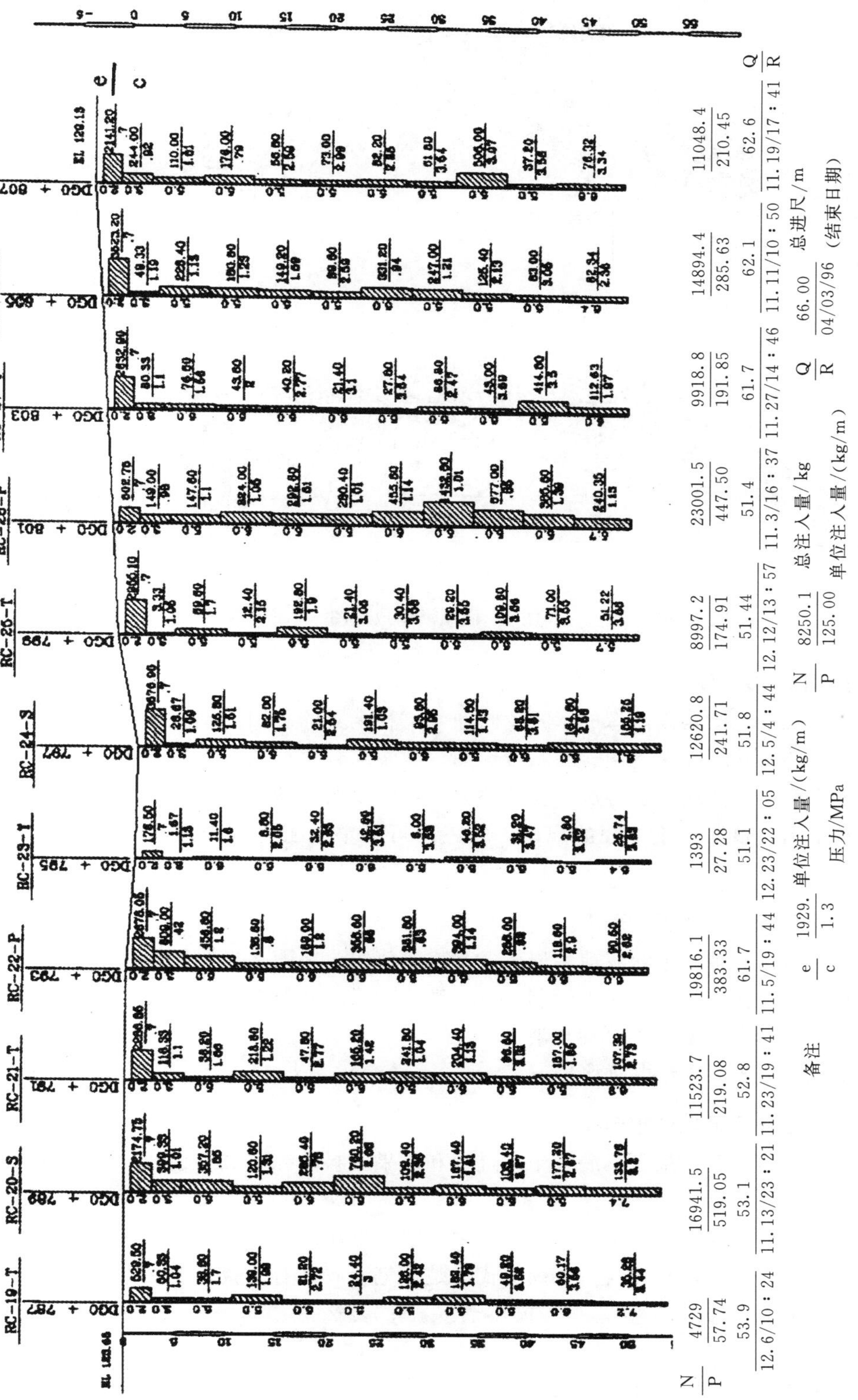

EL 123.65　　EL 129.13

	RC-19-T	RC-20-S	RC-21-T	RC-22-P	RC-23-T	RC-24-S	RC-25-T	RC-26-P	RC-27-T	RC-28-S	RC-29-T	
	DG0 + 787	DG0 + 789	DG0 + 791	DG0 + 793	DG0 + 795	DG0 + 797	DG0 + 799	DG0 + 801	DG0 + 803	DG0 + 805	DG0 + 807	
N/P	4729 57.74	16941.5 519.05	11523.7 219.08	19816.1 383.33	1393 27.28	12620.8 241.71	8997.2 174.91	23001.5 447.50	9918.8 191.85	14894.4 285.63	11048.4 210.45	
	53.9 12.6/10：24	53.1 11.13/23：21	52.8 11.23/19：41	61.7 11.5/19：44	51.1 12.23/22：05	51.8 12.5/4：44	51.44 12.12/13：57	51.4 11.3/16：37	61.7 11.27/14：46	62.1 11.11/10：50	62.6 11.19/17：41	Q/R

备注　$\frac{e}{c}$　$\frac{1929.}{1.3}$　单位注入量/(kg/m)　压力/MPa　　$\frac{N}{P}$　$\frac{8250.1}{125.00}$　总注入量/kg　单位注入量/(kg/m)　　$\frac{Q}{R}$　$\frac{66.00}{04/03/96}$　总进尺/m　(结束日期)

图6　帷幕灌浆综合剖面图

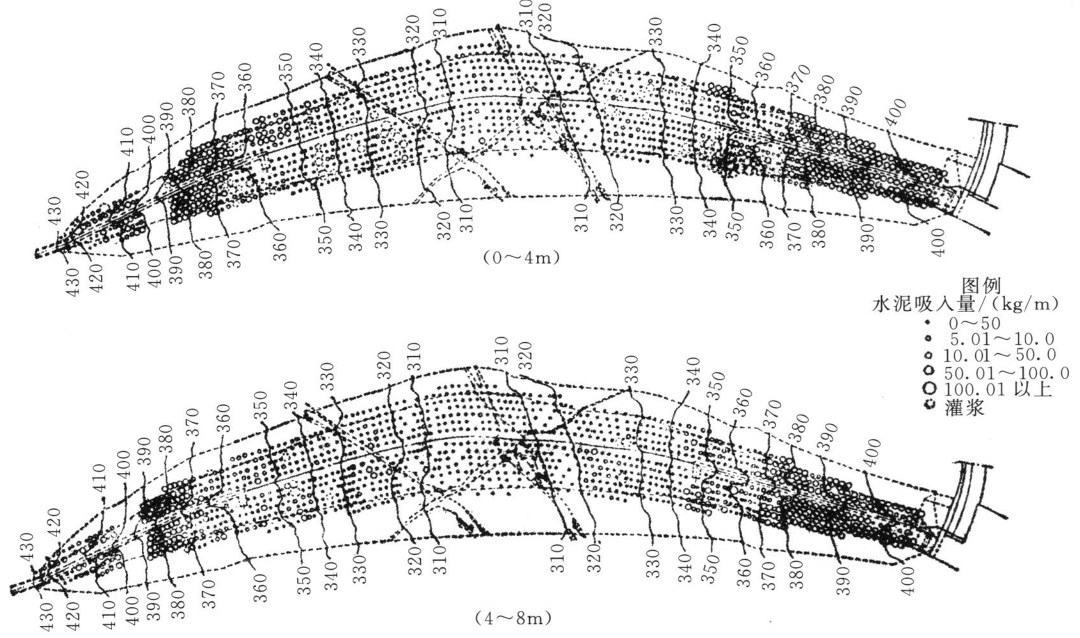

图 7　固结灌浆成果图

4.9　灌浆工程竣工图

灌浆工程竣工图是以图像的形式反映灌浆工程全貌的总图。工程中通常将灌浆综合剖面图和对应的钻孔平面布置图、孔斜投影图、灌浆综合统计表、灌浆工程完成情况表、各次序孔透水率频率曲线图、各次序孔单位注入量频率曲线图，编绘在一张图纸上，组成灌浆工程竣工图。根据灌浆工程的规模，竣工图可以整个工程一张图，也可按部位绘制多张图。

4.10　帷幕灌浆前后渗透剖面图

这是一张帷幕轴线上灌浆前后岩体透水率等值线包络图，它根据灌浆前的地质勘探资料或灌浆后检查孔压水试验成果绘制，对比灌浆前后的两幅图，可以直观地看到透水率大的范围在灌浆后大幅度缩小，甚至消失。

灌浆规范中未要求绘制这张图。

4.11　灌浆工程施工总结报告

灌浆工程施工总结报告是灌浆施工过程和成果资料的综合文字说明。通常情况下应当包含以下内容：

(1) 工程概况与设计要求。工程概况中应包括枢纽的一般情况、灌浆工程的情况和地质条件，这是工程的背景资料，必须交代清楚。笔者看到有的报告要么未作交代，或交代不清楚就进入正文，丈二和尚——摸不着头脑；要么成篇地复制设计报告，这都是不妥的。

(2) 灌浆工程完成情况，包括设计工程量，实际完成工程量，完成日期等。

(3) 灌浆工程施工情况：包括施工布置、施工工艺、主要施工参数、特殊情况处理等。常规工艺可以简单说明，创新技术宜重点和详细阐述。

(4) 工程质量的控制和检验，灌浆材料和浆液的检验。

(5) 灌浆成果资料，检验测试成果资料。本部分必须用数据说话，要引用必要的图表，简明的图表。

(6) 对重要情况或遗留问题的说明与建议。

(7) 灌浆工程质量评价。

(8) 附图、附件。正文中未有列出的图表、专题报告等。

施工总结报告是一项灌浆工程的全面、系统的技术总结，是实体工程的书面表达，是最重要的技术文件。当前，有一些工程的施工总结报告编制得很粗糙，大多过于简略空洞，也有的过于庞杂。有的将投标书、施工组织设计书改头换面复制；有的将大量管理制度罗列，空话连篇，缺少数据资料；有的不提过程质量数据，仅仅列出检查孔成果，甚至只有几张单元工程合格率表格；有的则连篇累牍将一些表格里的数据用文字复述一遍；等等都是不合要求的。

施工总结报告要按照科技论文的要求来编写，背景明确、条理清楚、阐述全面、数据支持、图表清晰、详略适当。工程要创建筑精品，工程总结报告要出学术精品。

5 灌浆成果资料分析

5.1 灌浆过程曲线分析

从灌浆过程曲线可以清楚地看到一个灌浆段灌浆的全过程，图2是典型的、正常的过程曲线，其趋势是：压力过程线逐渐升高，累计注入量逐渐增加，注入率开始随着压力升高逐渐加大，至最大值（即岩体裂隙被灌注达到基本饱和）后逐渐下降直至达到结束条件（灌浆压力和注入率以及持续时间满足要求）。

如果出现了异常，例如注入率骤然增加，或压力突然下降（非机械故障），或二者同时发生，常常可能是岩体裂隙发生了劈裂。这种现象如在岩体内部发生并非坏事，但若发生于岩层表部，或建基面上，造成了建筑物变形，甚至导致裂缝，通常是不允许的。如有上述情形发生时或发生后，应对抬动监测装置和建筑物形态进行仔细检查，必要时应调整施工参数或作业方法。

5.2 单位注入量分析

随着灌浆施工按照分排、分序，逐渐加密的原则进行，各灌浆孔段的单位注入量将会随着灌浆次序的增进，出现递减的趋势，具体表现为：

(1) Ⅱ序孔的单位注入量小于Ⅰ序孔，Ⅲ序孔的单位注入量小于Ⅱ序孔，依此类推。后序孔与前序孔单位注入量的比率（即递减率）通常为25%～75%。减得太多可能孔距太小，或其他原因，反之亦然。

(2) 后灌排的平均单位注入量小于先灌排的平均单位注入量；

(3) 中间排的平均单位注入量小于边排孔的单位注入量。

上述规律也表现在不同大小的单位注入量出现的段数和频数方面：单位注入量大的段

数和频数在先灌排、先序孔最大，随着灌浆次序增加逐渐减小，至后灌排末序孔，应当不再或很少出现；相反，单位注入量小的段数和频数在先灌排、先序孔较少，随着灌浆次序增加逐渐增多，至后灌排末序孔，单位注入量应当普遍很小。这个变化趋势在单位注入量频率曲线上表现得很清楚，如图 3 所示的乌江渡水电站河床段帷幕，其先灌的下游排Ⅰ序孔单位注入量大于 100kg/m 的频数为 10%，小于 10kg/m 的频数为 75%，而后灌的中间排，单位注入量大于 100kg/m 的频数为 0，小于 10kg/m 的频数为 97%。中间各序孔变化恕不赘述。

各序孔单位注入量的递减规律可以从图示上一目了然，如图 4 乌江渡水电站右岸各层帷幕的单位注入量的递减曲线，以高程 640m 帷幕为例，其下游排Ⅰ、Ⅱ、Ⅲ序孔，上游排Ⅰ、Ⅱ、Ⅲ序孔，中间排Ⅰ、Ⅱ、Ⅲ序孔的单位注入量分别为 1000kg/m、250kg/m、50kg/m，100kg/m、45kg/m、16kg/m，36kg/m、4kg/m、4kg/m。上述实例是很典型，非常好的灌浆过程，有这样的施工过程资料，一看灌浆质量就不会差。

现在有些工程后序孔比前序孔单位注入量基本相当，略小一点，末序孔的单位注入量还有 3 位数的量级，也自称是符合“递减规律”，检查孔居然都合格了，这种资料难以置信。

（4）单位注入量递减的规律是普遍的，但也不排除某一部分孔出现异常的情况，这里可能有地质条件的原因，也可能有施工工艺或其他的原因。对出现异常情况的原因应当认真分析查找，排除可能导致影响帷幕灌浆质量的因素，或采取针对性的补救措施。

由于地层岩性和受地质构造的影响不同，灌浆孔布置、灌浆材料和灌浆压力等的不同，各工程各孔段的单位注灰量变化范围很大。欧美国家将单位注灰量分成若干级，如表 6 所示。一般来说末序排的末序灌浆孔的单位注灰量应当降低到“低”或“很低”的等级。

表 6　　　　单位注灰量等级划分表

等　　级	单位注灰量区间/（kg/m）	等　　级	单位注灰量区间/（kg/m）
很低	0～12.5	稍高	100～200
低	12.5～25	高	200～400
稍低	25～50	很高	>400
中	50～100		

表 6 也符合我国的工程实际情况，国内有不少工程灌浆项目的平均单位注入量普遍处于表中的高或很高的水平，其真实性是值得怀疑的。

5.3　透水率分析

透水率统计分析的范围通常包括各序孔灌浆前的透水率和灌浆后检查孔的透水率。与单位注入量的统计分析相似，根据灌浆综合统计表相关数据可以绘制出透水率频率曲线图（包括分布频率和累计频率）来。从该曲线可以比较直观地看出各次序孔透水率和平均透水率的变化趋势。

在一般情况下，随着灌浆施工按照分排、分序，逐次加密的原则进行，各灌浆孔段灌前的透水率将会出现递减的趋势：

（1）Ⅱ序孔灌前的平均透水率一般小于Ⅰ序孔灌前透水率，Ⅲ序孔灌前的透水率小于Ⅱ序孔灌前的透水率，依此类推。

（2）后灌排的平均透水率小于先灌排的平均透水率。

（3）中间排的平均透水率小于边排孔的平均透水率。

（4）随着灌浆的进行，透水率大的孔段越来越少，出现的频率越来越低；透水率小的孔段越来越多，出现的频率越来越高，直至末序排的末序孔灌前的透水率应接近设计要求，检查孔的透水率应当符合设计要求。

（5）透水率递减的规律是普遍的，但也不排除个别、局部出现异常的情况，这可能是地质条件的原因，也可能是灌浆工艺或其他的原因。对出现异常情况的原因应认真分析查找，排除可能导致影响帷幕灌浆质量的因素，或采取针对性的补救措施。

（6）透水率的变化规律与单位注入量的变化规律应结合起来分析研究，总体来说二者的变化规律应当是一致的，如果出现了明显的不一致，应当引起注意查找原因。

5.4 单位注灰量与透水率的关系

单位注灰量与透水率之间的关系曾经是一个有争议的问题，从表面上看它们应当有近似正比例的关系，但大量的工程实践表明其相关关系很差，特别是对于高压灌浆。分析原因主要有二：一是求算透水率的压水试验或简易压水试验使用压力相对较小，通常为1MPa或更小，而灌浆压力常常在3MPa以上。这样就有不少的灌浆段在压水试验时透水率很小，而灌浆时由于有的裂隙被扩张或劈裂，注入量却很大；另一种情况是岩体细微裂隙发育，压水试验透水率较大，而灌浆时注入浆液很少，或吸水不吸浆。这都会导致“反常”现象的发生。图8为某工程第1次、第5次序孔单位注灰量与灌前透水率的相关关系图，点子分散没有明显规律。因此，我国灌浆规范中未要求作这样的关系图。

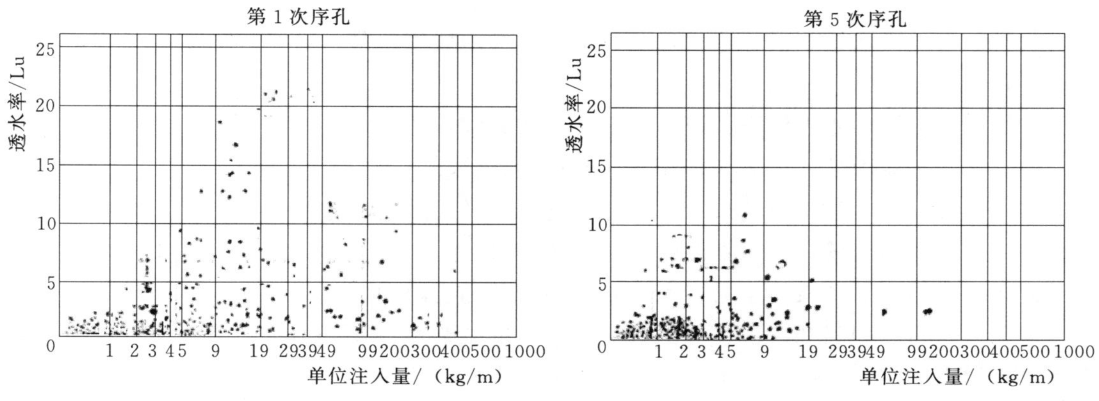

图8 单位注灰量与透水率的关系

6 灌浆质量检查资料分析

6.1 检查孔压水试验成果分析及灌浆质量判别

“12灌规”规定，“帷幕灌浆工程的质量应以检查孔压水试验成果为主，结合对施工

记录、施工成果资料和其他检验测试资料的分析，进行综合评定。”（第 5.10.1 条）又规定，“帷幕灌浆工程质量的评定标准为：经检查孔压水试验检查，坝体混凝土与基岩接触段的透水率的合格率为 100%，其余各段的合格率不小于 90%，不合格试段的透水率不超过设计规定的 150%，且不合格试段的分布不集中，灌浆质量可评为合格。”（第 5.10.7 条）这就是说，一个单元工程帷幕灌浆质量是否合格的条件主要取决于检查孔压水试验成果是否满足上述要求，但这不是全部，还有次要的，为辅的。即还应当考察施工记录、施工成果资料和其他检验测试资料是否合规、合理。

现在的倾向是有的施工和监理单位把检查孔压水试验成果由主要条件变成了唯一条件，千方百计使检查孔合格率满足规范或设计要求，其他资料却不完整，甚至不合理。实际上这是违背规范规定精神的。因为灌浆工程是特殊过程，检查孔压水试验基本上属于产品的最终检验，但并不具有其他有形产品最终检验的直观性和可靠性，而灌浆工程的施工记录、施工成果资料是它的过程质量（即工序质量）的记载，产品过程质量是最终质量的基础。试想，如果施工记录、施工成果资料数据严重偏离常规，矛盾百出，那最终检验成果的可信性在哪里呢？

一个单元工程或分部工程预计灌浆工程量完成后，进行质量检查时有的检查孔成果达不到设计要求，这种情况是可能发生的，特别是不良地质地段的灌浆。这时不仅检查孔要进行灌浆，必要时还应扩大范围补灌，之后再进行检查。这里需要明确的是对工程质量的评定应以最后的检查孔为依据，之前不合格的检查孔作为补灌孔或加密孔进行统计。

6.2 检查孔岩芯资料分析

灌浆工程检查孔应当采取岩芯，检查孔岩芯是评价灌浆质量的重要资料之一。此外先导孔、各序灌浆孔有价值的岩芯也是重要的实物资料。对岩芯的检查分析主要有如下几方面：

（1）核对岩芯所反映的地层岩性、构造与以往地质资料的一致性，如有变异或新的发现应进行认真分析研究。

（2）观察裂隙中水泥结石的充填情况，分析浆液渗透扩散的规律。

（3）比较灌浆前后的岩芯获得率，以定性地评价灌浆效果。

（4）当需要对浆液结石的成分、充填状态、力学性质等进一步分析时，可截取芯样进行室内试验。对岩芯的试验多在灌浆试验的阶段进行。

需要指出的是，灌浆结束后有些人希望在岩芯的裂隙中看到尽量多的水泥结石，但是由于地层、岩石、裂隙和浆液在裂隙通道中流态的复杂性，检查孔岩芯裂隙中水泥结石的充填率有很大的不确定性。也不能指望岩石中每一条裂隙，甚至大多数裂隙都充填有水泥结石。因为有许多细缝水泥浆是灌不进去也不需要灌的，还有些缝隙可能与灌浆孔没有通道联系，因而也看不到浆液结石，这都是较常有的情况。例如日本奈川渡拱坝（高 155m）帷幕灌浆 65718m，平均单位注入量 73kg/m，灌浆材料为细水泥，比表面积大于 $500m^2/kg$，灌浆后压水试验检查 96%的试段透水率小于 1Lu。但浆液对岩体裂隙的充填率只有 20%～30%。

但是，工程经验也表明，在注入量很大的情况下，如达到表 6 中“稍高”或“高”的

水平时，在检查孔甚至后序灌浆孔岩芯裂隙中，一定可以发现许多充填饱满的水泥结石体。有些工程注入量很大，检查孔岩芯中却难寻水泥结石踪影，这只能说明施工资料有问题。

灌浆施工中产生的岩芯很多，灌浆规范中要求采取和保留岩芯的只有先导孔和检查孔。先导孔和检查孔的岩芯应当保存到灌浆工程验收以后，其中有价值的岩芯应随工程一起永久保存。保存和保管岩芯实物的工作量很大，实际工作中可做好岩芯描述，绘制成钻孔柱状图，拍摄照片，多采用文档和电子媒体的形式加以保存。

6.3 物探测试资料分析

如前所述，物探测试的方法很多，采用较普遍的是进行岩体弹性波速或弹性模量的测试，对比灌浆前后透过岩体的纵波波速或弹性模量。经验表明通常具有如下一些规律：

（1）裂隙岩体经灌浆后，弹性波速或弹性模量一般都能有所提高，提高的最大幅度为接近该岩石在完整状态下的波速或弹性模量，但不可能超过。

（2）裂隙张开和清洁的坚硬岩体，灌浆后效果最好，波速和弹性模量提高幅度较大。

（3）裂隙若被黏土、泥质等杂物充填，或根本就为软弱夹层，灌浆效果将会降低，波速和弹性模量的增值亦会受到影响。

（4）裂隙发育、破碎、灌前波速和弹性模量低的岩体，灌浆后改进的幅度大。反之，改进幅度小。

（5）被灌岩体经受风化或蚀变，岩性退化，灌浆效果较差，波速也难有大的提高。

物探测试，特别是弹性波测试主要应用于固结灌浆的质量检查，检查的标准各个工程不一，甚至一个工程的不同部位也可能不一样，各自根据工程的要求与地质条件由设计决定。原则上要求消除低波速点，提高平均波速。平均波速提高率也不可能硬性要求，一般可达到5%～10%，少有能达到20%～30%的。

灌浆规范没有要求帷幕灌浆质量采用物探测试进行检查，因为：第一，帷幕灌浆的功能是防渗，不要求提高岩体承载力、变形模量等，模量低的岩体也可能透水性很小；第二，对测出的结果没有衡量标准，等于数据没有意义。因此，除了在灌浆试验阶段以外，帷幕灌浆的施工质量检查没有必要进行包括弹性波波速、CT扫描、钻孔电视摄像之类的物探测试。节省一些开支，施工速度也可更快一点。

7 灌浆资料的计算机处理

大量的灌浆资料的记录、整理、分析，以往全靠手工计算，使用珠算、计算器，是一项繁重、重复的劳动。随着计算机技术的发展，除了自动记录仪已广泛地担当了现场的施工记录以外，其他内业任务已越来越多地由计算机来完成了。使用计算机处理灌浆资料一可以减轻技术人员的劳动强度，二可以提高工作效率，及时地提出成果资料，以指导施工进行和预测灌浆效果。

在20世纪80年代，国际大坝委员会推荐了日本川治（Kawaji）坝使用计算机处理和分析灌浆资料的经验，发表技术通报说，灌浆系统自动化本身不可能提高灌浆的效果，并且大量的工作仍得由人来确定。然而，为了迅速评估灌浆效果，经验丰富的工作人员借助

于自动控制系统将数据进行计算机处理，对于提高工作效率有明显的优越性。

目前，我国的灌浆工程自动记录仪的使用已经普及，其功能许多方面已经超过国际的先进水平。灌浆资料使用计算机进行统计计算非常普遍，编制专用程序自动处理生成灌浆规范所要求的各式成果资料（表格、曲线和综合剖面图等）也不稀罕。一些单位采用更复杂的“物联网”技术、“数字大坝”技术等实现灌浆资料的更系统、更便捷、易监察、“防更改”的数字化、信息化也在试验性应用当中，利用计算机系统对灌浆过程进行管理、对灌浆质量进行评定的研究也有人进行。这些成果标志着我国灌浆资料整理的计算机化、自动化已经达到了较高的水平。

但是灌浆资料整理的自动化毕竟属于办公自动化的范畴，如果没有灌浆施工的高度机械化和自动化，灌浆资料整理水平再高也是无源之水，无本之木。仅就灌浆资料的计算机管理而言，笔者认为尚有如下问题需要解决：

（1）资料的真实性是第一要义。如果灌浆原始数据是虚假的，那么计算机系统算得再快，精确度再高，也是“白忙乎”。因此，当前首先要抓原始资料的真实性。在计划经济时代，灌浆资料作假属于“破坏国民经济建设”，是要给予行政处分甚至刑事判罪的。现在投标单价低、计量方式不合理，灌浆工人想方设法要吃饭，何罪之有？因此首先解决这个问题，笔者在《再谈灌浆工程计量——兼议灌浆施工乱象的治理措施》一文中已有论述，此处不再赘言。

（2）如国际大坝委员会所述，灌浆系统自动化本身不可能提高灌浆的效果。但我国的业主却把灌浆资料加工生成的自动化、信息化，当作管控承包商、提高灌浆质量的重要手段，这是走向了一个误区。

（3）主体错位。灌浆工程资料自动化处理的主体应是施工单位，现在有的工程主要由业主主导，由教学或仪器生产单位编制程序，不让施工单位参加，那些人有很高的计算机水平，但是不懂灌浆技术，实际搞出来的东西华而不实，甚至存在错漏，笔者在工地不止一次发现。

还有其他一些问题，但这三方面是主要的。解决了这些问题我国的灌浆资料自动化处理才能走上良性发展的轨道。

8 结束语

（1）灌浆工程资料是灌浆工程非常重要的组成部分，我国灌浆规范对灌浆资料的收集整理分析有比较明确的规定，工程实践中总的执行情况是好的。但是近些年来由于各种原因也出现了某些施工单位不重视灌浆资料、不按规范要求整理分析灌浆资料、编造假资料等问题。

（2）搞好灌浆工程资料的整理分析要从工程开工时抓起，要按照有关的国家和行业档案管理规定，按照灌浆规范的要求，统一一个工程多个承包商的资料目录、形式、规格等，避免各行其是，避免事后返工。

（3）要按灌浆规范要求，搞好原始记录，搞好成果图表的整理分析，编写好施工总结报告。灌浆工程资料的编整工作既有规范性，也有灵活性。允许资料人员发挥创造性。各

工程应在努力提高实物质量的同时，提交高水平的工程资料。

（4）灌浆工程资料整编自动化信息化是整个灌浆施工自动化的一个组成部分，目前我国的灌浆施工的机械化自动化水平提高不快，任重道远。灌浆工程资料整编的计算机化已经达到了较高的水平，但须解决资料来源失真、开发目的不明和开发主体错位等问题。

参 考 文 献

[1] 孙钊．大坝基岩灌浆［M］．北京：中国水利水电出版社，2004.

[2] 夏可风．水利水电工程施工手册 地基与基础工程［M］．北京：中国电力出版社，2004.

[3] 姜命强．对基础处理工程施工竣工资料整理的几点看法［C］//夏可风．水利水电地基基础工程技术创新与发展．北京：中国水利水电出版社，2011.

[4] Weaver K. 大坝基础灌浆［R］．中国水利水电工程总公司科技办，中水基础局科研所，编译．1995.

关于灌浆工程量计量方法的研讨与建议

【摘　要】 灌浆工程是隐蔽工程，灌浆工程的计量具有复杂性和可变性。我国灌浆工程的工程量先后主要采用按灌浆孔进尺（延长米，m）和灌浆注入量（吨，t）两种计量方法。实践表明，这两种方法都有较多不完善之处，本文以岩石地基帷幕灌浆为例进行讨论分析，并提出改进的建议。

【关键词】 灌浆工程　计量方法　研究　建议

1　灌浆工程量计量的重要性和复杂性

为了计划建筑工程的造价和工期，需要准确计算建筑工程的工程量。工程量是建筑工程中代表其物质及劳动消耗量的一项指标，它应是便于测量和计算的物理或几何数值单位。测量、计算和确定这个工程量的数值多少就是工程计量的任务。对于有形的工程来说，这并不是复杂的问题，但对于灌浆工程来说一直是一个复杂和困难的问题，虽然灌浆技术的出现和发展已有200余年历史，但它的计量问题至今没有得到完满解决。

岩石地基水泥灌浆工程按我国目前常用的孔口封闭灌浆法而言，单个灌浆孔的基本施工工序有：钻机移位安装，孔口管段的钻孔、连接灌浆管路、安装灌浆塞、灌浆、镶铸孔口管，各灌浆段钻孔、安装孔口封闭器、连接灌浆管路、裂隙冲洗和压水试验、灌浆，封孔。而一个单元工程的施工通常还包括先导孔、检查孔施工和测试检查等。

一个灌浆工程的造价需要把各个工序的单价合计起来，根据各个国家、地区和工程的不同，以上各个工序也不一定都分项计价。如国外工程有的对设备转移和安装、灌浆管路连接、灌浆塞安装等进行分项计价，以操作一次为计量单位。而我国这几项通常都不单独计价，而是包含在钻孔和灌浆两项工序中。

钻孔和灌浆两项工序中，钻孔的工程量一直是以钻孔累计长度（延长米，m）为单位来计量的，这种方法测量计算简单、直观，不易产生异议。不同的钻孔要求和施工条件，单价也会不同，如先导孔、检查孔的钻进、岩石不同的可钻性、不同孔径、角度、深度等，但都可以比较容易和准确的制定出相应的单价来，施工时对照使用，实施起来通常变化不大。实践表明，钻孔工程的计量方法是科学合理和可行的。问题是灌浆工程（工序）的计量和计价一直解决得不好，特别是近年来较多的工程出现了灌浆工程大量突破概预算的情况，需要进行认真研究和解决。

与一般工程比较起来，灌浆工程量计量的复杂性在于：

（1）由于受灌地层地质条件的复杂性和勘探资料的局限性，使得对灌浆工程量的计划

本文原载《水力发电》杂志2006年第10期。

和预算具有较大的不确定性；

（2）由于灌浆工程的隐蔽性，使得灌浆工程量（主要是注入量）难以甚至无法直接测量。

（3）由于施工、监理和设计人员的经验及其对灌浆技术、工程条件的把握和理解，其实施方法和操作工艺具有较大的个性差异。也就是说，对于同样的技术条件（地质条件、工程要求等），不同的人员来设计、监理；或者同样的设计，不同的人员来施工，虽然质量都能满足要求，但所使用的方法和对工艺过程的掌控有所不同，因而耗用的成本可能有很大的差异。

2 我国灌浆工程计量方法的演变

中华人民共和国成立以后，水利水电行业很早就制定和颁布了工程预算定额，并经过了多次修订。其中许多次对灌浆工程的计量方法和定额标准进行了修订，各次修订的时间和主要变更见表1。从表中可见：

（1）新中国成立初期，我国的灌浆工程将钻孔和灌浆捆在一起，以进尺（m）为单位进行计量。

（2）1965年，钻孔和灌浆分开，各自制定单独的定额，灌浆定额的划分条件为岩石的单位吸水量（ω 值）。

（3）1980年，增加了“小孔径高压灌浆”项目，定额等级划分条件由岩石的“单位吸水量”改为“单位干耗量”，但计量单位仍为进尺（m）。

（4）2004年，考虑到以灌浆孔长度（m）为计量单位的一些不合理性，同时便于与国际接轨，电力行业颁发的《水电建筑工程预算定额》对灌浆工程改用了以水泥注入量（吨，t）为计量单位。也就是说，我国长期以来采用进尺作为灌浆工程计量单位的传统作法自此被改变了。

（5）但是，水利行业至今仍执行水利部2002年预算定额，灌浆工程仍以灌浆孔长度m为计量单位。如此，我国目前水利和电力（水电）两个行业的现行预算定额，它们对水泥灌浆计量单位的规定是不同的。

表1　　水利水电灌浆工程预算定额计量方法演变表

时　间	发布单位及定额名称	灌浆工程量计量计价方法
1957年	水利部《水利工程预算定额（草案）》	设有“基础阻水幕灌浆”一节，定额中将钻孔与灌浆合在一起。分不同岩石等级，按“每10m灌浆孔”为计量单位规定人、材、机的预算定额
1965年	水利电力部《水利水电建筑工程预算指标（征求意见稿）》	钻孔与灌浆分开，各自作为独立定额。灌浆工程按不同的岩石单位吸水量，以“100m”为计量单位规定人、材、机的预算定额
1973年	水利电力部《水利水电工程预算定额（讨论稿）》	计算方法同上，调整了部分定额数据
1980年	水利部、电力部《水利水电工程设计预算定额》	增加了“坝基岩石小孔径高压灌浆”项目，灌浆定额说明中增加了“水泥及化学材料的用量可按实际资料调整。”定额的划分条件由“单位吸水量”改为“单位干料耗量（t/m）”，但计量单位仍为“100m”，其他计算方法同上，并调整了部分定额数据

续表

时　间	发布单位及定额名称	灌浆工程量计量计价方法
1986 年	水利电力部《水利水电建筑工程预算定额》	孔口封闭灌浆（集中制浆）规定的预算定额为“单位：100m”。1986 版定额主要是进行了一些数据上的修改，计量方法未变
2002 年	水利部《水利建筑工程预算定额》	计量方法与 1986 年预算相同，调整了部分定额数据
2004 年	水电水利规划设计总院、中电联水电建设定额站《水电建筑工程预算定额》	采用了以水泥注入量（吨，t）为计量单位。注入量指充填岩体裂隙和钻孔的净水泥重量，施工过程中各种损耗计入相应定额消耗量中。定额等级划分的条件为岩石的“单位干料耗量（t/m）”

3　国外灌浆工程量的计量方法

20 世纪 90 年代，我国的一批引入外资的工程，如二滩水电站、小浪底水利枢纽等的灌浆工程部分地采用了以水泥注入量（吨，t）为计量单位，同时它们增加了灌浆塞的安装（以“次”为计量单位）和压水试验（以试验时间为计量单位）等项目。

由哈扎国际工程公司咨询的二滩水电站灌浆工程计量包括钻孔和灌浆两大项：钻孔，以延米计，工作内容包括覆盖层或填土中的钻孔、岩石或混凝土中的钻孔、灌浆孔的复钻，钻孔取岩芯，以延米计，冲洗及压水试验，以台时计；灌浆，以注入孔中的水泥的重量（吨，t）计等。

美国陆军工程兵团《工程师手册》规定的灌浆工程分项预算项目为：施工准备与施工撤离、环境保护、钻灌浆孔、钻先导孔、压力冲洗与压水试验、浆液灌注、灌浆管路连接与灌浆塞安装、灌浆材料、管材与配件、钻排水孔。该手册提出了对灌浆工程注入量的各种估算方法。

（1）灌浆试验法。对于大中型工程来讲，建议在详细的灌浆设计之前，进行一项现场灌浆试验，选作试验的地点应当具有代表性。这些试验能为估算灌浆量提供准确的资料。

（2）工程类比法。即参考地质条件与岩石类型相似地区的工程的灌浆成果来确定本工程的灌浆注入量。它要求设计人员有丰富的经验与学识，以便合理地运用参考工程的资料。应用这种方法的主要问题是，灌浆方法可能不同，或者从事灌浆的人的观点不同，在类似环境下工作的不同灌浆技术人员，按照其各自不同的技术，会给出差别相当大的浆液用量值，但在每一种场合里却都能取得良好的灌浆效果。

（3）利用勘探资料评估法。手册认为这种方法虽然是基本的和必要的，但是并不可靠，原因是有许多在勘探钻孔压水试验时吸水的岩层，有的并不吸浆。

（4）单位吸浆量分区估算法。这种方法实际上是把坝址区按地质条件划分为较小的灌浆区，然后根据每一区的岩体渗透系数，分区估计单位吸浆量。

该手册认为，对于多数大型工程而言，需同时应用上述各种方法，将所得结果加以比较，以完成恰当的灌浆估算。他们认为，钻孔与灌浆计划所涉及的工作，在施工之前只能是近似的。虽然为了投标，估算了工程量，但通常都有很大的变化。

该手册还建议了另外的两种灌浆计量方法：①按灌注工作时间（小时，h）计量付款，小时费用中计入了浆液注入孔内的劳力和设备使用费。②在广泛采用很稀的浆液来灌注细小裂隙的场合里，可按灌注浆液的总体积（立方米，m^3）来付款，这种方法能保证承包

人在长时间灌注小量水泥的情况下得到公平的报偿。

国外灌浆工程不仅计量方法区别于国内，而且对工程承包商的要求也不一样。一般情况下，承包商的责任就是按要求灌浆，而不对灌浆效果负责，在监理工程师的指示下，灌了一序，再灌二序……三序四序，直至在指示下停止。什么时候达到了灌浆效果，或效果不理想，均不用承包商操心和承担责任。

还有，国外一般采用自下而上纯压式灌浆方法，这种方法灌浆时间集中，便于进行监理，操作人员不容易随意扩大注入量，浆液浪费也少，这是有利于灌浆工程量计量的。

4 各种计量方法的优点及其存在的问题

4.1 进尺计量法

这种方法以灌浆孔的长度（延长米，m）为计量单位，它的优点是：

(1) 计量方法简单明了，工程量计算简单直观。灌浆孔的长度是一个容易测量和不会有很大变化的数据，即使由于各种原因，孔数、孔深可能发生一些增减，但其变化是直观的，一般数量也是有限的，实际工程量与设计工程量的差距一般可控制在较小的变动范围内。

(2) 由于单位注灰量在一个确定的指标内包干使用，每一段灌注多少与工程费用不挂钩，因而灌浆记录等成果资料的真实性易于保证。

(3) 能够鼓励承包商发挥技术的优势。任何工程的建设原则都应当是以尽量少的投入获得最好的或者是必要的效果，灌浆也应当是这样。灌浆是一种技艺，有的专家说是一种艺术，灌浆效果的好坏并不一定与注入量的多少成正比。一般来说，当地层可灌性不好时，应当设法多注入一些浆液；反之，地层可灌性好，或是在岩溶发育地区，则应当控制浆液的扩散范围，以较少的注入量获得预期的灌浆效果。在灌浆材料数量总体包干的计价条件下，降低消耗对承包商是有利的，因此它实际上鼓励承包商运用经验和技术，在施工中力争低耗、高效、优质或质量合格。

(4) 我国实行这种方法有较长的历史和较多工程的经验可以借鉴。

这种方法也具有一些突出的缺点：

(1) 单价由被灌岩层的平均透水率（或灌浆孔平均单位注入量）确定，但岩层的透水率（或单位注入量）具有不均一、不易准确测定的特点，因此确定代表整个坝址（或承包工程的灌浆区）的平均透水率（或单位注入量）是确定单价的关键，但如何使这一数据准确合理，常常比较困难。

(2) 即使工程开始时，透水率（或单位注入量）的确定是适宜的，但由于地质意外，或灌浆压力等参数的不同，实际的水泥注入量和其他各项消耗可能与预算单价中定额指标有较大差别，因而有导致出现较大的亏损或盈余的风险。

当实际注入量出现超过定额指标的情况时，承包商常常会提出补偿要求，从而在施工中发生扯皮现象，严重时影响施工正常进行。

(3) 在这种计价方式下，承包商争取经济效益的动力主要表现为尽量减少注入材料和工时（包括机械台时）消耗，即减少注入量和缩短灌浆时间。其具体措施是降低灌浆压力、加长灌浆段长、简化灌浆工艺、放松结束条件等。从而可能导致“灌浆不足”，严重者灌浆质量达不到设计要求。

（4）许多灌浆工艺的差别和设计要求未反映到单价中，如灌浆压力的大小、灌浆段长的增减、灌浆方式（循环式与纯压式等）的不同、裂隙冲洗与压水试验的方式和时间长短、结束条件的宽与严、防渗标准的高与低等，而这些工艺的改变大都对施工成本有不小的影响。

4.2 注入量计量法

这种方法以注入岩体裂隙中的水泥注入量（吨，t）为计量单位。它的优点是：

（1）注入量的多少在较大程度上直接反映了承包商投入的材料、工时消耗，因而以实际注入量计量灌浆工程量，从而计算工程费用，具有理论上的合理性。

（2）多灌多计费，少灌少计费，大大地减少或免除了承包商的风险，调动了承包商多灌浆的积极性。

（3）承包商的利益驱动主要表现为扩大工程量，即尽量多注入浆液，因此一般不用担心"灌浆不足"。而在注浆困难的条件下，习惯看法"多灌一些浆液总是好的"。

它也同样存在明显的缺点：

（1）工程量不能准确预计，对工程量的变化难以控制，实际工程量可能与设计工程量相差很大，从而工程费用也可能相差很大。我国已有不少这样的实例，有的结算工程量达到设计工程量的3倍。

（2）单价的确定与单位注灰量有关，单位注灰量又与地质条件有关，由于地质条件的不均一性，要准确合理地确定代表整个坝址（或承包工程的灌浆区）的平均单位注灰量，技术上是有困难的。因而所确定的单位注灰量具有很大的风险性，对于业主和承包商都是这样。因此，这会使得不同单位投标的单价差别很大。招投标的时候，业主希望尽量压低灌浆单价；施工的时候，承包商就用尽量多灌浆液来找回效益……这样就导致了一场没有赢家的游戏：业主输了钱，承包商输了信誉和技术，工程遭到了损害。

（3）由于单位注灰量的多少与工程费用直接挂钩，因而灌浆成果资料的真实性受到很大影响。例如某工程地下厂房位于Ⅱ类、Ⅲ类辉绿岩岩体中，其厂前防渗帷幕双排孔灌浆1.18万m，平均单位注入量362kg/m，后灌排Ⅲ序孔平均注入量仍在250kg/m以上。这样的灌浆资料叫人如何相信呢？它对评价灌浆效果有害无益。

（4）承包商为尽量扩大工程量，愿意尽可能地采取措施多灌入浆液，如加大灌浆压力等，往往导致"过量灌浆"，甚至引起地层或建筑物的破坏。

（5）许多灌浆工艺的差别未反映到单价中，如灌浆压力的大小、灌浆段长、灌浆方式（循环式与纯压式等）、裂隙冲洗与压水试验的方式和时间长短、结束条件的宽与严等，这些工艺要求的不同对施工成本有不小的影响。

我国现行的注入量计量法只考核注入量的多少，其他工序（如灌浆系统安装、压水试验、扫孔等）不单独计价，这过于简化，导致了承包商的另一风险，如注入量小于预计值时就会亏损。例如有的灌浆段注入量为0（实际上是常有的），那么承包商这一次作业的收入就是0，这显然是不合理的。

（6）承包商的技术和经验得不到发挥，许多应当采取的限制注入量的措施，承包商没

有积极性。变相地鼓励了浪费。

（7）虽然确定了以注入量为计量单位，但这仅仅是一个工程结算单位，另一个工程单位——灌浆长度（m）依然不能舍弃，当计划和考核工程进度时，只能用灌浆长度而不便于使用注入量。

4.3 灌注时间计量法

这种方法以灌浆历时（h）加上注入量（t）来进行计量。

为了尽量减少业主和承包商的风险，使灌浆计费尽量公平合理，国外有的工程实行了按灌浆历时加注入量的计量方法。这种方法是将灌浆价格分解为灌浆工时价格（元/工时）和注入材料价格。承包商按在灌浆施工中消耗的灌浆设备运转台时（包括灌浆、搅拌制浆、配套钻机以及记录仪等设备使用及机上机下人工，以元/台时计费），消耗的灌浆材料（水泥、膨润土、外加剂等，以注入量按元/t 计费）以及一些辅助项目如安装灌浆塞等，结算工程费用。在这里，前一项费用主要反映了灌浆的难易程度，灌浆时间长多计费，反之少计费，后一项费用中仅仅为注入材料加适当损耗的材料费，不包括灌注这些材料的人工和机械费，两项都按实际发生计量、计费，因而在更大的程度上减少了承包商的风险。

这种计费方式对于承包商来说，灌浆材料基本上没有什么利润，主要的利润空间在灌浆台时费里。而对于一个灌浆工程来说，到底需用多少台时，也是难以确定的，承包商担心使用的工时太少，业主担心发生的工时太多。而不同的操作工人完成同一个灌浆孔段也完全可能会消耗不同数量的工时。另外，这种计费方式也没有反映施工人员的技艺：如何用较少的工时和材料消耗达到良好的灌浆效果。

这种计量方法国内还没有应用，有关部门发布的概预算定额缺少灌浆台时的定额标准。

4.4 各种计量计价方法对灌浆工艺因素的考虑

灌浆施工中除了自下而上、自上而下、孔口封闭、循环式、纯压式等灌浆方式方法对灌浆工程成本有影响外，还有许多工艺参数对工程成本也有较大影响，例如灌浆段长、灌浆压力、注入率、冲洗和压水试验的方法和时间、灌浆结束条件等。一旦工程单价确定以后，这些因素的变更在有的计量方法里能反映到工程量里去，从而计入工程费用，有的却不能，如表 2 所示。施工时有的设计或监理人员因担心灌浆质量达不到要求，将灌浆工艺设计得很复杂，段长越小越好、压力越大越好、冲洗和压水试验时间越长越好，待凝时间越长越好、复灌次数越多越好、结束条件越严越好等，这里面有许多是一种误解，它加大了施工成本，但不一定对质量有好处。实施中应当注意处理好其中的得失关系。

表 2　　部分灌浆工艺参数对灌浆价格的影响表

工　艺　参　数	进尺计量法	注入量计量法	灌注时间计量法
灌浆分段及段长	×	×	○
灌浆压力	×	○	○
注入率、注入量	×	○	○
冲洗和压水试验	×	×	○

续表

工艺参数	进尺计量法	注入量计量法	灌注时间计量法
待凝	×	×	○
复灌	×	○	○
结束条件	×	×	○

注 1. ○—工艺条件改变对成本有影响，也可以反映到单价中。
2. ×—工艺条件改变对成本有影响，但不能反映到单价中。

4.5 消除各种计价方法弊病的对策

一种方法的存在或产生，自有它合理的一面，也会有它不利的一面。管理者的职责就是应当扬长避短，限制、消除其不利的后果，并且探索建立新的利多弊少的机制方法。

对于进尺计量法，管理监控重点应当是防止“灌浆不足”。如何防止灌浆不足，有难处，但也有比较成熟的经验，因为长期以来，可以说主要是与这种倾向作斗争，我们的灌浆规范里的许多条文总结了这方面的经验。

对于注入量计量法，管理监控重点应当是防止“过量灌浆”，基本上不用担心“灌浆不足”。对于这一方面，我们的经验相对较少，在设计这种计量方法的时候，准备不足。而2001版以前的灌浆规范对防止过量灌浆规定不明确，甚至缺项或内容相反。而有些工程的管理者（包括有的设计人员和监理工程师）这方面的经验更少，他们像往常一样照搬灌浆规范，把许多防止灌浆不足的条文应用到新的工程中去，这样一来造成灌浆过量，工程超量，投资超计划就难以避免了。

5 与灌浆工程量计量有关的其他因素

5.1 灌浆过程中的水泥损耗问题

只要进行灌浆，就会有注入量和损耗。什么是注入量？由水电水利规划设计总院、中电联水电工程定额站发布的2004年版《水电建筑工程预算定额》中第7章基础处理工程说明中写道：“本章岩石基础水泥灌浆均按充填岩体裂隙和钻孔的净水泥重量计量，施工过程中各种损耗已计入相应定额消耗量中。”很明显，这里所谓的注入量就是指充填岩体裂隙和钻孔的净水泥重量，不包括正常损耗和浪费量。

灌浆专家孙钊在《大坝基岩灌浆》一书中写道：“灌浆资料整理中，最基本、最重要的数据是各灌浆段在灌浆前的透水率与灌浆后的单位注入量……后者由灌浆段中实际注入岩层的水泥量（简称注入量）被灌浆段的长度去除，即可得出。在计算这个数值时，应该注意的是，它不包括管路和孔内占浆浆液中的水泥量。”该书中他还详细地阐述了如何计算和除去孔内和管内占浆的方法。另一本书，水利水电工程施工手册《地基与基础工程》卷中也叙述了这一规则。这就是说，技术和计量意义上的注入量，含义是一致的。

我国由于推荐采用循环式灌浆和孔口封闭法灌浆，因此浆液的损耗量很大，一般为15%～80%，单位注入量越小损耗越大（这正是孔口封闭法的严重缺欠之一）。例如五里冲水库帷幕灌浆，石灰岩地层，岩溶发育，灌浆工程量21万m，共注入水泥30283.00t，损耗5542.00t，平均单位注入量150.0kg/m，损耗量为总耗灰量的15%。长江三峡大坝

泄洪坝段，花岗岩地层，完整性好，主帷幕灌浆进尺 33178m，耗用水泥 1801.09t，注入水泥 333.6.0t，平均单位注入量 10.1kg/m，损耗量为总耗灰量的 81%。这两个灌浆工程均采用进尺法计量计价。但是，目前有一些工程，由于采用了注入量计量法，浆液损耗明显“降低”，有的甚至几乎接近零损耗，可惜这不是因为管理水平提高，而是他们把损耗的浆液都计算到注入量里面去了。

把损耗浆液计算到注入量里面，这不仅是经济上的作弊问题，而且它也使得灌浆资料失去了准确性，使得对灌浆效果和地层可灌性的评价失去技术依据。

5.2 关于灌浆自动记录仪

至今，使用自动记录仪测记灌浆施工参数的作业方式已经基本普及，但是如何对灌浆自动记录仪的功能定位却值得讨论。记录仪通常的功能是测量、显示和自动记录灌浆施工过程中的灌浆压力、注入率，有的还可以测量记录浆液密度，根据记录仪显示记录的数据，工作人员对灌浆过程进行实时调节控制。记录仪所提供的数据，主要是用于管理控制工作过程，而不是用来结算工程费用。记录仪的这种功能定位是作为工作计量器具。根据《中华人民共和国计量法》，一般的工作计量器具要定期进行校验（校验是指对所使用的自制、专用和非强制检定的通用计量、检测器具，按照规定的标准和方法检查其性能是否符合规定的要求。校验可由仪器使用单位自己进行，监理单位见证），但不是进行检定，更不是强制性检定（检定即计量检定，是指为评定计量器具的计量性能，确定其是否合格所进行的全部工作。计量检定必须按照国家计量检定系统表进行，必须执行计量检定规程）。

作为一般工作计量器具的记录仪，精度要求保持在压力 1.0%～1.5%、注入率 1.0%、密度 2.5%（也可不测密度）就可以了，管理起来比较容易，仪器价格也可降低一些。

可是，现在有些工程由于实行了按注入量计量灌浆工程量，业主为了计量准确，常常要求记录仪能够测量和记录浆液密度，并以记录的浆液注入量作为工程结算的依据。这样一来，记录仪就不仅是一般的工作计量器具，而且是一个用于贸易结算的计量器具。国家对于贸易结算计量器具管理是很严格的，首先按照本文上面提出的精度要求可能就不够了，其次必须进行强制检定，即到国家技术监督局指定的单位进行计量检定。但是，强制检定操作起来十分困难，因为记录仪是一种高科技的仪器，我国只有少数城市能对它进行真正意义上的精度检测，现在一些工程中对记录仪的所谓“检定”，不过是一种形式而已。还由于记录仪所提供的注入量数据就是结算工程费用的依据，因此一种人为的改变仪器量值的欲望和行动又应运而生。如此，大大增加了记录仪管理的难度，当然，仪器的价格也增加许多。

5.3 我国原灌浆规范中对防止过量灌浆规定不够

由于以前制修订规范时的条件，灌浆工程量的计量都是采用进尺计量法，因此规范中较多地注意了防止“灌浆不足”的问题，但对于防止“过量灌浆”却注意得不够。比如《水工建筑物水泥灌浆施工技术规范》（DL/T5148—2001）6.5.3 条规定：灌浆应尽快达到设计压力，但对于注入率较大或易于抬动的部位应分级升压。6.7.9 条规定：孔口管段以下 3 个或 4 个灌浆段，段长宜短，灌浆压力递增宜快；再以下各段段长宜为 5m，按设计最大灌浆压力灌注。6.7.13 条规定：各灌浆段的结束条件为：在该灌浆段最大设计压力下，注入率不大于 1L/min，继续灌注 60～90min，可结束灌浆。

《水工建筑物水泥灌浆施工技术规范》（SL 62—1994）3.7.12 条规定：灌浆应同时满足下述两个条件后，方可结束：在设计压力下注入率不大于 1L/min 时，延续灌注时间不少于 90min；灌浆全过程中，在设计压力下的灌浆时间不少于 120min。

很明显，这些条文中的主旨都是担心灌浆压力太小，注入量不够，从而可能导致灌浆不足。

我们看看美国陆军工程兵团《工程师手册》中的下列条文：

“灌浆期间，压力的升高应加以控制，使它们一步一步地升高，直至达到所希望的灌注压力为止。

“应规定灌注浆液时的最大泵送流量，以便把浆液的输送限制在合理的范围之内，并更好地控制灌浆作业……浆液注入孔内的流量，必须由管理机构控制，只有在建立不起压力时，才采用最大流量……施工技术要求应明确指出，注入的流量将由发包官员代表控制。

“灌浆可以按最大灌浆压力一直持续到完全拒浆（指达到结束条件），虽然通常都不这样做。最常用来判定完成灌浆的方法有两种：一种方法规定，灌浆应一直进行到在四分之三最大灌浆压力时，灌浆孔不再吸浆为止；另一种方法则要求，灌浆应一直持续到按至少 5min 为一周期而测得孔的吸浆量为 10min 内 1 立方英尺（相当于 2.8L/min）或更少为止。”

又如，由美国哈扎国际工程公司咨询的我国二滩水电站技术规范中规定：“地基上抬应予以监测……一般来说，任何灌浆孔都不应该在最大灌浆压力下持续灌注 0.5h，或在 0.5 倍的最大灌浆压力下持续 4h。”

由此可以看出，外国灌浆工程师对防止过量灌浆给予了更多的关注。

还有，国外对灌浆的结束条件有的还规定了末序孔的吸浆量，即要求末序孔的单位注入量必须小于一定的数量，如 20kg/m、25kg/m 等。将这个条件与压水试验透水率一起作为岩体灌浆后是否达到密实的条件。当前我国有些工程末序孔注入量还有 100 多 kg/m，灌浆却能合格，这是奇怪的。

6 几点建议

目前计量方法虽然都存在缺陷，但一时还没有新的方法可以替代。对于灌注时间计量法，国内尚无经验，外国的技术和文化条件与国内有很大的差异，从博采众长的理想出发，可选取个别工程进行试验应用。现行的两种主要方法还是应当继续使用，但也应当针对不同的方法采取一些辅助措施，防止和减少偏差。

6.1 进尺计量法

这种计量方法仍然具有可行性，特别适用于岩体较好，注入量小的工程。对于注入量大的工程也有明显的优越性，即比较容易控制工程总价。建议：

(1) 通过工程类比、灌浆试验等方法，尽量准确地确定平均单位注入量，并适当留有余地。我国灌浆工程实例很多，经验比较丰富，对于一般岩层和透水率条件，估计一个相对可行的单位注入量不是难事。

(2) 这种计量方法对施工单位来说有时是很苛刻的，因此对于发生地质意外或某种特殊原因导致注入量严重超过预算定额（或投标单价）中的材料数量时，应当对施工单位进行补偿，局部超量可补偿材料费，大面积超量应当增补人机费。当然施工单位应积极采取措施防止或减少注入量超预计量。

(3) 允许施工单位运用自己的技术和经验调整施工工艺，合理利用资源，保障灌浆效果。不要随意增加工艺措施或将原有工艺措施复杂化，如有的工艺改变可能导致工程成本较大增加时，应当予以补偿。

(4) 严格执行灌浆规范，加强灌浆后质量检查，或采取第三方检查，防止灌浆不足造成质量达不到设计要求。

6.2 注入量计量法

这种计量方法，单位注入量的多少对制定单价（元/t）和施工后的工程总价影响很大，单价和工程量的矛盾很不好处理。建议：

(1) 由于事先对单位注入量的估计具有不确定性，因此预算或者投标时应当制定相对于不同单位注入量的多个单价，实施后对照使用。

(2) 除了对注入水泥量计量计价外，对灌浆系统（灌浆塞、射浆管、管路系统等）安装、压水试验等也应当分别计价。有的工程甚至孔口管、检查孔、临时设施等都不单独计价，是不对的。

(3) 灌浆施工技术要求要适应于注入量计量法，要有防止过量灌浆的措施。

(4) 对于岩体注入量可能很小或者很大的地层，都不宜于采用此种计量方式。因为注入量很小，必然单价就很贵；反过来高单价又容易诱发人为加大注入量的行为。如果注入量很大，例如岩溶地层，那么就特别需要用较高的灌浆技术，以较小的注入量获得较好的灌浆效果，而注入量计量法的机制与此是背道而驰的。

7 结束语

(1) 灌浆工程是复杂的隐蔽工程，灌浆工程量的计量具有复杂性，灌浆前任何精确周密的估算都是近似的，施工后实际灌浆工程量比预计量发生较大变化，乃是常见的现象。

(2) 灌浆工程量的计量计价问题是一个涉及技术、经济和管理的大问题，是一种机制。一个好的机制可以促进技术和生产力的发展；相反一个不好的机制会抑制技术的进步，造成资源的浪费和损失，甚至引发出许多荒谬的事情来。

(3) 区别不同情况，现行的进尺计量法和注入量计量法都是可用的，但都需要采取一些辅助措施，以增加准确性，减少偏差值。

再谈灌浆工程的计量方法兼议灌浆施工乱象的治理措施

【摘要】 我国水利水电建设灌浆工程的招投标和施工中出现了一些乱象，分析认为不合理的计量计费方法是这些乱象的出现的主因。灰量计量法指标模糊，背离计量规律，鼓励浪费，应当改进或废止。消除乱象要靠合理的计量规则，有效的技术措施，优选施工企业，合理确定标价，合同留有余地，建立参建各方的和谐工作关系。从长远计，应进一步提高钻孔灌浆施工的机械化程度，提高工效，改善劳动条件，实现技术升级。

【关键词】 灌浆工程　计量方法　乱象　治理　技术升级

1　问题的再提出

当前，在我国水利水电建设的部分灌浆工程的招投标和施工中出现了一些乱象，这些乱象的出现固然与社会环境有关，但与我们的行业管理，特别是灌浆工程量的计量规则不当有很大关系。制度决定行为与结果，不合理的制度自然导致不轨的行为和荒唐的结果。

几年前，笔者曾写过一篇文章《关于灌浆工程量计量方法的研讨与建议》[1]，该文以岩石地基帷幕灌浆为例，对灌浆工程计量的复杂性和多变性，以及各种计量方法的优点和缺点，进行了研究和阐述。那时一些问题暴露还不像今天这样严重，因此文章阐述尚不透彻。如今仍有大量工程采用不合理的计量方法，导致乱象丛生，给工程造成很大的被动。

本文以高压帷幕灌浆为例，针对由灌浆计量而引起的多种问题及其解决措施进行研究和讨论。对于文献［1］已经阐述过的内容一般不做重复。

2　我国水利水电灌浆工程采用的计量方式

当前我国水利水电工程灌浆工程量的计量计价主要是依据下列文件。

2.1　水利行业

《水利工程工程量清单计价规范》（GB 50501—2007）A.7.1 规定，岩石层帷幕灌浆、岩石层固结灌浆，按招标设计图示尺寸计算的有效灌浆长度（m）或直接用于灌浆的水泥及掺合料的净干耗量（t）计量，计量单位 m 或 t。同时还规定，补强灌浆、浆液废弃、灌浆操作损耗等所发生的费用，应摊入岩石层帷幕灌浆、固结灌浆有效工程量的工程单价中。

水利部 2002 年发布的《水利建筑工程概算定额》七-4 坝基岩石帷幕灌浆、七-5 基础固结灌浆、七-6 隧洞固结灌浆中，计量单位均为“100m”。

本文原载《水力发电》杂志 2013 年第 7 期，收入时有修改。

2.2 电力（水电）行业

水电水利规划设计总院、中国电力企业联合会水电建设定额站发布的《水电建筑工程预算定额》（2004版）7.10～7.13、7.15、7.16中，计量单位均为“t”；国家能源局颁布的《水电工程施工招标和合同文件示范文本》（下册）技术条款2010年版，11.13.2“灌浆”中规定，帷幕灌浆、固结灌浆应按施工图纸所示，并经监理人验收确认的灌入岩体的干水泥重量以吨（t）（或以延米）为单位计量，按工程量清单中灌浆项目单价支付。单价中包括水泥、掺合料、外加剂等材料的供应，灌浆作业以及各种试验、观测、质量检查和验收等费用。同时也规定，灌浆过程中正常发生的浆液损耗应包括在相应的灌浆作业单价中。

上述文件和资料表明，我国水利水电行业灌浆工程量的计量主要采用了两种方法，即按灌浆孔进尺长度（m）为计量和支付单位的进尺法，按注入水泥质量（t）为单位的灰量法。水利工程首推进尺法，水电工程首推灰量法，但文件上也并未排除另一种方法。

在灰量计量法中每吨单价通常又按平均单位注入量的多少分为若干档次，比如当单位注入量在100kg/m以下时为4000元/t，100～200kg/m为3000元/t，200～300kg/m为2000元/t等。统计平均单位注入量的工程单位有的为整个合同的该项灌浆工程，也有的以单元工程为单位，有的甚至以一孔、一段为单位。

3 采用灰量计量法出现的问题

在工程实践中，两种计量方式各有利弊[1]。但是自近十至二十年以来，许多采用灰量计量法的灌浆工程问题尤其突出。

（1）单位注入量畸大，灌浆数据失去技术价值。表1为20世纪80年代至最近完成的我国部分水电站、水库和巴西巴拉圭的伊泰普水电站的灌浆工程的单位注灰量数据。

表1　若干大坝帷幕灌浆单位注入量情况表（国内工程以完成年代为序）

序号	工程名称	灌浆项目	基岩简况	工程量/m	单位注入量/(kg/m)	防渗标准/Lu	施工时间/年	灌浆计量法
1	乌江渡水电站	帷幕灌浆	石灰岩	190000	294.7	1	1973—1982	进尺法
2	龙羊峡水电站	基础帷幕	花岗岩	93681	20.48	1	1982—1990	进尺法
3	五里冲水库	主帷幕	石灰岩	214000	150.4	1	1991—1995	进尺法
4	二滩水电站	基础帷幕	玄武岩	52814	16.95	1	—2000	进尺法
5	长江三峡工程	主帷幕	花岗岩	130703	8.69	1	1998—2005	进尺法，灌注湿磨水泥
6	广西某水电站	帷幕	辉绿岩 硅质岩	22104	**306.67**	1、3	—2005	灰量法
7	贵州某水电站	帷幕	石灰岩	54247	**575.59**	1—3	2007—2008	灰量法，粉煤灰水泥浆
8	四川某水电站1	河床及右岸帷幕	玄武岩	81079	**226.19**	3	2006—2009	灰量法
		左岸帷幕	花岗岩	108429	**205.2**	3		

续表

序号	工程名称	灌浆项目	基岩简况	工程量/m	单位注入量/(kg/m)	防渗标准/Lu	施工时间/年	灌浆计量法
9	小湾水电站	坝基帷幕	花岗片麻岩、斜长片麻岩	176764	6.26	0.5～3	2010	进尺法
		厂房帷幕		17707	**68.46**	1		灰量法
10	四川某水电站2	两岸帷幕	角砾集块熔岩	64196	**330.54**	1	2009—2011	灰量法
11	云南某水电站	主帷幕	变质砂岩	38590（部分）	**301.7**	2	2010—2013	灰量法
12	伊泰普水电站	帷幕	玄武岩 角砾岩	295000	15.0	1	1978—1982	不详

注 本表数据摘自相关工程的技术总结。

从表1中可见，第6～11号那些用粗体字示出的单位注入量比岩性条件基本相同的其他工程高出了若干倍，还有比这些更离奇的实例表中没有列入，它们的计量方式都是灰量法。同时期用进尺法计量的工程却没有出现这种离奇情况，可见社会环境影响是次要因素。灰量法计量得出的资料明显不可信，根据其数据根本无法进行技术分析，完全失去了技术意义和资料价值。

一些采用灰量计量法的工程，不仅注入量数据失真，岩体透水率也跟着作假，这是为了要制造一个岩体“可灌性好”的假象，营造大量吸浆的理由。有的工程一序孔灌前平均透水率为几十吕荣，试想，地质专家会选择这样的地点建坝吗？

（2）先进的灌浆理念和技术无法应用。任何先进的技术都是要实现优质低耗，少花钱多办事。灌浆也是这样，优秀的灌浆工程师和施工队伍应能做到用较少的水泥材料达到合格的灌浆效果，国际知名专家隆巴迪提出的GIN灌浆法第一要领就是在低压力灌浆时限制注入量[2]。可是采用灰量法计量灌浆工程以后，承包商为了追求经济效益，不吸浆的孔段要让它吸浆，少吸浆的部位要让它大耗浆，实在灌不进去的地段要弄虚作假，编造大注入量数字。各种科学处理渗漏地层的卓有成效的技术措施和经验难以付诸应用。

（3）先进的信息技术和监测系统失效。基于电子计算机技术的灌浆记录仪的发明和推广应用本来可以比手工记录能较好地保证灌浆施工记录的真实性，但是道高一尺魔高一丈，破坏和篡改灌浆记录仪的案例跟随发生。不少工程的灌浆记录仪成了虚假资料的伪劣打印机。

近年来，数字信息技术、物联网技术推广应用到一些大型的水电站灌浆工程上，即灌浆记录仪在施工现场监测采集的数据可通过无线或有线网络实时地传输到后方控制室，将灌浆过程置于更高层的监管之下。这本来是非常好的设施和技术，但是笔者在有的工程看到，由于基础管理工作的错误或缺失，从这些复杂精密的仪器里制造出来的竟然也是一本假账。

（4）恣意加大灌浆压力，造成过量灌浆，导致建筑物和岩体抬动破坏。为了获得最大的注入量，灌浆中故意加大灌浆压力。在注入量很大、岩层破碎、裂隙发育，甚至有抬动风险，应当使用较小压力灌浆时，也罔顾一切使用大压力注入，导致过量灌浆。其后果要

么造成巨大浪费，要么造成建筑物抬动破坏。某重要工程坝基固结灌浆竟然将 7.5m 厚盖重混凝土大面积抬动了 60 多 cm，裂缝几十条。

（5）大量的损耗计入到注入量内。单位注入量本来是指每米钻孔长度内的岩体注入的水泥质量，单位为 kg/m。这其中不包括损耗的水泥，例如管路、钻孔内所占的浆液，由于各种原因发生的弃浆，大量的冒浆、串浆等[3]（封孔所用的浆液和水泥量，可以计入该孔平均单位注灰量中）。《水电工程施工招标和合同文件示范文本》也要求“灌浆过程中正常发生的浆液损耗应包括在相应的灌浆作业单价中”。

我国多使用的孔口封闭灌浆法损耗量较大，通常为总耗用水泥量的 10%～80%（单位注入量越小，损耗量越多）。可是自从使用灰量计量法以后，这个数据被大大地缩小了，大量的损耗量被归入到注入量中计量，以加大工程量。

（6）监理工作难度加大。灌浆本来就是一项难于监理的隐蔽工程，进尺法所度量的每米工程量还基本上是一个有形的可测量的实体，但每吨工程量因其已注入地层中就变得不可捉摸了。灰量计量法使灌浆施工的过程变成了计量收费的过程，时时刻刻的操作都受到经济利益的驱动。对于监理而言监控每吨灌浆工程的进度和质量，比监控每米灌浆工程的进度和质量难得多了。

（7）工程量完成情况与施工进度控制的目标不一致。一个水电站灌浆项目的工程量在图纸上都是以延长米（进尺）来描述的，其施工进度的控制也是分阶段完成各个部位的灌浆进尺数，但是灰量计量法将灌浆工程量的描述变成了吨（t），而且很有可能吨数完成了，进尺却差的很多，到头来还得用进尺数来控制，这样就将一个一元参数的过程管理变成了二元参数的问题，复杂化了。

这也导致生产部门对任务的分解下达不便。以往通常是根据各方面情况下达作业机组每月完成钻孔灌浆多少米，现在麻烦了，完成进尺没有产值，需要规定一个机组每月完成灌注量多少吨。可以说，这下达的就是一个作假的指标，因为注入量只有完成后才知道，怎么能预先规定呢。

（8）常常出现“劳而不得”或“多劳少得”的反常现象。灰量计算法完全以灌浆注入量多少来计酬，但是岩体并不是处处吸浆，有的地段注入量很小，甚至为 0（这种情况并不少见），那么，承包商这次劳动所得就为 0，其间消耗的机时、工料、管理全“白费”了，岂不冤哉！

再则，有时候多灌也不多得，反而少得。比如本文 2（2）举例的分档计价方案：完成 1m 帷幕灌浆所得的工程费用，当注入水泥为 100kg 时，工程费为 400 元（适用计价标准 4000 元/t）；当注入水泥增加至 101kg 时，工程费反而降为 303 元（适用计价标准 3000 元/t），直至灌注量为 133kg，方可重新达到 400 元。这不荒唐而滑稽吗？但事实就是这样。所以承包商在灌注到某个档次边缘时，都会小心翼翼，唯恐越“雷池”一步。如此，灌浆质量怎能有保证呢？

（9）工程投资增加，甚至导致合同纠纷。采用灰量法计量的灌浆工程多数大大超过设计工程量（t），在灌浆进尺数没有大的增加的情况下工程投资大大增加，甚至变成无底洞，成倍几倍地增加。这种情况恶化了甲乙方互信关系或导致合同纠纷。承包商抱怨业主

刻薄，业主憎恨承包商无良无信。

灰量计量法的另一个不确定性就是随统计平均单位注入量的工程单位的大小而费用不同，甚至差别很大，导致争议发生。例如有的工程以整个合同工程量为统计单位，也有的以一个单元工程、或一个灌浆孔、甚至一个灌浆段为单位，都是自行其是。

（10）灌浆质量不保。本来，采用灰量计量法的初衷就是鼓励多灌，保证帷幕质量。有的业主和设计人员说，多灌总比少灌好，只要帷幕质量好，多花点钱没关系。事实说明这只是一个善良的愿望，有多个采用灰量计量法的灌浆工程，质量并不理想，有的第三方检查时大量试段不合格，有的蓄水后一再补灌，补灌工程量数万米，补灌孔大量吸浆。其原因就是因为资料是虚假的，浆液并没有灌到岩石里面去。因为有时候单价实在太低，多灌了也不挣钱，唯有假记录可无本万利。再说岩体也并非是随意想往里面灌注多少就可以灌多少浆的海绵体。

（11）潜规则盛行，恶化了社会和行业风气。由于灰量计量法中工程量的隐蔽性，作业人员容易作假，所以一些不良承包商采取了"低价中标、作弊挣钱"的对策。不少业主缺乏经验盲目选择低价中标，排斥守信誉的优秀企业，造成劣币驱良币。更有甚者，个别建设、监理、施工、记录仪商家几方人员相互勾结沆瀣一气分食国有资财。

4 种种乱象出现的原因

4.1 表面的原因及各方的责任

（1）承包商诚信缺失，利益驱动。灌浆本来是"良心活"。但在市场经济大潮的冲击下，社会上良心泯灭，物欲横流现象随处可见，承包商在利益和诚信面前放弃了诚信而选择了利益。为了更多更容易地挣钱，越来越多的承包商把承揽的工程以更低价转包给小企业或个体户施工；多年来用工制度改革的结果，训练有素的专业技术工人越来越少，一线岗位上的几乎全是农民工，他们素质参差不齐，讲诚信、负责任、技术高的少，有些人没有道德底线，许多人不懂得自己从事的工作事关大坝安危，他们只讲求现实利益，什么弄虚作假的事情都可以干得出来。

矛盾的另一方面也不容忽视，承包商实际上是弱势群体，他们要养家糊口购房安居，白干是不可能的。许多工程标价压得很低，循规蹈矩不能生存，于是逼上梁山，另辟蹊径，价格低了就在工程量上找齐。

（2）监理失职，失效。灌浆监理真要发挥有效的作用，必须具备三个条件：觉悟、经验、费用。觉悟包含多种品质，其中重要的也是诚信，不说假话、不做假证；经验主要指技术水平，他们应当比承包商更高一筹，灌浆专家孙钊说，监理工程师应当有10～20年的灌浆工作经验，但是许多工程的灌浆监理常常是刚刚毕业的大学生。现在一般工程的监理费都不高，现场旁站监理的工资更低，于是有的人就主动或被动地寻租，获利后撒手不管。

在不合理的计量制度面前，监理面临两难选择：要么严管，管死，直到运行不下去，导致重谈合同，修改计量方法。如果这条路走不通（笔者发现在很多情况下走不通），承包商就只有走为上策；再更换一个承包商，重复上面的过程……要么"睁一只眼，闭一只

眼”：把管质量的眼睛睁开，把管工程量（注入量）的眼睛闭上，只要工程安全不出问题也就罢了，这样虽然多花一点钱，灌浆数据没有意义，但业主监理施工三方勉强也过得去。这就是有操守的好监理了。

（3）记录仪厂商不良。灌浆记录仪本是一种计量器具，根据《中华人民共和国计量法》，计量器具分为工作计量器具和贸易结算计量器具，前者提供的测量数据只供工作过程控制使用，后者提供的数据用于结算付费。由于结算付费涉及经济利益，所以有些人就喜欢在它的身上做起损人利己的文章，如市场上的电子秤、加油站的油量表等经常遭到不法商人的私改一样。正因为如此，贸易结算计量器具要受到国家技术监督局和工商管理的强制性和严厉监管。

灌浆工程如采用灰量计量法时，灌浆记录仪就兼备了工作计量器具和贸易结算计量器具功能。可是，它受到的监管实质上却处于缺失状态。一个懂得点计算机知识的人就可以开一家记录仪装配公司，销售关系到几千万元甚至更多的工程款的灌浆记录仪，他们自说自话，搞不正当竞争，生产出各方都“满意”的劣质记录仪。

（4）业主不开明，逼良为娼。业主的开明、精明、严明是工程建设成败的关键，灌浆工程尤其是这样。有些工程的业主低价选择承包商，又制定了许多苛刻的条款，堵死了可能发生“变更”的每一个口子，自以为得计，实则也堵死了自己的路。确有精明的业主认识到这一点，在灌浆项目的开头制定正确政策或中途调整政策，既开明又严明地管理灌浆工程，各方努力而和谐地工作，工程取得良好效果。

但不明智者也非个别，笔者曾与一位讨论，告诫他灌浆计量的结果应是使承包商的诚实劳动能获得合理的收入，维持运转并有所余。不料答曰：不能听他们的，他们贪得无厌。这是一种偏执和错误的认识，即使按照市场规律办事，业主或雇主给雇工按劳付酬是一个原则，是雇主的责任，而不能以被雇佣人的品德为转移。再说承包商作为一个群体，他们的本色是勤劳而不是贪婪。

还有的业主对灌浆缺少深入了解和研究，认为灌浆单价无论给多少，承包商都能挣钱，那为什么不往低压？他们也许真的不知道在扭曲的情况下承包商是如何违心而又为难地挣了钱的。他们以错对假，承包商再以假对错，恶性循环。

严格地说，计量、交换、分配，是生产关系的一部分，生产关系必须与生产力相适应，这是政治经济学规律。如果当按劳付酬得不到正确执行，诚实劳动者入不敷出的时候，“巧取”甚至“豪夺”就成为必然的了。

业主在工程建设和各方关系中，具有组织者的主导地位。笔者考察过许多灌浆工程，搞得好和搞不好的，其功过都首推组织者。

4.2 制度上的原因，计量方式不合理

灰量计量法的不合理之处主要有如下方面：

（1）指标模糊，背离计量规律。灰量计量法背离灌浆规律，也背离计量规律。计量是对一个事物的量的描述，它应当最接近有形化和直观化，应当具有唯一性和确定性。有些抽象或带有隐蔽特征的事物（如灌浆）如果一个特征难以完全描述的话，也可以用两个特征来描述，但其第一特征，或基本特征应当是较直观的、便于测量的，灌浆长度（进尺）

和灌浆注入量比较起来，前者更具备基本特征的条件。

灰量计量法以“注入量”这样一个既不唯一，又不确定，第三方无法测量的特征作为计量单位，以这个数据作为支付的凭据，其结果肯定是只有天知地知他知了。

灌浆单位注入量本身不是一个精确数。我国《水工建筑物水泥灌浆施工技术规范》上规定“计量误差应小于5%”，欧美灌浆水泥常常以“袋”（1立方英尺合94磅，42.7kg）来计量。同样的地点由不同的人来进行灌浆，达到同样的防渗效果，注入的水泥量不会一样。灌浆施工中废弃的水泥很多时候比注入岩体或孔中的水泥还多。以这样一个缺乏确定性的物理量来作为灌浆工程量计量和计价的载体，必然要带来许多不确定的问题。

（2）助长浪费。灰量计量法是一个助长浪费的制度，你灌得越多我就给你钱越多；反之，你开动脑筋，运用经验和技术保证了质量，减少了注入量，你得到的收入反而少。这是明显的奖劣汰优。

（3）价格变化幅度大，各方风险大。由于岩体的吸浆量不同，注入一吨水泥的实际价格差别巨大。表2为设定几种单位注入量条件下，进尺计量法和灰量计量法对应的粗略估价。

表2　　灰量计量法和进尺计量法灌浆单价对比表

序号	单位注入量/（kg/m）	进尺法计量单价/（元/m）	灰量法计量单价/（元/t）	
			换算得出	市场常见价格
1	5	400	80000	1000～5000
2	10	400	40000	
3	50	400	8000	
4	100	400	4000	
5	200	500	2500	
6	500	500	1000	

表中序号1、2项的单位注入量和每米单价大致是十多年前我国两个重要工程灌注细水泥的实际数。从表中可见，如果要较准确地反映实际，灰量计量法的单价应为1000～80000元/t。如此大幅度的变化对于招标和投标都是很难把握好的，无论给高给低都极易失当。而目前灰量计量法的市场常见价是1000～5000元/t，由此得到的结果就是许多工程的单位注入量变成大约100～500kg/m了。

（4）许多灌浆工艺的差别未反映到单价中。灌浆施工工艺参数中，灌浆压力的大小、灌浆段长、灌浆方式（循环式与纯压式等）、裂隙冲洗与压水试验的方式和时间长短、灌浆结束条件，以及待凝、复灌特殊情况处理等，都对施工成本有或大或小的影响。但是在灰量计量法中都没有被考虑到。当然，进尺计量法对这些因素也没有考虑或考虑得不全面。

4.3　其他不合理条款

灌浆工程的计量和支付规定中还有其他不合理的地方，试举几例：

（1）水泥浆液外加剂包含在水泥单价中。有些灌浆工程，特别是岩溶地区的灌浆工程

水泥耗量很大，需要添加水玻璃等速凝剂，以防止浆液流失过远造成浪费。在灰量法计量制度下，这本来是对业主有利的事，可是有些商务条款却规定外加剂不另支付。这真是蛮不讲理，也是把承包商当傻瓜，让他自己花钱堵死自己挣钱的路。

（2）检查孔工程量包含在灌浆总工程量中。检查孔包含在灌浆总价中不另支付既不合理，也极不便于操作。《水工建筑物水泥灌浆施工技术规范》规定，帷幕灌浆工程的检查孔按灌浆孔总数的10%左右布置。这里有几层含义：

1）10%非准数，而是“左右”。差一个孔可能就是上万元或几万元，我们的计量怎能这样粗放呢？

2）对于灌浆工程来说，检查孔既有检查的作用，也有寻找薄弱环节补强的作用。特别在地质条件复杂的情况下，检查孔的数量和比例很可能要超过10%，有的单元工程可能达到或超过20%，这都并非个案。但这种情况加量不加钱，实施起来非常困难。

3）即使在正常情况下，工程干到后期灌浆工程量已经完成，进度款也已结算，但剩下检查孔却没有资金支持，工程很不好组织。更为重要的是，为了保证检查孔施工的质量，常常需要将检查孔部分或全部委托第三方施工，但也很难实施，因为检查孔有量没有钱。

4）与一般灌浆孔比较起来，检查孔施工难度大。但是其注入量很小或不吸浆，这就更没有费用了。

（3）由承包人自行承担增补孔施工费用。有的灌浆工程合同写上“质量检查结果不满足设计要求时由承包人自行承担增补孔施工费用”。这也是一个霸王条款。因为灌浆工程完成后不满足设计要求，可能有地质、设计、施工，甚至管理多方面的原因，怎么能不问青红皂白地将板子打在承包商一家身上呢？

一些商务合同中还有更霸王的条款，就是在任何情况下不允许索赔。这是不符合灌浆工程的规律的，因为地质条件不可能全部搞清，因为灌浆工程是一个勘探、试验与施工平行作业同时完成的过程，所以灌浆工程合同必须要有一个“活口”，虽然对这个活口严加控制也是必要的。美国灌浆专家Ken Weaver说：“确定一个合理的索赔裁决标准，使承包商由于‘条件变更’所增加的事先预计不到的费用得到合理补偿十分重要。若没有制定这方面的规定，就会造成业主和承包商之间的工作关系恶化，承包商就会设法抄近路，工程则会因此遭殃。”[4]看来，不仅是中国人，逼急了，外国人也会正路不通走旁路。

也有业主和笔者讨论：如果不写上“质量检查结果不满足设计要求时由承包人自行承担增补孔施工费用”这样的条款，就会有承包商故意不灌好，等待增加工程量多捞钱。应该说这是一个用心的和负责任的业主代表。这样的情况确实是有的，即使是因为技术差没有灌好，追加的工程量和费用也是对他们的“鼓励”，而优秀的承包商却得不到这样的报偿，这实际上变成了奖劣罚优。但是解决问题的方法不是靠简单地写上那个条文，而是要靠深入细致的甄别。如果将条文改为“质量检查结果不满足设计要求，并确认是承包人的责任时，应由承包人自行承担增补孔施工费用”，这才是合理的。当然甄别并不容易，这正是灌浆工程的特点和管理的难处之所在。

5 防止注入量计量作假的措施

5.1 技术措施

5.1.1 加强现场管理

灌浆工程的现场管理，特别是灌浆工序的现场管理至关重要，过去施工单位的现场技术人员都必须亲自监管，执行监理制度后规定该工序必须旁站。这是第一关。

西方灌浆施工也有要控制注入量太大的问题。美国陆军工程兵团‘工程师手册》要求：“应规定灌注时的最大泵送流量，以便使浆液扩散限制在合理范围内，并更好地控制灌浆作业。”“施工技术要求应明确指出，注入的流量将由发包官员代表控制。”[5]

如果现场监管人员，不论是发包官员代表，还是监管工程师称职又尽职了，这项工作就管好了。如果他们失职了，这最重要的第一关就失守了。

5.1.2 严格记录仪管理

对灌浆记录仪的管理许多业主都进行了探索，目前主要的措施是业主集中采购，再卖给承包商使用。这一方法初期还是起到了作用，但随着时间推移后来的工程并没有取得理想的效果，原因是记录仪厂商出了问题，或是有高手破解和修改了记录仪的程序，使这台期盼的“公平秤”不再公平。

灌浆作业人员也可能对记录仪进行干扰，某工程总结了几十条篡改和编造虚假灌浆记录的技术手段，兹略举几例：

(1) 使用物体干扰记录仪密度传感器、压力传感器或流量计的正常工作。

(2) 在灌浆记录仪的接口加接电阻或其他电器元件改变传感器的输出数值。

(3) 在灌浆记录仪上安装模拟程序，从而使记录仪不进行灌浆也可以打印出“灌浆记录”。

(4) 使用“模拟器”，遥控记录仪打印出想要的“灌浆记录”。

(5) 在灌浆记录仪内安装修改程序，对灌浆记录、压水试验记录进行修改和编造。

(6) 改变灌浆管路连接方式，将经过计量的浆液排放掉，或予以重复计量。

(7) 使用清水代替浆液“灌注”等。

虽然有这些问题或更多未暴露的问题，但现代技术一定可以管理好灌浆记录仪。银行自动提款机都管好了，记录仪就管不好吗？问题在人。

问题还有更重要更实际的一面，就是要使记录仪好管、易管、低成本管。要做到这一点就应该把记录仪担负的两项功能——工作计量器具和贸易结算工具——解除一项，只作为工作计量器具，就像医生使用的血压计、锅炉上的压力表一样。灌浆记录仪提供的测量数据只作为技术分析资料，在一定范围内与结算无关或基本无关，如单位注入量无论是5kg/m，还是50kg/m，操作者得到的报酬都是一样的。如此，还会有人挖空心思去篡改记录仪吗？记录仪还有那么难管吗？实际上，采用进尺计量法时这一问题基本上不存在。

其实，国际承包商对灌浆记录仪的要求都比较简单，只要能记录灌浆压力和注入率就行了。我国多采用循环式灌浆，仪器会要复杂一点，但也应是越简单越好。可是在一些记录仪厂商的炒作下，我国的记录仪越搞越复杂，作假却越来越离奇。

5.1.3 采用物联网等数字技术

如前所述，这项技术已在有的工程中试行。它基本上可以保证从记录仪输出来的数据及时进入数据库，而不被修改。但是输出来的数据是否真实可靠，还要有其他的保证措施。

另外，这项技术对于小型分散工程可能也不适宜。

5.1.4 对灌浆记录仪成果的可信性进行技术分析

对由灌浆记录仪提出的各项灌浆数据进行关联性分析，对其与地质勘探成果资料进行对比分析，对其与其他相同地质条件的灌浆工程进行类比分析，从多方分析的结果判断灌浆记录仪记录成果的可信性。

要正确认识灌浆记录仪的作用，记录仪不是“电子警察”，它只不过是一个复杂一点的压力表、流量计而已，它可以减轻操作者、监管者的劳动，但不能代替人的管理。如果对它寄予过高的期望，施加太大的重负，它出的问题就会越多。

5.2 改进和完善计量制度

计量计价制度是施工行为的总指挥棒，合理的制度引导人们做好事，不合理的制度逼迫好人做坏事，因此应下大力气研究和改进灌浆计量制度。灰量计量法毛病太多一定要改掉，改成何种计量方式最好，提出以下建议供参考。

（1）仍旧以灌浆孔长度进尺（m）为计量单位。我国水利行业至今主要采用这种计量方法，水电行业在 20 世纪 90 年代以前也主要采用这种方法。几十年实践证明，进尺计量法的缺点比灰量计量法似好控制一点，其主要问题是防止“灌浆不足”，为此可以将灌浆质量检查交由第三方施工。在一般地层，由于材料费在直接费中所占比重很低，少灌三二十千克水泥利益不大风险大，一般承包商作弊的冲动不大。但是，对于强岩溶发育地区的灌浆，大型溶洞等部位超过定额或合同中单位注入量的水泥用量，应当予以补偿。从我国水利水电行业灌浆工程长期实践来看，采用进尺计量法的工程总体实施情况良好，大面积失控的案例很少。

（2）学习外国承包商在二滩、小浪底的方法。20 世纪 90 年代，国内一批引入外资的工程，如二滩水电站、小浪底水利枢纽等，其外资部分的灌浆工程采用了包括水泥注入量（以“吨”为计量单位）、灌浆塞安装（以“次”为计量单位）、压水试验（以“试验时间”为计量单位）、灌浆孔的扫孔复钻（以“延米”为计量单位）等的综合计量法。这种方法由于考虑了注入量以外的其他因素，因而比单纯的灰量计量法公平，在注入量很小的情况下，确保了实施各道工序的报酬。当然，该法比进尺计量法要复杂一些。

（3）“工料分离计量法”。这种方法为，灌浆单价＝灌浆基价＋水泥浆液费。

灌浆基价包括灌浆各工序所需的人工、机械和除水泥以外的材料费、间接费；水泥浆液费包括水泥、水，搅拌制浆输浆，损耗等费用。例如灌浆基价为 400 元/m，水泥浆液费为 500 元/t，如果单位注入量为 50kg/m，则灌浆单价为 425 元/m。

这里，灌浆基价的确定十分重要，它应该是工程平均纯灌时间条件下的施工成本价。这是一种类似“医药分开”的模式，不妨在条件具备的工程试试。

（4）对现有灰量计量法进行改进。从（2）款分析可知，灰量计量法来源于西方，简化于中国。从实践的结果看，太简化了，应予修正。笔者建议在原来每吨单价的基础上，增加每米的保底价，例如在一定的注入量范围内（0～100kg/m，或0～80kg/m等）应支付400元/m。这笔费用保证了在注入量很低的情况下，实施各道灌浆工序所需的人工、机械、材料和间接费。如果注入量大于100kg/m，再增补超灌浆液工料费。这个保底价和超灌浆液工料费数目的确定非常敏感，要恰当得使承包商劳有所得但无需作弊，超灌浆液工料费也不能太高，否则就是鼓励超灌了。

按注入量分档计价的方式不好，如前3（8）和4.2（3）已作分析。如在基岩透水性大、注入量可能普遍很大的工程一定要用此法时，也要有保底价，因为末序孔总是会注入量很小的，否则就不成其为合格的灌浆工程了。其计算方法应采用“分档累计制”，如3（8）例单位注灰量为101kg/m时，完成101kg灌浆工程量的计费应为400元+3元=403元（100kg以内按4000元/t计算，超出部分按3000元/t计算），以此类推。这起码避免了酬劳倒挂的尴尬局面和可能由此导致灌浆不足的后果。

（5）平均单位注入量统计计算单位不应太小。采用灰量计量法或多因素计量法时，平均单位注入量的统计计算单位不应太小，宜为一个工程部位（由多个单元工程组成，如一条廊道）或一个分部工程（如坝基帷幕、厂房帷幕等）等。地质情况分明的单元或部位可单独计列。

还有其他计量方法，如在文献[1]中笔者介绍过国外有建议采用按灌浆作业时间（小时，h）来计量计价的，可惜用得不多。还有建议以灌注浆液体积（立方米，m^3）为计量单位的，但这与灰量计量法并无二致，且只适合单一水灰比浆液灌浆。笔者均认为实用性不大。

5.3 其他管理措施

计量制度非常重要，但无论采取何种制度都会有各自的问题，配套的管理措施不可或缺。

5.3.1 优选有信誉、有技术的承包商

在当前的市场环境下，灌浆工程不能搞低价中标，灌浆记录仪的招标采购也不能低价中标，必须合理价格中标，否则无论选了什么承包商，施工成果都可能是一片混乱。

要禁止或规范灌浆工程的分包、转包施工。多数业主在招标时都有申明，但招标后眼看着分包、转包也就默认了。灌浆工程比一般建筑工程更有其特殊性，施工队伍，包括技术人员和操作工人必须要训练有素。对承担灌浆工程的承包商或分包商，一旦发现其施工能力、管理和技术水平无法保证工程质量时，要及早采取果断措施，中止其施工，另换合格单位。

5.3.2 加强水泥的物资管理

水泥是灌浆施工中的大宗消耗物资，无论采取何种计量方式，都要对水泥的进出库和灌浆消耗按月对账，减少和杜绝漏洞。

5.3.3 强化第三方检查

在工程实践中，尽管有监理的“旁站”，许多灌浆工程还是发现了承包商自行进行的质量检查结果不真实的现象，因此应尽量多安排第三方检查。第三方检查单位应是信誉

好、技术精、负责任，与承包商没有利害关系的单位。对第三方的工作也应有检查监督。

对于帷幕灌浆来说，第三方检查主要是帷幕透水率检查，即检查孔压水试验，其他物探检测没有大的意义。

5.3.4 聘请灌浆质量专家

重要工程或复杂难处理地基的灌浆工程，施工中常常会发生各种情况需要研究处理，因此聘请一个有丰富经验的灌浆专家担任现场顾问或施工质量总监是好办法，长江三峡等许多工程采取了这个措施，收效很好。

5.3.5 订好灌浆工程施工合同

任何大型的施工合同都不可能完美无缺，更何况受到地质认识缺陷影响的灌浆工程更具有不可预见性。因此，灌浆工程合同应当留有可能“变更”的谈判机制，本文4.3（3）已经作了阐述。这个有一定灵活性的机制可以避免各方承担过大的风险。“变更”谈判机制的钥匙掌握在业主的手里，业主根本不必担心失控。也应当向一些不懂灌浆的审计们解释清楚，这个机制不仅不是贪污的渠道，相反却有利于更透明和公平交易。

5.3.6 建立和谐的工作关系

灌浆是“良心活”。施工、监理、业主都要讲良心，彼此忠诚相对。承包商要对工程负责，业主要信任和尊重承包商，让承包商劳有所得。如果签订了不合理的合同，也不能削足适履，能定就能破，一切从实际出发，实事求是。有的业主帮助施工单位寻找一个“盈亏平衡点”，保证承包商的施工活动收支有余。如果做到这样，灌浆工程还愁搞不好吗？

有的业主担心，这样做要多花钱，灌浆投资要加大。否，正常的工价是必须要给的，可控的，透明的。反之，你硬把标价压下去，承包商再从旁门左道骗钱，投资增加反而不可控。主雇双方尔虞我诈、关系紧张。两种局面哪一个好呢？

5.4 促进灌浆施工技术的创新发展和升级

灌浆工程，虽说不像煤矿井下作业那么危险，虽说现在有了集中制浆等改善劳动条件的措施，但总体来说还是一项重体力劳动，灌浆工又需要一定的技能、技术和经验，需要有良心道德的自制能力。灌浆施工的这种特点使得今天越来越难于招募到合格的工人和基层技术干部。工人和干部没有较高的素质，就难有使人放心的道德底线，灌浆行业就始终如混沌的水泥浆。

从长远看，要摆脱这种局面，笔者认为灌浆行业要进行“技术升级”，提高钻孔灌浆作业的机械化程度，提高技术含量和劳动生产率，减轻劳动强度，改善劳动条件，提高工人和干部的工资待遇，留住和吸引优秀人才。那时候，也许灌浆施工的种种乱象就可以大大减少或根除了吧。

灌浆技术的全面升级是一个大题目，涉及方方面面，笔者已在本书另有文章论述。

6 结束语

（1）当前灌浆工程施工中出现了许多乱象，这些现象主要有：灌浆资料严重、大面积失真、灌浆记录仪等监测设施失效、工程量和工程费计算不合理、灌浆质量及工程投资失

控。分析其直接原因是承包商失信、监理失察、业主压价，其根本原因则是计量制度不合理。

(2) 水电行业灌浆工程量计量主要采用的灰量计量法具有计量指标模糊、鼓励浪费、容易作弊、价格波动范围大、业主设计施工各方都承担巨大风险的严重缺陷，必须改进或废止。

(3) 灌浆工程量计量建议采用进尺计量法、二滩模式计量法；或者对灰量计量法改进，增加单位进尺的基价；或者试行“工料分离计量法”。

(4) 要剥离灌浆记录仪的“贸易结算计量器具”功能，使记录仪记录的数据只作为技术分析资料，不作为工程结算的依据，从而使记录仪摆脱利益的干扰，如实地记录下灌浆的信息。

(5) 消除灌浆乱象还要加强管理，优选承包商，禁止或规范工程分包，加强水泥物资管理，强化第三方检查，聘请咨询专家团，建立参建各方和谐的工作关系。

(6) 从长远看，灌浆业的发展要靠技术和理念创新，进一步提高施工机械化程度，减轻劳动强度，改善劳动条件，提高技术含量和劳动生产率，留住和吸引优秀人才，实现技术升级。

(7) 灌浆工程量的计量计价非常复杂和困难，世界上至今没有最好的解决方式。改变和改进现行的灰量计量法，一定会对改观我国当前的灌浆工程市场乱象发生重大作用，但探索和创新应当是长期的。

参考文献

[1] 夏可风．关于灌浆工程量计量方法的研讨与建议［J］．水力发电，2006（10）．

[2] 隆巴迪 G，等．灌浆设计和控制的 GIN 法［J］．张志良，译．水力发电与坝工建设，1993（6）．

[3] 夏可风．水利水电工程施工手册　地基与基础工程［M］．北京：中国电力出版社，2004：148.

[4] Weaver K. 大坝基础灌浆［R］．中国水利水电工程总公司科技办，中水基础局科研所，编译．1995：90.

[5] EM1110—2—3506. 灌浆技术［S］．水利部科技教育司，水利水电规划设计总院，译．1993.

开明精明严明　管好灌浆工程

【摘　要】 本文探讨在新形势下加强灌浆工程管理的方法。一般说为提高灌浆工程质量要做到：提高灌浆工程的设计质量，慎重选择承包商，加强施工过程的质量检查和监理工作，应用自动记录仪和计算机技术，做好灌浆工程的最终检验和验收，给灌浆工程安排足够的工期，采用科学的计量方法和合理的标价，必要时聘请咨询专家等。业主是工程管理的核心，业主开明精明严明是管好灌浆工程的关键。

【关键词】 灌浆　工程管理　承包商　监理　业主

1　引言

灌浆工程是水利水电建筑工程的重要组成部分。灌浆技术是加固大坝基础，防止水库渗漏的主要施工措施之一。几十年来，我国运用灌浆技术加固地基，在复杂和不良地质地基上，成功地建造了一批高坝大库、隧洞和其他水工建筑物。

灌浆工程是隐蔽工程，其工程效果难以直观地进行检查。在许多情况下，其工程缺陷要在运行中或运行相当长时间后才能发现。而且补救起来十分困难，有时甚至无法补救。灌浆工程是一种勘探、试验和施工平行进行的作业，其施工具有很强的实践性和专业性，施工人员的经验和工艺作风将直接影响灌浆工程质量。与其他建筑工程比较起来，灌浆工程是具有一定风险性的工程。

由于灌浆工程的隐蔽性和专业性特点，所以灌浆工程是最难管理的建筑工程。近一二十年来，建筑市场滋生许多乱象，灌浆工程的管理更趋困难，灌浆质量面临严峻的形势，有些水利水电项目甚至因为灌浆工程质量未达到设计要求，造成了重大的事故和损失。因此，加强对灌浆工程的管理，探求卓有成效的管理方法，是一项紧迫而艰难的任务。

2　灌浆工程取得成功的要素

影响灌浆工程质量的因素很多。大量的工程实践经验告诉我们，一项灌浆工程取得成功应该具备如下主要条件：

（1）适合坝基地质条件的设计和灌浆施工技术规程。

（2）合适的浆液材料、施工设备和工艺技术。

（3）有信誉、有经验、有能力和合作精神的承包商。

（4）有效的质量保证体系。

（5）负责任的具备专业知识的监理人员。

本文原载《98水利水电地基与基础工程学术交流会论文集》，天津科技出版社，1999年，原题《灌浆取得成功的要素》，收入时已改写。

（6）业主开明、精明和严明的管理。

3 努力提高灌浆工程的设计质量

设计方案是施工的依据，一项成功的灌浆首先要有成功的设计。

优秀的灌浆方案不可能仅仅依靠理论计算获得，工程的地质条件千差万别，在许多情况下，设计阶段对地质情况的了解难以做到全面、透彻。灌浆工程要参考、引用已建类似工程的经验，但又不能照搬、照抄现成经验。这就对灌浆设计人员提出了很高的要求。

为了获取某些参数，或者验证、优选设计方案，进行灌浆试验是必要的，特别是大型水电站、水利枢纽或复杂地基的帷幕灌浆工程应当进行现场灌浆试验，通过试验改进、完善设计方案，探索适宜的灌浆工艺。但是，灌浆试验的成果也不可全信，特别是试验的单位注入量通常都会比施工大许多，不能完全以此作为预算单价的基础。

根据灌浆试验制定的设计方案和施工技术要求，要留有适当的余地，即一定的安全系数，试验通常可以比大面积施工做得精细一些。

不管勘探和设计工作做得多么周全，在实际施工中总会暴露出新的情况，这就会导致对设计方案、施工技术要求进行修改，设计或监理工程师应当及时研究变化的情况，允许进行这种修改。一成不变的灌浆设计是没有的。

4 慎选承包商，灌浆工程宜单独招标发包

在其他条件确定以后，灌浆工程成功的最重要的因素就是施工单位，要十分慎重地选择施工单位，一定要挑选那些信誉好、灌浆施工经验丰富、技术力量强的单位。对派驻施工现场的项目经理和技术负责人，应有必要的资质和实际能力要求。承包商应有自己成建制的队伍，临时招兵买马聚集的散兵游勇注定干不成事。对承包商或分包商，一旦发现其施工能力、管理和技术水平无法保证工程质量时，要及早采取果断措施，中止其施工，另换合格单位。

由于灌浆工程具有与上部建筑施工不同的特点，对施工单位有不同的要求，因此在水电工程施工中，应尽量创造条件，将灌浆工程切块独立招标发包，以利发挥施工单位各自的特长，提高各类工程的质量，这在国外也是一种通行的作法，长期的工程实践打造了一批知名的专业承包商。不便单独切块发包的灌浆工程，承包单位在选择分包商时，要注重其资质和实际能力。要征得业主同意，更不得层层转包。

近年来在一些腐败官僚的操纵下，建筑市场秩序混乱，一些皮包公司、一些没有灌浆经验的施工队获得了许多施工项目，他们或者转手分包，或者临时组织农民工粗制滥造，偷工减料，给工程造成很大被动。

5 承包商行之有效的质量保证体系

灌浆工程的质量很大程度上取决于灌浆施工的工艺质量，因此施工现场的工序检查极为重要。施工单位应建立健全的质保体系，确保每道工序特别是关键工序达到施工技术要

求的规定。在施工现场，班班都应该有技术人员值勤，负责当班的生产指挥和技术管理。施工单位自我的质量保障，是最有效最重要的，任何外部的质量管理都不能代替它。

大多数施工单位都有完善的质保体系，如“三检制”、ISO9000 质量管理体系等，只要真正运行起来，都是可以控制和保证灌浆施工质量的。

承包商质保体系的责任是管理好自己的员工，生产合格产品。承包商的质保体系要接受监理工程师的监管，但不能依赖监理工程师的管理而削弱自己的体系。否则，工程是搞不好的。

6　发挥监理工程师在质量管理中的决定作用

监理单位、监理工程师的职责就是监督管理工程的质量、进度和成本。时至今日，监理制度已在全国普及，监理制度在许多建设工程中发挥了很好的作用。

在所有项目中，灌浆工程监理难度最大。灌浆监理工程师要由有灌浆经验的技术人员担任，监理的重点是监察灌浆工艺过程是否符合施工技术要求的原则规定，既要坚持原则，又要防止脱离实际生搬硬套条文，使施工无法进行。当前，有些单位把刚刚参加工作的大学生派往监理岗位，这是不适宜的，他们由于缺乏经验，容易犯失之过严或失之过宽的错误，不利于工程的进行和质量的控制。

近些年来的监理工作，特别是灌浆监理工作出现严重的弱化现象。监理费用低，难以吸引优秀人才，主要依靠在社会上招募闲散人员。致使有些监理人员在工作中以权谋私，索贿受贿，不负责任，监理岗位形同虚设。

建设监理制曾经是一项保证基本建设工程质量的重要制度。但是由于现在有些监理单位不起作用，起坏作用，已经有一些业主感觉聘请外单位监理不如自行监理；还有一些有信誉、有技术、有担当的承包商提出工程“质量总承包”，取消监理环节。应该说都可以探讨。

7　应用灌浆记录仪和计算机技术

人们普遍认为，灌浆记录仪能准确真实记录施工过程中的工艺参数，可防止人工编造虚假记录，有利于提高灌浆施工的质量。早在国家“七五”科技攻关期间，中国工程院副院长、当时的能源部总工程师潘家铮就指出：“基础处理是隐蔽工程，是‘良心活’，要有高度的责任感，要保证它的质量，我看今后要做好两条：第一加强思想教育，提高工作人员的责任心；第二使管理工作、监测工作科学化……自动记录仪很好，要在灌浆工作中推广自动化、计算机化。”1994 年颁布的《水工建筑物水泥灌浆施工技术规范》也规定：“灌浆工程宜使用测记灌浆压力、注入率等施工参数的自动记录仪。”

经过一二十年的努力，灌浆记录仪已在各水利水电灌浆工程施工中普及应用，早期也确实起到了提高灌浆记录工作水平的作用，从而有利于提高灌浆工程质量。

但是，灌浆记录仪和计算机都是先进的工具。先进的工具可以为有道德的人所用，产生巨大的价值，也可为无诚信人员所用，产生很大的破坏力。看一看那些铺天盖地的假记录，就会感到那不是用手工记录可以做到的。

当然，工具、技术本身没有过错，过错存在于掌握技术的人。再说以现代技术而言，也没有管不好的记录仪，如何管理好人才是根本。

8　做好灌浆工程的最终检验及验收工作

灌浆工程的复杂性还在于其施工质量与工程效果存在着一定的差别，一般来说，施工质量好的工程，灌浆效果也会好。但是，二者不一致的情况也存在。灌浆施工过程的检验，主要是对施工质量的控制；而最终检验则主要是检查灌浆效果，二者都是必要的最终检验和试验的项目、方法和合格标准，要按照《水工建筑物水泥灌浆施工技术规范》的要求进行，该规范规定的检验试验项目是成熟的和可靠的。但不是检验试验项目越多越好，方法越新奇越好，有些不成熟的试验方法，资料模棱两可，反倒增加了问题的复杂性。

为了保证最终检验工作的公正，成果客观可信，聘用第三方进行最终检验是多项工程的经验。第三方的检查工作要独立进行，业主也要对第三方的工作检查考核。

灌浆工程（包括必要的检查项目）完成以后，要及时组织阶段验收。通过检验施工过程的记录和最终检验试验的成果，综合分析，全面评价，作出结论。对于工程缺陷，要分析原因，分清责任，提出补救措施，并及时付诸实施。灌浆工程未验收或验收未通过的工程，不得被覆盖，不准投入运行使用。

9　要给灌浆工程必要的充裕的时间

灌浆工程和其他分部工程进度和工期上难免会发生矛盾，在这种情况下，要防止有形的工程挤压隐蔽工程，要给灌浆施工留有合理的足够的工期，包括待凝和进行最终检验和试验的时间。切忌盲目赶工，片面求快，那样很可能会导致施工人员马虎从事，自欺欺人，留下隐患。已有多个工程由于工期安排过紧，或者施工强度太大，造成结构物大面积抬动；或者施工不细致，造成大范围不合格。

10　采用科学计量结算方法，合理确定工程标价

灌浆工程的概预算，以往以进尺为计量单位，即某种透水率的地层确定一个每米平均单价，而不问使用多大压力、注入量多少。这种计量方法虽然简单，但投机性和风险性都比较大。一方面，承包商往往在合同和预算中，尽量抬高水泥注入量，以提高单价；而在施工中又尽量减少注入量，以获取更大的利益。另一方面，有时发包单位把注入量压得很低（每米单价很低），而地层注入量却可能很大，在施工中，承包商为了不亏本，就可能不恰当地限制注入量，这对灌浆质量都是有害的。

后来，许多灌浆工程的计量改为注入量，即每注入 1t 水泥单价多少。这种计量方法出现了另一种风险，注入量太小，承包商没有利润，甚至亏损，于是承包商故意做大注入量，带来了浪费、岩体抬动、作假记录等问题，同样也对灌浆质量有害。当前，后者成为了主要倾向。

采用何种计量方法为好，本书另有专题讨论。重要的是无论采用哪种计量方式，业主都要体谅和化解承包商的风险。如果是以米计量，当实际注入量确实大于预算额时，应给

与必要的补偿；如果是以吨计量，当实际注入量小于预算额时，应按进尺给予补偿。承包商也要排除自己的风险，这就是加强第三方检查，防止灌浆工程达不到设计要求。

11　利用社会资源，聘请咨询专家

对于缺少经验的业主或承包商，对于复杂和难处理地基的灌浆工程，聘请质量监督专家或咨询专家组是有利的。

在设计阶段，可请灌浆专家对设计方案进行咨询、审查，优化设计。在施工过程中，可以分阶段地组织专家传授施工方法，解决技术难题，检查施工质量，预测灌浆效果，提出改进意见。如能聘请专家常驻工地，参加日常管理，及时处理问题，那就更好。在检查验收阶段，可以请专家参与检验施工成果，分析检验试验资料，评估灌浆效果，指出缺陷处理。

这种作法可以避免或减少一个工程、一个单位走弯路，可以减少工程的风险。国内已有许多工程通过这一途径取得事半功倍的效果。

12　业主开明、精明、严明是根本保证

业主是工程的主持者、组织者、责任人，灌浆工程搞得好不好，业主的开明、精明、严明是根本保证。

业主要开明。一是平等待人，尊重承包商的尊严；二是不要太小气，更不要刻薄。

俗话说：灌浆工程是“良心”工程，良心工程要用良心管。良心是思想，是文化，管理灌浆工程也要用文化、用思想。我国是社会主义国家，业主不是资本家，承包商不是雇佣工，大多数水电站都不是私人财产。中国共产党历来重视做人的思想工作，重视调动人的积极性，这些经验都没有过时，都可以用在灌浆工程的管理中。

用良心管，主要就是尊重人，以人为本。这些年考察了许多工地，听到承包商反映，他们把我们当小偷看。笔者很是痛心，如此关系，怎样能搞好工程呢？由此想到，许多城里人请保姆。有的家庭把保姆当亲人，不设防，保姆心情舒畅，努力工作，爱岗如家，久而久之甚至融为一姓，传为佳话。有的家庭视保姆为外人，处处提防，保姆心情压抑，工作没有动力，甚至不欢而散。保姆愤而离去，或许不能全怨主人，但依矛盾论学说，主人总是主要矛盾方面。所以我要提醒业主们，首先，你要慎选承包商；其次，你既然相中了人家，把她请到家里来了，就不要把她当小偷。《增广贤文》说得好：知己知彼，将心比心。再三须慎意，第一莫欺心。

开明要落实到物质上，要满足承包商正常施工的物资资源，首先是工程费用。又要马儿跑，又要马儿不吃草，这是不可能的。不要怕承包商挣了钱，要让钱要挣在明处。增加工程量，赶进度，都要增加投入。其次是尽量创造好的工作条件，此话不多说。

业主要精明。精明表现在慧眼识人，心中有数。首先要识人，要选好承包商，否则家里进来一个“小偷”，怎能安眠？其次要善用人，用好下级，用好监理，用好承包商。管灌浆要用诚实的人、忠实的人，业主代表里也有不忠实的人。

灌浆工程具有不可预计性，但业主应心中有大数，不能随意被人“忽悠”。一个灌浆

工程到底能灌多少水泥，单位注入量应该在什么范围，最好做点调查研究，自己不懂可以请教老师。对于灌浆工程的“诀窍”最好也略知一二，注意防范的重点。

严明者纪律严明，赏罚严明。对于违规者不能姑息，对于诚信者不让吃亏。对不合格承包商要敢于驱逐。有人建议设立黑名单制度，也许是一个办法。

业主的开明精明严明不仅是针对施工单位，对设计、监理都有同样的问题。

关于制定灌浆技术名词和术语的思考

【摘　要】 正确制定和使用灌浆技术名词有利于技术信息的传播和交流，促进灌浆技术的进步。技术名词术语的制定应遵循简明、易懂、文雅、稳定，尽量与国际接轨的原则。当今在行业中部分地存在着滥造、滥用技术名词术语的问题，应当引起技术人员、技术标准主管部门等的重视。文中对若干灌浆技术名词术语的词意、用法、存在问题等进行了讨论。

【关键词】 灌浆　名词　术语　滥用　规范化

1　缘由

科学技术名词和术语是科技概念的语言符号，是科技成果的简练表达，正确地制定和使用技术名词和术语有利于开展行业、国内和国际间的信息交流，有利于推广普及先进技术成果，促进科学技术的发展。

我国十分重视科学技术名词的制定、翻译和规范化工作。1992 年，水利部、能源部联合发布了《水利水电工程技术术语标准》（SL26—1992）；1997 年，全国科学技术名词审定委员会公布了《水利科技名词 1997》（科学出版社，1998 年）。外国技术文献也十分重视科技名词术语的规范和统一工作，凡重要的技术资料，文前或文后总有长长的名词术语解释清单。

现代灌浆技术的发明已有 200 余年，在我国大规模的应用也有 60 余年。但笔者在经常的业务工作中，看到一些技术资料里面不少灌浆技术名词术语存在着不明确、不统一、不规范的现象，有些名词或术语，看去明显不大适宜，但使用已久约定俗成，不能改了。

我国的建设规模很大，有许多工程技术人员，每年产生大量的技术文件，多数技术人员在撰写技术文件时，都十分注重文件的技术正确性和文字准确性，这是很好的；但部分技术人员不大注意文件语言的规范性，不注意使用规范的名词术语，甚至随意生造一些名词术语，使人看不明白，降低了文件的技术水平。

笔者有感于实际工作中遇到的问题，发发议论，提出一些建议，以引起重视，供后人进行有关工作时参考。由于笔者并非文字或文献传播方面的专业人员，对现有各种灌浆名词术语的形成历史与背景也未进行深入考证，因此所书各点很可能言不及义，贻笑大方。

2　制定灌浆名词术语的一般原则与当前存在的问题

与一般科学技术名词一样，灌浆技术名词术语的制定应当遵循以下原则：

（1）简明，易懂。灌浆技术名词术语首先要应当简单扼要、浅显明白，最好能让人一目了然，至少应当做到同行业人员一看就懂或大致明白，不需要猜测。名词术语也不能太长，文字要简练，不能把许多内容都在名词术语中反映。

（2）文雅，符合语法。名词术语是技术描述、技术称谓的浓缩，除了口头上应用之外，主要是书面交流，不能太白话化、口语化，而应当符合语言文字的法则，凝练、雅致。

（3）稳定。名词术语的制定应当慎重，一旦确定不能随意更改，要保持相对的稳定性。

（4）尽量与其他行业保持一致和与国际接轨。国内、国际上同行业和相关行业既有的名词术语应尽量利用，制定新名词术语时要参考国内外的相关信息。当然，对于兄弟行业来说，他们也应抱这种态度。

当前，水利水电行业灌浆技术名词术语存在的一些问题也是在某种程度上违背了上述一般原则所致，比如：

（1）有些名词术语与国内其他行业和国际上不统一。

（2）有的名词不准确，一个事物有两个或多个名词术语。

（3）有些通过行业技术标准已经规范了的名词术语，有的人不好好利用，偏要用不规范的名词或术语。

（4）出现了一些新技术成果和相应名称，需要研究、规范、制定合理恰当的新名词等。

笔者在下文略举若干名词术语进行分析讨论。

3 对若干灌浆名词术语的辨析

3.1 灌浆、注浆

灌浆或注浆，这项技术公认是200多年前欧洲人发明，名词也应该是从“gruat”翻译过来，叫“灌浆”或“注浆”都是可行的，地矿等行业多称呼为注浆，有的专家认为“注浆”更好，笔者本也有类似看法，但查阅《英汉技术词典》（清华大学版）和《新英汉建筑工程词典》（建筑工业出版社），译文都是“灌浆”。既然如此，那使用“灌浆”应是言之有据了。

3.2 帷幕灌浆

帷幕灌浆，它形成的产品是灌浆帷幕，用于防止渗漏或减少渗流，很形象，很好，与国际上也保持一致。矿业上将建造一道保护矿井的混凝土地下连续墙称为“帷幕法”，二者实际有明显差别。

3.3 固结灌浆

欧洲人认为水泥灌浆不可能将岩石“固结”起来，因此基本不采用这个叫法。相应的灌浆名词是“铺盖灌浆”（blanket grouting）或“浅层灌浆”（area grouting）等。理念不完全相同，只能各持己见了。

3.4 主帷幕、副帷幕、辅助帷幕、封闭帷幕；上游帷幕、下游帷幕

这是几个常见的名词，但在不同的文件中常常含义不同。前一组基本按作用命名，主帷幕，有的指两排孔或三排孔组成的帷幕中最深的那一排；有的指上游帷幕，相对应的下

游和横向帷幕为封闭帷幕。副帷幕、辅助帷幕，多指由两排孔或三排孔组成的帷幕中较浅的那一两排，或紧靠帷幕灌浆的一两排加深固结灌浆孔，后者也有叫兼辅助帷幕。后一组按帷幕位置命名，上游帷幕是指大坝挡水前沿的帷幕，下游帷幕即封闭帷幕，还有横向的也可归到此名下。

这里面发生混乱的主要是主帷幕，它可能指总体，即上游帷幕，也可能指局部，即多排孔帷幕中最深的一排。容易误解的是下游帷幕，帷幕的作用是防渗，人们首先想到是在上游，怎么到下游来了呢?

笔者认为，两排或多排孔组成的帷幕是一道帷幕，不宜分称主帷幕和副帷幕，而应改称帷幕的主排孔和副排孔；主帷幕应是专指位于上游的起主要挡水防渗作用的帷幕；位于它的下游，与它相连接，用于减少下游和两岸地下水渗透，以形成封闭抽排圈的帷幕，称为封闭帷幕。

3.5 主帷幕、搭接帷幕；垂直帷幕，斜帷幕

这两对名词都是指帷幕的主要部分和起连接作用的部分，前者垂直或接近垂直，后者倾斜，因而得名。问题是此处的主帷幕与3.4中主帷幕意义混淆。

笔者不赞成称呼垂直帷幕和斜帷幕，因其含义不明确。至于主帷幕在此是指一道帷幕的主体部分，是否就称帷幕，或主体帷幕。

在不同的文件中，搭接帷幕还有衔接帷幕、侧向帷幕、浅帷幕、扇形帷幕等叫法，笔者建议统一为搭接帷幕好。符合搭接帷幕条件的还有导流洞、引水隧洞等与帷幕相交处的“环形帷幕”、“阻水帷幕”等，这些最好也统一为搭接帷幕，但如果不会发生误解，各说各话也无妨了。

3.6 高喷灌浆、高喷防渗墙、高喷板墙

高喷与灌浆是明显不同的两种工法，将其归为一类并不妥当。一些技术文件将由高喷生成的地下防渗体命名为“高喷防渗墙”或“高喷板墙”，笔者觉得后者不好，墙就墙，板就板，何称板墙呢? 但高喷防渗墙也不很好，因为它与常见的混凝土防渗墙、地下连续墙差距还是很大的。高喷既然和灌浆可以归为一类，是否也叫“高喷帷幕”更好呢?

3.7 回填灌浆、充填灌浆

回填灌浆，已经是一个规范的专用术语，基本上特指对隧洞（地下洞室）顶拱混凝土填不满的部位进行的充填性灌浆。充填灌浆则是对灌浆目的、性质的描述，含义范围更广泛，不是一个特定术语，常出现在对地层空穴、结构空腔等进行的密实性灌浆中。可以认为，回填灌浆是充填灌浆的一种，实际上接缝灌浆、接触灌浆也属于充填灌浆的范畴。

3.8 水泥灌浆、化学灌浆、水泥-化学复合灌浆

水泥灌浆、化学灌浆的含义很明确，都是应用已久的老名词了。问题是化学灌浆名词并不合理，难道还有物理灌浆吗? 水泥-化学复合灌浆，意指采用水泥灌浆和化学灌浆方法联合对地基进行处理的工法，制定这个名词很不容易，不能叫“水泥化学灌浆”或“水泥化学复合灌浆”，因为“水泥化学”是一个专有名词。但是叫水泥-化学复合灌浆也不很妥当，因为水泥和化学不是对等的概念，把二者以连接号“-”并联起来不合逻辑。是不

是干脆简称为“复合灌浆”更好呢？

3.9 纯压式灌浆、填压式灌浆，循环式灌浆、孔内循环式灌浆

前一组名词都是指浆液灌入孔中，只进不出的灌浆方式，现在规范上统一称为纯压式灌浆是较好的。

后一组名词都是指浆液灌入孔中，部分进入岩体裂隙，部分返回孔外的灌浆方式。这里出现了一个不成问题的问题，即所谓循环是指在哪个部位或范围内循环呢？当然是孔内。你孔外循环关我什么事？所以叫孔内循环式灌浆，“孔内”就是多余，画蛇添足。

3.10 灌浆廊道、灌浆隧洞、灌浆平洞、灌浆平峒

这几个词在技术文件中经常见到，有些人不加区别，随意使用。建议应当加以区别：廊道宜指坝体内部的通道，而隧洞应是岩体里开挖出来的通道，包括衬或不衬混凝土。平洞作为隧洞的别称，并区别于竖井，也是可以的，但是不要写为平峒。

3.11 方格形布孔、梅花形布孔

这是多排灌浆孔的两种布置形式，前者行列对齐，呈方格形；后者两行间孔位错开，呈“梅花形”。问题是这“梅花”在哪里呢？应该改为三角形布孔较好，但是此名词流行已久，可能改不过来了。

3.12 钻孔、造孔；扫孔、复钻，重钻

钻孔，本是一个很明确的词汇。其缺点是即可当名词，又可当动词，行文时有些别扭。于是有人另造一个名词“造孔”，作动词用，水利水电行业应用较多，其他行业应用较少。笔者认为，“造孔”不太符合传统语法，造者制造，多是指生产有形的东西。孔是一个空间，并无物体。建议不要使用“造孔”，代之以“钻进”（小孔）或“钻掘”、“钻凿”（大孔）。

扫孔、复钻，重钻。扫孔原是地质钻探上术语，指使用钻具对已有的但不干净或不合乎要求的钻孔进行清扫之意，很形象。外行人初看不易理解，但业内一见便知，没有问题。复钻、重钻，主要指原来的孔被堵塞、被封填，再次进行钻进之意，与扫孔并不完全同义，各有所用。

3.13 钻孔冲洗、裂隙冲洗；冲孔、洗缝

钻孔冲洗、裂隙冲洗，简称冲孔、洗缝，也有称为洗孔的。冲孔、洗缝是不同的作业，前者指冲洗钻孔孔壁、孔底，后者指冲洗钻孔四周的岩石裂缝，对象不一样，方法和要求也不一样，但是常有人混为一谈。术语及简称本身都没有问题，看的人要理解，要细致。

3.14 孔口封闭法、边钻边灌法、无塞灌浆法、“小口径钻孔、孔口封闭、自上而下循环式灌浆法”

这是一种灌浆工法的多种称谓，行业标准中采用了“孔口封闭法”，较为简明、形象。边钻边灌，是说这种方法在覆盖层中施工时，一边钻进，就一边向地层中灌浆了，意义不错，但过于口语化，欠缺文采。无塞灌浆，是指此法孔内没有灌浆塞，但孔口封闭不也是

"塞"吗？所以不准确。"小口径钻孔、孔口封闭、自上而下循环式灌浆法"，这是罗列工法的要领，不是名词术语，像关键词。

3.15 套阀花管法、袖阀花管法、预埋花管法、索列丹斯灌浆法

法国索列丹斯（Soletanche）公司发明的灌浆法，引进我国后翻译为预埋花管法、袖阀花管法、套阀花管法。称预埋花管法不够确切，其一，把先下的管子叫做"预埋"，不很贴切；其二，这根管子不仅是花管（有孔的管），花管上还有"阀"，因此称为套阀花管法或袖阀花管法较好，但套阀比袖阀更易懂，因此行标中采用了套阀花管法。

3.16 控制性灌浆、可控灌浆

控制性灌浆、可控灌浆，都是指近年来开发或改进的一种灌浆方法，用于防渗堵漏具有良好的效果。这种灌浆方法实质是水泥-水玻璃双液灌浆，与一般水泥-水玻璃灌浆相比，特点是配合比不固定，依据灌浆情况随时调节。从学术上讲，这不是一种新的灌浆方法，无需重新命名。承包商为了商业利益怎样称呼它，可以自由，但称为控制性灌浆或可控灌浆不恰当，因为所有的灌浆都不是无控制的。

与此相似，近年还出现了一些如"脉动式灌浆"等名称，也不科学，因为我国大多使用活塞式或柱塞式灌浆泵，灌浆过程都是脉动的。

3.17 稳定浆液、稳定性浆液、稳定型浆液、塑性浆液、胶质浆液

五个名词，一样物体，建议就叫稳定性浆液。

3.18 内聚力、黏聚力、动切力、屈服值、屈服强度、塑性屈服强度

六个名词（其实还有），一个指标，都是指浆液由静止开始流动时的剪应力。为什么不统一为一个名称呢？

3.19 黏度、塑性黏度、漏斗黏度

黏度，也可写为粘度，前者是正体，且没有废弃。黏度的一般意义是浆液内部抵抗流动趋势的性能。精确地测量浆液黏度较为复杂，工程上常常用简易方法来测量和表示它，这就是漏斗黏度，如马氏漏斗黏度、苏式1006型漏斗黏度等，其单位为秒（s），其数值大小用于工程上质量控制，不能用于流体力学计算。塑性黏度是通过旋转黏度计测量出来的，其单位为帕秒或毫帕秒（Pa·s或mPa·s），其数值不仅可用于工程质量控制，也可用于浆液运动的计算。

有些施工技术文件中将三者混为一谈，是不正确的。

3.20 透水率、吕容值，单位吸水量、ω 值

这四个名词都是描述岩体透水性的指标，20世纪80年代以前采用苏联技术标准，使用单位吸水量（代号 ω），单位为L/(min·m·m)，即在每米水头下，每米孔段长，每分钟渗漏水量（升），口头上常简称为"ω 值"，也时有人误为"单位吸水率"。单位吸水量和 ω 值现已弃用。

后来为与国际接轨改用欧美标准，使用透水率（代号 q），单位吕容（Lu），1吕容等于在10个大气压力下，每米孔段长，每分钟渗漏水量（L）。现在采用国际单位制，

1Lu=1L/(min·m·MPa)。改用透水率后，又有人口头简称“吕容值”或“q值”，并逐渐发展到书面文件中。这是不严谨的，为什么放着正规名词不用，而要随意创造一些口头语呢？以此类推，是不是电流电压也可以叫做安培值、伏特值，长度可以叫做米值，力可以叫做牛值呢？

3.21 注浆量、吸浆量、吃浆量、耗灰量，单位注灰量、单位耗灰量

注浆量、吸浆量、吃浆量、耗灰量，基本上都是一个意思，后面两词应该淘汰，因为吃浆量不够文雅；耗灰量含义不清，是注入的灰量，还是包括损耗在内的所有使用灰量，不明确。单位注灰量和单位耗灰量也是同义，但后者不明确应予淘汰。

除了一些词汇外，还常常可见到“单耗”一词，是单位耗灰量的简称，当然也应当在淘汰之列。但是单位注灰量是五字词，太长，要有一个简化词，是否叫“单灰”好？

3.22 注入率、吸浆率、吃浆率

三者词义相同，后者不够文雅，应当淘汰。

3.23 失水变浓、回浆返浓、吸水不吸浆

三个术语都是指细微裂隙发育的岩体灌浆中，浆液中的水渗透进去了，水泥颗粒进不去，浆液越来越浓的现象，都明白易懂，没有问题。可以统一为失水变浓。

3.24 结束标准、结束条件，

灌浆结束标准、结束条件，同指一件事。但是“标准”更严肃、档次更高级，比如灌浆规范是技术标准，质量检查有合格标准等；“条件”则为一般档次。一个孔段灌浆的结束，是一个一般档次的事情，不必上升至标准来对待，因此使用“结束条件”较好。

3.25 持续时间、衡压时间、屏（bǐn）浆、拒浆

一个孔段灌浆，当灌浆压力达至设计压力，注入率小于1L/min，持续灌注30min，灌浆可以结束。这里的“持续灌注”也作“延续灌注”、“继续灌注”，也有用“衡压”，“屏浆”的。另外，屏浆也是处理灌浆特殊情况的一种措施，即灌浆达到结束条件后，再使用灌浆泵多灌一些时间。

于是屏浆和持续灌注二者含义发生了混乱，同一种状态，在预设的时间内叫持续灌注，加时工作叫屏浆，笔者看到许多灌浆文献中将其混为一谈。是否应该把两个名称合二为一呢？

屏浆一词很有形象性，屏，有屏障、屏蔽，屏住呼吸之意，前者为名词读“píng”，后者为动词读“bǐng”（饼），此处以取后者为宜，但常见的读法是“bìng”（并）浆，是错误的。

美国相关标准称在最大灌浆压力下达到吸浆率很少或不吸浆的时刻为“拒浆”（refusal），这个词很形象，这就是我们所说的屏浆阶段，但比屏浆一词似更好。可惜我们没有采用。

3.26 闭浆、背压

闭浆是处理灌浆特殊情况，加强灌浆效果的一种措施，即灌浆结束后在一定时间内保

留灌浆塞不动，保持灌浆孔段的封闭状态。也具有形象性。但有些灌浆文章中称呼这种状态为“背压”，颇为费解。

3.27 铸管、固管、筑管

铸管、固管、筑管，都是代指灌浆过程中灌浆孔内灌浆管被水泥浆凝结固死不能拔出的事故的名词，但三个词都很费解，又很难制定出一个更好的名词。这种情况是否就不要硬性造词了，用一句话来说也未尝不可。

3.28 搅拌机、制浆机、储浆搅拌桶

一些灌浆技术文件中常常会提到水泥浆液搅拌机、搅拌槽、搅拌桶，其实是不准确的。浆液搅拌机有制浆和储浆之分，有高速和低速之分。制浆机是将水泥和水拌和分散均匀制成合格水泥浆的，搅拌转速每分钟数百转，高速制浆机搅拌转速应达到 1500r/min（规范要求 1200r/min）或更高；储浆搅拌桶的用途是储存浆液保持不分离沉淀，搅拌转速仅为每分钟几十转。因此，正确的用语应当是：储浆搅拌桶或储浆搅拌机、制浆机或高速制浆机。

3.29 油浆隔离装置、乳浆防止器

油浆隔离装置，是指用于隔离灌浆管路里的水泥浆与压力表或压力传感器的一个装置，以前用名“乳浆防止器”，可能是从俄语中翻译过来，但明显译得不好，词不达意。油浆隔离装置也不简明，是否叫“隔浆器”或“隔浆盒”等更好呢？

3.30 塑料拔管、塑性灌浆

为了形成接缝灌浆系统，有一种方法是在缝面预埋塑料管，待后浇的混凝土终凝时拔出，形成灌浆通道，这种方法曾经被称为“塑料拔管法”，后来要翻译成英文，改为了“拔塑料管法”，因为前者不符合语法，后者就正确了。

与此类似的还有“塑性灌浆”，这是一种什么灌浆呢？可能是灌塑性浆。塑性浆，大概是塑性黏度大一点的浆液，那也不宜叫塑性浆，因为一般的浆液既不是“刚性浆”，也不是没有塑性。后来称为稳定性浆液，是比较恰当的。

以上是列举一些常见灌浆名词术语，对其定名、含义以及相关问题进行讨论，还有许多类似的词语不一一赘述。其实不仅仅是灌浆技术名词术语的制定和应用有些问题，其他领域也有类似的情况和问题，不在本文讨论之列。

4 对今后相关工作的建议

针对目前灌浆界技术名词术语的现状，笔者有几点建议：

（1）要谨慎、正确地制定和使用灌浆技术名词和术语。技术人员编写文件时应尽量使用已有的、规范上规定的或流行广泛的名词术语，不要随意编造生僻难懂或哗众取宠的用语。需要制造新词或用语时，要遵循本文 2 所述诸项原则。

（2）名词术语要分层次。根据其使用范围和词意的普遍性可分为国家、行业和具体工作文件三级，灌浆界同人要把握好行业用词用语的规范性，编写行业标准时及时跟进收集、反映、整理、统一和规范流行的词语；每个技术人员在自己的工程范围和撰写的技术

文件里要使用规范名词和语言，重要的技术文献文前或文后宜附加“名词术语”附录。

（3）技术文件、文献审查人员自己要熟悉规范用语，看到不规范用语应予以删改，不使流传。大学、学术团体、技术标准的主管部门等应开展和重视技术名词术语制定使用问题的研究、导向和交流，创造良好氛围，引领科技文化的潮流。

5 结束语

（1）灌浆技术名词术语是国家科技名词的一部分，正确地制定和使用灌浆技术名词有利于技术信息的传播和交流，从而有利于灌浆工程技术的发展和进步，应引起人们的重视。

（2）灌浆技术名词术语的制定应遵循简明、易懂、文雅、稳定，尽量与其他行业保持一致和与国际接轨的原则。不要随意编造和使用不规范用语。

（3）当今水利水电行业灌浆技术名词术语总的情况是好的，但也部分地存在着滥造、滥用名词术语的问题，这些问题主要靠技术人员提高认识和加强交流学习来解决，技术文件的审查人员、大学、学术团体、技术标准主管部门等可以起到把关和引领作用。

龙羊峡水电站坝肩断层破碎带的高压水泥灌浆

【摘　要】 龙羊峡水电站坝基为花岗闪长岩，F_{120}等断层破碎带破坏了岩体完整性，降低了力学强度。为保证大坝安全，需对其进行加固提高变形模量和抗渗性能。通过论证和灌浆试验，采用了不同于1983版灌浆规范的一些工艺，采用当时尚未推广的孔口封闭灌浆法、从未使用过的高灌浆压力、最严格的灌浆结束条件等，取得了良好效果，满足了大坝安全要求，也为我国采用高压水泥固结灌浆和复合灌浆处理软弱岩带开创了先河。

【关键词】 高压水泥灌浆　断层破碎带　F_{18}　F_{120}　力学强度

1　工程简况

龙羊峡水电站是黄河上游的龙头电站，重力拱坝坝高178m，库容247亿m^3，装机1280MW，1987年首台机组发电，是当时大陆最高的大坝，最大的水库，最大的单机机组。

大坝坝基为印支期花岗闪长岩，由于经受多次构造运动，断裂发育，风化较深，地质条件复杂。对坝基影响较大的F_{120}、A_2、F_{57}、G_4、F_{18}、F_{71}、F_{73}、F_7等断层构造带，它们严重地破坏了坝区岩体的完整性，降低了力学强度，使坝肩岩体的抗滑稳定和断层破碎带的压缩变形成为主要的工程地质问题。为了确保大坝的安全稳定，基础处理设计除了搞好防渗帷幕灌浆和排水外，还采取了一系列的深层处理措施，如设置若干混凝土传力洞塞和置换墙等。同时，对未被置换的断层破碎带进行高压灌浆处理，还对个别部位在水泥灌浆的基础上再进行了化学灌浆处理。本文概括地介绍高压水泥灌浆的情况。

2　现场灌浆试验

为了论证上述软弱结构面用水泥灌浆方法处理的可能性和处理效果，1979—1981年在坝址左右岸选择了三个灌浆试验区完成了38个孔共2268.58m的水泥灌浆试验，采用了常规的灌浆方法和最大为3MPa的灌浆压力。试验结果表明，在断层破碎带可灌性良

本文原载《水力发电》1987年第9期。龙羊峡水电站坝肩断层破碎带的高压水泥灌浆，由水电基础局、水电四局共同施工，本文引用的主要为基础局的资料。灌浆试验技术负责人为王志仁，参加者有夏可风、王瑞苓、王志平等，以及西北勘测设计院、水电四局有关人员。

好，平均单位注入量为72.78kg/m，其中Ⅰ、Ⅱ、Ⅲ序孔单位注入量分别为116.98kg/m、48.82kg/m和13.29kg/m，次序递减明显。灌浆前后，岩体透水性从4.6Lu降低到0.39Lu，动弹性模量从22GPa增加到32GPa，提高45%。

在上述灌浆试验的基础上，1982年在右岸坝肩高程2587m处对F_{18}和F_{120}两条断层进行了本次灌浆试验。灌浆压力达到6～8MPa，是国内首次使用高压水泥灌浆处理软弱破碎岩体，以提高其力学性能。

2.1 试验目的

（1）论证采用高压水泥灌浆的方法能否使龙羊峡坝区断层破碎带的力学指标和抗渗性能达到以下数值：变形模量5～7GPa，抗剪强度2MPa，透水率小于1Lu。

（2）提出合理的设计和施工参数，寻求提高灌浆工效的办法。

2.2 试验区地质情况

试验区位于F_{18}和F_{120}两条断层交汇处（图1）。F_{18}断层走向335°～340°，倾向北东，倾角55°～60°，属压扭性结构面；影响带宽度为1.5～2.0m；破碎带宽0.5～0.8m，以被压碎的石英岩脉、角砾和岩石碎屑为主，夹有厚1～2cm连续性差的紫红色断层泥，一般呈胶结或半胶结状态，裂隙不甚发育，透水性中等。F_{120}断层走向40°，倾向南东，倾角78°～80°，为张扭性结构面；破碎带宽2.5～3.0m，影响带宽3.0～4.0m。断层上、下盘壁面附有厚度5～15cm连续的紫红色和灰白色高岭土塑性黏泥或糜棱岩，两壁面间是全—强风化压碎岩和角砾岩等，结构松散、破碎，透水性强。影响带节理密集、发育。F_{18}和F_{120}是龙羊峡水电站坝基中较大的结构面，形态特性具有一定代表性。

2.3 灌浆孔布置

如图1所示，在F_{18}和F_{120}两个试区分别布置钻孔。孔深均为27m，孔向与断层倾角一致，F_{18}试区为60°，F_{120}试区为80°。灌浆孔20个，钻孔进尺540m，灌浆400m，灌浆前后的弹模测试孔和其它检查孔进尺900余m。以后还进行了化学灌浆试验和直径为1m的大口径钻孔检查。

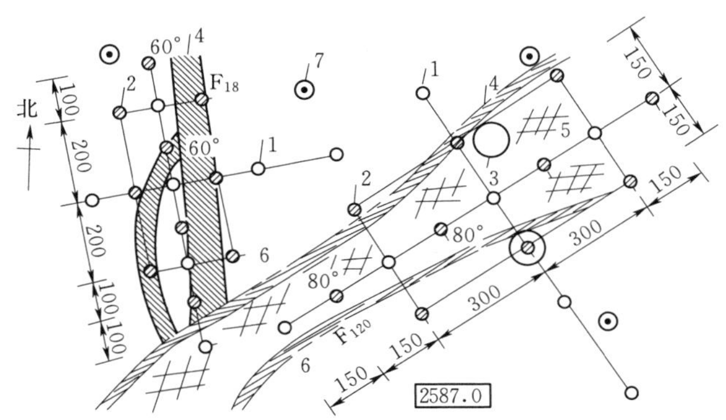

图1 高压灌浆试验区布置（单位：cm）

1—弹模测试孔；2—灌浆孔；3—大口径检查孔；4—断层泥和糜棱岩；5—挤压破碎带；6—全、强风化花岗闪长岩；7—变形观测装置

2.4 高压水泥灌浆试验的工艺

（1）钻孔。使用小口径金刚石钻头、自上而下分段钻进。孔口管段的钻进用大一些的金刚石钻头钻进。分段长度一般为5m，孔口管以下第1～3段为1～2m。

（2）埋设孔口管。由于灌浆压力较高，灌浆塞在孔内阻塞困难，故每段灌浆均在孔口通过孔口管和封闭器进行封闭。孔口管下端必须深入混凝土底板与基岩接触面以下一定深度，以防止高压浆液直接窜入建基面，抬动混凝土底板。该两试区岩体十分破碎，混凝土盖板平均厚度lm，孔口管深入基岩平均6m。

（3）压水试验和冲洗。每一段灌浆前都要作半小时孔壁冲洗和简易压水试验（压力1MP)，不另作专门的裂隙冲洗。

（4）灌浆。安设孔口封闭器，通过钻杆进浆，采用循环式灌注。最大灌浆压力在孔口管以下第1、2段为2～4MPa，其余各段F_{18}试区为6MPa，F_{120}试区为8MPa。灌浆结束条件要求同时达到：在最大灌浆压力下持续时间不少于3h，吸浆量小于1L/min后持续灌注2h。一段灌浆结束以后不待凝立即进行下一段钻灌。相关要求比当时执行的《水工建筑物水泥灌浆施工技术规范》(SDL210—83）要严格得多。

（5）岩体抬动观测。高压水泥灌浆每段都在孔口封闭，全孔受压，当吸浆量大时易于发生岩体抬动，因此灌浆之前，必须安设地面抬动变形观测装置，在灌浆的全过程中进行监测。当变位接近设计允许值时，要立即降低灌浆压力。

2.5 主要试验成果及结论

（1）单位注灰量及透水率成果见表1。岩体的可灌性比常规下的灌浆更好，平均单位注灰量很大，各序孔单位注灰量和灌前压水试验透水率次序递减明显，F_{18}和F_{120}两试区灌后岩体透水性仅为灌前的1/95和1/324。

表1　　灌浆试验主要施工成果表

试区	灌浆次序	孔数	基岩灌浆/m	注入水泥量/kg	单位注灰量/(kg/m)	压水试验段数	透水率/Lu
F_{18}	Ⅰ	4	80	35271	441	24	9.02
	Ⅱ	4	80	15608	195	22	7.75
	Ⅲ	2	40	4280	107	12	0.69
	检查孔	1				4	0.095
	合计	11	200	55159	275	62	
F_{120}	Ⅰ	4	80	100816	1260	24	29.19
	Ⅱ	4	80	46888	586	24	7.04
	Ⅲ	2	40	10532	263	12	2.21
	检查孔	1				4	0.09
	合计	11	200	158236	791	62	

（2）灌浆前后岩体动弹性模量和变形模量的变化见表2。经过高压灌浆以后，岩体的弹模、变模有了大幅度的提高，其效果优于常规灌浆。

表 2　　灌浆试验区岩体变模增长情况表

试　区	平均动弹模/GPa			平均变模/GPa		
	灌　前	灌　后	增　长　率	灌　前	灌　后	增　长　率
F_{18}	26.1	39.1	50%	5.5	14.5	164%
F_{120}	15.9	32.4	104%	2.5	8.3	232%

(3) 试验中未采取控制岩体抬的措施，但进行了连续的空间三个方向的变位观测，资料表明，地面累计抬动值较大，水平方向变位很小。

(4) 大口径检查孔清晰地揭示了试验区岩体灌浆处理后的情况。水泥浆液结石像树根般地深入到裂隙和夹泥层中，结石厚度从 0.1mm～30.0mm 不等。在高压浆液的劈裂作用下，许多裂隙发生了明显的扩张、延伸，甚至连通起来，浆液一次或数次地穿插嵌入其间，水泥浆液在断层泥和糜棱岩中呈脉络状分布，泥质物被挤压密实和排水固结，有的被钙化。

(5) 岩石抗剪试验在化灌以后进行。三轴试验的成果表明，高压水泥灌浆和化学灌浆的综合效果如下式：

F_{18}试区　　　　$\tau=0.48P+6.5$

F_{120}试区　　　　$\tau=(0.32\sim0.49)P+5.5$

式中　P——正应力，MPa。

(6) 基本结论。对于龙羊峡花岗闪长岩断层破碎带，用高压水泥灌浆提高岩体的变形模量和防渗性能的幅度可比常规灌浆更大，灌后岩体的变模值可以满足设计的要求。因此，在一定的条件下，减少对断层破碎带的混凝土置换，代之以高压水泥灌浆，在技术上是可行的。试验还表明，由于采用了小口径金刚石钻孔技术，减少了待凝时间，简化了部分施工工序，因而也可以比常规灌浆提高工效。

3　坝肩断层破碎带的高压灌浆处理

3.1　主要施工技术要求

在考虑各种因素及灌浆试验成果的基础上，对未挖除的断层破碎带和影响带进行高压灌浆加固，以提高其变形模量和抗渗性能，减少压缩变形，以便使处理后的岩体与地下混凝土结构物发挥整体传力作用，增强坝肩岩体的稳定性。

穿过坝肩岩体的各断层破碎带的规模性质不一，灌前变形模量为 0.64～3.3MPa，设计要求经过高压灌浆处理后提高到 5.0～7.0MPa，透水率小于 1.0Lu。

灌浆施工是在不同高程的置换墙、抗剪洞中预留的灌浆廊道中进行的，图 2 为 2497m 高程的平面布置，图 3 为 F_{120} 断层的处理剖面，是一种典型的布置型式。呈扇形布置的钻孔其角度以能覆盖断层破碎带和影响带以及便于施工为原则，相邻两排的间距一般为 2.0m，按排分为三个次序作业，同一排孔为一个序。

在坝肩断层破碎带处共布置了高压水泥灌浆 50100m。1986 年 10 月 15 日蓄水前，2530m 高程以下的工程量基本施工完毕，约占总工程量的一半。

灌浆施工工艺与试验时的做法基本相同，不同之处为孔口管埋设深入基岩的深度为

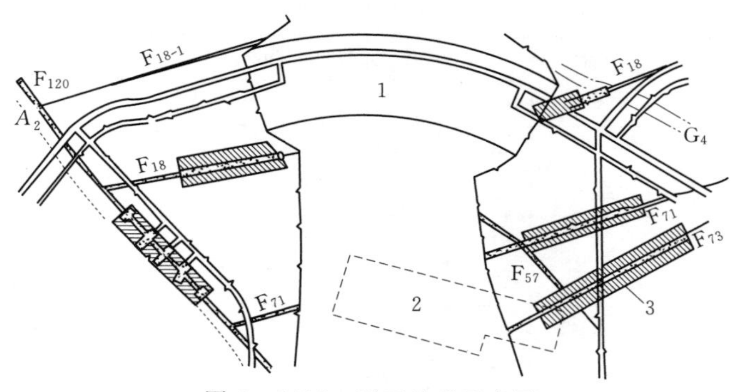

图 2　2497m 平面处理示意图

1—拱坝；2—厂房；3—高压灌浆处理范围

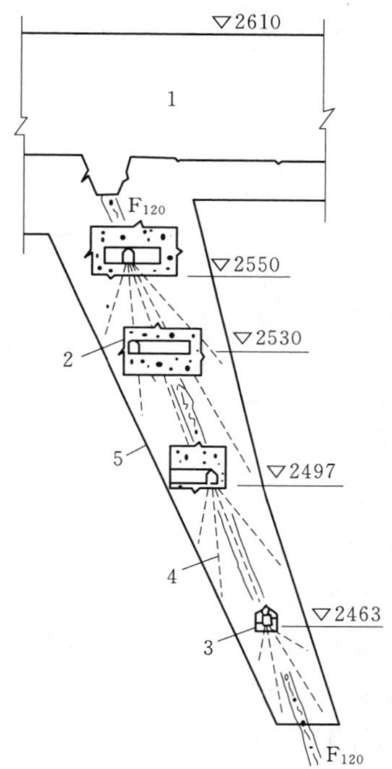

图 3　F_{120}断层处理剖面图

1—右重力墩；2—传力洞；3—灌浆廊道；4—高压固结灌浆孔；5—加固范围

2m，最大灌浆压力孔口管以下第三段起一律采用 6MPa。另外，由于工程量很大，施工机组多，耗用水泥量大，所以在地面专门设计安装了水泥浆液的集中搅制与输送系统。由制浆站搅拌好标准浆通过钻孔和管道，输送到各个施工机组。

3.2　主要施工成果

蓄水前已完工的左岸 2530m 高程以下的 F_{18}、F_{71}、F_{73}和右岸 2497m、2463m 高程的 F_{120}断层高压水泥灌浆成果列于表 3。其中，除右岸高程 2497m 的 F_{120}外，都已通过了蓄水前的中间验收。从这些施工成果中，可以看出如下规律：

表 3　　部分高压水泥灌浆施工成果

施工部位		灌浆量/m	单位注入量/(kg/m)				灌前透水率/Lu			
			Ⅰ	Ⅱ	Ⅲ	平均	Ⅰ	Ⅱ	Ⅲ	检查
左 2463m	F_{18}	1200.2	27.7	1.5	2.9	11.7	0.11	0.06	0.02	
左 2497m	F_{18}	867.0	128.8	4.9	27.4	56.7	0.02	0.09	0.07	0.01
左 2497～2480m	F_{73}		70.6	15.6	25.1		0.44	0.23	0.25	0.03
	F_{73} *	1533.8	170.7	29.2	5.18	95.7	0.21	0.24	0.15	0
左 2497～2513m	F_{73}		108.6	16.2	18.4		0.29	0.22	0.20	0.01
	F_{73} *	848.4	99.3	5.4	4.2	43.5	0.36	0.25	0.26	0
左 2513～2497m	F_{73}	355.5	273.6	300.5	5.9	152.5	0.08	0.26	0.08	0.02
左 2513～2530m	F_{73}	294.9	402.5	234.6	22.1	207.4	0.07	0.08	0.06	0.04
左 2497m	F_{71}	251.3	73.6	3.82	3.9	31.9	0.36	0.25	0.33	0.12
左 2530m	F_{71}	2210.6	59.2	21.4	17.7	32.5	0.67	0.32	0.18	
右 2463m	F_{120}	2869.7	111.5	33.8	20.1	52.4	1.20	0.74	0.34	0.02
右 2497m	F_{120}	2184.3	37.1	4.8	0.9	19.5	0.12	0.09	0.02	0
合计		12930.4				49.5				

注　邻近建筑物抬动，降低灌浆压力至 3.0MPa。

(1) 断层破碎带岩体可灌性良好，单位注灰量次序递减明显，Ⅰ序孔的注灰量一般都较大，而Ⅲ序孔或检查孔的注灰量都很小，这说明软弱破碎岩体在各次序的灌浆作用下密实性逐渐增加，设计布孔密度基本合理。这几个部位总平均单位注灰量为 49.49kg/m，小于灌浆试验时的注灰量，这是因为试验区所在的断层带在山岩地表风化破碎更加严重，以及试验时发生了漏、冒浆和地面抬动的缘故。

(2) 岩体的透水性随灌浆次序增加而逐步降低。各部位灌浆完成后，按施工孔数的 10%布置了压水试验检查孔，压水压力为 1MPa，按规范要求进行，表 3 中已列出了各序孔和检查孔灌浆前平均透水率的变化情况，表 4 为这些部位岩体灌浆前后透水率的频率分布情况。数据说明，灌浆前的断层破碎带有 54.3%的孔段的透水率大于 0.1Lu，4.7%的孔段大于 1.0Lu，属于弱透水的性质。灌浆以后，透水率大于 0.1Lu 的孔段只有 6.3%，大于 1Lu 的孔段仅仅为 0.4%（后进行补灌处理），达到了相对不透水的要求。

表 4　　高压水泥灌浆前后断层破碎带透水性比较

孔序	孔数	基岩灌浆/m	压水试验段数	透水率/Lu			
				≤0.01	≤0.1	≤1	>1
				累计频率/%			
Ⅰ序孔灌前	225	3999	1286	35.1	45.7	95.3	4.7
检查孔	60	907	268	53	93.7	99.6	0.4

(3) 岩体变形模量有较大提高。根据施工时的具体条件，在部分地段灌浆之前和之后布置了弹模测试孔，使用信号增强地震仪和日制 OYO－200 型钻孔弹力计测试了岩体的动

弹模和静变模（表 5），从整体看，通过高压水泥灌浆处理以后，岩体变模达到了设计要求。

表 5　高压水泥灌浆前后断层破碎带弹模测试成果表

施工部位	基岩灌浆 /m	动弹模/GPa		静变模/GPa	
		灌前	灌后	灌前	灌后
左岸 2463m F_{18}	1622	38.4	52.5		
左岸 2497m F_{18}	867			1.51	6.74
左岸 2513m F_{73}	356	34.3	44.5		
左岸 2497m G_4	约 2000			5.48	9.50
左岸 2530m G_4	约 2000			1.02	4.80
右岸 2463m F_{120}	2870	45.0	54.0	2.57	7.78
右岸 2497m F_{120}	2184	5.83	28.0	1.25	5.91

（4）对检查孔岩心的观察分析。从一部分后序灌浆孔、检查孔和排水孔岩心中，看到了张开宽度 0.3mm 的细裂隙和 17mm 的宽大裂隙被浆体结石充填饱满密实的情况。取心位置表明，浆液渗透距离达到数米至十数米。断层破碎带灌前取不出完整的岩心，而灌浆后岩心获得率平均为 70%左右。

（5）永久性地下结构物未发生危险的抬动变形，所有高压灌浆部位都安设了变位观测装置，测读到的最大变位为 0.2mm，未超过设计允许值。左岸 2497m 高程 F_{73} 灌浆时，附近的一临时建筑物发生了裂缝，以后该部位灌浆压力降低到 3MPa。

4　结束语

用高压水泥灌浆的方法对岩体断层破碎带进行加固处理，龙羊峡水电站是一个先例，根据试验和施工的成果，有几点粗浅看法：

（1）高压水泥灌浆浆液具有较大的能量，对岩体裂隙能够产生一定的扩张、劈裂作用，因而能够增大岩体的可灌性，提高灌浆效果。经过高压水泥灌浆处理的岩体变形模量和抗渗性能都有较大幅度的提高，如龙羊峡地区，变形模量可由 1GPa 提高到 5GPa 左右，对于规模小、原始性质较好的断层破碎带，灌后变模可超过 5GPa；透水率一般可降低到 0.1Lu。

（2）用高压水泥灌浆处理岩体断层破碎带，以部分地替代混凝土置换，在工程上有着很大的技术经济效益。目前，对承受剪应力较大的部位，将高压水泥灌浆与地下混凝土传力结构结合起来使用是适宜的。

（3）高压水泥浆液对断层带软弱岩体产生挤压、楔入、劈裂等作用，使岩体间发生相对变位，不能一律认为是有害或可怕的。龙羊峡坝区断层破碎带倾角一般较大，岩体缓倾角裂隙不十分发育，是进行高压水泥灌浆的有利条件。无论在任何条件下进行高压水泥灌浆，都应当对岩体或建筑物进行变位监测。

（4）对岩体变形模量的测试，特别是在施工条件下的测试工作，目前尚缺少规范化的统一标准，本工程取得了一些有益的经验，也有一些问题需要继续探索解决。

引水隧洞不良地质段高压固结灌浆及锚杆加固工程

【摘　要】天生桥二级水电站建设时是我国最大的高水头引水式水电站，其引水隧洞需承受巨大的内水和外水压力，隧洞围岩特别是不良地质段的加固成为当时的主要的技术问题之一。为此，在国内首次采用了隧洞围岩高压固结灌浆和锚杆加固技术。先期施工的1号引水隧洞灌浆工程量大，工期紧，施工条件十分困难，没有经验可以借鉴。承建单位通过试验开发创新，自制了大量的实用设备和机具，探索了新型工艺，实现了优质、高效施工。开创了我国隧洞高压固结灌浆的先河，为以后类似工程的施工提供了范例。

【关键词】天生桥二级水电站　引水隧洞　不良地质段　固结灌浆　锚杆加固

1　工程概况和地质条件

天生桥二级水电站是大型高水头引水式发电站。其三条引水隧洞各长9.7km，钢筋混凝土衬砌内径分别为8.7m和9.8m，衬砌厚度0.4～1.5m不等，在建设期间是我国断面最大、洞线最长的引水发电隧洞（图1）。

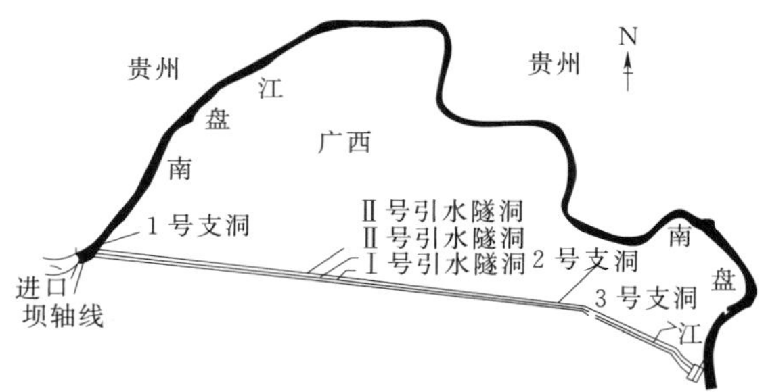

图1　天生桥二级水电站引水隧洞平面布置

隧洞主要穿过三叠统灰岩和白云质灰岩，最大埋深800m。沿线工程地质和水文地质条件极其复杂，有多条断层与洞线相交，破碎带宽度大的达到5～15m，岩溶发育十分强烈，地表岩溶洼地、槽谷、落水洞随处可见，岩溶通道形成数条暗河系统与隧洞相通，雨季地下水大量涌入隧洞，最大水头达400～500m，充填淤泥、泥石流的大型溶洞和溶洞群在多处出现。这些不良地质段不仅给隧洞的开挖和衬砌施工带来了极大的困

本文原载《水力发电》1993年第8期，共同作者：郝宏录，时为中国水电基础局副局长、工程项目经理；夏可风，常务副经理；张景秀，项目总工程师；王志平，项目副经理。参加本项工作的主要技术人员还有张福贤、丁立志、赵存厚、李俊杰、冉懋鸽、秦锋等。本项目获得1993年电力部科技进步一等奖，1996年国家科技进步三等奖。

难，而且在以后的运行中，仍然存在着围岩失稳、地基不均沉陷和隧洞外压稳定的问题。

经过贵阳勘测设计研究院设计和专家论证，确定对先期施工的1号引水隧洞不良地质洞段进行高压固结灌浆和锚杆加固，加固部位自桩号0+819.5～7+690m，分散在11个洞段，重点加固部位的具体地质条件如下：

0+827.5～0+857.5m，断层F_{168}在此通过，沿断层溶蚀扩大成一充填型溶洞，充填物为褐灰色、黑色黏土夹块石，遇水软化，稳定性差。

2+038.5～2+098.5m，沿洞段有F_{5-1}、F_{5-2}、F_{5-3}多条断层，其交汇带被溶蚀，形成一半充填型大溶洞，使隧洞左侧及底部围岩厚度最薄处仅3.5～4.0m。

2+293.5～2+413.5m，围岩中有一段复杂角砾岩，角砾块体间充填大量方解石及紫红色泥岩，胶结差，并发育成溶缝、溶孔。这里还跨越一个长28m的大溶洞和溶洞群，溶洞中充填灰白色、红色黏土夹碎石。

3+712.5～3+792.5m，断层F_{253}在此通过，沿断层发育为暗河、溶洞，充填块石夹黏土，有架空现象，雨季涌水量达1.5m^3/s。

7+440～7+680m，有F_{251}、f_3、F_{256}等多条断层通过，溶洞和溶蚀裂隙十分发育，地下水活动强烈。

其他各段情况不一，但地质条件都很差。各洞段总加固长度为1617m，设计灌浆量96854m（包括化学灌浆1071m），锚杆12591根。

隧洞全线当时还有一些部位正在进行扩挖和浇筑混凝土，因此灌浆工作必须与其他工种平行交叉作业。

根据发电要求的总进度安排，灌浆和锚杆加固的施工工期，包括准备工作和不可避免的干扰影响在内，仅为8个月。

1992年初召开的专家咨询会认为，本项工程的规模和复杂性国内尚无先例，国外也很少见，技术很复杂，难度很大，时间很紧，任务极重，是天生桥二级水电站能否按期发电的关键。

2 设计布置和要求

2.1 钻孔布置

灌浆孔和锚杆的典型布置见图2（a），孔深6～8m。锚杆安插在每一个灌浆孔中，为Φ28mmⅡ级螺纹钢筋，长度一般比灌浆孔深度少20cm。钻孔排距为1.5m和2.0m两种。

在桩号2+293.5～2+323.5m和3+712.5～3+792.5m两段，底部还增加了深基础高压固结灌浆，孔深为25～40m，见图2（b）。

在2+044.5～2+095.5m洞段左下侧，设计了灌注硅粉水泥浆和改性环氧树脂浆液。

2.2 设计要求

设计灌浆压力为4.0MPa，后期要求达到6.0MPa。经过灌浆之后，各不良地质段围岩要求达到：

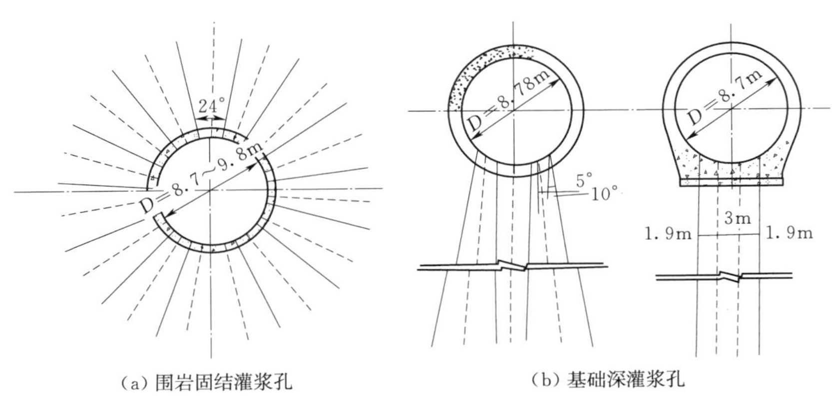

(a) 围岩固结灌浆孔　　(b) 基础深灌浆孔

图 2　灌浆孔布置剖面图

（1）压水试验检查，岩体透水率小于 1Lu。

（2）岩体声波测试，溶洞充填物纵波波速满足 2000～3500m/s，溶蚀夹泥裂隙带、断层影响带波速大于 4000m/s。

3　主要施工技术问题

3.1　钻孔

3.1.1　本工程钻孔施工的特点

由于隧洞直径大，钻机必须固定在 4m 以上的空中，以进行径向钻孔施工。钻机底下要能通过各种工程车辆；由于隧洞轴线长，压缩空气无法送进洞内，不便于使用效率高的风动钻孔设备。

隧洞原设计进行的常规固结灌浆（孔深 5m，压力 1.0～1.5MPa）是利用日资购置的古河株式会社的全液压轮式钻灌台车来完成的，这种台车性能优越，工效高，但价格昂贵。工地已有三台正在进行常规灌浆工作，如再增加进口，从时间上和资金上都是不可能的。

3.1.2　电动钻灌台车的研制

本工程研制成功了一种电动式钻灌台车，主要性能是：自重 10t，载重 6t，双向自行速度 0.6km/h，最大转向角度±15°，单臂吊车起重量 0.5～1.0t。台车上可配置一个机组施工的全套钻灌设备。

自制台车制造成本仅为进口台车价格的 1/20。

3.1.3　钻孔机械的配置和钻孔工艺

本工程在自制钻灌台车上安装了各种冲击式和回转式钻机。使用情况证明，液压岩芯钻机与钻灌台车相结合（在部分洞段也将钻机安装于架子平台上），适应性能强，操作方便，机械故障少，不需要其他配套设备，是本工程的主力钻孔机械。

运用岩芯钻机钻孔时，特别是钻进水平线以上的斜孔尤其是顶孔时，由于钻杆悬空达 4m 以上，开孔时钻头强烈震动，成孔十分困难。经试验研究，采用低转速和配用特制的定位装置或定位钻头，可顺利成孔。

岩芯钻机使用硬质合金钻头或金刚石钻头钻进，孔径 ϕ56mm。

岩芯钻机钻灌台车联合作业，纯钻工效可达到 2.0m/h，每个台车上可安设 2 台岩芯钻机。本项工程共有 47 部台车（包括部分不能自行的简易台车），每天可完成 100m，每月可完成 2 万 m 以上的钻孔进尺，满足了施工进度的要求。

3.2 高压固结灌浆

水工隧洞围岩进行高压固结灌浆，国内没有前人经验可以借鉴，为了确保本工程稳妥可靠万无一失，首先进行了灌浆试验。在灌浆试验的基础上并经初期的施工实践，逐步调整得出主要灌浆工艺为：

（1）灌浆方法。采用孔口管封闭或灌浆塞阻塞自上而下（由浅而深）分段纯压式灌浆。同一环孔中允许分开对称的 3 孔（有时超过）并联灌注。

（2）灌浆次序、段长和压力。每一环孔为同一个次序。一般孔段每段灌浆前以 1MPa 压力进行 20min 裂隙冲洗和简易压水试验，大漏量溶洞和遇水易软化的填泥溶洞不作压水和冲洗。各次序孔灌浆分段和压力见表 1。

表 1　各灌浆段采用灌浆压力　　单位：MPa

灌浆次序	第一段（0～3m）	第二段（3～8m）
Ⅰ	2	4
Ⅱ	2～2.5	4～6

（3）浆液配制及水灰比变换。灌浆材料为 42.5 级普通硅酸盐水泥，在各洞段就近的施工交通洞内设立小型的集中制浆站，将拌制好的稠浆输送至各灌浆机组应用。浆液水灰比变换比级为 5∶1、3∶1、2∶1、1∶1、0.8∶1、0.5∶1 六级。一般洞段开灌水灰比为 5∶1，吸浆率普遍较大或填泥溶洞的开灌水灰比为 2∶1。

（4）抬动观测、注入率与灌浆压力的协调控制。为了防止高灌浆压力导致隧洞围岩和混凝土衬砌抬动破裂，在每一个灌浆单元（一般为 15m 洞长）安设一个抬动观测装置，在灌浆过程中对变形进行监测。

与此同时，规定灌浆压力的使用要根据注入率严格掌握，既要禁止在大注入率下使用高压力，也要防止长时间低压灌浆。

除灌浆试验中发生了 2.85mm 抬动外，施工过程中未发生抬动现象。

（5）灌浆结束条件。当灌浆达到设计压力后持续 2h，注入率小于或等于 0.5L/min 持续 1.5h，灌浆结束。不论单孔或多孔并连灌注均是这样。局部洞段底部深基础灌浆，一律采用孔口封闭自上而下分段循环式灌浆，其他要求与浅孔灌浆相同。

3.3 锚杆安设

为了将锚杆下设与高压灌浆结合进行，采用了两种方法：

（1）对于仰孔，首先在锚杆上加焊定位爪，在每孔最后一段灌浆前插入锚杆，安好灌浆塞，按要求进行灌浆。灌浆结束时孔内浆液稀于 0.5∶1，则打开孔口阀门放出稀浆，改用0.5∶1浓浆以4MPa压力，按压力灌浆法进行锚杆注浆和封孔。若灌浆结束时孔内浆液已变换至0.5∶1浓度，则直接进行封孔。

（2）对于下斜孔，在全孔灌浆结束后，将孔内置换为0.5∶1浓浆，然后插入锚杆，进行压力灌浆法封孔。

上述方法保证了锚杆安装和灌浆工作都能做到质量好、工效高。

3.4 高压灌浆塞

压力达到4MPa以上的高压灌浆，以往都是通过孔口管和孔口封闭器来完成的，因为以前的机械胶球式灌浆塞或水压式灌浆塞，承受压力一般都在3.0MPa以下。

孔口封闭工艺要求每个钻孔预埋一节孔口管，以用作灌浆时安设孔口封闭器。这种方法有如下缺点：①钻孔结构复杂，要进行一次变径；②孔口管埋设后要待凝3d方可使用；③灌浆完毕孔口管无法重复使用；残留管口要进行割除处理。

天生桥不良地质段高压灌浆有近1.3万个孔。很显然，如按上述工艺施工，不仅经济上要耗费巨大的代价，而且在工期上是不可能满足要求的。经过充分的试验研究，我们研制出一种构造简单使用方便性能可靠的膨胀式高压灌浆塞，这种灌浆塞利用类似于膨胀螺栓的原理，将橡胶塞牢固地卡紧在钻孔孔壁上。在施工使用中，试验压力达到7MPa，塞子不松不漏。该灌浆塞已获得国家专利。

3.5 大溶洞灌浆

（1）充填型溶洞。这种溶洞灌前渗透性很小，在较低压力下浆液灌不进。采取的办法是使用浓浆和尽量提高灌浆压力，使溶洞泥挤压密实或以浆液劈裂土体，使水泥浆呈脉状楔入土中。在一些孔段的灌浆过程中，我们看到许多塑性黏泥被从邻孔中挤压出来。

（2）半充填溶洞。它们灌前透水性很大，连通性一般较好，许多钻孔大量涌水。采取的灌浆方法是，加大注入量并使用浓浆，必要时掺加速凝剂，增加钻孔次序或加密钻孔，使达到最后充填密实。

（3）岩溶管道或无充填溶洞。钻孔与溶洞相遇后常常掉钻几十厘米至几米，钻孔不返水甚至有空气流动，采取的对策是创造条件尽量先灌入石子、混凝土、砂浆，待吸浆量明显减小时再注入水泥浆。

按照上述方法，有时需要处理多次，有一孔就先后处理20多次，历时64d，但最后都能灌好。

4 灌浆成果的检查和分析

本工程自1992年2—10月进行，实际完成高压水泥灌浆97684m，锚杆12840根，以及化学灌浆1128m。施工高峰期投入钻灌机组47个，最高月施工强度近2万m。

4.1 灌浆资料统计及分析

水电基础局施工的各洞段灌浆成果汇总于表2。注灰量较小和最大的第3、11洞段各序孔单位注灰量和透水率频率曲线见图3。

表 2　　各洞段灌浆成果汇总表

洞　段　号		1	2	3	4	5	8	9	10	11	合计
洞段长/m		46	165	360	161	45	135、	60	150	300	1422
完成灌浆量/m		3554	9378	28055	15227	2224	6352	2848	7142	15508	87283
完成锚杆/根		465	1366	3150	1257	345	1005	452	1125	2205	11370
注入水泥/t		165.5	103.7	589.5	2818.6	48.6	22.7	1322.9	75.2	5244	10391.3
填入砂石/t								55		1027	1079
单位注入量/(kg/m)	Ⅰ序	54.4	14.6	30.4	319	23.8	6.1	794	20.4	514.5	180.6
	Ⅱ序	4.3	6.4	13	78.1	3.5	1.3	193	1.3	184.7	55.5
	补灌		693.6		101.3	20.5				1.0	
	检查	2.7	0.4	4.3	2.6	0.4	0.2	4.8	1.3	0.9	2.3
	平均	46.6	11.1	21.o	185.1	17.8	3.6	482.8	10.6	404.4	119
重点部位波速/(km/s)	灌前			4.31	3.54		5.10	5.78			
	灌后	3.85	4.70	4.61	4.56	3.83	5.69	5.98	5.65	4.93	

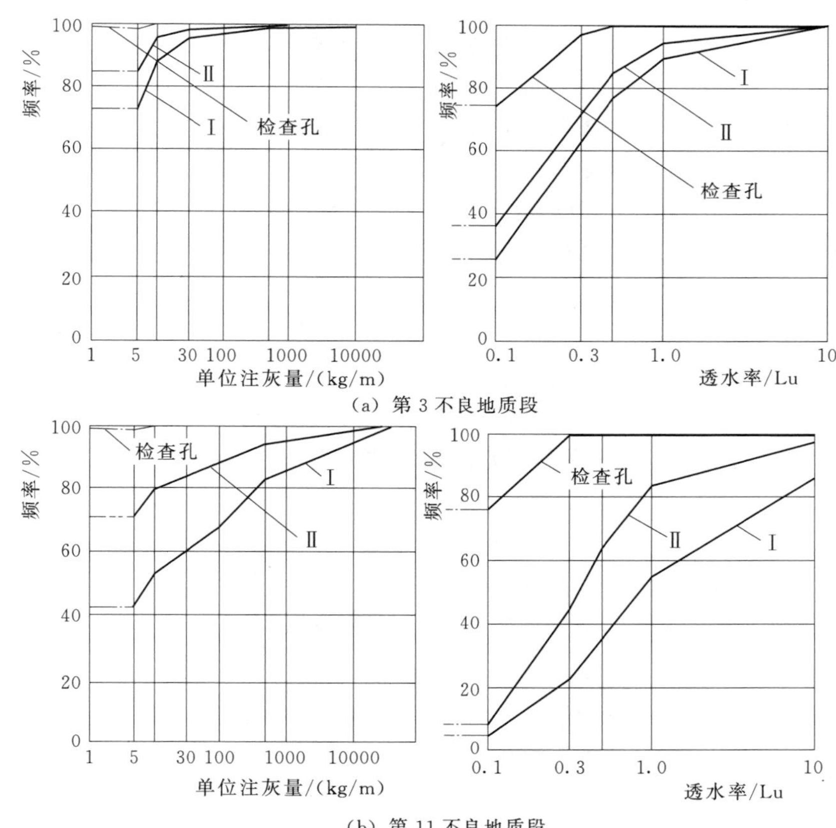

(a) 第 3 不良地质段

(b) 第 11 不良地质段

图 3　部分洞段各序孔单位注灰量和透水率频率曲线

从表 2 和图 3 中可以看出：

(1) 各洞段、各序孔单位注灰量和透水率呈明显递减趋势，规律性良好，反映了岩体逐序被加固密实的效果。

(2) 各洞段第Ⅰ序孔注入量一般都占总注入量的绝大部分，这反映了大多数溶蚀裂隙、洞穴，都在第Ⅰ序孔中得到了较好的灌注。

(3) 岩溶地层中有的溶洞连通性不好，在第Ⅰ、Ⅱ序孔中都未灌到或灌注不密实，在检查孔施工中发现后又进行了补灌，有的补灌注灰量还很大，这也是岩溶灌浆中常有的现象。

(4) 岩溶地层透水率常呈两种极端情况：与溶洞、溶缝贯通则透水率特大，多数不连通的岩体则透水率很小，在 1Lu 以下。

4.2 灌浆质量检查

灌浆后进行了全面的质量检查，共钻进检查孔 4363m，为灌浆工程量的 5%，进行压水试验检查和岩体声波（纵波）测试。

压水试验检查结果，透水率全部小于 1Lu（图 3），满足设计要求。

声波测试由贵阳勘测设计研究院物探队承担，各洞段重点加固部位平均波速列于表 2。从波速测试成果中可以看出：

(1) 通过灌浆以后，各不良地质段中重点加固部位的平均波速一般均可提高到 4000m/s 以上，最低在 3800m/s 以上，达到了设计要求的标准。

(2) 灌浆对破碎裂隙带效果明显，灌后波速提高幅度较大。

(3) 溶洞中的黏泥灌前波速多小于 1500m/s 或测不到波形，经过高压灌浆以后一般可提高到 2000～2500m/s 范围。但也有少数看不到明显的变化。

在各洞段从后序孔、检查孔取出的岩芯中，可以观察到大量的水泥浆固结体，有长度为几厘米到一米多的纯水泥结石岩芯、片状水泥结石、水泥黏土混合物和大量充填在岩石缝隙中的水泥石。

隧洞已于 1992 年 11 月下旬进行充水试验，第一台水轮发电机组经过调试，丢负荷试验和试运行后于当年 12 月 22 日正式投产发电。隧洞运行情况良好，次年隧洞进行了放水检查未发现隐患。此后，2 号、3 号引水隧洞均按此设计和施工方案建成，至今运行良好。

5 结束语

经施工实践和隧洞通水运行的初步情况表明：

(1) 采用高压固结灌浆和锚杆加固天生桥二级水电站 1 号引水隧洞不良地质段的指导思想、设计原则和主要工艺要求是正确的。

(2) 所采取的隧洞高压固结灌浆工艺立足于国内钻孔灌浆施工机械技术的基础，在地质条件极为复杂、施工条件十分困难的条件下，实现了优质、高速施工，不仅为天生桥二级水电站按期发电作出了贡献，而且开创了我国隧洞高压固结灌浆的先河，对其他类似工程的施工具有普遍意义。

岩溶地区盲谷水库防渗技术

【摘　要】　许多岩溶地区因渗漏严重而干旱缺水。云南五里冲利用多项技术建造了我国岩溶盲谷区第一座百米深的水库。五里冲盲谷水库的防渗技术包括：充分利用有用岩体，正确选择防渗线路；采用高压水泥灌浆技术在溶蚀发育岩体和溶蚀塌陷体中建造防渗帷幕；在溶蚀残留岩体中建造大型混凝土防渗墙；采用混凝土堵头堵塞地下暗河等。

【关键词】　岩溶　盲谷　防渗技术　高压水泥灌浆　混凝土防渗墙

1　概述

我国西南地区广泛分布碳酸盐岩层，贵州、云南、广西三省区出露面积 26.5 万 km^2，其中云南省 9.7 万 km^2，占全国碳酸盐出露面积的 10.7%[1]。该区年降水量不少，但保水能力差，是全国三大干旱地区之一。这些地区水资源开发程度低、难度大，主要是岩溶渗漏问题。为开发岩溶地区的水资源，中华人民共和国成立以来即探索在这些地区修坝建库，进行了大量的工作。

蒙自县位于云南省东南部，处于珠江（上游南盘江）、红河两流域分水岭上，属云南低纬高原和亚热带季风气候类型。县内可溶岩广布，地表径流奇缺，地下水埋藏深。县城所在地为山间盆地（俗称坝子），地形开阔，土地平整连片，有耕地 25 万亩，光热条件好。但严重缺水，有效灌溉面积仅 8 万多亩，制约了蒙自县经济社会的发展。

五里冲水库是从根本上改变蒙自干旱面貌，发展地区经济的骨干工程。它建成后增加蒙自坝区灌溉面积 12.3 万亩，城市供水 1210 万 m^3，使蒙自坝区水利化程度提高一倍，达到 72%。五里冲水库在勘测、设计、施工中运用了一系列新技术，创造了我国水利建设史上的几个第一：岩溶盲谷水库最深（106m）；在溶洞内建造混凝土防渗墙墙体高度最大（100.4m）；用灌浆方法在溶塌体内建造高标准防渗帷幕等；解决了许多复杂的技术难题，对推动和促进我国岩溶地区水利水电工程建设，发展我国岩溶盲谷的防渗技术具有重要的价值和示范作用。

2　五里冲水库概况

2.1　工程概况

五里冲河是红河流域一级支流绿水河北支第一九股水的源头，流域面积 25.4km^2，多

本文原载《中国岩石力学与工程世纪成就》，王思敬主编，河海大学出版社，2004 年。作者还有：张邦彻，时任云南省五里冲水库建设管理局总工程师；刘传文，国家电力公司中南勘测设计研究院，时任五里冲水库设计总工程师。

该项目帷幕灌浆工程由中国水电基础局和中国水电第八工程局承建。笔者时任中国水电基础局五里冲项目部项目经理。

该项目获得云南省科技进步奖。

年平均径流量 1443 万 m^3。由于本区径流量小，水库水源主要由红河的另一支流南溪河水通过引提水工程跨流域引入水库调蓄，年均引提水 7913 万 m^3。

五里冲水库位于珠江与红河流域分水岭龙骨塘垭口的南侧，库区为一狭长形侵蚀、溶蚀封闭洼地，谷底高程 1350m。有南北两支小溪流，南支回水长 3.2km，北支回水长 2km。溪沟两侧发育平坦的一级阶地，谷底宽 50～100m。谷地东岸为浑圆状地形，山顶较平坦，谷坡较缓，山顶高程 1500～1550m，为构造侵蚀中山区，构成与邻谷南溪河 8km 宽厚分水岭。谷地西岸为岩溶陡坡斜地，山势雄伟，陡崖连绵，崖顶高程 1654～1700m，其上地形豁然开朗，分布大量岩溶漏斗、竖井。再往西 1～2km，为努女克背斜轴部，地面高程 1900～2000m。水库南为单薄的山脊，脊南为龙宝坡岩溶洼地。南北两支溪流汇合后约 700m 进入溶洞，成为伏流，称 3 号暗河，入口高程 1350.4m，人可进入的无压段暗河长度 594m，其断面一般为宽 2～20m，高 20～35m，末端成为倒虹吸，枯水期水面高程 1318m。

五里冲水库是在岩溶盲谷末端阻断暗河及岩溶漏水通道，形成一座无（主）坝水库。水库库容 7949 万 m^3（含地下库容为 8000 万 m^3），设计蓄水位 1458m，水深 106m。枢纽主要建筑物包括：3 层灌浆隧洞共长 3627.6m，混凝土衬砌后的断面尺寸为 2.8m×3.8m 和 2.5m×3.8m；防渗帷幕灌浆总进尺 21.4 万 m，面积 26 万 m^2，帷幕轴线长 1334m；地下混凝土防渗墙 47701m^3（3668.4m^2）；地下暗河混凝土堵头 4737m^3；副坝（混凝土面板堆石坝高 22m，坝顶长 65m）1 座。除副坝外，工程大部分在地下（图 1、图 2）。

工程自 1986 年开始可行性研究，1991 年 10 月正式开工，1995 年 7 月下闸蓄水，1996 年 12 月基本建成，总投资 1.9 亿元。

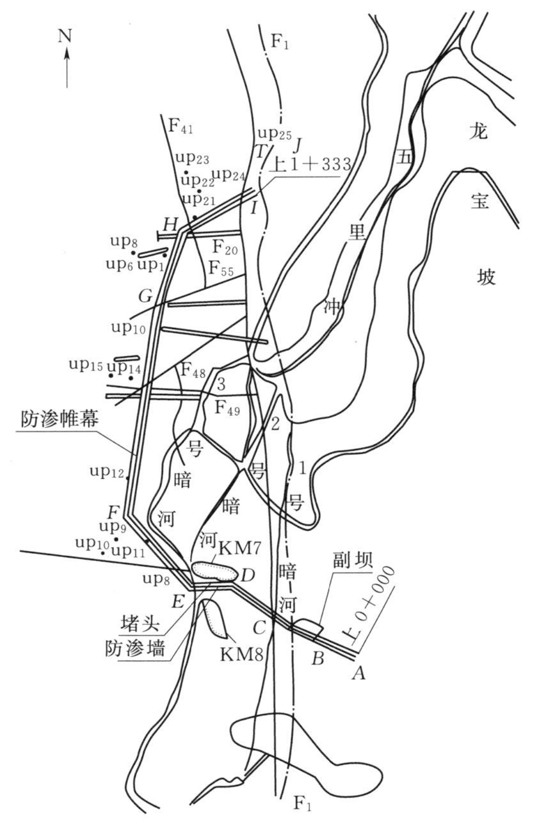

图 1 五里冲水库工程布置简图

2.2 库区地质条件

本区位于康滇缅“歹”字形构造中段东支与昆明“山”字形构造前弧顶缘的交会带上，以南北向断裂为主要构造格架，组合其他断层，形成“入”字形帚状构造。

近南北走向的龙骨塘主干断裂（F_1）是本区新老岩层界线。近东西向断裂有 F_{32} 等，属早期张性后改变为压扭性断裂；北西向断层有 F_{51} 等，为扭性或张扭性断裂。北东断层主要有 F_{56} 等，具扭张性质，沿断裂易形成大型溶缝。F_1、F_{51}、F_{32}、F_{56} 与工程关系密切。

枢纽建筑区内岩层以三叠系分布最广，次为寒武系。以 F_1 断层为界，以东的寒武

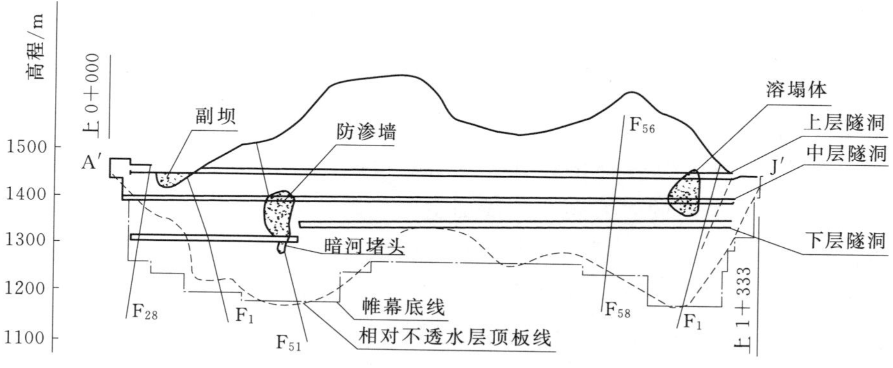

图 2　五里冲水库防渗帷幕纵剖面图

系由灰岩与细粒碎屑岩互层，总厚度 3000m 以上。以西的三叠系中统早期为个旧组（$T_{2\alpha}$）厚层状、块状碳酸盐岩，总厚度大于 1400m，整体呈南北向分布，倾向西，倾角 50°～70°。水库谷底有第四系冲洪积层，厚度小于 30m。

F_1大断裂决定了库区水文地质条件、水文地质分区及岩溶管道走向。F_1以西的个旧组灰岩溶蚀性最强，岩溶形态最发育，为岩溶地下水系统最完善的区域。库底的冲积层透水大，属强透水层。F_1以东的寒武系地层，以板岩为主，是不透水或弱透水的相对隔水层，其间灰岩、白云岩多为厚度不大的透镜体，岩溶不发育，透水性弱。

经过反复比选，确定的防渗帷幕线路呈“L”形，全长 1334m。两端点（A、J）进入寒武系相对不透水地层，将强岩溶化的三叠系个旧组灰岩全部隔离。

帷幕南段（东西走向）为岩溶发育区。帷幕自东向西穿过 F_1大断层后，地层为 $T_{2\alpha}^{c-1}$厚层块状灰岩，质纯，层理不发育，由于 F_{32}、F_{40}、F_{52}、F_{51}等数条断层通过，形成了庞大复杂的岩溶管洞系统及地下水位低槽区，最低水位 1318m。区段内主要有 1 号、2 号、3 号暗河，巨型洞穴，如 KM_7、KM_8、D_8K_1、D_8K_2、Z_5K_1 等，发育高程自 1296 直至 1440m，高差约 150m。洞内有崩塌堆积、流水沉积和化学沉积物，“厅堂式”的溶洞高达 65m，最大体积 13 万 m^3。

中段为弱岩溶区。幕线穿过 3 号暗河后，折向北延伸，通过个旧组 $T_{2\alpha}^{c-2}$岩组，帷幕线与岩层产状近于平行，岩性为薄层至中厚层炭质灰岩，主要断层有 F_{58}、F_{48}、F_{49}、F_{50}、F_{55}、F_7、F_{41}等，宽度一般不大，断层两侧溶蚀轻微。

北段岩溶发育及卸荷带区。F_{56}断层与帷幕线锐角相交，沿断层带发育串珠状溶洞，底层为 KL_6溶洞，中上层为大型溶塌体（帷幕线上面积 3200m^2）。其他断层有 F_{55}、F_{41}，地下水在本区形成北段低槽，最低水位 1327m。向库内排泄。

溶塌体周边为强～极强岩溶裂隙区，包括岩体松弛与边坡卸荷带，分布于断层 F_{45}、F_{40}～F_1之间。

帷幕全线地质条件以岩溶为特征，分成南段暗河道溶洞及北段岩溶塌陷区两个重点处理区，中段则为弱岩溶分布区及两端寒武系不透水层的总格局。

由此，确定了本工程的主要工程地质问题是岩溶渗漏问题，是通过溶蚀发育强烈的个旧组灰岩向南、向西以及沿 F_1 断层向北的渗漏。

3 帷幕灌浆工程

3.1 防渗帷幕的设计

在国内外工程实践中，防渗体的设计大致有垂直防渗、平面防渗和工程隔离三种基本形式。对于已经探明或揭露的岩溶洞穴，浅部主要采用防渗墙和混凝土回填洞穴；深部主要采用帷幕灌浆及钻灌堵洞[2]。近十年来，灌浆的成功实例很多，特别是大型工程，基本上不考虑铺盖等平面防渗方法[3]。五里冲水库防渗体分别研究了帷幕、铺盖和筑坝隔离三种工程方案，经过技术经济比较，最终选用帷幕方案。

3.1.1 选择防渗线路的依据

如前所述，选定的“L”形防渗路线，东端插入 F_{29} 断层上盘寒武系地层，西过垭口 F_1 断层进入灰岩溶洞区，包括 1 号、2 号、3 号暗河，过 KM_7、KM_8 两溶洞间岩体后，向地下分水岭边靠近，然后折向北，顺 $T_{2\alpha}^{c-2}$ 走向直至北段地下水低槽区，最后向东北偏移，再次穿过 F_1 断层后，插入寒武系层。选定本线路的依据为：

（1）线路端点及沿线地质条件较明确，底板边界地质情况清楚，两端有可靠的不透水岩层。

（2）通过岩溶发育区的位置集中，堵头设在 2 号、3 号暗河汇合点下游，通过暗河区的距离最短。

（3）中部弱岩溶的 $T_{2\alpha}^{c-2}$ 高水位带得到充分利用，有利于减少工程量。

（4）帷幕距岸坡距离较远，有利于提高灌浆压力，增强灌浆效果。

（5）有利于上、中、下三层帷幕搭接。

本线路存在难度最大的是通过 KM_7、KM_8 巨型溶洞区及北段溶塌体。施工中揭露的 KM_7、KM_8 溶洞，其规模和复杂程度比较大。经四条改线方案的研究比较，最终选定在两溶洞间 30m 溶蚀残留岩体中通过，以地下混凝土防渗墙代替这一段灌浆帷幕。

3.1.2 帷幕的防渗标准

帷幕的防渗标准取决于河流年径流量与水库允许渗漏量的比值。五里冲水库水资源极为珍贵，整个水库即使仅有 50L/s 的漏水，年渗漏量就达到 158 万 m^3，相当于年均径流量的 2.6%，年运行费增加 18.29 万元，显然是不能承受的。因此五里冲水库的防渗标准应当是很高的，通过设计计算确定本帷幕幕体的防渗标准为中、下层 $q<1$Lu，上层 $q<3$Lu，帷幕底线的岩体透水率 $q<1$Lu。

3.1.3 帷幕的深度

防渗帷幕的深度与岩溶地区排泄基准面有关。防渗深度一般应穿过这个基准面，以确保帷幕的有效防渗。同时，还要查明是否存在深岩溶，以防止基准面以下的深循环带上仍有岩溶通道[3]。五里冲暗河排泄基准面为 1200～1130m，低于五里冲河 150～220m。五里冲水库防渗帷幕的底线确定位于岩溶发育的下限，同时要求帷幕底线岩体的透水率小于 1Lu。各地段的高程分别为：

（1）现代暗河区，以最低排泄基准面和钻孔资料分析，地下水位以下存在深部循环，

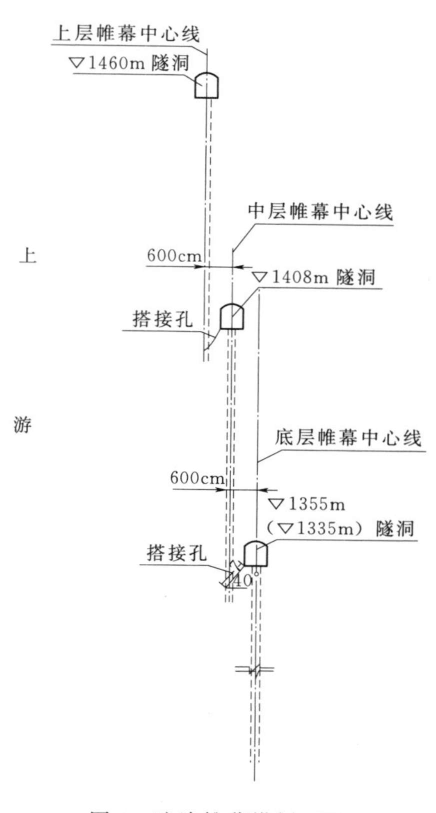

图 3 防渗帷幕横剖面图

高程 1260m 以下压水试验未全部达到 $q<1$Lu，且尚有岩溶发育，故确定底板高程为 1200m，与最近的排泄基准面小窝子泉高程相同。

(2) 中部区地下水位高，T_{2a}^{c-2} 岩溶相对不发育，帷幕底板提高至 1290m。

(3) 寒武系地层。帷幕底板抬高，南端分五级逐级提高，为 1220、1255、1295、1325、1390m。北端分六级，高程分别为 1240、1260、1300、1330、1390、1400m。

(4) 其余地段，根据钻孔压水试验以 $q<1$Lu 岩层顶板线高程确定帷幕底界。在 1260m 高程以下，分别为 1220、1240、1255m。

3.1.4 幕体结构和钻孔布置

本工程进行了两次灌浆试验，获得了有关防渗帷幕的钻孔布置的基本参数。

(1) 帷幕层间间距。五里冲水库最大灌浆深度 260m，必须分层进行施工。同时考虑廊道位置与溶洞处理相结合，划分了 1460m、1408m 和 1335 (1355) m 三层，层间水平间距 6m，如图 3 所示。每层搭接长度 5m。底层帷幕最大深度 160m。

(2) 幕厚。根据不同的地段，帷幕钻孔分别布置 1～2 排，局部 3 排，排距 1.5m，孔距 2m，分三序加密。溶塌体为 5 排。

3.2 帷幕灌浆施工

3.2.1 主要灌浆工艺

根据我国在乌江渡等工程的经验和本工程灌浆试验的成果，帷幕灌浆施工采用小口径钻孔，孔口封闭法高压灌浆[4]。

3.2.2 灌浆压力

灌浆压力的大小是灌浆取得成效的重要因素。对五里冲这一岩溶盲谷，在选择帷幕灌浆方案时，其立足点就是采用高压灌浆处理溶洞和破碎带，建造高标准的防渗帷幕。

五里冲最大灌浆压力设计为 4～6MPa。灌浆操作时由低到高，并尽快达到最大灌浆压力，在最大压力下的持续时间不小于 120min。实践经验证明，灌浆压力低于 4MPa，其灌浆效果明显下降。例如上层帷幕 1＋165 号孔第 9 段，原以 2MPa 灌浆，仅灌入水泥 537kg，后分析有疑，改用 4MPa 灌浆，结果注入水泥 81127kg，显然是因高压冲开了被封闭了的岩溶通道所致。这种情况比较普遍。

3.2.3 灌浆材料

本工程主要使用水泥灌浆，在中上层北段大耗浆段加入了相当水泥用量 30％左右的粉煤灰，南面东西段局部灌浆段掺用了黏土和细砂。对串冒浆地段及特大耗浆段多次复灌仍达不到结束标准时，曾在水泥浓浆中加入不超过水泥重量5%的水玻璃或其他速凝剂。目的是为了尽快堵塞大通道，限制大量浆液向帷幕外扩散流失。

3.2.4 帷幕底层灌浆孔终孔条件

帷幕底层终孔高程一般按3.1.3决定，但在施工中每个孔的情况不一，为确保帷幕底界防渗性能可靠，规定了三个条件[5]：

(1) 终孔段灌前压水透水率$q<1$Lu。

(2) 单位注灰量小于50kg/m。

(3) 终孔段的上一段灌前压水透水率小于2Lu，单位注入量小于200kg/m。

不能满足任一条件，钻孔均要加深。为此，底层灌浆孔共加深52个，个别终孔高程达到1182.62m，比设计幕底高程1200m低17.38m。

3.2.5 重点地段和特殊情况的处理

在施工中发现某些部位的耗浆量大，但灌浆效果差，形不成连续的帷幕。除溶塌体外，这些部位包括北段崖坡卸荷裂隙及表层强风化区、副坝垭口单薄山脊区、各层灌浆孔孔口3段等，分别通过采取特别措施处理达到设计要求。

(1) 上层北段由于距岸坡近，几乎全在卸荷裂隙风化溶蚀扩大区内进行，因此产生了特大耗浆段。如上层桩号1+238～1+254m的帷幕段，注入水泥加粉煤灰3530t，平均单位注灰量高达3765kg/m。为增强灌浆效果，限制浆液扩散范围，在原设计一排孔的上游增加一排中压封闭孔，并在检查不合格的地段增加补强排，对灌浆工艺参数也作了相应的调整。

(2) 副坝位于两谷地之间的小山梁，山体单薄，上游为水库深谷，下游为龙宝坡洼地，岩层为寒武系泥质炭质灰岩，风化深度大。副坝段单位注灰量普遍较大，而合格率低。经研究除调整灌浆参数和工艺外，在先灌排下游0.5m处增加一排补强孔。

(3) 各层帷幕灌浆孔孔口三段5m范围内，初次检查不少达不到防渗标准。经检查分析原因是：①部分隧洞底板垫层混凝土质量差；②帷幕灌浆前没有进行隧洞固结灌浆。后在这些部位以浅孔加密灌浆解决。

(4) 南北端砂板岩地段，透水性不大，但岩体破碎，塌孔现象频繁，孔内事故很多。经研究采取了不作灌前冲洗和压水、缩小段长、浓浆逐段封孔待凝等措施。同时，根据对砂板岩透水性的研究结果，取消了部分钻孔灌浆工程量。

(5) 溶洞区大耗浆量段，这是本工程防渗的关键地段。原设计双排孔，孔距2m，排距1.5m。施工时，下层廊道灌浆效果较好，中上层初检不合格率占2.15%～3.88%，先后两次布置补强孔107个。其中成排的系统补强孔88个，3132.4m，注入水泥、粉煤灰1002.9t，平均单位注灰量320.17kg/m。

3.3 灌浆效果和质量检查

灌浆工程施工取得了浩繁的数据，通过对这些资料的分析可以判断灌浆效果。

3.3.1 单位注灰量分析

本项工程帷幕灌浆进尺21.4万m，共注入水泥31426t，平均单位注灰量150.4kg/m。各层各排序灌浆孔的单位注灰量见表1。从表中可见，上层帷幕单位注灰量比中层、下层大，中层比下层大，这反映了岩体的风化、溶蚀程度由浅入深逐步减弱的规律。在各层帷

幕（除上层个别情况外），后灌排比先灌排，后序孔比前序孔注灰量明显减少，这说明随着孔序的增加，岩体不断被灌注密实。

表 1　各层灌浆帷幕各排序孔单位注灰量情况表　单位：kg/m

帷幕各层		下游排（先灌排）				上游排（后灌排）			
		Ⅰ序孔	Ⅱ序孔	Ⅲ序孔	三序平均	Ⅰ序孔	Ⅱ序孔	Ⅲ序孔	三序平均
上层	单排孔	659.5	217.1	116.6	291.8				
	双排孔	7109.9	3704.0	3821.8	4485.2	1637.6	3708.6	2844.7	2636.5
中层	单排孔	199.9	62.8	37.7	83.9				
	双排孔	485.6	217.1	55.6	200.6	67.2	33.2	26.7	38.7
下层	单排孔	87.7	60.5	19.6	46.7				
	双排孔	245.1	94.3	55.7	113.4	29.3	21.6	15.6	20.5

注　表中的上层双排孔是岸坡卸荷带的 18 个灌浆孔，注灰量大，次序递减规律不明显。

3.3.2　灌浆前后岩体透水率分析

灌浆前压水试验表明，各层岩体天然透水性有 30%左右大于 1Lu（中、下层）或 3Lu（上层），随着灌浆进行，岩体透水率逐步减小，至末序孔灌浆前，帷幕岩体透水率小于 1Lu 的孔段，下层已达 98.88%，中层 93.5%。上层小于 3Lu 的孔段达到 91%。之后，再进行了末序孔的施工和灌浆后的检查。

3.3.3　检查孔压水试验

帷幕灌浆工程共布置检查孔 307 个，占灌浆孔总数的 9.71%；进尺 20613m，占灌浆总进尺的 9.63%；压水 4323 段。

为确保检查结果的真实和公正，检查孔的施工由专业地勘部门完成，一般不允许承包商自己打检查孔。检查孔除孔深、孔斜等常规要求以外，还要求 85%以上岩芯获得率。

所有检查孔资料进行了汇总，4323 段压水成果中初检超过防渗标准的共 190 段，除去首部三段 5m 内不合格段外，深部有 72 段（下层 9 段，中层 28 段，上层 35 段），合格率 98.3%。

经对每一个不合格孔段进行研究分析，布置补强孔补灌，之后再进行第二次检查。对二检不合格孔段还要再次进行补灌……直至达到全部合格。帷幕灌浆工程共布置补强孔 188 个（不包括孔深<5m 的浅层固结孔），总进尺 8211.99m。

4　溶塌体处理工程

4.1　溶塌体地质特征

4.1.1　溶塌体形态、分布、规模

溶塌体，溶蚀塌陷体，一种没有胶结的散粒体及其混合堆积物。它是在灌浆隧洞开挖过程中遇见的。后经详细勘察，溶塌体位于 F_{56} 的上盘，而断层下盘的岩体完整，溶塌体呈北西至北西西走向，立面上为钟形断面，在帷幕线路上的长度为 31～47m，断面面积约 3200m^2。底面高程为 1390～1376m。高程 1460m 以上溶塌体断面逐渐收敛，没有延伸至地表。溶塌体宽度在高程 1415m 幕后为 15～20m，幕前为 20～30m。如图 4 所示。

根据堆积物组成和结构特点，大致可分为粗粒碎屑物为主的崩塌堆积和以细粒碎屑物

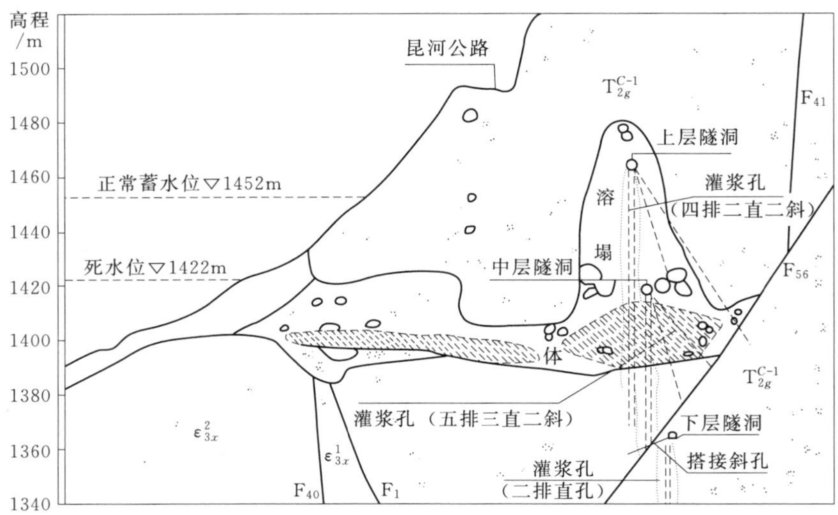

图 4　溶塌体剖面图

为主的冲积崩积两种类型。崩塌堆积以巨块石为主要成分组成堆积物的骨架，约占总体积的 60%～70%，细粒碎屑物（黏土、砂砾石、碎石）呈洞隙式充填。冲积崩积以含砾黏质粉土与黏土砂卵石为主，常夹有塌落的巨石块石，这类堆积主要分布于高程 1415m 以下。

4.1.2　对溶塌体的处理方案

对溶塌体的处理曾经考虑了三个方案：即开挖置换，浇筑钢筋混凝土防渗墙代替灌浆帷幕；或局部调整帷幕线路，从 G 点往北至 F_{56} 下盘岩体绕过溶塌体；或在溶塌体内采用加强灌浆的方法建造防渗帷幕。

通过比较研究，因防渗墙和绕线方案的工程量大、工期长、投资多，最后选定加强灌浆方案，原线路不变。

4.2　溶塌体灌浆设计及施工

溶塌体被发现后，专门进行了溶塌体灌浆试验。根据试验成果调整了钻孔布置和灌浆工艺。

（1）增加灌浆排数。中层从原设计 2 排灌浆孔增加到 5 排。上层从原设计单排孔增加到 4 排。灌浆孔排距 0.75m，孔距 2m。

增加灌浆排数有利于提高中间排的灌浆压力，从而改变岩体的散体结构，或加大它的密度，同时使幕厚增加（中层 10m 以上，上层 5m 以上），幕后地下水位抬升，减小帷幕渗透坡降，保证了幕体的结构稳定。

（2）调整灌浆压力和施工顺序。最大灌浆压力，中层为 4MPa，上层为 3.5MPa。施工时逐排逐序增加灌浆压力，最后达到最大压力。

施工顺序采用先外排，后内排；即先封闭上下游，再灌下游斜孔固结幕后溶塌体，最后作帷幕；两层的顺序先中层、后上层。灌前不做压水试验。

（3）使用浓浆灌注。溶塌体孔隙较大，且多细颗粒夹层，灌浆浆液改以稠浆为主，水灰比选用 1∶1、0.8∶1、0.5∶1 三级，开灌水灰比一般为 1∶1。注入率大于 30L/min 时，可越级直接灌注 0.5∶1 浓浆。

（4）增加孔口段数及缩短段长。考虑孔壁稳定，正常灌浆段长缩短至 3m；孔口 3 段增加为 4 段。

（5）灌浆结束标准应同时满足三个条件。在设计最大灌浆压力下，注入率小于 1L/min，持续灌注 30min；总灌注时间不少于 60min；消除压力后，孔口不再返浆。

4.3 溶塌体灌浆效果

在中层和上层灌浆廊道对溶塌体加固，共完成灌浆孔 10500m，总注灰量 3381t，单位注灰量 322kg/m。单位注灰量按排序递减明显，表明边排灌浆孔的封闭灌浆已起到很好的封堵漏浆通道和压密、充填作用，以致后施工的各排，在灌浆压力提高的情况下，单位注灰量仍有明显降低。

两层共布设检查孔 14 个（为灌浆孔数的 8.4%），从各个检查孔取出的岩芯，在不同的孔深位置多处见有水泥结石，块石之间充填的水泥结石胶结紧密；黏土内的水泥结石呈脉状延伸，结石层间的黏土已被挤压脱水固化，具有较高的强度；卵砾石被水泥浆液充填胶结。粉质土内见到的水泥结石较少，但它已被挤压密实。

检查孔压水试验 160 段，上层全部达到防渗标准（3Lu），中层有 6 段（6.2%）为1～3Lu，均出现在孔深 5m 以内，这同孔口段使用的灌浆压力偏低有关。后经过补强灌浆处理，全部达到合格。

5 KM_7～KM_8溶洞间防渗墙工程

5.1 溶洞群的发育情况

防渗墙位于 KM_7～KM_8之间（图 1），帷幕线桩号 0＋298～0＋348，高程 1332.6～1443m。这里是五里冲岩溶最发育的区段。前有 KM_7，后有 KM_8，底下有 3 号暗河，其间上下发育有 D_8K_1、D_8K_2、Z_5K_1 三个大型溶洞。溶洞规模大、形态各异，上下交错叠置，形成连通的溶洞群，极大地削弱了岩体的完整性和均一性。

5.1.1 溶洞的位置和规模

KM_7，位于防渗墙的上游，长轴 NWW 向。溶洞南壁距防渗墙中心 3～4m。洞底由东向西倾斜，高程 1400～1370m，堆积层厚超过 23m，洞长 90m，洞宽 20～40m，净空高 10～35m，洞顶高程 1415～1380m。

KM_8，位于防渗墙的下游，长轴走向 330°，长 100m，宽 18～26m，净空高 38～10m，由南向北倾斜；北端距防渗墙中心 25～30m，底高程 1372m，顶高程 1410m，洞底堆积层厚 10～20m。

D_8K_1，位置最低，溶洞发育高程 1376～1342m，长轴走向 310°，宽 20～37m，长 42m，形状如葫芦形，上窄下宽，南窄北宽。

D_8K_2，位于 D_8K_1 西侧上方，溶洞发育高程 1370～1404m，长轴走向 310～330°，宽 4～13m，长 42m，为不规则的窄巷形，全充填。

Z_5K_1，位于 D_8K_1 和 D_8K_2 的上方，溶洞发育高程 1394～1441m，其中 1408m 高程以下与 KM_8、D_8K_2 合为一体，溶洞宽大，长（EW 向）23～32m，宽（NS 向）20～30m，洞高 14m，全充填；1408m 高程以上，溶洞明显缩窄，洞长增加到 34～52m，宽 6～12m，

为上宽下窄的窄槽形。

溶蚀宽缝，位于 D_8K_1 与 Z_5K_1 之间，相互交叉连接。施工揭露的大小溶隙和小溶洞有 5 处。

5.1.2 溶洞充填物

防渗墙区溶洞充填物以冲淤积为主，局部分布溶蚀崩塌和化学堆积层及洞壁附着钙华。

溶塌堆积以崩塌巨、块石为骨架，黏土、砂砾等呈孔洞和孔隙性充填，结构密实。分布在 Z_5K_1 溶洞 1394～1415m 高程，D_8K_1、D_8K_2 有零星分布。

冲淤积以黏土、砂砾等细粒料为主，局部夹少量块石，分布在 D_8K_1、D_8K_2 和溶缝；其中 D_8K_2 溶洞 1375m 高程以下和 D_8K_1 南端底部 1355～1347m 高程，有典型的水流沉积砂卵砾石层。

化学沉积随沉积条件不同具有不同的特性。白至灰黄色层状结晶钙华结构紧密，岩性硬脆，单轴抗压强度 13～25MPa，分布在 D_8K_1 底部 1352～1365m 高程，D_8K_2 及 Z_5K_1 洞顶和 KM_8 西壁 1370m 高程以下，逐渐过渡到基岩。黄白色水平层状薄层钙华与冲积黏土互层产出，结构软弱，分布在 Z_5K_1 内 1415m 以上。洞壁附着的薄层钙华，厚 2～3cm，局部分布在 D_8K_1，结构紧密、坚硬。

5.2 防渗墙工程设计

5.2.1 KM_7～KM_8 间岩体的稳定性研究

KM_7～KM_8 岩体作为帷幕的一部分，必须是稳定的。即一要在水库运行期间，能抵抗巨大的水压力，墙后岩体不产生整体或局部位移；二要在施工期间不出现较大范围垮塌。

根据溶洞和岩体构造节理裂隙的分布情况，KM_7～KM_8 间墙后岩体整体稳定以 KM_8 为临空面，局部稳定可分割为五个块体，分别由 KM_8、Z_5K_1（F_{32}）、D_8K_1、D_8K_2 提供滑移空间（图 5）。各块体的顶、底和两侧，除存在构造弱面外，均由相应的节理组并剪断部

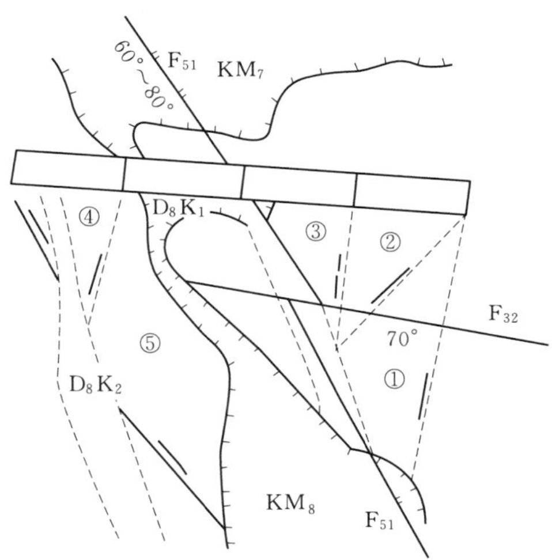

图 5 防渗墙后岩体稳定分析示意图

分好岩石组成，视块体为整体结构，采用刚体极限平衡法进行计算分析[6]。各块体组成特性和稳定计算成果见表 2。

表 2　　KM_7～KM_8 间岩体稳定计算成果表

编号	块体组成			抗剪（断）强度		分布高程/m	临空面	稳定安全系数
	部位	类型	面积比	f'	C'/MPa			
墙后岩体	两侧面	好岩石	30	0.692	0.36	1404～1370	KM_8	3.02
		裂隙	70					
	顶底面	好岩石	70	0.868	0.84			
		裂隙	30					
①	两侧面	好岩石	40	0.88	0.54	1408～1368	KM_8	4.01
		NNE 节理	60					
	顶底面	好岩石	50	0.9	0.65			
		缓倾角节理	50					
②	东侧面	好岩石	40	0.88	0.54	1410～1390	F_{32}	2.15
		NNE 节理	60					
	西侧面	裂隙	100	0.56	0.1			
	顶面	好岩石	30					
		缓倾角节理	70		0.43			
	底面	好岩石	50					
		缓倾角节理	50	0.9	0.65			
③	东侧面	NE 节理	40	0.88	0.54	1376～1345	D_8K_1	1.20
		好岩石	60					
	顶底面	缓倾角节理	50	0.9	0.65			
		好岩石	50					
④	东侧面	NE 节理	70	0.86	0.65	1370～1390	D_8K_1	1.29
		好岩石	30					
	顶底面	缓倾角节理	70	0.86	0.43			
		好岩石	30					
⑤	西侧面	NW 节理	70	0.72	0.43	1408～1345	KM_8	3.4
		好岩石	30					
	东侧面	溶洞泥	100	0.19	0			
	顶底面	好岩石	50	0.9	0.65			
		缓倾角节理	50					

岩石抗剪强度按地质资料提供的裂隙连通率用加权平均法综合确定。

成果表明，以 KM_8 为临空面的墙后岩体和分割的①、⑤块体是稳定的，②、③、④块体安全系数不够。但是，②、③、④块体是可以进行加固处理的，加上 D_8K_1、D_8K_2、Z_5K_1 溶洞开挖后回填混凝土，墙后岩体可以成为稳定的岩体。

5.2.2　墙后岩体的应力分析

取1370m高程平切面为计算平面，水头89.5m，按平面有限元法，计算了五个方案，比较研究了岩石参数的敏感性，防渗墙结构和溶洞处理范围。各计算方案中墙体自身的应力应变分配有较大的调整，而墙后岩体中的应力，在量级和分布上基本相似。以第五方案为例，计算采用防渗墙厚3.5m，混凝土C25、$E=20$GPa，设三条竖向缝；墙后溶洞用C15混凝土封堵，封堵长15m，混凝土$E=15$GPa；岩体弹性模量取完整岩石$E=8$GPa，风化岩石$E=3$GPa，溶洞充填物处理后取$E=1$GPa。计算结果：墙体在西端上游面有拉应力，最大3.16MPa，东侧墙后较大范围有拉应力，其值0.03～0.11MPa，其余主应力均为压应力，其值0.91～0.35MPa，最大1.1MPa，出现在D_8K_1堵体。

上述计算表明，墙后应力量级没有超出岩石的允许值，但超出溶洞充填物的承受能力，墙体拉应力偏大，东侧岩体中的拉应力分布也对防渗墙的稳定不利。

因此，在墙体结构设计确定后，扩大了墙后岩体的处理范围，提高墙后岩体刚度，以调整墙体应力量级和分布状况。

5.2.3　施工时的岩体稳定问题

溶洞充填物和强溶蚀风化岩体属不稳定岩体，但均有不同程度的自稳能力。在此进行大跨度深槽开挖施工，既应考虑整体稳定问题（如深槽两侧岩壁和1370m高程以南KM_7南壁的稳定），也有局部稳定问题（如洞顶渗水、掉块、局部崩塌等）。设计和施工对此给予了高度重视，通过采取适当的工程措施，确保了施工安全。

5.2.4　防渗墙结构设计

防渗墙的结构曾经比较了拱板和直板两种方案。拱板方案为用钢筋混凝土拱形墙跨越溶蚀软弱岩体，水荷载由拱墙承担，并传递至两端好岩体。直板方案为用钢筋混凝土平板防渗，其水荷载由经过处理的墙后岩体承担。

拱板方案的主要优点是不需处理墙后岩体，工程量小，但电算结果表明墙体拉应力太大，如发生开裂漏水，则难以处理。如不允许开裂，加大拱板厚度，这就相当于在两溶洞间的强溶蚀岩体里开挖建造一座混凝土拱坝，节省工程量的优势就不复存在。直板方案的工程量较大，但对墙后地质条件的适应性强，与帷幕和墙头的连接简单可靠，施工也比拱板容易。墙体应力、应变值可通过采取结构与岩体加固措施控制在允许范围以内。故最终选用直墙并结合墙后岩体加固方案（图6）。

5.2.5　墙后支承体设计

墙后支承体设计比较研究了“重力坝”方案和“岩石拱”方案。

“重力坝”方案是在1408m高程以下构筑一道顶宽35m、底宽65m的地下重力坝，主要依靠坝体自重（包括处理后的墙后岩体）保持稳定。本方案结构受力简单、明确、稳定可靠，但处理范围需由KM_8北端沿洞长轴方向南延38m。

“岩石拱”方案，支承体平面近似拱形，拱冠厚28m，拱座厚35m，处理范围包括KM_8北端。墙后岩体经过处理，具有拱的作用，支撑防渗墙，并将水荷载传至两侧好岩体。本方案较好地考虑处理后岩体的结构特性及两侧、顶、底岩体的限制和支撑作用。工程量比“重力坝”方案减小36％。

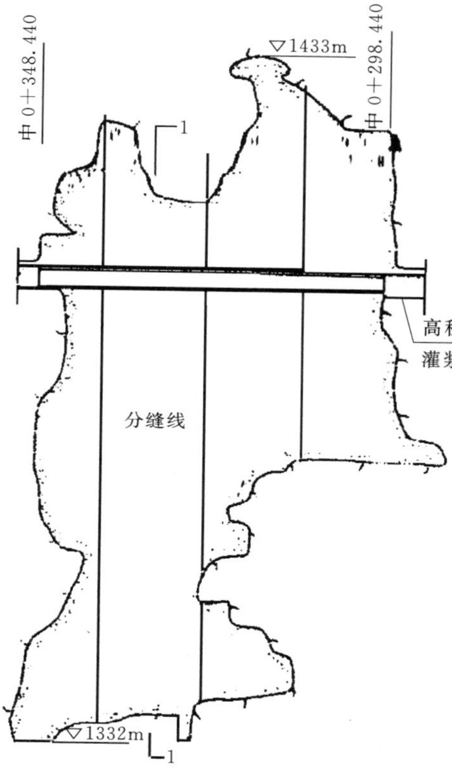

(a) 纵剖面

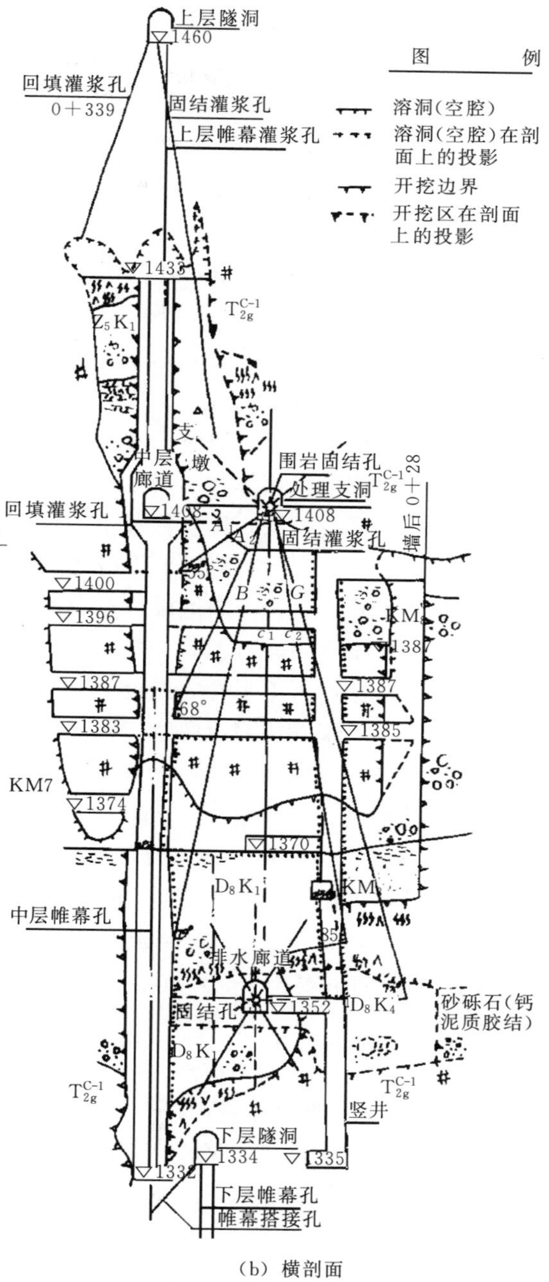

(b) 横剖面

图 6 防渗墙体型图

“岩石拱”设计构思新颖，结构合理，工程量较小，对缩短工期和减少投资意义重大。经比较选用“岩石拱”方案。

5.3 防渗墙工程施工

防渗墙全部工程在地下洞室和溶洞内施工，多个深槽、窄巷式的工作面，上下叠置，前后交叉，超高、超深和大跨度施工。加上地质复杂、岩体软弱破碎，工程十分艰巨，必须解决好安全、工期、质量的矛盾。经研究比较了机械化的大型施工作业和以人工为主的小型施工作业两种方法，根据工程情况决定采用后者。施工中采取多项非工程和工程措施相结合，解决了安全难题。主要有：

（1）根据地质条件和安全原则选择施工方法和确定施工顺序。墙体和 KM_8 支承墙深槽开挖，采用“倒挂井”法，自上而下分层开挖、支护。其他溶洞和深槽采用“分割开挖”，对窄而深的 D_8K_2 溶槽，在高度方向进行分割，中部（1387m 高程）现浇钢筋混凝土安全拱；对既宽且深又长的 D_8K_1 溶洞开挖，采取在长度方向进行分割，分三期施工；对跨度大但不高、洞顶平缓的 Z_5K_1 溶洞开挖，则在宽度方向进行分割。整个百米高防渗墙开挖，分成 1408m 高程以上、1408～1370m 和 1370m 高程以下三大层段，通过设置安全隔离层，平行同步施工。加快了施工进度。

1408m 高程以上墙体及墙后处理工程，采取自下而上分层施工的方法，不支护，控制层高 3～5m，开挖一层，回填混凝土一层。

（2）先以小断面支护掘进，强行通过，查清地质情况后，再扩大处理范围。

（3）对松软地层，控制炮眼位置、深度和装药量。

混凝土采用机制砂石骨料，场外配料、拌和，运输至浇筑现场，由固定或活动溜管、溜槽等溜送入仓，人工平仓，振捣。

墙后固结灌浆采用高压灌浆工艺施工，最大灌浆压力 2.5～3MPa。洞周围岩固结灌浆和回填灌浆采用纯压式灌浆，灌浆压力 0.3～1.5MPa。质量检查标准 $q<5$Lu。

设计防渗墙长 50m，高 80m，全部截断岩溶管洞带，嵌入完好岩石 1～2m。实际建成的防渗墙最大长度 59m，最大墙高 100.4m，为不规划的多边形，面积 $3668.4m^2$。防渗墙厚度根据防渗和施工要求确定为 2m 和 2.5m。其中 1408m 高程以上为 2m；1408m 高程设灌廊道，墙厚增加至 4.8m。混凝土等级为 C25。墙后加固岩体宽 28～35m，开挖土石方 $49669m^3$，浇筑混凝土 $47701m^3$，固结灌浆 5248m。

6 暗河混凝土堵头

6.1 堵头区工程地质条件

堵头工程包括混凝土堵体、放空闸和导流洞工程等。

堵头位于帷幕防渗墙的下面、3 号暗河由明流转入伏流的“倒虹吸段”。“倒虹吸段”前为规模很大的暗河溶洞大厅，长 100m，洞宽 6～10m，洞高 61m（有净空高 35m），河段顺直，2 号暗河在此交汇。

经施工揭露，堵头段断面为狭长形，上宽下窄，河段顺直，洞向 155°，洞宽 2～10m，洞底高程为 1295.4m。暗河洞顶比“倒虹吸段”入口前河底低 6m。“倒虹吸段”全长 306m，在下游龙宝坡天然溶洞内复出。暗河溶洞围岩为 T_{2a}^{c-1} 厚层块状灰岩，岩性坚硬、完整，节理裂隙发育。防渗墙区主控断层 F_{51} 沿暗河东侧通过，暗河溶洞沿断层上盘发育。暗河溶洞底部充填大量冲、洪积层，其厚度 17m，上游溶洞大厅达 25m。主要由粉、细砂和砂砾组成，偶夹巨、块石，水下自然安息角约 14°。此外，沿溶洞顶部和两壁凝积有厚

度不等的钟乳石、钙华和表层附着钙华。

6.2 堵头工程设计

堵体为实体塞形混凝土结构（图7）。体形尺寸（长×宽×高）为14m×(2～10)m×33m，位于"倒虹吸段"入口6m以下河段。溶洞周边钙华及溶蚀岩体、冲积层开挖后，回填C20混凝土；上接中层帷幕底部，左右及底部连下层帷幕；混凝土与岩体接触带布置接触灌浆。

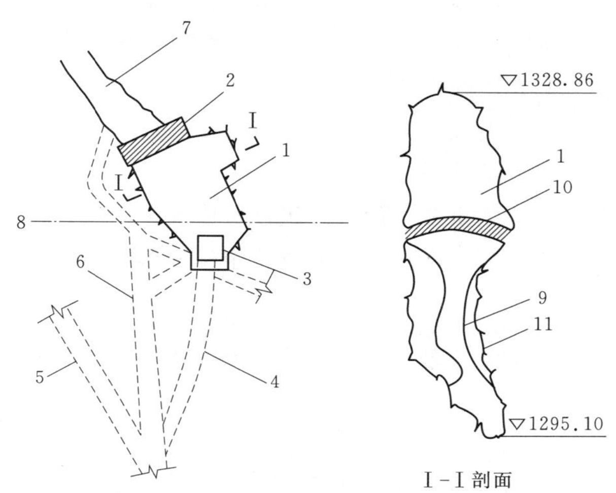

图7 堵头工程平面布置图

1—堵头；2—施工挡墙；3—闸门竖井；4—放空洞；5—导流洞；6—勘探及施工支洞；7—3号暗河；8—帷幕中心线；9—暗河边界；10—安全拱；11—开挖线

放空闸布置在堵头体内。最大出流量10.5m^3/s，出口最大流速37.1m/s。

导流洞布置在堵头体的右侧，全长414m，设计流量9.02m^3/s。施工后期导流洞用混凝土封堵，封堵长17m，成为堵头工程的一部分。

放空闸及消能问题。放空闸只在特殊情况下需要放空水库时才使用。原设计没有考虑消能问题，为保证安全泄水和放空闸的使用安全，决定设置消能设施。根据对上、下游实际条件，经水工模型试验研究，确定采用突扩式压力消能工，即在首部消能的方式。它具有消能效率高（设计流速从37.3m/s降至9.06m/s)、结构简单、施工方便等优点，同时减小了闸阀的运行水头，对闸阀运行操作和安全起到良好的保护作用。据蓄水初期两次开闸排水观测（水位高程1357～1378m)，闸阀控制自如，出口工程状态良好。

6.3 堵头工程施工

堵头位于枢纽工程的最低处，为深埋地下的主体工程。堵头距3号暗河洞口600m，交通不便；基础处理深度大，工作面狭窄单一，并且直接受洪水的威胁，施工十分困难。

根据堵头工程条件，先后在1322m、1334m高程布置两个施工平台，并充分利用已形成的底层灌浆廊道施工条件和利用溶洞大厅堆渣。

堵头施工初期，暗河的位置、规模和形态没有完全查清，堵头位置不确切。为此结合施工先布置了两个探洞，用边开挖、边勘探直接揭露的施工方法，最终确定了堵体位置。

堵头开挖施工采用“倒挂井”法，自上而下分层开挖和现浇钢筋混凝土挡渣墙，直至建基面。随着开挖深度增加，在砂砾层中开挖的施工难度加大，曾先后二次爆发 10～30m^3 规模的流沙和上游挡碴墙外局部塌陷。后通过减小开挖层高，增加基坑外排水等措施解决。

基础开挖结束后，混凝土浇筑采用自下而上分层、上下游分块施工。

堵体是一个现浇实体混凝土塞形结构，两侧及下游壁（暗河顶的上部）均为坚硬完整的好岩体，无压缩位移空间，不存在稳定问题。

7　工程运行监测

工程监测是检验工程质量的重要手段。五里冲水库监测工程包括水库渗漏监测及重要建筑物（防渗墙、溶塌体段帷幕、堵头）的防渗稳定性监测。

7.1　水库渗漏监测

水库渗漏监测主要包括防渗帷幕后地下水位观测、水库渗漏量观测及水库入库出库水量平衡计算。

7.1.1　地下水位监测

地下水位监测系统自勘测阶段开始，施工完成后完善。共设地下水长观孔 26 个。观测资料表明：

（1）地下分水岭最高水位高程不变，分水岭范围在逐年扩大，高水位区向北、向东扩张延伸，补给幕后地下水。钻孔水位曲线与水库水位曲线无同步关系。

（2）南部暗河区仍是排泄主通道。幕后南部地下水（高水位带和帷幕东端）及帷幕渗漏水，由此向南沿原 3 号暗河管道向下游排泄。受原暗河管洞控制，本区仍是幕后地下水的最低槽。

（3）大部分帷幕后水位观测孔年最低水位均在上升，升幅大小不一。

（4）北部低槽区向南移动，是帷幕后水位年变幅最大的区段。

7.1.2　渗水量观测

总渗漏观测点设在龙宝坡洞 3 号暗河出口（“倒虹吸段”变为渠流段后），用矩形堰测流。此外，还在中层隧洞及下层隧洞分别设置总漏水观测点和分段设置观测点。通过多年比较分析，幕后地下水总渗漏量不超过 5L/s。

7.1.3　水库水量平衡计算

在枯季精确测量入库水量及库水位变化，测得入库水量与水库实际增容基本相等，说明水库渗漏量极微。

7.2　防渗墙工程监测

7.2.1　运行监测成果

（1）墙后地下水位观测。墙后观测孔水位平稳，1999 年变幅 1.65m，最低水位高程

1345.3m，比同日水库水位（1448.63m）低 103.33m。

（2）渗漏量监测。布置漏水观测点 7 个，观测表明防渗墙总渗漏量不超过 0.378L/s；渗漏量与降雨总量、降雨强度关系明显；与库水位的关系不明显。

（3）墙体应力、应变监测。共布置四向应变计 5 组，无应力计 3 支，钢筋计 12 支，测缝计 15 支。测缝计实测总变幅 0.472～1.157mm。钢筋计实测应力变幅为：水平向 2.22～4.56MPa，垂直向 14.64～15.43MPa。测得累计变位一般在 1mm 以下，最大为 2.3mm。

以上监测资料表明，防渗墙结构稳定，防渗效果好，工程安全正常运行。

7.2.2 墙后岩体处理质量综合检查

1998 年，防渗墙竣工两年后，于墙体两端及墙后布置综合检测钻孔 6 个，进行单孔和双孔声波检测，并做电视录像检查。检查结果为：

（1）岩体单孔纵波波速为 1500～5300m/s，大部在 3100～4800m/s 之间。对应动弹模为 18.2～43.5GPa。

（2）双孔穿透波速曲线较均匀，纵波波速一般在 4000m/s 以上，最低 3200m/s。

（3）孔内电视录像直接观察到混凝土结构密实，与基岩接触紧密。

上述情况说明，墙后岩体处理后综合质量达到和超过设计要求。

7.3 溶塌体工程监测

工程完工 3 年多后，1999 年在溶塌体布置检测钻孔 4 个，计 200m，取芯样观察，并进行声波（单孔及跨孔）测试，测定地下水位。原布置的应力、应变监测系统继续观测。主要成果如下：

（1）溶塌体帷幕实测纵波波速有所提高，以细粒料为主的溶塌体帷幕，纵波速平均 1331m/s（处理前为 623m/s），且比较均匀，比灌浆前提高 1 倍。块裂松驰带纵波波速平均 3175m/s，其余溶塌体纵波速平均 2472m/s，均有不同程度的提高。

（2）钻孔地下水位高，3 个观测孔水位稳定，均高于中层隧洞高程（1414m），比同期库水位低 40 多 m。

（3）收敛计测值变幅均小于 1mm。

（4）单点位移计测值基本平稳，变幅在 1.5mm 上下波动，无递增趋势。

上述资料表明，溶塌体段帷幕质量是好的。帷幕防渗性好，岩体弹性指标有不同程度的提高，溶塌体是稳定的，廊道结构也是稳定的。

7.4 堵头运行观测

在暗河混凝土堵头的 1305、1313 和 1326m 三个高程各埋设了一组四向应变计和无应力计，几年来观测数据平稳。堵头在水库高水头运行条件下工作正常。

8 工程评价与结论

五里冲水库 1996 年 12 月建成，1997 年底接近正常高水位，1999 年达到设计洪水位（1459.27m），水深 107.27m。多年观测资料表明，整个防渗体系质量优良，渗漏量很小，远小于设计渗漏量，原地下水低槽区和其他岩溶渗漏区已经封闭。根据工程的施工质量检查和运行情况，可以作出如下评价和结论。

(1) 本工程在岩溶发育地区，利用高压水泥灌浆技术和地下工程系统，成功地封闭了地下暗河和各种岩溶渗漏通道，建成了我国第一座百米深的盲谷水库，标志着我国岩溶地区盲谷水库防渗技术达到了新的高度。

(2) 在充分做好地质勘探工作（包括施工阶段补充勘探）的前提下，设计选定的防渗线路、防渗方案和各种建筑物的结构布置是正确的、合理的。防渗线路和方案最大限度地利用了库区岩体的防渗和强度性能，将难以处理的范围缩至最小，从而节省了工程量和投资。每立方米库容投资仅2元，与同期云南省已建和在建水库相比是极其经济的。

(3) 是继乌江渡等工程之后，在岩溶地区应用高压灌浆技术建成高标准防渗帷幕的又一成功范例，特别是对大型溶塌体的处理，扩展了高压灌浆技术的应用范围，创造和积累了新的经验，是高压灌浆技术的新发展。

(4) 在巨型溶洞之间的残留岩体内开挖建造的混凝土防渗墙，其高度达到100.4m，最大长度59m，厚2.0～2.5m，防渗面积3668.4m^2。工程规模和难度在国内没有先例，国外也不多见。防渗墙的结构及其后支承岩体的处理利用，设计思想独特、新颖，是岩石力学与工程的巧妙结合。

(5) 地下暗河混凝土堵头、放空闸及消能工设计合理、消能可靠。

2000年9月，五里冲工程的“盲谷水库防渗处理技术”通过了水利部科技司组织的科学技术成果鉴定，鉴定意见评价“本项目总体上达到国际领先水平”。

参 考 文 献

[1] 邹成杰，等．水利水电岩溶工程地质［M］．水利电力出版社，1994.
[2] 水利电力部水利水电规划设计总院．水利水电工程地质手册［M］．水利电力出版社，1985.
[3] 李茂芳、孙钊．大坝基础灌浆［M］．水利电力出版社，1987.
[4] 水利电力部第八工程局．乌江渡工程施工技术［M］．水利电力出版社，1987.
[5] 长江水利委员会．清江隔河岩水利枢纽基础防渗帷幕阶段性完善和优化设计报告［R］．1995.
[6] 王世夏．水工设计的理论和方法［M］．中国水利水电出版社，2000.

采用膏状浆液和水玻璃系浆液灌浆建造围堰防渗帷幕

【摘　要】 膏状浆液是一种低流动性的浆液。膏状浆液灌浆对大空隙地层、高流速地下水的不利条件，具有良好的适应性和可控制性，水玻璃系浆材则对细粒地层具有良好的可灌性。使用膏状浆液辅以水玻璃系浆液灌浆，可以在既有块石架空又有细颗粒沉积的复杂地层中取得良好的防渗效果，小湾水电站围堰堰基防渗工程就是一个成功的实例。

【关键词】 膏状浆液　水玻璃系化学浆液　小湾水电站　围堰防渗

1　膏状浆液灌浆的历史沿革

1.1　膏状浆液的定义

膏状浆液，我国《水工建筑物水泥灌浆施工技术规范》定义为，指塑性屈服强度大于50Pa的混合浆液。通俗地说，它是一种像牙膏状的浆液，在外力的挤压下它可以流动，在没有外力时，仅仅在自重的作用下，它是不流动的。

20世纪80年代，德国工程技术人员在一些工程中使用了稠水泥灌浆技术，这种稠水泥浆就是一种膏状浆液。其成分为水泥、膨润土等。水灰比0.4～0.47，加入膨润土1%～3%，减水剂0～1.5%。浆液密度1.75～1.90g/cm^3，浆液性能为析水率小于1%，屈服强度10～35Pa，塑性黏度100～400mPa·s。德国专家认为，屈服强度小于10Pa的浆液一般不稳定，而大于35Pa则很难泵送。

1.2　红枫水电站堆（砌）石坝膏状浆液灌浆

从1986年开始，由于红枫水电站木斜墙堆砌石坝防渗加固的需要，我国开始了对膏状浆液灌浆的研究。

红枫水电站大坝为木斜墙堆石坝，1960年建成。最大坝高52.5m，坝长416m，大坝采用木斜墙面板防渗。坝体上游部分为干砌石楔形体，孔隙率达30%；下游部分为堆石体，孔隙率高达38%，坝基岩石主要为白云质灰岩，在斜墙的下部基岩内设置了单排孔灌浆帷幕。木斜墙原设计使用年限15～20年，截至1984年，水库已运行20多年，木斜墙面板开始腐烂，必须进行处理，但由于供水的需要，水库不允许放空，只能在保持运行的条件下施工。经对各种防渗方案分析比较后，于1986年初步选择了坝体帷幕灌浆防渗方案，并确定进行现场灌浆试验。

1986—1989年，进行了大量的室内浆液试验和3次现场灌浆试验，攻克了许多技术难

本文原载《中国水利》杂志2005年第10期，作者还有：崔文光，时任中国水电基础局小湾项目部常务副经理；张金海，时任小湾项目部总工程师

题，最后确定的膏状浆液的配合比及其技术性能分别见表 1 和表 2。之后铺开施工，1992 年竣工，采用 4 排灌浆孔，最大灌浆压力 1.2MPa（孔深 15m 以下），平均单位注入量 1460kg/m，最终达到了设计要求的防渗标准 3～10Lu。至今运行良好。

表 1　　红枫堆石坝防渗工程膏状浆液配合比

编　号	部　位	水　泥	粉煤灰	黏　土	赤　泥	外加剂	水固比
A	下游排	100	40～100	20～45	5～15	0～0.25	0.5～0.8
D	上游排	100	30～135	20～45	5～15	0～0.25	0.5～0.9
B	中间排	100	—	40～60	10～20	0.5	0.55～1.2

表 2　　红枫堆石坝防渗工程膏状浆液性能

编　号	部　位	密度 /(g/cm³)	析水率 /%	屈服强度 /Pa	塑性黏度 /(mPa·s)	结石抗压强度 /MPa	结石弹模 /GPa
A-Ⅲ	下游排	1.67	2.2	71.4	220	17.5	1.17
D-Ⅲa	上游排	1.69	1.8	84	520	15.7	0.69
D-Ⅲb	上游排	1.71	1.2	111.4	890		

由红枫水电站采用的膏状浆液的性能和灌浆效果看，我国的膏状浆液灌浆技术当时已经领先于德国的稠水泥灌浆技术，《红枫堆石坝坝体防渗帷幕灌浆技术》获得了 1993 年贵州省科技进步一等奖。

2　小湾水电站围堰防渗的任务要求

2.1　工程概况与围堰防渗要求

小湾水电站位于澜沧江中游河段，工程以发电为主，兼有防洪、灌溉、拦沙及航运等综合效益，水库库容为 149 亿 m³。电站混凝土双曲拱坝最大坝高 293m，装机 4200MW。工程施工采用隧洞导流，原计划 2005 年 11 月份截流。但由于两岸削坡与公路施工时，大量石碴滚落河中，造成基坑施工条件恶化，后经论证需要提前到 2004 年汛后截流，方可保证 2010 年发电。

小湾上游围堰结构为土工膜心墙堆石围堰，最大高度 60m，承受水头 60m。堰基防渗工程轴线长 149.5m，防渗面积约 4500m²，最大深度 48.52m。下游围堰也是土工膜心墙堆石围堰，最大高度 31m，承受水头 30m。堰基防渗工程轴线长度设计为 150.56m，防渗面积约 3674m²，平均深度 34m，最大施工深度 50.4m。

围堰防洪标准为抵御 20 年一遇洪水，运行 3～4 年。堰基防渗工程工期为 3～3.5 月。

围堰堰址基岩为黑云花岗片麻岩；覆盖层厚 17～25m，主要为卵砾石夹漂石。两岸坡地有第四系坡积、崩积物，碎石质砂壤土夹块石漂石，上部有两岸公路和削坡施工时滑落的大块石，施工时发现块石最大直径达 8m。

2.2　小湾水电站围堰防渗方案的比较

由于小湾水电站围堰堰基防渗工程具有地质条件复杂、施工难度大、防渗要求高、工期短的特点，因此有关单位一直予以高度重视，列入专题进行研究。

专题研究比较了高压喷射灌浆防渗墙、混凝土防渗墙、灰浆防渗墙、帷幕灌浆等多种

方案，这其中混凝土防渗墙方案无疑是技术上成熟和可靠的方案，但是它的缺点是施工工效较低，工期较长。相反其他方案则施工速度可以加快，但防渗效果的可靠性不如防渗墙。经过比选初步确定：上游围堰堰基采用混凝土防渗墙，下游围堰采用“可控浆液灌浆”与高喷灌浆相结合（上灌下喷）的综合施工方案。同时进行两个方案的现场试验。

2.3 可控浆液灌浆与高喷灌浆综合方案现场试验

“可控浆液”是一种水泥-水玻璃浆液。上灌下喷综合防渗方案，是在堰基的上部块石架空堆积地层采用可控浆液灌浆，下部原河床及台地冲积坡积层采用高压喷射灌浆，二者上下衔接，形成封闭防渗帷幕或连续墙体。

上灌下喷试验方案起初设计为双排孔布置，排距 0.75m，孔距 0.9、1.0、1.2m。上部进行可控浆液灌浆，下部进行二管法高压旋喷灌浆。经过实施，预计的两排孔灌浆和高喷完成以后，远未达到要求的防渗标准，接着又在中间增加第 3 排灌浆孔，共计完成灌浆进尺 346m，高喷 530m，注入水泥 771.5t，沙子 7t。其中，灌浆孔段单位注灰量为 1292kg/m。之后进行了 25 段次检查孔压水试验检查，检查结果仍有较多段次达不到设计要求。

由此开始寻求其他防渗方案，并决定进行膏状浆液灌浆的试验。

2.4 膏状浆液灌浆试验

膏状浆液灌浆的防渗方案，是以膏状浆液针对块石架空地层的灌浆为主，水玻璃系浆材针对细粒地层的灌浆为辅的防渗帷幕灌浆方案。

膏状浆液灌浆试验布置了 3 排孔，排距 1m，孔距 1.2m，包括 13 个灌浆孔和 2 个检查孔，钻孔孔深 20m。两边排孔灌注膏状浆液，中间排孔部分灌注水玻璃系浆液。膏状浆液的性能见表 3 和图 1。

表 3　　小湾围堰防渗膏状浆液性能

配比编号	密度 /(g/cm^3)	扩散度 /mm	析水率 /%	流变参数	
				τ/Pa	η/(mPa·s)
2 号	1.49	165	4	40.57	10.6
3 号	1.62	150	0	282.22	70.07
4 号	1.89	64	0	434	2083
5 号	1.75	64	0	1056	5051

图 1　膏状浆液

试验取得了良好的成果，Ⅰ、Ⅱ、Ⅲ次序孔单位注入量分别为1234kg/m、853kg/m、342kg/m，次序递减明显，平均单位注入量为985kg/m。检查孔压水试验成果透水率全部小于设计要求的7Lu。破坏性压水试验表明幕体破坏比降可达35.4。

本次试验的成功表明了膏状浆液灌浆帷幕作为围堰堰基的防渗是可行的。

3　小湾水电站围堰防渗工程施工

通过混凝土防渗墙、可控浆液灌浆与高喷灌浆、膏状浆液灌浆等的多项现场试验的研究论证以后，确定了小湾围堰堰基防渗的施工方案是：上游围堰采用混凝土防渗墙，墙下通过预埋灌浆管进行基岩灌浆，灌浆深度入岩5m；下游围堰采用膏状浆液灌浆防渗帷幕，灌浆孔分3排布置，排距1.0m，孔距1.2m，上下游排灌注膏状浆液，中间排孔遇砂层时灌注水玻璃系浆液，最大灌浆深度50m，深入基岩深度5m。帷幕的质量检查标准为透水率不大于7Lu。工期均要求在2005年3月份完工。

上下游围堰堰基防渗工程自2004年11月开始全面施工。但至2005年2月，发现上游围堰堰基覆盖层深度比预计的更深，地层更复杂，混凝土防渗墙施工进度难以满足工期要求，因此经各方商议，将上游围堰堰基防渗墙改为“左墙右幕”方案，即靠左岸长106.5m段，面积防渗约3855m^2，仍为混凝土防渗墙；覆盖层较深的长43m的右岸段改为膏状浆液灌浆，布置5排孔，排距1.5m，最边排孔的孔距为2m，中间排的孔距为1.2m，其他两排孔距1.5m。

小湾围堰膏状浆液灌浆采用XY－2型和SGZ－Ⅲ型地质钻机和金刚石钻头钻孔，3SNS200/10型灌浆泵灌浆，灌浆方法为孔口封闭法。灌浆段长1～4m，灌浆压力0.5～2.0MPa。施工过程中，上、下游排灌浆孔及堆石层采用膏状浆液灌注，第2、4排灌浆孔根据灌前压水试验情况酌情采用较稀浆液灌注。中间排灌浆孔遇回填土层、冲积砂层进行水玻璃系浆液灌浆。膏状浆液采用32.5级普通硅酸水泥和膨润土或当地黏土以及外加剂拌制而成，膨润土加入量为水泥重量的7%，水固比为0.45，浆液密度达到1.86g/cm^3。

小湾围堰膏状浆液防渗帷幕灌浆共投入了岩芯钻机83台，灌浆泵42台以及其他配套设备设施，上游围堰右岸帷幕段完成膏状浆液帷幕灌浆5519.45m，水玻璃系浆液灌浆1713.00m，膏状浆液单位注入量为902.9kg/m，水玻璃系浆液单位注入量为516.5L/m。下游围堰完成膏状浆液灌浆10380.40m，水玻璃系浆液灌浆3097.50m，膏状浆液单位注入量为631.3kg/m，水玻璃系浆液单位注入量为403.5L/m。下游围堰防渗帷幕灌浆于2005年3月6日完成；上游围堰防渗墙段及墙底灌浆于2005年3月15日完工，右岸帷幕灌浆段于2005年3月25日完工，全部实现了预定的工期目标。

围堰灌浆工程完成以后，布设检查孔采取岩芯、进行压（注）水试验、声波测试等，对防渗帷幕工程质量全面检查，压水试验透水率合格率达到90%以上，个别透水率偏大的试段主要分布在上部，随后都进行了有效的处理。其他各项检查成果也都符合设计要求。

4月上旬基坑开始了抽水工作，原计划使用24台口径150～200mm水泵，实际只用了4台，2天就抽干了积水，之后每天用1台泵断续运行即可保持基坑干涸，整个基坑上下游的渗漏量仅为每天几百立方米。

4 结束语

膏状浆液塑性黏度和屈服强度高，水玻璃系浆液塑性黏度和屈服强度很低，它们的流变参数和凝结过程都可在较大范围内调整，二者结合起来用于灌浆工程，对于大块石、漂石架空堆石体和夹有细颗粒的地层，具有很强的适应性，是复杂地层和围堰体防渗的一种有效的，能够实现快速施工的方法。

小湾围堰堰基防渗工程经过认真的方案比较和试验，并针对施工中出现的情况进行调整，最后下游围堰建成膏状浆液灌浆帷幕；上游围堰建成左岸段混凝土防渗墙，右岸段膏状浆液灌浆帷幕，实现了快速施工和基坑如期闭气抽水，圆满地完成了任务，确保了小湾水电站的整体工期。

膏状浆液在红枫水电站堆石坝和小湾水电站围堰工程的成功应用，对我国其他类似工程具有借鉴意义。

岩石地基的黏土水泥灌浆

【摘　要】 黏土或膨润土水泥浆具有可灌性好，浆液结石抗渗性能好，力学指标较高等优异性能，国外用于岩石地基帷幕灌浆已有较长历史和较多工程实例，取得良好的技术和经济效益。红岩水库坝基为白云岩和灰质白云岩，细微节理裂隙发育，属中等透水地层，多次试验结果普通水泥灌浆难以满足设计要求。为此，进行了膨润土水泥浆的灌浆试验，取得了良好效果，为帷幕灌浆的全面施工提供了依据。

【关键词】 红岩水库　复杂岩基　膨润土水泥灌浆

1　问题的提出

云南红岩水库建于怒江支流蒲缥河上游保山市境内，拦河坝为黏土心墙石渣坝，最大坝高 60m，坝长 176m，坝顶高程 1459.0m，正常蓄水位 1454.5m，相应水库库容为 1244 万 m^3。坝基防渗拟采用帷幕灌浆方式，设计防渗要求 $q \leqslant 5$Lu。

工程区位于横断山脉南段，青、藏、滇、缅、印尼巨型“歹”字形构造体系西支中段与经向构造复合部位，构造极为复杂，断裂纵横交错，主要由近北西向的压性或压扭性断裂所组成。坝区出露地层岩性为三叠系河湾街组白云岩与灰质白云岩。受多条断层构造切割影响，岩体风化破碎，节理裂隙极其发育，并以微细裂隙为主，钻孔时无柱状及块状岩芯，钻渣呈细砂状，含少量泥质，为全、强风化。坝基岩体属裂隙介质控水型，主要控水构造为节理裂隙及断层构造带，灌浆前压水试验地层透水率在 10～100Lu 范围，属于中等透水地层。其中尤以水库北岸渗漏严重，经计算年渗漏量达到库容的 37%，必须进行妥善处理。

为探讨采用灌浆方法建造红岩水库北岸防渗帷幕的可行性，在可研阶段曾进行了一次灌浆试验，试验结果在肯定水库北岸防渗可采用帷幕灌浆方案的前提下，指出应尽量采用粒度细的浆材。2008 年，工程进入实施阶段，施工初期进行了生产性灌浆试验，布置单排孔帷幕，孔距 2.5m。试验结果不甚理想，灌浆后检查孔压水试验合格率较低，建议调整设计和工艺参数，优选灌浆材料，进行新的生产性试验[1]。

采用何种灌浆材料好呢？一般说来，灌浆材料应在技术上是可灌注的和安全的，在经济上是可接受的。可供本工程选择的细颗粒或溶液型灌浆材料有：

（1）细水泥，包括干磨细水泥和湿磨水泥浆，其颗粒粒径约 10～30μm（普通水泥 10～80μm），干磨细水泥市场价格超过 2000 元/t，湿磨水泥浆价格可稍低一点；

（2）黏土或膨润土，其颗粒粒径远小于水泥，优良级膨润土粒径基本小于 1μm，国外

本文原载内部资料《基础工程技术》2009 年第 4 期，共同作者还有杨功成、董建忠等。杨功成，红岩水库现场项目经理兼技术负责人；董建忠，设计总工程师。项目技术总负责肖恩尚。

称为天然纳米级材料。I级商品膨润土价格约400～700元/t。

(3)化学浆液，真溶液浆液，树脂（环氧、聚氨酯）类价格约50000～60000元/t，丙烯酸盐类约30000元/t，水玻璃类约4000元/t左右。

在常规灌浆材料中，比普通水泥可灌性更好的浆材只有细水泥和膨润土，但是在本工程也包括许多中小型工程中大量地采用价格昂贵的细水泥浆是不现实的，因此探索使用黏土或膨润土作为灌浆材料不仅在技术上，而且在经济上都是十分必要的。

2 黏土水泥浆液的主要性能

由于各地天然黏土成分、性能差异很大，商品膨润土的应用已经比较普遍，本工程拟采用膨润土泥浆。膨润土是以蒙脱石为主要矿物成分的黏土，其物理化学性质因产地不同也不一样，一般密度为2400～2950kg/m^3，粉末堆积密度830～1130kg/m^3，比表面积80～100m^2/g，膨润土有较强的吸附性和阳离子交换能力，在水中能分散成胶体——悬浮液，并具有一定的黏度、触变性和润滑性，加入水泥浆中能吸附并制止水泥颗粒的沉积，使浆液成为稳定浆液。膨润土还能吸收水泥硬化的离析水继续水化膨胀，水化膨胀后的膨润土胶体可与水泥颗粒结合形成凝固物。由于膨润土颗粒的粒径小，可渗入粒径1mm左右或渗透系数10^{-2}cm/s的土层、0.2mm宽的岩石裂隙[2]。

纯膨润土浆液虽然具有颗粒细、分散性稳定性好等优点，但其结石强度太低、抗渗压抗冲蚀性能弱等缺点，水泥浆液的性能恰好与其互补，二者配合起来，能形成满足不同要求的性能良好的浆液。

膨润土水泥浆结石性能与浆液灰土比（水泥∶膨润土）、水固比（水∶水泥加膨润土）以及结石形成的条件有关。在实验室静态沉降的条件下，几种黏土水泥浆结石的抗压强度和抗渗性能见表1和表2。

表1 几种黏土水泥浆的结石强度[3]

浆液配比		结石抗压强度/kPa		
灰土比	水固比	14d	28d	70d
20∶80	1∶1	110	169	300
	1.5∶1	68	90	175
	3∶1	42	66	91
30∶70	1∶1	285	510	786
	1.5∶1	112	181	381
	3∶1	66	97	160

表2 几种黏土水泥浆结石的抗渗性能[4]

浆液材料	灰土比	结石龄期/d	渗透系数/(cm/s)	破坏比降
粉质黏土加矿渣水泥	50∶50	10	9.7×10^{-7}	>1387
粉质黏土加32.5级混合水泥	50∶50	10	7.4×10^{-7}	>1387
粉质黏土加矿渣水泥	25∶75	40	2.4×10^{-6}	>272

从表1中可见，黏土水泥浆的抗压强度通常较低，表中28d最低强度仅为66kPa，但这个强度是可以满足帷幕的防渗要求的。这是因为浆液结石在岩石裂隙中主要是抵抗渗透压力对结石产生的挤出作用，起作用的是结石体的抗剪强度。假定浆液结石体所在的是一条平直裂隙，则抵抗水压力的所需的抗剪强度为：

$$c=Pb/2L$$

式中　c——抗剪强度，kPa；

P——地下水的渗透压力，kPa；

b——裂缝宽度，m；

L——帷幕厚度，m。

假设P=60m水头=600kPa，b=0.005m，L=1m，则c=3kPa。试验膨润土水泥浆最低强度为66kPa，系在无侧限条件下测得，故可取浆液结石凝聚力c=1/2抗压强度[4]，即33kPa，安全系数还有11。而实际情况要比这还要有利得多。

从表2可见，各种黏土水泥浆渗透系数较低，破坏比降较大。

关于膨润土水泥浆耐久性，世界著名灌浆专家前南斯拉夫工程师曾经进行了大量的水泥浆和黏土水泥浆抗溶蚀和抗化学侵蚀的试验。他的抗溶蚀试验是将具有一定水头和流速的水流长时间流经浆液试样，以试验后试样的重量损失（称为溶蚀参数,%）作为衡量指标；抗侵蚀试验是将浆液结石试样碾碎成粉末，与侵蚀性水混合，测试试样被溶解的盐类总量。他根据具体工程的需要试验比较了许多不同配比的浆液，得出的结论是：黏土用量较多水泥用量较少的拌和物的溶蚀参数小于水泥用量较多的；含有膨润土的试样，即使膨润土不直接同浆液中水泥的游离石灰成分起反应，但其达到的抵抗侵蚀的能力最大[5]。

另外，众所周知，塑性混凝土已在世界和我国广泛应用，但许多塑性混凝土就是膨润土水泥浆或黏土、膨润土水泥浆与砂石的拌和物。表3为几个工程实例，这些工程都是成功的，有的已经运行几十年，其耐久性毋庸置疑。

表3　　若干工程坝基防渗墙塑性混凝土配合比[6][7]

工程名称	防渗墙塑性混凝土配合比/(kg/m)				
	水泥	黏土	膨润土	砂石	水
山西册田水库副坝	80	140	50	1436	370
山东太河水库	95	195	0	1728	238
岭澳核电站防波堤	125	123	0	1611	310
维尔尼坝（法国）	47.7	117	11	1656	312
坎文托·维约坝（智利）	74	75	25	1590	338

20世纪90年代，我们和一些兄弟单位曾经做过塑性混凝土的耐久性的室内试验。其中中国水利水电科学研究院的试验是这样做的[6]，他们对比研究普通混凝土和塑性混凝土的溶蚀情况，普通混凝土的配合比为每m^3用水泥391kg，砂石1608kg，水215kg；塑性混凝土的配合比为水泥125～170kg，黏土85～90kg，膨润土40kg，砂石1610～1636kg，水269～275kg。试验是将两种混凝土中相应的灰浆取出养护28d后将其捣碎，筛选直径5～

7mm 的圆形颗粒 600g 作为试样，对这些试样以 2mL/(g·d) 的流量淋水，测量其 CaO 的溶出速度和溶出量。试验历时 100d。试验前后对样品进行差热分析、扫描电镜分析、能谱分析等。试验结果表明塑性混凝土的 CaO 溶出速度要明显低于普通混凝土，塑性混凝土的耐久性是好的。根据试验和理论分析，清华大学王清友教授得出结论，册田水库塑性混凝土防渗墙（表 3 中第一项）可安全运行 334 年[7]。

上述塑性混凝土的试验实际上也是对灰土比约 1∶1 的膨润土水泥浆与纯水泥浆结石体的耐久性比较。其结果说明膨润土水泥浆的抗溶蚀耐久性完全可满足工程要求。

3 国内外黏土水泥浆液的应用现状

由于膨润土的优良性能，国内外很早就用它加入到水泥浆（掺入量 1%～8%）中改善浆液性能，增强灌浆效果。这方面的工程实例很多，著名的伊泰普水电站、小浪底水利枢纽坝基帷幕灌浆就采用了这样的浆液。

纯黏土（膨润土）浆液，或掺入少量水泥的黏土（膨润土）浆液也广泛用于土坝坝体、覆盖层灌浆工程中。例如阿斯旺高坝、密云水库、岳城水库坝基帷幕灌浆，许多病险水库的加固灌浆等。

膨润土或黏土水泥浆液也可以用于岩石地基的灌浆，我国《水工建筑物水泥灌浆施工技术规范》(DL/T5148—2001) 第 5.1.5 规定："在特殊地质条件下或有特殊要求时，根据需要通过现场灌浆试验论证，可使用下列类型浆液：……混合浆液，系指掺有掺合料的水泥浆液。"膨润土或黏土水泥浆就是一种混合浆液。这是本文所研究的对象。

世界上岩石地基不乏使用黏土水泥浆灌浆的工程实例，其中经验最多的国家是前南斯拉夫，他们用黏土水泥浆建造了许多大型水利水电工程的防渗帷幕，取得了良好的效果。表 4 为部分工程实例，从表中可以看出，无论低坝、高坝，土石坝、混凝土坝，深帷幕、浅帷幕，都有进行黏土水泥浆灌浆的先例。浆液的配合比通常黏土占到 50%以上，甚至有的工程灌注全黏土浆液。

表 4　　部分黏土水泥灌浆防渗帷幕工程实例[5]

工　程　名	坝型	坝高/m	基岩岩性	孔深/m	工程量/m	浆液配比	单位注入量
格兰卡雪澳 (Grancarevo)	混凝土拱坝	123	侏罗纪石灰岩	129	17700	灰 0.33，土 0.67	49kg/m²
格洛玻西卡 (Globocica)	心墙堆石坝	93	第三纪层状石片岩	74	20400	灰 0.45，土 0.55	226kg/m
科金·布劳德 (Kokin brod)	心墙堆石坝	80	第三纪方解石片岩	25	19800	灰 0.65，土 0.35	194kg/m²
斯克洛普 (Sklope)	心墙堆石坝	78	白垩纪石灰岩	120	55700	灰 0.6，土 0.4	290kg/m²
锡洛卡·尤里卡 (Siroka ulica)	副坝	不详	白垩纪石灰岩	75	18200	灰 0.3，土 0.7	202kg/m²

续表

工程名		坝型	坝高/m	基岩岩性	孔深/m	工程量/m	浆液配比	单位注入量
佩鲁卡(Peruca)	右岸	黏土心墙	65	非常破碎的白垩纪石灰岩	200	68000	灰 0.5，土 0.5	176kg/m²
	左岸					72700	灰 0.25，土 0.75	248kg/m²
卡扎吉纳克坝(Kazaginac)	主坝	心墙堆石坝	20	白垩纪石灰岩	126	74800	灰 0.3，土 0.7	48kg/m²
	副坝				80	14800		304kg/m²
巴拿马运河梅顿水库		不详	67	二叠纪白云岩石灰岩	58.31	不详	全黏土加 3%～5%的氯化钙	不详

4 红岩水库膨润土水泥浆液灌浆试验

本次试验除探索膨润土水泥浆的使用外，还有以下任务：进行不同浆液材料及孔距灌浆的比较；针对以往灌浆试验施工时浆液易失水回浓的特点，寻求有效的解决办法。

4.1 膨润土水泥浆液配比的确定

本工程采用的膨润土水泥浆灰土比为 100∶80，水固比为 5∶1、4∶1，遇渗漏大通道时改灌 0.5∶1 纯水泥浆。膨润土水泥浆灰土比确定的原则是，一是考虑如果膨润土的掺量太少，不能明显地改善浆液的可灌性；二是当地膨润土的价格较贵，高于普通水泥的价格，如果提高膨润土的掺量，势必提高浆液的价格，从而提高工程造价；第三是膨润土的掺量过大也不妥，浆液结石的强度过低，对工程安全不利。灰土比为 100∶80 的浆液，成分以水泥为主，膨润土为辅，属于水泥基浆液，其配合比基本上是适中的。

该浆液委托云南某单位进行的物理力学性能试验成果见表 5。从表中可见，所采用的浆液 28d 的抗压强度分别为 86kPa、291kPa，与表 1 所示资料基本相当。

表 5　　膨润土水泥浆配合比及性能指标

灰土比	水固比	改性剂/%	相对密度	漏斗黏度/s	抗压强度/kPa		渗透系数/(cm/s)
					7d	28d	
100∶80	5∶1	适量	1.12	30.3	36	86	1.08×10^{-4}
	4∶1	适量	1.15	34.8	115	291	5.48×10^{-5}

考虑到灌浆浆液在岩石裂隙中形成结石的条件，进行了在压滤条件下浆液结石性能的试验，试验结果见表 6。

表 6　　膨润土水泥浆配合比及性能指标

样品编号		H5-1	H5-3	H8-1	H8-3
压滤压力/MPa		0.50		0.80	
水泥∶膨润土		1∶0.5	1∶0.8	1∶0.5	1∶0.8
水∶固体料		5∶1	5∶1	5∶1	5∶1
2cm 试模抗压强度/MPa	标养	2.18	2.14	6.95	6.81
	饱水	2.25	2.35	7.95	7.13

续表

样品编号		H5-1	H5-3	H8-1	H8-3
5cm 试模抗压强度/MPa	标养	0.97	0.82	2.58	2.19
	饱水	0.85	0.80	2.10	2.01
抗渗等级		—	—	—	>W6

从表 6 中可见，在 0.5MPa 压滤压力下，试件抗压强度为 0.8～2.35MPa，在 0.8MPa 压滤压力下，试件抗压强度为 2.01～7.13MPa。压滤作用使浆液结石强度明显提高，但试验所采取的压滤压力比现场施工低很多，试件的均匀性也不好，但其结果反映的趋势是合乎规律的。

浆液材料中，水泥为 42.5 级普通硅酸盐水泥，膨润土为云南凯文非金属矿开发有限公司生产的二级膨润土，主要性能见表 7。

表 7　膨润土主要性能指标

项目	细度（200 目筛余）/%	密度/(kg/m³)	液限 W_{L17}/%	塑限 W_P/%	塑性指数 I_{P17}	液限 W_{L10}/%	塑性指数 I_{P10}	含水率/%
指标	1	2650	54.2	24.9	29.3	44.7	19.8	4.1

4.2　灌浆孔布置

为了验证不同孔距及浆材的灌注效果，灌浆孔按单排布置，分 1.5m、2.0m、2.5m 三种孔距（图 1）。其中 GK175～GK179 共 6 个孔灌注膨润土水泥浆液。钻孔方向为铅直向。灌后布置 3 个检查孔，检查不同孔距的灌浆效果。

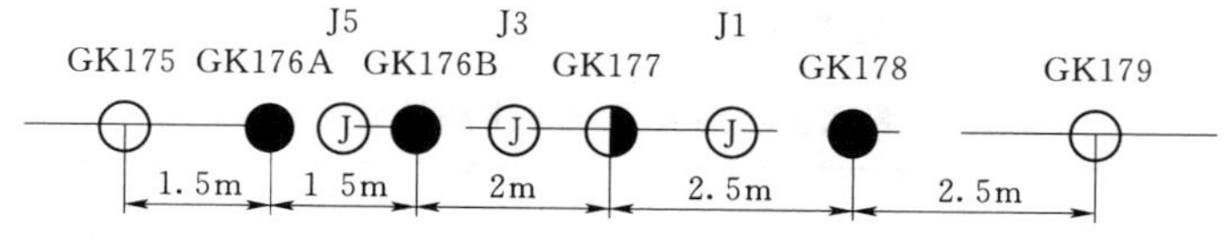

图 1　膨润土水泥浆灌浆试验布置图

考虑到试验工期的紧迫性，灌浆孔试验孔深为 30m，其中 GK175～GK178 区段 20m 深度以下灌浆时在相邻输水洞内存在严重的冒浆现象，该区段终孔深度按 25m 进行控制。待试验结束后，下部孔段再行施工至设计帷幕底线深度。

4.3　主要施工工法

灌浆孔钻进采用地质钻机、金刚石钻头或合金钻头、清水钻进工艺。灌浆孔及检查孔开孔孔径均为 ϕ91mm，终孔孔径均为 ϕ75mm。灌浆孔每段钻孔结束后，采用大水量进行冲洗，直至孔口回水澄清。灌浆前结合压水试验进行裂隙冲洗，直至回水清净时止。

灌浆分三个次序进行，主要使用孔口封闭灌浆工法。灌浆分段和灌浆压力按表8执行。

表8　　各次序灌浆孔使用压力

灌浆段次	1	2	3	4段及以下
段长/m	2	3	4	5，终孔段不大于7
灌浆压力/MPa	0.5	1.0	2.0	3.0

灌注浆液由稀到浓逐级变换，先灌注水固比为5：1的膨润土水泥浆液，当浆液注入量已达600L以上，或灌浆时间已达1h，而灌浆压力和注浆率均无改变或改变不显著时，改浓至4：1级浆液灌注。

灌浆结束条件为，在最大设计压力下，孔段注入率不大于1L/min时继续灌注30min。

全孔灌浆结束后采用压力灌浆法封孔，封孔压力采用该孔首段灌浆压力，封孔时间为30min。

受工程地质和试区边界条件所限，一是地表无可靠的混凝土阻浆盖重，灌段上伏为全强风化破碎岩体；二是帷幕线距河道边仅为3m左右，浆液渗径短；三是在灌浆区域下伏30m深度处存在输水洞渗漏通道。造成了在灌注过程中发生了严重的冒漏现象，灌浆总段数为56段，发生冒漏的段数为24段，占灌浆总段数的43%，其中地表冒浆19段，河道边坡冒浆为3段，下伏输水洞冒浆为2段。为了有效控制冒浆的发生，一是在试验过程中采用了分层、分序的施工方式，先行对浅表段进行灌注，力求在浅表形成可靠的岩体盖重；二是采取表面封堵、限流、灌注浓浆、间歇等措施进行处理。

4.4 主要灌浆成果与分析

膨润土水泥浆灌浆主要成果见表9。

表9　　膨润土水泥浆灌浆分序统计表

孔序	孔号	钻孔/m	灌浆/m	材料注入量/kg	单位注入量/(kg/m)	平均透水率/Lu	总段数	透水率分布/Lu				
								<5	5～10	10～50	50～100	>100
								区间段数/频率/%				
Ⅰ序	GK175	27.7	19.0	22408	1179.4	49.4	5	1/20	0/0	1/20	2/40	1/20
	GK179	30.0	21.3	12222	573.8	59.6	6	0/0	0/0	4/67	0/0	2/33
	小计	57.7	40.3	34630	859.3	54.8	11	1/9	0/0	5/45	2/18	3/28
Ⅱ序	GK177	25.6	17.0	8457	497.5	78.3	5	0/0	0/0	2/40	2/40	1/20
	小计	25.6	17.0	8457	497.5	78.3	5	0/0	0/0	2/40	2/40	1/20
Ⅲ序	GK176A	25.0	16.3	8030	492.7	42.8	5	0/0	0/0	3/60	2/40	0/0
	GK176B	25.0	16.3	1670	102.4	27.4	5	1/20	1/20	1/20	2/40	0/0
	GK178	25.0	16.4	6456	393.7	19.1	5	1/20	0/0	3/60	1/20	0/0
	小计	75.0	49.0	16157	329.7	29.7	15	2/13	1/7	7/47	5/33	0/0
合计		158.3	106.3	59243	557.3	—	31	—	—	—	—	—

从表9中可以看出，灌区岩体可灌性很好，灌浆前平均透水率为54.8Lu，平均单位注入量为557.3kg/m，Ⅰ、Ⅱ、Ⅲ次序孔单位注入量分别为859.3kg/m、497.5kg/m、329.7kg/m；透水率分别54.8Lu、78.3Lu、29.7Lu，呈逐序递减趋势，说明膨润土水泥浆液对于微细裂隙具有较好的可灌性，随着灌浆次序的加密，岩体逐渐被灌注密实。

4.5 灌浆效果检查

4.5.1 检查孔压水试验

灌浆检查孔压水试验成果见表10。

表10　膨润土水泥浆灌浆检查孔成果表

检查孔号	代表灌浆孔距/m	段数	孔段透水率/Lu		
			最大值	最小值	平均值
J1	2.5	5	4.1	1.7	2.5
J3	2.0	4	1.4	0	1.0
J5	1.5	4	3.8	1.2	2.0

从表10中可见，3个检查孔透水率均可满足$q \leqslant 5$Lu的设计要求，表明2.5m、2.0m及1.5m的孔距均具有可行性。

4.5.2 浆液结石钻孔芯样性能和灌浆区开挖检查

从现场灌浆孔扫孔钻进中获取的膨润土水泥浆液结石经试验其抗压强度和渗透系数见表11。

表11　现场钻孔浆液结石芯样性能

名称	28d抗压强度/MPa	渗透系数/(cm/s)
水泥浆结石	34.4	3.19×10^{-10}
膨润土水泥浆结石	8.7	1.38×10^{-5}

将表11数据与表1、表2比较可见，从灌浆孔中获取的浆液结石抗压强度大大高于实验室测试值，而渗透系数则低于实验室数值，这是由于钻孔及裂隙内的浆液形成结石的条件与实验室不同的缘故。

在桩号0+656～0+660m进行开挖检查，凭肉眼观察，浆液渗透穿插于岩石裂隙之中，形成连续的浆脉，十分明显。

4.6 红岩水库膨润土水泥浆灌浆的初步结论

(1) 膨润土水泥浆液可适应于本工程地层的灌浆，可取得比纯水泥浆液灌浆更好的效果。采用单排孔1.5m、2.0m和2.5m孔距的帷幕基本均可满足透水率$q \leqslant 5$Lu的设计要求。

(2) 试验所采用的钻孔方法、孔口封闭法灌浆工艺、灌浆压力基本适宜，具有可操作性。

(3) 采用42.5级普通硅酸盐水泥为主料的膨润土水泥浆液，可以取得较好的灌浆效果。浆液水固比可采用5∶1、4∶1和0.5∶1（纯水泥浆）三个比级。

(4) 鉴于灌浆试验的工程量总体较少，因此建议：灌浆孔孔距以 2m 为宜；有条件时最大灌浆压力可以适当加大至 4MPa；浆液的比级可试验优选外加剂，适当减小水固比。

5 结束语

(1) 红岩水库针对本身的地质条件，通过反复摸索进行了膨润土水泥浆的灌浆试验，取得了良好的成果和有价值的经验，为我国较大型工程岩石地基防渗开创了一个先例。膨润土水泥浆液帷幕灌浆对于中低水头岩石地基的防渗，提供了另一种选择。

(2) 膨润土水泥浆液帷幕灌浆在国外已有较长历史和较多工程实例，但国内工程实例甚少，经验不多，红岩水库尚需接受蓄水和运行的考验。

(3) 恰当地应用膨润土水泥帷幕灌浆具有良好的技术和经济效益，建议国内有条件的工程推广应用。同时在帷幕设计、浆液配比、浆液性能、灌浆工艺等方面更多地开展研究和创新。

(4) 按照本试验的成果，红岩水库帷幕灌浆后全面施工，2010 年建成，至今水库运行良好。

参 考 文 献

[1] 云南省水利水电勘测设计研究院，中国水电基础局科研所．保山市隆阳区红岩水库北岸防渗帷幕灌浆试验报告 [R]. 2003.

[2] 程骁，张凤祥．土建注浆施工与效果检测 [M]. 上海：同济大学出版社，1998.

[3] 李茂芳，孙钊．大坝基础灌浆 [M]. 第二版．北京：水利电力出版社，1987.

[4] 张作瑂．水泥粘土浆性能及其在岩基防渗灌浆中应用的探讨 [C]//中国水利水电科学研究院．科学研究论文集．第 8 集．北京：水利出版社，1982.

[5] 农维勒 E. 灌浆的理论与实践 [M]. 顾柏林，译．沈阳：东北工学院出版社，1991.

[6] 高钟璞．大坝基础防渗墙 [M]. 北京：中国电力出版社，2000.

[7] 王清友，孙万功．塑性混凝土防渗墙 [M]. 北京：中国水利水电出版社，2008.

长江三峡水利枢纽大坝防渗帷幕灌浆

【摘　要】 长江三峡大坝工程帷幕灌浆总工程量近 20 万 m，是工程的重要组成部分。三峡坝基岩体为闪云斜长花岗岩，岩性较完整、均一，总体质量优良。帷幕灌浆采用孔口封闭法，灌注湿磨水泥浆。施工中解决了少数孔段大耗浆、孔口涌水、缓倾角裂隙岩体、基岩深厚透水带、浆液失水变浓和上游碾压混凝土围堰爆破拆除对帷幕的影响等技术问题，建成了高质量的防渗帷幕。初期蓄水情况表明帷幕防渗效果良好。

【关键词】 长江三峡工程　帷幕灌浆　湿磨水泥浆　防渗效果

1　工程概况与地质条件

长江三峡水利枢纽是开发和治理长江的关键性骨干工程，主要由拦河大坝、电站厂房、航运工程和茅坪防护工程组成（图 1）。拦河大坝为混凝土重力坝，坝轴线长 2309.5m，坝顶高程 185m，坝高 181m，正常蓄水位 175m，水库总库容 393 亿 m^3，装机容量（包括地下电站）2250 万 kW，年发电量 882 亿 kW·h。

三峡大坝挡水前缘自左至右依次为：左岸非溢流坝 1～7 号坝段、升船机坝段、左非 8 号坝段、冲砂闸坝段、左非 9～18 号坝段、左岸厂房 1～14 号坝段、左导墙坝段、泄洪 1～23 号坝段、右岸纵向围堰坝段、右厂排坝段、右岸厂房 15～20 号坝段、安Ⅲ坝段、右岸厂房 21～26 号坝段、右岸非溢流坝 1～7 号坝段（图 2）。左非 1 以左接船闸挡水和防渗体系，右非 7 以右接地下厂房进水口。

三峡坝基岩性主要为前震旦纪闪云斜长花岗岩，岩性较完整、均一，力学强度高，微新岩石饱和抗压强度 85～110MPa，变形模量 25～45GPa，纵波波速 4600～5800m/s，弱风化下段岩石饱和抗压强度 75～85MPa，变模 15～30MPa，波速 4300～5500m/s。

坝址区长度大于 400m，宽度大于 2m 的断层有 16 条，对建筑物影响较大的主要有 F_{23}、F_{215}、F_4、F_5、F_7、F_{12}、F_{410}～F_{413}断层组、f_{18}断层组、f_{20}、f_{548}、f_{603}等。坝区基岩裂隙以大于 60°的陡倾角裂隙为主，占裂隙总数的 55%～70%，30°～60°的中倾角裂隙占 10%～20%。

地下水主要为裂隙潜水，局部具有承压性。岩体绝大部分透水性微弱，小于 1Lu 的约占 85%～90%，断层、裂隙密集带透水性相对较强。随着深度增加，岩体透水性有减弱的趋势。透水率小于 1Lu 的相对不透水岩体顶面高程河床段一般为－50～0m，深槽部位达－120m；两岸漫滩为 0～50m；山体为 30～190m。这是设计防渗帷幕的底线。

本文原载内部资料《基础工程技术》2009 年第 3 期，收入时有修改。

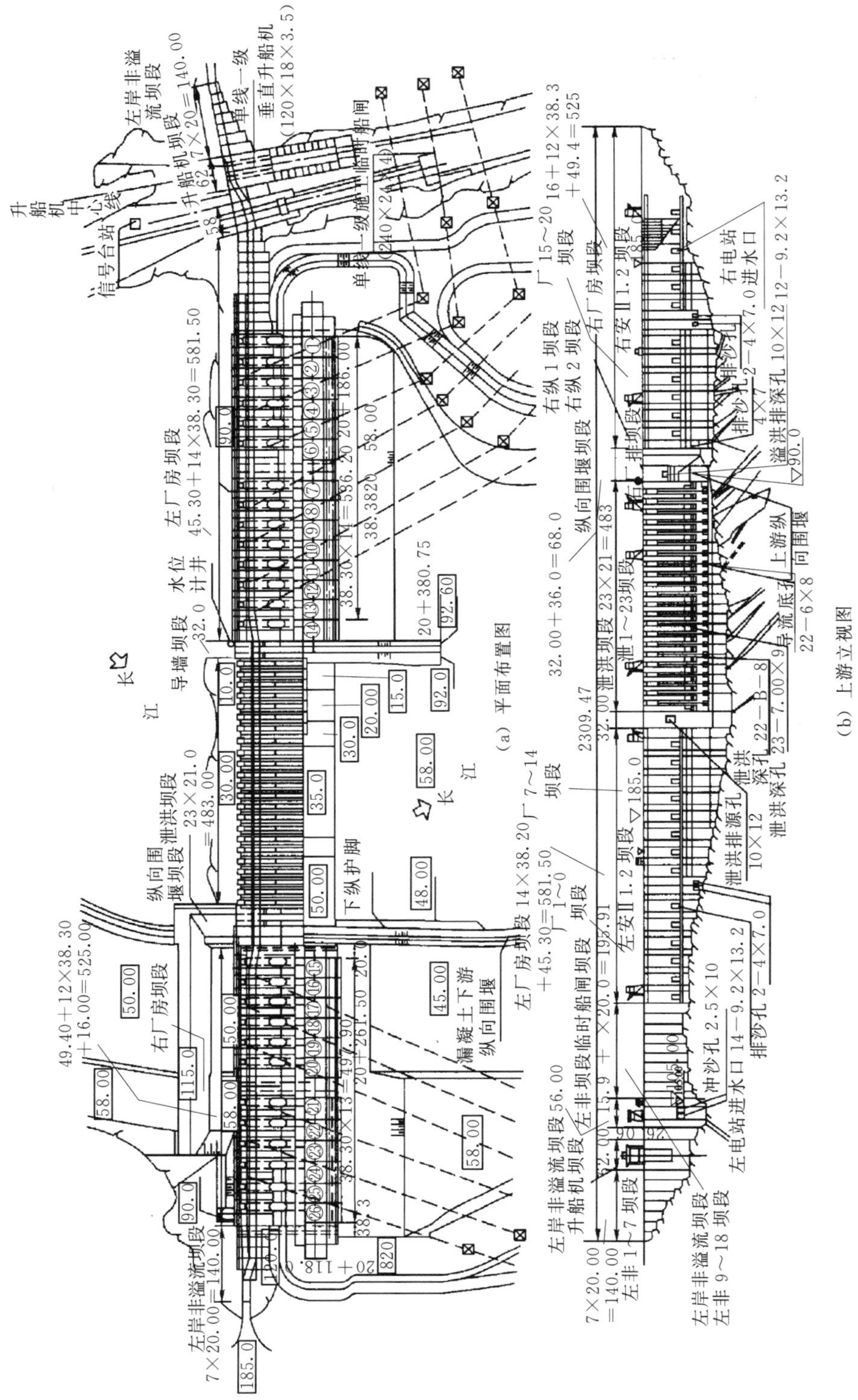

（a）平面布置图

（b）上游立视图

图 1　长江三峡大坝枢纽布置图

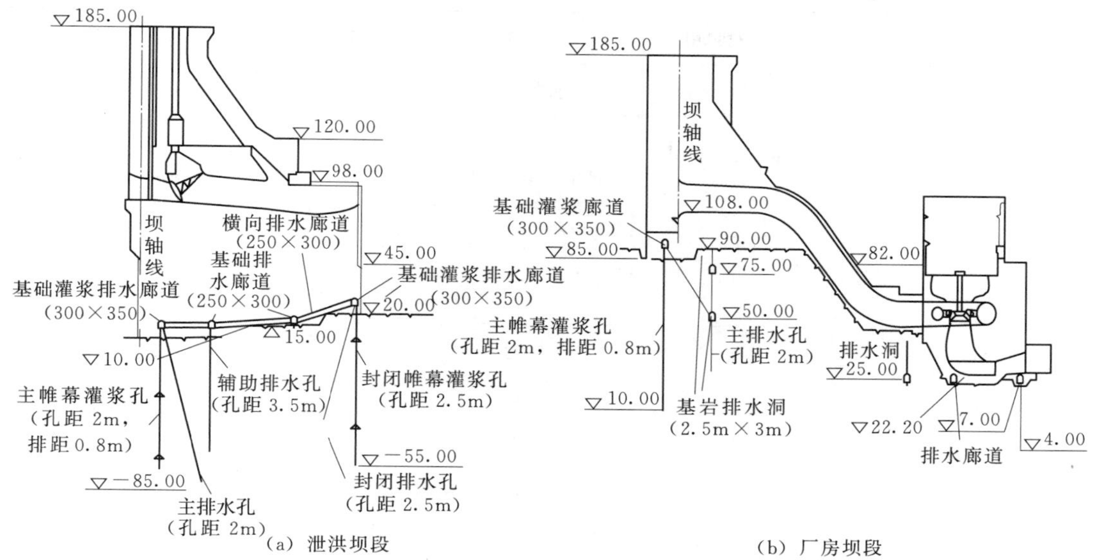

图 2　三峡大坝防渗帷幕剖面图

建基岩体以微新岩体为主，局部利用弱风化带下部岩体，优良岩体占 95%以上，少量的中等及中等以下岩体进行了处理。建基面高程从两侧向主河床逐渐降低，中间为深槽，最低高程 4m。

长江三峡大坝分成三期施工，1993 年开工，一期工程主要进行施工准备和完成右岸纵向围堰和导流明渠建设，二期工程完成左岸非溢流坝至右纵坝段间的各挡水坝段，包括其下的防渗帷幕灌浆，三期工程修建右纵以右的全部工程。至 2008 年三期工程全部完成，2009 年 8 月通过验收。

2　现场灌浆试验

早在 20 世纪 50、60 年代，针对长江三峡工程的坝基防渗，长江水利委员会就组织过多次现场灌浆试验。1995 年 7 月—1997 年 8 月，为了即将全面开工的大坝固结灌浆和帷幕灌浆，由中国长江三峡工程开发总公司和长江水利委员会三峡工程代表处组织了最后的灌浆试验。

这次灌浆试验的目的要求是：论证孔口封闭灌浆法在三峡裂隙性花岗岩岩体的可行性；探索采用 GIN 法的可行性；研究比较稳定性浆液、湿磨细水泥浆、改性细水泥浆的适用性；进行破坏性压水试验求出帷幕的破坏比降；试验论证帷幕灌浆的各项设计、施工参数等。

试验共分四组，分别布置在坝址左右岸，共完成灌浆工程量 2171.5m，各类检查孔 1847m。各组试验内容和针对地层情况分别见表 1。

本次试验的主要结论和建议为：

表 1　　长江三峡工程帷幕灌浆试验情况表

试 验 分 组	RⅠ、RⅡ组	RⅢ组	LⅠ组	LⅡ组
地质概要	裂隙性花岗岩	裂隙性花岗岩	F_7 断层	F_{23} 断层
主要试验内容	论证孔口封闭法，对比湿磨水泥、改性水泥效果	试验 GIN 灌浆法，稳定性浆液	论证孔口封闭法，对比普通水泥、湿磨水泥，垂直孔、斜孔效果	试验 GIN 灌浆法，稳定性浆液
物探孔/m	182	136.5	91	136.5
抬动设施/(套/m)	4/80	2/40	2/40	3/60
灌浆孔/m	684	364.5	456	567
检查孔/m	324	162	202.5	162
压水试验/段次	64	32	40	32
疲劳压水/段次	4	2	2	2
破坏压水/段次	4	2	2	2
ϕ1m 直径检查孔/m	50		25	25
室内试验	浆液试验、芯样力学试验等			

(1) 孔口封闭灌浆法适应性强，在三峡工程裂隙性花岗岩岩体采用形成的帷幕防渗性能满足设计要求，技术上可行，经济上合理。

(2) 灌浆强度指数法（GIN）所形成的帷幕，检查孔透水率为 3～5Lu，不能满足设计要求。

(3) 三峡坝基微细裂隙发育，灌浆材料宜采用细水泥。改性细水泥效果优于湿磨水泥，但价格较高；湿磨水泥浆也可满足设计要求，且较经济，适于大面积采用。

(4) 通过疲劳压水试验和破坏性压水试验，孔口封闭法形成的帷幕比例渗透极限可达 4MPa，极限破坏压力可达 4.5～5.5MPa，幕体破坏比降约为 300。

(5) 采用孔口封闭法，最大灌浆压力建议采用 6MPa。灌浆孔采用铅直向布置能满足中缓倾角结构面灌浆要求。

(6) 试验证明三峡工程初步设计和技术设计拟定的帷幕灌浆参数是基本合理的。

通过本次灌浆试验，确定了大坝帷幕灌浆施工的基本工艺和技术要求。

3　帷幕布置和防渗标准

坝基渗控设计采用常规防渗排水与封闭抽排相结合的方案，坝基上游全线设置主帷幕，在建基面高程低于 40m 的河床泄洪坝段及部分厂房坝段、厂房机组段下游设置封闭帷幕，主帷幕和封闭帷幕后设排水系统（图 2）。大坝上游防渗帷幕轴线全长约 2400m，

封闭帷幕轴线全长约 2621m。

主帷幕和封闭帷幕一般按单排孔布置，规模较大性状较差的断层、裂隙密集带、风化透水深槽等地质条件较差部位，主帷幕采用双排孔布置，岸坡局部全强风化岩体段的主帷幕采用 3 排孔布置。

主帷幕单排孔孔距一般为 2.0m，双排及三排孔部位为 2.0～2.5m，排距 0.2～0.8m。封闭帷幕孔距一般为 2.5m，透水性较强的地段，局部加密至 1.25m。

为增强浅层岩体的防渗性能，结合基岩固结灌浆，在主帷幕前布置两排各深 10m 和 20m 的固结灌浆兼辅助帷幕灌浆孔，孔排距 2m×2m；在封闭帷幕后布置一排深 10m 的固结灌浆兼辅助帷幕灌浆孔，孔距 2m。

灌浆孔深 H 要求满足：①$H \geqslant (1/3)\ h + c$（h 为幕前水深，主帷幕为上游水深，封闭帷幕为下游水深；c 为常数，取 5～8m）；②深入相对不透水岩体顶板以下 5m；③终孔段满足透水率 $q \leqslant 1$Lu，单位注灰量不大于 20kg/m。主帷幕孔深一般为 60～80m，封闭帷幕孔深一般为 40～60m。

对规模较大、性状较差的断层、裂隙密集带、风化透水深槽、建基面表层及涌水较集中等部位，视具体情况加密、加深帷幕灌浆孔，或增加环氧类化学灌浆；对由于爆破、卸荷作用，建基面表层局部透水率较大、单位注入量小的孔段，以及有涌水不吸浆或吸浆量很小的孔段，补孔进行丙烯酸盐化灌，灌浆孔深 5.0m。

根据规范要求，并充分考虑到三峡工程的重要性和特殊性，要求坝基主帷幕和封闭帷幕的设计防渗标准均为灌浆后基岩透水率 $q \leqslant 1$Lu。施工质量评定以检查孔压水试验透水率为主，结合灌浆前、后基岩弹性波测试成果，钻孔取芯，大口径检查成果等综合评定。检查孔在混凝土与基岩接触段及其下一段的透水率合格率应为 100%，以下各段应达 90% 以上，超标试段 $q \leqslant 2$Lu。

检查孔数量一般按帷幕灌浆孔总数的 10%控制。实际施工中，检查孔数量达到帷幕灌浆孔总数的 15%，有的坝段达到 20%。

在坝体上游基础灌浆廊道内，主帷幕后布置一排主排水幕，在坝基封闭抽排区封闭帷幕的内侧，布置一排排水幕，在封闭抽排区内布置纵横向辅助排水幕。主排水孔孔深分别为相应的帷幕孔深的 4/5 左右；辅助排水孔孔深为相应主排水孔孔深的 2/3 左右或 20m。在封闭抽排水区内设置了多个集水井，以收集和抽排渗水。

4 主要施工方法

4.1 钻孔

灌浆孔主要使用 XY-2、XU-300 等回转式岩芯钻机金刚石钻头钻进，钻孔直径孔口管段 ϕ91mm，以下为 ϕ56mm 或 ϕ60mm。钻孔偏斜 60m 孔深时要求不大于 1.5m，100m 孔深时小于 2m，大于 100m 孔深时小于 2.5m。孔斜一般采用电桥式测斜仪检测。

每段钻孔灌浆前按规范要求进行钻孔冲洗，结合裂隙冲洗进行简易压水试验。施工机组基本上采取三钻一灌配置，备用一台灌浆泵。

4.2 灌浆材料与浆液配比

灌浆材料主要采用湿磨细水泥浆，使用 42.5 级普通硅酸盐水泥浆经 3 台盘式湿磨机串联磨制后送入储浆搅拌桶供灌浆使用，外加剂为 UNF－5 型高效减水剂，掺量 0.7%。湿磨水泥细度要求 $D95 \leqslant 40\mu m$，细度采用沉降法检测，激光粒度仪校核，每 10t 水泥检测一次；浆液漏斗黏度（标准漏斗）小于 30s。

浆液水灰比采用 3∶1、2∶1、1∶1、0.6∶1 四个比级，开灌水灰比 3∶1，后期也采用 2∶1。

当灌浆孔段压水试验吸水率大于 40L/min 时，或使用湿磨水泥浆液灌注 10min 注入率大于 30L/min 时，可改灌普通水泥浆，待注入率减小至 10L/min 以后，再恢复灌注湿磨水泥浆。

F_{215}、f_{1050} 等断层部位在采用湿磨水泥浆液灌注后，再采用 CW 型环氧浆液灌注；岸坡及山体段的局部全强风化带部位在采用湿磨水泥灌浆后，再灌注丙烯酸盐浆液。

4.3 灌浆方法与灌浆压力

灌浆采用孔口封闭法。所有灌浆孔按排分序加密施工。各孔段段长划分及灌浆压力见表 2。

表 2　　帷幕灌浆分段与灌浆压力

部　位	第 1 段	第 2 段	第 3 段	第 4 段及以下
灌浆段长/m	2	1	2	5
主帷幕灌浆/MPa	1.5/3.5	3.0/4.0	4.5	6.0/5.0
封闭帷幕灌浆/MPa	1.0/1.5	1.5/2.0	2.0/3.0	4.0/5.0

注　分母为二期工程后期和三期工程灌浆使用压力。

灌浆和压水试验施工均采用各型柱塞式灌浆泵，采用灌浆自动记录仪记录灌浆压力和注入率。

灌浆结束条件为：在设计压力下，1～3 段注入率小于 0.4L/min、以下各段小于 1.0L/min，延续灌注不少于 90min。全孔灌浆结束后采用全孔灌浆封孔法封孔。

灌浆及压水试验时，地面抬动值不得大于 $200\mu m$，施工过程中个别灌浆段发生过的最大抬动值为 $164\mu m$。

5 主要技术问题及处理措施

5.1 大吸浆孔段

三峡工程坝基岩石总体良好，可灌性普遍较差。但也有少数孔段的透水率和单位注入量较大（大于 100kg/m，见表 3），它们是保持帷幕连续的薄弱点，是岩体中最需要改善和可能获得最佳改善效果的部位，是主要的耗浆段，帷幕灌浆的首要任务就是要封堵这些裂隙、孔隙或通道。因此规定凡遇到这样的大耗浆孔段，灌浆必须连续进行，不得中断，灌浆结束后待凝 24h。

表 3　　泄洪坝段主帷幕灌浆综合统计表

部位	排序	孔序	孔数	钻孔/m	灌浆/m	总耗水泥/kg	注入量/kg	单位注入量/(kg/m)	灌浆压水段数	单位注入量区间/(kg/m)					透水率区间/Lu					
										<1	1~10	10~50	50~100	>100	平均值	<1	1~3	3~5	5~10	>10
										段数/频率/%						段数/频率/%				
主帷幕	下游排	Ⅰ	63	5164	4736	373541	129324	27.3	985	256	368	261	48	52	0.76	847	95	11	17	15
										26.0	37.4	26.5	4.9	5.3		86.0	9.6	1.1	1.7	1.5
		Ⅱ	61	4676	4244	189510	36164	8.5	894	306	411	160	10	7	0.29	812	64	8	10	0
										34.2	46.0	17.9	1.1	0.8		90.8	7.2	0.9	1.1	0
		Ⅲ	133	10137	9267	399111	67959	7.3	1955	668	918	345	16	8	0.23	1859	76	13	6	1
										34.2	47.0	17.6	0.8	0.4		95.1	3.9	0.7	0.3	0.05
	上游排	Ⅰ	250	3831	3459	191132	24338	7.0	727	298	303	113	12	1	0.27	690	26	8	3	0
										41.0	41.7	15.5	1.7	0.1		94.9	3.6	1.1	0.4	0
		Ⅱ	50	3952	3587	215417	28665	7.9	747	258	324	155	7	3	0.24	712	30	2	2	1
										34.5	43.4	20.7	0.9	0.4		95.3	4.0	0.3	0.3	0.1
		Ⅲ	98	7795	7059	384980	45763	6.4	1475	532	706	229	4	4	0.21	1400	69	3	3	0
										36.1	47.9	15.5	0.3	0.3		94.9	4.7	0.2	0.2	0
	浅排	Ⅰ	26	433	216	16851	365	1.7	78	46	27	5	0	0	0.21	77	0	1	0	0
		Ⅱ	24	399	197	1582	375	1.9	72	44	24	4	0	0	0.10	67	5	0	0	0
		Ⅲ	50	822	413	28967	660	1.6	150	98	44	8	0	0	0.12	145	4	1	0	0
	合计		555	37209	33179	1801091	333612	10.1	7083	2506	3125	1280	97	75	—	—	—	—	—	—
封闭帷幕	上游排	Ⅰ	50	3246	2967	177553	67445	22.8	661	215	260	127	30	29	1.71	534	70	18	15	24
		Ⅱ	50	3122	2859	118083	24628	8.7	630	274	277	60	12	7	0.54	524	57	17	11	21
		Ⅲ	153	9156	8355	13925	45609	5.5	1862	868	794	185	9	6	0.13	1734	104	19	4	1
	下游排	Ⅰ	12	601	557	22126	2291	4.1	126	71	41	14	0	0	0.16	123	2	0	1	0
		Ⅱ	11	553	513	22456	3414	6.7	116	34	57	25	0	0	0.23	106	7	1	2	0
		Ⅲ	22	1084	1005	41078	4548	4.5	228	98	98	31	1	0	0.15	221	6	1	0	0
	合计		298	17762	16257	395221	147935	9.1	3623	1560	1527	442	52	42	—	—	—	—	—	—
总计			853	54971	49436	2196312	481547	9.7	10706	4066	4652	1722	149	117	—	—	—	—	—	—

注　为节省篇幅，表中主帷幕浅排和封闭帷幕未统计单位注入量和透水率的频率分布。

5.2　孔口涌水

灌浆施工过程中，部分钻孔出现涌水。涌水部位主要在集中河床深槽坝段，涌水孔段约占这些坝段灌浆孔段数的50%，单孔最大涌水量36L/min，最大涌水压力0.28MPa。涌水是由于坝基岩体裂隙水在江水压力（水头51～62m）作用下，当钻孔揭露裂隙含水带后地下水的排泄释放过程，属于地下水正常径流。

对钻孔涌水采取如下措施：涌水严重部位，增加灌浆孔深、改单排帷幕为双排帷幕，加密灌浆孔；一般涌水孔段，提高灌浆压力（设计压力＋涌水压力）；采取屏浆和闭浆措施，屏浆时间不少于1h，闭浆待凝24～48h。通过上述措施处理后，涌水孔段灌浆后扫孔一般再无涌水，且钻孔涌水量与涌水孔段频率随帷幕灌浆排序、孔序增加而减少。

5.3　缓倾角裂隙岩体

左厂1～5号坝段处于岸坡地段，由于坝基下游厂房基坑开挖形成临空面，倾向下游的缓倾角裂隙较发育，有可能对坝基深层抗滑稳定问题不利。所以对该部位渗控措施予以加强：坝基设三层平行帷幕的纵向地下排水洞和两条横向排水洞，并沿排水洞及帷幕廊道设排水孔幕形成厂坝联合封闭，在主帷幕前增加一排孔深40m的帷幕孔。

5.4　河床深槽部位深厚透水带

三峡坝址河床部位存在一个深厚透水带，在主帷幕处最深达110m，封闭帷幕处最深达90m，其透水率为1～5Lu，零星分布。设计根据先导孔资料将深槽部位帷幕予以加深，左导墙～泄4号坝段帷幕深度由-85m加深至-120m高程，左导墙～泄2号坝段封闭帷幕深度由-58m加深至-80m高程；泄5～10号及泄14～19号两个风化深槽部位的帷幕前排加深到与后排等深。实际施工中本工程帷幕灌浆孔最大深度达到141.5m。

5.5　孔口段提高灌浆压力

初期灌浆时孔口段（建基面以下2.00m）灌浆压力采用了1.0～1.5MPa。后根据专家组的建议，孔口段灌浆压力应升至2.5～4.0MPa，对在升压前已完成施工的部位，主帷幕前增加一排孔深8m的浅孔，采用3.5～4.0MPa压力进行补充灌浆。

为此首先进行了升压灌浆试验，在有80m混凝土盖重，已经完成两排帷幕灌浆的条件下，34个孔有4孔发生轻微抬动变形，其余孔可达到3.5～4MPa压力，但总体注入量微小。试验后各部位帷幕第1、2、3段灌浆压力均达到了“不小于2倍坝前水头”的要求。

本项工作从三峡工程的极端重要性而言，无可非议，但从技术必要性而言没有意义。第一，孔口封闭灌浆法的孔口段在其下部各段灌浆时已经过了该孔最大灌浆压力(6MPa)，其二，在上部巨大混凝土盖重下，表层岩体即使有裂隙也已闭合，不可能吸浆。

5.6　浆液失水变浓

部分灌浆孔（多数在孔口段和涌水孔段）存在透水率偏大而单位注入量偏小，以及吸水不吸浆的现象，具体表现为：灌前压水透水率q＝1～3Lu，单位注入量不大于1kg/m；q＝3～5Lu，单位注入量不大于5kg/m；q≤5Lu，单位注入量不大于10kg/m。对这些部位施工中采用了提高灌浆压力、加排、加密、加深等措施，灌浆孔曾加密至Ⅴ序，效果仍

不明显。出现这种现象的主要原因是岩体裂隙微细，用颗粒悬浮型浆液，即使是湿磨细水泥浆，也不能进行有效灌注。

对该部位进行了补充化学灌浆，在主帷幕的中心线上增补了一排灌浆孔，灌注丙烯酸盐浆液。灌浆孔深 5m，距原水泥灌浆孔距一般 1.0～2.5m，分两序加密，每孔分两段（第 1 段 2m，第 2 段 3m）做压水试验，全孔一次灌浆；灌浆压力主帷幕 2.5MPa；封闭帷幕 1.5MPa。化灌较好地解决了问题。

5.7 陡倾角裂隙岩体灌浆

三峡工程坝基岩体陡倾角裂隙发育，为了提高灌浆孔穿过陡倾角裂隙的几率，根据质量专家组建议，在泄 15 等坝段补充布置了顶角为 30°的 12 个斜孔，包括灌浆孔和检查孔，施工结果表明斜孔灌浆后，岩体透水率、单位注入量均较小，与直孔灌浆相比无明显差别，斜检查孔检查结果与直孔检查情况也基本一致。

5.8 碾压混凝土围堰爆破拆除对灌浆帷幕的影响

三峡三期工程碾压混凝土围堰平行大坝布置，围堰轴线位于大坝轴线上游 114m，围堰轴线总长 546.5m，堰顶高程 140m。堰体最大高度 121m，堰顶宽度 8m，最大底宽 105.5m，重力式结构，混凝土体积 163.36 万 m^3。设计拆除围堰长 480m，高程 140m～110m，拆除工程量 18.63 万 m^3。在距大坝坝体 100m 左右部位，使用近 200t 炸药进行爆破拆除，给坝体相关建筑物及正在运行的左岸电厂可能会带来不同程度的振动影响，设计、施工采取了多种防护和监测措施，保证了大坝和电厂等永久建筑物与设备的安全。围堰在 2006 年 6 月 6 日成功爆破拆除。

爆破前在右安Ⅲ坝段、右厂 17 号、19 号坝段上游基础灌浆廊道（高程 38～49m）内布置观测孔，孔深 20m（入岩深度大于 10m）。爆破前、后分别进行压水试验。爆破时在右厂坝段 4 个监测断面高程 38.8～82m 基础帷幕灌浆廊道实测最大质点振动速度为 1.02cm/s，低于规范规定振动速度安全控制标准 2.5cm/s。在观测孔进行的 3 组声波检测成果表明，波速值为 4310～5654m/s，平均 5083m/s，爆前爆后波速对比变化率 $\eta <$ 3.68%，优于岩石开挖施工规范规定的爆前爆后波速变化率 $\eta \leqslant 10\%$标准。6 个孔压水试验成果显示，爆破前后透水率均小于 1Lu，爆破后透水率有增有减，透水率增大段增加值仅为 0.01～0.08Lu，量值很小，应在检测误差范围之内。

碾压混凝土围堰爆破拆除未对其后的右厂坝段灌浆帷幕产生破坏作用。

6 主要灌浆成果资料与分析

长江三峡大坝帷幕灌浆工程量大，资料浩繁。大坝帷幕灌浆和封闭帷幕各部位工程量和平均单位注入量见表 4，其中位于主河床的 23 个泄洪坝段主帷幕和封闭帷幕灌浆综合统计表见表 3。

从表 4 可见，不包括检查孔和化学灌浆孔，三峡工程共完成主帷幕灌浆 13.48 万 m，封闭帷幕 5.62 万 m，共注入湿磨细水泥 1752t，主帷幕平均单位注入量 8.49kg/m，封闭帷幕平均单位注入量 10.79kg/m，总平均单位注入量 9.29kg/m。

表 4　　**长江三峡大坝防渗帷幕灌浆分部工程情况表**

部位		帷幕类型	孔数	基岩灌浆/m	注入浆液/kg 或 L	单位注入量/(kg/m 或 L/m)
左非坝段	左非 1～18 坝段（含临船、升船机坝段）	主帷幕	366	17895.3	193848	10.83
		丙烯酸盐	113	779.15	35901	46.08
		CW 环氧	93	2894.4	28445	9.83
左厂坝段	左厂 1 号～14 号坝段（含安Ⅲ及厂房）	主帷幕	557	30328.7	256075.1	8.44
		封闭帷幕	181	11871.2	172324.3	14.52
		丙烯酸盐	125	634	1955	3.08
泄洪坝段	左导坝段及左导墙、泄洪坝段、右纵坝段	主帷幕	617	38423.8	384653.2	10.01
		封闭帷幕	381	20906.2	199347.2	9.54
		丙烯酸盐	141	725.2	2832	3.91
右厂坝段	右厂排～右厂 20 号坝段（含右安Ⅲ及厂房）	主帷幕	580	41017.8	271946	6.63
		封闭帷幕	542	23461.7	234844	10.0
右非坝段	右非 1 号～7 号坝段	主帷幕	96	7182.41	38713.1	5.39
总计		主帷幕灌浆	2216	134848	1145235	8.49
		封闭帷幕	1104	56239	606516	10.79
		化学灌浆	472	5033	69133	13.74
		合计	3792	196120	1820884	9.29

注　化学灌浆包括 CW 环氧灌浆和丙烯酸盐灌浆，L/m 为化学灌浆单位注入量单位。

从表 3 可见，泄洪坝段基岩总体透水性弱微，注入量较小，主帷幕最先灌注的下游排Ⅰ序孔灌前压水 985 段，透水率小于 1Lu 的有 847 段，占 86%，平均透水率 0.76Lu。但该序孔中也有不少较大注灰量的孔段，单位注入量大于 100kg/m 的有 52 段，占 5.3%。Ⅰ序孔平均单位注入量 27.3kg/m。随着灌浆排序和次序的增加，透水率、单位注灰量递减规律明显。下游排Ⅰ、Ⅱ、Ⅲ次序孔和上游排Ⅰ、Ⅱ、Ⅲ次序孔单位注灰量分别为 27.3kg/m、8.5kg/m、7.3kg/m 和 7.0kg/m、7.9kg/m、6.4kg/m；透水率分别为 0.76Lu、0.29Lu、0.23Lu 和 0.27Lu、0.24Lu、0.21Lu。封闭帷幕情况相似。主帷幕补充灌注的浅排孔注入量很小，三序孔平均单位注入量分别为 1.7kg/m、1.9kg/m、1.6kg/m，灌浆前透水率微弱，三序孔平均透水率分别为 0.21Lu、0.10Lu、0.12Lu，也具有递减趋势。

试作单位注入量和透水率累积频率曲线图，可看到两排 6 个次序的累计频率曲线大致平行频率渐次增加的良好关系。但是也可看到除下游排Ⅰ次序孔外，其余 5 条曲线靠得很近，特别是上游排各序孔注入量很小，其曲线几乎重合。还可以看到，上游排各序孔中仍有个别灌浆段单位注入量大于 100kg/m，从这一点来说，后序孔有一定的必要性。

值得注意的是，本工程采用的孔口封闭灌浆法，它除了具有施工质量保证率高的优点以外，能量的过大消耗和浆液的浪费是一大缺点。能量损耗未作测算统计，浆液浪费从表 3 中可见一斑，泄洪坝段总耗水泥 2196.3t，注入水泥 481.5t，损耗率 78%。其他单位注

入量更小的坝段损耗更大。

7 施工质量检查

帷幕灌浆完成以后的质量检查以检查孔压水试验为主，其他测试项目为辅。检查孔压水试验压力一般采用 1.0MPa，河床深部和较深部位坝段主帷幕采用了 1.5MPa、2.0MPa 或 2.5MPa。检查孔数量一般为 10%，少数坝段达到 15%～20%。检查孔一般为垂直孔，在泄洪坝段基岩裂隙较发育的部位布置了斜向检查孔，孔向顶角分别为 20°和 30°。其他检查项目有在重点部位布置大口径检查孔、进行岩体声波波测试等。

灌浆孔孔斜检测合格率可达 98%以上，最大孔斜发生在左导坝段，一孔深 23.8m，偏距 2.50m，偏斜率 10.5%；泄 22 号坝段，一孔深 68m，偏距 3.52m，偏斜率 5.18%。严重偏斜孔均作废孔处理。

主帷幕和封闭帷幕水泥灌浆共布设 393 个检查孔，压水试验 4464 段，透水率小于 1Lu 的有 4427 段，占 99.2%，透水率大于 1Lu 的有 37 段。

对检查孔压水试验透水率超标或有涌水的情况进行了如下处理：对该检查孔逐段进行灌浆，在该孔旁边再补孔灌浆；对透水率超标试段较集中的坝段加密、加深灌浆孔或增加浅排帷幕孔；有些不合格孔段分布在接触段或近孔口段，对此采取加大孔口三段灌浆压力的办法，效果仍不满意者，再增加灌注丙烯酸盐浆液。

处理情况表明，补充灌浆、升压灌浆和增加排的灌浆注入量都很小，化学灌浆平均单位注入量左导墙为 2.51L/m，泄洪坝段 3.26L/m，右纵坝段 8.34L/m。补充化学灌浆结束后也进行了检查，压水试验透水率为 0.01～0.11Lu，情况表明，微细裂隙得到了有效灌注。

共布置了 3 个直径 1m 的大口径检查孔，泄 3 坝段封闭帷幕处的大口径检查孔深 42.98m，孔壁素描资料揭示，孔壁共有裂隙 75 条，有 32 条裂隙中见水泥结石，结石一般厚度 1～2mm，个别呈团块状，厚 5～8mm。水泥结石密实与岩石胶结好，取样试验抗压强度 23.8MPa，抗拉强度 0.95～1.05MPa。

帷幕灌浆封孔 28d 后，抽取部分钻孔进行了封孔质量检查，获取的水泥结石芯样胶结较好，无空洞和不凝固现象，获得率 76%～95%，抗压强度 16.3～94.6MPa。

在泄洪坝段布置的 10 个物探孔，灌浆前岩体平均波速为 5159～5617m/s，灌浆后为 5530～5725m/s，提高了 1.56%～7.98%。

8 初期蓄水帷幕运行情况

大坝坝基防渗主帷幕之后，封闭帷幕内侧均设有排水孔幕，形成封闭抽排，降低坝基扬压力；左右岸坝基设有排水隧洞，疏排坝基渗流。坝基上、下游主排水幕处均布设有测压管观测坝基渗压。

三峡工程防渗帷幕经过分期建设，至 2006 年 5 月已全部完成，库区水位分为 135m、139m、156m，逐步提高至 175m。2003 年 6 月首次蓄水至 135m 时，坝基渗流量最大，以后逐年减少。各年份实测坝基渗漏量见图 3。坝基渗漏量观测成果表明：

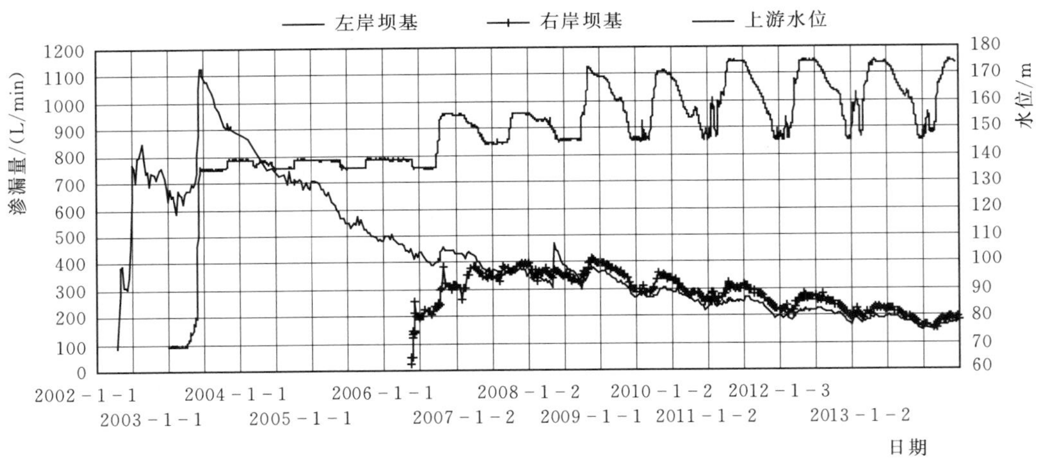

图 3　左、右岸坝基渗漏量过程线

左岸（纵向围堰坝段及其以左各坝段）坝基渗漏量主要集中在泄洪坝段，已从 2003 年 6 月蓄水后的约 1127L/min 减少至 2014 年 12 月 30 日的约 156L/min。另外，2008 年“5·12”汶川地震后观测到左岸坝基渗漏量陡然增加了约 162L/min，但之后渗漏量逐渐降低至正常状态，该地震对坝基渗漏量的影响时间较短。

右岸坝基渗漏量在 2008 年 11 月时最大，约 412L/min，之后有所减少，至 2014 年 12 月 30 日减少为 168L/min。坝基渗漏量变化与库水位相关，总的趋势是逐年减少，减少原因主要是坝前库底淤积堵塞渗漏通道所致，对坝基防渗是有利的。

坝基渗漏量远小于设计计算值约 $23m^3/min$。

坝基渗压观测成果表明，两岸坝基排水幕后处于疏干状态。河床坝段上游主排水幕处的扬压力折减系数均未超过 0.2，在设计值 0.25 以内；下游主排水幕处扬压力拆减系数均未超过 0.34，在设计值 0.5 以内，左厂、泄洪和右厂重点坝段上游主排水幕处测压管在库水位 175m 时实测扬压力折减系数最大值分别为 0.09、0.07 和 0.09，均较小。

比较 1991 年建成的规模相近的伊泰普大坝，1984 年该工程第一台机组发电时坝基渗漏量达到最大值，约 3000L/min，5 年后降至 1920L/min。相比之下长江三峡工程帷幕防渗效果更优。

9　结束语

（1）长江三峡大坝基岩为闪云斜长花岗岩，岩性较完整、均一，总体透水性微弱。鉴于工程的特殊重要性，设计制定了更高于行业技术标准的防渗帷幕施工技术要求和质量标准，灌浆采用孔口封闭法，全面灌注湿磨水泥浆，施工质量检查孔数量多检查方法严格多样，这些措施取得了满意的效果。

（2）帷幕灌浆施工中解决了少数孔段大吸浆、孔口涌水、缓倾角裂隙岩体、基岩深厚透水带、浆液失水变浓和上游碾压混凝土围堰爆破拆除对帷幕的影响等技术问题，为灌浆技术的发展积累了宝贵经验。

(3) 水库初期蓄水情况表明，坝基渗控工程运行良好，帷幕防渗效果显著，坝基渗漏量，扬压力优于设计要求。

(4) 长江三峡工程的全面建成，标志着我国的坝工技术总体上达到国际领先水平，与国外较早建成的伊泰普工程相比，长江三峡工程防渗效果更好。

(5) 长江三峡工程具有极其重要性和特殊性，有些技术要求超过行业技术标准是必要的。对其采取的技术措施和取得的经验，其他工程应根据自身的工程条件和等级参考借鉴。

参 考 文 献

[1] 陆佑楣，曹广晶，等．长江三峡工程技术篇［M］．北京：中国水利水电出版社，2010

[2] 林文亮．长江三峡水利枢纽坝基防渗灌浆工程关键技术问题探讨［C］//夏可风．2004 水利水电地基与基础工程技术．内蒙古：内蒙古科学技术出版社，2004.

[3] 伊泰普两国委员会．伊泰普水电工程工程技术特辑［R］．中国长江三峡开发工程总公司，中国电力信息中心，译．1994.

溪洛渡水电站软弱岩带固结灌浆现场试验

【摘　要】 溪洛渡水电站坝区基岩为玄武岩，岩性总体良好。主要构造形迹为一套发育于岩流层层间和层内的构造错动带和节理裂隙系统，层间和层内的错动带是坝区主要的结构面，其工程地质性质相对较弱，为探求有效的加固处理方法，进行了高压固结灌浆现场试验。本项试验通过认真选择场地，细致勘察地质条件，周密制订施工方案，采用了多种钻孔灌浆方法、灌浆材料、测试手段等进行比较，取得了大量的数据资料，试验获得成功。试验表明，错动带、弱风化带上段、弱风化带下段岩体通过灌浆后，力学指标、渗透性能可明显改善。试验结论提出了相关参数的建议指标。

【关键词】 溪洛渡　软弱岩带　固结灌浆　现场试验

1　前言

灌浆试验，特别是大型工程、复杂地基的灌浆试验是一项重要的科学试验。它关系到工程初步选定的场址是否可行，应该采用怎样的地基处理设计、施工方案、技术参数、工期和造价如何等一系列的重大的技术经济问题。鉴于灌浆试验的重要性，《水工建筑物水泥灌浆施工技术规范》自 2012 版起，将“现场灌浆试验”专作一章。

我国水利水电工程有不少做得很好的灌浆试验，如乌江渡水电站帷幕灌浆试验、长江三峡主体建筑物基础固结灌浆和帷幕灌浆试验等，也有一些灌浆试验做得不好，得不出结论，导致返工重做，或给施工带来被动。

做好灌浆试验应具备许多条件，以下几点尤为重要：第一，要做好试验的策划，包括试验的设计和组织，要明白试验不是施工，试验是要通过有限的工程量获得珍贵的数据和规律；第二，要有明确的分层次的目的，不能主次不分，主要目的一定要达到；第三，要选好试验场地，要十分熟悉试验区的地质情况，因此试验必须有地质人员的密切配合，也应有其他各类试验、测试人员的配合；第四，科学试验是一项精细的工作，要有足够的时间，决不能盲目赶工；第五，要详细收集记录试验过程技术资料，在此基础上分析综合写好试验报告等。

溪洛渡水电站拱坝基础软弱岩带固结灌浆试验是近些年来做得很好的灌浆试验之一。本次试验由成都勘测设计研究院和中国水电基础局合作完成，主要技术负责人有夏可风、肖白云、王仁坤、杨建宏等，技术咨询有孙钊、杨晓东等。现场试验报告原稿由龚木金执笔。现场试验分为两个试区，右岸布置一试区，左岸布置二试区。试验自 2000 年 4 月开始，2001 年 2 月结束。

由于篇幅原因，本文摘编一试区成果资料，以供参考。

2　坝区基本地质条件

溪洛渡水电站位于金沙江上游，混凝土双曲拱坝最大坝高 285.5m，水库总库容

115.7亿 m^3，装机容量 13860MW，是仅次于长江三峡水利枢纽的特大型工程。

坝区基岩主要为峨眉山玄武岩，系间歇性多期喷溢的陆相基性火山岩流，总厚度490～520m，其下部为石灰岩，岩溶不发育。玄武岩可分 14 个岩流层，一般层厚 25～40m。岩流层上部为玄武质角砾（集块）熔岩，下部为玄武质熔岩（斑状玄武岩、致密状玄武岩、含斑玄武岩），岩性坚硬。河床坝基岩体主要由 4～1 层玄武岩组成。

岩流层产状平缓，以 3°～5°倾角倾向下游偏左，构造破坏较弱，区内未发现规模较大的断层，主要构造形迹为一套发育于岩流层层间和层内的构造错动带和节理裂隙系统。层间和层内的错动带是坝区主要的结构面，其工程地质性质相对较弱，具有较重要的工程意义。

层间错动带（C_n）延续性好，一般延伸长 150～400m，产状与岩流层大体一致，局部产状变化较大，呈平缓波状起伏，较粗糙。带厚一般 5～10cm，局部达 20～30cm，上下影响带一般宽 0.4～0.6m，局部达 1m 以上。错动带内大多为较坚硬的玄武岩角砾、碎块，极少含泥，主要由粒径 2～6cm 的破碎岩、压碎岩组成，在错动较强部位，粒径 1～2cm 的角砾及岩屑增多，总体挤压紧密，一般浅表部约 30～50m 以外沿错动带可形成强风化夹层。结构面类型多为含屑角砾型及裂隙岩块型，部分岩屑角砾型。

层内错动带（Lc）为各流层内部的缓倾角（<8°～25°）构造错动带，其规模较层间错动带小，但分布广，数量多，产状分散，一般不切穿岩流层，部分错动带性状较差，大多分布于岩流层中下部玄武岩中，多呈单裂状或分叉复裂状展布，具有一定的随机性和集中成带发育的特点，以缓角倾向下游偏左岸为主。岩流层中以 5、6、8 层层内错动较发育，9、4、12、3、7 层次之。

坝基岩体内裂隙发育，但都较短小，受层间和层内错动带限制，走向分散，一般延伸 2～3m，以陡倾角为主，缝面平直粗糙，微新岩体内嵌合紧密，无软弱物质充填，为刚性结构面。

坝基岩体属裂隙介质含水岩体，玄武岩含水系统主要受层间、层内错动带和节理裂隙系统控制，具脉状含水特点。420m 高程以下缓坡地带及河床部位高程 250～270m 以上，两岸水平深度 10～20m 以外，以透水率为 10～50Lu 的中等透水为主；420m 高程以下缓坡地带及河床部位高程 180～200m 以上，两岸水平深度 100～150m 以外，其透水率以1～10Lu 弱透水为主；弱透水区下部，其透水率以小于 1Lu 微透水为主。

3 灌浆试验的目的与主要内容

溪洛渡水电站规模巨大，拟建混凝土双曲拱坝高度大，泄洪流量大，坝区地震烈度高，大坝对坝基及两岸岩体质量要求较高，拱坝建基面在中高程以下全部置于微风化～新鲜岩体，中上部高程部分利用弱风化下段岩体。虽然玄武岩为坚硬岩类，强度高，但因受构造及风化卸荷作用，岩体的完整性受到不同程度的破坏，形成岩体质量的差异，尤其是层间、层内错动带及其影响带，工程地质性质较差，其承载力、变形模量和抗渗特性直接关系到大坝的安全，因此需要对其进行固结灌浆处理。

为了探索溪洛渡水电站坝区岩体固结灌浆的合理设计和施工参数，了解坝基弱风化下段岩体、层间层内构造错动带及节理裂隙系统经灌浆处理后的整体性、刚度和强度的提高幅度，以及相应的力学参数，为坝体建基面的确定和坝基处理提供依据，为进一步进行应力分析与拱坝体型优化奠定基础，特进行本次固结灌浆试验。

根据《溪洛渡水电站拱坝基础软弱岩带固结灌浆试验研究大纲》，经过灌浆试验后提高弱风化上段较破碎岩体、层内和层间错动带的整体性、刚度和强度，力求达到下列指标：

（1）岩体完整性系数 K_v、岩体声波纵波速度 V_p 和变形模量要求见表1。

（2）岩体透水率不大于3Lu。

表1　　岩体完整性系数、声波速度和变形模量指标表

项目 类别	K_v	V_p/(m/s)	变形模量/GPa			
			灌前		灌后	
			水平	垂直	水平	垂直
弱风化上段岩体	0.41～0.65	4000～5000	6～10	5～8	10～15	8～11
弱风化下段岩体	0.65～0.78	≥5000	9～15	7～11	15～23	11～17
错动带	0.30～0.40	3500～4000	0.8～2		6～9	

（3）抗剪强度指标（φ、c）得到改善，将作为工程上的安全储备。

（4）根据芯样分析裂隙中浆液充填情况，进一步研究论证灌后岩体作为拱坝基础的合理性、耐久性和可靠性。

一试区主要试验内容和工程量见表2。

表2　　一试区灌浆试验内容和工程量表

序号	项目	单位	工程量	备注
1	抬动观测孔钻孔安装及观测	m/次	60.0/130	2个孔，RT1孔、RT2孔
2	测试孔	m	277.37	5个孔，五点法压水3孔32试段
3	灌浆孔钻灌	m	611.21	13个孔，钻孔650.21m
4	检查孔钻孔	m	250.00	5个孔，五点法压水4孔36试段
5	压水试验	试段	198	其中灌浆孔简易压水130试段
6	劈裂压水试验	段/孔	2/2	R1孔、R3孔
7	破坏性压水试验	段/孔	2/1	RJ2孔
8	疲劳压水试验	段/孔	1/1	RJ1孔
9	灌前单孔声波测试	孔/m	5/217.20	RP1孔、RP2孔、RP3孔、RP4孔、RW孔
10	灌浆孔单孔声波测试	孔/m	2/94.00	R12孔、R13孔
11	灌后单孔声波测试	孔/m	5/245.21	RJ1孔、RJ2孔、RJ3孔、RJ4孔、RJ5孔
12	灌前对穿声波测试	组/m	3/83.00	4个孔
13	灌后对穿声波测试	组/m	4/245.21	5个孔
14	灌前钻孔综合测井	孔/m	5/277.37	RP1孔、RP2孔、RP3孔、RP4孔、RW孔
15	灌后钻孔综合测井	孔/m	5/250.00	RJ1孔、RJ2孔、RJ3孔、RJ4孔、RJ5孔
16	灌前钻孔弹模测试	测点	52	RP3孔33测点，RW孔19测点
17	灌后钻孔弹模测试	测点	60	RJ1、RJ2、RJ4孔分别26、11、23测点
18	灌前孔内电视录像	孔/m	1/50.00	RP4孔
19	灌后孔壁电视成像	孔/m	1/50.00	RJ2孔
20	PD63灌浆检测平硐开挖	m	75.40	
21	PD63平洞灌前变形测试	试点	3	水平试点1个，垂直试点2个

续表

序号	项　　目	单位	工程量	备　　注
22	PD63 平洞灌后变形测试	试点	3	水平试点 1 个，垂直试点 2 个
23	PD63 平洞灌后大剪试验	组	1	5 个试点
24	现场地质工作	项	1	
25	室内浆液试验	项	1	
26	岩样室内试验	项	1	

4　试区选择与钻孔布置

4.1　试区的确定

试验区的选择十分重要，应当遵循以下原则：

（1）试区地质条件具有代表性。试区岩体应与坝基基岩主要岩体相同，并且包含有主要的地质构造形态，有条件时应尽可能接近所处理的对象。

（2）便于施工。便于施工场地的布置，水、电、风、材料供应方便，交通条件和安全条件较好。

（3）便于测试。便于进行灌浆效果检测，包括实施钻挖竖井、平硐等大型检测项目。

4.2　被灌岩体地质特征

一试区位于右岸 PD45 平洞内，桩号 0＋060m 至 0＋070m，距洞口 60m，平台高程 409.10m。通过灌前测试孔取芯、压力试验、声波测试和钻孔孔内变模测试，进一步探明了被灌岩体的基本地质特征，见图 1。

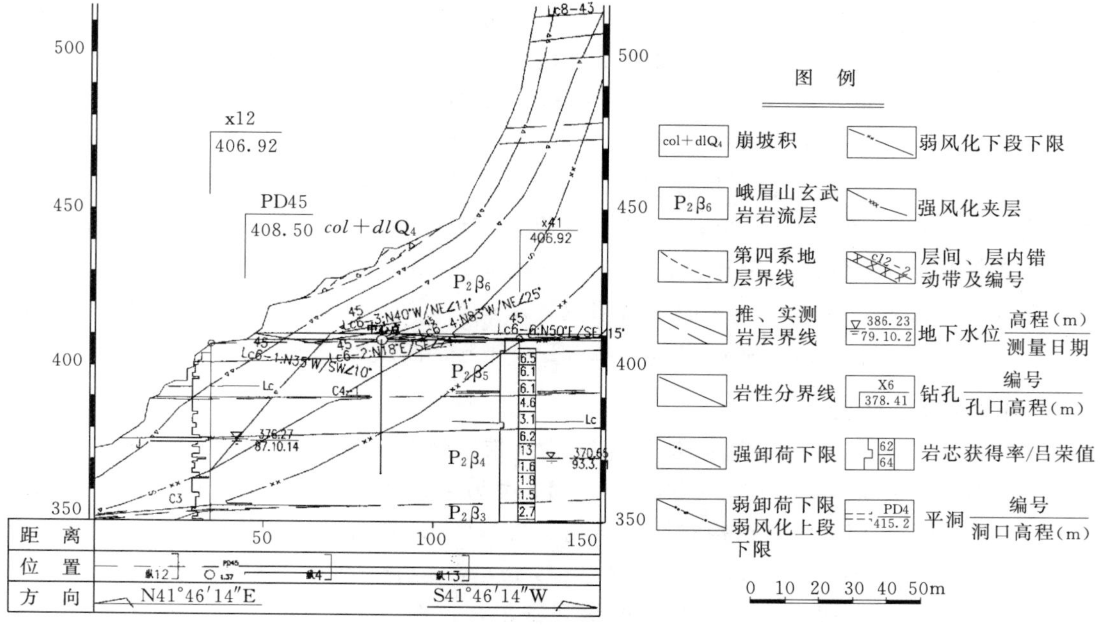

图 1　一试区灌浆平台及地质剖面图

(1) 0～0.3m 为混凝土盖板。

(2) 0.3～0.9m 为 $P_2\beta_6^1$ 斑状玄武岩，层间错动带 C_5 不明显。

(3) 0.9～6.1m 为 $P_2\beta_5^2$ 灰色杏仁状集块熔岩，Ⅱ类岩体，仅见 2～3 条陡倾角裂隙。声波 V_p＝5000～5800m/s，孔内变形模量 E_0＝25～37GPa。

(4) 6.1～20.0m 为 $P_2\beta_5^1$ 灰色致密状玄武岩，其中：①6.1～11.3m 为Ⅱ类岩体，块状结构，裂隙不发育，见少量陡缓倾角裂隙。声波 V_p＝5200～6000m/s，孔内变形模量 E_0＝25～37GPa，透水率 q＝4.8～7.6Lu，P-Q 曲线为 B 型；②11.3～20.0m 为Ⅲ$_1$类岩体，镶嵌结构，层内错动带 Lc 及缓倾角裂隙发育，一般可见 3 条 Lc 及 C_4，分布深度分别为 9.5～10.0m，12.5～13.0m、16.5～17.0m 和 18.5～19.5m（C_4），单条厚度 5～25cm，一般 5～10cm，Lc 多表现为缓倾角裂隙密集带，间距 0.5～2.0m 或者呈片状，裂面轻锈，为裂隙岩块型，局部为含屑角砾型，弱下风化，其两侧影响带为厚度 0.5～2.0m 的缓倾角裂隙密集带或缓倾角裂隙发育带；C_4 厚度 10～15cm，由1～3cm 大小的角砾组成，裂隙岩块型，弱下风化。Lc 声波 V_p＝1600～2000m/s，Lc 孔内变形模量 E_0＝2.0～4.7GPa，透水率 q＝9.8～27.0Lu，P-Q 曲线为 B 型或者 D 型。

(5) 20.0～28.5m 为 $P_2\beta_4^2$ 灰绿色角砾熔岩，Ⅲ1 类，块状结构，裂隙不发育，仅见 3～5 条陡倾角裂隙，显张性，裂面起伏粗糙，轻锈。声波 V_p＝4500～5300m/s，孔内变形模量 E_0＝19～37GPa，透水率 q＝11.0～16.0Lu、1.7～6.4Lu，P-Q 曲线为 B 型。

(6) 28.5～55.5m 为 $P_2\beta_4^1$ 灰色含斑玄武岩，其中：①28.5～36.0m 以Ⅲ1 类岩体为主，次块～块状结构，裂隙不发育，见少量陡缓倾角裂隙。声波 V_p＝5000～6000m/s，孔内变形模量 E_0＝25～36GPa，透水率 q＝2.3～6.4Lu、13.0～28.0Lu，P-Q 曲线为 B 型或 A 型。②36.0～44.5m 为Ⅲ$_1$类岩体，次块状结构，发育 1 条 Lc 及部分缓倾角裂隙，局部中陡倾角裂隙发育。声波 V_p = 5000 ～ 5500m/s，岩体孔内变形模量 E_0 = 16.0 ～ 36.0GPa，Lc 孔内变形模量 E_0＝3.1～4.2GPa，透水率 q＝24.0～36.0Lu，P-Q 曲线多为 B 型。③44.5～47.3m 为Ⅳ1 类，碎裂结构，Lc 及影响带，一般可见 2 条 Lc，分布深度分别为 45.5～46. m 和 46.5～47.0m，单条厚度 10～20cm，为浅褐色的片状角砾组成，局部可见 1cm 后的岩屑，含屑角砾型，弱上风化，其影响带为厚度 0.5～1.0m 的缓倾角裂隙密集带。Lc 声波 V_p＝1500～2000m/s，孔内变形模量 E_0＝1.3～3.0GPa，透水率q＝22.0～25.0Lu，P-Q 曲线为 B 型。④47.3m～55.5m 为Ⅱ类岩体，块状结构，裂隙不发育，见少量陡缓倾角裂隙，其裂面平直粗糙，新鲜，局部 49.0～50.0m 集中发育。声波 V_p＝5500～6000m/s，透水率 q＝0.26～2.3Lu，P-Q 曲线为 A 型。

4.3 试区岩体的代表性

试区平台位于陡壁脚向河床延伸的缓坡地带，埋深为地面以下 30～80m；岩体为 $P_2\beta_5$、$P_2\beta_4$ 层微新岩体，厚度 25～40m，以Ⅲ1 类为主，部分Ⅱ类，少量Ⅲ2、Ⅳ1 类，以次块状结构为主，部分块状结构和镶嵌结构。岩体中 Lc 及缓倾角裂隙较发育。上部 5 层中 Lc 及 C_4 的组成物质为片状角砾，大小 1～3cm，带宽 5～10cm，延伸短，一般可见 0.5～3.0m，多表现为间距 0.5～2.0cm 的缓裂密集带，颗粒级配较差，颗粒间或裂面无充填，结构较松弛，为裂隙岩块型，弱下风化；下部 4 层 Lc 规模较大，带宽10～30cm，延

伸长度大于 20m，组成物质为 0.5～2.0cm 的角砾，局部可见 1cm 厚的岩屑，以粗颗粒为主，细颗粒含量少，颗粒级配较差，颗粒间基本无充填，结构较松弛，为含屑角砾型，弱上风化。

地应力最大主应力 $\sigma_1 = 4 \sim 6$MPa；透水性中等，透水率多为 10～30Lu，埋深约为 50m。

上述岩体特征，尤其是层内、层间错动带规模、性状、埋深、地应力、透水率等与 410m 高程以下缓坡地带及河床坝基岩体的特征相似，代表中等～弱透水的弱风化岩体的地质条件，灌浆主要对 4、5 层层内和 4～5 层间错动带及弱风化岩体进行处理。

4.4 钻孔布置

考虑试验目的、被灌岩体地质地形条件、钻灌工艺和试验经费等因素，左右岸两个试区各采用一组 13 个灌浆孔的方格型布孔形式。这种形式不同的孔距较多，可以较少的工程量获得较多的试验资料。

一试区Ⅰ序灌浆孔孔距为 8.00m，Ⅱ序孔 4.00m，Ⅲ序孔 2.83m，见图 2。灌浆孔深度为 50.0m。抬动观测孔的深度为 30m。鉴于灌浆的主要对象是产状平缓的层间和层内错动带，故灌浆孔的孔向布置铅直向。根据灌浆和测试要求，测试孔和检查孔开孔孔径 91mm，终孔 76mm；灌浆孔开孔 91mm，终孔孔径 76mm。

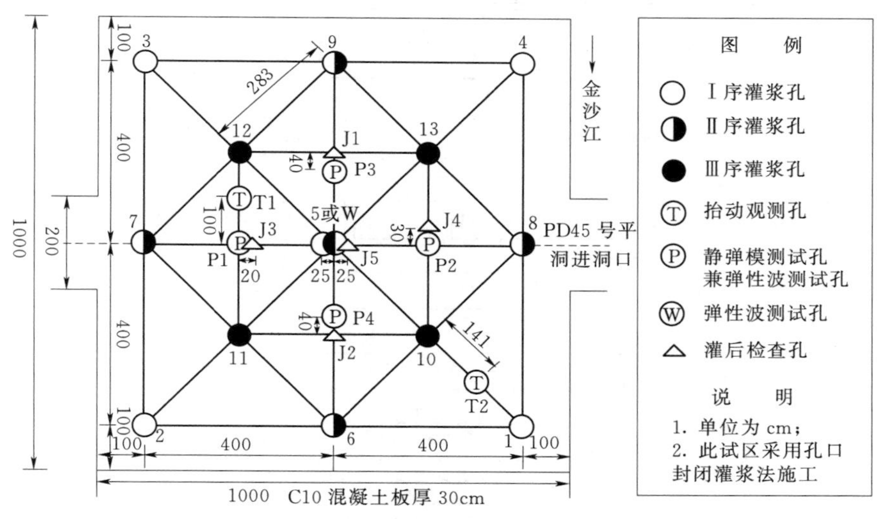

图 2 一试区钻孔布置图

5 灌浆材料与浆液

通过室内浆液试验确定，选用下列灌浆材料和浆液。

（1）普通水泥。42.5 级普通硅酸盐水泥。

（2）细水泥。由 42.5 级普通硅酸盐水泥进行湿磨而成，粒径为 25～45μm，平均粒径 38μm；52.5 级改性灌浆水泥，细度通过 30μm 筛余量为 0.80%。

（3）膨润土。钠质膨润土，指标达到石油行业标准（SY/T5060—1993）二级。

（4）高效减水剂，选用 UNF-5 型减水剂。

推荐使用的各类浆液配比见表 3。一试区 1 号孔～11 号孔使用 1 号普通水泥浆液灌注，12 号孔、13 号孔使用 3 号湿磨水泥浆液灌注。

表 3　　浆液及配合比表

灌注浆液	编号	浆液配合比
普通水泥浆液	1 号	水灰比 2∶1、1∶1、0.7∶1、0.5∶1 四级
稳定性浆液	2 号	水灰比 0.8∶1，并掺膨润土 1.0%，UNF－5 减水剂 0.5%
湿磨水泥浆液	3 号	水灰比 2∶1、1∶1、0.6∶1 三级，并掺 UNF－5 减水剂 0.4%
改性灌浆水泥浆液	4 号	水灰比 2∶1、1∶1、0.6∶1 三级，并掺 UNF－5 减水剂 0.4%

注　2 号配合比要根据膨润土和减水剂的种类通过试验进行调整；3 号配合比要根据湿磨机的不同而有所改变。在实际试验施工中根据情况略有调整。

6　灌浆方法与工艺

（1）施工程序。本次试验的各项主要工作程序见图 3。

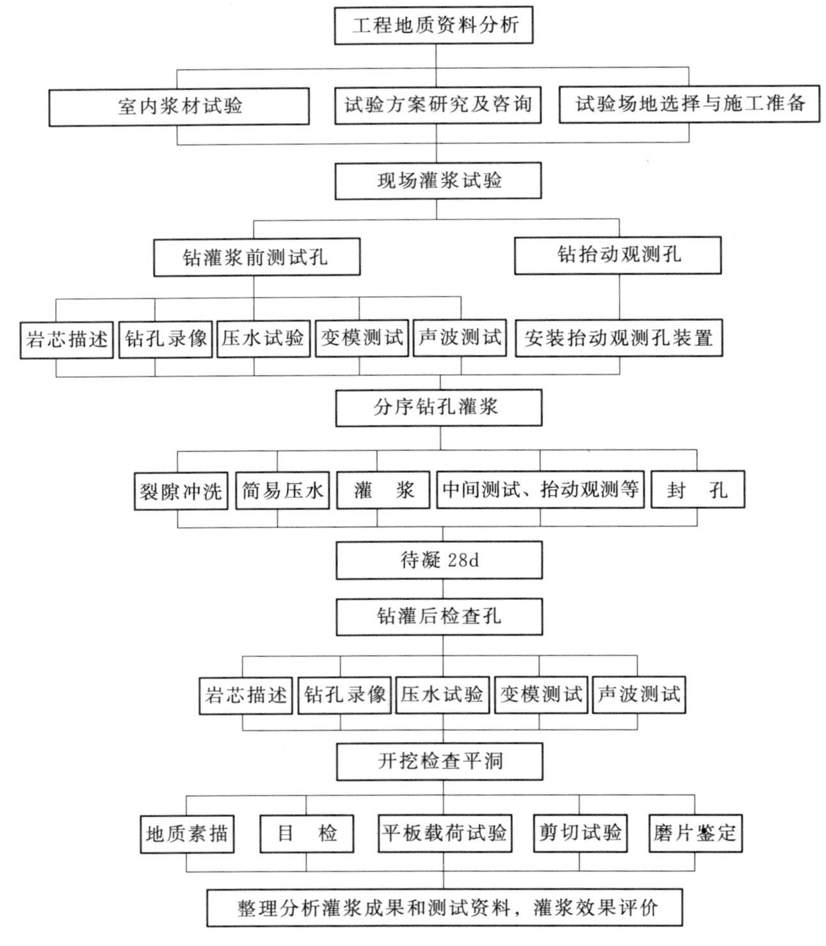

图 3　灌浆试验工作程序

（2）灌浆方法。为了比较自上而下和自下而上两种灌浆法在溪洛渡工程中的适用性，在一试区所有灌浆孔采用孔口封闭灌浆法，在二试区部分孔采用自下而上纯压式灌浆法。

（3）抬动监测。为观测在压水、灌浆过程中可能引起的岩体变形，每个试区布置2个抬动观测孔，安装抬动观测装置。又在每个试区设置了3个水准点，使用NI002双摆自动安平水准仪定期测量抬动监测点的高程，获得地面在灌浆前后的累计抬动值。一试区共进行了3次测量，地面抬动累计为0.71～3.86mm。

（4）钻孔。为了比较回转式岩芯钻机与冲击钻机的工效和其钻孔方法对灌浆的影响，在两个试区的测试孔和检查孔以及一试区的灌浆孔采用XY-2型回转钻机金刚石钻头清水钻进，抬动孔和二试区的灌浆孔采用XY-2型钻机配备风动潜孔锤钻进。

（5）裂隙冲洗。灌浆段钻孔完毕后，使用大流量水流进行钻孔冲洗。各灌浆孔段在灌浆前进行压水裂隙冲洗，冲洗压力采用灌浆压力的80%，并不大于1MPa，冲洗时间为回水清澈后延续10min。

为试验强化裂隙冲洗效果二试区部分孔段采用了风水联合冲洗，水压力为该段灌浆压力的80%，风压力为0.2～0.4MPa，冲洗时间不少于30min。

（6）压水试验。部分测试孔和检查孔进行五点法压水试验。各灌浆孔段在灌浆前进行简易压水试验。为了解层间层内错动带或裂隙的临界压力，为合理选择灌浆压力提供依据，灌前选择2个孔段进行劈裂压水试验，求出岩体的水力劈裂压力。见表4和图4。从中可见，岩体劈裂压力为0.5～3.0MPa，大小主要与岩体完整性和结构面的类型有关。

表4　灌前劈裂压水试验情况表

孔号	试验深度/m	劈裂压力/MPa	对应流量/(L/min)	对应透水率/Lu	最大压力/MPa	地质情况
R1	7.87～13.00	2.36	63.5	5.24	2.96	弱下风化含屑角砾型灰色致密状玄武岩，缓倾角裂隙密集带和Lc及其影响带，少量陡裂
R3	23.00～28.00	1.00	1.6	0.32	3.50	灰绿色较完整角砾集块熔岩，仅见3～5条陡倾角裂隙

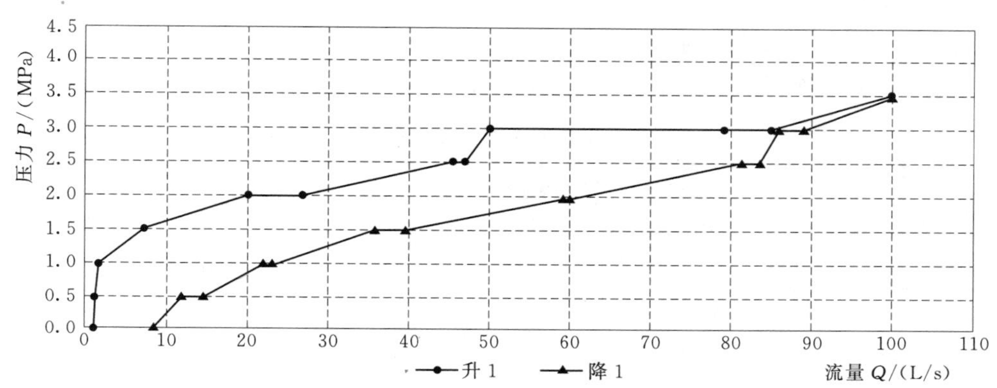

图4　R3号灌浆孔（23～28m）灌前劈裂压水试验曲线

(7) 灌浆段长与灌浆压力。根据灌前劈裂压水试验的结果，确保在灌浆压力下岩体能够发生一定程度的劈裂作用，一试区灌浆孔的第3灌段的灌浆压力确定为3.0MPa；以下增加至5.0MPa、5.5MPa。见表5。

表5　　灌浆段长及相应灌浆压力表

灌浆段次		1	2	3	4	5段及以下
段长/m		2.0	3.0	5.0	5.0	5.0
灌浆压力/MPa	Ⅰ序	1.0	2.0	3.0	5.0	5.0
	Ⅱ、Ⅲ序	1.0	2.0	3.0	5.5	5.5

(8) 浆液变换。本次灌浆试验浆液变换原则如下：

1) 采用孔口封闭灌浆法施工的灌浆孔，采用2∶1浆液开灌，按灌浆规范规定变浆。

2) 采用自下而上灌浆法施工的灌浆孔采用单一的稳定性浆液灌注，一般不变浆。

3) 当灌浆段湿磨浆液注入量已达900L，且注入率大于15L/min时，则改灌普通水泥浆。

4) 在灌注一试区Ⅰ序孔时，发现大部分灌浆段由水灰比1∶1变换到0.7∶1（或0.7∶1变换到0.5∶1）后，吸浆量明显减少，有些出现突变，并很快达到灌浆结束条件。因此，Ⅱ、Ⅲ序孔灌浆时，改为灌注水灰比1∶1（或0.7∶1）的浆达1500L时，且灌浆压力和注入率均无改变或改变不显著时，方可改浓一级水灰比。

(9) 灌浆结束条件。采用孔口封闭法灌浆时，在设计灌浆压力下，注入率不大于1L/min时，延续灌注时间不少于60min结束。灌浆结束后一般不待凝。耗浆量很大的地段，待凝16～24h。

压水试验及灌浆过程使用中国水电基础局科研所与天津大学自动化系研制的J31-D型多路灌浆监测系统监测及记录。

7　施工成果资料及分析

7.1　主要施工成果

灌浆试验获得了大量的原始数据及成果资料，一试区灌浆主要施工成果见表6，灌浆综合剖面图见图5，各次序孔单位注入率频率曲线见图6，各次序孔透水率频率曲线见图7。

表6　　一试区灌浆主要施工成果表

灌浆次序	孔数	灌浆长度/m	注入水泥/kg	单位注灰量/(kg/m)	平均透水率/Lu	透水率区间和平均值/Lu					
						总段数	≤1	1～3	3～10	10～100	>100
							段数/频率/%				
Ⅰ	4	188.00	101571	540.3	303.4	40	2/5	8/20	5/12	15/38	10/25
Ⅱ	5	235.10	24991	106.3	9.3	50	29/58	6/12	7/14	7/14	1/2
Ⅲ	4	188.11	9368	49.8	0.3	40	36/90	3/8	1/2	0/0	0/0
合计	13	611.21	135930	222.4	—	130	67/51	17/13	13/10	22/17	11/9

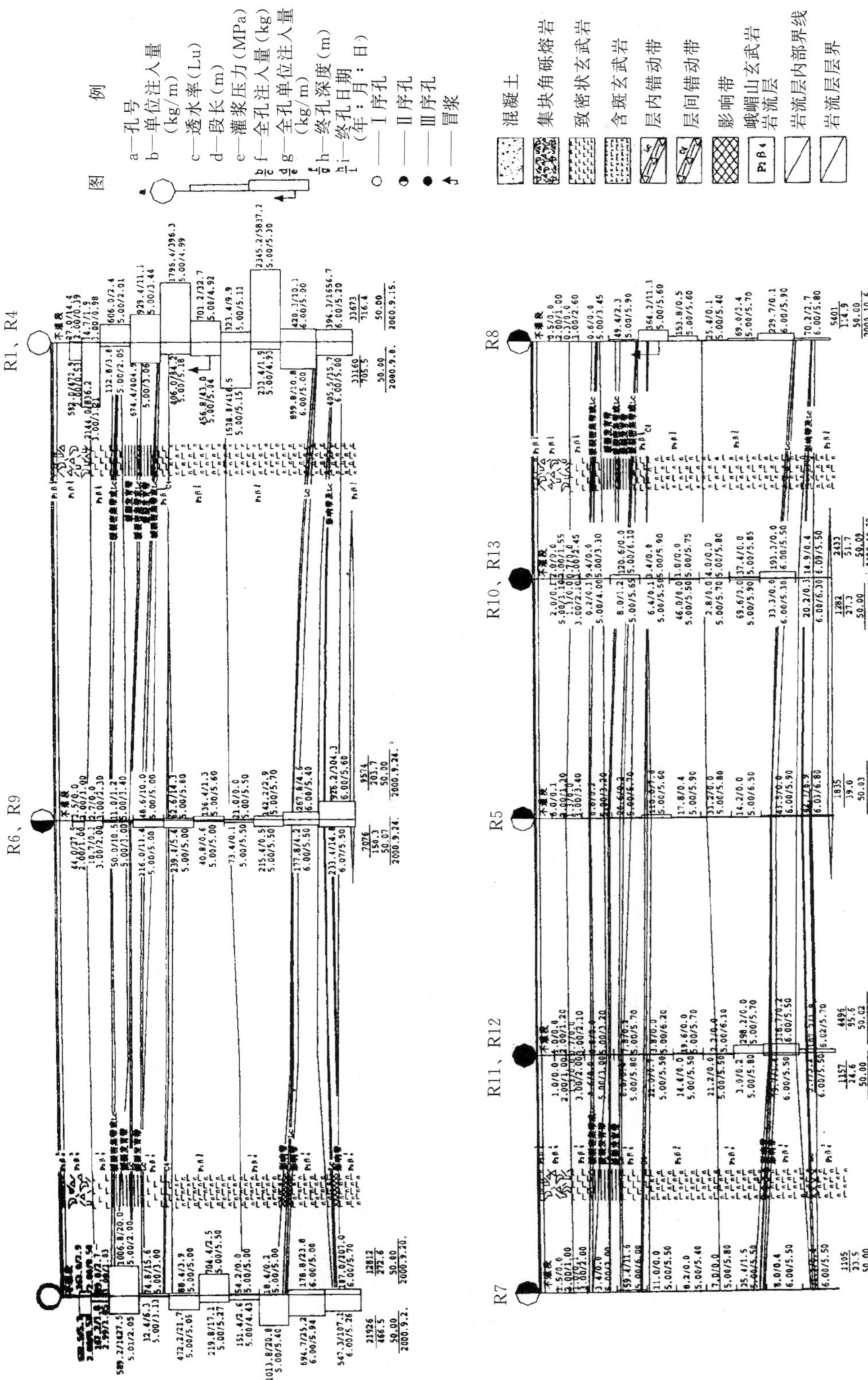

图5 一试区灌浆综合剖面图

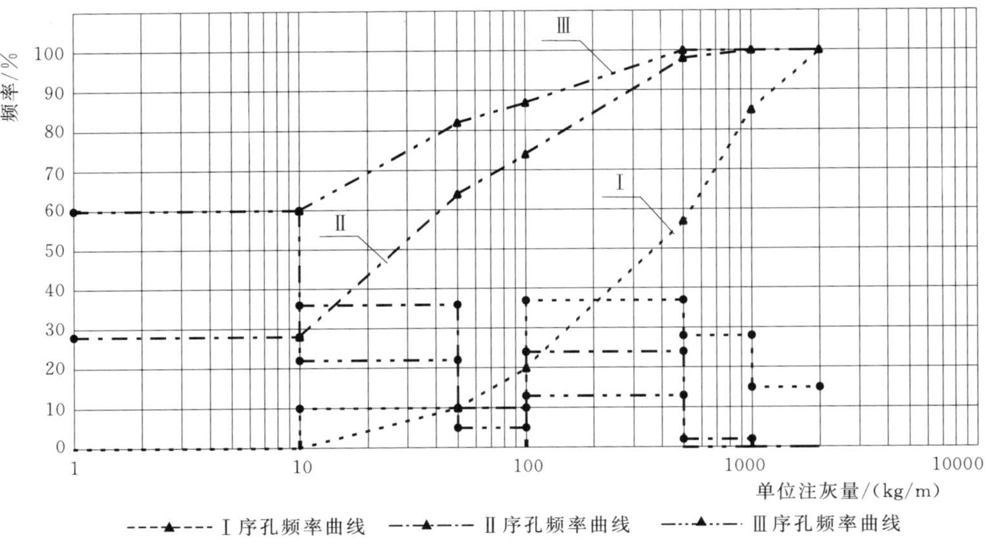

图 6 一试区各次序孔单位注灰量频率曲线图

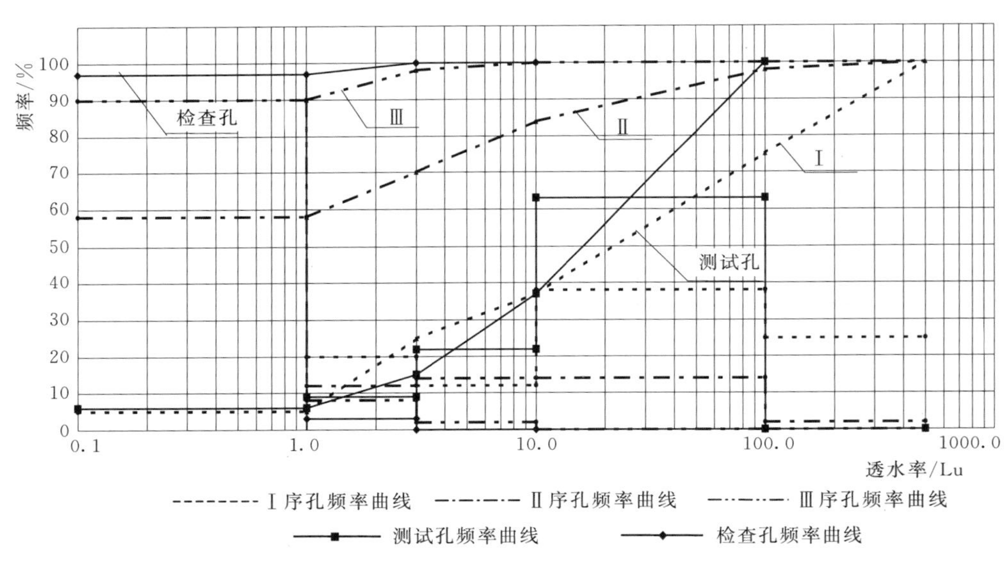

图 7 各序孔透水率频率曲线图

7.2 水泥注入量及分析

7.2.1 各序孔单位注入量明显递减

从表 6、图 4、图 5 可见，一试区平均单位注入量达到 222.4kg/m，总体可灌性较好，使用普通水泥浆液可达到灌浆目的。各次序孔的单位注灰量随灌浆次序增加而递减，Ⅱ序孔比Ⅰ序孔递减 80.3%，Ⅲ序孔比Ⅱ序孔递减 53.2%，Ⅲ序孔比Ⅰ序孔递减 90.8%；各次序孔中单位注灰量≤50kg/m 的频率也随灌浆次序的增进而迅速递增。表明错动带贯通性较好，在Ⅰ序孔灌浆后，便充填了一定的水泥且延伸较远，如Ⅱ序孔 R5 孔施工时在深

45.00m～46.65m 处的 Lc 中发现了厚 1～2mm 水泥结石。随灌浆次序的增进，对连通性较差，延伸较短的错动带及影响带和节理裂隙进一步灌注，从而使不同岩体结构（面）得到改善，灌浆效果明显。

7.2.2 岩体结构面是主要受浆层

分别统计各次序孔中错动带 Lc、C 及影响带或破碎带（Ⅳ1 类）、陡缓裂发育段（Ⅲ2 类）、较完整岩体（Ⅲ1 类）、完整岩体（Ⅱ类）所在灌浆段的平均单位注灰量见表 7。

表 7　岩体结构（面）所在灌浆段平均单位注灰量统计表

孔序	单位注灰量/(kg/m)	岩体结构所在灌浆段平均单位注灰量/(kg/m)					
		错动带 Lc、C	Ⅳ1	Ⅲ2		Ⅲ1	Ⅱ
				陡裂带	缓裂带		
Ⅰ	540.3	459.2	985.9	627.9	437.9	338.7	20.8
Ⅱ	106.3	128.9	117.8	59.9	229.7	31.6	10.4
Ⅲ	49.8	56.8	55.1	57.8	17.1	10.1	1.2

从表 7 可见，Ⅰ序孔中Ⅳ1 类岩体单位注灰量最大，达 985.9kg/m，其次为 Lc、C 及Ⅲ2 类岩体，再次为Ⅲ1 类岩体，而完整岩体几乎不可灌入；Ⅱ、Ⅲ序孔单位注灰量分布情况同上规律。层间、层内错动带及其影响带是主要的吸浆结构面，可灌性好，可改造性最佳。图 5 也直观地反映了这一规律。

8 灌浆效果的检查及分析

为了准确评价灌浆效果，灌前、灌后对岩体进行了多项测试，取得了大量的资料，其主要部分归纳分析如下。

8.1 岩体透水率检查及分析

8.1.1 常规压水试验

灌前测试孔、灌后检查孔压水试验成果见表 8，各序孔透水率频率曲线见图 7。从中可见，岩体的透水率按孔序递减明显，经过三个次序灌浆，一试区灌后平均透水率为 0.07Lu。仅有 RJ5 号检查孔最后一段透水率为 1.2Lu，但其孔深已超过了灌浆孔深。

表 8　测试孔和检查孔透水率频率统计表

灌浆次序	孔数	总段数	平均透水率/Lu	透水率区间/Lu				
				≤1	1～3	3～10	10～100	>100
				段数/频率/%				
测试孔	4	32	16.41	2/6	3/9	7/22	20/63	0/0
检查孔	4	36	0.07	35/97	1/3	0/0	0/0	0/0

8.1.2 疲劳压水试验

在检查孔常规压水试验之后，选择 RJ1 号孔 40.00～47.00m 段进行疲劳压水试验，试验压力为：0→0.5→1.0→2.0→2.3（设计水头为 230m）→3.5MPa（1.52 倍设计水

头）。压水流量由灌浆记录仪记录，压力由手工记录。

RJ1 号孔疲劳压水自 2000 年 12 月 20 日 10：55 开始，25 日 16：09 结束，历时 125h，其间因系统停电中断 1h43min。压力稳定在 2.3MPa 时，持续 25h，其后将压力升高并稳定在 3.5MPa 时，持续 96h，流量在 34.0L/min 左右，透水率在 1.39Lu 左右，最后分别降压至 2.5MPa 和 1.0MPa 时分别压水 2h，见图 8。

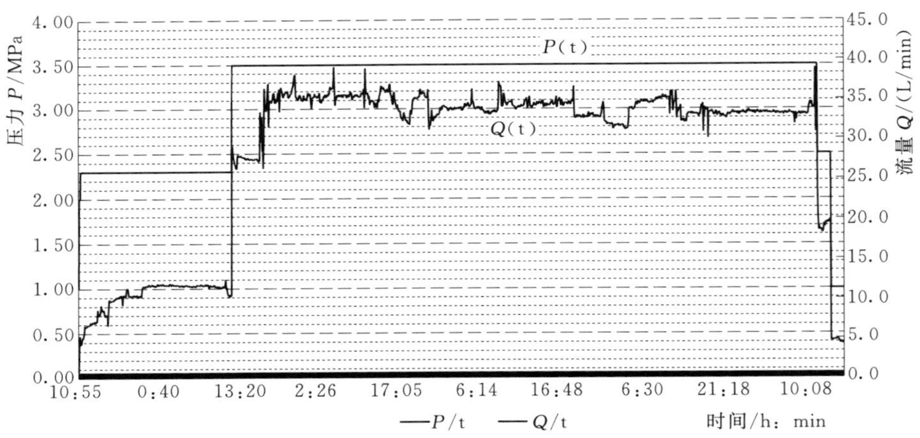

图 8　RJ1 号检查孔（40～47m）疲劳压水试验过程图

从图 8 可见，在 1 倍的水头（2.3MPa）下，岩体渗流量在 10.4L/min 左右，透水率 0.65Lu 左右；在 1.5 倍的水头（3.5MPa）下，岩体渗流量在 33.7L/min 左右，透水率 1.39Lu 左右。表明一试区岩体通过灌浆后，可承受设计高水头的作用，而不发生疲劳破坏。

8.1.3　破坏性压水试验

为了了解层间层内错动带或裂隙经过灌浆后所能承受的极限压力，选择了 2 个孔段进行破坏性压水试验，当达到某级压力出现漏水量突变或剧增时，再逐步降压，观测压力、漏水量变化规律，进行了 3 个循环。

RJ2 号检查孔破坏性压水试验段位置为 9.00～14.00m，此段内含有缓裂密集带和 Lc 及其影响带，还有 3 条陡裂，属于弱下风化含屑角砾型岩体。试验于 2000 年 12 月 31 日 0：10开始，自 1.0MPa 开始按 1.0MPa 逐级升压，每级压力持续 10min，升压至 3.0MPa 后按 0.5MPa 逐级升压，最大压力为 4.50MPa，相应流量为 51.4L/min，透水率为 2.28Lu，由此再逐级降压至 1.0MPa，持续三个循环，于 31 日 6：00 结束。从压力—流量曲线图中可看出该孔段处的劈裂压力约为 3.0MPa，相应流量为 4.4L/min，透水率 0.29Lu。

RJ2 号检查孔破坏性压水试验段位置为 42.50～44.50m，此段内 Lc 和缓倾角裂隙发育，属于弱上风化含屑角砾型岩体。试验于 2000 年 12 月 30 日 13：42 开始，自 0.5MPa 始按 0.5MPa 逐级升压，每级压力持续 10min，最大压力为 4.70MPa，相应流量为 50.7L/min，透水率为 5.39Lu，由此再逐级降压至 0.5MPa，持续三个循环，于 30 日 20：49结束。从压力—流量曲线图中可看出该孔段处的劈裂压力约为 2.5MPa，相应流量

为 0.7L/min，透水率 0.14Lu，见图 9。

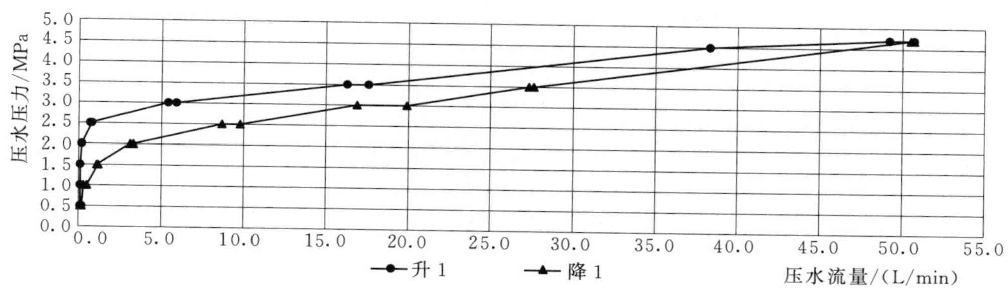

图 9　RJ2 号检查孔（42.50～44.50m）破坏性压水试验曲线图

灌浆前后劈裂压水试验成果对比见表 9。从表中可见，灌前一试区劈裂压力分别为 1.0MPa 和 2.36MPa，对应透水率分别为 0.32Lu 和 5.24Lu，灌后劈裂压力分别为 2.5MPa 和 3.0MPa，对应的透水率分别为 0.14Lu 和 0.29Lu，灌浆取得了明显效果，提高了岩体的密实性、不透水性和承受水力梯度的能力。

表 9　　灌前灌后劈裂压水试验情况表

时　间	孔　号	试验深度/m	劈裂压力/MPa	对应流量/(L/min)	对应透水率/Lu
灌前	R1	7.87～13.0	2.36	63.5	5.24
	R3	23.0～28.0	1.00	1.6	0.32
灌后	RJ2	9.0～14.0	3.00	4.4	0.29
	RJ2	42.5～44.5	2.50	0.7	0.14

8.2　岩芯及平硐检查，水泥结石充填情况分析

一试区Ⅱ、Ⅲ序孔和检查孔都要采取岩芯，灌浆完成后在下面高程约 394.5m 的平洞 PD63 中开挖了一条穿过被灌岩体的检查支洞。灌浆孔和检查孔均要进行岩心描述和绘制钻孔柱状图。其中检查孔芯样中观察到的水泥充填情况见表 10。

表 10　　检查孔芯样水泥结石充填情况表

孔号	水泥结石充填情况	
	Lc、C 及影响带	随　机　裂　隙
RJ1	9.7～9.8m、9.50m 处缓裂见 0.5～1mm 水泥结石；13.53～14.78m 处 Lc 及影响带内见少量水泥膜；17.95～18.50m 处 C_4 中见 1～2mm 水泥结石；45.50～46.83mLc 及影响带陡裂面见水泥膜	22.23m 陡裂、24.25m 处中裂中见水泥膜；24.9m 处陡裂中见厚 1～2mm 水泥结石；26.7m 处缓裂中见 1mm 厚水泥结石；29.9～32.3m、33.0～33.2m、34.75～35.2m、38.0m 处陡裂见水泥膜；37.2～38.1m4 条中陡裂见 1mm 厚水泥结石；39.1m、39.5～40.0m 中陡裂见 1～2mm 厚水泥结石；41.97～42.40m 处陡裂见水泥膜
RJ2	9.78～10.0mLc 中见 1～2mm 水泥结石；14.64～14.85mLc 中见 3～7mm 水泥结石；20.4～20.5m 中裂见 0.5mm 水泥结石；44.0～46.4mLc 及影响带见 2～6mm 水泥结石	4.2～5.5m 处 3 条中裂、6.7m、8.0m 陡裂、11.5m 处 2 条缓裂和 22m、22.8m 处陡裂面见水泥膜；23.4m 处中裂见 3mm 水泥结石；33.4m、39.6m 处中裂见 1mm 水泥结石；37.2m、39.8m 中裂见水泥膜；38.3～38.4m 处 3 条陡裂见 1～3mm 水泥结石；39.6m 中裂见 3mm 厚水泥结石

续表

孔号	水泥结石充填情况	
	Lc、C及影响带	随机裂隙
RJ3	13.9～14.2mLc中见厚1～2mm水泥结石；近Lc深13.5m处缓裂见水泥膜；18.15～18.55m处的C_4中见1.5cm～5cm厚水泥结石；19.1m～19.2m中裂见4条水泥膜	3.7m、5.75m、7.5～7.8m陡裂面见水泥膜；11.8m中裂见1mm水泥结石；12.3～13.2m处3条陡裂见水泥膜，一条陡裂见2mm水泥结石；20.0m中裂见1cm水泥结石，22.25m处缓裂见3mm水泥结石；25.0m处中裂见1mm水泥结石；30.65～31.37m处3条陡裂见水泥膜；33.0m陡裂见1～2mm水泥结石；37.15m处2条缓裂见水泥膜；37.8m、38.3m、38.6m、38.9m处陡裂见1～3mm水泥结石；41.1m、43.3m中裂见水泥膜
RJ4	1.22～13.20m、15.4～16.04m、16.10m、20.50m处的Lc充填1mm厚水泥结石；41.0～41.48m破碎带见1～1.5mm水泥结石；42.22～43.32m处Lc充填1mm厚水泥结石；44.8～46.7m处Lc充填厚1mm水泥结石；49.85～49.95m处Lc充填厚1～2mm水泥结石	1.50m、3.90m、12.00m陡裂、17.80m缓裂见1mm厚水泥结石；20.60～20.70m处5条中裂见厚1～2mm水泥结石；22.10m、22.20m、22.50m、22.80m4处见厚1～4mm水泥结石；24.4m缓裂、25.4m处2条陡裂、25.6m中裂见厚1mm水泥结石；26.0～26.8m有7处见厚1～2mm水泥结石；28.40m陡裂见水泥膜；29.40m、29.70m、31.10m陡裂见1～4mm厚水泥结石；32.20m处2条中裂见2条厚2mm水泥结石；35.30m陡裂和36.25m处2条缓裂见厚1～2mm水泥结石；36.6m处陡裂、37.1～37.2m处3条中裂、39.0m处缓裂、39.35～39.50m处3条中裂和42.2m处2条中裂以及47.80m、47.90m、49.20m处3条中裂见1mm水泥结石

从表10及相关资料可见：

（1）岩芯中水泥结石随灌浆次序的增加而增多，Ⅱ、Ⅲ序灌浆孔中的水泥结石主要出现在部分层间、层内错动带及其影响带中，其厚度一般为1～5mm，局部可见0.5～3cm的水泥团块，少量充填在远离错动带的中陡倾角的裂隙中，且多以水泥膜的形式出现。

（2）检查孔内层间、层内错动带及其影响带一般均可见水泥结石或水泥膜，少量Lc中见水泥胶结紧密的角砾，岩芯呈柱状；轻度～中度锈侵蚀的中陡倾角裂隙中也多见水泥结石，但多呈水泥膜的形式，部分厚0.5～2mm。

（3）从钻孔柱状图中可看出，检查孔中随机裂隙（指Lc及其影响带以外的裂隙）有656条，其中147条裂隙被水泥结石充填，占22.41%。

从检查支洞中可以看出：一试区灌浆检查支洞揭露高程394.5m～397.0m范围内Lc发育的灌浆岩体。可见水泥浆主要沿Lc影响带裂隙面渗入，并多沿错动带顶底面充填而形成厚约1mm断续薄膜的水泥结石；有一定宽度的陡裂也可见少量水泥结石或水泥膜；而延伸短小、闭合的裂隙一般未见水泥结石。在洞顶可见R6号灌浆孔（孔深约12.1m）处有3条裂隙以R6号灌浆孔为中心向外辐射，裂隙中均有0.5～5mm的水泥结石，其中1条向下游水平延伸6.5m的裂隙，被水泥充填长度达6m；在高程393m处有一条层内错动带，其中被水泥充填紧密，水泥结石厚度2～5mm。灌后裂隙岩块型错动带强度试验5个试墩中，仅2个试墩剪切面上局部附有灰白色水泥薄膜。总之，一试区错动带的密实性较差，裂隙中无充填物；注灰量与岩体结构（面）关系密切；层间、层内错动带及其影响带为主要吸浆结构面，可灌性好；节理裂隙系统为次要吸浆结构面，可灌性较好。

8.3 岩体声波测试及分析

8.3.1 岩体声波测试成果

本次灌浆试验采用了单孔一发双收和双孔对穿两种测试方法，在无套管有水耦合的钻孔中进行，沿孔深每隔20cm进行一次数据采集。双孔对穿声波在灌前测试孔和灌后检查孔中进行，单孔声波除在灌前测试孔和灌后检查孔中进行外，还在部分Ⅱ、Ⅲ序孔中进行。

鉴于本次灌浆加固试验的对象是层间层内错动带（结构面）及其影响带，因此按不同处理对象分别统计灌前灌后波速的变化，见表11、表12和图10。从这些图表中可见：

表11　一试区灌浆前后声波速度均值对比表　单位：m/s

类型		平均值	最大值	最小值	标准差	大值平均	小值平均	备注
单孔	灌前	5269	6410	1453	978	5815	4272	测点955
	灌后	5425	6579	2907	520	5762	4927	测点957
	提高	3.0%	2.6%	100.1%	−46.8%	−0.9%	15.3%	
对穿	灌前	5458	6233	2239	675	5803	4880	测点413
	灌后	5593	6345	4211	320	5820	5301	测点969
	提高	2.5%	1.8%	88.1%	−52.6%	0.3%	8.6%	
Ⅱ	灌前	5554	6410	2016	862	5957	4685	单孔测试
	灌后	5647	6579	3571	466	5921	5205	
	提高	1.7%	2.6%	7.7%	−45.9%	−0.6%	11.1%	
Ⅲ1	灌前	5202	6410	1453	1013	5761	4095	
	灌后	5399	6410	2907	505	5742	4939	
	提高	3.8%	0	100.1%	−50.1%	−0.3%	20.6%	
Ⅲ2	灌前	4573	6098	1736	1154	5294	3288	
	灌后	4944	6250	2907	602	5404	4457	
	提高	8.1%	2.5%	67.45%	−47.8%	2.1%	35.6%	
Ⅳ1	灌前	3504	5952	1453	1277	4522	2379	
	灌后	4664	6098	3289	891	5389	3874	
	提高	33.1%	2.5%	126.4%	−30.2%	19.2%	62.8%	
结构面	灌前	2630	4630	1453	935	3507	1899	
	灌后	4168	5000	2907	534	4539	3663	
	提高	58.5%	8.0%	100.1%	−42.9%	29.4%	92.9%	

表12　一试区灌浆前后声波速度分布对比表

类型		波速分布/%					备注
		≤3500m/s	3500～4000m/s	4000～4500m/s	4500～5000m/s	≥5000m/s	
单孔	灌前	7.64	2.41	4.08	10.89	74.97	
	灌后	0.42	1.15	3.34	11.81	83.28	
	提高/%	−94.5	−52.3	−18.1	8.4	11.1	

续表

类型		波速分布/%					备注
		≤3500m/s	3500～4000m/s	4000～4500m/s	4500～5000m/s	≥5000m/s	
对穿	灌前	3.63	2.42	1.45	3.63	88.86	
	灌后	0.0	0.0	0.10	3.82	96.08	
	提高/%	-100.0	-100.0	-93.1	5.2	8.1	
Ⅱ	灌前	5.0	0.56	0.56	5.00	88.89	单孔测试
	灌后	0.0	1.08	1.61	4.84	92.47	
	提高/%	-100.0	92.9	187.5	-3.2	4.0	
Ⅲ1	灌前	8.73	2.78	4.63	11.90	71.96	
	灌后	0.46	0.81	3.83	12.06	82.83	
	提高/%	-94.7	-70.9	-17.3	1.3	15.1	
Ⅲ2	灌前	21.35	3.37	5.62	20.22	49.44	
	灌后	1.39	5.56	9.72	31.94	51.39	
	提高/%	-93.4	65.0	76.5	58.0	3.9	
Ⅳ1	灌前	47.50	17.50	12.50	10.00	12.50	
	灌后	13.04	17.39	17.39	17.39	34.78	
	提高/%	-72.5	-0.6	39.1	73.9	178.2	
结构面	灌前	77.27	13.64	4.55	4.55	0.0	
	灌后	15.38	15.38	42.31	19.23	7.69	
	提高/%	-80.1	34.8	829.9	322.6	—	

（1）层间层内错动带及其影响带、岩体破碎带经过灌浆加固处理后，其波速均有所提高。波速提高的幅度与岩性、结构面的性质有关，一般灌前波速越高，灌后波速提高幅度越低；灌前波速越低，灌后波速提高幅度越高。当灌前波速达到某个临界值时，灌后波速基本不提高。一试区波速临界值约为5000m/s。

（2）灌浆后岩体的波速平均值提高的幅度不大，但波速分布区间值的百分比变化较大，表明灌浆对完整性差的岩体改善好，对完整性好的岩体作用较小。

（3）灌前波速最大值与最小值的相差幅度较大，表示岩体结构具有很大差异，灌后波速大小相差幅度下降很多，表明通过灌浆改善了岩体的均一性。

（4）一试区的层内层间错动带及其影响带、岩体破碎带的灌前单孔平均波速分别为2630m/s、3504m/s和4573m/s，其灌后单孔平均波速分别为4168m/s、4664m/s和4944m/s，分别提高了58.5%、33.1%和8.1%，表明灌浆对与本试区地质条件、结构和性状相似的层内错动带及其影响带、岩体破碎带具有很好的改善作用。

（5）一试区灌后岩体的单孔波速大于4000m/s的频率达98.43%，大于4500m/s的频率达到95.09%，并且层内层间错动带及其影响带、岩体破碎带的单孔波速平均值大于4150m/s，表明层间层内错动带及其影响带、破碎带灌后完整性达到较高程度。

（6）根据灌浆后声波速度变化率判断，层间层内错动带和破碎带的灌浆效果好于完

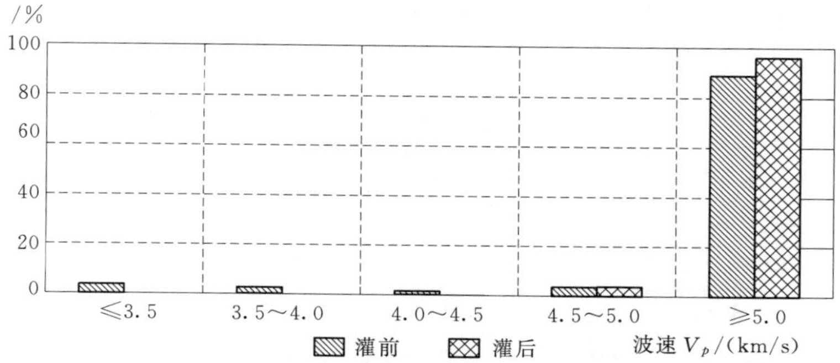

(a) 一试区灌浆前后对穿平均波速分布图

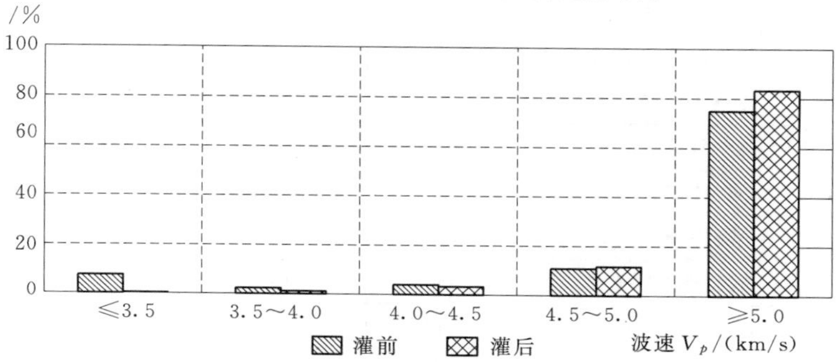

(b) 一试区灌浆前后单孔平均波速分布图

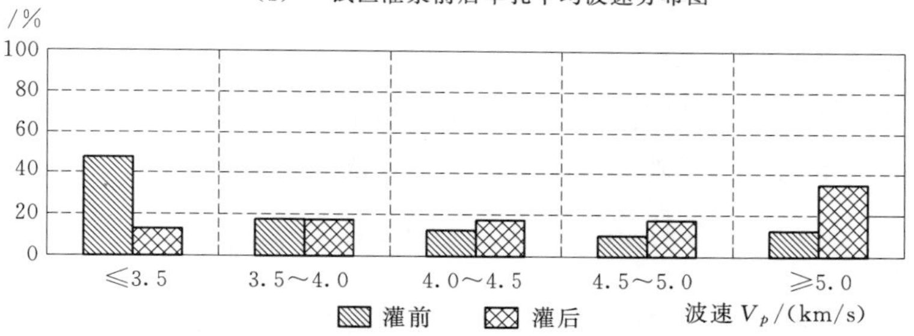

(c) 一试区灌浆前后单孔Ⅳ1类岩体波速分布图

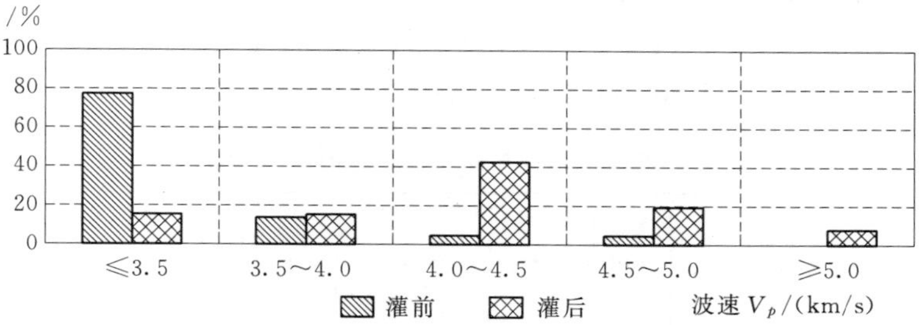

(d) 一试区灌浆前后单孔结构面波速分布图

图10 一试区灌浆前后波速分布图

整、较完整岩体。

8.3.2 岩体完整性系数

根据灌前、灌后岩体声波测试成果，计算出岩体的完整性系数见表13，从表中可见，一试区灌后陡缓裂隙带（Ⅲ2类）岩体的完整性系数为0.62～0.79，影响带或破碎带（Ⅳ

1类）岩体的完整性系数为0.55～0.70，层间层内错动带（结构面）的岩体完整性系数为0.44～0.56，达到了设计要求。

表13 岩体完整性系数

项目		含斑玄武岩	斑状玄武岩	致密状玄武岩	角砾集块熔岩
岩块声波速度/(m/s)		6275.6	6201.5	5560.0	5893.0
岩体平均波速/(m/s)		5425	5425	5425	5425
岩体完整性系数 K_v		0.75	0.77	0.95	0.85
Ⅱ类	岩体波速/(m/s)	5647	5647	5647	5647
	完整性系数 K_v	0.81	0.83	1.00	0.92
Ⅲ1类	岩体波速/(m/s)	5399	5399	5399	5399
	完整性系数 K_v	0.74	0.76	0.94	0.84
Ⅲ2类	岩体波速/(m/s)	4944	4944	4944	4944
	完整性系数 K_v	0.62	0.64	0.79	0.70
Ⅳ1类	岩体波速/(m/s)	4664	4664	4664	4664
	完整性系数 K_v	0.55	0.57	0.70	0.63
结构面	岩体波速/(m/s)	4168	4168	4168	4168
	完整性系数 K_v	0.44	0.45	0.56	0.50

8.4 岩体变形模量测试及分析

为了解坝基岩体，尤其是层间层内错动带及其影响带经灌浆加固处理后的变形参数，为大坝建基面的确定、坝基基础处理设计提供定量依据，进行了钻孔孔内变模测试和平板载荷试验。

8.4.1 钻孔变模

钻孔变模测试是在灌前测试孔和灌后检查孔内进行的，测试仪器是日本OYO－200型钻孔压力计。本次灌浆加固试验研究的重点之一是层间层内错动带及其影响带、岩体破碎带的变形特性。表14为按不同处理对象分别统计的孔内变模测试成果，从表中可见：一试区灌后岩体的钻孔变模平均值都有提高，其中层间层内错动带提高较大，达78.7%。

表14 一试区灌浆前后钻孔孔内变模对比表

序次		结构面		Ⅳ1		Ⅲ2		Ⅲ1		Ⅱ	
		范围值	平均	范围值	平均	范围值	平均	范围值	平均	范围值	平均
钻孔变模/GPa	灌前	2.0～4.2	3.43			5.67～6.63	6.28	13.0～22.6	18.74	19.7～36.6	28.99
	灌后	5.3～6.8	6.13	仅一点	8.00	5.19～6.96	5.63	12.5～23.3	19.92	16.9～36.3	29.71
提高幅度/%		78.7		—		－10.4		6.3		2.5	

8.4.2 平板载荷试验

平板载荷试验是在穿过被灌岩体的检测支硐中进行的，采用置于岩体表面的承压板法进行，承压板直径 ϕ50cm。为了便于灌浆前后成果资料对比，岩石力学试验在灌浆前后最

好处在同一位置。但由于灌后才开挖检测平洞，灌前不可能在同一位置进行测试，因此灌前的试验点只能根据同一岩性、同一级别，岩体结构条件类似的地点布置。为了更全面、客观地评价灌浆前后岩体的变形模量及软弱层带的强度参数，本次资料对比时引用了坝区已有的试验成果。本次所做平板载荷试验测试成果见表 15。

表 15　　灌浆试验区强度、变形试验成果汇总表

试点编号	位置	灌浆情况	岩体结构	风化状况	类型	变形模量 E_0/GPa	V_{pm} /(km/s)
E063-4 (H)	0+84.5	灌前	碎裂结构（Lc 夹层及影响带）	弱上	Ⅳ1	2.4	3.53
E063-5 (V)	0+85.0		碎裂结构（Lc 影响带）	弱上	Ⅲ2	9.2	4.14
E063-6 (V)	0+83.5		碎裂结构（Lc 影响带）	弱上	Ⅲ2	3.8	3.53
E063-1 (H)	检 0+71.0	灌后	碎裂结构（Lc 夹层及影响带）	弱下	Ⅳ1	3.6	4.50
E063-2 (V)	检 0+74.5		镶嵌～次块状（Lc 下盘岩体）	微新	Ⅲ1	12.8	5.37
E063-3 (V)	检 0+72.5		镶嵌～次块状（Lc 下盘岩体）	微新	Ⅲ1	9.4	5.12

注　各试点层位及岩性：$P_2\beta_5$ 致密玄武岩。

从表 15 及试点地质描述和坝区已有的试验成果可看出：一试区灌前Ⅳ1 类弱上风化、碎裂结构的 Lc 夹层及影响带，岩体水平变形试点 1 点，其值为 2.4GPa；灌后Ⅳ1 类弱下风化的、碎裂结构的 Lc 夹层及影响带，岩体水平变形试点 1 点，其值为 3.6GPa。表明灌浆对Ⅳ1 类岩体的水平变模提高明显，灌后Ⅳ1 类岩体的水平变模提高了 50%。

灌前Ⅲ2 类弱上风化的 Lc 影响带岩体，为碎裂结构，岩体垂直变模 2 点，其值分别为 9.2GPa 和 3.8GPa，均值为 6.5GPa。在试点面及下伏 5～8cm 厚的岩体内，密集发育间距 1.5～3.0cm 的缓倾角裂隙，并呈裂隙密集带状，但延伸短小，再其下为 50～60cm 的次块状结构岩体。变形主要受缓倾角裂隙控制。坝区相同结构的Ⅲ2 类岩体垂直变模均值为 5.46GPa（6 点）。无灌后Ⅲ2 岩体垂直变形值。

灌后Ⅲ1 类微新、镶嵌～次块状的 Lc 下盘岩体，岩体垂直变形试点 2 点，其值分别为 12.8GPa 和 9.4GPa，均值为 11.1GPa。坝区相同结构的Ⅲ1 类岩体的垂直变模值为 10～12GPa。表明灌后Ⅲ1 类岩体的垂直变形模量变化不大。

8.4.3　岩体声波速度与钻孔变模关系分析

根据两试区灌前灌后测试孔和检查孔共 203 个点的钻孔变形模量值和对应的单孔声波速度值，绘制了溪洛渡水电站固结灌浆试验岩体钻孔变模与单孔声波速度关系图，见图 11，两者的相关关系式为：

$$E_0 = aV_p b \tag{1}$$

式中　E_0——岩体的钻孔变形模量，GPa；

a——常数，为 6.134801×10^{-20}；

V_p——岩体的单孔声波速度，m/s；

b——常数，为 5.445742。

从图 11 和式（1）可看出，错动带的钻孔变形模量要达到设计要求的 6～9GPa，风化破碎岩体要达到 8GPa 以上，则错动带的单孔声波速度要达到 4687m/s，风化破碎岩体要

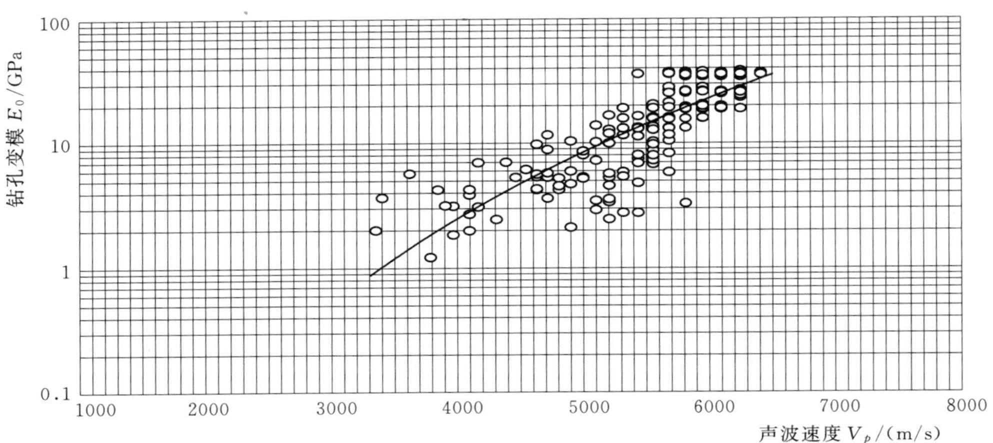

图 11 溪洛渡水电站固结灌浆试验岩体波速与钻孔变模关系图

达到 4941m/s 以上才能达到设计要求；较完整岩体单孔声波速度为 5148m/s 时，变模可达 10GPa；完整岩体单孔声波速度为 5545m/s 以上时，变模达 15GPa 以上。在已知岩体声波速度的情况下，可以通过式（1）或图 11 求得岩体变形模量。

8.5 岩体抗剪强度检测

为了研究灌浆加固后层间层内错动带及其影响带、岩体破碎带的抗剪强度改善程度，在现场灌浆检测支硐内进行了灌后大剪试验。由于检测支硐在灌后才开挖，灌前不可能在原位进行大剪试验，灌前抗剪强度成果只能引用与灌浆区岩体结构条件相类似的坝区已有的大剪试验成果。

一试区灌后大剪试验布置于检查支洞 0＋65.5m～0＋68.5m 处 P2β5 致密玄武岩上，为弱上风化的裂隙岩块型、少量含屑角砾型。经对 5 个试点的剪断面地质特征分析，其中 3 个试点（τ63－1－1、τ63－1－4、τ63－1－5）的岩体为裂隙岩块型，2 个试点（τ63－1－2、τ63－1－3）的岩体为含屑角砾型；试验绝大部分沿缓裂面剪切，缓裂面以 1.0～3.0cm 密集发育呈裂隙密集带；剪面平直粗糙，局部面上附少量不连续的厚 0.2～0.5mm 的岩屑；剪切面上基本未见水泥结石，仅 τ63－1－2、τ63－1－3 试点剪面中见有灰白色水泥结石薄膜。

大剪试验得出的结果为，灌后裂隙岩块型岩体：$f'=0.63$，$c'=0.49$MPa；含屑角砾型岩体：$f'=0.55$，$c'=0$。灌前坝区裂隙岩块型岩体大剪试验建议值为：$f'=0.55$，$c'=0.25$MPa，含屑角砾型岩体的大剪试验值为：$f'=0.61$，$c'=0$～0.61MPa。灌后裂隙岩块型的强度参数有明显的提高，f'值提高了 14.5%，c'值提高了 96.0%；含屑角砾型的强度参数没有提高。

8.6 岩石磨片鉴定

为了更细致地观察水泥结石及其充填情况，在灌后检查孔所取岩芯中选择部分有水泥结石的芯样，进行磨片制样作显微镜下鉴定。共鉴定了 15 组有如下特点：

(1) 一般情况下，裂缝宽度小于0.1mm的不规则裂隙未见水泥结石充填，一试区大于0.1mm的裂隙多数被水泥结石充填，二试区0.5～1.0mm的裂隙被水泥结石充填。

(2) 水泥结石与岩石结合较好，但黏结力较差。

(3) 一试区的水泥结石结构不均匀，呈带状分布。结石主体呈青灰色，微密、坚硬，与岩石的接触面附近和近中心部分色调变浅，呈灰白色土状，凝结差，黏着力差，硬度低，易剥落。

(4) 一试区的Ⅰ序孔和Ⅱ序孔灌浆形成的两次水泥结石界限清晰，两次结石之间胶结良好。

(5) 一试区取得10组试样，其中有6组见水泥结石充填，占试验总数的60%。

8.7 其他测试成果

为全面掌握试区地质及灌浆成果，还在灌前、灌后分别进行了井径密度测试、钻孔电视录像等。

一试区灌浆前在Lc及影响带处的井径有不同程度的扩大，最大扩径率达90%，岩体密度为2.649～2.819g/cm³，破碎带密度为2.402～2.803g/cm³；灌浆后岩体密度为2.732～2.927g/cm³，破碎带密度为2.534～2.867g/cm³。灌浆后Lc及影响带岩体密度一般提高了5%～8%，最大提高了10%，灌浆效果显著。

一试区灌前钻孔电视录像反映了缓裂隙和陡裂隙发育，仅有5.8～9.8m、35.2～40.0m和47.8～54.0m孔段岩体完整；灌后RJ2孔的电视录像反映了一试区6.0～9.5m和33.0～40.4m孔段岩体完整，其余孔段岩体裂隙发育，部分裂隙中见水泥结石。

9 工效与经济分析

试验进行了钻孔及灌浆工效分析，试验施工钻灌单价与定额单价的比较，软弱岩体灌浆加固方案与开挖回填方案的经济比较。

经过经济比较认为，灌浆加固处理岩体比开挖回填混凝土方案节约31%的费用。

10 结论与建议

溪洛渡水电站拱坝基础软弱岩带固结灌浆试验，经过周密的计划，精心的施工和全面的测试，完成了预定的工作量，取得了丰富的成果，并得到以下初步结论和建议。

(1) 试区岩体具有代表性，灌浆试验取得了成功。

(2) 试区岩体的力学指标和渗透性能全面改善，各项力学指标和渗透性能改善情况于表16。从表中可见，灌浆区的岩体，特别是Lc和Ⅲ、Ⅳ类岩体（大体对应于设计提出的错动带、弱风化带上段和弱风化带下段岩体）通过灌浆以后，其力学性质明显改善，透水性大大降低，达到了设计要求。

(3) 对岩体力学指标的建议。通过对试验资料的综合分析，在整体上达到设计要求的前提下，提出对灌后岩体力学指标的建议值见表17。

表 16　　一试区岩体力学及渗透性指标改善情况表

内容		类别					
		平均	Ⅱ	Ⅲ1	Ⅲ2	Ⅳ1	Lc
钻孔声波	灌浆前/(m/s)	5269	5554	5202	4573	3504	2630
	灌浆后/(m/s)	5425	5647	5399	4944	4664	4168
	提高幅度/%	3.0	1.7	3.8	8.1	33.1	58.5
钻孔孔内变模	灌浆前/GPa	11.36①	28.99	18.74	5.25①	1.23①	3.43
	灌浆后/GPa	13.32①	29.71	19.92	8.03①	5.85①	6.13
	提高幅度/%	17.3①	2.5	6.3	52.9①	374.6①	78.7
岩体完整性系数 K_v	灌浆前	0.70～0.90	0.78～1.00	0.69～0.88	0.53～0.68	0.31～0.40	0.18～0.22
	灌浆后	0.75～0.95	0.81～1.00	0.74～0.94	0.62～0.79	0.55～0.70	0.44～0.56
	提高幅度/%	7.1～5.6	3.8～0	7.2～6.8	17～16	77～75	144～155
透水率	序次	平均值/Lu	透水率分布频率/%				
			≤1Lu	1Lu～3Lu	3Lu～10Lu	10Lu～30Lu	>30Lu
	灌浆前	16.41	6	9	22	50	13
	灌浆后	0.07	97	3	0	0	0

① 此值因所测数据太少或异常，是根据式（1）计算出来的。

表 17　　灌浆处理后岩体及结构面物理力学参数建议表

内容	类别					
	Ⅲ1	Ⅲ2	Ⅳ1	层间层内错动带		
				裂隙岩块型	含屑角砾型	岩屑角砾型
岩体完整性系数 K_v	0.7～0.9	0.6～0.8	0.5～0.7	0.4～0.5	0.4～0.5	0.4～0.5
声波速度/(m/s)	5000～5400	4600～5000	4400～4800	3900～4300	3800～4300	3600～4000
变形模量 E_0/GPa	8.5～12.5	5.0～8.0	3.5～4.5	2.0～3.0	1.5～3.0	1.0～2.0
透水率/Lu	≤3.0					
抗剪强度	不作具体规定，提高值作为安全储备考虑					

（4）对灌浆孔布置的建议。本次试验采用方格形布孔型式，一试区最小孔距为2.83m，试验表明该区岩体可灌性较好，孔距尚可适当加大。建议施工时仍采用方格形布孔型式，相似于一试区的高程410m以下的缓坡地带及河床坝基岩体及裂隙岩块型和含屑角砾型结构面的固结灌浆，可采用3.00m左右的孔排距。

由于坝区的结构面和主要裂隙系统呈缓倾角形态，因此灌浆孔采用铅直方向是适宜的。

（5）对施工工艺和参数的建议：①灌浆方法。试验证明，孔口封闭灌浆法适用高压灌浆的要求，施工方便，效果良好。今后施工中，深孔固结灌浆（孔深大于20m）和帷幕灌浆，建议采用孔口封闭灌浆法。自下而上纯压式灌浆法施工简便，一般能取得满意的灌浆效果，特别是工效高，今后大面积的浅孔固结灌浆（孔深小于20m）施工，宜使用冲击钻

机钻孔和自下而上纯压式灌浆法。②灌浆压力。所采用的最大灌浆压力稍大于岩体和结构面的劈裂压力，起到了扩张裂隙、提高可灌性的作用，而又不导致岩体的过大变位，是可行的和有效的。在今后施工中，在有盖重的条件下，可按照最大灌浆压力5～6MPa掌握。但在地表浅层和岸坡灌浆时，要适当减小压力。③钻孔机械。工效分析表明，风动潜孔锤钻进速度快。在今后灌浆施工时，特别是在钻孔深度浅于20m时，为提高施工效率，宜选用潜孔冲击式钻机钻孔。

（6）对灌浆材料的建议。一试区试验成果表明，采用42.5级普通硅酸盐水泥浆液，可灌性良好，灌浆效果显著。因此，42.5级普通硅酸盐水泥是今后的主要灌浆材料。湿磨水泥浆和改性水泥浆在结构紧密的岩体和结构面，可灌性稍好，但不明显，今后可作为局部地段补强灌浆使用。

（7）对测试手段的建议。本次灌浆试验采用了多种手段进行灌浆效果检查，各种检查手段所得结果相关性良好。今后施工中可选择最可靠、最便于实施的压水试验和声波测试作为工程质量检查的方法。

（8）对生产性试验的建议。本次灌浆试验取得的成果说明，溪洛渡坝基玄武岩弱风化岩带以及层间层内错动带，通过采用普通水泥材料和高压灌浆技术，基本达到设计要求的力学指标。但是由于本工程规模巨大，坝基岩体工程地质条件较复杂，今后坝基灌浆施工条件与试验区的施工条件也可能有差别，因此，在大面积施工展开的初期，根据基础开挖情况进行生产性的灌浆试验仍然是必要的。

（9）本次试验虽然是进行固结灌浆试验，但所取得的结果也表明，试验所采取的工艺针对帷幕灌浆也有一定的指导意义。